IMMUNOLOGY FOR VETERINARY CLINICAL MEDICINE

# 獣医臨床のための
# 免疫学

監修

長谷川篤彦
東京大学名誉教授

増田健一
動物アレルギー検査(株)代表取締役


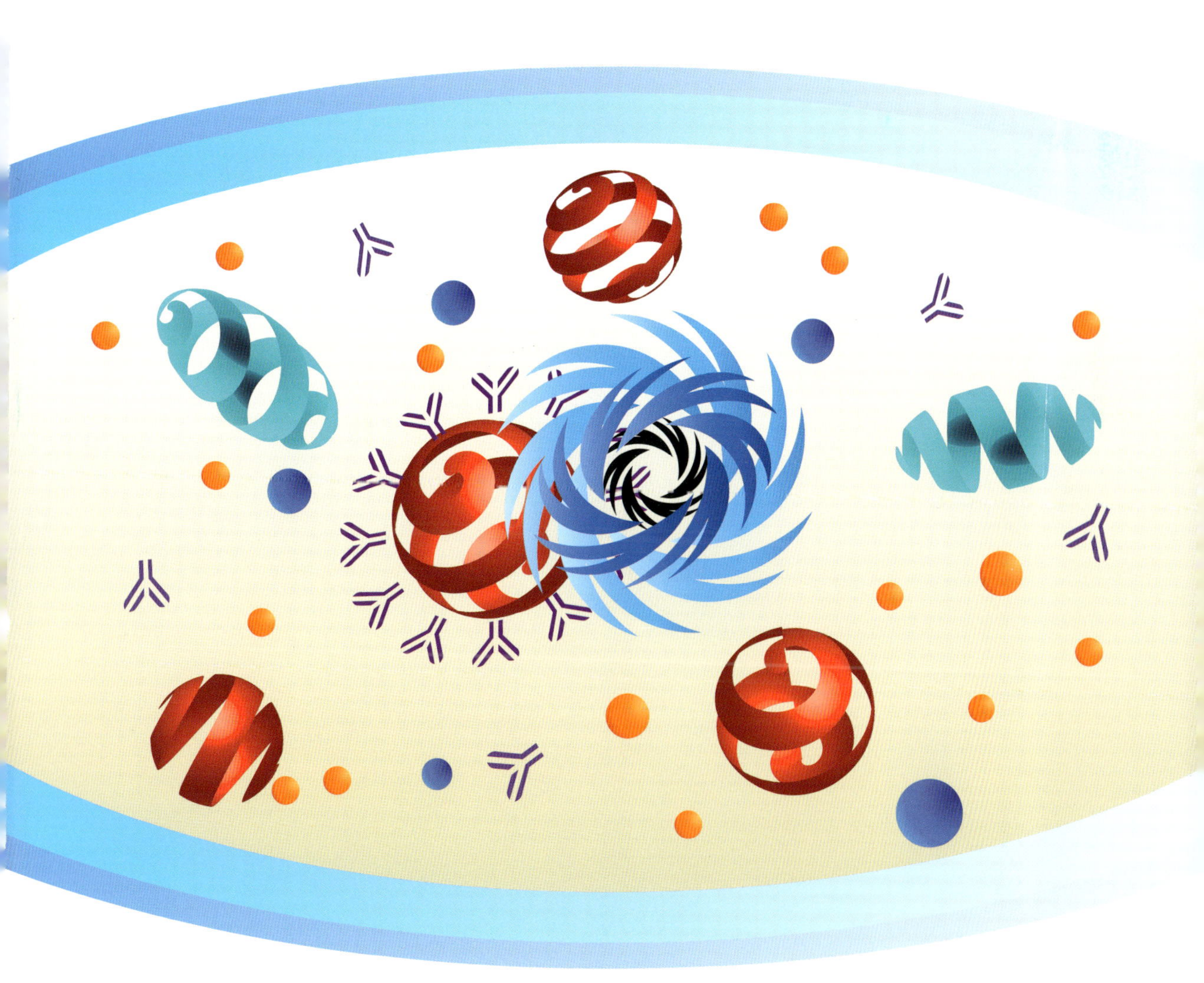

学窓社

# 序文 PREFACE

衆知のように，英国の開業医であったEdward Jennerが1798年に天然痘に対する予防に成功したことを発表した．以来，その有効性が検証され，世界各国でその効果発現の機序を解明するための研究が続けられてきた．このことは取りも直さず免疫学の歴史であり，免疫学そのものと思われる．確かに1980年になって天然痘は地球上から撲滅され，同じく牛疫も2011年6月に世界的な撲滅が宣言された．

しかし，今日に至るも免疫に関する疑問は増大するばかりである．そして，これまで感染症や微生物に関する領域の問題であった免疫学が生物全般の理解に不可欠な課題となっている．したがって，免疫に関する情報は，医療に関連する人々にとっても必須の知識であると理解される．

米英などにはそれぞれ獣医免疫学会があり，国際的には，International Congress of Immunology/International Veterinary Immunology Symposiumなどが存在している．また国際的専門誌としては，Veterinary Immunology and Immunopathology (An International Journal of Comparative Immunology)などが発刊されており，日本からの投稿も散見されている．

この雑誌に限らず，我が国の獣医学分野からも優れた業績が発表されてきたが，免疫学，特に臨床免疫学を中心とする学会もなく，長らく識者の憂慮するところであった．このような状況にあって，2006年に監修者の一人である増田健一が獣医アトピー・アレルギー・免疫研究会を創設し，2010年には改組して学会として現在に至っている．そして発足以来，招請講演，ワークショップ，教育講演や講習会をはじめ研究発表，症例報告を開催してきた．そこで，この学会の十年に及ぶ研究活動を背景に，今日の免疫学の現状を俯瞰して今後の飛躍の基盤を明確にすることを意識して本書の上梓を企図した．幸いにも(株)学窓社の山口啓子社長のご厚意により刊行する運びとなった．しかし，免疫の分野は多岐にわたるため執筆者も多くなったこともあり意外に手間取り，また監修や編集にも時間を要することになったが，漸く校了に漕ぎつけることができ，安堵している．何故なら，免疫学は現在進歩の著しい学問分野であるので，出版が遅滞すればそれだけ旧聞となることが危惧されたからである．

これまでに免疫学の成書は多数存在していたものの，理路整然と並ぶ免疫学の情報を一から学ぶのは至難の業である．そのため，一般的には「免疫学は難しい」という印象だけを残し，多くの挑戦者が免疫学の要諦部分の面白さにまで到達せず，その学習を断念しているケースが多いのではないだろうか．そこで本書は，系統だった免疫学の情報をただ羅列して解説するのではなく，臨床と関連のある形でそれらを紹介することを試みた．そのため，免疫学の基本の次にすぐに疾患や治療に関連する項目が並んでいることが本書の特徴となっており，他の免疫学成書にはないものである．これまでの免疫学成書では情報整理をするあまりにかえって情報が分断されてしまっていたが，本書の項目立てでは読者が免疫学と臨床とを関連付けて理解できる構成になっている．つまり，これまでは免疫学の全体像をいったん理解するまでわからなかった内容がその都度理解できるようになり，多くの読者を免疫学に対する拒絶反応から解放することができるだろうと期待して止まない．

出来上がったものを手にしてみると，用語の不統一をはじめ，気になる個所や不備な点もあると思われるが，本書の内容と意図するところを汲んでご容赦頂きたいところである．本書が免疫学の発展に聊かなりとも役立てば，監修者として望外の喜びである．

最後に貴重な時間を割いて執筆された諸兄に深謝するとともに，学窓社の担当者に微意を表するものである．

2016年 初 夏

**長谷川篤彦**
**増田　健一**

# 目　次　CONTENTS

## 第V編 免疫・アレルギーの検査方法と仕組み 291

# 執筆者一覧 CONTRIBUTORS


## 監修

長谷川 篤彦　東京大学名誉教授

増田 健一　動物アレルギー検査株式会社代表取締役社長

### 執筆者（執筆順）

長谷川 篤彦　東京大学名誉教授
増田 健一　動物アレルギー検査株式会社代表取締役社長
久末 正晴　麻布大学獣医学部獣医学科内科学第二研究室准教授
水野 拓也　山口大学共同獣医学部獣医臨床病理学分野教授
大森 啓太郎　東京農工大学農学部共同獣医学科講師
後飯塚 僚　東京理科大学研究推進機構生命医科学研究所発生及び老化研究部門教授
津久井 利広　日本全薬工業株式会社アニマルライフサイエンス研究所
地土井 安芸子　日本全薬工業株式会社営業本部学術部
間瀬 香織　日本全薬工業株式会社営業本部学術部
前田 貞俊　岐阜大学応用生物科学部共同獣医学科獣医臨床放射線学研究室教授
堀 正敏　東京大学大学院農学生命科学研究科獣医薬理学研究室准教授
福田 真嗣　慶應義塾大学大学院政策・メディア研究科先端生命科学研究所特任准教授
周藤 明美　浦安中央動物病院副院長
川野 浩志　プリモ動物病院練馬 動物アレルギー医療センター　院長/センター長
玉原 智史　相模大野プリモ動物病院院長
市川 康明　動物アレルギー検査株式会社学術部部長
下田 哲也　山陽動物医療センター院長
田村 勝利　アニコムホールディングス株式会社経営企画部部長精神医療研究開発担当
湯木 正史　湯木どうぶつ病院院長
田村 恭一　日本獣医生命科学大学獣医学部獣医学科臨床獣医学部門治療学分野Ⅰ助教
徳本 一義　ヘリックス株式会社代表取締役社長
折戸 謙介　麻布大学獣医学部獣医学科生理学第二研究室教授
小沼 守　大相模動物クリニック院長
北村 浩　酪農学園大学獣医学群獣医学類獣医生理学ユニット教授
関口 麻衣子　アイデックス ラボラトリーズ株式会社

# 免疫学でよく使われる略語一覧

AD　atopic dermatitis，アトピー性皮膚炎
ADCC　antibody dependent cellular cytotoxicity，抗体依存性細胞傷害
AFR　adverse food reaction，食物有害反応
AICD　activation-induced cell death，活性化誘導細胞死
AID　activation-induced cytidine deaminase，活性化誘導シチジンデアミナーゼ
ALST　allergen-specific lymphocyte stimulation test，アレルゲン特異的リンパ球刺激試験
ANA　anti-nuclear antibody，抗核抗体
APC　antigen-presenting cell，抗原提示細胞
BALT　bronchus-associated lymphoid tissue，気管関連リンパ組織
BCR　B cell receptor，B細胞受容体
CAD　canine atopic dermatitis，犬アトピー性皮膚炎
CALD　canine atopic like dermatitis，犬アトピー様皮膚炎
CCECAI　canine chronic enteropathy clinical activity index，犬慢性腸症臨床活動性指標
CDC　complement dependent cellular cytotoxicity，補体依存性細胞傷害作用
CGH　comparative genomic hybridization，比較ゲノムハイブリダイゼーション法
CLA　cutaneous lymphocyte-associated antigen，皮膚リンパ球抗原
CLE　cutaneous lupus erythematosus，皮膚エリテマトーデス
CLP　common lymphoid progenitor，リンパ球系共通前駆細胞
CLR　C-type lectin receptor，C型レクチン受容体
CMIS　common mucosal immune system，共通粘膜免疫システム
CNV　copy number variation，コピー数多型
CRD　carbohydrate recognition domain，糖鎖認識領域
CRP　C-reactive protein，C反応性タンパク(質)
CTL　cytotoxic T lymphocyte，細胞傷害性T細胞
CVID　common variable immunodeficiency，分類不能型免疫不全症
DAT　direct antiglobulin test，直接抗グロブリン試験
DC　dendritic cell，樹状細胞
DM　degenerative myelopathy，変性性脊髄症
DTH　delayed type hypersensitivity reaction，遅延型過敏反応
ELISA　enzyme-linked immunosorbent assay，酵素標識免疫吸着測定法
EM　erythema multiforme，多形紅斑
FAE　follicle associated epithelium，濾胞関連上皮
FDC　follicular dendritic cell，濾胞樹状細胞
FMT　fecal microbiota transplantation，便微生物移植
FPIES　food protein-induced enterocolitis syndrome，食物タンパク誘発胃腸炎症候群
GALT　gut-associated lymphoid tissue，腸管関連リンパ組織
GBS　Guillain-Barre syndrome，ギラーン・バレー症候群
GME　granulomatous meningoencephalomyelitis，肉芽腫性髄膜脳脊髄炎

| | |
|---|---|
| GPCR | G protein-coupled receptor, Gタンパク質共役受容体 |
| GVHD | graft versus host disease, 移植片対宿主病 |
| GWAS | genome-wide association study, ゲノムワイド関連解析 |
| IBD | inflammatory bowel disease, 炎症性腸疾患 |
| IEL | intraepithelial lymphocyte, 腸管上皮細胞間リンパ球 |
| IFN | interferon, インターフェロン |
| i-IEL | intestinal intraepithelial lymphocytes, 小腸上皮内リンパ球 |
| IL | interleukin, インターロイキン |
| ILC | innate lymphoid cell, 自然リンパ球 |
| ILF | isolated lymphoid follicle, 孤立リンパ濾胞 |
| IMHA | immune-mediated hemolytic anemia, 免疫介在性溶血性貧血 |
| IMNP | immune-mediated neutropenia, 免疫介在性好中球減少症 |
| IMPA | immune-mediated polyarthritis, 免疫介在性多発性関節炎 |
| IMTP | immune-mediated thrombocytopenia, 免疫介在性血小板減少症 |
| iTreg | inducible regulatory T cell, 誘導性制御性T細胞 |
| LAD | leukocyte adhesion deficiency, 白血球粘着不全症 |
| LMPP | lymphoid primed multipotent progenitor, 原始的リンパ球様多能性前駆細胞 |
| LT-α | lymphotoxin-α, リンフォトキシンα |
| MALT | mucosa-associated lymphoid tissue, 粘膜関連リンパ組織 |
| MBL | mannose-binding lectin, マンノース結合レクチン |
| MDSC | myeloid-derived suppressor cell, 骨髄由来抑制細胞 |
| MG | myasthenia gravis, 重症筋無力症 |
| MHC | major histocompatibility complex, 主要組織適合遺伝子複合体 |
| MSC | mesenchymal stem cell, 間葉系幹細胞 |
| NALT | nasal-associated lymphoid tissue, 鼻咽頭関連リンパ組織 |
| NLE | necrotizing leukoencephalitis, 壊死性白質脳炎 |
| NME | necrotizing meningoencephalitis, 壊死性髄膜脳炎 |
| NRIMA | non regererative immune mediated anemia, 非再生性免疫介在性貧血 |
| PA-IgG | platelet-associated immunoglobulin G, 血小板関連抗体 |
| PCR | polymerase chain reaction, ポリメラーゼ連鎖反応 |
| PDGF | platelet-derived growth factor, 血小板由来増殖因子 |
| PRR | pattern recognition receptor, パターン認識受容体 |
| PTPN1 | non-receptor type 1 protein tyrosine phosphatase, 非受容体1型チロシンホスファアーゼ |
| RF | rheumatoid factor, リウマチ因子 |
| RIA | radioimmunoassay, ラジオイムノアッセイ（放射免疫測定） |
| RSS | recombination signal sequence, 組換えシグナル配列 |
| SCID | severe combined immunodeficiency, 重症複合免疫不全症 |
| SHM | somatic hypermutation, 体細胞高頻度突然変異 |
| SJS | Stevens-Johnson syndrome, Stevens-Johnson症候群 |
| SLE | systemic lupus erythematosus, 全身性エリテマトーデス |
| SNP | single nucleotide polymorphism, 一塩基多型 |

| | |
|---|---|
| SOCS | suppressor of cytokine signaling，サイトカインシグナル抑制因子 |
| TAM | tumor-associated macrophage，腫瘍関連マクロファージ |
| TCR | T cell receptor，T細胞受容体 |
| TD抗原 | thymus-dependent antigen，胸腺依存性抗原 |
| TEN | toxic epidermal necrolysis，中毒性表皮壊死症 |
| TI抗原 | thymus-independent antigen，胸腺非依存性抗原 |
| TNF-α | tumor necrosis factor-α，腫瘍壊死因子 |
| Treg | regulatory T cell，制御性T細胞 |
| UC | ulcerative colitis，潰瘍性大腸炎 |
| VEGF | vascular endothelial growth factor，血管内皮増殖因子 |

第 I 編

# 免疫・アレルギーの基本

# 第1章 免疫学の歴史

## 1 本 流

### 免疫学の軌跡

免疫とは疫を免じるとの意味であるが，疫とは賦役であり，人々にとっては忌むべきことであり，その最も忌み嫌うものは疾病である．すなわち，免疫は流行病(はやりやまい)に一度罹患すると次の流行時には罹患しないで済むことが古くから経験的に知られていた．このことから，一度罹患すると二度と罹患しないという，いわゆる「二度なし」と認識されてきた．このことを具体的に追究したのは，ジェンナー(Edward Jenner)の牛痘を用いた天然痘の予防試験である．さらにこの二度なしの事実を実験的に証明したのはパスツール(Louis Pasteur)で，狂犬病や鶏コレラ(パスツレラ感染症)に関する業績は歴史的功績である．そして，ワクチンが開発され医療の現場で応用されるようになった．しかし，二度なしとなる事実は確証されたものの，その理由は不明であった．その問題解決の端緒を拓いたのは北里柴三郎(Sibasaburo Kitasato)らである．彼は血清中に病原体を中和する成分の存在を明らかにして抗毒素と命名した．これぞ「抗体」の発見であり，体液性免疫の確認であった．また抗体を誘発するものが抗原である．そしてその後には，中和反応，溶菌反応，凝集反応，沈降反応，補体結合反応により抗原抗体反応が追究されることになった(**表1-1**)．アレキシン(防御素)といわれる易熱性の血清成分は補体と称されるようになった．また，医療の現場では血清療法として受動免疫が行われるようになった．さらに，ランドシュタイナー(Karl Landsteiner)によって血液型の存在が確認され，輸血が臨床の現場で実用化されるようになった．一方では，メチニコフ(Ilya Ilich Metchnikoff)によって細胞の貪食作用が発見され，食菌作用などに関連して細胞性免疫に関する研究の端緒が開かれることになった．

その後，科学の発展に伴い，抗原，抗体，補体について物理化学的解析が行われ，タンパク質の化学的性状が明らかとなり，またX線構造解析によりその構造も明らかにされた．

物理化学的研究に引き続き，生物学の領域において生物個体ないし組織を対象とした研究から細胞学的に免疫現象が追究されるようになっ

**表1-1 体液性抗体の免疫反応**

| 報告者 | 年号 | 免疫反応 |
|---|---|---|
| 北里柴三郎および Behring E. | 1890 | 中和反応 |
| Pfeiffer R. | 1894 | 溶菌現象 |
| Bordet J. | 1895 | 溶菌反応 |
| Gruber M.および Durham H. | 1896 | 凝集反応 |
| Kraus R. | 1897 | 沈降反応 |
| Bordet J. | 1898 | 血球凝集反応 |
| Bordet J. および Gengou O. | 1901 | 補体結合反応 |

※抗原：物質，成分，エピトープとその概念は変様している．

た．すなわち，免疫担当細胞や免疫応答の研究で，T細胞とB細胞の分別をはじめその生体での局在や分化成熟が明らかにされた．このことで，これまで不明であった免疫担当臓器あるいは組織から細胞単位で免疫が把握される状況に至った．そして，免疫担当細胞の分化成熟の過程および免疫応答の機序が解明され，さらにそれに関わる因子が確定され，その因子の産生，分泌についても分子生物学的に理解されるようになった．

一方，免疫領域における遺伝研究の分野も進展し，抗原性や反応性における個体差が明確にされた．個体差については，ABO式血液型をはじめ白血球型なども検討され，また拒絶反応にも免疫現象が潜むと考えられた．これら個体識別の遺伝的背景の追究において，George Davis Snell, Baruj Benacerraf, Jean Baptiste Gavriel Dausset, H. Mcdevittらがそれぞれ自己の特質に関わる遺伝子群を発見した．そして，主要組織適合遺伝子複合体(major histocompatibility complex；MHC)の存在が明確になった．MHCが産生するタンパク質が主要組織適合抗原であって，自己と非自己の識別に関わる重要な因子であることが判明した(**表1-2**)．

**表1-2　免疫研究の歴史**

| | |
|---|---|
| 1. | 疾病予防(非再感染)の発見<br>種痘，抗毒素，食作用 |
| 2. | 血清学の出現<br>1)　抗原抗体反応(溶菌，凝集，沈降)の把握<br>2)　血液型の証明 |
| 3. | アレルギー学の勃興<br>血清学，アルサス現象，アナフィラキシーの確認 |
| 4. | 免疫物理学の発展<br>抗原，抗体，補体の構造や機能の解明 |
| 5. | 免疫細胞学的追究<br>免疫担当細胞の種類と機能，免疫応答の理解 |
| 6. | 免疫遺伝学の発展<br>個体差(抗原性，反応性)の解明 |
| 7. | 分子生物学的理解<br>遺伝子レベルでの理解 |

獲得免疫の主役である抗体の多様性は遺伝的に決定されるというよりは，エピジェネティックスに関連して決定され，ゲノムが実際に遺伝子組換えや変異を起こすことで決定される．この現象を発見したのは利根川進(Susumu Tonegawa)であり，北里柴三郎らが発見した抗体(抗毒素)産生機序に関わる説明であった．

さらに，一般に呼称される自然免疫では1990年代にホフマン(Jules Hoffmann)によってショウジョウバエがカビの感染を防御することに関連してToll分子が明らかにされた．そしてボイトラー(Bruce Beutler)やジェンウェイ(Charles Janeway)らによって，Toll様受容体が哺乳類の自然免疫においても重要な役割を果たしていることが確認されている．自然免疫系の樹状細胞が，獲得免疫系のT細胞に情報を伝達する機序も提示され，自然免疫系と獲得免疫系のクロストークに関してもサイトカインの研究と相俟って解明されている．

## アレルギー学の軌跡

アレルギーの発現は古くから認識されていたと考えられる．例えば，紀元前4～5世紀，ヒポクラテス(Hippocrates：ギリシャの医学者)が喘息および山羊の乳やチーズを摂取して起こる病状を記載している．その後種々の記載があるが，19世紀になるとボストック(John Bostock)が1819年に28症例の枯草熱を報告した．これがアレルギーに関する最初の記載と考えられている．1891年コッホ(Rovert Koch)がツベルクリン皮膚試験の基礎となったいわゆるコッホ現象を認め，ベーリング(Emil von Behring)は1893年に矛盾反応を報告している．ヤダッソン(Josef Jadassohn)は1895年に接触性皮膚炎のパッチテストを考案した．コッホは1901年に結核に感染したモルモットに結核菌を注射すると24～48時間後に炎症が起こることを記述した．また，ピルケ(Clemens von Pirquet)も1907年にツベルクリン反応を確認した．このような現象は抗体によらない，細胞が媒介する抗原特異的な反応として遅延型過敏反応(delayed type hypersensitivity reaction；DTH)と称され，一種のアレルギーで細胞性免疫に起因するものと解釈された．

一方，リシェ(Charles Robert Richet)とポルチェ(Paul Poitier)は1902年にクラゲ(一般にイソギンチャクとされているが，多田富雄著『免疫の意味論』にはクラゲの一種らしいとある)の毒の研究において，犬に少量のクラゲの毒素を注射すると最初は毒素に対する免疫を誘導し，次に毒性を弱めた毒素を注射しても，犬には抵抗力があるので，軽い症状は現れても間もなく健康に戻って死ぬようなことはなかった．しかし，こうして免疫を獲得したと思われる犬に，普通の犬では無害なごく少量の弱い毒素を注射したとき，即刻，呼吸困難，下痢，下血を起こし，ショック状態に陥ってわずか数十分で急死した．この死の経験において，この現象は免疫機序に合わず，この犬が毒素に対して著しい過敏状態となっているとして，この現象をアナフィラキシー(anaphylaxis, ana：無，phylaxis：防御の意)と呼称した．免疫操作の実験中に免疫とは逆の現象が発現することを確認したことが，アレルギー解明の端緒となった．次に，アルサス(Nicolas Maurice Arthus)は1903年にウサギの腹部皮下に馬血清を繰り返し注射すると発赤さらに潰瘍が形成されることを観察し，これを皮膚局所の過敏状態と考えた．この過敏状態をM. Nicoll(1907)はアナフィラキシー現象と異なることからアルサス(arthus)現象とした．シュロスマン(A. Schlossman)やフィンケルシュタイン(H. Finkelstein)は1905年に牛乳による即時型アレルギーを報告した．シック(Bela Schick)は1905年に血清病を報告し，ピルケは1906年にアレルギー(allergie)という概念を提唱した(allos：正常の状態と違った，偏ったもの，変じたものの意，ergo：作用の意)．すなわち「異物が生体に入ることによって，その物質に対する生体の反応能力が変化すること」の意味である．蜂毒によるショックや花粉症はこの範疇に分類された．また1910年代にはR. Rössel一門によるアレルギーの病理組織についての報告がある．1921年にプラウスニッツ(Carl Prausnitz)は食物(魚)に特異体質とされたキュストナー(Heinz Künstner)から採取した血清中に，アレルゲン(抗原)と反応してアレルギー性皮膚反応を起こす物質が存在することを発見した．いわゆるPrausnitzとKünstnerによるP-K反応の報告である．しかしその血清中には抗原特異的な抗体は証明されなかったので，この物質をレアギン(反応体，感作抗体)と呼称した．1923年にはコカ(Arthr F. Coca)とクック(Robert Cooke)がアトピーについて報告し，1925年にはジンサー(Hans Zinsser)が遅延型アレルギーを記載し，1933年にはサルズバーガー(Marion Sulzberger)がアトピー性皮膚炎を報告した．1942年になるとランドシュタイナー(Karl Landsteiner)とチェイス(Merrill W. Chase)がリンパ球により伝達される遅延型反応を明らかにした．

1950年代になって，アレルギー患者の血清が追究され，レアギンの物理化学的性状が追究され，抗体活性を示す一種のタンパク質と考えられるようになった．そして1960年になると免疫グロブリンと考えられるものは多種類であるとの概念が確立した．このことを背景にP-K反応を示すレアギン抗体に関する研究を展開したのが1967年の石坂公成と石坂照子(Kimishige Ishizaka and Teruko Ishizaka)夫妻の業績である．すなわち，レアギンを試験管

表1-3 アレルギーの歴史

| 年号 | 報告者 | 事項 |
|---|---|---|
| 1891 | Koch R. | コッホ現象（細胞性免疫）発見 |
| 1893 | Behring E. | 矛盾反応を確認 |
| 1902 | Richet C.およびPortier P. | アナフィラキシーを提唱 |
| 1903 | Arthus M. | アルサス現象を報告 |
| 1903 | Pirquet C. | 血清病を確認 |
| 1906 | Pirquet C. | アレルギー説を提唱 |
| 1910 | Pirquet C. | 「アレルギー」を上梓 |
| 1921 | Prausnitz C.およびKünstner H. | P-K反応，特異的抗体を誘起するものをレアギンと命名 |
| 1923 | Coca A.およびCooke R. | アトピーを提唱 |
| 1925 | Zinsser H. | 遅延型アレルギーを報告 |
| 1933 | Sulzberger M. | アトピー性皮膚炎を報告 |
| 1942 | Landsteiner K.およびChase M. | リンパ球による伝達（遅延型）を確認 |
| 1963 | Coombs R.およびGell P. | 過敏反応の発現機序を整理 |
| 1967 | 石坂公成および石坂照子 | IgEの発見（レアギン抗体を確認） |

内で確認し，レアギンが新たな免疫グロブリンであるIgEとされる特異的抗体であることを発見した．このことはヒトを対象とした患者での成果であることを銘記すべきであり，アレルギーがはじめて科学的研究の対象になったのである．そして，その後の実験動物を中心とする研究進展に大きく役立っていることは言を俟たない．以上のことを**表1-3**に示す．

また，抗原特異的IgE検査法としてRadioallergosorbenttest（RAST），蛍光酵素免疫測定法（fluorescent-enzyme immunoassay；FEIA）が開発されキット化されて一般化した．さらに，多数のコンポーネント（成分）を同時に検出可能なプロテインチップも開発されて検査が迅速かつ正確となり，臨床に応用されると同時にアレルギーの解明が促進されることになった．

食物アレルギーについては，蕁麻疹以外には，1949年に牛乳摂取により血便を呈し，牛乳摂取を中止すると症状が消失した乳児症例がはじめて報告され，1967年にグライボースキー（Joyce D. Gryboski）が21症例をまとめて報告した．パウエル（Geraldine Keating Powell）らは1984年に幼児の食物タンパク質性胃腸炎を報告した．また，好酸球との関連も多く報告されていた．ファン・シクル（Van Sickle G.J.）とパウエルらは1985年に牛乳および大豆のタンパク質とリンパ球との関連をを確認した．

一方，1963年にアレルギー（過敏症）反応の発現機序によって整理したのはクームス（Robin Coombs）とゲル（Philip Gell）で，Ⅰ型，Ⅱ型，Ⅲ型，Ⅳ型に分類した．その後，ロイット（Ivan M. Roitt）は1969年に受容体（レセプター）に抗体が結合して発現するアレルギーをⅤ型（刺激型）として報告した．また，セル（Sell）は1972年にこの刺激型には抗体が結合したときに細胞の機能が活性化する場合と抑制される場合があることから，前者をⅤ型，後者をⅥ型とした．さらにセルは2001年にⅠ型には細胞毒性型があるとして，これをⅦ型とした．その他，

**表1-4 アレルギーの分類**

| アレルギー型 | 発現機序 | 代表的疾患 |
|---|---|---|
| Ⅰ型過敏症<br>(即時型，液性免疫) | IgEが肥満細胞や好塩基球と結合し，そこに抗原が結合してこれらの細胞からヒスタミン，セロトニンなどが放出され，血管拡張や血管透過性亢進を誘発．なお，細胞毒性型をⅦ型とする報告もある． | アナフィラキシーショック<br>アレルギー性鼻炎<br>気管支喘息<br>蕁麻疹<br>食物アレルギー<br>花粉症<br>アトピー性皮膚炎 |
| Ⅱ型過敏症<br>(細胞溶解型，液性免疫) | IgGが自己の細胞に結合し，それを認識した白血球が細胞を破壊する反応．なお，受容体に対する自己抗体が産生され，その自己抗体が受容体を刺激し，細胞からの作用物質を分泌が亢進するのをⅤ型，抑制されている場合をⅦ型とする報告がある． | 薬剤アレルギー<br>ウイルス性疾患<br>自己免疫性溶血性貧血<br>突発性血小板減少性紫斑病<br>不適合輸血<br>重症筋無力症<br>橋本病<br>バセドウ病<br>リウマチ熱 |
| Ⅲ型過敏症<br>(細胞溶解型，液性免疫) | 抗原・抗体・補体などが免疫複合体を形成し，毛細血管に沈着して，周囲組織の障害を惹起する反応<br>傷害部位が限局的な反応をアルサス型反応，全身性を血清病と呼称 | 全身性エリテマトーデス<br>急性糸球体腎炎<br>関節リウマチ<br>アレルギー性血管炎<br>多発性動脈炎 |
| Ⅳ型過敏症<br>(遅延型，細胞性免疫) | 抗原と特異的に反応する感作T細胞による．抗原と反応した感作T細胞から，マクロファージを活性化する因子など遊離し，リンパ球の集簇・増殖・活性化が生じ，周囲組織が傷害される．ツベルクリン反応に見られ移植免疫や腫瘍免疫とも関連 | 接触性皮膚炎<br>金属アレルギー<br>薬物アレルギー |
| Ⅳa型： | Th1細胞とマクロファージによる反応 | ツベルクリン反応<br>接触性皮膚炎 |
| Ⅳb型： | Th2細胞と好酸球による反応 | 気管支喘息<br>アレルギー鼻炎 |
| Ⅳc型： | $CD8^+$T細胞による反応 | 接触性皮膚炎 |
| Ⅳd型： | T細胞と好中球による反応 | ベーチェット病 |

※その他の型として，受容体に対する抗体や補体の作用によって惹起される障害がある(Ⅴ型，Ⅵ型と通称)．

補体の作用に起因する問題もあってこの種のものを型とする考えもある．以上のことを**表1-4**に示す．

現在なお自己・非自己の認識論，抗体産生の制御機構，炎症発現の機序などについて遺伝学的および分子生物学的研究が進められているが，不明な点も多く，自己免疫疾患を含めアレルギー疾患は未だに人類にとって未解決の問題である．

## 2 一里塚

### 免疫論

免疫現象として，「二度なし」の理由として抗体が認識されると，抗体がどのようにして産生されるかが疑問になった．そこで，エールリッヒ(Paul Ehrlich)が1901年に側鎖説と呼称される抗体産生の機序について発表した．抗原が結合した細胞がそれに刺激され抗原特異的に抗体を産生するという，いわば鍵と鍵穴の関係が指摘された．

1930年にブラインル（Fritz Breinl）とハウロウィッツ（Felix Haurowitz），1931年にアレクサンダー（Alexander R.A.）および1933年にマッド（Stuart Mudd）らの論文は，抗原によって正常グロブリンが産生過程で相補的に変化することを指摘した．1940年にポーリング（Linus Pauling）は1940年に抗原分子が関与して，相補的に抗体分子の畳み方が決定されると報告した．1953年にハウロウィッツはポーリングの説を修正し，2段階があるとした．第1段階は抗原が直接鋳型となり，第2段階で形成された鋳型にそって作られた相補的なグロブリンが特異性を獲得して抗体となるとの考えである．これは，Haurowitz-〈Breinl-Mudd-〉Pauling学説とか，1959年にタルマージ（David Wilson Talmage）が発表した直接鋳型説と称された．また1957年にバーネット（Frank Macfarlane Burnet）は抗原が既存の細胞内器官に作用するとして関接鋳型説を考えた．

一方，1953年にビリンガム（Rupert Everett Billingham），ブレント（Leslie Brent）とメダワー（Peter Brian Medawar）は免疫学的寛容の事実を報告し，自己と非自己の問題を提示した．イェルネ（Niels Kaj Jerne）は1955年に自然選択説を発表した．すなわち，正常血清中にはすべての抗原に対する自然抗体が存在し，抗原と結合した自然抗体は産生細胞に運ばれてそこでその抗体が複製増強されるとした．また，クリック（Francis Harry Compton Crick）が1958年に提唱したセントラルドグマに従って，遺伝子情報に基づいて抗体タンパク質が産生されると考えられた．1959年にエデルマン（Gerald Maurice Ederman）やポーター（Rodney Robert Porter）らが免疫グロブリンの基本構造を解明したことから，鋳型説・指令説は否定的となった．

**表1-5　抗体産生機序に関する学説**

| 報告者 | 年号 | 学説 |
|---|---|---|
| Ehrlich P. | 1901 | 側鎖説 |
| Haurowitz F. | 1953 | 直接鋳型説<br>（鋳型説，指令説） |
| Billingham R. E.<br>Brent L.および<br>Medawar P. B. | 1953 | 免疫学的寛容<br>（自己と非自己） |
| Jerne N. K. | 1955 | 自然選択説（自然抗体） |
| Burnet F. M. | 1957 | クローン選択説 |
| Jerne N. K. | 1974 | ネットワーク説<br>（イデオタイプ） |
| Tonegawa S. | 1976 | 抗体グロブリンの<br>遺伝子再構成 |

それに代わりバーネット（Frank Macfarlane Burnet）が1957年に提唱したクローン選択説が受け入れられるようになった．クローン説とは，1959年のレーダーバーグ（Joshua Lederberg），1968年のノッサル（Gustav Victor Joseph Nossal）らの業績などもあり，リンパ球はそれぞれ特定の1種類の特異的な抗体を産生すること（1細胞1抗体）が判明した．したがって，個体にはあらかじめ先天的に極めて多種類のリンパ球が存在している．そして抗原が体内に侵入すると，その抗原と結合できるリンパ球（抗原に対する抗体分子を受容体とするリンパ球）が選択されて増殖が惹起され，この抗原に対する抗体を産生することになるというのである．そして，このことから1975年にケーラー（Georges Koehler）とミルスタイン（César Milstein）の単クローン抗体による技法が誕生した．しかしこのクローン選択説も全く未知の抗原に対応する抗体の産生をどうやってあらかじめ準備しているかは不明であった．イェルネは1974年にいわゆるネットワーク説を発表し，自己と非自己，イデオタイプなどの理論を展開した．このころ遺伝子の解明を通しての研究が進展し，利根川進らは1976年に免疫グロブリンの遺伝子再構成という現象を発見し，

抗体の多様性を遺伝子の観点から追究した.その結果,抗体多様性創出機構が解明されることになった.これらのことを**表1-5**に示す.そして,抗体の多様性は,体細胞超変異,遺伝子変換,クラススイッチ組換えなどの現象も関与していることが報告されている.

## 抗　原

抗原は,いわゆる抗体が血清中に存在することが最初に確認されたことから,それと反応するものとして検討され認識された.そして,細菌や毒素以外のものでも抗体産生を誘起する事実が判明した.したがって,抗原は,1903年にデートルドイチェ(László Detre-Deutsch)がいわゆる抗体産生を誘起するものという言葉であるAntisomatogenを短縮して作成した用語であるantigenのことで,その訳語である.すなわち,体内に侵入する異物に対して特異的に反応する抗体を産生させる物質である(後に感作リンパ球を誘起する物質も加えられた).この抗体を誘発する抗原は異種タンパク質として認識され,その特異性が検討され,タンパク質の構造が注目された.それと同時に多糖質も問題視されるようになるが,ラントシュタイナーが1921年に報告したハプテンの範疇とされた.また,このような性状の抗原が条件によっては特異的な不反応である免疫学的寛容状態をも誘起することも認められるようになった.さらに抗体の分析から抗原性を示すエピトープの分子構造が解明されている.したがって,抗原は,生体内に侵入し,特異的な抗体や感作リンパ球を誘導し,その個体に免疫状態を誘発するか,または条件によっては特異的な不反応性(免疫学的寛容)状態を惹起する能力または潜在能力を示すものである.そして,生体の内外で抗体あるいは感作リンパ球と特異的に反応するものである.

以上,抗原は抗体の存在からその反応相手として確認されたもので,あたかも,舌で感じた味覚を記憶していてはじめて食べたものを認識するようなことであるといわれている.

## 抗　体

同じ感染症に二度と罹患しない理由として,はじめて認識されたものは1890年のベーリングと北里のジフテリアおよび破傷風に対する抗毒素の発見である.抗毒素は殺菌性ではないが血清療法の道を開拓するものであった.パイファー(Richard Pfeiffer)らは1894年にいわゆるパイファー現象を発見し,溶菌を確認した.一方,メチニコフは1895年に試験管内でもパイファー現象が認められるとした.続いて,ボルデ(Jules Bordet)によって1895年に溶菌現象は新鮮血清中の耐熱性物質や易熱性物質との共同作用で起こるとして,溶菌反応の条件が明らかされた.1896年には,グルーバー(Maximilian Gruber)とデュラハム(Herbert Edward Durham)とヴィダール(Georges Fernand Widal)が凝集反応を確認した.前者は凝集素(粘着素)の発見であり,後者は後年ヴィダール反応と称される死菌を用いての凝集反応であって,両者とも有用な検査法とされてきた.また,クラウス(Rudolf Kraus)は1897年に沈降反応を確認し,菌体のみならず菌体の圧砕成分でも認められることを示した.このようにして抗血清の考えが定着する(**表1-1**)一方で,細菌のみならず赤血球や卵白,牛乳などに対しても反応する現象が解明された.したがって,免疫の概念は変貌し,何か宿主にとって異質のタンパク質(いわゆる抗原)と特異的に反応する因子である物質を抗体と呼称することになった.すなわち抗体の概念は抗毒素(antitoxinn)などから認識されるように異物に反応するものとの考えになった.この抗体(antibody)という名称は1891年にエールリッヒが最初に唱えたと思われている．なお，抗原に関しては前述したが，1903年のデートルドイチェの命名で，抗体を産生させるものの意である．

次の問題は抗体産生が行われる部位であった．病理組織学的に，組織，細胞が追究され，リンパ組織が注目され，また抗体産生細胞は形質細胞であるとする古くからある学説が重視されるようになった．一方，リンパ球とする考えも存在していたが，機能の定かでないリンパ球を抗体産生細胞とすることには躊躇があった．この時期，リンパ球と形質細胞との関係は不明の状況であったので無理からぬことである．

生化学の研究から，血清中に存在する抗体の物質的性状が追究された．硫酸アンモニア塩析でグロブリン分画に含まれ，電気泳動でγグロブリン分画との関連が問題として認められるようになった．そして，その分画は感染時増高し，治癒に伴い正常に復することが見られる事実も確認された．

抗体グロブリンについては，γ分画のみならずβ分画にも存在する場合があることなどから，国際的に免疫グロブリンと呼称することになった．すなわち，IgG, IgM, IgA, IgE, IgDである．そして，1959年にエデルマンや1962年にポーターが免疫グロブリンの基本構造を解明し，その物理化学的性状が追究され，分子構造やその機能が明らかにされた．その後，産生に関与する遺伝子なども明らかにされることになる．

1969年にロイットらは，胸腺由来細胞（Tリンパ球，T細胞）と非胸腺依存性細胞（Bリンパ球，B細胞）の細胞間の機能的共同作業が抗体産生に関与することを確認した．また，ミッチェル（Graham F. Mitchell）とミラー（Jacques Francis Albert Pierre Miller）は1968年にT細胞が抗原を認識し，抗体産生を助けること（ヘルパー活性）を確認し，1969年にはT細胞とB細胞を標識することにより，抗体産生は主にB細胞であること，そしてリンパ球と形質細胞の関係を明らかにした．

次に特筆されるのは，多様な抗原に対して特異的な抗体を産生することが可能な機構を踏まえて，利根川は1974年，1976年に免疫グロブリンの遺伝子再構成を追究し，抗体産生の背景を遺伝子の面から解明したことである．

抗体は特定の分子と結合する機能が認められている分子で，その働きによって病原体を失活させるし，また病原体を直接攻撃する目印にする．そのため，抗体を産生するB細胞は免疫系の中では間接的に攻撃する役割を担っている．この働きを体液ないし液性免疫と称している．

抗体は形質細胞から放出されて血清中にあって，血液や組織液によって全身に運ばれる．この抗体は特定の分子（抗原分子）と結合する．また，補体と結合して食細胞に貪食されやすくするオプソニン化を導く．マクロファージなどに化学的遊走も惹起し，細菌などの細胞外膜に孔を開ける．しかし，体液性といえば抗体のみでなく，リゾチームなどの抗菌性生理活性物質や各種サイトカインなどもあることを無視するわけにはいかない．したがって，体液性免疫（humoral immunity）と後述する細胞性免疫（cellular immunity）との区別が紛らわしい状況に感じられる．

以上，抗体の歴史は，二度なしの理由を最初に説明した北里らが発見した抗体に関して利根川が抗体産生を遺伝子の観点から明らかにしたといえるが，抗体産生やT細胞受容体の遺伝子再構成にはDNA切断酵素（RAG1，RAG2）が必須であり，これをコードしている遺伝子はもともとトランスポゾン（DNA間を飛び回る）であることから，獲得性特異免疫の発現の経緯には多くの課題がある．

## 補　体

感染の追究において，抗体の作用とは別に正常動物の血清中に殺菌作用を示す物質の存在が考えられ，自然免疫の体液学説を支持する研究者がその物質を検討していた．1891年にこの殺菌性物質をアレキシンと命名したのはブフナー(Hans Buchner)である．一方，1895年にボルデは特異的な抗体と非特異的で易熱性物質との共同作用によって溶菌現象が発現することを確認した．この易熱性因子をアレキシンと称した．

1899年にエールリッヒとモルゲンロート(Julius Morgenroth)はアレキシンと同様な物質を特異的抗原抗体反応に関与する第3因子であることから補体(complement)と命名した．すなわち，免疫系を構成する細胞表面に特異的な受容体が付着している．この受容体が抗原刺激で増大して血中に分離して循環する．これには2種類あって今日でいう抗体と，新鮮な血液中に存在する易熱性の物質で，微生物の特定要素を認識して結合する．この易熱性要素は血清中にあって免疫系の細胞を補助するという意味で補体と命名された．エールリッヒは抗原特異的な各アンボセプター(後に抗体と呼ばれる)に特異的な補体があると考えていたが，ボルデは，補体には型がなく，1種であると考えた．20世紀初めに，補体は抗原特異的な抗体との組合せでも作用するが，独自に非特異的に作用することも確認された．また，血清中の補体は加熱(56℃，30分)のみならず放置や濾過などによっても失活することも知られるようになった．

1953年，ハイデルバーガー(Michael Heiderberger)により補体は4成分の複合体とされ，次第に各成分の性状や機能が解析されるようになった．その後の研究で，補体タンパク質は11成分(C'1p,q,r, C'2-C'9)で，酵素反応の連鎖によって生じる各成分の生理活性が解明された．また，抗原抗体複合物により開始する経路(古典経路)によって補体の活性化が起こることが解明された．これに加えて，ピルマー(Louis Pillemer)が1954年に提唱した抗体によらずに惹起される補体の活性化経路は，1973年にオスラー(Abraham G. Osler)とサンドバーグ(Ann L. Sandberg)によって細菌の壁や膜成分であるリポポリサッカライドによって誘発されるC3成分の活性化から開始する経路(第二経路，代替経路，副次経路)として確認された．さらに，ホフマンらにより，1999年，第3の経路としてマンノース結合レクチンが関与する経路(レクチン経路)が発見された．したがって，現在3通りの経路の存在が知られるようになった．

一方，田村昇(Noboru Tamura)とネルソン(Robert A. Nelson Jr.)は1967年に補体系を不活性化する物質について報告した．その後も補体系の抑制に関する研究が多く認められている．

以上のように，補体は抗原抗体反応を補助するものと認識されて命名されたが，補助因子というよりは多種類の血中タンパク質の一群で，極めて強力な生理活性物質であって，生体防御の第一線で作用し，生命の最後まで生体を防御する生理現象を持続させるものである．

## 細胞性免疫

食作用については19世紀の後半から20世紀の初頭にかけて発表されたメチニコフの業績以来，外来異物処理に小食細胞(好中球など)および大食細胞(マクロファージなど)についての研究がなされた．

1950年前後の移植免疫の研究で，移植抗原の遺伝的背景や拒絶反応における免疫寛容の存在が明らかになり細胞性免疫(cellular immunity)の意義が確かなものとなった．

一方，胸腺と免疫機能との関連で，抗原で胸腺を活性化したときの機能が追究され，胸腺由来細胞が検討対象となった．そして，1961年にミラーは胸腺が一次リンパ系器官であることを突き止め，胸腺由来のリンパ球が抗原認識と抗体産生に関与することを示した．換言すれば，骨髄由来細胞による抗体産生は胸腺由来細胞の助力が必要であるとする事実の発見であった．一方，ローズノウ(Werner Rosenau)とムーン(Henry D. Moon)は1961年に感作リンパ球による特異的な細胞融解を組織培養下で確認した．またゴーワンズ(James Learmonth Gowans)は1962年にリンパ球が抗原特異的免疫を担っていることを証明した．リンパ球の細胞傷害性の機能については，ホファールツ(A. Govaerts)が1960年に犬の腎細胞の培養で報告し，ローズノウとムーンは1961年に標的細胞の種類を広げた．さらに，1964年にベイン(Barbara Bain)とローウェンスタイン(Louis Lowenstein)がリンパ球を混合培養すると相互に刺激し合うリンパ球集団の増殖反応を測定する方法を開発したことで，移植のための白血球型別や細胞傷害性の確認に応用される結果となった．また，デュモンド(Dudley C. Dumonde)らによって1969年に，サイトカインに関する多くの研究があることが示されている．なお，1968年にミッチェルとミラーは，はじめてマウスの胸管リンパ中に19S溶血素(抗ヒツジ赤血球抗原IgM抗体)産生細胞の前駆細胞(B細胞，Bリンパ球)およびその前駆細胞を抗原依存性に19S溶血素産生細胞へと分化させる細胞(T細胞，Tリンパ球)の2種のリンパ球亜集団が存在することを発見した．なお，B細胞のBは骨髄(bone marrow)や鳥類のファブリキウス嚢(bura Fabricius)に，T細胞のTは胸腺(thymus)に由来している．ゴールドシュタイン(P. Goldstein)らは1971年にT細胞の抗原認識はB細胞と同じようであることを証明した．すなわち，抗原感作で誘導された細胞傷害性T細胞はT細胞によって認識された抗原保有細胞に結合するとした．さらに，セロッティーニ(Jean-Charles Cerottini)とブルンナー(K. Theodor Brunner)は1974年に，細胞傷害性細胞がT細胞であることを証明した．放射性同位元素による標識法によってT細胞の傷害活性が確認されていたが，その機能が発揮されるには遺伝的背景が関与していることが示された．すなわち，ツィンカーナーゲル(Rolf Martin Zinkernagel)とドハーティー(Peter Charles Doherty)は1974年にリンパ球性脈絡髄膜炎ウイルスの感染性の違いは系統間におけるT細胞反応性の差によると考え実験を進めた結果，T細胞と標的細胞のMHCが一致している必要があることを認め，またT細胞の抗原認識におけるMHC拘束性が存在することも確認した．1947年，グリーブス(Mavis S. Greaves)，オーウェン(John J. T. Owen)とラフ(Martin C. Raff)らは抗体産生におけるT細胞の役割はB細胞と同じく抗原特異的であり，細胞膜上の抗体分子によることを示唆した．

その後，マラック(Philippa C. Marrack)とカプラー(John W. Kappler)は1975年に限界希釈法(limited dilution)によってT細胞クローン間の明確な機能的差異を確認した．パリッシュ(Chris R. Parish)とリュー(Foo Yew Liew)は1976年に遅延型過敏反応(DTH)と抗体産生を比較して反応に関与するT細胞とヘルパーT細胞(Th細胞)とは異なるものと考えた．また，カントール(Harvey Cantor)とボイス(Edward A. Boyse)は1977年にT細胞のサブセット(ヘルパーT細胞：Th細胞と細胞傷害性T細胞：Tc細胞)を確認し，ファスマン(Garrison Fathman)は1978年にT細胞クローンを樹立した．

DTHに関与するヘルパーT細胞はMHCクラスⅡに拘束され，細胞傷害性T細胞，すなわちキラーT細胞(KTC)はMHCクラスⅠに拘束されることが，またT細胞の抗原認識にはMHCやTCR(T細胞受容体)の遺伝子およびそのタンパク質の構造や機能に関係することが認められた．そして，モスマン(Timothy R. Mossmann)らは1986年にこれら細胞のクローンを作製することで，Th細胞には共通の前駆細胞から派生する産生サイトカインの異なる2種のクローンが存在し，すなわちTh1とTh2が存在することを確認した．また，DTH反応ではTh1が作用するとした．

現在，T細胞には各種の細胞が知られているが，αβT細胞とγδT細胞とがあって，前者にはTh細胞(Th0, 1, 2, 17)，Tc細胞，Treg細胞がある．また最近では胸腺を介さずに分化成熟する末梢性T細胞が存在することも報告されている．

要するに，T細胞はリンパ球の一種で，骨髄で産生された前駆細胞が胸腺での選択を経て分化成熟する細胞で，細胞表面には特徴的なT細胞受容体(T cell receptor；TCR)が確認される．

なお，細胞性免疫は，狭義にはT細胞による抗原特異的な異物処理に限局されるが，広義にはオプソニン効果や好中球やマクロファージなどの貪食効果も包含されている．

細胞性免疫は体液性免疫に対応する免疫であるが，細胞が貪食して消化・分解して傷害する場合のみならず，細胞が分泌するパーフォリンやグランザイムによる傷害，サイトカイン(インターフェロン：IFNや腫瘍壊死因子：TNFなど)およびFasリガンドによるアポトーシスによる場合もある．サイトカインなどは細胞から分泌されるもので液性成分として作用するので，免疫グロブリンである抗体と同様に考えれば，これらによる細胞性免疫は体液性免疫との区別は判然としないように思われる．

## 免疫学的寛容

1950年代に入り当時は感染症に関連した免疫の領域から多少横道とも思われる分野において，生物学的に追究されていたが，1958年にブレント，1959年にメダワー，1961年にハシェック(Milan Hasek)，ランゲロヴァー(Alena Langerova)とフラバ(Thomas Hraba)に見られように組織移植免疫の分野が拓かれた．そして，その反応は遅延型アレルギー現象の範疇として認識され，自家抗原，同種抗原が認識された．さらに，1958年のブレントや1960年のメダワーの報告に見られるように免疫学的寛容の概念が醸成された．すなわち，1945年にオーウェン(Ray David Owen)が牛の2卵性双胎子における血球キメラを報告したことから，1949年にバーネットとフェンナー(Frank Fenner)は，1951年のアンダーソン(D. Anderson)ら，1953年のダンフォード(Ivor Dunsford)らの報告もあり，2頭の双胎子が胎子期に相互に感作されたため生後に抗体を産生しなくなったと推察した．すなわち，胎生期から新生期にかけて抗原に感作された特異的リンパ球は消滅して自然免疫寛容が成立したものと考えた．

この推測は1953年にビリンガム，ブレンド，メダワーによって実証され，その後の免疫寛容や自己と非自己に関する研究に繋がっている．そして，1972年にガーション(Richard K. Gershon)が抑制的に働く細胞の存在を報告したが，このことは寛容現象が寛容細胞によるとした1959年のウッドラフ(Michael Francis Addison Woodruff)の提案を裏づけるものであった．すなわち，反応の欠如あるいは抑制低下の状態を示している．一般に自己の抗原物質に対して免疫応答を示さない自己(自然)免疫寛容は，自己の体組織成分に対する免疫無反応性をいい，これも免疫寛容に由来する．免疫寛容が破綻して自己抗原に対して免疫反応を示すことが原因となる疾病が自己免疫疾患である．すべての抗原に対する免疫反応の欠如あるいは抑制状態は免疫不全と呼ばれる病的状態である．また，外来抗原(タンパク質抗原や同系組織適合抗原)に対しても免疫応答を特異的に低下させることが可能であることも判明し，この状態を獲得免疫寛容と呼称している．

免疫寛容は免疫応答の異常亢進状態を呈するアレルギーや自己免疫疾患とは対極に存在するもので，病的には免疫不全状態に相当している（**図1-1**）．しかし，免疫機能の発現によって生体の内部環境が保持されると同様に，免疫寛容によって生体の調和が成り立っている．

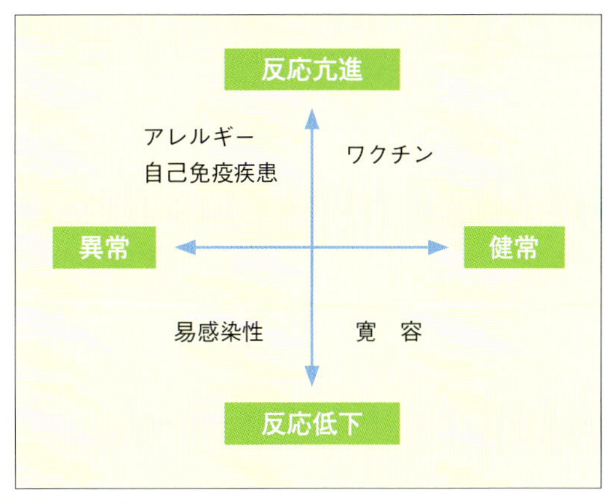


**図1-1**　**免疫と疾患**

## まとめ

**免疫やアレルギーについて追究してきた先人の足跡を辿り，今日の免疫学を理解する座標軸とする．**

### 1）研究発展の本流を理解する

a）免疫：

先ず病気の流行が認識され，同じ病気の次の流行時に感染を免れる人の存在が知られるようになった．その後，流行する疾病が微生物（真菌とか細菌）に起因することが判明した．さらに再度感染しないという「二度なし」が実験的に証明され，その機序が追究された．そして抗体が確認され，抗原抗体反応が注目されることになった．一方で食作用も認められた．

抗原抗体反応の研究結果から血清療法が実施され，他方アレルギーが問題になった．また血液型が報告された．

個体の観点から追究されてきた免疫学は，科学の発達に伴い物理化学的視点からの研究へと発展し，抗原，抗体，補体などの構造や機能について追究がなされるようになった．引き続き，免疫学は細胞生物学の分野からの研究が主体となった．すなわち，免疫担当細胞，免疫応答が追究されるように変貌した．さらに，抗原および免疫応答両方において個体差の存在が確認されたことから免疫遺伝学的領域での研究が行われはじめ，現在では，分子生物学すなわち，遺伝子を中心として免疫現象の解明が行われている．

b）アレルギー：

免疫が生体防御に関与する機能であるとの認識に反する矛盾した反応として，アナフィラキシーやアルサス現象が確認され，また，血清療法の有害反応として血清病が問題となった．そして「変わった反応」としてアレルギーなる言葉が誕生した．その後，血清中にアレルギーを誘起する成分（レアギン抗体）の存在が認識され，Prausnitz-Küstner（P-K）反応として流布することになった.

そして，アトピーの報告，遅延型アレルギーの確認，アトピー性皮膚炎の報告が行われた. さらに，遅延型アレルギーがリンパ球による伝達によることが判明した. 次に特筆されるのは，免疫グロブリンの成果を背景にレアギン抗体がIgEであることの発見である. この発見により，アレルギーの実態がはじめて科学的に物質レベルで解明されたことで，以後アレルギーが免疫学的研究の対象となった.

1963年のクームスとゲルの報告以来，過敏反応の機序に関する整理分類については新事実の発見に基づき種々の検討が試みられているが，現在なお彼らの分類が用いられている.

### 2）主要項目における一里塚を把握する

免疫論，抗原，抗体，補体，細胞性免疫，免疫学的寛容の各項目について，その研究発展の経過を把握して免疫発展の実状を理解する.

長谷川 篤彦（東京大学名誉教授）

## 主な参考文献

1. 川喜田愛郎著（1964）：感染論，岩波書店.
2. 鈴木鑑著（1974）：免疫学血清学の歩んできた道，近代出版.
3. ウイリアム フォード（William L. Ford）（1982）：第14章 リンパ球 ―その未知の謎から細胞機能モデルへの変貌，柴田昭監訳，ウイントローブ血液学の源流Ⅱ，西村書店.
4. 多田富雄著（1993）：免疫の意味論，青土社.
5. 桂義元，広川勝昱（1998）：胸腺とT細胞，T細胞はこうしてつくられる，医学書院.
6. A Barry Kay: Allergy and Hypersensitivity; History and Concept in 2nd ed, edited by Kay A.B., Kaplan A.P., Bousquet J., Holt P.G.（2008），Allergy and Allergic Diseases, Wiley-Blackwell Publishing.
7. 子安重夫（2013）：第1章 免疫システムの発見史，谷口克監修，標準免疫学，第3版，医学書院.

# 第2章 免疫に関わる細胞と臓器

## 1 はじめに

食物を消化・吸収する臓器は消化器で，呼吸に関わる臓器は呼吸器などと，生理作用を担当する臓器は解剖学的にも生理学的にも解明されていた．しかし，免疫機能に関しては不明であり，解剖学でも，生理学でも検討されていなかった．免疫については，感染症（伝染病）学や微生物学の範囲で扱われていたにすぎず，免疫担当細胞や臓器について研究されるようになったのは20世紀中期以降のことである．

いわゆる免疫は自然免疫と獲得免疫に分けられるが，前者ではマクロファージ（貪食細胞），好中球，好酸球，好塩基球，肥満細胞，ナチュラルキラー細胞（NK細胞）が，また後者では樹状細胞・マクロファージ，T細胞，B細胞が関与している．これら免疫に関与する臓器と細胞を表に示す（**表2-1**）．

## 2 顆粒球

白血球のうち，好中球，好酸球，好塩基球を総称して顆粒球と呼ぶ．その細胞内には顆粒が認められる．骨髄中の造血幹細胞は，自己複製能と複数の血球系統に分化する多分化能を有し，各血液細胞およびリンパ系細胞へと分化成熟する．ここでは，好中球，好酸球，好塩基球の特徴と機能について解説する．

**表2-1** 免疫系に関与する臓器と細胞

| | |
|---|---|
| A. 担当細胞 | 1 抗原提示細胞：マクロファージ，樹状細胞<br>2 貪食細胞：好中球，好酸球，好塩基球，単球・マクロファージ，肥満細胞<br>3 リンパ球<br>1）T細胞：<br>ヘルパーT細胞：Th1，Th2，Th17，<br>細胞傷害性T細胞（Tc/CTL），制御性T細胞（Treg）<br>NKT細胞，γδT細胞<br>2）B細胞：B細胞受容体（BCR）陽性細胞<br>3）NK細胞 |
| B. 担当臓器 | 1 血液幹細胞を生成する臓器：肝（胎生期），脾・骨髄（胎生期，生後）<br>2 免疫担当細胞が機能分化し，選択や増殖する臓器：胸腺，骨髄<br>3 抗原刺激によりリンパ球が分化，増殖し，感作リンパ球や抗体を産生する臓器：<br>リンパ節，脾，扁桃，パイエル板，粘膜固有層<br>1）一次リンパ組織：胸腺や骨髄（**図2-1，2**）<br>胸腺由来細胞（T細胞）<br>骨髄由来細胞（B細胞）<br>ファブリキウス嚢（鳥類）B細胞が分化・増殖する<br>2）二次リンパ組織：リンパ節，脾臓，扁桃，パイエル板，粘膜固有層 |

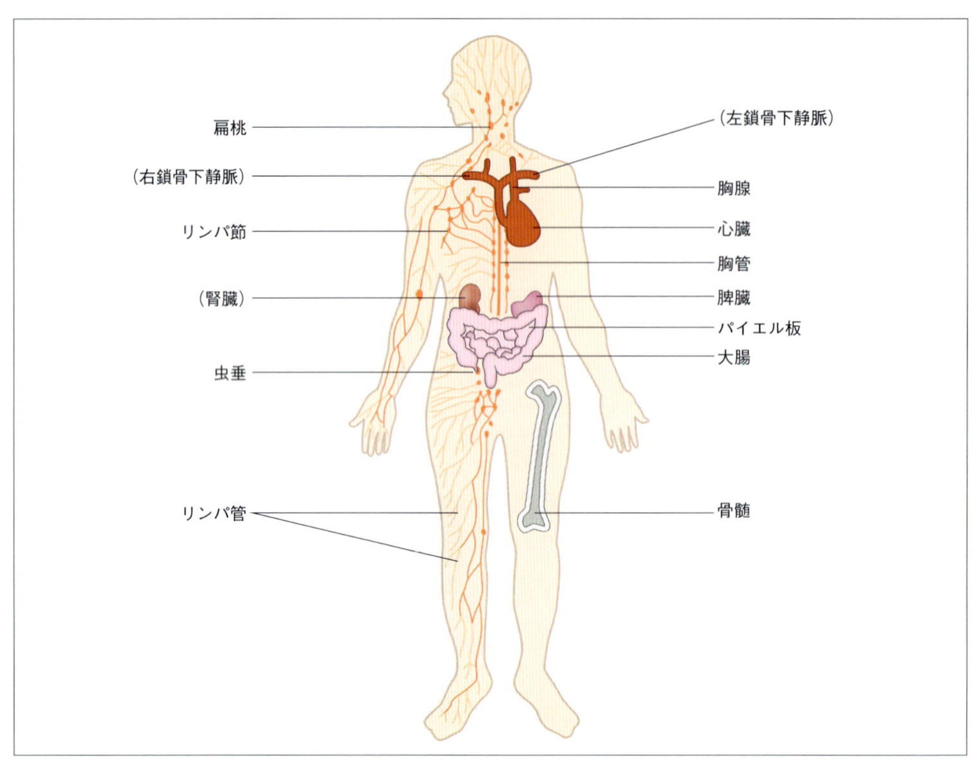


図2-1 **リンパ組織**

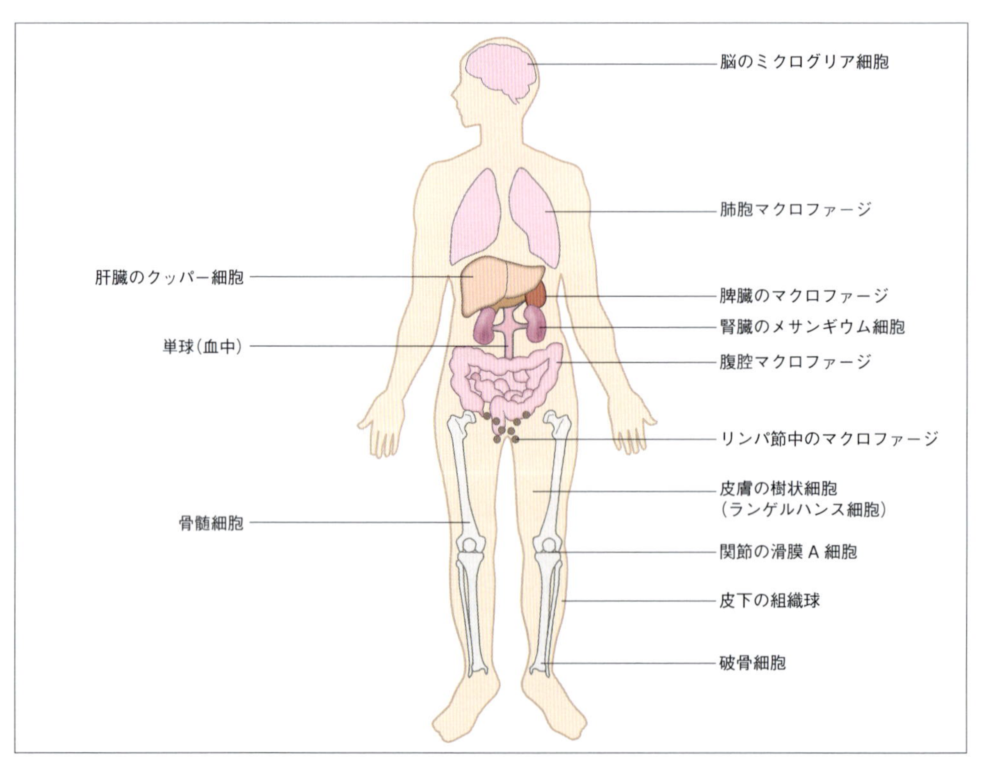


図2-2 **単球・マクロファージ系細胞.** これら組織のマクロファージ:樹状細胞(抗原提示細胞)も含まれる.

## 好中球

好中球は生体内に侵入した細菌などの非自己のタンパク質や異物を処理し生体を防御する．好中球がそれらを処理する過程は，遊走，貪食，殺菌の3相に区別される．

好中球を遊走させるものには，
①補体活性化の際にできるタンパク質断片
②線溶系，キニン系由来物質
③白血球，血小板の由来物質
④細菌からの産物

があり好中球は血管に接着後に血管外へ移動する．

好中球は一次顆粒と二次顆粒の2種類の顆粒を有し，その中には抗菌性タンパク質が豊富に含まれている．

前骨髄球に含まれる，アズール好性の一次顆粒はリソソームであり，この顆粒内には酸水解酵素，ミエロペルオキシダーゼやムラミターゼ(リゾチーム)，抗菌性タンパク質であるデフェンシン，セプロシディイン，カテリシディンや細胞質透過性タンパク質が含まれる．一方，骨髄球以降になるとその細胞には二次顆粒が出現する．二次顆粒はラクトフェリンなどの様々な酵素を含み，特殊顆粒と呼ばれる．ちなみに，二次顆粒は正常な犬や猫での好中球では顕微鏡で見ることができず，重度の感染時の中毒性変化などで見られる．抗菌性タンパク質を含むリソソームが貪食された微生物(ファゴソームと呼ばれる)と融合するとファゴリソソームと呼

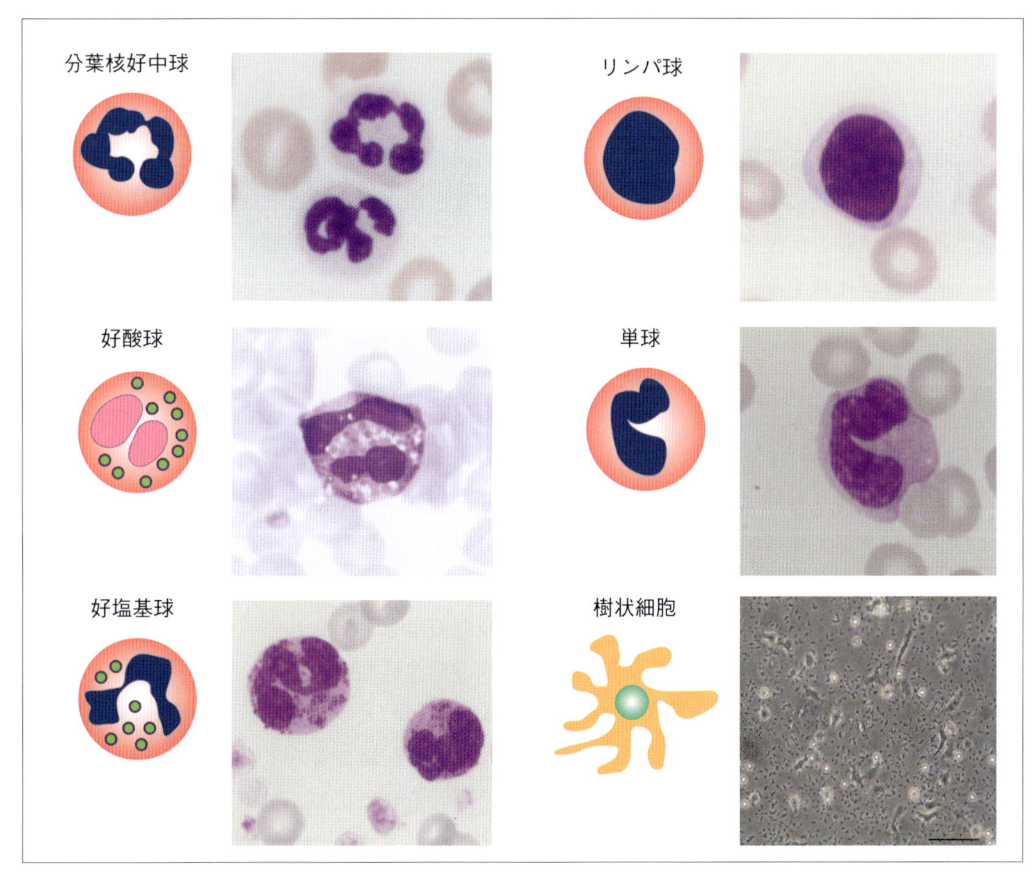


図2-3　免疫系に関与する細胞

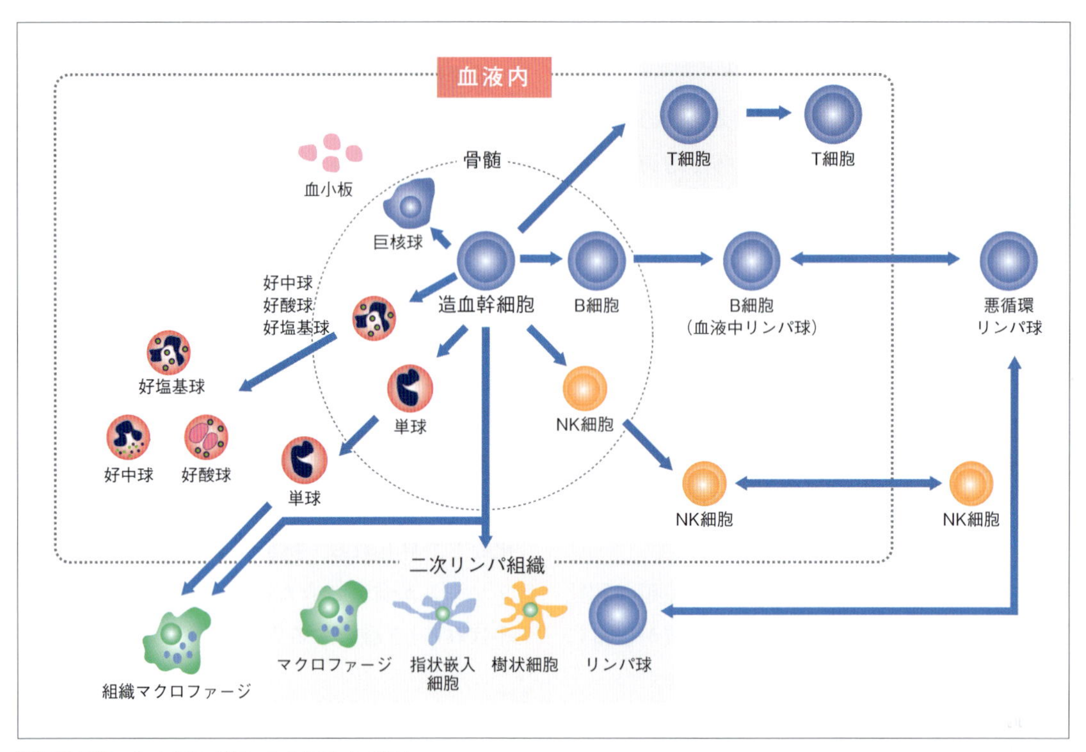


図2-4 免疫系に関与する細胞と臓器

ばれるようになり，そこで細菌は殺される．好中球の寿命は12時間〜24時間程度であり，他の細胞へ抗原の情報を伝達することなく，迅速に細胞と病原体は死滅する．

## 好酸球

好酸球は，寄生虫に対する免疫に関与していると考えられている．好酸球が住血吸虫のような大きな病原体を傷害する場合，細胞自身で巨大な虫体を取り込み・貪食することは不可能であり，何らかの手段を使う必要がある．好酸球の顆粒は膜構造を持つ小器官で，周囲の基質とは電子密度が異なる結晶状のコアを持つ．そのコアには，major basic protein(MBP)と呼ばれるタンパク質が含まれている．MBPは，回虫類に対する強力な毒素であり，それによって抗寄生虫免疫に関与している．さらに，好酸球は肥満細胞からのヒスタミンの遊離も促進し，好中球・血小板を活性化し気道を収縮させるなどしてアレルギーの病態にも強く関わる．

## 好塩基球・肥満細胞

好塩基球は，循環血液中にごく少数存在し，アレルギー反応の際に重要な役割を果たす．肥満細胞は，末梢血液中には存在しないが組織や骨髄中にやはりごく少数存在する．これら細胞は，アレルゲンに対して脱顆粒し，細胞質内顆粒を放出してアレルギー反応を起こす．細胞質内好塩基性顆粒には，ヒスタミン，ロイコトリエン，ヘパリンなどが含まれている．細胞表面にはIgEと結合する受容体があり，受容体に結合したIgEに抗原が結合すると，IgEが抗原で架橋される形になり，細胞内に刺激が入る．このことで細胞質内顆粒放出が行われ，ヒスタミンなどの炎症性メディエーターが作用して炎症反応が発生する．

## 3 リンパ球

多能性骨髄幹細胞は，リンパ系幹細胞へと分化し最終的にT細胞，B細胞，NK細胞へと分化・成熟する．

### T細胞

T細胞は細胞性免疫をつかさどるリンパ球である．T細胞は，まず細胞表面の受容体(T細胞受容体：T cell receptor；TCR)を介して抗原を認識する．造血幹細胞から分化した前駆細胞は胸腺に移動しT細胞に分化する．胸腺に移動してきたばかりの前駆細胞は，$CD4^-CD8^-$細胞でもあるためDN1細胞(ダブルネガティブ細胞1)と呼ばれている．T細胞の分化は，T細胞受容体の出現とともに進行する．分化が進むにつれてこの細胞は，CD4とCD8をともに発現しDP(ダブルポジティブ)胸腺細胞と呼ばれる細胞へと分化する．その後，CD4，CD8のいずれかを細胞表面に持つ細胞に分化することで，それぞれヘルパーT細胞と細胞傷害性T細胞に分化・成熟し，胸腺を離れて末梢のリンパ組織に分布する．

#### 1 ヘルパーT細胞

ヘルパーT細胞は，CD4だけを発現($CD4^+CD8^-$)し主にB細胞の抗体産生を調節する．

#### 2 細胞傷害性T細胞(キラーT細胞)

細胞傷害性T細胞(cytotoxic T lymphocyte；CTL)はCD8だけを発現($CD4^-CD8^+$)しウイルス感染細胞や癌細胞に対し細胞傷害作用を有する．

### B細胞

抗体を産生し，液性免疫をつかさどる細胞である．リンパ系幹細胞から分化した未分化な前駆細胞は，免疫グロブリンの重鎖(heavy chain)遺伝子の再構成を行い，細胞内にIgMの重鎖(μ鎖)を持つpre-B細胞となる．pre-B細胞では，やがて軽鎖(light chain)が作られ，この重鎖と結合して細胞表面にIgMが発現し，未熟B細胞となる．未熟B細胞は骨髄から末梢の二次リンパ組織へ移動し，細胞表面にIgMとともにIgDを同時に発現し，成熟B細胞になる．この段階までの分化は抗原刺激を必要とせずに行われる．成熟B細胞は自身の細胞表面にB細胞受容体として膜型抗体を持っており，この膜型抗体が認識する抗原に出会うことによって，抗原による刺激を受け活性化し，T細胞やマクロファージが産生するIL-4，IL-5，IL-6などのサイトカインの作用を受けて細胞分裂を行いながら増殖し，最終的に抗体(IgM，IgG，IgE，あるいはIgA)を盛んに産生する形質細胞へと分化する．

### 自然リンパ球

顆粒球と違って，各臓器には正常状態であっても少量のリンパ球が間質に存在していることはよく知られていた．しかし，これらリンパ球の役割については長い間，全く注目されてこなかった．2010年にマウスの脂肪組織中に，これまでのリンパ球の表面マーカーを持たない，全く新しいリンパ球集団が発見され，ナチュラルヘルパー細胞と名付けられた[1]．

自然リンパ球(innate lymphoid cell；ILC)はこれまでにわかっていたT細胞やB細胞の表面マーカーを持たないリンパ球であり，一部を除きほとんどが血中に循環せず臓器に存在する．抗原を認識できないため，上皮細胞から分泌さ

**表2-2 自然リンパ球の分類**

| | グループ1(ILC1) | グループ2(ILC2) | グループ3(ILC3) |
|---|---|---|---|
| サイトカイン産生 | IFN-γ<br>TNF-α | IL-5<br>IL-13 | IL-17<br>IL-22 |
| 対応 | ウイルス感染<br>細胞内細菌感染<br>寄生虫感染 | 寄生虫感染<br>(線虫) | 細菌，真菌感染 |

れるサイトカインの刺激を受けて反応する．自然リンパ球は従来のリンパ球であるT細胞やB細胞と異なり，それらよりも大量のサイトカインを迅速に産生することで局所に炎症を起こして感染防御に働く．産生するサイトカインのパターンはT細胞と類似しており，次の三つのグループに分類される(**表2-2**)．また，自然リンパ球は薬剤に対する受容体を持っていないため，一般的なリンパ球の活性化は副腎皮質ステロイドホルモンやシクロスポリンなどの薬剤で抑制されるが，自然リンパ球の活性化をこれら薬剤で止めることは困難とされる．

### 1 ● グループ1自然リンパ球(ILC1)

このグループの自然リンパ球はIFN-γを産生し，ヘルパーT細胞ではTh1細胞に相当する．NK細胞もこのグループに分類される．産生したIFN-γによって免疫細胞を刺激し，病原体の感染防御を担っている．

### 2 ● グループ2自然リンパ球(ILC2)

Th2細胞に類似したサイトカイン産生パターンを持つ自然リンパ球であり，主にIL-5，IL-13，IL-9などを産生する．ILC2はほとんどすべての組織中に存在し，特に脂肪組織の中には大量に存在する．寄生虫の感染防御やアレルギーの病態に関与していると考えられている．気道においては上皮細胞が壊死するとその核内に貯留されているIL-33が放出されるが，ILC2はIL-33に反応してサイトカインを産生して炎症を起こす一方で，アンフィレグリン(amphiregulin)を産生し，上皮細胞の修復を促進させる作用がある．アレルゲンの中には，上皮細胞に傷害を与えてIL-33を放出させやすいものが知られている．マウスの実験では，ススカビ(アルテリナリア属)[2]，ダニ[3]，パパイン[3,4]にそのような作用があることが知られている．これらアレルゲンの暴露を受けると，傷害された上皮から産生されるIL-33によってグループ2自然リンパ球が引き寄せられ，グループ2自然リンパ球から産生されるIL-13によって上皮細胞が傷害をさらに受けるという悪循環が成立する．この悪循環はアレルゲンの暴露が終了した後も継続するため，アレルギー症状とアレルゲン暴露が一致しない場合がある．

### 3 ● グループ3自然リンパ球(ILC3)

ヘルパーT細胞ではTh17細胞に相当するサイトカイン産生パターンを持つ自然リンパ球の集団であり，ウイルス感染時のリンパ組織の構築に関与している．細菌や真菌の感染防御に関与していると考えられている．

## ナチュラルキラー(NK)細胞

NK細胞は血中リンパ球中の15%を占め，T細胞受容体やB細胞受容体を発現していない．機能的なNK細胞は脾臓に存在し，未熟なNK細胞はリンパ節に存在する．NK細胞はウイルス感染細胞や腫瘍細胞を殺傷するとされている．その異物認識の機構は不明な点が多いが，活性化受容体と抑制型受容体が関与するとされている．

NK細胞は，正常細胞の表面分子を抑制型受容体で認識するため，正常細胞に対しては活性化しないが，ウイルス感染細胞や癌細胞は抑制型受容体持っておらず活性化受容体のみが結合する．このことによってNK細胞は正常細胞とウイルス感染細胞，癌細胞の違いを判別し，傷害する機能がある．癌細胞や病原微生物の感染を受けた自己の細胞に対して，NK細胞はそれらの表面抗原の変化をマクロファージから提示されることなしに直接認識している．

## 4 抗原提示細胞

抗原提示細胞（antigen-presenting cell；APC）は，免疫系の中で最も重要な細胞である．末梢血中には単球が存在し，組織内に移行するとマクロファージに成熟・分化して感染病原体や外来微粒子など「非自己」の物質を貪食して分解する．

抗原は，細胞内小器官内でペプチドへと分解され，主要組織適合遺伝子複合体（MHC）に結合する[注1]．このペプチド抗原はMHCクラスII分子に結合し，そのままAPC上に提示される．提示されたペプチド抗原の情報はヘルパーT細胞上のTCRに認識されヘルパーT細胞を活性化する．このように，APCは抗原の情報を記憶しそれをヘルパーT細胞に伝達する．

樹状細胞（dendritic cell；DC）[注2]はリンパ節や脾臓に存在し，ナイーブT細胞を強く刺激するAPCである．

また，B細胞は，細胞表面のIgMを介して特異的な抗原に結合して，細胞内へ取り込み，ペプチドへと分解する．ペプチド断片がMHCクラスII分子に結合し，細胞表面に移動する．他のAPCと同様に，B細胞もMHCクラスII分子によりペプチドを提示することでヘルパーT細胞を刺激・活性化し，これらヘルパーT細胞から産生されるサイトカインの刺激を受けて，B細胞が取り込んだ抗原に対する抗体を産生するプラズマ細胞に変化するようになる．

## 5 一次リンパ組織

一次リンパ組織は胸腺と骨髄であり，それぞれ成熟T細胞および成熟B細胞を作り出す．この一次リンパ組織では，リンパ系幹細胞からリンパ球の分化，増殖，選択および機能性細胞への成熟が行われる．哺乳類では，T細胞は胸腺で，B細胞は胎児肝と骨髄で成熟する．

一次リンパ組織である胸腺では，自己の組織を自身の免疫系で攻撃しないように，骨髄から胸腺に移動してきた胸腺細胞（T細胞の原型）に「教育」が行われる．具体的には以下のことが

---

**注1　MHC（Major histocompatibility complex）**

MHC分子にはクラスIとクラスIIの二つの型が存在する．クラスI分子はすべての細胞で発現している．この分子自体に個体特有の部分を有するため，細胞傷害性T細胞はそれにより自己，非自己を見分けることができる．一方，クラスII抗原提示細胞にのみ発現しており，細菌やアレルゲンに対する免疫反応を起こす．

**注2　樹状細胞**

細胞質があたかも樹木の枝状に伸びた細胞である．この細胞は貪食能は強くないがクラスII MHC分子を強く発現し，他のAPCであるマクロファージやB細胞よりもヘルパーT細胞へ効率的に活性化するシグナルを伝えている．軍隊でいえば，偵察機や斥候の役割を果たしている．

行われている．

①T細胞受容体を発現している胸腺細胞が生き残る(ポジティブセレクション/ポジティブ選択)．

②自己由来のペプチドを認識するT細胞受容体を持つ胸腺細胞は排除される(ネガティブセレクション/ネガティブ選択)．

すなわち，胸腺ではT細胞が自己に傷害を与えない細胞だけを「選択」しているのである．

骨髄で未熟なB細胞は生まれるが，このとき自己抗原に反応する膜型抗体を有するB細胞は強い刺激が入ることで細胞死を起こし除かれるか，あるいは膜型抗体の認識部位の構造を変えて(receptor editing)自己抗原に反応しないようになる．そのため，自己抗原に反応しない膜型抗体を持つB細胞だけが「選択」された後，血中を通して脾臓やリンパ節に移動する．

## 6 二次リンパ組織

二次リンパ組織は主に脾臓やリンパ節である．加えて，被膜に含まれないリンパ球の集積部位も含まれる．リンパ節には，B細胞領域とT細胞領域があり，加えて形質細胞とマクロファージが存在する．リンパ節や脾臓の皮質には，B細胞および形質細胞が存在し，一方，皮質の内側に接するように存在する傍皮質域にはT細胞が多く存在しており，皮膚や粘膜に抗原刺激があると，これらの部位からリンパ液とともに抗原を取り込んだAPCがリンパ節に移動してくる．APCと会合し，刺激を受けたT細胞は活性化し，皮質のB細胞とさらに会合することで抗原提示するB細胞を刺激して抗体産生に導く．T細胞とB細胞が会合する部位には胚中心と呼ばれる球形の構造となる(**図2-5**)．

パイエル板は小腸の腸管粘膜に存在する，リンパ球が集簇したドーム型の組織である．形状は動物種によって異なり，すべて楕円形(げっ歯類，霊長類)，棒状(反芻獣，馬，豚，犬，ヒト)がある．パイエル板の腸管内腔面の上皮細胞の間にはM細胞と呼ばれる特殊な細胞が存在し，腸内細菌や食物を捕捉し，粘膜下の免疫系にそれら提示する役割を示す．M細胞の粘膜面には抗原提示細胞が存在しており，そこで抗原特異的な免疫反応を開始する(**図2-6**)．

また，消化管，呼吸器および生殖器の粘膜下組織には粘膜関連リンパ組織(mucosa-

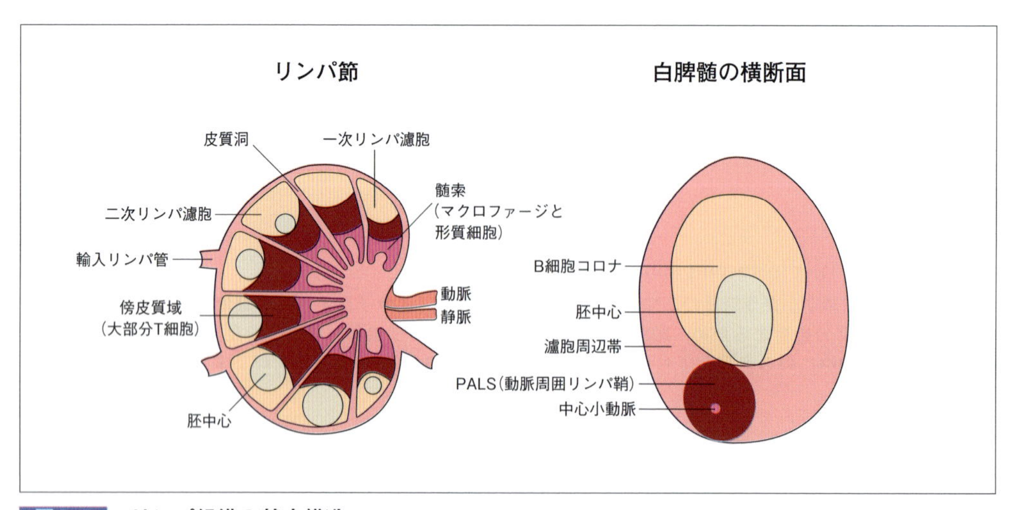


**図2-5 リンパ組織の基本構造**

associated lymphoid tessue；MALT）と呼ばれるリンパ球集簇がある．粘膜免疫の主役となる免疫グロブリンはIgAの産生に関わっているが，その詳細についてはまだ不明な点が多い．

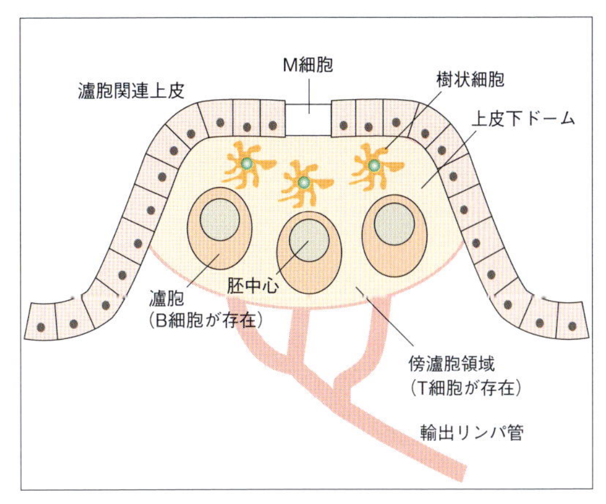


図2-6 パイエル板の基本構造

## まとめ

免疫系をつかさどる細胞には，顆粒球系細胞，リンパ系細胞および抗原提示細胞がある．これら細胞が互いに連絡し刺激しながら外来物質に対する免疫系を構築してはこれら細胞の名称とその機能の概要を本項において理解して欲しい．

久末 正晴（麻布大学）
増田 健一（動物アレルギー検査株式会社）

### 参考文献

1. Moro K., Yamada T., Tanabe M., Takeuchi T., Ikawa T., Kawamoto H., *et al*. (2010):Innate production of T(H)2 cytokines by adipose tissue-associated c-Kit(+)Sca-1(+) lymphoid cells. Nature,463:540-4.
2. Bartemes K.R., Iijima K., Kobayashi T., Kephart G.M., McKenzie A.N., Kita H. (2012):IL-33-responsive lineage- $CD25^+$ CD44(hi) lymphoid cells mediate innate type 2 immunity and allergic inflammation in the lungs. J Immunol ,188:1503-13.
3. Nakanishi W., Yamaguchi S., Matsuda A., Suzukawa M., Shibui A., Nambu A., *et al*. (2013):IL-33, but not IL-25, is crucial for the development of house dust mite antigen-induced allergic rhinitis. PLoS One, 8:e78099.
4. Pichery M., Mirey E., Mercier P., Lefrancais E., Dujardin A., Ortega N., *et al*. (2012):Endogenous IL-33 is highly expressed in mouse epithelial barrier tissues, lymphoid organs, brain, embryos, and inflamed tissues: in situ analysis using a novel Il-33-LacZ gene trap reporter strain. J Immunol, 188:3488-95.

# 第3章 自己と非自己の識別

## 1 はじめに

生体にとって自己と非自己の識別は極めて繊細なシステムである．そしてこの識別こそが免疫機能の根幹である．その識別は主要組織適合遺伝子複合体(major histocompatibility complex；MHC)に委ねられている．すなわち，MHCの判別によって，自己か非自己かが決定されている．獲得免疫において抗原提示細胞などの自己の細胞がMHCと一緒に提示する抗原をリンパ球が察知してどのように反応するかによってその後の免疫応答が決まる．それによって自己なら攻撃しないが，非自己と判断すれば攻撃対象となる．一方，自然免疫では抗原を認識せずに，細胞表面の分子の有無で正常細胞か異常細胞かを判断しており，例えばナチュラルキラー(NK)細胞などはその表面に存在する各種受容体やリガンドが作用して異常な細胞の排除を行っている．

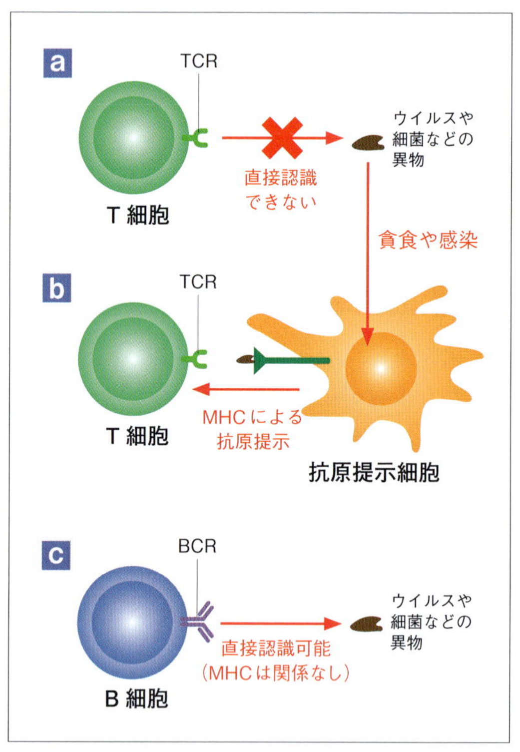


**図3-1 T細胞への抗原提示にはMHCが必要である．** a TCR(T細胞受容体)は，抗原タンパク質を直接認識することができない．b TCRは，抗原提示細胞上のMHCと抗原タンパク質由来ペプチドの複合体を認識してその後の反応を起こす．c B細胞上のBCR(B細胞受容体)はTCRと異なり，抗原の一部を直接認識することが可能であるためMHC分子による抗原提示を必要としない．

## 2 主要組織適合複合体とCD分類

### 主要組織適合複合体

T細胞が免疫応答する際，T細胞上のT細胞受容体(T cell receptor；TCR)が抗原認識することによりT細胞に刺激が入る．しかし，TCRそれだけでは,抗原分子を直接認識することはできず，抗原提示細胞により抗原分子を提示されなければならない(**図3-1**)．その抗原分子をT細胞に提示するときに使用されるのが，抗原提示細胞上のMHC分子である．**図3-2**に示すように，抗原分子はMHC分子の窪みに挟まるような形で提示され，受け取り側のTCRは，MHCと抗原由来ペプチドをセットで認識

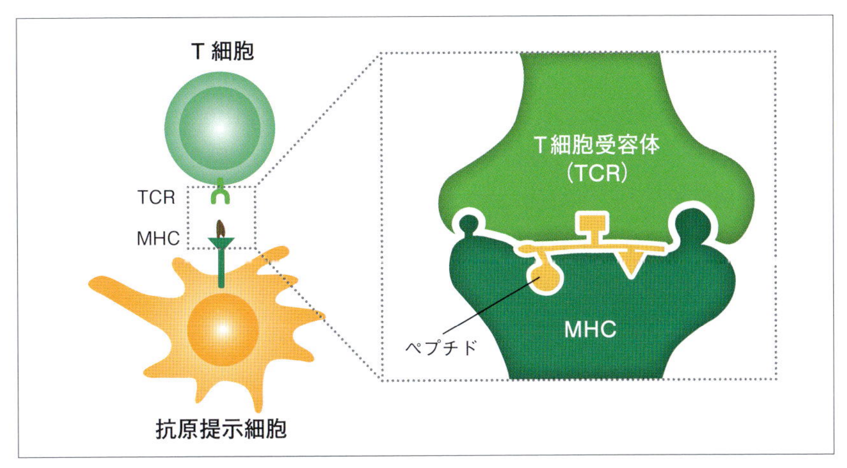


**図3-2　TCRは，MHCに提示されたペプチドをMHCとともに認識する．** TCRは，自身のTCRにぴったりと結合するようなペプチドを提示しており，さらに自己のMHCであることが確認できたMHCにのみ結合可能である．

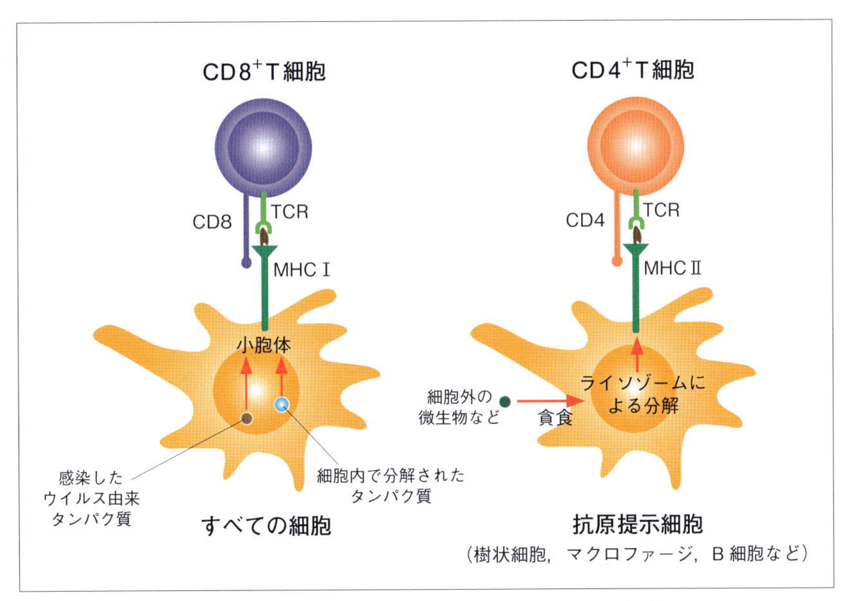


**図3-3　抗原提示におけるMHCクラスⅠとMHCクラスⅡ経路**

する．したがってT細胞は，血液中に存在する細菌やウイルスなどを直接認識して反応することはできない（**図3-1**）．

MHC分子には，大きく分けてMHCクラスⅠとMHCクラスⅡが存在し，発現する細胞，抗原提示する対象，抗原提示するT細胞の種類によって使い分けられる（**図3-3**）．MHCクラスⅠは，ほぼすべての細胞（赤血球を除く）に発現しており，その役割は細胞内に存在するタンパク質から作られたペプチド抗原を提示することである．すなわち，細胞質内に存在するたくさんのタンパク質（自己のタンパク質）だけではなく，ウイルスのように細胞質内に入り込んだ病原体のタンパク質も，細胞内でペプチドに分解し，MHCクラスⅠにのせ提示することができる．そしてMHCクラスⅠに提示されたペプチドは，CD8$^+$T細胞に認識される．そのため，MHCクラスⅠは，ウイルスのような細胞質内に入り込んだ異物の抗原をCD8$^+$T細胞に対して提示して，自分はこれに感染しているということをT細胞に伝えるための装置ということができる．ウイルス感染などはどんな細胞においても生じる可能性があるため，MHCクラスⅠが，ほぼすべての細胞に備っている．MHCクラスⅠはウイルス抗原の他に癌抗原も提示できる．

MHCクラスⅠが，主に細胞内のタンパク質を提示するのに対して，MHCクラスⅡは，細胞外の抗原を食細胞が貪食して提示するときに使用される．貪食によって細胞内に取り込まれた外来抗原(病原体やアレルゲン)は，食胞の中で分解されペプチドになり，MHCクラスⅡ分子の上に提示され，ヘルパーT細胞のTCRが，MHCクラスⅡとそれに入り込んだペプチドを認識する．この情報伝達システムによってMHCクラスⅡ分子は，食作用を持つ細胞が食作用で取り込んだ抗原をヘルパーT細胞に対して提示できる．食作用に伴って生じる反応であるためすべての細胞にMHCクラスⅡは発現しておらず，原則として食作用を持つ細胞，すなわちマクロファージ，樹状細胞，B細胞だけがMHCクラスⅡを発現するが，例外として胸腺上皮細胞はMHCクラスⅡを発現する．

MHC分子は**図3-4**に示すような構造でそれぞれ発現細胞の細胞膜上に存在している．MHCⅠは，α1，α2，α3領域を持つ44-47kDaの1本の膜タンパク質と，MHC遺伝子座とは別の領域に存在する遺伝子にコードされる12kDaのβ2マイクログロブリンと呼ばれる分子からなる．それに対して，MHCⅡはα1とα2領域を持つ32～34kDaのα鎖と，β1とβ2領域を持つ29～32kDaのβ鎖という2本の膜タンパク質からなる．

MHCⅠのα1とα2領域，MHCⅡのα1とβ1領域はそれぞれ多様性に富む部位であるとなっている．このMHCⅠのα1とα2の間の窪み，MHCⅡのα1とβ1の窪みは，ペプチド収容溝(peptide binding cleft)と呼ばれ，その部位にペプチドが収容される．そして，このペプチドをTCRに抗原提示する．MHCⅠのペプチド収容溝は一つの分子上にあるため，そこに収容できるペプチドは大きくない(8～11残基のアミノ酸)．それに対し，MHCⅡのペプチド収容溝は，二つの分子の間にできるため，比較的大きいペプチド(10～30残基のアミノ酸)も提示することが可能である．一方，MHCⅠのα3領域，

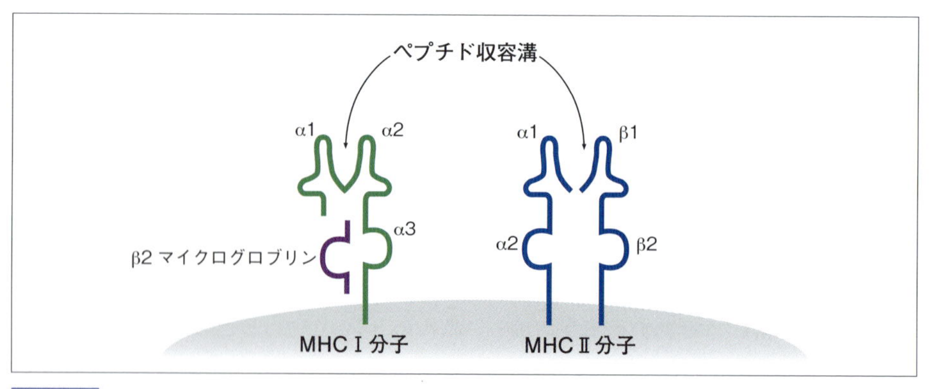


図3-4 MHCⅠ分子とMHCⅡ分子の構造

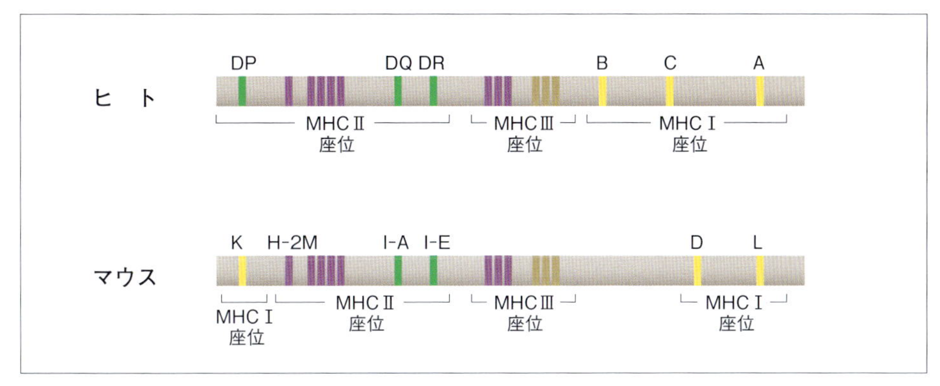


**図3-5　ヒトとマウスのMHC遺伝子座位.** それぞれのMHCのクラスは，いくつかの遺伝子の集まりである．

MHC Ⅱのα2とβ2領域は，免疫グロブリン分子の定常領域と相同性のある構造をしており，アミノ酸が保存されている領域であるため，抗原提示には直接関わらない部位である．また，抗原提示の際には，MHC Ⅰのα3領域はCD8$^{+}$ T細胞上のCD8分子と，MHC Ⅱのβ2領域はCD4$^{+}$ T細胞上のCD4分子と，それぞれ結合する．

## MHCの多様性と疾患

MHCは動物種によって呼び方が異なり，マウスのMHC ⅠはH-2K，H-2D，H-2L，MHC ⅡはI-A，I-E（MHC Ⅱ）と呼ばれ，ヒトではHLA（ヒト白血球抗原），犬ではDLA（犬白血球抗原），猫ではFLA（猫白血球抗原）と呼ばれる．白血球抗原と呼ばれる所以は，MHCが，個体による遺伝子多型に富む遺伝子であり，一個体ごとに区別している遺伝子であり，各個体の目印となる遺伝子であるためである．ここではMHC遺伝子と呼んでいるが，実際にはその領域には複数の遺伝子が集まって構成されており，MHCクラスⅠ遺伝子群（領域），MHCクラスⅡ遺伝子群（領域）という形で存在している（**図3-5**）．例えば，DLAであれば，DLAクラスⅠは，DLA Ⅰ-12，DLA Ⅰ-64，DLA Ⅰ-79，DLA Ⅰ-88という遺伝子群からなり，DLAクラスⅡは，DLA-DRB1，DLA-DQA1，DLA-DQB1という遺伝子群が知られている．

また，MHC遺伝子群は高度に多型性を有するため，疾患感受性遺伝子としての検索も行われている．犬においても，特定のDLAのハプロタイプを有する場合に，副腎皮質機能低下症，肝炎，脳炎，全身性エリテマトーデス（systemic lupus erythematosus；SLE）などが起こりやすいということがこれまでの研究から明らかになっている．

## CD分類

CDとは，cluster of differentiationのことで日本語では分化抗原群と訳され，細胞表面に発現する様々な分子の分類上の呼び名であり，それを便宜上，1番（CD1）から順番に番号をつけたものである．例えば，IL-2の受容体のα鎖は，IL-2Rαと呼ばれることもあれば，これはCD分類では，25番目に相当することからCD25と呼ばれることもある．このように細胞表面に発現する様々な分子は通し番号がつけられており，現在CD350まで存在する．その中で，獣医学領域では，CD3はT細胞のマーカーとして，CD4，CD8はT細胞のうちそれぞれヘルパーT細胞，細胞傷害性T細胞のマーカーとして，CD21はB細胞のマーカーとしてよく使用される．

MHC分子とCD4，CD8分子には関連性があり，それによってヘルパーT細胞，細胞傷害性T細胞のMHC分子認識が決定される．$CD4^+$のヘルパーT細胞は，CD4分子がMHCクラスⅡ分子と結合するため，MHCクラスⅡ分子上のペプチド情報によって活性化する．同じようにCD8分子はMHCクラスⅠ分子に結合するため，細胞傷害性T細胞はMHCクラスⅠに提示されるペプチドを持つ異物に反応できる．

## 3 胸腺における自己反応性T細胞の排除

### T細胞受容体と遺伝子再構成

免疫応答において，T細胞はMHC上に提示された抗原を受け取るが，その受け取る役目を担う分子がT細胞受容体(TCR)である．TCRは，T細胞に特異的に発現し，抗原の認識，T細胞の活性化，胸腺における分化などを担っている重要な分子である．

TCR遺伝子には，α，β，γ，δ鎖と呼ばれる4種類の類似した，異なる分子量の分子があり，αβまたはγδの組合せでTCR分子を構成しT細胞表面に発現する(それぞれαβT細胞またはγδT細胞と呼ばれる)(**図3-6**)．獲得免疫の応答で関与するのはαβT細胞のみであるので，ここではγδT細胞については割愛する．マウスやヒトでは90%以上のT細胞がαβT細胞であるが，反芻獣や豚では約60%のT細胞はγδT細胞である．TCR分子を構成するα鎖およびβ鎖はその細胞外領域に可変領域と定常領域を持つ(**図3-6**)．基本的にどのT細胞でも全く同じα鎖およびβ鎖の定常領域を持つが，

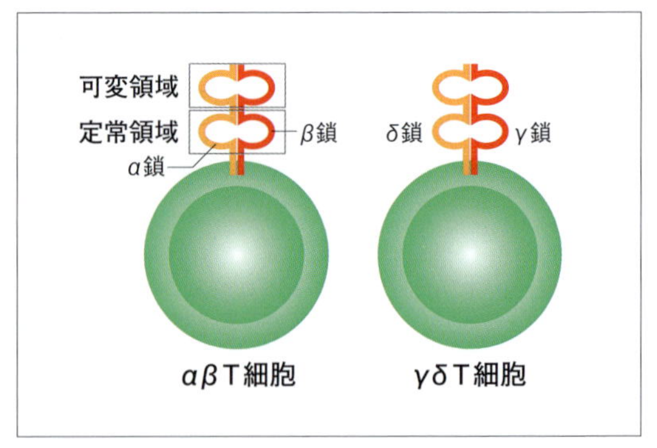


**図3-6** **αβT細胞とγδT細胞**．α鎖，β鎖，γ鎖，δ鎖の分子量は，それぞれ43～49 KDa，38～44 KDa，36～46 KDa，40 KDaである．

可変領域についてはそれぞれのTCRで異なる遺伝子配列を持っている．これは，様々な外来抗原の多様性に個々のT細胞が対応できるように，T細胞の分化の段階で遺伝子再構成を起こしているためである．

TCR遺伝子は，T細胞の分化の段階で遺伝子再構成と呼ばれる遺伝子の切り貼りによって作られる．**図3-7**に示すようにTCRα遺伝子およびTCRβ遺伝子は，それぞれV，D，J，Cと呼ばれる遺伝子群から作られる．例えば，TCRβ遺伝子であれば，Vβの遺伝子群の中の一つ，Dβ遺伝子群の中から一つ，Jβ遺伝子群の中から一つ，それぞれが選択され，独特の組合せが作られる．そのため単純に個々の遺伝子群の数同士をかけあわせた数の種類だけTCRαβ分子の種類が作られる可能性がある．これによって何百万にも及ぶ外来抗原に対して適応できるようなTCRの種類が産み出されるわけである(実際には，遺伝子再構成時には，塩基対の挿入と欠失という出来事も生じるため，さらに多くの多様性が作られる)．

しかし，この遺伝子再構成はランダムな組合せで生じるため，外来抗原に対応するTCRを持ったT細胞だけではなく，その過程においては自己の抗原に対して反応するTCRを持った

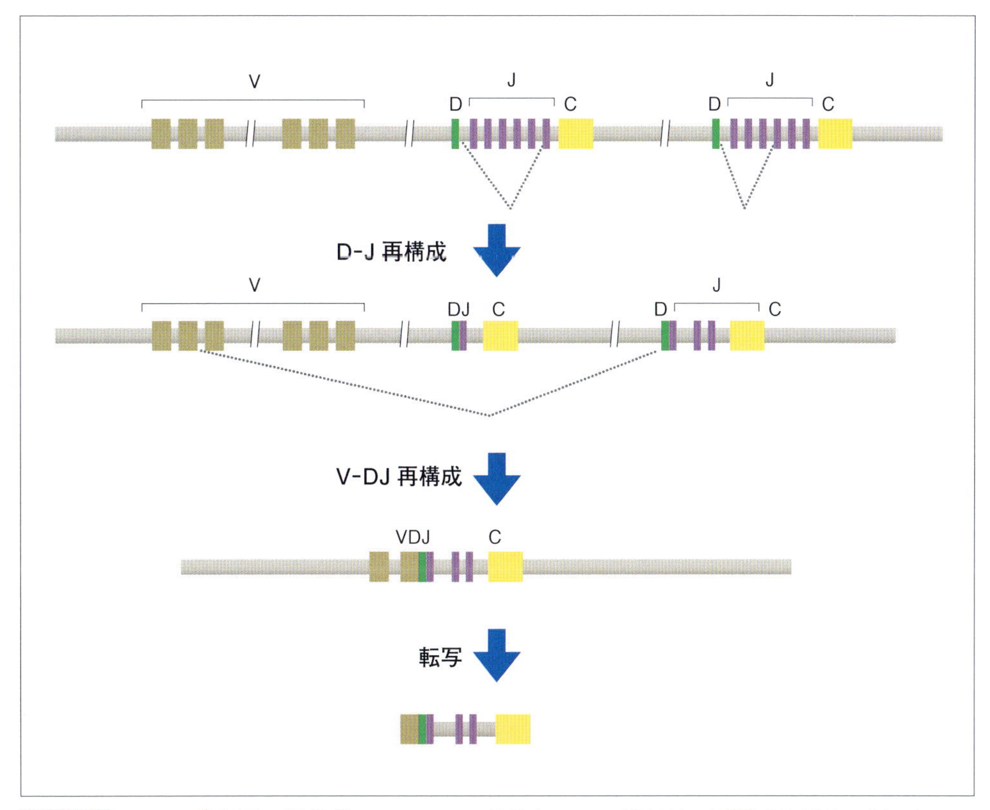


**図3-7　TCRβ遺伝子の再構成**．ここには一般的なTCRβ遺伝子の再構成を示す．細かなV，J遺伝子の数などは種によって異なるが，システムは類似している．すなわち，最初にDとJ遺伝子が再構成を起こし，次にVがDJ遺伝子に再構成することでVDJの遺伝子ができあがる．

T細胞，すなわち自己反応性T細胞も作られてしまう．その一方で，抗原提示を受ける際に，外来抗原ペプチドとMHC分子の複合体をTCRは認識しなければならないが，その際，MHCを認識できないような役に立たないT細胞も作られる．そのため，これらT細胞の中で外来抗原に対してのみ免疫応答を起こす，獲得免疫に本当に役立つT細胞だけを体は選択する必要があり，その方法がポジティブセレクション(ポジティブ選択)とネガティブセレクション(ネガティブ選択)という仕組みである．

## ポジティブセレクションとネガティブセレクション

骨髄で生まれたT細胞前駆細胞は血中を介して一次リンパ組織の胸腺に到達し，胸腺細胞となる．この胸腺細胞が「教育」されてT細胞となり，胸腺を出て脾臓やリンパ節などの二次リンパ組織に至る．

胸腺で作られるT細胞は，その分化過程で前述したTCRの遺伝子再構成という作業を経て，様々な抗原に対応できるT細胞のレパートリーを形成する(**図3-8**)．こうしてできた多くのT細胞は，あらゆる外来抗原に対応できる可能性を持っているが，一方で自己に反応する可能性のあるT細胞もそこに含まれることになる．そのため，ここで作られたT細胞は，胸腺に存在する間にポジティブセレクション，ネガティブセレクション，またはネグレクトといったメカニズムによって選択を受けることとなる

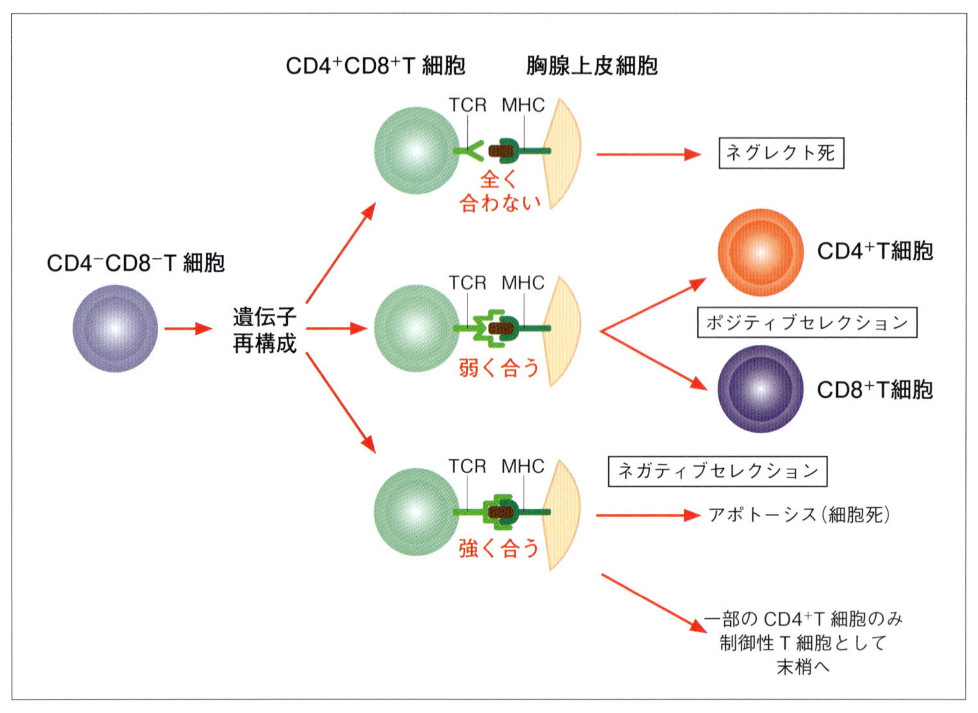


**図3-8 胸腺におけるT細胞の分化と選択**．胸腺においてCD4⁻CD8⁻T細胞(ダブルネガティブ細胞という)は，遺伝子再構成の過程とともにCD4⁺CD8⁺T細胞(ダブルポジティブ細胞という)になる．CD4⁺CD8⁺T細胞は，胸腺上皮細胞が提示する抗原とMHCの組合せによって，ポジティブセレクション，ネガティブセレクション，ネグレクト死を経験する．また，強い親和性でTCRと結合したCD4⁺T細胞の一部は，ネガティブセレクションを経ることなく，制御性T細胞となる(自己免疫寛容の項参照)．

(**図3-8**)．

T細胞が末梢に出てから抗原およびそれを提示するMHCの組合せを認識することでT細胞は機能することができる．すなわち，T細胞はMHCによってその活動を制限されている．このことをMHC拘束性という．胸腺で作られるT細胞の中には，自己のMHCを認識できないものも混じっているが，自己のMHCに合うTCRを持ったT細胞のみを選択する必要がある．これがポジティブセレクションである．胸腺上皮細胞のMHCには自分の体に由来するペプチド抗原(自己抗原)が提示されており，胸腺細胞が自己由来のペプチドを認識できるかどうかの選択を受ける．その自己由来ペプチドをしっかりと認識しないか，適度に緩く認識するようなTCRを持った若いT細胞(胸腺細胞)が胸腺の皮質で生き残ることができる(ポジティブセレクション)．これらT細胞は自己のMHC分子を認識することができるため，そこに提示される外来抗原由来のペプチドをしっかりと認識する可能性を有する．これらが胸腺を出て，末梢において異物抗原を提示したMHCに出会ったときに反応できる．

一方，自己のMHCを全く認識できないようなT細胞は，全く刺激が入らず，胸腺の中で排除される(ネグレクトによる死)．ポジティブセレクションを経たT細胞はランダムに形成されたTCRを持ち，それらT細胞の中には，MHCと自己抗原の複合体にぴったりとくっつくような自己反応性T細胞も存在している．

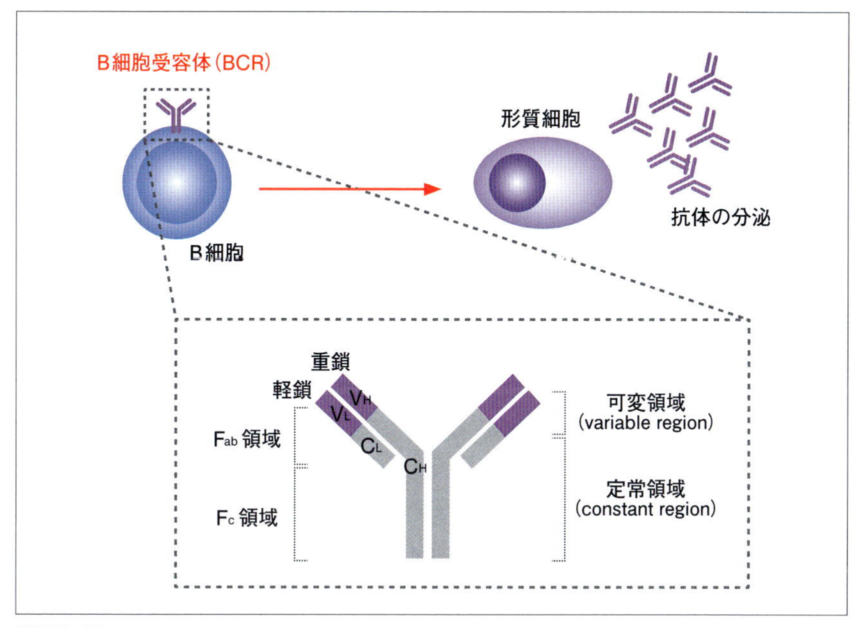


**図3-9　B細胞受容体（BCR）の構造**．B細胞の表面の受容体であるBCRは，抗体と同じ構造をしている．

このようなT細胞が末梢に出てしまうと，自分の体を攻撃してしまう可能性があるため除去されなければならない．すなわち，ポジティブセレクションを経て胸腺髄質に移動した幼弱なT細胞は，胸腺上皮細胞あるいは胸腺樹状細胞が発現するMHCと自己抗原の複合体にぴったりと結合した場合，強い刺激を受けるとアポトーシスを起こして死ぬようになっている．こうして自己反応性T細胞は胸腺髄質で除去される．このシステムをネガティブセレクションという．しかし，実際にはネガティブセレクションは完璧ではなく，自己反応性T細胞が胸腺から末梢へ出ていってしまうため，末梢でも制御性T細胞による自己反応性T細胞を抑える仕組みが備わっている（免疫寛容の項参照）．

また胸腺の中では，TCRα鎖の遺伝子の再構成が何度かやり直され，できるだけT細胞に生き残るチャンスが与えられるが，それでもポジティブセレクションおよびネガティブセレクションを通過できない場合，そのようなT細胞は最終的には死に至る．

## 4 骨髄における自己反応性B細胞の排除

### B細胞受容体と遺伝子再構成

B細胞（B cell）もT細胞受容体と同様に，その細胞表面にB細胞受容体（B cell receptor；BCR）と呼ばれる受容体を持ち，そのBCRによってB細胞は抗原を認識することができる．TCRとBCRの大きな違いは，TCRはMHCとその上に提示されたペプチド分子のみを認識する．BCRは，MHCに関係なく直接抗原分子を認識することができる（**図3-1C**）．

BCRはB細胞表面上に発現した抗体分子，すなわち，免疫グロブリン分子であり（**図3-9**），それはB細胞が形質細胞に分化したときに放出される抗体の原型でもある．免疫グロブリン分子の構造は，**図3-9**に示すように2本の重

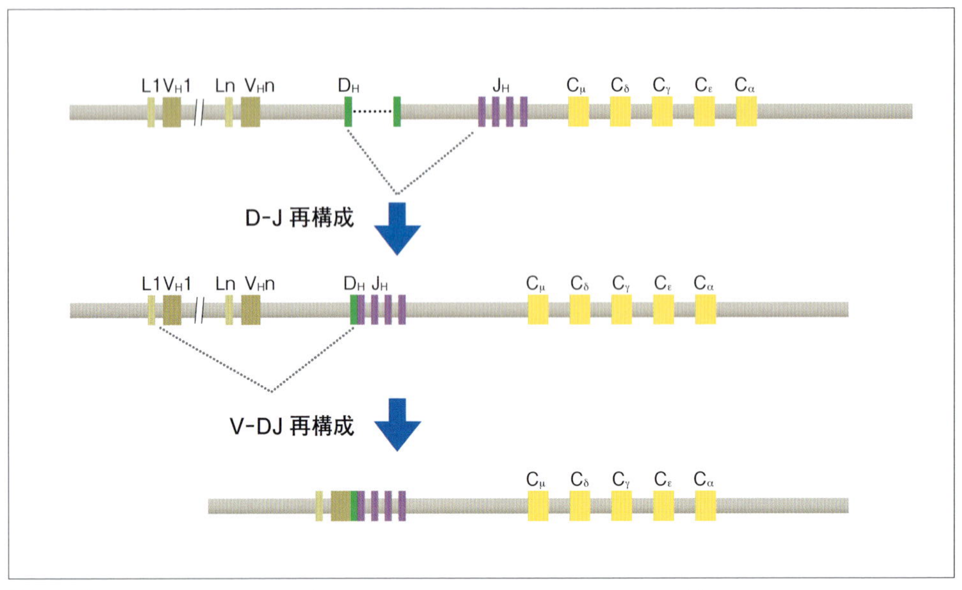


**図3-10 BCR遺伝子の再構成.** ここには一般的なBCR遺伝子の再構成を示す.細かなV, J遺伝子の数などは動物種によって異なるが,システムは類似している.すなわち,最初にDとJ遺伝子が再構成を起こし,次にVがDJ遺伝子に再構成することでVDJの遺伝子ができあがる.

鎖(heavy chainといわれる)と2本の軽鎖(light chain)からなる.軽鎖にはκ鎖とλ鎖の2種類が知られており,動物種によって末梢B細胞が用いるκ鎖とλ鎖の割合が異なる.重鎖,軽鎖にはそれぞれ,TCRと同様に抗原と結合する可変領域部位と,どの抗体も共通の構造の定常領域に分かれる.このBCRも,TCRと同様に遺伝子再構成の仕組みを使って,いくつかの遺伝子を切り貼りすることによって,可変領域の多様性を生み出し,多くの外来抗原に対応可能な仕組みを持っている(**図3-10**).

胸腺でT細胞が分化し,多様性に富んだT細胞が産生され,自己に反応しないようなT細胞が選択されるように,B細胞は骨髄で分化し,多様性に富んだB細胞が産生されるものの,自己に反応しないようなB細胞だけが選択されるようになっている.**図3-10**に示すようにTCR遺伝子同様,免疫グロブリンH遺伝子は,それぞれV, D, J, Cと呼ばれる遺伝子群から作られる.遺伝子再構成の過程で,DとJ遺伝子の間のDNA部分が欠失し,互いに結合する(DJ遺伝子再構成).さらにDJ配列と定常領域Cμが結合し,さらにV遺伝子配列が結合することにより最終的な免疫グロブリン遺伝子が構成される.軽鎖も同様に,遺伝子再構成により構成される.こうしてT細胞同様に多くの抗原に対して対応可能な可変領域のレパートリーを持つ免疫グロブリン分子が産生される.もちろん,この過程において遺伝子再構成はランダムな組合せで生じるため,実際には外来抗原に対応するBCRを持った必要なB細胞だけではなく,その過程で自己の抗原に対して反応するBCRを持ったB細胞,すなわち自己反応性B細胞も作られてしまう.そのため,体はこの中から,外来抗原に対して免疫応答を起こす際に本当に役立つ細胞だけを選択する必要がある.

## B細胞受容体と自己抗原

胸腺におけるT細胞と同様に,B細胞も分化

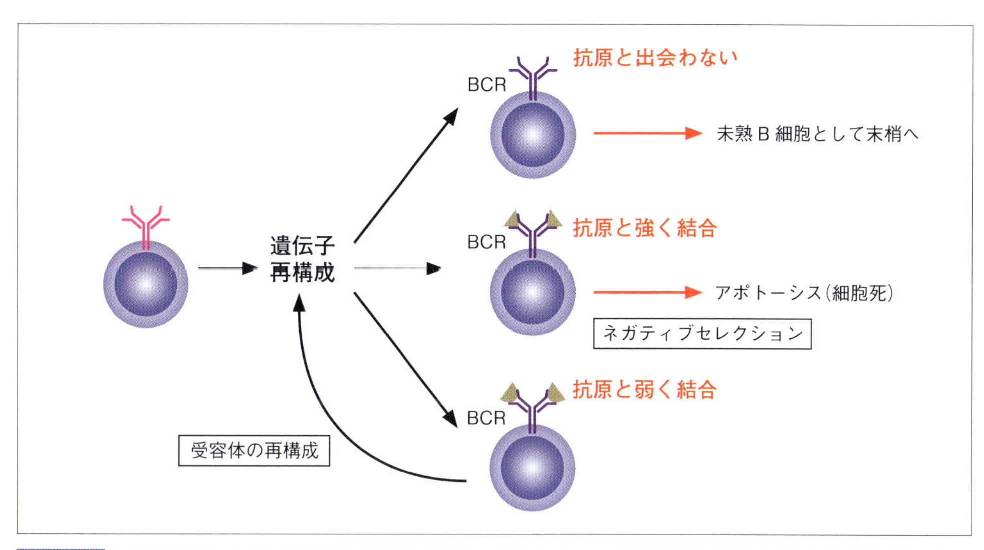


**図3-11　骨髄におけるB細胞の分化と選択.** 骨髄において遺伝子再構成を経たB細胞は，そのBCRが抗原と強く結合した場合，アポトーシスにより除かれる(ネガティブセレクション)．一方，抗原と出会わないB細胞はセレクションから逃れたことになり，末梢へ出ていくことができる．また，抗原と弱く結合するようなB細胞は，受容体の再構成というメカニズムにより，もう一度，BCR遺伝子の再構成のチャンスが与えられる．

の場である骨髄において，自己抗原と反応する可能性のある，いわゆる「危険」な未熟B細胞は除かれるシステムがある(**図3-11**)．しかし，実際には末梢の免疫応答においてヘルパーT細胞からの補助がないとB細胞は抗体産生を起こすことができないため，T細胞ほど厳密に制御される必要性はない．

B細胞は，骨髄では骨髄ストローマ細胞という支持細胞の助けをかりて分化する．その分化段階で未熟B細胞はB細胞受容体(BCR)を発現するようになる．骨髄中の未熟B細胞のBCRに，周囲の細胞に出ている分子や体液を流れる分子(自己抗原)が結合すると，その未熟B細胞はいくつかの運命を辿る可能性がある．BCRに完全に結合するような強い刺激が入ると，未熟B細胞は死に至る(ネガティブセレクション)．これによって自己抗原に結合する可能性のあるB細胞は排除されることになる．また，そこまで強くない刺激ではあるが，BCRが自己抗原に緩く結合する場合，受容体の再構成(receptor editing)というシステムによってBCRの可変領域の遺伝子再構成をやりなおすことができる．これにより，新たなBCRを作り直して，もう一度チャレンジするというシステムが備わっている．一方，全く結合する相手が見つからない未熟B細胞は，自己反応性のチェックをクリアしたということになり，未熟B細胞として末梢に出て外来抗原を認識することで液性免疫で活躍することになる．

## 5　移植免疫

### 移植と拒絶

移植とは，「細胞や臓器を移しかえる」ことをいい，大きく分けて，自家移植，同系移植，同種移植，異種移植に分けられる(**図3-12**)．自家移植は自分の組織を自分に移すことで免疫反応は生じない．同系移植は，一卵性双生児の間

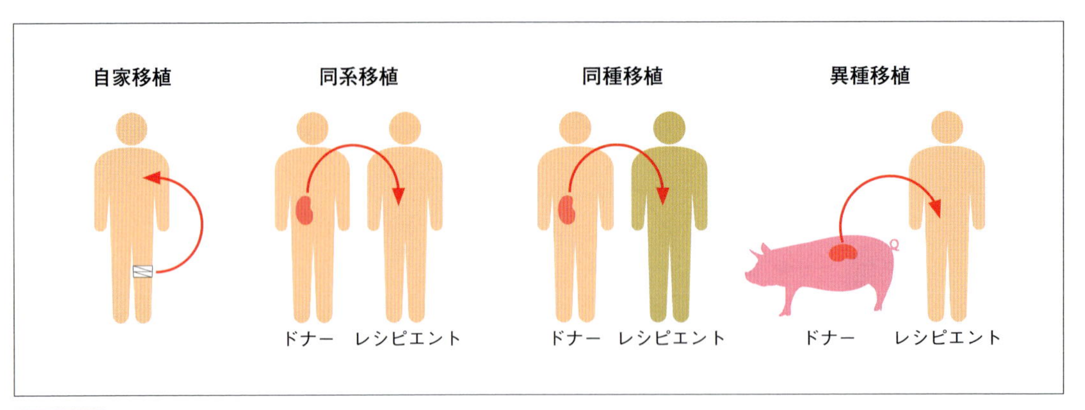


図3-12 様々な移植の種類

で実施するような遺伝的背景が同じ系統の個体からの移植をいい，実験に用いるマウスのように同じ系統間での移植もこれに含まれる．同じ種の中で遺伝的背景が異なる個体からの移植を同種移植といい，さらに異なる種からの移植を異種移植と呼ぶ．また，移植する細胞や臓器を提供する側はドナーと呼ばれ，それらを移植される側はレシピエントと呼ばれる．

## 移植の法則

移植の際に問題となるのが移植片の拒絶であるが，それにはMHC分子とT細胞が主にかかわっている．MHC分子は胸腺のポジティブセレクションの際にその個体特有のMHC分子を認識するT細胞が個体ごとに存在しており，その個体ごとの違いが移植における拒絶の原因となる．基本的な移植の法則は**図3-13**に示すとおりである．皮膚移植を例にとると，$MHC^a$を持ったマウスから$MHC^a$を持ったマウスに皮膚を移植しても，細胞が持つMHC分子もそれに認識するT細胞もドナーとレシピエント間で全く同じであるため特に免疫反応は起こらない（同系移植）．しかし，異なるMHC分子である$MHC^b$を持つマウスの皮膚を$MHC^a$を持つマウスの皮膚に移植すると，$MHC^b$は異物と判断され移植片に拒絶反応が生じレシピエントのT細胞に攻撃されることで，皮膚は生着しない．一方$MHC^b$を持つマウスの皮膚を，$MHC^a$と$MHC^b$を持つマウスに移植すると，レシピエントマウスにとっては，$MHC^b$は異物ではないので，拒絶反応は起こらず皮膚は生着する．逆に，$MHC^a$と$MHC^b$を持つマウスの皮膚を$MHC^a$を持つマウスの皮膚に移植すると，レシピエントマウスにとっては，$MHC^b$の部分は異物であると認識されるため，皮膚は拒絶されてしまう．このように，移植が成立するか否かは，MHC分子とT細胞によって厳密に管理されている．

## 移植に関わる免疫反応

移植の際に起こる拒絶反応はどういうメカニズムで生じるのであろうか．基本的には，レシピエントのT細胞が，ドナー側の移植された臓器に存在するMHC抗原（アロMHC抗原）を認識することによるが，そのメカニズムは大きく分けて，直接認識と間接認識に分けられる（**図3-14**）．直接認識は，ドナー側の抗原提示細胞とレシピエント側のT細胞の間で抗原提示と抗原認識が行われる場合に起こる．すなわち，移植片に含まれるドナー側の抗原提示細胞

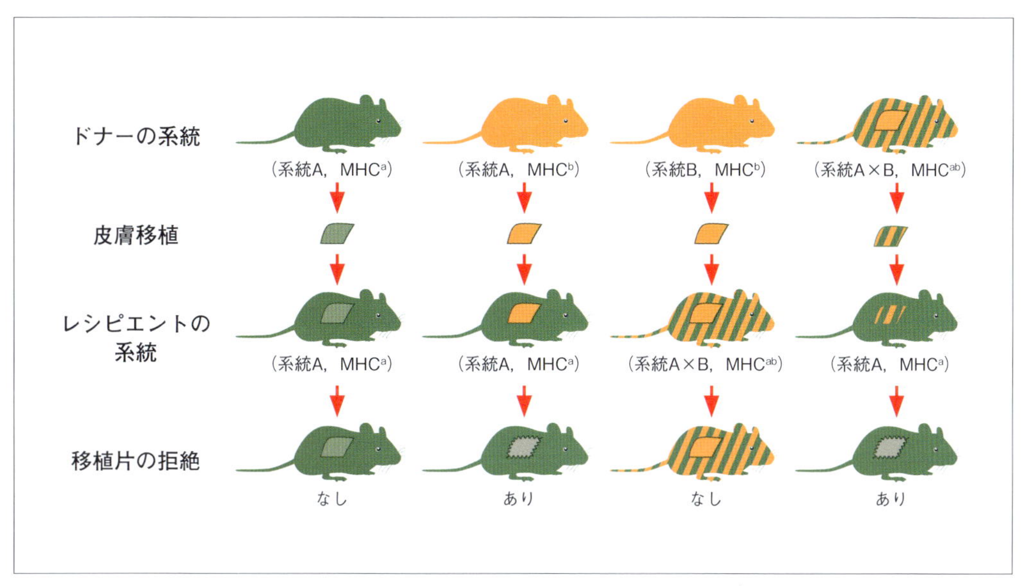


**図3-13　移植における拒絶の法則．** 系統AはMHC$^a$を，系統BはMHC$^b$を，系統A×Bはそれぞれの遺伝子座がMHC$^a$とMHC$^b$を持つと仮定する．自分の持たないMHCのタイプが移植されたときに拒絶反応が生じる．

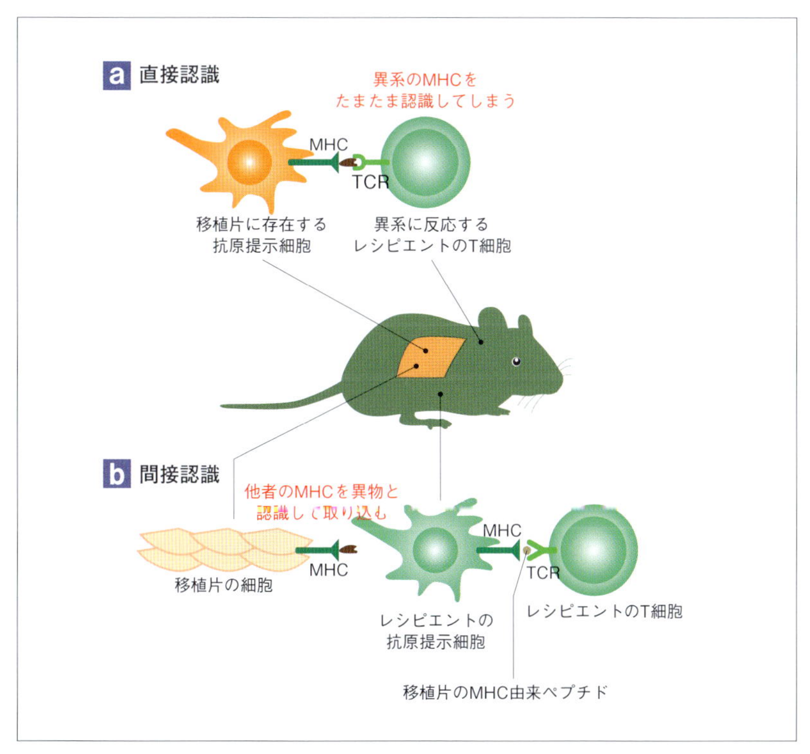


**図3-14　移植における拒絶反応のメカニズム．** a直接認識は，レシピエントのT細胞のTCRが移植片に存在する抗原提示細胞のMHCにたまたま認識していまうことから生じる．b間接認識は，レシピエント側の抗原提示細胞が移植片に存在するMHCを異物であると認識し，それによって生じる細胞性免疫である．

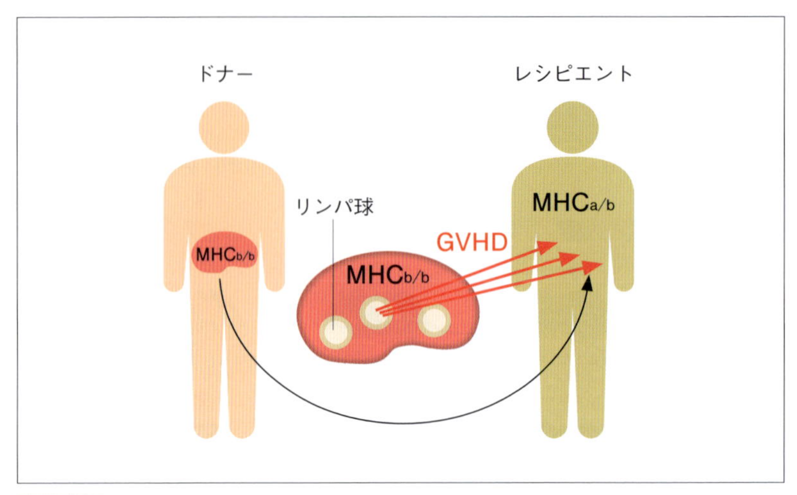


図3-15 **GVHDの起こる理由**．ドナー側がMHCb/bで，レシピエント側がMHCa/bの場合，ドナー由来の臓器はレシピエントにとって異物とはならないため移植は成立する．しかし，ドナー側の臓器に多量のリンパ球が含まれている場合，そのリンパ球はMHCb/bであり，移植後にレシピエントの臓器のMHCa/bを異物とみなして攻撃を始めてしまう．

がレシピエントのリンパ節に移動した後，そこでドナー由来のペプチドをレシピエント側のT細胞に提示する，レシピエント側のT細胞がそのMHC分子とそこに提示されるドナー間の自己ペプチドをともに非自己と認識し，活性化してリンパ節を離れて移植片に向い，移植片を攻撃することで移植片は排除される．この現象は，同種移植の場合，レシピエントのT細胞上のTCRが，ドナー側の抗原提示細胞に発現するMHCに結合できるが，MHCに提示されているペプチドが自己由来のペプチド(同種異系のため個体による違いはMHC分子のみである．よって，この場合はほとんどMHCに由来するペプチドと考えて良い)ではないことをT細胞が認識し免疫反応が生じるために起こる．一方，間接認識は，ドナー側のMHC分子がレシピエントの抗原提示細胞に取り込まれ，レシピエントの抗原提示細胞のMHC分子上に提示され，それをレシピエントのT細胞が認識して免疫反応が生じることをいう．この反応は外来異物が生体に侵入したときの免疫反応形式と同じである．

## 移植片対宿主病

上記の移植の法則は，移植した臓器がリンパ球を含む場合には状況が少し異なる．すなわち，ドナー側のリンパ球が移植した臓器に含まれるため，ドナー側リンパ球による宿主への攻撃(免疫応答)が生じる．$MHC^b$を持つマウスの臓器を$MHC^a$と$MHC^b$を持つ個体に移した場合，$MHC^b$を持つマウスの臓器に含まれるリンパ球にとって，レシピエント側の$MHC^a$は異物と認識され免疫反応が生じ，レシピエントは死に至る(**図3-15**)．このように移植した臓器に含まれる免疫細胞によって宿主が攻撃される現象を移植片対宿主病(graft versus host disease；GVHD)と呼ぶ．

## まとめ

免疫系は様々な外来抗原に対して効率的に働き，それを排除できるように作られているが，どのようにして，自己(自分の組織)と非自己(外来抗原)を見分けているのであろうか．これら免疫応答の中心となるT細胞およびB細胞は，それぞれ胸腺および骨髄から産生される．未熟なT細胞とB細胞は，そこで分化し成熟して末梢に移動した後免疫応答を起こす．免疫応答は非常に幅広い多くの抗原に対して反応を起こす必要があるため，胸腺と骨髄で産生されるT細胞とB細胞のレパトアもそれなりに大きなものとなっており，それによって多くの外来抗原に対して反応できるようになっている．一方で，その過程で自己の組織に反応するT細胞やB細胞も数多く産生されてしまうため，それらが末梢に出現してしまった場合には，自己の組織を傷つける(自己免疫疾患を引き起こす)可能性がある．ここでは，胸腺や骨髄で産生された多くの種類のT細胞やB細胞の中から，どのようにして自己に反応せず，外来抗原に反応するT細胞とB細胞のみが末梢に出てくるのか，という仕組みを学ぶ．

**水野 拓也**(山口大学)

### 主な参考文献

1. Massey J., Boag A., Short A.D., Scholey R.A., Henthorn P.S., Littman M.P., *et al*. (2013): MHC classⅡ association study in eight breeds of dog with hypoadrenocorticism. Immunogenetics. 65(4): 291-7.
2. Bexfield N.H., Watson P.J., Aguirre-Hernandez J., Sargan D.R., Tiley L., Heeney J.L., *et al*. (2012): DLA classⅡ alleles and haplotypes are associated with risk for and protection from chronic hepatitis in the English Springer spaniel. PLoS One, 7(8): e42584.
3. Wilbe M., Andersson G.(2012): MHC classⅡ is an important genetic risk factor for canine systemic lupus erythematosus (SLE)-related disease: implications for reproductive success. Reprod Domest Anim. Jan;47 Suppl 1: 27-30.
4. Barber R.M., Schatzberg S.J., Corneveaux J.J., Allen A.N., Porter B.F., Pruzin J.J., *et al*.(2011): Identification of risk loci for necrotizing meningoencephalitis in Pug dogs. 102 Suppl 1: S40-6.
5. Ian R. Tizard. (2015): Veterinary Immunology. 9e, Saunders.
6. Abul K. Abbas, Andrew H. H. Lichtman, Shiv Pillai. (2014): Cellular and Molecular Immunology. 8e, Saunders.

# 第4章 サイトカインとケモカインの機能と役割

## 1 はじめに

生体の恒常性を維持するために，生体内において様々な生理活性物質が存在する．代表的な生理活性物質であるホルモンは，生体内において一定のリズムで常に産生されているが，サイトカインやケモカインは常に産生されているわけではなく，異物が侵入したときなどの緊急時に細胞間相互の情報伝達物質として産生される．本章では，免疫反応や炎症反応におけるサイトカイン，ケモカインおよびそれらの受容体を介した機能と役割について学ぶ．

## 2 サイトカインとは

サイトカインとは，様々な細胞から産生される可溶性糖タンパク質のことであり，サイトカイン受容体を発現する標的細胞に作用して，細胞の生存，分化，増殖，活性化を誘導したり，あるいは細胞機能を抑制したりする．サイトカインは血液を介して遠隔臓器に作用するホルモンとは異なり，一部の例外を除き，基本的にはサイトカインが産生された局所で作用する．極微量(pg/mL～ng/mLの単位)で機能し，サイトカイン産生細胞近傍の細胞に作用するパラクライン(paracrine)，あるいは分泌されたサイトカインがそのサイトカインを産生した細胞自身に作用するオートクライン(autocrine)という形式で局所的に作用する．しかし例外として，腎臓から産生されるエリスロポエチンが骨髄の造血幹細胞に作用して赤血球へと分化させたり，炎症性サイトカイン[注1]が血流に乗って様々な臓器に作用するように，血流を介して遠隔作用するサイトカインも存在する(エンドクライン；endocrine)．なお，白血球に対し走化性作用を示すサイトカインの一群をケモカインと呼称している．

## 3 サイトカインの機能的特徴

サイトカインは，原則的にそのサイトカインに対する特異的な受容体にしか結合しない．例えば，IL-6はIL-6受容体に結合するが，IL-8受容体に結合することはない．すなわち，サイトカインとサイトカイン受容体は1対1の関係となっている[注2]．しかしながら，異なるサイトカインが同じ標的細胞に作用して，異なる受容体を介した作用ではあるものの，結果として類似した機能を発揮する場合がある(機能の重複性)．また，一つのサイトカインが異なる複数の標的細胞に作用して，全体的に様々な機

---

**注1 炎症性サイトカイン**
炎症を促進するサイトカインで，IL-1，TNF-α，IL-6，IFN-γ，IL-8，IL-12，IL-18などが含まれる．

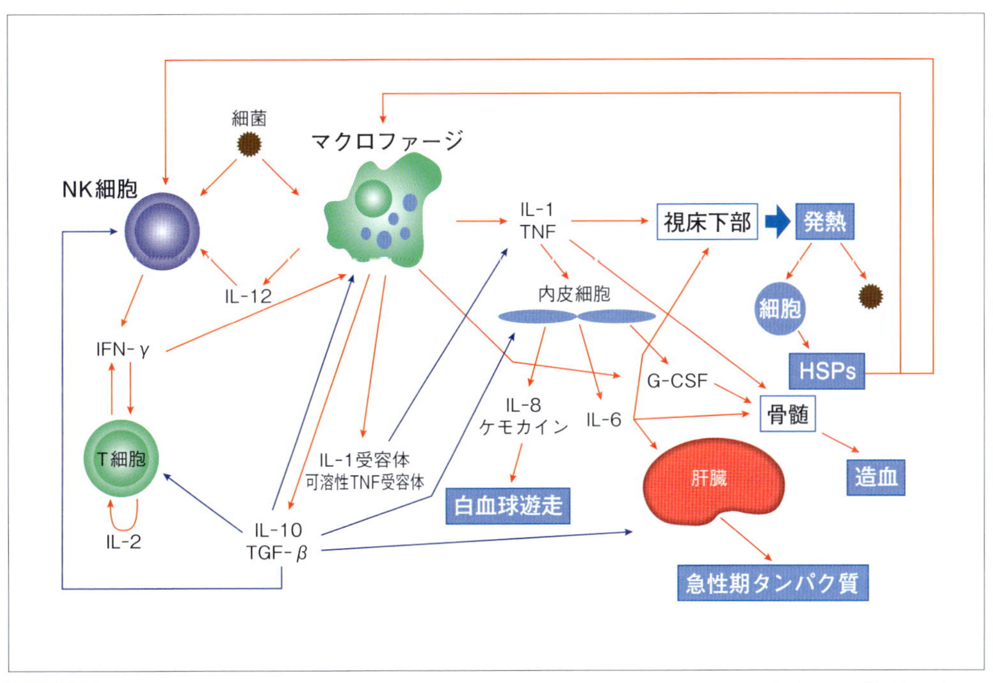


**図4-1** 細菌感染に伴う炎症反応におけるサイトカインネットワーク．→は促進，→は抑制を示す．

能を発揮する場合もある（機能の多様性）．さらに，異なるサイトカインが拮抗的に作用する場合や，相乗的に作用する場合もある．

サイトカインには，他のサイトカインの産生を促進または抑制する作用も存在する．これによってサイトカインの作用が互いに影響しあうネットワークが形成される．サイトカインネットワークと呼ばれるこの機構は，サイトカイン間の相互作用として重要であり，複雑に交錯している（**図4-1**）．これらサイトカインの機能的特徴は，生体内の様々な緊急事態に対する制御機構となっている．

## 4 サイトカイン受容体の構造

個々のサイトカインにはそれぞれ特異的な受容体が存在する．サイトカインは，細胞膜上に発現する受容体に結合することで標的細胞に作用する．サイトカインの受容体は，それを構成するアミノ酸配列や細胞外領域の構造，そして細胞内領域の機能によって，七つのファミリー（Ⅰ型サイトカイン受容体，Ⅱ型サイトカイン受容体，Ⅲ型サイトカイン受容体〈TNF／Fas 受容体ファミリー〉，チロシンキナーゼ型受容体，Toll ファミリー受容体，セリン・スレオニ

**注2**

IL-4受容体にはⅠ型（IL-4受容体α鎖とIL-2受容体γ鎖が複合体を形成した受容体）とⅡ型（IL-4受容体α鎖とIL-13受容体α1鎖が複合体を形成した受容体）の2種類が存在し，Ⅱ型IL-4受容体はIL-13受容体としても機能している．そのため，Ⅰ型IL-4受容体にはIL-4のみ結合するが，Ⅱ型IL-4受容体にはIL-4とIL-13が結合する．一般的にIL-4受容体といった場合，Ⅰ型IL-4受容体のことを指す．

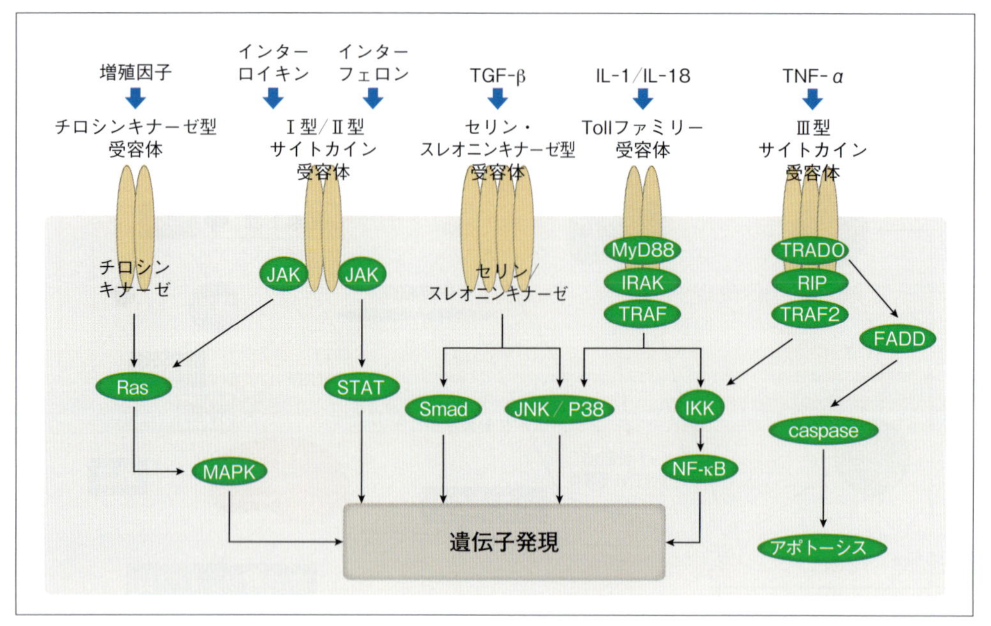


**図4-2 サイトカイン受容体ファミリーとシグナル伝達機構**．サイトカイン受容体は，アミノ酸配列の相同性や構造によってⅠ型サイトカイン受容体，Ⅱ型サイトカイン受容体，Ⅲ型サイトカイン受容体(TNF/Fas受容体ファミリー)，チロシンキナーゼ型受容体，Tollファミリー受容体，セリン・スレオニンキナーゼ型受容体と，ケモカイン受容体である7回膜貫通型Gタンパク質共役受容体の七つに分類される．図中には7回膜貫通型Gタンパク質共役受容体以外の受容体を示す．インターロイキン受容体の多くはクラスⅠサイトカイン受容体，インターフェロン受容体はクラスⅡサイトカイン受容体に属する．それぞれの受容体により，細胞内シグナル伝達分子が異なる．

ンキナーゼ型受容体と，ケモカイン受容体である7回膜貫通型Gタンパク質共役受容体)に分類される(**図4-2**)．

サイトカイン受容体は，単一の分子でサイトカインに結合し機能するものもあるが，ホモ二量体，ヘテロ二量体，ヘテロ三量体など，複数のサブユニットにより受容体を形成する場合も多い．また，これら複数の受容体で，共通の受容体サブユニットを共有していることもある．例えば，IL-2受容体は，α鎖，β鎖，γ鎖により構成されているが，γ鎖はγc鎖またはIL-2Rγc鎖と呼ばれ(cはcommonの略)，IL-2受容体だけではなく，IL-4，IL-7，IL-9，IL-15，IL-21の受容体の一部として共通して利用されている(**図4-3**)．前述のサイトカイン機能の重複性は，サイトカイン受容体サブユニットの共有によって起こる場合がある．

## 5 サイトカイン受容体下流のシグナル伝達機構

サイトカインが受容体に結合すると，受容体に会合している様々な分子が核へシグナルを伝達し，種々の標的遺伝子を発現させる(**図4-2**)．サイトカイン受容体の種類ごとに，会合しているシグナル伝達分子も異なり，サイトカインごとに特異的な作用が発現する．しかし，異なるサイトカイン受容体が共通のシグナル伝達分子を介してその作用を発現している場合もある．

サイトカイン受容体下流の主要なシグナル伝達にJAK-STAT経路がある(**図4-4**)．JAK-STAT経路は，Ⅰ型およびⅡ型サイトカイン

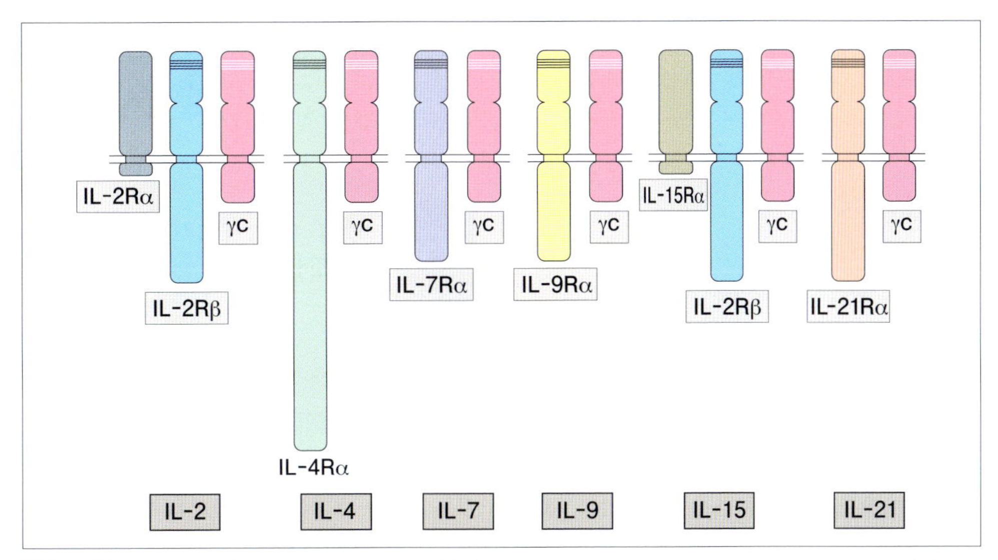


**図4-3　γc鎖を共有するサイトカイン受容体**．IL-2，IL-4，IL-7，IL-9，IL-15，IL-21受容体は，IL-2受容体γ鎖(γc)を共通の受容体構成成分として利用している．

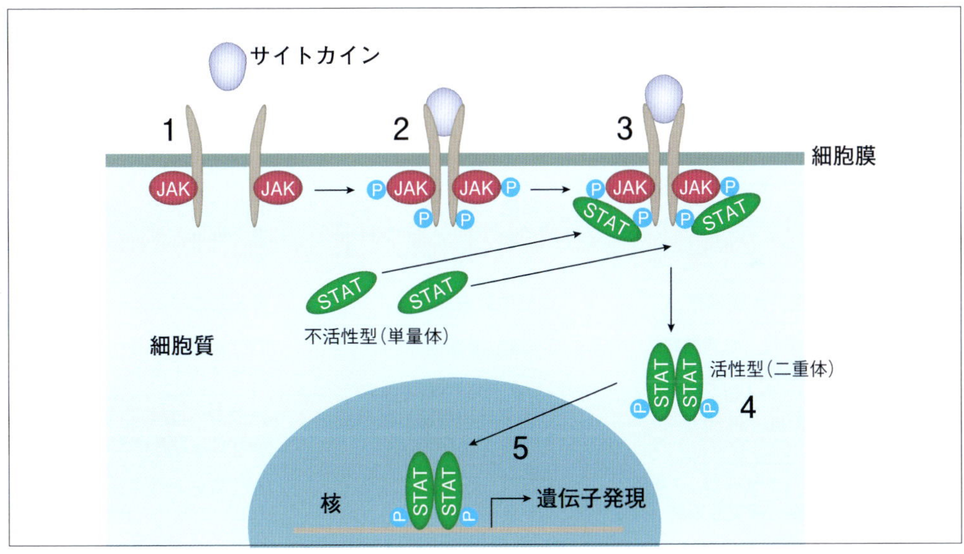


**図4-4　JAK-STAT経路**．1.サイトカインが受容体に結合する．2.受容体に結合しているJAKがリン酸化(活性化)する．リン酸化したJAKは，結合しているサイトカイン受容体をリン酸化する．3.細胞質内に存在する不活性型のSTATタンパク質が，サイトカイン受容体のリン酸化部位に結合する．リン酸化したJAKは，STATもリン酸化する．4.細胞質内で活性型のSTAT二量体が形成される．5.二量体となったSTATは核内に移行し，転写因子として標的遺伝子の上流に結合し，標的遺伝子を発現させる．

---

**注3**　JAK (Janus Kinase)

非受容体型チロシンキナーゼ(第3章免疫と治療，４.分子標的治療参照)で，分子内にキナーゼ領域を二つ持つことから，ギリシャ神話の二面神ヤヌスにちなんでヤヌスキナーゼ(Janus Kinase)と呼ばれる．

受容体において利用されるシグナル伝達経路である．JAK[注3]はサイトカイン受容体に会合しているタンパク質で，サイトカインが受容体に結合すると，受容体に会合しているJAKがリン酸化(活性化)される．リン酸化したJAKは，会合しているサイトカイン受容体をリン酸化し，この部位にSTATタンパク質が結合する．リン酸化したJAKは，STATタンパク質もリン酸化して，細胞質内でSTATの二量体が形成される．二量体となったSTATは核内に移行し，転写因子として標的遺伝子の上流に結合し，標的遺伝子を発現させる．JAKには，JAK1, 2, 3およびTyk2の4種類あり，STATにはSTAT1～6までの6種類ある．サイトカインの種類によって受容体に会合しているJAKおよびSTATの種類が異なる．

## 6 サイトカインの分類と生理活性

サイトカインには様々な分類法があるが，機能的には，インターロイキン，インターフェロン，造血因子，細胞壊死因子(TNFスーパーファミリー)，増殖因子，TGF-βスーパーファミリー，ケモカインに分類される．主なサイトカインを表4-1に示す．

**表4-1** 主なサイトカインの作用(続く)

| サイトカイン | 主な産生細胞 | 主な標的細胞 | 主な作用 |
|---|---|---|---|
| IL-1α，IL-1β | マクロファージ，B細胞，内皮細胞，線維芽細胞，星状細胞 | T細胞，B細胞，マクロファージ，内皮細胞，肝細胞 | リンパ球，マクロファージの活性化，白血球/内皮細胞の接着亢進，発熱，急性期タンパク質の誘導 |
| IL-2 | T細胞 | T細胞 | T細胞の分化・増殖，細胞傷害性T細胞・マクロファージの活性化 |
| IL-3 | T細胞，肥満細胞 | 血液前駆細胞など | 多系統のコロニー刺激因子 |
| IL-4 | Th2細胞，肥満細胞，好塩基球，好酸球 | T細胞，B細胞 | Th2細胞への分化，B細胞のIgEクラススイッチ |
| IL-5 | T細胞 | 好酸球前駆細胞，好酸球，B細胞 | 好酸球への分化誘導，B細胞増殖分化，IgA産生 |
| IL-6 | マクロファージ，T細胞，B細胞，線維芽細胞 | B細胞，肝細胞 | 急性期タンパク質の誘導，発熱，T細胞の分化，B細胞からの免疫グロブリン産生 |
| IL-7 | 骨髄ストローマ細胞 | プレB細胞，プレT細胞 | B細胞・T細胞の増殖 |
| IL-8 | 単球，線維芽細胞 | 好中球，好塩基球，T細胞，ケラチノサイト | ケモタキシス(細胞遊走作用)，血管新生，活性酸素放出，顆粒放出 |
| IL-9 | T細胞 | T細胞，肥満細胞 | T細胞生存の延長，T細胞の分化，肥満細胞活性化，エリスロポエチンとの相乗作用 |
| IL-10 | T細胞 | Th1細胞 | サイトカイン産生の抑制 |
| IL-11 | 骨髄ストローマ細胞，線維芽細胞 | 血液前駆細胞，破骨細胞 | 破骨細胞の分化，血小板数の増加，炎症性サイトカインの抑制 |
| IL-12 | 単球 | T細胞 | Th1細胞分化誘導 |

表4-1 (続き)主なサイトカインの作用(続く)

| サイトカイン | 主な産生細胞 | 主な標的細胞 | 主な作用 |
|---|---|---|---|
| IL-13 | 活性化T細胞 | 単球, B細胞 | B細胞の分化・増殖,炎症性サイトカイン産生の抑制 |
| IL-14 | T細胞 | B細胞 | 活性化B細胞の増殖促進,免疫グロブリン分泌の抑制 |
| IL-15 | 単球, 内皮細胞, 筋肉細胞 | 活性化T細胞, B細胞 | T細胞・B細胞の増殖 |
| IL-16 | 好酸球, $CD8^{+}$T細胞 | $CD4^{+}$T細胞 | $CD4^{+}$T細胞の遊走促進 |
| IL-17 | Th17細胞, $CD8^{+}$T細胞,NK細胞, γδT細胞, 好中球 | 上皮細胞, 内皮細胞,線維芽細胞 | 炎症性サイトカイン・ケモカインの産生誘導 |
| IL-18 | マクロファージ, 肝細胞,ケラチノサイト | T細胞, NK細胞 | Th1細胞への分化誘導補助,IFN-γ産生誘導, NK細胞活性の増強 |
| IL-21 | T細胞, 肥満細胞 | T細胞, B細胞, 肥満細胞,好酸球, 肝細胞 | Tfh細胞への分化誘導, $CD8^{+}$T細胞の分化増殖, B細胞のクラススイッチ, 急性期タンパク質の誘導 |
| IL-22 | NK細胞, Th17細胞,Th22細胞 | 皮膚, 腸管, 呼吸器,肝臓などの上皮細胞 | 抗菌ペプチドの産生, 皮膚ケラチノサイトの増殖, 急性期タンパク質の誘導 |
| IL-31 | Th2細胞 | 単球, 樹状細胞, 好酸球,肥満細胞, ケラチノサイト,上皮細胞, 後根神経節 | サイトカイン・ケモカイン産生の誘導, 痒みの誘発 |
| IL-33 | 上皮細胞, 血管内皮細胞 | Th2細胞, グループ2自然リンパ球, 肥満細胞, 好塩基球, 好酸球 | Th2型サイトカイン, ケモカインの産生 |
| TSLP | 皮膚, 気管支,消化管などの上皮細胞 | 樹状細胞, 肥満細胞,NKT細胞, 好酸球 | Th2型サイトカイン,ケモカインの産生 |
| IFN-α | リンパ球, マクロファージ,樹状細胞, 上皮細胞,線維芽細胞 | T細胞, NK細胞 | 抗ウイルス活性, NK細胞の活性化, 細胞増殖抑制, IL-12産生促進, Th1細胞の活性化, MHCクラスⅠ誘導 |
| IFN-β | 上皮細胞, 線維芽細胞 | リンパ球 | 抗ウイルス活性, 細胞増殖抑制,MHCクラスⅠ誘導 |
| IFN-γ | T細胞, NK細胞, 樹状細胞,上皮細胞, 線維芽細胞 | マクロファージ, T細胞,B細胞 | マクロファージの活性化, 抗ウイルス活性, Th1細胞の分化誘導, MHCクラスⅠおよびⅡの発現誘導 |
| M-CSF | 単球, 内皮細胞,線維芽細胞 | マクロファージ前駆細胞 | マクロファージ前駆細胞の増殖 |
| G-CSF | 単球, マクロファージ,血管内皮細胞,骨髄ストローマ細胞 | 好中球前駆細胞, 好中球 | 好中球前駆細胞の分化・増殖,好中球機能の増強 |
| GM-CSF | 活性化T細胞, 単球,マクロファージ, 肥満細胞,骨髄ストローマ細胞,線維芽細胞, 血管内皮細胞 | 骨髄球系前駆細胞,マクロファージ, 好中球,好酸球, 肥満細胞 | 骨髄球系前駆細胞の分化・増殖,マクロファージ, 好中球, 好酸球機能の増強 |

表4-1 (続き)主なサイトカインの作用

| サイトカイン | 主な産生細胞 | 主な標的細胞 | 主な作用 |
|---|---|---|---|
| TNF-α | 単球，マクロファージ，活性化T細胞，活性化B細胞，NK細胞，血管内皮細胞 | マクロファージ，顆粒球 | 発熱，急性期タンパク質の誘導，マクロファージ，顆粒球，細胞傷害性細胞の活性化，白血球・血管内皮細胞の接着促進 |
| TGF-β | 制御性T細胞 | T細胞，上皮細胞，内皮細胞，線維芽細胞 | Th17細胞や抑制性T細胞への分化誘導，炎症性サイトカイン産生の抑制，細胞増殖の抑制，創傷治癒，瘢痕形成の促進 |

## インターロイキン

インターロイキン(interleukin；IL)は，主に白血球から産生されるサイトカインで，免疫反応(自然免疫および獲得免疫)，アレルギー，自己免疫疾患，造血などにおいて重要な役割を果たしている．以前は，リンパ球から産生されるサイトカインを「リンホカイン」，単球/マクロファージから産生されるサイトカインを「モノカイン」と呼んでいたが，白血球(leukocyte, leukin)の間(inter-)の相互作用に働くことからインターロイキンという名称に統一された．発見順に番号がつけられ，現在のところIL-38まで発見されている．それぞれのインターロイキンによりその機能は異なる．以下に主要なインターロイキンについて解説する．

### 1 IL-1

感染微生物などの刺激により産生される炎症性サイトカインである．IL-1αとIL-1βが存在するが，受容体は同じであり，生物学的活性もほとんど同じである．IL-1αは上皮系細胞から，IL-1βはマクロファージなどの免疫細胞から産生される．IL-1は，マクロファージ，血管内皮細胞，中皮細胞などを刺激して，TNF-α，IL-6，IL-8など様々なサイトカインを産生させる．IL-1は，臨床的に発熱や食欲不振を誘導し，急性期タンパク質の合成に重要な役割を果たしている．

IL-1ra(IL-1 receptor antagonist)は，IL-1αおよびIL-1βと高い相同性を示し，IL-1αおよびIL-1βが受容体へ結合するのを競合的に阻害して，IL-1の生物学的活性を抑制する．

### 2 IL-2

免疫刺激により活性化されたT細胞から産生される．IL-2受容体はT細胞上に発現するため，IL-2はT細胞自身にオートクライン的に作用し，T細胞の生存，分化および増殖を促進する．IL-2受容体は，α鎖(CD25)，β鎖(CD122)，γ鎖(CD132)により構成されるが，CD25は活性化されたT細胞においてその発現が増強する．一方で，制御性T細胞においても，抗原刺激が末梢で与えられる以前からCD25を発現しており，これらの細胞の生存にもIL-2が必須である．

### 3 IL-3

主に活性化されたT細胞から産生されるが，血管内皮細胞，胸腺上皮細胞などからも産生される．IL-3は造血因子であり，当初，肥満細胞の増殖因子として単離されたが，肥満細胞だけではなく，赤芽球，巨核球，顆粒球やそれらの前駆細胞など多くの造血系細胞の増殖を促進する作用がある．

### 4 ● IL-4

Th2細胞，肥満細胞，好塩基球，好酸球などから産生され，アレルギー反応において重要な役割を果たす．IL-4はナイーブT細胞に作用し，Th2細胞への分化を促進する．また，B細胞に作用して免疫グロブリンのクラススイッチを誘導し，IgEを産生させる．その他，線維芽細胞や血管内皮細胞における接着因子発現誘導作用や，気管上皮細胞からの粘液分泌促進作用など，多様な機能を有する．

### 5 ● IL-5

Th2細胞，活性化された肥満細胞，好酸球などから産生される．IL-5は，骨髄中の好酸球前駆細胞へ作用して，好酸球への分化・増殖を促進する．また，骨髄から血液中へ好酸球を動員させる作用も有する．IL-5は，マウスのB細胞に対する分化・増殖の誘導作用や，IgGやIgAの産生促進作用を示すが，ヒトのB細胞に対する作用は弱い．

### 6 ● IL-6

マクロファージ，T細胞，B細胞，線維芽細胞，血管内皮細胞，ケラチノサイト，腎メサンギウム細胞などから産生される．IL-6は，肝細胞に作用して，急性期タンパク質であるC反応性タンパク質(CRP)を産生させる．また，発熱中枢に作用して体温を上昇させる．腎メサンギウム細胞に過剰に作用すると糸球体腎炎を引き起こす．IL-6はまた，骨髄において巨核球成熟促進作用を有し，血小板の産生を増加させる．免疫系の細胞に対しては，B細胞に作用して，IgM，IgG，IgAを産生させるが，免疫グロブリンのクラススイッチには関与しない．T細胞に対しては，Th17細胞の分化にIL-6が関与している．ヒトの慢性関節リウマチ患者の関節液中には，高濃度のIL-6が検出される．関節腔内のIL-6は，破骨細胞やT細胞を活性化し急性期反応を誘導して，病態および臨床症状の発現に深く関与している．そのため，関節リウマチや若年性特発性関節炎を対象に，IL-6の生物学的活性を抑制する目的で分子標的治療薬であるヒト化抗ヒトIL-6受容体抗体(トシリズマブ)が使用され，臨床的効果が認められている(表4-2)．

### 7 ● IL-10

Th2細胞，B細胞，単球，マクロファージ，制御性T細胞などから産生される．代表的な抑制性サイトカインであり，Th1細胞，NK細胞からのIFN-γの産生，単球，マクロファージからのIL-1, IL-6, TNF-αの産生を抑制する．IL-10ノックアウトマウスは炎症性腸疾患を発症する．一方で，炎症を活性化する作用もあり，B細胞の増殖や免疫グロブリン産生，細胞傷害性T細胞の分化を促進し，全身性エリテマトーデスの発症に重要な役割を果たす．このように，IL-10は，作用する細胞の種類によって炎症を抑制または活性化する．

### 8 ● IL-12

マクロファージ，樹状細胞，B細胞などから産生される．IL-18と共同してナイーブT細胞からTh1細胞への分化を誘導し，IFN-γを産生させる．また活性化リンパ球の増殖促進作用や，NK細胞および細胞傷害性T細胞の活性化作用がある．代表的な炎症性サイトカインである．

### 9 ● IL-13

Th2細胞，NKT細胞，肥満細胞，好塩基球などから産生される．IL-13の構造および機能はIL-4と類似し，特にアレルギー疾患の発症に関与している．IL-13はB細胞に対して作用し，細胞増殖やIgEへのクラススイッチを誘導する．また，血管内皮細胞の接着因子を発現させ，血管内皮細胞への好酸球の接着を誘導する．

**表4-2 抗体医薬**

| 薬剤名 | 商品名 | 標的 | 主な適応疾患 |
|---|---|---|---|
| キメラ抗体 | | | |
| インフリキシマブ | レミケード | TNF-α | 関節リウマチ |
| セツキシマブ | アービタックス | EGF受容体 | 頭頸部癌，結腸・直腸癌 |
| ヒト化抗体 | | | |
| トラスツズマブ | ハーセプチン | HER2 | 転移性乳癌 |
| ベバシズマブ | アバスチン | VEGF | 結腸・直腸癌 |
| トシリズマブ | アクテムラ | IL-6受容体 | 関節リウマチ，若年性特発性関節炎，キャッスルマン病 |
| ラニビズマブ | ルセンティス | VEGF-A | 加齢黄斑変性 |
| セルトリズマブ ペゴル | シムジア | TNF-α | 関節リウマチ |
| モガムリズマブ | ポテリジオ | CCR4 | CCR4陽性成人T細胞白血病リンパ腫 |
| ペルツズマブ | パージェタ | HER2 | HER2陽性手術不能または再発乳癌 |
| トラスツズマブ エムタンシン | カドサイラ | HER2 | HER2陽性転移・再発乳癌 |
| ヒト抗体 | | | |
| アダリムマブ | ヒュミラ | TNF-α | 関節リウマチ |
| パニツムマブ | ベクティビックス | EGF受容体 | 結腸・直腸癌 |
| ウステキヌマブ | ステラーラ | IL-12，IL-23p40 | 乾癬 |
| カナキヌマブ | イラリス | IL-1β | クリオピリン関連周期性症候群 |
| デノスマブ | プラリア | RANKL | 骨粗鬆症 |
| ベリムマブ※ | ベンリスタ | BAFF | 全身性エリテマトーデス |
| Fc融合タンパク質 | | | |
| エタネルセプト | エンブレル | TNF-α，LT-α | 関節リウマチ |
| リロナセプト※ | アルカリスト | IL-1 | クリオピリン関連周期性症候群 |
| アフリベルセプト | アイリーア | VEGF | 加齢黄斑変性 |

※日本未承認

気管支喘息において認められる肺の線維化や粘液分泌の亢進にも関与する．一方で，単球からの炎症性サイトカインやケモカインの発現を抑制する作用も有する．

### 10 ● IL-17

IL-17は相同性の高い六つの遺伝子（IL-17A，IL-17B，IL-17C，IL-17D，IL-17E〈IL-25〉，IL-17F）により構成される．一般的にIL-17といった場合，IL-17Aのことを指す．IL-17Aは，上皮細胞，血管内皮細胞，線維芽細胞，マクロファージなどに作用して，IL-1β，IL-6，TNF-αなどの炎症性サイトカインを産生させる．また，ケモカインを産生させることで，間接的に好中球の局所への遊走を誘導する．IL-17Aを産生するT細胞はTh17細胞と呼ばれ，Th1細胞やTh2細胞とは異なる$CD4^+$T細胞サブセットである．Th17細胞は，ナイーブT細胞からTGF-β，IL-6，IL-21の存在下で分化し，Th17細胞の増殖や生存にはIL-1βやIL-23が重要である．Th17細胞は，IL-17A，IL-17F，IL-21，IL-22などを産生し，自己免疫疾患，炎症性疾患，アレルギー疾患，細菌感染防御などにおいて重要な役割を果たしている．

### 11 ● IL-18

マクロファージ，樹状細胞，上皮細胞などから産生される．IL-18は，IL-12の存在下でナイーブT細胞からTh1細胞への分化を誘導し，IFN-γを産生させる．また，IL-12の存在下で，NK細胞，NKT細胞，B細胞，樹状細胞，マクロファージからIFN-γを産生させTh1型の免疫反応を誘導する．一方で，IL-12非存在下では，IL-2と共同してTh2細胞を活性化しTh2型サイトカイン(IL-4，IL-5，IL-13など)を産生させる．また，IL-12非存在下では，NK細胞，NKT細胞，肥満細胞，好塩基球からもTh2型サイトカインの産生を増強する．IL-18は，IL-12の共存下では抗アレルギー作用を示すが，IL-12非共存下ではアレルギー誘導作用を示す．

### 12 ● IL-22

IL-10ファミリーに属するサイトカインで，CD4$^+$T細胞，NK細胞，NKT細胞などから産生される．IL-22は，皮膚，腸管，呼吸器，肝臓などの上皮細胞に作用し，抗菌ペプチドを産生させて自然免疫に関与する．IL-22には，皮膚ケラチノサイトの増殖を誘導し表皮を肥厚させる作用や，皮膚バリア機能に関与するタンパク質の発現を低下させる作用があり，アトピー性皮膚炎の病態に関与している．IL-22は，Th17細胞からも産生される．また，IFN-γ，IL-4，IL-17を産生せずIL-22を産生するCD4$^+$T細胞(Th22細胞)も発見されている．ナイーブT細胞からTh22細胞への分化には，抗原刺激の他，IL-6およびTNF-αの存在が必要となる．Th22細胞は，CCR4やCCR10など皮膚にホーミングするためのケモカイン受容体を発現しているため，皮膚の恒常性や様々な皮膚疾患との関連性が指摘されている．

### 13 ● IL-25

IL-17サイトカインファミリーの一つ(IL-17E)として同定された．IL-25は，活性化Th2細胞，肥満細胞，好塩基球，好酸球，マクロファージから産生される他，アレルゲン刺激を受けた上皮細胞やケラチノサイトなどからも産生される．IL-25は，Th2細胞，NKT細胞，グループ2自然リンパ球，Th9細胞，好酸球，マクロファージ，血管内皮細胞，気道上皮細胞などに作用し，これらの細胞からTh2サイトカインやケモカインを産生させることで，寄生虫防御免疫やアレルギー炎症を誘導する．

### 14 ● IL-31

活性化したTh2細胞や皮膚にホーミングする皮膚リンパ球抗原(cutaneous lymphocyte-associated antigen；CLA)陽性T細胞などから産生される．IL-31は免疫細胞やケラチノサイトに作用し，これらの細胞から様々なサイトカインやケモカインを産生させ炎症を誘発する．また，IL-31の受容体は，痒みを伝達する後根神経節や皮膚内の神経線維にも発現しており，IL-31が痒みの発現において重要な働きをしていることが明らかになりつつある．

### 15 ● IL-33

様々な臓器の上皮細胞や血管内皮細胞の核内に存在し，組織傷害によるネクローシスによって細胞外に放出される．IL-33は，Th2細胞，グループ2自然リンパ球，肥満細胞，好塩基球，好酸球などに作用し，Th2型サイトカインやケモカインを産生させることで，寄生虫防御免疫やアレルギーを誘導する．

### 16 ● TSLP(thymic stromal lymphopoietin)

インターロイキンには分類されないが，IL-7と相同性が高いサイトカインとしてTSLPがある．TSLPは，外界と接する皮膚，気管支，消化管などの上皮細胞から，アレルゲン，細菌，ウイルス，炎症性サイトカインなどの刺激を受けることによって産生される．TSLPは，樹状細胞に作用して細胞表面にOX40L(Lはリガンドの略)を発現させる．OX40Lは，CD4$^+$T細胞表面に発現しているOX40に結合し，リンパ節においてCD4$^+$ナイーブT細胞をアレルギーにおいて重要な役割を果たすTh2細胞へと分化させる．TSLPはまた，樹状細胞からCCL17(TARC)と呼ばれるケモカインを産生させる．CCL17は，CCL17受容体(CCR4)を発現しているTh2細胞を，CCL17産生部位へ引き寄せることができる．TSLPは，肥満細胞，NKT細胞，好酸球にも作用して，これらの細胞からのサイトカイン産生を増強させる．このように，TSLPはアレルギーの開始および増悪において重要なサイトカインとして着目されている．またTSLPはIL-25，IL-33と共同して自然リンパ球を刺激することもわかっている．

## インターフェロン

インターフェロン(interferon；IFN)は，ウイルス感染時に産生され，抗ウイルス活性を持つ液性因子として発見されたサイトカインである．インターフェロンは，タンパク質構造および結合する受容体複合体の種類によって，Ⅰ型，Ⅱ型，Ⅲ型インターフェロンに分類される．

### 1 ● Ⅰ型インターフェロン

アミノ酸配列によりα，β，τ，ω，κ，εに分類されるが，IFN-αおよびβが免疫応答において特に重要である．IFN-αおよびIFN-βの最大の特徴は抗ウイルス活性である．ウイルス感染細胞から産生され，ウイルス未感染細胞に作用してウイルス感染に対する抵抗性を増強する．IFN-αおよびIFN-βはウイルス感染後極めて早期から産生され，ウイルスに対する初期感染防御反応として機能し，獲得免疫が特異的にウイルスを排除するまでウイルス感染の拡大を制御している．その他，IFN-αはリンパ球，マクロファージ，樹状細胞などから，IFN-βは線維芽細胞や上皮細胞などから産生され，抗腫瘍効果，細胞増殖抑制効果，マクロファージやNK細胞の活性化作用を示す．IFN-α製剤およびIFN-β製剤は，人用の医薬品としてウイルス性肝炎や各種腫瘍の治療に用いられている．獣医療においては，ネコIFN-ω製剤が，その抗ウイルス活性から，猫カリシウイルス感染症および犬パルボウイルス感染症の治療に承認されているが，猫においてはFIVやFeLVの治療にも用いられている．

### 2 ● Ⅱ型インターフェロン

IFN-γは，抗原や微生物により刺激されたTh1細胞，NK細胞，樹状細胞などから一過性に産生され，免疫系の細胞に対して様々な効果を現す．IFN-γは，マクロファージを活性化して活性酸素や一酸化窒素の産生を高め，殺菌効果を増強する．また，様々な細胞に作用して，抗原提示に関わるMHCクラスⅠ分子およびMHCクラスⅡ分子の発現を誘導し，抗原提示能を増強する．B細胞に対しては，IL-4によって誘導されるIgEへのクラススイッチを阻害し，IgGの産生を誘導する．また，ナイーブT細胞からTh1細胞への分化を誘導し，細胞性免疫を活性化する．IFN-γは，免疫増強作用の他にも，抗ウイルス効果や抗腫瘍効果など多様な生物活性を有する．ヒトにおいては，IFN-γ製剤が腎臓癌，慢性肉芽腫症に伴う重症感染の軽減のために医薬品として承認されている．獣医療においては，イヌIFN-γ製剤が犬のアトピー性皮膚炎の治療薬として日本で開発され，承認・販売されている．

### 3 ● Ⅲ型インターフェロン

IFN-λがある．IFN-λにはIFN-λ1(別名：IL-29)，IFN-λ2(IL-28A)，IFN-λ3(IL-28B)

の三つのアイソフォームが存在する．主に末梢血単核球や樹状細胞から産生され，上皮細胞や樹状細胞を活性化することで抗ウイルス活性を発揮する．

## 造血因子

成体の造血器官は骨髄(胎子期の造血は肝臓)で行われる，骨髄に存在する造血幹細胞から白血球，血小板，赤血球へと分化する．造血幹細胞の増殖および血液細胞への分化は，骨髄ストローマ細胞との相互作用や複雑なサイトカインネットワークにより制御されている．造血幹細胞の分化に関与するサイトカイン群を造血因子と呼び，前述のIL-3やIL-5をはじめとして様々なサイトカインが造血作用を有する．ここでは，代表的な造血因子について解説する．

### 1 幹細胞因子

幹細胞因子(stem cell factor；SCF)は造血の初期に作用するサイトカインで，可溶型と膜結合型がある．骨髄内では，内皮細胞や線維芽細胞に膜結合型のSCFが発現している．また，血中にも他のサイトカインに比べ比較的高濃度で存在する(約3 ng/mL)．SCFは単独では血液前駆細胞への作用は弱いが，他のサイトカインと協調して相乗効果を示す．SCFの受容体は*c-kit*遺伝子にコードされるKITである．KITは受容体型チロシンキナーゼ(第Ⅲ編 免疫と治療，12章分子標的治療参照)で，SCFが結合すると二量体を形成し細胞内シグナル伝達が開始される．KITは骨髄内の血液前駆細胞だけではなく，成熟した肥満細胞にも発現している．肥満細胞は前駆細胞のまま循環血液中を流れ，皮膚や腸管などの組織に到着してから最終的に成熟分化する．また，肥満細胞は成熟した後でも増殖することが可能である．肥満細胞の成熟分化・増殖には，皮膚や腸管などの末梢組織に発現しているSCFを介したKITの活性化が必要である．犬や猫の肥満細胞腫においては，KITをコードする*c-kit*遺伝子に変異が検出されており，肥満細胞腫の腫瘍化メカニズムの一つとして考えられている．

### 2 顆粒球コロニー刺激因子

顆粒球コロニー刺激因子(granulocyte-colony stimulating factor；G-CSF)は，単球，マクロファージ，血管内皮細胞，骨髄ストローマ細胞などから産生される．G-CSFの受容体は，好中球前駆細胞および成熟好中球に発現しており，前駆細胞から好中球への分化，好中球前駆細胞の増殖および好中球機能を亢進させる作用がある．小動物臨床においては，悪性腫瘍の犬や猫に対する化学療法や放射線療法後の好中球数減少に対して，遺伝子組換え型ヒトG-CSFが投与される．

### 3 顆粒球マクロファージコロニー刺激因子

顆粒球マクロファージコロニー刺激因子(granulocyte-macrophage colony stimulating factor；GM-CSF)は，活性化T細胞，単球，マクロファージ，肥満細胞などの免疫細胞や，骨髄ストローマ細胞，線維芽細胞，血管内皮細胞などから産生される．GM-CSFの受容体は，GM-CSF受容体α鎖と，IL-3，IL-5，GM-CSFの受容体に共通するβ鎖(βc)により構成され，骨髄球系前駆細胞や，好中球，好酸球，マクロファージ，肥満細胞，樹状細胞，リンパ球などに発現している．GM-CSFは骨髄球系前駆細胞の分化・増殖を促進し，好中球，好酸球，マクロファージを産生させる．一方，リンパ球系細胞や肥満細胞への分化は抑制する．また，成熟した好中球，好酸球，マクロファージに作用し，これらの細胞の機能を増強することで，炎症反応や免疫応答にも関与する．

### 4 ● エリスロポエチン

エリスロポエチン(erythropoietin；EPO)は，胎子期には肝臓から，成体では腎臓から産生されるサイトカインで，赤血球系前駆細胞の分化・増殖を促進し，末梢血液中の赤血球数を調整する作用がある．小動物臨床においては，腎性貧血の犬や猫に対して，遺伝子組換え型ヒトEPOが使用されている．また，腎性貧血や多血症の鑑別のため，犬および猫の血中EPO濃度を測定することができる．

## TNFスーパーファミリー

腫瘍壊死因子(tumor necrosis factor-α；TNF-α)やリンフォトキシンα(lymphotoxin-α；LT-α)をはじめとする20種類にも及ぶサイトカインがTNFスーパーファミリーに分類される．TNFスーパーファミリーのサイトカインは，TNF-αとLT-αが共通の受容体に結合するように，他のサイトカインとは異なり，リガンドと受容体の関係が1対1ではなく，生体内で複雑なネットワークを形成している．TNFスーパーファミリーのサイトカインは，1回膜貫通型タンパク質(タンパク質のN末端が細胞内，C末端が細胞外)で，ホモ三量体を形成して膜型リガンドとして機能する．TNF-α，LT-α，BAFFなどは，細胞外領域でプロテアーゼ(タンパク質を切断する酵素)による切断を受け，可溶性ホモ三量体として機能する．TNFスーパーファミリーの受容体もホモ三量体を形成しリガンドと結合する．受容体の細胞内領域にはデスドメインという領域があり，リガンドが結合することでアポトーシス(細胞死)を誘導する．また，TNFスーパーファミリーの受容体の多くはNF-κB活性化能を有し，リガンドが結合することで炎症反応を惹起する．

TNFスーパーファミリーのサイトカインは，生体内において様々な免疫反応に関与している．TNF-α，LT-α，FasL，TRAILは，T細胞やNK細胞から産生され，受容体を発現している細胞に対してアポトーシスや炎症反応を引き起こす．OX40L，4-1BBL(CD137L)，LIGHT，CD70は抗原提示細胞に発現し，これらの受容体を発現しているT細胞に対して抗原提示と同時に副刺激を伝達し活性化する．活性化T細胞に発現するCD40L，単球，マクロファージ，樹状細胞，活性化T細胞などから産生されるAPRILやBAFFは，B細胞に発現している受容体に結合し，B細胞の生存，分化，活性化などを誘導する．

### 1 ● TNF-α

単球，マクロファージ，活性化T細胞，活性化B細胞，NK細胞，血管内皮細胞などから産生される．IL-1とともに炎症を誘導するサイトカインとして重要である(**図4-1**参照)．感染時の発熱，腫瘍に伴う発熱の原因となるサイトカインであり，食欲不振や倦怠感を引き起こす．炎症性サイトカインであるIL-6を産生させる作用や，腫瘍細胞に対してアポトーシスを誘導する作用がある．また，TNF-αはエンドトキシンショックにも深く関与している．ヒトの関節リウマチ患者の関節においては，TNF-αが大量に産生され臨床症状の発現や増悪に関与していることが明らかとなっている．そのため，TNF-αに結合し，その機能を中和する抗体医薬やFc融合タンパク質[注4]がヒトの慢性関節リウマチに対する治療薬として承認されている(**表4-2**)．

## 増殖因子

細胞の増殖や分化を調整するサイトカインであり，組織，器官，臓器の構築や維持において重要な役割を果たしている．増殖因子には，前述のSCFの他，様々な因子がある．増殖因子は，産生細胞から分泌されたままの形で作用するものあるが，酵素の一種であるプロテアーゼによって活性型に変換され作用するものある．また，膜結合型タンパク質として産生され，隣接する標的細胞に作用するものもあり，多様な活性制御を受ける．

増殖因子の受容体は，受容体型チロシンキナーゼ活性を有している．増殖因子が受容体に結合すると，受容体は二量体を形成し，互いに他方の受容体のチロシン残基をリン酸化してシグナル伝達が開始される．増殖因子によるシグナルは，細胞の増殖，生存，分化，維持などにおいて重要である．

増殖因子や受容体の異常は，様々な腫瘍において発見されており，これらを標的とした分子標的治療薬も開発され臨床応用されている．

### 1 ● 上皮増殖因子

様々な細胞から産生される．上皮細胞の増殖および分化を制御するが，標的となる細胞や組織に応じて多様な生理作用を示す．上皮増殖因子（epidermal growth factor；EGF）受容体の過剰発現は，ヒトの膀胱癌，乳癌，頭頸部癌，腎臓癌，肺癌，前立腺癌などにおいて報告されており，予後の悪化と関連している．また，EGF受容体の遺伝子変異に伴う恒常的活性化は，ヒトの乳癌，グリオブラストーマ，肺癌，卵巣癌などにおいて報告されている．ヒトでは，EGF受容体に特異的な分子標的治療薬であるゲフィチニブ（商品名：イレッサ）が，日本国内において，EGF受容体遺伝子変異陽性の，手術不能または再発性の非小細胞肺癌に対して承認されている（**表4-2**）．

### 2 ● 血小板由来増殖因子

血小板，内皮細胞，単球・マクロファージ，平滑筋，線維芽細胞などから産生される．皮膚線維芽細胞，平滑筋細胞，上皮細胞，微小血管内皮細胞に作用して細胞増殖を促進し，創傷治癒において重要な役割を果たす．また，TGF-βとともに，病理学的な変化である線維化を誘導する．血小板由来増殖因子（platelet-derived growth factor；PDGF）受容体はα受容体とβ受容体により構成される．ヒトの慢性骨髄性白血病では，転写因子ETV6とPDGF受容体βとの遺伝子融合が，ヒトの特発性好酸球増多症候群では，FIP1L1とPDGF受容体αとの遺伝子融合が認められている．また，ヒトの消化管間質細胞腫瘍は，c-*kit*遺伝子の変異が原因となって発生することが多いが，PDGF受容体αの遺伝子変異が原因となることもある．PDGF受容体の遺伝子変異に対しては，チロシンキナーゼ阻害薬であるメシル酸イマチニブが有効性を示す症例が多い．

### 3 ● 血管内皮増殖因子

血管平滑筋細胞，心筋細胞，肝細胞などから産生される．血管内皮細胞の増殖および遊走を引き起こし，血管新生および血管透過性亢進を誘導する．腫瘍においては，その栄養要求性から通常の組織よりも多くの血管が存在するが，腫瘍における血管新生は腫瘍細胞あるいは腫瘍の間質細胞から産生される血管内皮増殖因子（vascular endothelial growth factor；VEGF）に大きく依存する．そのため，抗VEGF抗体であるベバシズマブ（商品名：アバスチン）が，ヒトの結腸・直腸癌，非小細胞肺癌，卵巣癌，

---

**注4　Fc融合タンパク質**

受容体の細胞外領域とIgGのFc領域を融合させたタンパク質．受容体の細胞外領域が標的となるリガンド（この場合は標的となるサイトカイン）と結合し，Fc領域は受容体細胞外領域の二量体化や血中における安定性向上の役割を持つ．Fc融合タンパク質は抗体に類似した構造や機能上の特徴を持つ．

乳癌などに対する分子標的治療薬として承認されている(**表4-2**).

## TGF-βスーパーファミリー

TGF(transforming growth factor)-βスーパーファミリーは,TGF-βと類似した構造を持つペプチド因子の一群で,40種類以上が属する.TGF-βスーパーファミリーのサイトカインは,セリン/スレオニンキナーゼ活性を有する受容体に結合し,主にシグナル伝達分子であるSmadを介して標的遺伝子を発現させる.

### 1 ● TGF-β

代表的な抑制性サイトカインであり,IL-10とともに制御性T細胞から産生される.TGF-βの機能は多様で,標的となる細胞によりその作用が異なる.上皮細胞,内皮細胞,リンパ球などの多くの細胞に対しては強い増殖抑制作用を示すが,線維芽細胞に対してはその増殖を促進し,線維化を誘導する.TGF-βは,IL-6と協調してナイーブT細胞からTh17細胞への分化を促進する.一方,TGF-βだけが作用すると,ナイーブT細胞から制御性T細胞への分化を促進する.

## 7 サイトカインによるヘルパーT細胞サブセットの分類

抗原に暴露されていないナイーブT細胞は,抗原提示細胞からMHCクラスⅡ分子を介した抗原提示を受ける際に,作用するサイトカインの種類に応じて様々なサブセットのヘルパーT細胞に分化する.分化したヘルパーT細胞は,それぞれのサブセットに応じて特有のサイトカインを産生し免疫応答を調節している(**図4-5**).

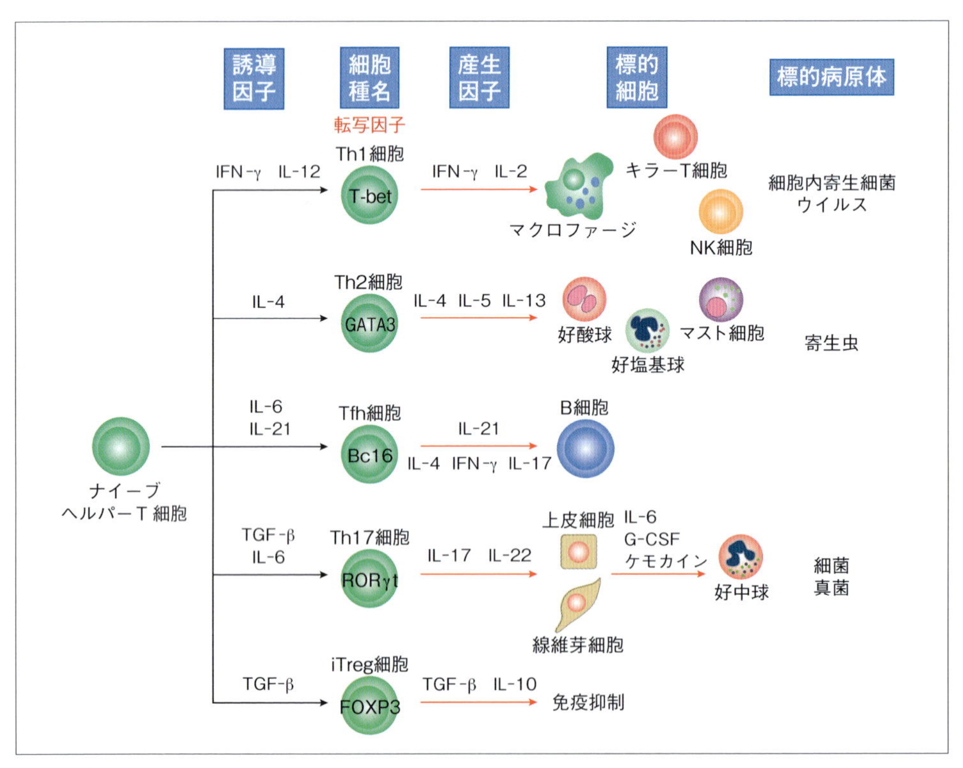


**図4-5** サイトカインによる各種ヘルパーT細胞および抑制性T細胞への分化制御機構

これらのヘルパーT細胞のサブセットは，サイトカインを介してお互いの分化や機能を制御している．

代表的なヘルパーT細胞のサブセットに，Th1細胞，Th2細胞，Th17細胞，制御性T細胞(regulatory T cells；Treg)，濾胞性ヘルパーT細胞(follicular helper T cells；Tfh cells)などがある．

ナイーブT細胞からTh1細胞へ分化するためには，IFN-γやIL-12の作用によるSTAT1およびSTAT4の活性化と転写因子T-betの発現が必要である．Th1細胞はIFN-γを産生し，ウイルスや細胞内寄生細菌に対する免疫応答や抗腫瘍効果などを示すが，様々な自己免疫疾患の発症においてTh1細胞の機能亢進が関与している．IL-18はIL-12と共同してTh1細胞への分化および機能を増強する．

Th2細胞への分化には，IL-4の作用によるSTAT6の活性化と転写因子GATA-3の発現が必要である．Th2細胞はIL-4，IL-5，IL-13を産生し，寄生虫や細胞外寄生細菌に対する感染防御免疫において重要な役割を果たすが，アレルギー疾患においてはその機能が過剰に亢進している[注5]．

Th17細胞への分化には，IL-6やTGF-βによるSTAT3およびSmadの活性化と転写因子RORγtの誘導が必須である．Th17細胞はIL-17やIL-22を産生することで感染防御能を示すが，様々な炎症性疾患や自己免疫疾患ではその機能が過剰に亢進している．

Tregは免疫抑制作用を持つT細胞で，生体内における免疫応答を制御する細胞として幅広く機能している．Tregは内在性Treg(naturally occurring regulatory T cell；nTreg)と誘導性Treg(inducible regulatory T cell；iTreg)に大別することができる．内在性Tregは胸腺内で自然発生する．一方，誘導性Tregは，末梢においてナイーブT細胞から抗原刺激とTGF-βまたはIL-10の存在下で分化誘導する．TGF-βを介した誘導性Tregの分化には，Smadの活性化と転写因子Foxp3が必要であるが，Tr1と呼ばれるIL-10を介した誘導性Tregの分化にはFOXP3は必要ではない．これらの誘導性Tregは，抑制性サイトカインであるTGF-βやIL-10を産生し，Tregとしての機能を発揮している．

Tfh細胞への分化には，IL-6およびIL-21の作用と転写因子Bcl6の活性化が必要である．Tfh細胞はリンパ節B細胞領域の胚中心に存在し，B細胞の親和性成熟やクラススイッチを誘導する．Tfh細胞は主にIL-21を産生し，B細胞を増殖・活性化させ，胚中心の形成を促進する．Tfh細胞にはIL-4やIFN-γを産生するサブタイプが存在し，B細胞に対して異なるクラスの抗体を産生するようにクラススイッチを誘導している．

その他にも，IL-9を産生するTh9細胞，IL-22を産生するTh22細胞などが存在することが報告されている．

---

**注5　Th1/Th2バランスとアレルギー**

一昔前には，多くの研究においてアレルギーの発症にTh1細胞とTh2細胞のバランスが重要であると報告されていた．アレルギーの病態はTh2細胞が優位な状態で，体の中の免疫反応がTh2型へ偏るとアレルギーになりやすくなり，逆にこの状態をTh1型へ戻すとアレルギーが治ると考えられていた．確かに，アレルギーの病態の一側面においてはTh2細胞が重要な役割を果たしている．しかし，近年の研究では，アレルギーの慢性期にはTh1型免疫反応が優勢となり，病態を悪化させることが明らかとなっている．また，ヒトのTh1細胞はTh2細胞に対して抑制的ではないこともわかっている．T細胞サブセットとして，Th1細胞，Th2細胞だけではなく，Th17細胞やTfh細胞も次々と発見されているため，Th1/Th2バランスだけでアレルギーの病態を説明しようとする学説は衰退している．

## 8 ケモカインとは

細胞が特定の物質に対して移動する性質を走化性(chemotaxis)といい，白血球に対して細胞走化性作用を有するサイトカインの一群をケモカイン(chemokine)と呼ぶ．当初はサイトカインの1種として分類されていたIL-8が，好中球に対して細胞走化性作用を持つことが明らかとなって以来，新たなケモカインの発見と分類が行われるようになった．現在までに，50種類以上のケモカインが同定されている．

ケモカインは低分子量のタンパク質で，四つのシステイン残基(C)が保存されていることが特徴である．この四つのシステイン残基のうち，N末端側から二つのシステイン残基の位置関係により，構造的にCXC，CC，C，CX3Cケモカインの四つに大別される(Xは任意のアミノ酸残基)．N末端側から1番目と3番目のシステイン残基，および2番目と4番目のシステイン残基がジスルフィド結合することで，タンパク質としての二次構造が維持されている．

ケモカインの名称には，作用に基づいて以前から使用されている名称と系統的に命名された統一名称があり，現在でも論文上は両方の名称が使用されている．例えば，好酸球に対する細胞走化性作用を持つケモカインeotaxin-1は，系統的な命名法ではリガンド(ligand)を意味するLを用いてCCL11と呼ばれ，CCケモカインリガンドの11番という意味である．

ケモカイン受容体は，他のサイトカイン受容体とは異なり，7回膜貫通型Gタンパク質共役受容体[注6]である．ケモカイン受容体の名称には，受容体(receptor)を意味するRと，発見された順に番号がつけられる．例えば，CCR1は，1番目に発見されたCCケモカインの受容体である．

ケモカイン受容体は主に白血球に発現し，1種類の白血球に複数の受容体が発現している．白血球の種類や分化度に応じて発現しているケモカイン受容体が異なることから，白血球の分類に用いられることもある．

通常，サイトカインとサイトカイン受容体は1対1の関係であるが，ケモカインの特徴として，複数の異なるケモカインが一つの受容体に結合して作用すること(リガンドの重複性)や，一つのケモカインが複数の受容体に結合して作用すること(受容体の重複性)が挙げられる．ただし，複数のケモカインが一つの受容体に結合して作用する場合でも，それぞれのケモカインによって受容体に対する親和性や作用効果が異なる．また，*in vitro*において重複した機能を示すケモカインであっても，*in vivo*においては，発現する細胞や組織内分布が違うため，それぞれのケモカインに応じて生体内における役割が異なっている．

ケモカインおよびケモカイン受容体の種類とその作用を**表4-3**に示す．

## 9 ケモカインの作用

### 免疫・炎症反応におけるケモカインの役割

感染や外傷などが発生すると，白血球が浸潤

---

**注6 Gタンパク質共役受容体**(G protein-coupled receptor；GPCR)

Gタンパク質と呼ばれるタンパク質の助けを借りて機能する細胞膜受容体．細胞膜を7回貫通するため，7回膜貫通受容体とも呼ばれる．サイトカイン，ホルモン，神経伝達物質など様々な生体内物質がGPCRを利用している．GPCRは様々な疾患に関与しているため，現在使用されている薬剤の多くがGPCRを標的としている．2012年のノーベル化学賞は，GPCRの構造と機能を解明した研究者2名に贈られた．

表4-3 ケモカイン受容体とケモカイン

| 受容体 | リガンド/系統名(一般名) | 発現細胞 |
| --- | --- | --- |
| | CXCケモカイン | |
| CXCR1 | CXCL6(GCP-2), CXCL8(IL-8) | 好中球, CD8$^{+}$T細胞, NK細胞, 単球 |
| CXCR2 | CXCL1, 2, 3(GROα, β, γ), CXCL5(ENA-78), CXCL6(GCP-2), CXCL8(IL-8) | 好中球, NK細胞, 単球 |
| CXCR3 | CXCL9(MIG), CXCL10(IP-10), CXCL11(I-TAC), CXCL13(BLC), CCL21(SLC)(マウス) | 活性化T細胞, Th1細胞, 一部のB細胞 |
| CXCR4 | CXCL12(SDF-1) | B細胞, ナイーブT細胞, メモリーT細胞, 樹状細胞, 血小板 |
| CXCR5 | CXCL12(BLC) | B細胞, 濾胞性ヘルパーT細胞 |
| CXCR6 | CXCL16 | Th1細胞, NK細胞, NKT細胞, 形質細胞 |
| | CCケモカイン | |
| CCR1 | CCL3(MIP-1α), CCL5(RANTES), CCL7(MCP-3), CCL8(MCP-2), CCL3L1(LD78β), CCL14(HCC-1), CCL15(LKN-1), CCL16(LEC), CCL23(MPIF-1) | 単球, メモリーT細胞, 未熟樹状細胞 |
| CCR2 | CCL2(MCP-1), CCL8(MCP-2), CCL7(MCP-3), CCL13(MCP-4), CCL16(LEC) | 単球, メモリーT細胞, 未熟樹状細胞 |
| CCR3 | CCL5(RANTES), CCL8(MCP-2), CCL7(MCP-3), CCL13(MCP-4), CCL11, 24, 26(Eotaxin-1, 2, 3), CCL3L1(LD78β), CCL15(LKN-1), CCL28(MEC)(ヒト) | 好酸球, 好塩基球, 未熟樹状細胞 |
| CCR4 | CCL17(TARC), CCL22(MDC) | Th2細胞, CLA$^{+}$皮膚向性T細胞, 制御性T細胞, 血小板 |
| CCR5 | CCL3(MIP-1α), CCL4(MIP-1β), CCL5(RANTES), CCL8(MCP-2), CCL3L1(LD78β), CCL16(LEC) | 活性化T細胞, Th1細胞, 単球, 未熟樹状細胞 |
| CCR6 | CCL20(LARC), β-defensin | B細胞, α4β7インテグリン$^{+}$腸管指向性T細胞, 一部のCLA$^{+}$皮膚指向性T細胞, 未熟樹状細胞 |
| CCR7 | CCL19(ELC), CCL21(SLC) | ナイーブT細胞, セントラルメモリーT細胞, B細胞, 成熟樹状細胞 |
| CCR8 | CCL1(I-309) | 単球, Th2細胞, 制御性T細胞, 皮膚内T細胞 |
| CCR9 | CCL25(TECK) | α4β7インテグリン$^{+}$腸管向性T細胞, 上皮内T細胞, IgA産生形質細胞 |
| CCR10 | CCL27(ILC), CCL28(MEC) | CLA$^{+}$皮膚向性T細胞, 形質細胞 |
| | Cケモカイン | |
| XCR1 | XCL1, 2 (SCM-1) | CD8$^{+}$T細胞, NK細胞 |
| | CX3Cケモカイン | |
| CX3CR1 | CX3CL1(Fractalkine) | 組織移行性単球, CD8$^{+}$T細胞, キラー活性を持つCD4$^{+}$T細胞, Th1細胞, NK細胞, 上皮内T細胞 |

してきて免疫応答や炎症反応が起こり，事態を終息させるように働く．ケモカインは，これら生体内における免疫細胞の移動や組織浸潤を制御している．

皮膚において病原微生物が感染すると，IL-8などのケモカインが感染局所において産生される．IL-8の受容体であるCXCR1およびCXCR2を発現する好中球は感染部位に浸潤し，急性炎症が起こる．病原微生物は，同時に樹状細胞により認識され貪食される．この際，樹状細胞は活性化して成熟し，CCR7を発現するようになる．リンパ管内皮細胞には，CCR7のリガンドであるケモカインCCL21が恒常的に発現している．そのため，CCR7陽性の活性化樹状細胞は，リンパ管内皮細胞を介して所属リンパ節のT細胞領域に移動し，ナイーブT細胞に対して抗原提示を行う．ナイーブT細胞や，抗原提示により分化した様々な種類のT細胞（Th1細胞，Th2細胞，メモリーT細胞など）には，それぞれの細胞に特異的なケモカイン受容体が発現し，T細胞のホーミングと組織浸潤を制御している．

B細胞における抗体産生にもケモカインが関与している．抗原特異的に活性化されたB細胞は，細胞表面上にCXCR5を発現し，CXCR5のリガンドであるCXCL13を発現する濾胞樹状細胞の周囲，すなわちリンパ節の胚中心に集簇する．胚中心では，濾胞樹状細胞や濾胞性ヘルパーT細胞（Tfh細胞）との相互作用のもと，B細胞はクラススイッチを起こす．さらに，B細胞は細胞表面上のCXCR4を介して，CXCR4のリガンドであるCXCL12を発現している骨髄間質細胞が存在する骨髄へと移動し，形質細胞へと分化して，骨髄において長期間に渡り抗体を産生する．

### 免疫・炎症反応以外におけるケモカインの役割

ケモカインは，免疫や炎症反応における白血球の細胞走化性作用以外にも，生理的な条件下における正常な免疫組織の形成，発生段階における細胞移動，血管新生，造血反応，癌の転移および局所浸潤などに関与している．また，ヒト免疫不全ウイルス（human immunodeficiency virus；HIV）が感染するためには，T細胞およびマクロファージに発現しているCD4がHIVに対する受容体として機能するが，ケモカイン受容体であるT細胞上のCXCR4およびマクロファージ上のCCR5は，HIVに対する補助受容体として機能する．現在では，CCR5阻害薬がHIVの治療薬の一つとして承認されている．

## 10 サイトカイン・ケモカインを標的とした医薬品

これまで述べてきたように，サイトカイン，ケモカインおよびその受容体を介した反応は，自己免疫疾患，アレルギー疾患，腫瘍など，様々な疾患の病態に深く関与している．そのため，人医療ではこれらを標的とした抗体医薬品（**表4-2**）および低分子化合物が承認され実際に使用されている．獣医学領域においては，犬アトピー性皮膚炎を対象に，犬のIL-31に対する抗体医薬品が海外で開発されている．また，犬のアレルギー性皮膚炎および犬アトピー性皮膚炎を対象に，サイトカイン受容体下流のシグナル伝達物質JAKを標的とした低分子化合物であるJAK阻害薬が海外および日本国内において承認・販売されている．しかしながら，人医療に比べ，獣医療におけるサイトカインおよびケモカインを標的とした分子標的治療薬の種類は極めて少ないのが現状である．

## まとめ

### ポイント

- サイトカインやケモカインは，生体の恒常性の維持や感染病原体に対する免疫反応，炎症反応において重要な役割を果たしている．
- 生体に備わっているサイトカインおよびケモカイン制御メカニズムの破綻が，自己免疫疾患，アレルギー疾患，腫瘍など，様々な疾患の病態に深く関与している．
- 人医療においては，サイトカイン，ケモカイン，およびそれらの受容体をターゲットとした分子標的治療薬が治療に応用されている．

### 獣医学における今後の展開

人医療においては，サイトカインやケモカインの測定が病勢の把握や疾患の鑑別に応用されている．また，サイトカイン，ケモカインおよびそれらの受容体や受容体下流のシグナルをターゲットとした分子標的治療薬も数多く存在する．獣医学領域においては，サイトカインやケモカインを検査や治療に応用できる機会は少ないが，今後臨床現場においてこれらに関連した各種検査系や治療薬が登場するものと予想される．

**大森 啓太郎**（東京農工大学）

### 主な参考文献

1. 菅村和夫，宮園浩平，宮澤恵二ほか（2005）：サイトカイン・増殖因子用語ライブラリー，羊土社.
2. 臨床サイトカイン研究会編（2007）：臨床サイトカイン学　―日常診療への新たなる応用―，メディカル・サイエンス・インターナショナル.
3. 高津聖志，清野宏，三宅健介（監訳）（2009）：免疫学イラストレイテッド原書第７版，南江堂.
4. 戸倉新樹（2010）：ファーストステップ皮膚免疫学，中外医学社.
5. 桂義元，河本宏，子安重夫ほか（2011）：免疫の事典，朝倉書店.
6. 河本宏（2011）：もっとよくわかる！　免疫学，羊土社.
7. 見上彪（2012）：獣医微生物学（第３版），文永堂出版.

# 第5章 免疫とアレルギー

## 1 はじめに

免疫系は生体に侵入してきた外来異物を排除する防御機構として進化してきた．しかしながら，その機構に破綻が起こると，アレルギーや自己免疫病などの原因ともなる．第5章では，免疫系を構成する獲得免疫(液性免疫と細胞性免疫)と自然免疫機構について概説し，その破綻としてのアレルギーを含む過敏反応との関連について詳述する．

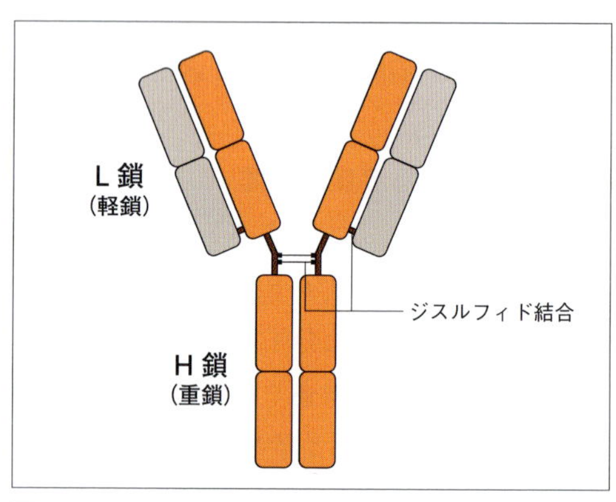


図5-1 **抗体の基本構造**．抗体は2本の重鎖(橙色)と2本の軽鎖(灰色)から構成される(Janeway's 免疫生物学第7版より改変)．

## 2 獲得免疫

免疫系は，上皮や粘膜などのバリア機構，マクロファージなどの貪食細胞，補体成分などの感染前にすでに準備されている防御機構である自然免疫(innate immunity)とB細胞から産生される抗体やT細胞から構成される感染体に暴露されて防御能力が増強する獲得免疫(adaptive immunity)からなる．獲得免疫系の特徴としては，異物に対する特異性，免疫記憶などがある．

### 液性免疫

獲得免疫の中で，B細胞から産生される抗体による防御機構を意味する．

#### 1 抗体の機能と種類

##### (a) 抗体の基本構造

抗体とは，外来抗原が体内に侵入したときにB細胞から産生されるタンパク質であり，抗原に特異的に結合する能力を有する．抗体タンパク質は免疫グロブリンと呼ばれ，2本の重鎖(heavy chain；H鎖)，2本の軽鎖(light chain；L鎖)から構成される(**図5-1**)．2本のH鎖はジスルフィド結合で二量体を形成し，さらにH鎖は1本のL鎖とジスルフィド結合している．L鎖にはλ(lamda)鎖とκ(kappa)鎖の2種類がある．H鎖は基本的に五つの異なるものがあり，H鎖の異なる抗体をアイソタイプ(isotype)の異なる抗体という．五つのアイソタイプには，IgM，IgD，IgG，IgA，IgEがあり(**図5-2**)，それぞれのH鎖はギリシャ文字の小文字で表記されμ鎖，δ鎖，γ鎖，α鎖，ε鎖と呼ばれる．またIgGやIgAには機能が異なる

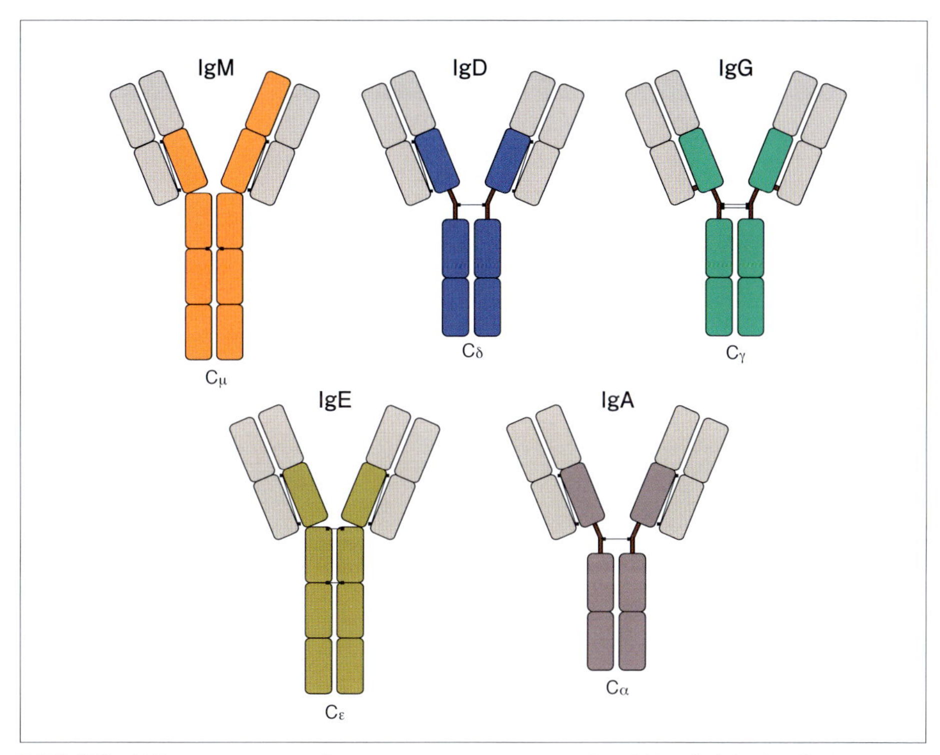


**図5-2　抗体のアイソタイプ**．それぞれのアイソタイプは重鎖の定常領域の構造が異なる（Janeway's 免疫生物学第7版より改変）．

**表5-1　ヒトの各免疫グロブリンクラスは専門化した機能と特有の分布を示す**

| 機能的活性 | IgM | IgD | IgGI | LgG2 | IgG3 | IgG4 | IgA | IgE |
|---|---|---|---|---|---|---|---|---|
| 中和 | + | − | ++ | ++ | ++ | ++ | ++ | − |
| オプソニン化 | + | − | +++ | * | ++ | + | + | − |
| NK細胞キラー活性への感作 | − | − | ++ | − | ++ | − | − | − |
| マスト細胞の感作 | − | − | + | − | + | − | − | +++ |
| 補体系の活性化 | +++ | − | ++ | + | +++ | − | + | − |
| **分布** | **IgM** | **IgD** | **IgGI** | **LgG2** | **IgG3** | **IgG4** | **IgA** | **IgE** |
| 上皮細胞を介する輸送 | + | − | − | − | − | − | +++<br>(二量体) | − |
| 胎盤を介する輸送 | − | − | +++ | + | ++ | +/− | − | − |
| 血管外組織への拡散 | +/− | − | +++ | +++ | +++ | +++ | ++<br>(単量体) | + |
| 平均血清濃度(mg/mL) | 1.5 | 0.04 | 9 | 3 | 1 | 0.5 | 2.1 | $3\times10^{-5}$ |

サブクラスがあり，さらに細かく分類される（**表5-1**）．また，動物によってサブクラスも異なる（**表5-2**）．

### (b)　抗体の機能部位

抗体は，抗原に特異的に結合する可変領域（variable region；V領域）とタンパク質の

**表5-2 動物の免疫グロブリンのクラスとサブクラス**

| 動物種 | クラスとサブクラス | | | | |
|---|---|---|---|---|---|
| ヒト | $IgG_1$, $IgG_2$, $IgG_3$, $IgG_4$ | IgM | $IgA_1$, $IgA_2$ | IgD | IgE |
| マウス | $IgG_1$, $IgG_2a$, $IgG_2b$, $IgG_3$ | IgM | $IgA_1$, $IgA_2$ | IgD | IgE |
| ラット | $IgG_1$, $IgG_2a$, $IgG_2b$, $IgG_2c$ | IgM | IgA | IgD | IgE |
| モルモット | $IgG_1$, $IgG_2$ | IgM | IgA | | IgE |
| ウサギ | IgG | IgM | IgA | | IgE |
| 犬 | $IgG_1$, $IgG_2$, $IgG_3$, $IgG_4$ | IgM | IgA | IgD | IgE |
| 猫 | $IgG_1$, $IgG_2$, $IgG_3$ | IgM | IgA | | IgE |
| 牛 | $IgG_1$, $IgG_2$ | IgM | IgA | | IgE |
| 馬 | $IgG_2a$, $IgG_2b$, $IgG_2c$, IgG(T) | IgM | IgA | | IgE |
| 豚 | $IgG_1$, $IgG_2$, $IgG_3$, $IgG_4$ | IgM | IgA | | IgE |
| ニワトリ | IgY(G) | IgM | IgA | | |
| 爬虫類 | IgY(G) | IgM | | | |
| 両生類 | IgY(G) | IgM | | | |
| 魚類 | | IgM | | | |

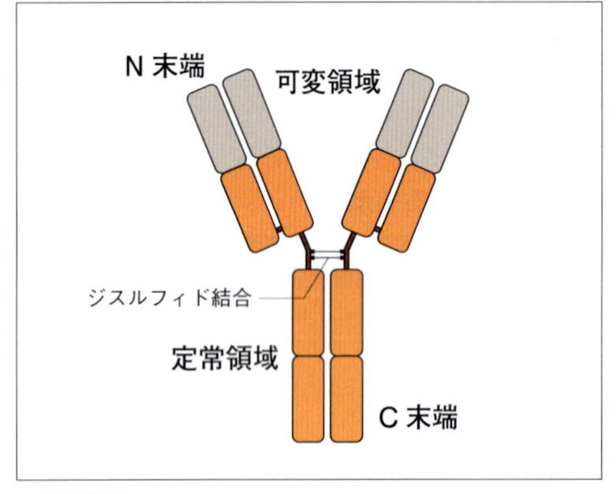


**図5-3 抗体の可変領域と定常領域.** 可変領域(灰色)と定常領域(橙色)(Janeway's 免疫生物学第7版より改変).

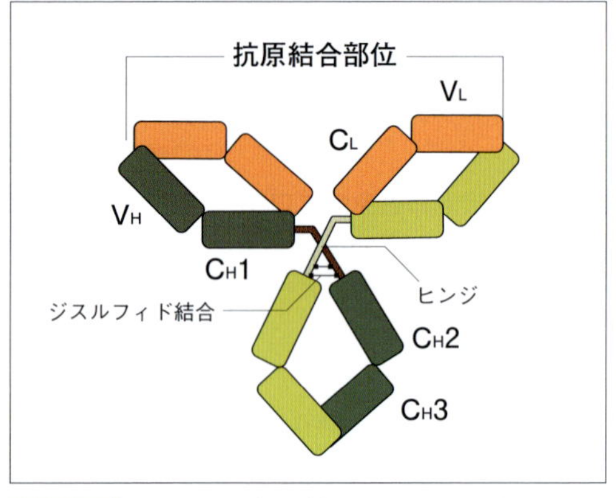


**図5-4 抗体の機能構造.** 抗原結合部位は重鎖と軽鎖の可変領域から構成される. ヒンジは二つの抗原結合部位の稼動性に関与する(Janeway's 免疫生物学第7版より改変).

構造維持ならびに機能に関与する定常領域(constant region;C領域)から構成される(**図5-3**). 可変領域はアミノ酸配列に多様性があり, 抗原に対する特異性に関与し, H鎖およびL鎖の可変領域($V_H$, $V_L$)から構成される(**図5-4**). 定常領域はH鎖のアイソタイプごとにアミノ酸配列が異なり, $C_H1$, $C_H2$, $C_H3$および$C_L$から構成される.

### (c) 抗体の抗原結合部位

抗体は, H鎖およびL鎖の可変領域で抗原と結合する. 可変領域には特に多様性の高い領域が3箇所あり, 超可変領域(hyper variable region)と呼ばれ, その間をフレームワーク領域という. フレームワーク領域はベータ・シート構造を形成し, 超可変領域はベータ・シートの縁のループに相当しており, 超可変領域がお互いに近接することにより抗原結合部位を形成する．

(d) 抗体の定常領域の構造と種類

H鎖の定常領域の違いによって，免疫グロブリンは五つのアイソタイプに分類され，さらにIgGは四つのサブクラスに分類される．IgMとIgEにはヒンジ部位がなく，かわりに定常領域($C_H$)が一つ余分($C_H4$)にある．IgMは血清中では五量体，IgAは二量体を形成しており(**図5-5**)，ジスルフィド結合によりJ鎖と結合している．IgAの定常部位末端には分泌片(secretary piece)というポリペプチドが結合し，消化管などへの輸送に関与する．

## 2 ● 抗体遺伝子と多様性獲得機構

(a) 抗体遺伝子

免疫グロブリン遺伝子は，V遺伝子(variable gene)，D遺伝子(diversity segment gene, D segment)，J遺伝子(joining segment gene)ならびにC遺伝子(constant region gene)から構成されており，V，D，J遺伝子断片はゲノム上にクラスターをなして多数存在する．L鎖遺伝子にはD遺伝子が存在しない．

免疫グロブリン遺伝子はB細胞でのみ遺伝子再構成を起こす．L鎖遺伝子では，V遺伝子とJ遺伝子が遺伝子再構成を起こすことにより結合したVJ遺伝子(可変領域をコード)と，定常部をコードするC遺伝子との間で，転写後のRNAスプライシングを介して，機能的なL鎖タンパクが産生される．H鎖の可変領域はV，D，J遺伝子から構成されており，まず，D，J遺伝子の再構成が起こり(DJ)，次にV遺伝子との再構成(VDJ)が起こる(**図5-6**)．

(b) V-(D)-J遺伝子再構成機構

H鎖およびL鎖遺伝子断片前後のイントロンには遺伝子再構成に関与する保存された塩基配列が存在する．翻訳配列に連続して位置する7個の塩基(ヘプタマー：heptamer, 5'CACAGTG3')と9個の塩基(ノナマー：nonamer, 5'ACAAAAACC3')の間は約12塩基あるいは23塩基のスペーサー配列によって隔てられている．スペーサーの塩基配列は一定で

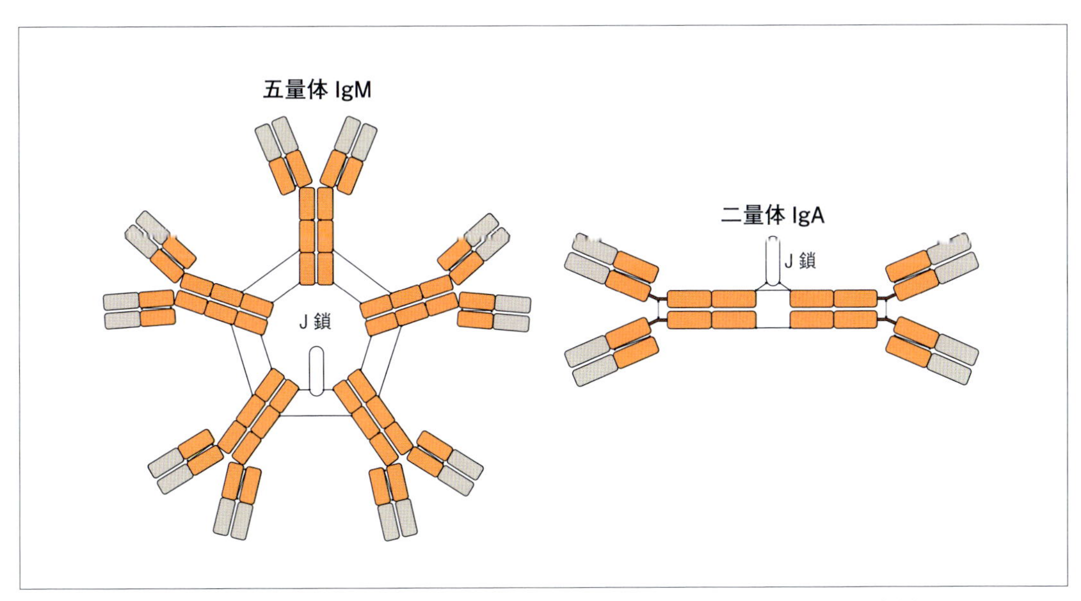


**図5-5　J鎖による五量体IgMと二量体IgAの形成**(Janeway's 免疫生物学第7版より改変)．

はないが，その長さは保存されている．このヘプタマー配列-スペーサー-ノナマー配列の組合せを，組換えシグナル配列（recombination signal sequence；RSS）と呼ぶ（**図5-7**）[1]．組換え反応は，12塩基対スペーサーによって隔てられた組換えシグナル配列と23塩基対のスペーサーで隔てられた組換えシグナル配列の間でのみ起こる．これを12/23の法則と呼ぶ[2]．これによって，H鎖遺伝子はV遺伝子とJ遺伝子の間で直接に組換えが起こることはない．

V(D)J組換えの最初の過程に必要な部位特異的DNA切断酵素，RAG1，RAG2

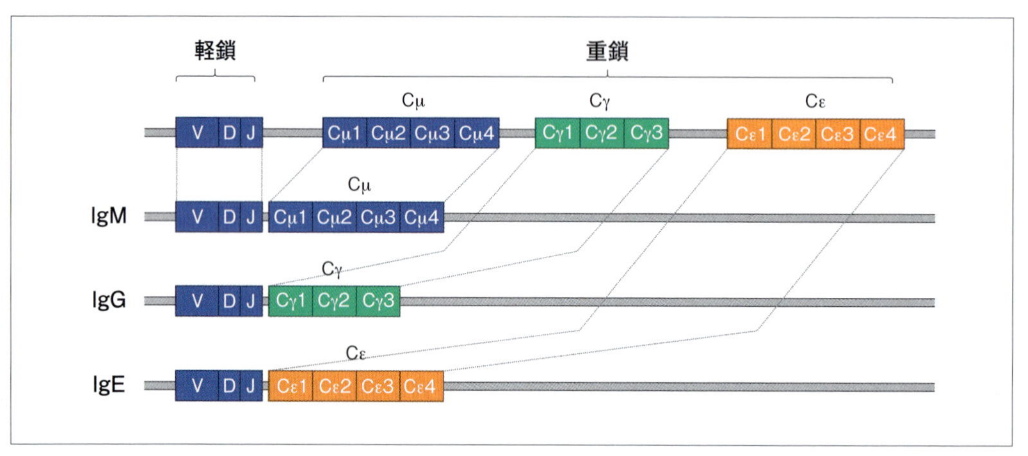


**図5-6　免疫グロブリン重鎖と軽鎖のV(D)J遺伝子組換えと発現**（Janeway's 免疫生物学第7版より改変）．

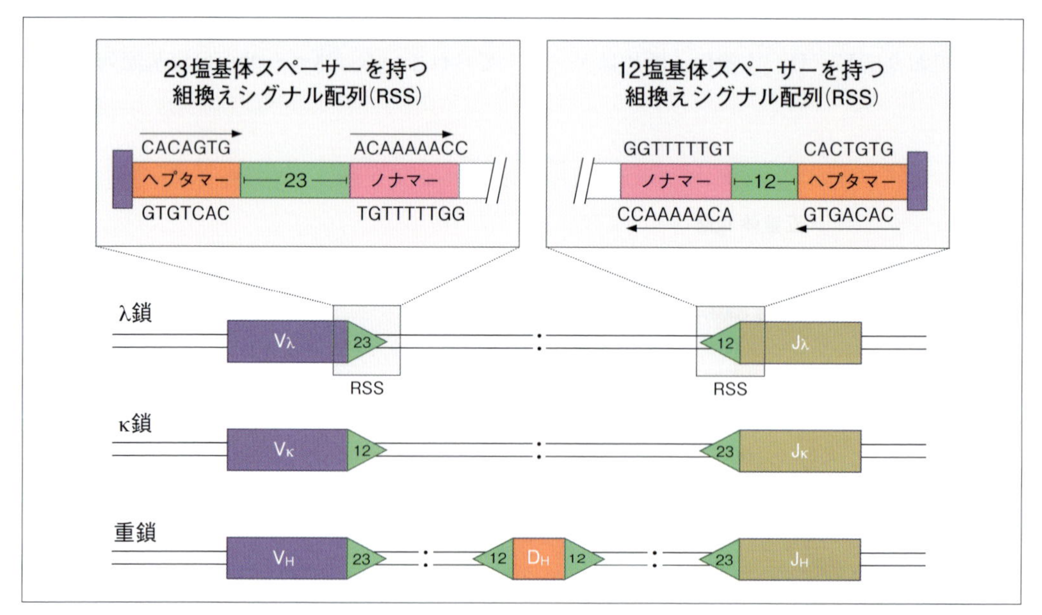


**図5-7　V(D)J遺伝子組換えに関与するDNA配列の配置と組換えシグナル配列(RSS)**．組換えシグナル配列は，12あるいは23塩基対のスペーサーで隔たれたヘプタマー（7 bp）とノナマー配列（9 bp）からなり，Vエキソン，Dエキソン，Jエキソンに隣接して配置されている．VDJ組換え酵素は，スペーサーの長さが異なる組換えシグナル配列を認識して，エキソンを結合させる（Janeway's 免疫生物学第7版より改変）．

(recombination-activating gene)は特定の分化段階のB細胞およびT細胞にのみ発現しており，ヘプタマー配列とV，D，J領域の境界でDNAを切断する．RAGは核内タンパク質であり，RAG1はノナマー結合部位，ヘプタマーとの結合，RAG2との結合に関与する部位からなる．したがって，RAG1はDNA切断に必要なほとんどの機能を有するが，RAG2はRAG1のヘプタマーへの結合を増強し，DNA切断に必要である．

### (c) クラススイッチ再構成機構

1個のB細胞から派生してくるすべての子孫B細胞は，同一の再構成した可変領域遺伝子を発現しているが，免疫反応の過程で同一の可変領域遺伝子を持つにも関わらず，定常領域が異なるIgG，IgA，IgEクラスの抗体を発現する子孫B細胞が出てくる．このような定常領域の変化をアイソタイプスイッチあるいはクラススイッチと呼び，この反応はT細胞から産生されるサイトカインによって誘導・促進される．μ鎖遺伝子のすぐ3'側にIgDのH鎖の定常領域をコードするδ鎖遺伝子があり，成熟B細胞ではIgDがIgMとともに発現されている．IgDの発現はIgMからのクラススイッチではなく，μ鎖遺伝子とδ鎖遺伝子を含む長い転写産物からRNAプロセッシングにより，μ鎖およびδ鎖が同時に産生される．IgD以外のアイソタイプへの変換はB細胞が抗原で刺激された場合に起こり，それぞれのアイソタイプの定常領域遺伝子の上流に存在するスイッチ領域(S領域)と呼ばれる繰り返し配列が関与する．

クラススイッチ組換えは，これらの二つのS領域の間の組換えであり，それによって，挟まれた間のDNA配列が除かれ，VDJエキソンが，異なる重鎖定常領域遺伝子の近傍に位置するようになる．クラススイッチ組換えは欠如性遺伝子組換えである点において，VDJ組換えと類似するが，RAGが必要ないという点と組換えシグナル配列のような典型的な共通の配列が存在しないという点で異なっている．クラススイッチ組換えには免疫グロブリンH鎖遺伝子のintervening領域(IH)プロモーターから転写が開始される，IHエクソン，S領域，CHエクソンを含むgermline IH-S-CHの転写が必要である．また，組換えには，S領域のデオキシシチジンのアミノ基を取り除いてデオキシウラシルに変換するDNA編集酵素である活性化誘導シチジンデアミナーゼ(activation-induced cytidine deaminase；AID)が必要である．デオキシウラシルが除去される過程で，S領域の上流(ドナー)と下流(アクセプター)でDNA二重鎖切断が起こり，それが修復される過程で，中間のDNA断片(スイッチサークル)の欠失と異なるS領域間の結合によって，VDJ遺伝子が特定の$C_H$遺伝子に近づく．AIDはS領域のデオキシウリジンをデアミナーゼ活性でデオキシウラシルに変換し，デオキシウラシルはウラシルDNAグリコシラーゼ(UNG)によって除去され，塩基のないabasic siteになる．この無塩基サイトは，apurinic／apyrimidinic endonucleases (APEs) によって切断され，DNA一本鎖切断が起こることになる．

### (d) その他の遺伝子変換機構

体細胞高頻度突然変異(somatic hyper mutation；SHM)は抗体の可変領域，特に抗原との結合に関与する超可変領域に集中して起こる変異であり，SHMモチーフと呼ばれる3～4塩基に，主に点突然変異が起こる．VDJ遺伝子再構成は骨髄におけるB細胞の初期分化の過程で起こるが，クラススイッチ組換えと同様，脾臓などの末梢リンパ組織で抗原に反応したB細胞において体細胞高頻度突然変異は起こる．超可変領域に点突然変異が入ることにより，抗体はより高い親和性で抗原と結合する能力を獲

column

# RAG依存症V(D)J遺伝子再編成における酵素反応過程

RAGはまず，組換えシグナル配列の近傍のDNAの一本鎖に，ホスホジエステル結合を加水分解することにより，ニックをいれる．ニックによって生成された3'水酸化物は，反対側のDNA鎖にアタックし，二本鎖切断を引き起こし，共有結合によってシール(ヘアピン)されたコーディング末端とそのままのシグナル末端ができる．コーディングジョイントとシグナルジョイントの両方の非相同末端結合に必要な因子は，DNA修復タンパク質であるKu70-Ku86，XRCC4とDNAリガーゼⅣであり，主にコーディングジョイントの結合に関与するのがArtemIsとDNPKs(DNA依存性タンパク質リン酸化酵素)である．まず，Ku70-Ku86ヘテロ二量体が切断されたDNA末端を認識し，それを取り囲む．Kuタンパク質はDNA-PKを呼び寄せ，その酵素活性を増強する．Ku70-Ku86はDNA末端を修飾するTdTなどの酵素も呼び寄せ，シグナルエンド断端からRAGを引き離す．DNAとの結合により活性化したDNA-PKはXRCC4(DNA末端とDNAリガーゼの結合を仲介する)とArtemis(エンドヌクレアーゼ活性を有する)をリクルートし，それらをリン酸化する．活性化したArtemisはコーディングエンドのヘアピンを開裂させる．これに引き続いて，DNA末端の連結が起こるが，シグナルジョイントは末端の修飾なしで直接XRCC4とDNAリガーゼⅣによって連結されるが，コーディングジョイントの方はArtemisによって，ヘアピン構造が開裂されなければならない．開裂によって形成されるのが短いパリンドローム配列，P配列である．Ku70-Ku86に呼び寄せられたTdTがさらに，ヌクレオチドを付加することで，コーディングジョイントにはN配列が形成される．末端の連結は，XRCC4と結合したDNAリガーゼⅣが行う．

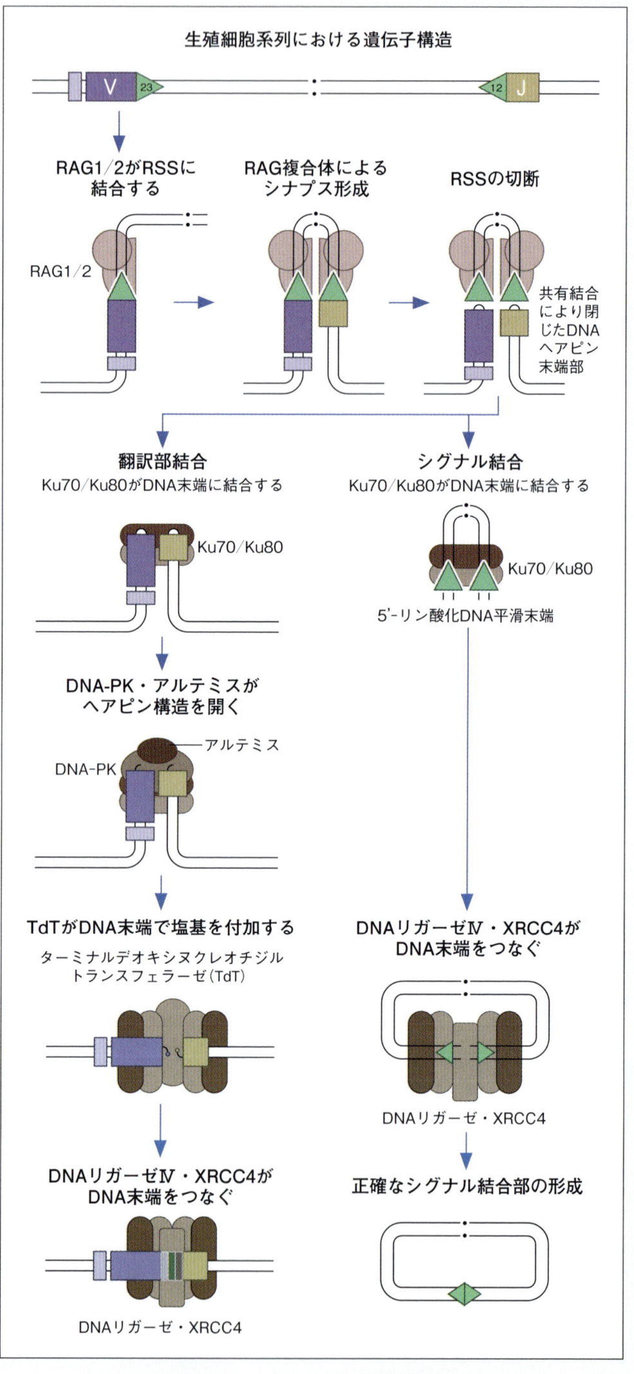


(Janeway's 免疫生物学第7版より改変)

column

# 免疫グロブリンの遺伝子再編成における遺伝子断片接合部のPおよびN-ヌクレオチドの挿入

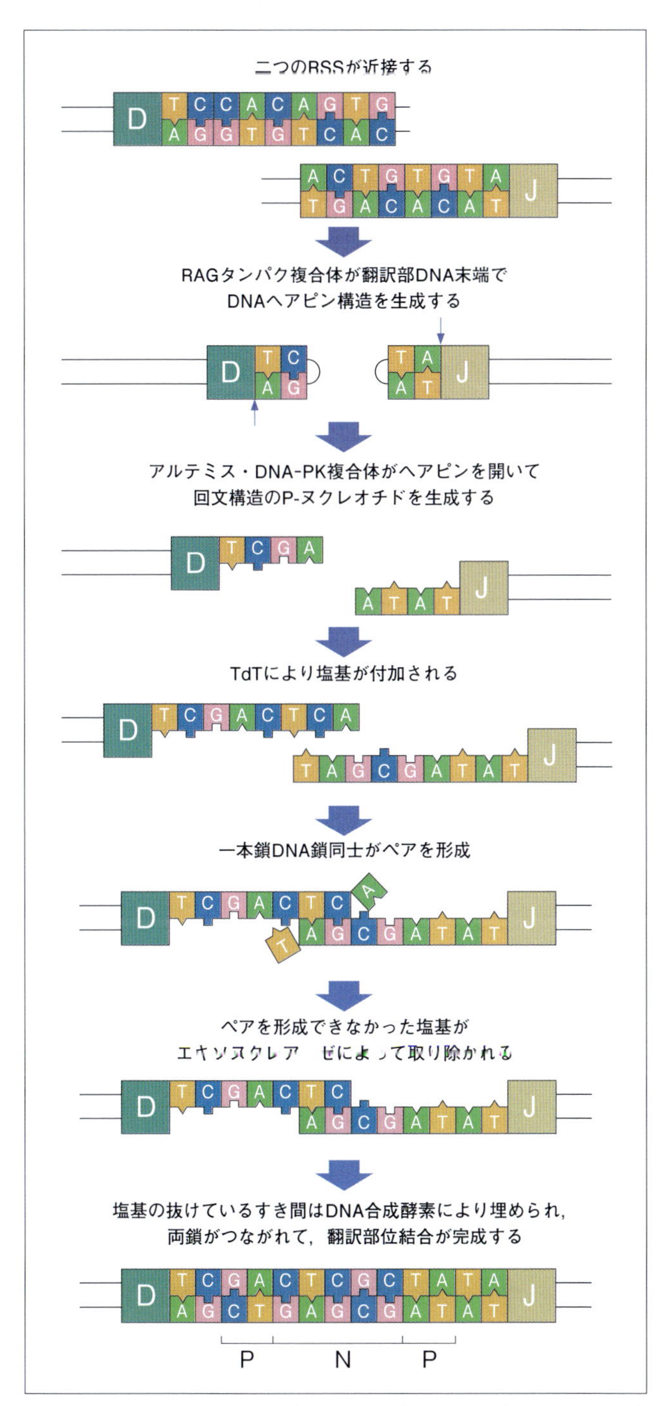


(Janeway's 免疫生物学第7版より改変)

V, D, J遺伝子の結合は正確でなく，結合の際に塩基の付加・削除が起きることによって，可変領域の多様性はさらに増加する．これを結合部多様性(junctional diversity)と呼ぶ．付加される塩基はPヌクレオチドおよびNヌクレオチドと呼ばれる．Pヌクレオチドは遺伝子断片末端に付加された回文構造(palindrome)を持つ塩基配列である．介在配列が切断された後，翻訳結合部(coding joint)の末端がシールされヘアピン構造をとる．さらに翻訳配列内の不特定の塩基でエンドヌクレアーゼの切断による一本鎖DNAの切断が生じ，そのため，一本鎖部分の末端は2-3の翻訳配列由来の塩基とそれと相補的な塩基からなる．これがPヌクレオチドである．Nヌクレオチドは Pヌクレオチドとは異なり，鋳型にコードされていない(non-template-encoded)塩基の付加のことである．Pヌクレオチドの末端にターミナルデオキシヌクレオチジルトランスフェラーゼ(terminal deoxynucleotidyl transferase；TdT)という酵素によって鋳型非依存性の塩基が付加される．TdTのB細胞における発現がH鎖遺伝子再構成の起こる時期に限定されるため，マウスではNヌクレオチドはH鎖のみに付加される．これらの反応によって付加される塩基の数はランダムであり，したがって結合部での翻訳配列の読み枠(フレーム)のずれや終止コドンの出現が生じる．その場合，機能的な免疫グロブリンタンパク質は産生されず，これを非機能的再構成(non-productive rearrangement)という．

得する．鳥やウサギなどの動物では，V-DJ再構成の後，上流のVあるいは偽V遺伝子断片と再構成された遺伝子の間で，相同組換え機構により短い配列の交換が起こり，これを体細胞遺伝子変換(somatic gene conversion)と呼ぶ．

#### (e) 膜型免疫グロブリンと分泌型免疫グロブリンの産生機構

すべての重鎖遺伝子の定常領域のC末端のエキソンは膜型免疫グロブリンのC末端部分をコードしている．RNA転写物がこのエキソンを含んでいると膜型免疫グロブリンが産生され，RNA転写物が膜貫通エキソンの上流で停止すると，分泌型のみが産生される．すなわち，膜型・分泌型の変換はmRNAの選択的なスプライシングによって制御されている．

### 3 ● B細胞の発生と分化

#### (a) B細胞の初期分化の概要

B細胞分化の初期段階は，免疫グロブリン遺伝子の連続的な再構成とその発現によって定義される．成体においてB細胞分化は骨髄で起こり，骨髄幹細胞からプロB細胞，プレB細胞，未熟B細胞，成熟B細胞へと分化する．まず，早期プロB細胞において重鎖遺伝子のD-J再構成が起こり，後期プロB細胞で重鎖遺伝子のV-DJ再構成が起こる．機能的なV-DJの連結によりμ鎖が発現することにより，プレB細胞への分化が可能になる．大型プレB細胞では，μ鎖はサロゲート(代替)軽鎖とともにプレB細胞受容体として発現され，細胞分裂が盛んに起こる．サロゲート軽鎖は二つのタンパク質から構成される．それらは，多様性のないVpreBとλ5タンパク質である．これらは重鎖とジスルフィド結合により会合して，一過性に後期プレB細胞で軽鎖の代わりとして発現し，プレB受容体を形成する．プレB細胞受容体の発現はB細胞が次ぎの段階へ分化するために必須であり，μ鎖欠損マウスではB細胞分化がこの段階で停止する．大型プレB細胞が分裂を停止して，小型プレB細胞に分化する．小型プレB細胞はμ鎖を細胞質内に発現しているがプレB細胞受容体を細胞表面に発現しておらず，L鎖の遺伝子再構成を起こしている．そこで，小型プレB細胞においてはL鎖が機能的な再構成を起こして，μ鎖とともに膜型IgM分子として細胞表面に発現すると未熟B細胞へと分化し，骨髄から出て脾臓などの末梢リンパ組織に移行する．末梢リンパ組織に移行したB細胞は細胞表面にIgMとIgDを発現する成熟B細胞となる．

#### (b) B細胞初期分化に伴う免疫グロブリン遺伝子の再構成

免疫グロブリン重鎖遺伝子のD-J再構成は両方の二倍体染色体で起こるが，V-DJ再構成は最初に1本の染色体で起こる．機能的再構成が起こりμ鎖を発現できた場合，もう一方の染色体のV-DJ再構成はプレB細胞受容体からのシグナルにより能動的に抑制される．これをH鎖の対立遺伝子排除機構(allelic exclusion)という．片側の染色体のH鎖遺伝子のV-DJ再構成が機能的でない場合，もう一方の染色体でV-DJ再構成が起こる．この再構成が機能的でない場合，B細胞はそれより先に分化できず，死滅する．重鎖遺伝子の機能的再構成に成功したB細胞は，プレB細胞受容体を発現し，大型プレB細胞になり，増殖する．小型プレB細胞は，軽鎖遺伝子の再構成を起こすが，通常κ鎖遺伝子の再構成がλ鎖遺伝子再構成よりも先に起こる．κ鎖遺伝子の再構成も一つの染色体から始まり，複数回の再構成を経ても．それが非機能的な場合，対立遺伝子の再構成が起こる．両方の染色体でκ鎖遺伝子の再構成が非機能的な場合，λ鎖遺伝子再構成が起こる．軽鎖遺伝子では機能的な再構成が起こっても，その軽鎖産物と重鎖複合体が自己成分を認識する場合，再び，再構成を繰り返し，自己に反応しないレセプターを発現するまでそれが繰り返される．これをレセプターエディティング（receptor editing）と呼ぶ．

### (c) B細胞の不均一性

骨髄から分化するB細胞と異なり，発生初期に胎児肝臓から分化する一群のB細胞が存在し，それらをB-1B細胞という．これに対し，通常のB細胞をB-2B細胞と呼ぶ．B-1B細胞は細胞表面にCD5を発現しており，主に腹腔や胸腔に存在し，自然免疫に関わっている．また，発生初期にはTdTの発現がないので，B-1B細胞のH鎖遺伝子にはN-ヌクレオチドの挿入はほとんど認められず，V-D-J結合部の多様性は乏しい．また，限られたV遺伝子を再構成に使用しており，抗原レセプターの多様性に乏しく，細菌の菌体成分に交差反応する抗原レセプターを発現している．

### (d) 抗原刺激によるB細胞の活性化と分化

B細胞を活性化する抗原は主に2種類に分類される．一つは，胸腺依存性抗原（thymus dependent antigen；TD抗原）であり，タンパク質抗原に対する抗体産生応答は，T細胞依存性である．もう一つは，胸腺非依存性抗原（thymus independent antigen；TI抗原）と呼ばれ，多糖類のような微生物の多くの構成成分はB細胞を直接的に活性化して，T細胞がなくても抗体産生を誘導することができる．この場合，B細胞が産生する抗体は主にIgMである．

タンパク質抗原に対する抗体反応は，ヘルパーT細胞による抗原の認識と抗原特異的B細胞とT細胞の協調が必要である．抗原に特異的な表面免疫グロブリンを発現したB細胞は抗原と反応すると活性化し，抗原を細胞内に取り込み，エンドソームで処理されたそれら抗原をMHCクラスII分子とともに再び細胞表面に提示する．抗原のB細胞への結合により，T細胞を活性化させる能力があるCD80やCD86などの補助刺激分子のB細胞表面における発現が増強されると，CD80とCD86がT細胞上のCD28分子により認識され，その結果，T細胞はB細胞のMHCクラスII分子とともに提示された抗原をT細胞レセプターで認識するとともにCD28からの共刺激シグナルを介して活性化される．活性化されたT細胞はCD40リガンド分子を発現し，それが，B細胞上のCD40と結合することにより，B細胞にサイトカインレセプターの発現を誘導する．これにより，B細胞はT細胞の産生するサイトカインの刺激により増殖・分化することが可能になる．そして，T細胞から産出されたサイトカインは各CH遺伝子の5'上流に存在するスイッチ領域からのmRNAの転写とそのスプライシングを刺激することにより，B細胞の重鎖遺伝子のクラススイッチを誘導する．IL-4はIgG1およびIgEへのクラススイッチを誘導する．IFN-γはIgG3およびIgG2aへのクラススイッチを誘導する．TGF-βはIgG2bおよびIgAへのクラススイッチを誘導し，IL-5はIgAへクラススイッチした形質細胞の増殖・IgAの産生を促進する．

### (e) 親和性成熟と胚中心における選択

抗体の抗原に対する親和性が免疫応答の時間経過に従って高まる現象を，親和性の成熟（affinity maturation）という．これは，免疫グロブリン遺伝子の体細胞高頻度突然変異とより高い親和性を持つ表面免疫グロブリンを発現したB細胞の選択という二つの過程によって起こり，活性化B細胞と胚中心（germinal center）という特有の微小環境との相互作用に依存する．胚中心は，抗原刺激後にリンパ節や脾臓内に形成される組織構造であり，抗原刺激後，約1週間で形成される．ヘルパーT細胞により活性化されたB細胞の一部は髄索へ移動して

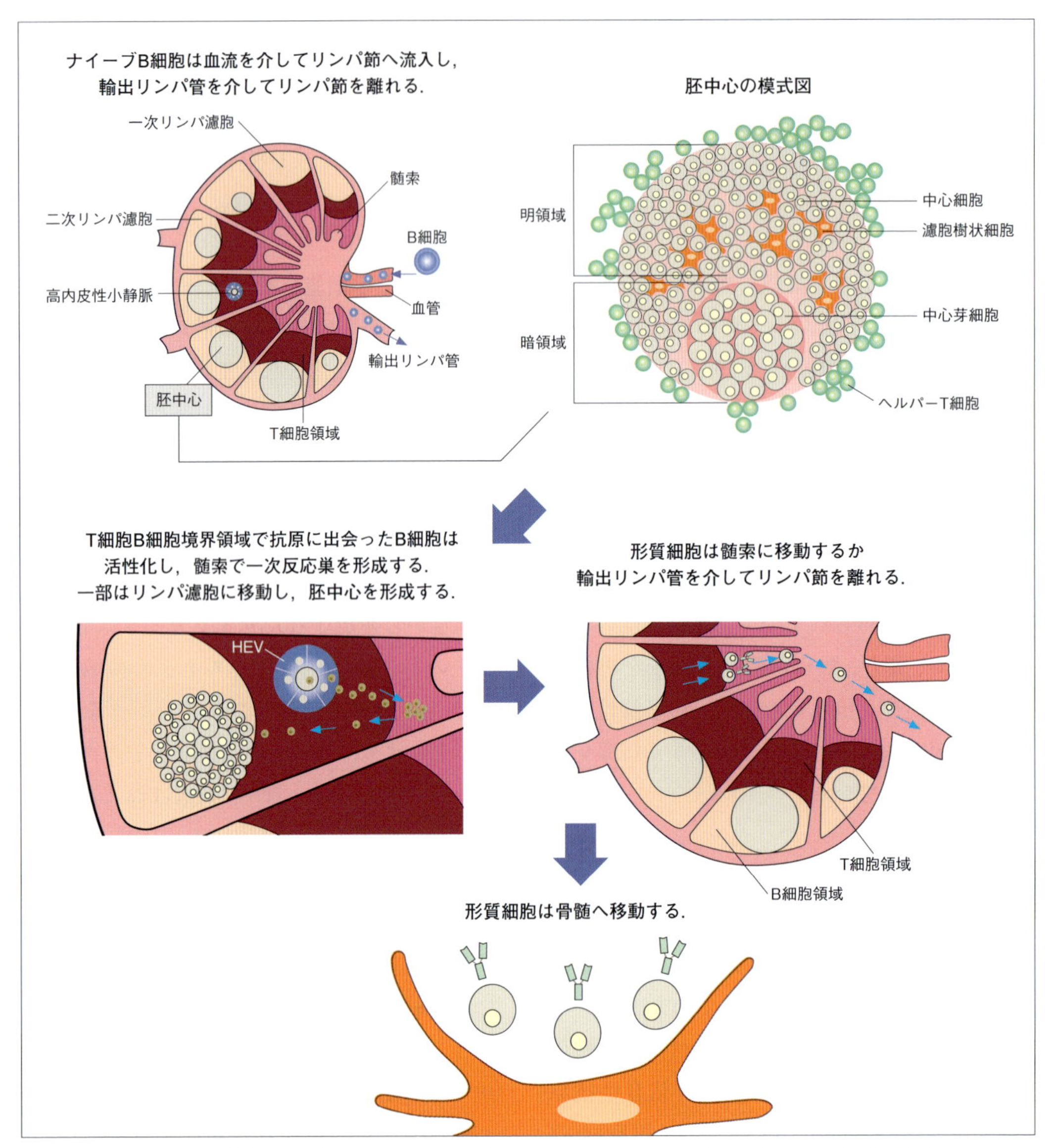


**図5-8 タンパク質抗原に対する液性免疫応答．** リンパ節における胚中心の形成と抗原特異的B細胞の形質細胞への分化と骨髄への移動（Janeway's 免疫生物学第7版より改変）

IgM，IgGを産生する短命な形質細胞へ分化する．他のB細胞は一次濾胞（primary follicle）へ移動し，増殖（clonal expansion）を開始し，胚中心を形成する（**図5-8**）．

胚中心において活発な分裂を繰り返すB細胞を中心芽細胞（centroblast）と呼び，胚中心の暗領域（dark zone）を形成する．そこで中心芽細胞はやがて細胞分裂を停止し，休止期に入り，中心細胞（centrocyte）になる．中心細胞は明領域（light zone）で濾胞樹状細胞（follicular dendritic cell；FDC）と相互作用することにより選択される．胚中心では抗原に特異的なB細胞の分裂・増殖が起こるため，個々の胚中心に存在するすべてのB細胞は1～3個のB細胞に由来する．免疫グロブリン遺伝子の体細胞高頻度突然変異は，胚中心の細胞分裂を起こしてい

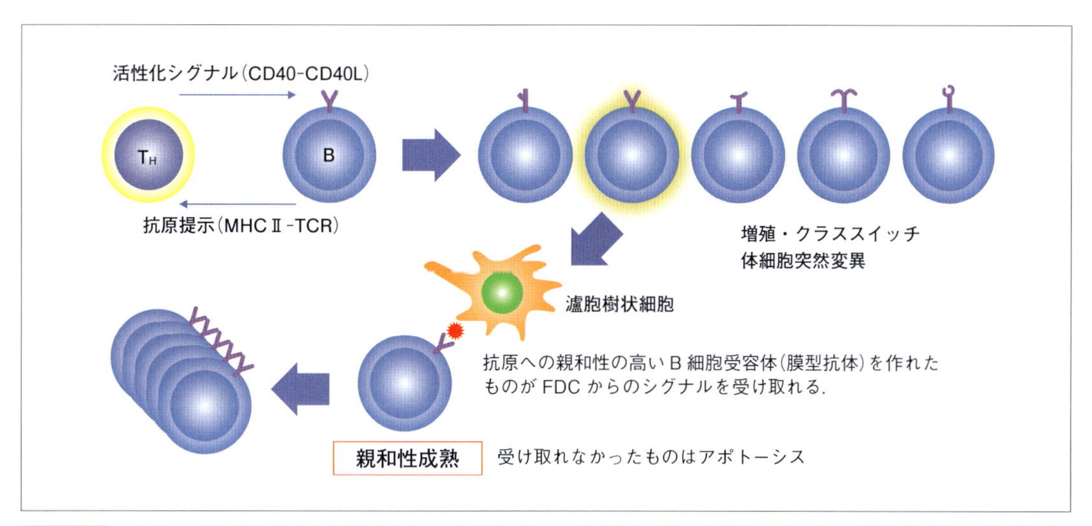


**図5-9 胚中心におけるB細胞の選択と親和性成熟.** 抗原と補助シグナルによって形成化したB細胞は胚中心で増殖し，IgMからIgGなどへのクラススイッチを起こすとともに，抗体遺伝子可変領域の体細胞突然変異によって，抗原に対して様々な親和性を有する膜型抗体を発現するB細胞が産生される．その後，濾胞樹状細胞(follicular dendritic cells；FDC)上に提示された抗原に高い親和性で結合可能なB細胞が生存する．この過程で，抗体の親和性の上昇(親和性成熟)が起こる．

る中心芽細胞で起こる．体細胞高頻度突然変異は免疫グロブリン遺伝子可変領域にランダムに起こり，その結果，膨大な多様性を持った表面免疫グロブリンを発現したB細胞が出現する．明領域において，最も抗原に対して高い親和性を示すB細胞受容体(膜型抗体)を発現する中心細胞は，濾胞樹状細胞により提示された抗原と結合することにより生存し，抗原に対する親和性のないB細胞や弱い親和性を持つB細胞は死滅する(親和性の成熟)(**図5-9**)．生存した中心細胞は，明領域片縁部でヘルパーT細胞と抗原特異的な相互作用を行い，その活性化シグナルにより，さらに記憶B細胞あるいは長期間生存する形質細胞(long-lived plasma cell)へと分化する．

#### (f) 記憶B細胞・形質細胞への分化

胚中心を離れたB細胞は記憶B細胞あるいは長期間生存する形質細胞へと分化する．記憶B細胞あるいは形質細胞への分化決定機構は詳細は不明であるが，Pax5，Bcl6，Blimp-1，XBP-1などの転写因子が関与していることが判明している．記憶B細胞は一次応答においては抗体を産生しないが，同一抗原によって再び刺激を受けると(二次応答)，迅速に活性化される．これをメモリー応答と呼ぶ．形質細胞は，豊富な細胞質に多量の粗面小胞体を持ち，合成される全タンパク量の10〜20%に及ぶ免疫グロブリンを産生する．細胞表面免疫グロブリンは消失し，分泌型免疫グロブリンのみを発現し，またMHCクラスⅡ分子の発現も消失している．形質細胞の一部は骨髄へ移動し，長期間生存する．

## 細胞性免疫

### 1 T細胞の発生と種類

T細胞には，大きく分けてヘルパーT細胞と細胞傷害性T細胞が存在し，それぞれ$CD4^+$T細胞または$CD8^+$T細胞として産生される．胸腺の中でT細胞が分化する際，胸腺皮質上皮細胞の発現するMHCクラスⅠに結合したTCRを持つT細胞は$CD8^+$T細胞(細胞傷害性T細胞)に，MHCクラスⅡに結合したTCRを持つT細胞は$CD4^+$T細胞(ヘルパーT細胞)になる(第3章，**図3-8**参照)．その他，胸腺ではαβ型のTCRを持ったT細胞として，制御性T細胞，NKT細胞などが産生される．さらに，胸腺の中で$CD4^+$T細胞，$CD8^+$T細胞に分化する前の段階でもう一つ別に産生されるT細胞，γδT細胞も存在することが知られている．

NKT細胞はαβ型TCRを持つのでαβT細胞の一つであるが，細胞表面にNK細胞特有の受容体を持つためNKT細胞と呼ばれる．したがって，T細胞とNK細胞の両方の機能を持った細胞であると考えられている．T細胞としてはTh1とTh2それぞれの細胞特有のサイトカイン，IFN-γ，IL-4を産生し，状況に応じてそれぞれの産生量を変化させることができる．通常，肝臓に多く存在するが，末梢血液中には非常に少なく，犬においては肝臓中に0.045%，末梢血で0.004%の割合で存在すると報告されている[1]．また，通常のαβT細胞とは異なり，NKT細胞のTCRは，限られた種類のTCRしか持たないため，抗原の多様性は通常のαβT細胞と比較すると非常に少ない．またこのTCRは，MHC分子を認識するのではなく，CD1dという分子に提示された糖脂質抗原を認識する．この糖脂質抗原による，たった1回の刺激で強力なIFN-γ産生能を持つため免疫増強作用は強い．

制御性T細胞とは，通常のT細胞とは異なり免疫を抑制する方向に働くT細胞である．先述したようにヘルパーT細胞としての特徴であるCD4を発現しており，末梢でT細胞の活性化を抑制することで免疫寛容に寄与している(免疫寛容の項目参照)．自己の抗原に反応するT細胞はネガティブセレクションによって除去されるが(T細胞の中枢性寛容，第1章3項)，胸腺で自己の抗原に反応する一部のT細胞は，制御性T細胞として末梢に出てくる．これがnatural Treg(nTreg)と呼ばれる制御性T細胞で抑制性サイトカインのIL-10産生して活性化T細胞を抑制する．一方，末梢で誘導される制御性T細胞は誘導性制御性T細胞(inducible Treg，iTreg)と呼ばれる．iTregは，後述するように$CD4^+$T細胞からヘルパーT細胞が分化してくる際に，TGF-βが存在すると抗原特異的に誘導されることが知られている．基本的には制御性T細胞は，$CD4^+$T細胞のうちで，Foxp3という転写因子を発現している細胞であることが知られているが，犬や猫においても$CD4^+Foxp3^+$のT細胞は，抑制性の機能を持った細胞であることが知られており[2]，マウスやヒトのTregに相当すると考えられる．

γδT細胞は，CD4もCD8も持たないT細胞であり，αβT細胞のように多様な抗原に対応できるTCRを持たず，限られた種類のTCRのみを持つ細胞である．そのためMHC拘束性はなく(MHCとは関係なく)，抗原に対する特異性もないため，獲得免疫系というより自然免疫系の細胞であると考えられている．γδT細胞が認識する分子は，生体の中のタンパク質やピロリン酸，リン脂質などであり，それらがγδT細胞のTCRに結合することにより多様なサイトカインを放出することで免疫反応に関わっている．また，Th1型サイトカインもTh2型サイトカインも放出することができる．γδT細胞は通常皮膚や粘膜に存在する細胞でありT細胞全体から考えると非常に少ない細胞であるが，犬においてはγδT細胞が脾臓の細胞中の10%を占めることが報告されている[3]．

### 2 ● T細胞の抗原認識

外来抗原に対する獲得免疫応答は，大きく分けて，液性免疫(抗体が中心となるもの)と細胞性免疫(T細胞やマクロファージが中心となるもの)に分けられる．液性免疫は，ヘルパー細胞の補助によってB細胞から抗体産生を促すこ

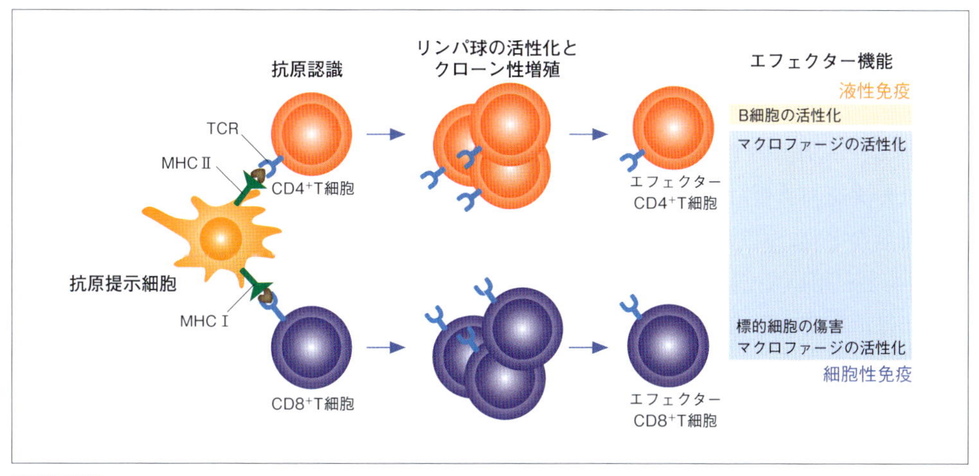


**図5-10　T細胞の抗原認識**．リンパ節では，抗原提示細胞はMHCクラスⅠまたはクラスⅡを用いて，抗原を$CD4^+$T細胞または$CD8^+$T細胞に抗原提示する．抗原提示を受けたT細胞は，活性化して増殖し，最終的にはエフェクター$CD4^+$T細胞またはエフェクター$CD8^+$T細胞となる．それぞれの細胞は，液性免疫と細胞性免疫に関わるエフェクター機能を発揮する．

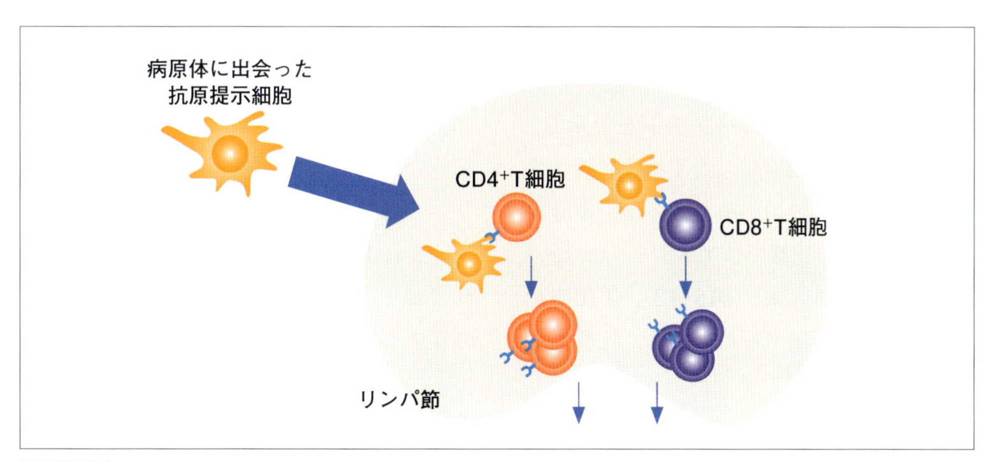


**図5-11　T細胞の反応の流れ**．末梢で外来抗原と出会った抗原提示細胞はリンパ節に移動し，リンパ節で出会う$CD4^+$T細胞と$CD8^+$T細胞を増殖，分化させる．それら細胞は末梢に出て，細胞性免疫の機能を発揮する．

とであるが，細胞性免疫は，ヘルパーT細胞によるマクロファージの活性化，細胞傷害性T細胞による感染細胞などの除去など主に細胞が関与する免疫応答を指す（**図5-10**）．

液性免疫も細胞性免疫も，樹状細胞などの抗原提示細胞が抗原の侵入口で外来抗原を見つけることから始まる（**図5-11**）．抗原を補捉した抗原提示細胞はリンパ節に移動し，抗原情報（抗原の部分的ペプチド，T細胞抗原決定基あるいはT細胞エピトープと呼ぶ）をこの抗原情報を認識できるTCRを持った$CD4^+$T細胞および$CD8^+$T細胞に伝達する．

$CD4^+$T細胞への抗原提示は，先にも述べたように，貪食した抗原をMHCクラスⅡを用いて提示することによって行われ，抗原提示を受けた$CD4^+$T細胞は，そこで刺激を受けてクローン性に増殖する．この活性化した$CD4^+$T細胞（エフェクター細胞）の一部はリンパ節にとどまり，濾濾性ヘルパーT細胞(Tfh)としてB細胞に抗体産生を促す(液性免疫の項参照)．残りは，リンパ節を出て末梢へ行き，細胞性免疫に関与する．一方，貪食抗原以外の細胞内で分解されたタンパク質(ウイルス由来タンパク質や癌抗原など)については抗原提示細胞はMHCクラスⅠを用いてCD8⁺T細胞に抗原提示を行う．提示を受けたCD8⁺T細胞も，CD4⁺T細胞と同様に，そこで刺激を受けてクローン性に増殖し，その後末梢に出て細胞性免疫に関与する．また，抗原提示細胞は，貪食した抗原をMHCクラスⅡだけではなくMHCクラスⅠを用いて抗原提示することができ(クロスプレゼンテーション)，その場合，CD8⁺T細胞に抗原提示を行う(図5-12)．

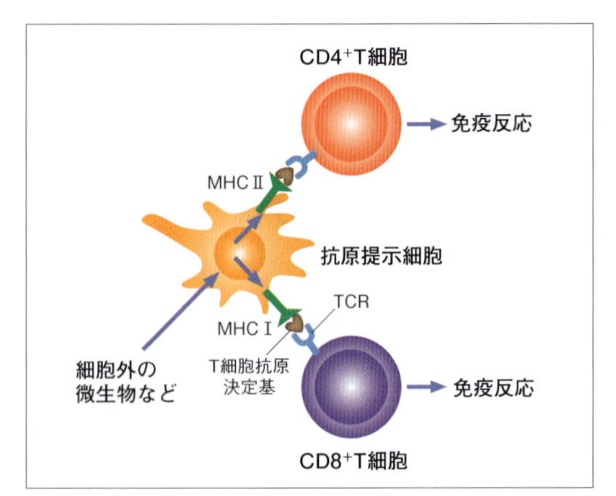


**図5-12 クロスプレゼンテーションのメカニズム**．抗原提示細胞は，通常細胞内で分解されたタンパク質をMHCクラスⅠを用いてCD8⁺T細胞にT細胞抗原決定基を抗原提示する．また，細胞外のタンパク質などを貪食した場合は，MHCクラスⅡを用いてCD4⁺T細胞に抗原提示するが，同時にMHCクラスⅠを用いてCD8⁺T細胞に抗原提示することができる．これをクロスプレゼンテーションと呼ぶ．

### 3 ● T細胞の活性化

抗原提示細胞がMHCにペプチドを提示し，それらを認識するTCRを持ったT細胞が活性化されるが，MHC-TCRの刺激だけではT細胞は活性化しない．この状態ではアナジー(anergy)という無反応の状態になる(図5-13)．T細胞が十分に活性化して増殖するためには，抗原提示細胞からさらに補助刺激を受け取る必要があり，これに関与する分子を補助刺激分子と呼ぶ．これまでに多くの補助刺激分子群が報告されており，補助刺激分子の種類によってT細胞の反応が増強または減弱される(図5-14)．こ

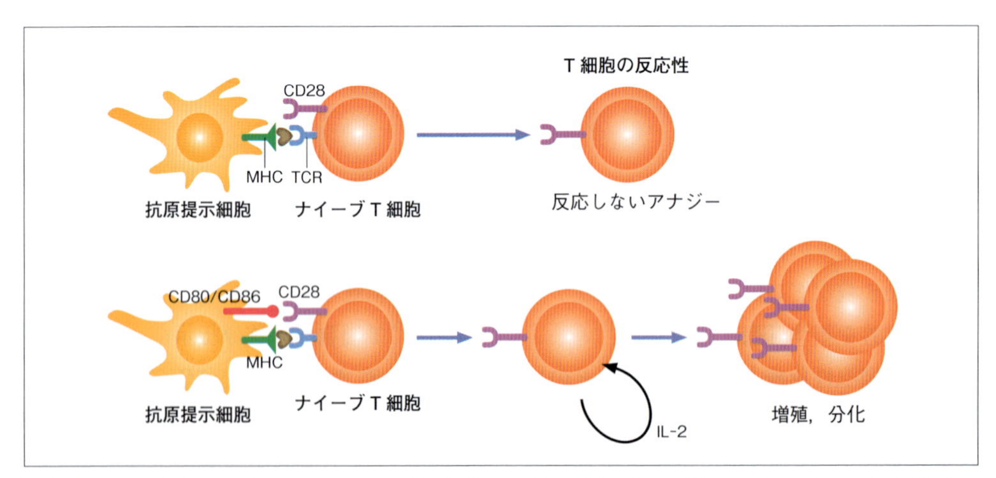


**図5-13 抗原提示細胞によるナイーブT細胞の刺激**．抗原提示細胞がナイーブT細胞を活性化するためには，CD80/CD86分子によるCD28分子の刺激が必要である．それらがない状態では，ナイーブT細胞はアナジーと呼ばれる不応の状態になってしまう．

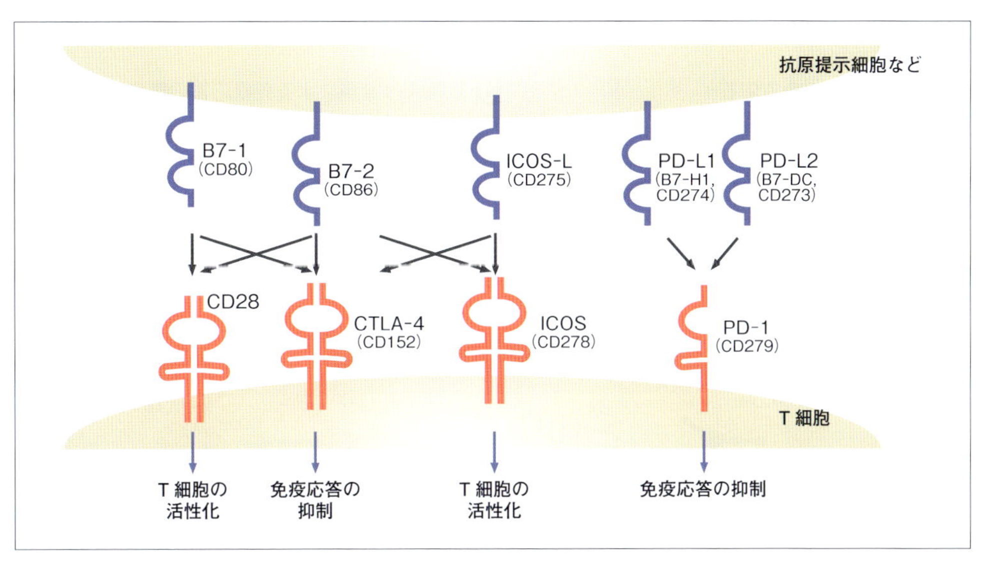


**図5-14 様々な補助刺激分子群.** 補助刺激分子群は，そのリガンドが抗原提示細胞に発現し，受容体はT細胞側に発現する．多くの補助刺激分子群のうち，それぞれ対応するリガンドと受容体が決まっているが，同一の相手を共有する場合もある．また，それぞれの受容体の機能は異なり，免疫を活性化するものもあれば，免疫を抑制する方向に働くものも存在する．

れらの中で最も重要な分子は，B7ファミリー分子に含まれる，抗原提示細胞上のCD80やCD86であり，それを受け取るT細胞側の分子はCD28である．

B7ファミリー分子は，主に抗原提示細胞である樹状細胞，マクロファージ，B細胞において，様々な刺激によって発現する．抗原提示細胞に発現したB7ファミリー分子は，T細胞上のCD28分子に結合すると，同時に結合するTCRとMHCの刺激とともになり強力なシグナルをT細胞に送ることができる．こうして強力なシグナルがT細胞内に伝わることで，T細胞は活性化，増殖し，また，その際にサイトカイン刺激が入ったT細胞は自身でIL-2を産生するとともに，IL-2の受容体(CD25)を自分で発現し，オートクラインのメカニズムによってクローン性の増殖を始める(**図5-12**)．この増殖を繰り返す中で，機能発現に向けた分化を開始する(後述)．

このような補助刺激分子によるシグナルは，CD80/86-CD28シグナル以外にも数多く知られている(**図5-14**)．ICOS(CD278)は，CD28と同様の機能を持つ分子として知られており，抗原提示細胞上のICOSリガンド(CD275)によってシグナルを得る．一方，CD28やICOSとは異なり，T細胞の活性化を負に制御するシステムも存在する．CTLA-4(CD152)は，B7ファミリー分子に結合するT細胞上に発現する補助刺激分子であり，抑制機能を持つ．CD28を発現して十分活性化したT細胞において，CTLA-4分子が続いて発現し，T細胞の活性を抑制することができる．すなわち，CTLA-4は，T細胞の活性化が過剰に続かないように負に制御する分子であると考えられる．CTLA-4は，CD28と同様にCD80およびCD86に結合するため，CD28と競合するが，CTLA-4のB7ファミリー分子に対する結合能は，CD28のそれよりはるかに強く，同時にT細胞に発現した場合は，CTLA-4の方が選択的に結合することになり，T細胞の活性化は終息する方向

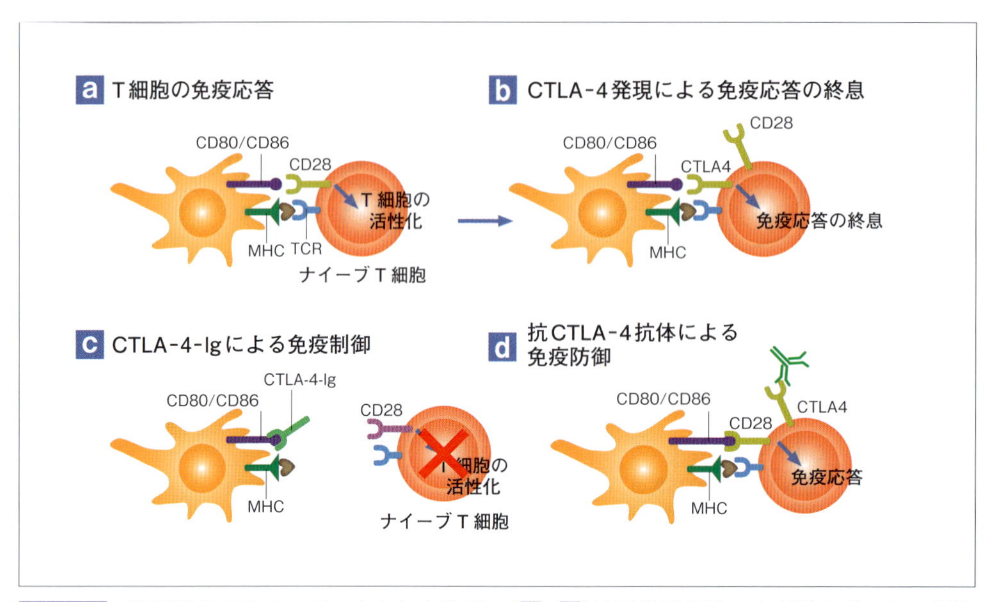


**図5-15 抑制性分子をターゲットとした治療．** (a，b)抗原提示細胞から刺激を受けたT細胞は，免疫過剰を防ぐために後期にCTLA-4が発現することによって，自身の免疫応答を終息へと向かわせる．(c)CTLA-4と免疫グロブリンの融合タンパク質(CTLA-4-Ig)は，CD80/CD86に結合するため，投与した場合に，CD80/CD86がCD28に結合できなくなることにより，免疫抑制に働く．(d)CTLA-4に対する抗体(抗CTLA-4抗体)は，CTLA-4とCD80/CD86との結合をブロックするため，CD80/CD86はCD28と結合し続けることになり，T細胞の免疫応答は持続する．

へと働く．

その他，同様の機能を持つ分子として，PD-1/PD-L1/PD-L2が知られている．PD-1は活性化したT細胞に発現し，活性化した樹状細胞やB細胞に発現するPD-L1が結合することにより，T細胞に対して抑制性のシグナルを送る分子として知られている(**図5-14**)．

### 4 ● 抑制性分子をターゲットとした治療

近年，これら抑制性分子をターゲットとした治療が注目されている．CTLA-4とヒト免疫グロブリンを融合させたタンパク質であるCTLA-4-Igは，B7分子に対してCD28分子よりも強力に結合するため，過剰なT細胞の活性化を抑制することができる(**図5-15**)．自己免疫疾患などの際には自己反応性T細胞の活性化がその病態の根本にあり，それをこの分子で抑制することができるため，リウマチなどの自己免疫疾患，臓器移植の拒絶反応の防止，クローン病などの治療法として期待されている．

また，腫瘍に対する治療法として，抗CTLA-4抗体，抗PD-1抗体，抗PD-L1抗体を用いた治療法も期待されている．腫瘍の局所においては，宿主から抗腫瘍免疫を抑制するために，腫瘍自身がPD-L1を発現し，宿主のヘルパーT細胞の発現するPD-1に結合し，腫瘍特異的なT細胞の活性化を抑えている．また腫瘍の周囲には，制御性T細胞も浸潤することにより，CTLA-4分子を介して宿主の抗腫瘍免疫を抑えている．抗CTLA-4抗体，抗PD-1抗体，抗PD-L1抗体による治療で，こうした腫瘍における局所の抗腫瘍免疫を解除することが可能であり，これらを用いた臨床試験がヒトにおいては数多く実施されており，良い成績をおさめている．

## 5 ● ヘルパーT細胞の分化と機能

胸腺で分化したヘルパーT細胞は，末梢へ出てそこで免疫反応に関与するが，その際にそれぞれ必要な機能分化を起こすことにより様々な種類のヘルパーT細胞として働く．末梢に出たばかりの，まだ機能分化が進んでいないヘルパーT細胞をナイーブヘルパーT細胞と呼ぶ．ナイーブヘルパーT細胞は，様々な環境下(サイトカイン刺激下)で，Th1細胞，Th2細胞，Th17細胞，iTreg細胞，Tfh細胞などに分化する．ナイーブヘルパーT細胞がこれらのどのT細胞に分化するかについては，樹状細胞から抗原提示を受けT細胞が活性化する際に，同時に受けるシグナルによって決定される．**図5-16**に示すように，IFN-γとIL-12が存在すればTh1に分化しやすく，IL-4の存在下ではTh2に分化しやすくなる．またTGF-βとIL-6の存在下ではTh17細胞に分化することが知られている．このようにヘルパーT細胞は，それぞれの分化に必要なサイトカイン刺激によって分化し，より特殊な機能を持つようになる．

一方で，ヘルパーT細胞は，$CD8^+$T細胞が細胞傷害性T細胞に分化することを助ける機能を持つ(**図5-17**)．$CD4^+$ヘルパーT細胞は，サイトカインを産生して直接，$CD8^+$T細胞の分化を促す．こうして$CD8^+$T細胞が細胞傷害性T細胞へと分化し，それによって$CD8^+$T細胞がエフェクターT細胞として細胞傷害活性を獲得する．

## 6 ● ヘルパーT細胞のエフェクター機能

サイトカインによってエフェクター機能を獲得したT細胞は，末梢の感染部位などに移動し，様々な役割を果たす(**図5-16**)．エフェクターT細胞の役割は，個々のT細胞によって異なるが，基本的には，他の白血球を呼び寄せ，それらを活性化し，反応を増強させ，さらに反応を終息させるという一連の過程に関与する．

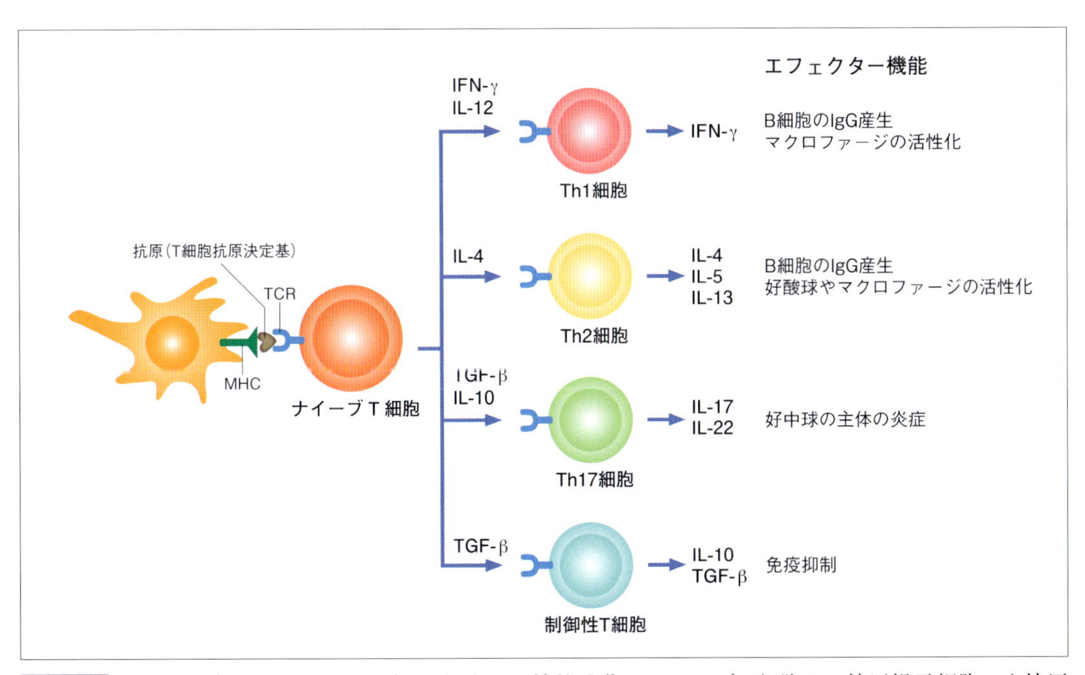


**図5-16　ナイーブT細胞からヘルパーT細胞への機能分化**．ナイーブT細胞は，抗原提示細胞から抗原提示を受ける際に，同時に受け取るサイトカインの種類によって，様々なヘルパーT細胞に分化する．そこで分化したそれぞれのヘルパーT細胞は，個々の特徴的なエフェクター機能を持つ．

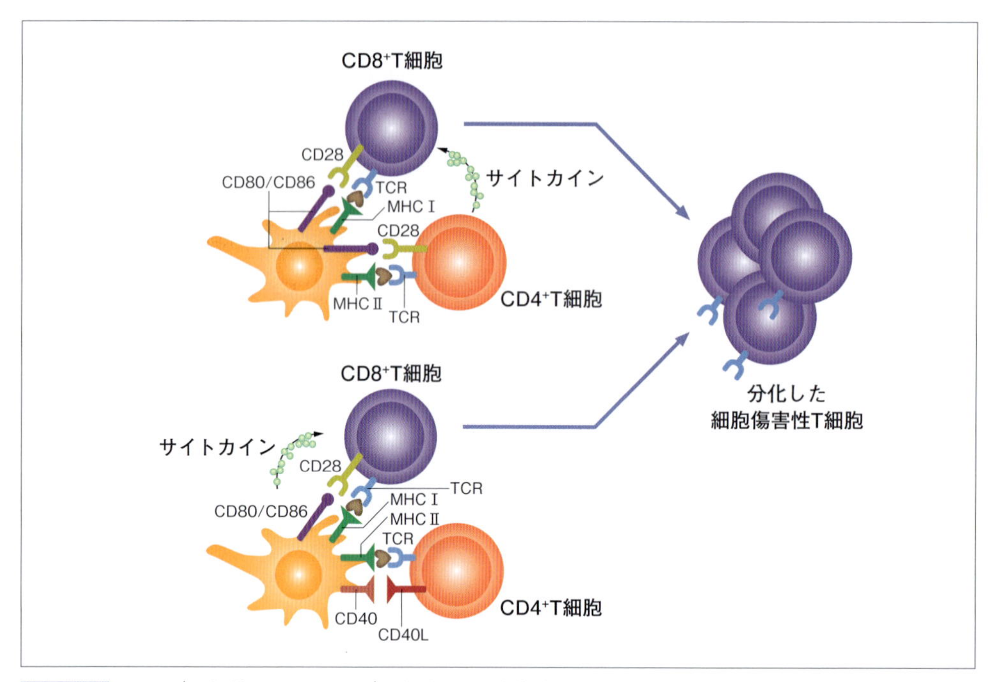


**図5-17 CD4$^+$T細胞によるCD8$^+$T細胞の細胞傷害性T細胞への分化.** 活性化したCD4$^+$T細胞はサイトカインを放出することによってCD8$^+$T細胞を分化させる．また，一方で活性化したCD4$^+$T細胞はCD40リガンド(CD40L)を発現し，抗原提示細胞上のCD40に結合することで，抗原提示細胞からのサイトカイン産生を促し，CD8$^+$T細胞を分化させる．

Th1細胞が産生する最も重要なサイトカインはIFN-γであるが，その他TNFやケモカインなども産生する．IFN-γはB細胞のIgG産生を促すことで，液性免疫の増強を行う．また，細胞傷害性T細胞，NK細胞，マクロファージなどを活性化させ，細胞性免疫を促進して，細胞内寄生細菌やウイルスに感染した細胞を処理する．抗原の侵入口では，マクロファージなどの貪食細胞が病原体を貪食し，感染防御することを助けている．リンパ節を出たTh1細胞は，TCRの認識する抗原を提示しているマクロファージのMHCクラスII分子と，TCRを介して結合すると，再活性化し，サイトカインなどを放出する．これによってマクロファージを活性化する．活性化したマクロファージは増殖し，貪食作用の亢進，殺菌活性の増強などが起こる(細菌性免疫のメカニズム参照)．

Th2細胞は，IL-4，IL-5，IL-13などのサイトカインを産生することでエフェクター機能を発揮する．特にこの機能は，寄生虫感染などのように，好中球やマクロファージなどの貪食細胞によって効率的な除去が困難な場合に重要となる．Th2細胞から産生されたIL-4はB細胞を活性化させ，IgMからIgG1(マウスのみ)あるいはIgEへのクラススイッチを誘導する．IL-4はナイーブT細胞のTh2細胞への分化をさらに促進し，一方でIL-13と協調してTh1細胞誘導性とは異なるマクロファージの活性化を起こす．またIL-5は好酸球の活性化に働く．

Th17細胞は，比較的新しく同定された細胞であり，IL-17を産生することからTh17と呼ばれている．Th17の機能は，細菌や真菌などの感染に対してIL-17やIL-22を産生し，好中球を呼び寄せる．すなわち，主に顆粒球主体の炎症を起こすことである．

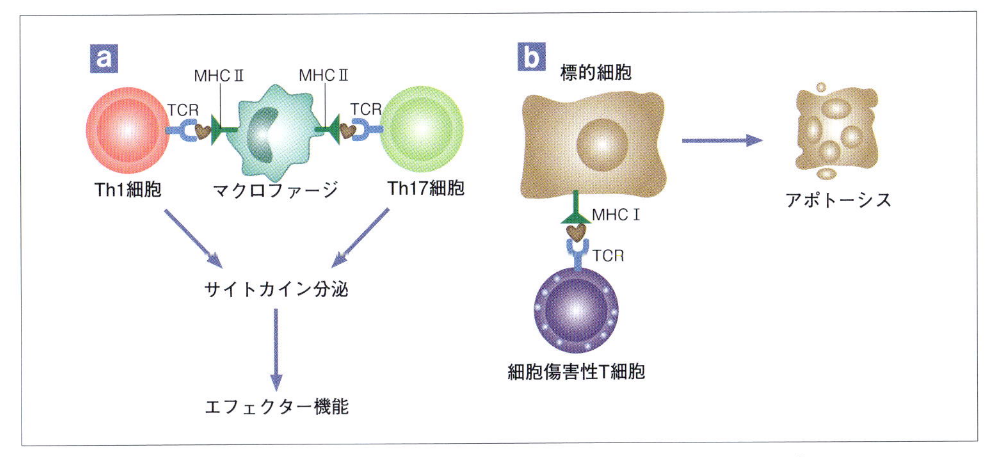


**図5-18 細胞性免疫のメカニズム**．(a)抗原を提示しているマクロファージにエフェクターT細胞であるTh1細胞やTh17細胞が出会うと，それぞれからサイトカインが分泌され，エフェクター機能を発揮する．(b)分化した細胞傷害性T細胞が標的細胞に出会うと，細胞傷害性T細胞の機能による標的細胞はアポトーシスを起こす(**図5-19**参照)．

### 7 ● 細胞性免疫のメカニズム

細胞性免疫の一つのメカニズムは，炎症部位においてTh1細胞などがそれぞれサイトカインを産生することにより，局所にマクロファージの活性化や好中球による炎症反応を起こすことである(**図5-18**)．

もう一つのメカニズムは，細胞傷害性T細胞が関与するものである(**図5-19**)．$CD8^+$T細胞もMHC Ⅰとそれに提示されたペプチド抗原(T細胞抗原決定基あるいはT細胞エピトープ)を自身のTCRで認識するが，$CD4^+$T細胞同様，補助刺激シグナルによってさらに活性化を受ける．しかし，$CD8^+$T細胞が細胞傷害性T細胞へと分化するためには，さらにヘルパーT細胞からのヘルプが必要である(**図5-17**)．ヘルパーT細胞からのヘルプとしては，ヘルパーT細胞から産生されるサイトカインによるものと，ヘルパーT細胞がCD40リガンド/CD40を介して刺激する抗原提示細胞由来のサイトカインによるものが存在する．また，細胞傷害性T細胞はこの細胞傷害性T細胞へと分化していく間に，細胞傷害に必要な細胞内のタンパク質であるパーフォリンとグランザイムとを作る．

貪食細胞以外の多くの細胞は病原体に感染した場合，自身のMHCクラスⅠ分子を使用して，病原体由来のペプチドを提示することができる．これによって自身が感染していることを細胞傷害性T細胞に知らせるすることができる．リンパ節において活性化した細胞傷害性T細胞は，末梢を循環している間に，自身が持つTCRが認識できるペプチドを提示するMHCクラスⅠ分子を持った細胞を見つけ，それに強く結合し，その細胞傷害作用のステップを開始させる(**図5-19**)．

標的細胞に結合した細胞傷害性T細胞は主に二つのメカニズムを使って標的細胞に細胞傷害を引き起こす(**図5-19**)．一つは，パーフォリンとグランザイムという細胞内のタンパク質を放出させる方法であり，もう一つはFasとFasリガンドという細胞表面分子を使用する方法である．細胞傷害性T細胞は，細胞内にパーフォリンとグランザイムを含む顆粒を持っており，細胞傷害性T細胞が標的細胞に結合すると，その顆粒からそれらが放出される．パーフォリンは標的細胞に穴を開け，プロテアーゼであるグランザイムは，標的細胞内の様々なタ

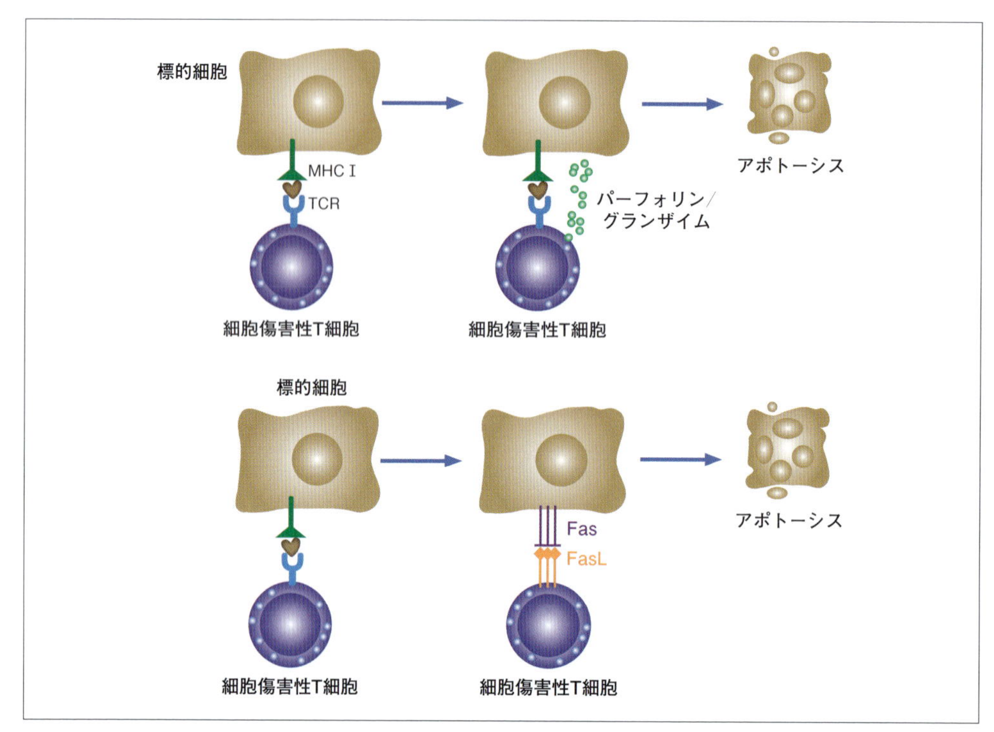


図5-19 **細胞傷害性T細胞による標的細胞の細胞傷害のメカニズム**．細胞傷害性T細胞は，自身の持つTCRに結合できる抗原を提示している標的細胞に出会った場合，パーフォリン/グランザイムまたはFas/Fasリガンド(FasL)を用いた方法によって，標的細胞にアポトーシスを誘導する．

ンパク質を分解することによりその細胞にアポトーシス(細胞死)を起こす．一方，活性化した細胞傷害性T細胞はその細胞表面にFasリガンドを発現する．Fasは多くの細胞が持つFasリガンドの受容体であるため，標的細胞上にも発現しており，細胞傷害性T細胞上のFasリガンドによって標的細胞上のFasが結合することにより，標的細胞にはアポトーシスが誘導される．

### 8 ● T細胞のメモリー

ヘルパーT細胞も細胞傷害性T細胞も，これらエフェクターT細胞の多くは機能を発現した後，FasとFasリガンドの両方を自ら発現し，アポトーシスによって死に至る．しかし，一部のエフェクターT細胞は生き残り，メモリーT細胞として長期生存する(**図5-20**)．さらにメモリーT細胞は高い頻度で長期生存するばかりではなく，ナイーブT細胞よりも接着分子を高レベルで発現するなど，抗原と再会した場合，迅速かつ強力な免疫応答を誘導できる性質を獲得している．また，メモリー細胞は特徴的なマーカーとして，CD45RO$^{+}$，CD127(IL-7R)を発現しているとされる．犬と猫においては詳細は調べられてはおらず，犬や猫のメモリーT細胞がどの程度長生きするかは不明である．

## 免疫寛容のメカニズム

T細胞もB細胞もその分化の段階において胸腺または骨髄で自己に反応する可能性のある細胞は除去され(中枢性寛容)，免疫応答が生じる末梢においては外来抗原にのみ反応する細胞だけが存在するはずである．しかし，実際には中枢性寛容を逃れて自己由来タンパク質に反応す

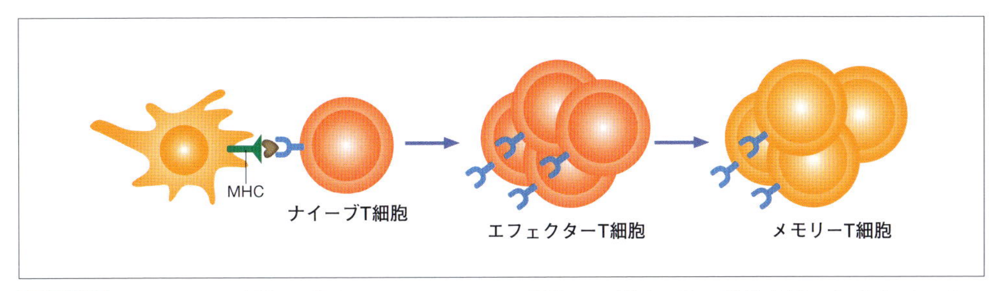


**図5-20 メモリーT細胞の産生.** エフェクターT細胞の一部は，その機能を持ったままメモリーT細胞になる．それらは体内で長期生存し，次に同じ抗原が侵入した際，迅速な免疫応答を起こす．

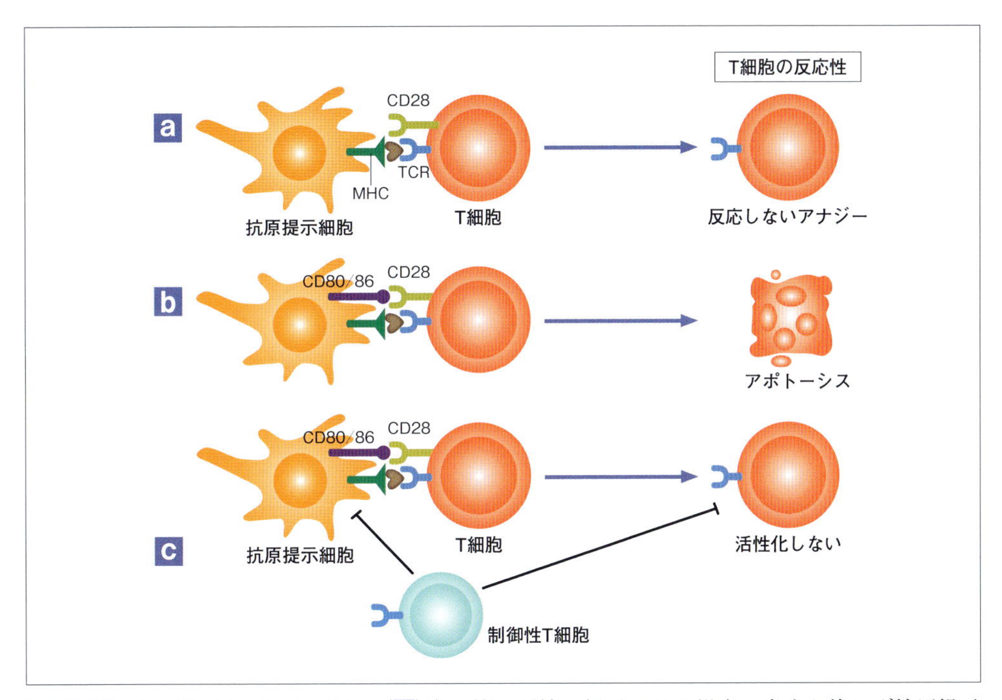


**図5-21 免疫寛容のメカニズム.** (a)自己抗原が抗原提示される場合，炎症を伴わず抗原提示細胞に抗原提示される．その場合，補助刺激分子が抗原提示細胞上に十分発現しないため，T細胞はそれらの刺激を受けられず，アナジーとなる．(b)抗原提示が繰り返し行われて強い刺激が入ると，T細胞はアポトーシスによって死に至る．(c)制御性T細胞の存在下ではT細胞は活性化することができない．

る可能性のある細胞は末梢に残っており，何らかのシステムでそれらの活性化を防ぐ必要がある．B細胞は，基本的にはT細胞の補助がなければ活性化できないため，B細胞の末梢性寛容は主にT細胞によって制御されている．

胸腺から末梢に出てきた自己由来のタンパク質に反応する可能性のあるT細胞は，主に三つのメカニズム，すなわちアナジー(無反応)の誘導，活性化誘導細胞死，制御性細胞による抑制によって自己に反応しないように維持されている(末梢性免疫寛容，**図5-21**)．特に胸腺内では，ほとんどすべての自己由来タンパク質に対してT細胞は反応しないように選択されるが，胸腺で選択される過程においてT細胞が出会うことがない末梢の自己抗原などに対する免疫寛容はこのシステムによって行われる．

抗原提示細胞は常に自己抗原を提示できるため，末梢に自己反応性T細胞が存在すれば，それらは，その自己抗原ペプチドを認識して反応する可能性がある．しかし，抗原提示細胞は感染や炎症などがないときは補助刺激分子であるCD80などを発現しておらず，自己反応性T細胞が強く活性化することはできず，その結果自己反応性T細胞は，たとえ抗原提示細胞が提示する自己抗原ペプチドを認識しても，活性化できずアナジーとなる．また，補助刺激分子の量が十分ではない場合，補助刺激分子に対してより親和性の高いT細胞上の分子，CTLA-4が抗原提示細胞の補助刺激分子と結合し，T細胞に負のシグナルを伝達する．それによってもT細胞はアナジーとなる．

炎症などを伴わない状態で自己抗原の提示が繰り返し行われると，その強い刺激により自己反応性T細胞はアポトーシスを起こして死に至る(活性化誘導細胞死：activation-induced cell death；AICD)．活性化誘導細胞死は，もともと通常のT細胞が免疫応答を起こした後，それを終息させるためのメカニズムであるため，自己反応性T細胞も，たとえ自己抗原を提示した抗原提示細胞に反応したとしても，最終的には活性化誘導性細胞死によって除かれる．

三つ目のメカニズムは，制御性T細胞による免疫応答の抑制である．T細胞の分化の項で触れたように，制御性T細胞にはnTregとiTregが存在するが，どちらもT細胞の免疫応答を抑制する方向に働く．TregがT細胞の免疫応答を起こすメカニズムは数多く報告されている．Tregが発現するCTLA-4は抗原提示細胞からヘルパーT細胞へのシグナルを抑制する方向に働くメカニズムや，IL-10やTGF-βといった抑制性のサイトカインを産生することによりT細胞に免疫抑制の環境を与えるといったメカニズムが知られている．

## 3 自然免疫

### 自然免疫の発見

微生物学者のメチニコフ(Ilya Ilich Metchnikoff)は，水生生物の研究者でもあったが，1882年にバラの棘でヒトデを刺したときに集まってくる細胞に気づいた．この細胞は，動物の体内に体外から侵入した異物(この場合は，バラの棘についた細菌)を取り込んで消化する機能を持っており，メチニコフはこの細胞を「食細胞」と命名した．これが後に「マクロファージ」と呼ばれる細胞である．「病原体を食べる」という，シンプルな生体防御システムを提唱したメチニコフは，1908年にノーベル生理学・医学賞を受賞した．今から120年ほど前のことである．

メチニコフのノーベル賞受賞後の約90年間はこの分野の研究は停滞していた．その理由として，自然免疫は「単純なシステム」と考えられていたからである．つまり，免疫細胞は病原体を「無差別」に貪食するか，抗体産生などの獲得免疫が働きだすための時間稼ぎぐらいとしか考えられていなかった．事実，20世紀の免疫研究は，獲得免疫の研究にもっぱら費やされてきた．

1990年代後半から自然免疫について画期的な研究がようやく生まれ始めた．脊椎動物に特有の骨髄はB細胞やT細胞などを産生し，これらの細胞は獲得免疫の本質である病原体に対応した抗体産生や感染細胞を排除するなどの重要な役割を果たす．しかし，イカ・タコなどの軟体動物，エビ・カニなどの甲殻類，ホヤなどの原索動物，そして地球上で最も繁栄をしている昆虫類は脊髄を持っておらず，そのため獲得免疫を持たない．すなわち，病原体に対して抗体応答などをすることができない．生物は日々細菌やウイルスなど様々な病原体にさらされており，獲得免疫を持たない生物においても何らかの免疫があるはずであり，それを解明することを目的として自然免疫研究は大きく発展した．

自然免疫は病原体の種類に関わらず迅速に対応することを目的とした原始的な免疫システムである．例えば，動物が微生物に感染するとメラニンを産生し黒色化する．メラニンは，フェノール酸化酵素が活性化することで産生される．このとき，メラニン合成の中間生成物として強い殺菌力を持つ活性酸素が発生する．この活性酸素が体内に侵入した病原体を殺傷する．また，同時に抗菌ペプチドを産生する．抗菌ペプチドは30個前後のアミノ酸からなるペプチドで，病原体（細菌や真菌）の細胞膜に穴を開けることで殺傷する機能を持つ．カイコの幼虫に，カイコ感染するバキュロウイルス（Bombyx mori NPV）を感染させると，ウイルス接種5日くらいで体がメラニンにより黒色化してくるのを確認することができる（**図5-22**）．

1996年に自然免疫学研究にとって大きな発見があった．ホフマン（Jules A. Hoffmann）のグループがショウジョウバエを用いて行った抗菌ペプチドの研究によりTollというレセプタータンパク質がショウジョウバエの免疫系において，病原体を感知する分子であることを発見した[1]．これによってホフマンは，共同研究者二人とともに2011年にノーベル生理学・医学賞を受賞した．

Tollというタンパク質は，ホフマンが自然免疫におけるレセプターであることを同定する前から，発生学の分野で知られていた．Toll遺伝子をノックアウトしたショウジョウバエは，その体が正常に作られず，ほとんどが成虫まで成長できず死んでしまう．このことを発見したのはドイツ人の女性研究者フォルハルト（Christiane Nüsslein-Volhard）で，「Toll！（日本語で「すごい！」）」と思わずいったことからその名がついたといわれている．彼女は，胚の発生過程における遺伝子による制御を研究した功績で，共同研究者二人とともに1995年にノーベル生理学・医学賞を受賞した．

ホフマンの発見以前の自然免疫学の概念は，「抗原提示細胞が見さかいなく病原体を貪食し，その後，獲得免疫系に病原体の情報を伝達する」程度であったが，獲得免疫を持たない動物ですら「病原体のセンサー」であるTollという分子を持つことが判明したことから，ついに，ホフ

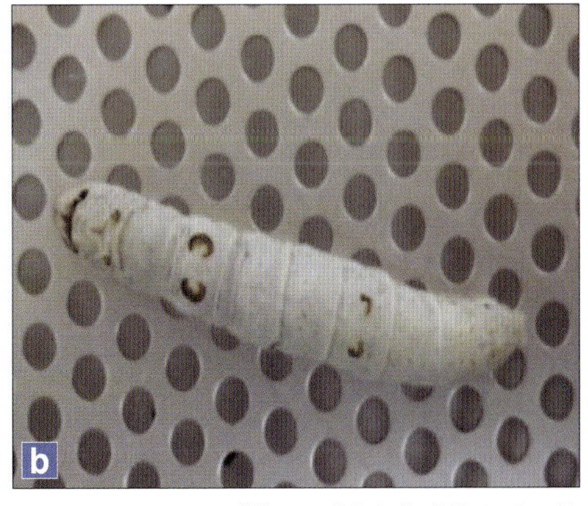


**図5-22　バキュロウイルス感染カイコ幼虫（a：バキュロウイルス感染5日後）と非感染カイコ幼虫（b）の比較**．5齢幼虫初期にカイコに感染するバキュロウイルス（*Bombyx mori* NPV）を感染させると，同齢同時期のものに比較してメラニンにより黒色化する．

マンの発見の翌年の1997年に，ジェインウェイ(Charles Alderson Janeway)らが哺乳動物にもTollに相当するタンパク質が存在することを発見し[2]，Toll様受容体(Toll-like receptor；TLR)と名づけられた(**表5-3**).

## 自然免疫に関わる分子

自然免疫の病原体認識は，宿主には発現せず微生物間で共有される病原体関連分子パターンを認識することで起こる．つまり，自然免疫の受容体はパターン認識受容体(pattern recognition receptor；PRR)である．PRRには，Toll様受容体(Toll-like receptor；TLR)，NOD様受容体(nucleotide-binding oligomerization domain-like receptor；NLR)を代表とするインフラマソーム，RIG様受容体(RLR)，C型レクチン受容体(CLR)などがある．TLRとCLRには，細胞表面に存在するものとエンドソーム(細胞内小胞)内に存在するものがある．ウイルス生成物(ウイルス核酸)，細菌性由来物(細菌ペプチドグリカン)，ダメージ細胞性生物などは，細胞内のNLRとRLRが認識する[3].

**表5-3** ノーベル賞受賞を中心に見た「自然免疫研究」と「獲得免疫研究」の歩み.

| 自然免疫研究の主な研究成果 | | 獲得免疫研究の主な研究成果 | |
|---|---|---|---|
| | | 1796年 | **種痘法の発見**(ジェンナー) |
| 1882年 | **メチニコフによる「食細胞」発見** | | |
| | | 1885年 | **狂犬病ワクチンの開発**(パスツール) |
| | | 1890年 | **血清療法の発見**(北里、ベーリング) |
| | | 1901年 | **ノーベル生理学医学賞(第1回)**<br>(血清療法；ベーリング) |
| 1908年 | **ノーベル生理学・医学賞**<br>(食菌作用；メチニコフ) | 1908年 | **ノーベール生理学医学賞**<br>(側鎖説；エールリッヒ) |
| | | 1913年 | **ノーベル生理学医学賞**<br>(アナフィラキシーの発見；リシェ) |
| | | 1919年 | **ノーベル生理学医学賞**<br>(補体結合反応；ボルデ) |
| | | 1960年 | **ノーベル生理学医学賞**<br>(免疫寛容；バーネットとメダワー) |
| | | 1972年 | **ノーベル生理学医学賞**<br>(抗体の構造；エデルマンとポーター) |
| | | 1980年 | **ノーベル生理学医学賞**<br>(主要組織適合抗原；<br>ベナセラフとドーセとスネル) |
| | | 1984年 | **ノーベル生理学医学賞**<br>(免疫理論とモノクローナル抗体；<br>ヤーネケーラーとミルステイン) |
| | | 1987年 | **ノーベル生理学医学賞**<br>(抗体遺伝子の多様性；利根川) |
| 1996年 | **Toll受容体の発見**(ホフマン) | | |
| 1997年 | **Toll様受容体の発見**(ジェインウェイ) | | |
| 2011年 | **ノーベル生理学・医学賞**<br>(自然免疫の活性化ボイトラーとホフマン) | 2011年 | **ノーベル生理学・医学賞**<br>(樹状細胞と獲得免疫における役割；スタイマン) |

20世紀の免疫学研究は，獲得免疫研究の歴史であるといっても過言ではなく，予防接種をはじめとする予防医学などにより，人類や動物の平均寿命を大幅に伸ばした．しかし，Toll受容体の発見から自然免疫研究は大きな進歩を始めた.

### 1 ● Toll様受容体

TLRは様々なものがあり，微生物の構成要素特異的である．TLRは細胞表面やエンドソーム内に存在し，アダプタータンパク質であるMyD88（myeloid differentiation primary response 88）などを用いて，転写因子NF-κB（nuclear factor-kappa B）を活性化することによりサイトカイン発現を誘導して免疫応答を惹起する．転写因子であるNF-κBは，リンパ球の活性化，炎症反応，アレルギー反応，アポトーシス抑制など幅広く細胞が関わる免疫反応に関与する．自然免疫系においては，NF-κBはTLR，NLR，RLRなど，パターン認識レセプターの下流で，最終的にサイトカインやケモカインなどの発現を誘導する．また，パターン認識レセプター刺激で誘導されるTNF-αやIL-1の受容体の下流においてもNF-κBは重要な役割を担っている．

認識する病原体関連分子によってTLRには様々な種類がある．TLR1とTLR2は，細菌のリポタンパク質（lopoprotein；中性脂肪の周囲が水になじみやすいタンパク質やリン脂質で覆われたもの）を認識する．この際，TLR1とTLR2はヘテロダイマー（異なる二種類の分子で構成される分子）を形成する．また，TLR2は，TLR6ともヘテロダイマーを形成し，マイコプラズマ（*Mycoplasma*）が持つリポタンパク質（mycoplasmal lipoprotein）を認識する．細菌とマイコプラズマのリポタンパク質はよく似ているが，TLRがヘテロダイマーを形成することで，細かな違いを見分けていると考えられている．

また，TLR2は，単独でグラム陽性菌（後述）の表面にあるペプチドグリカンを認識する．グラム陰性菌（後述）に比べると毒性が弱いものが多いが，グラム陽性菌には，結核菌や黄色ブドウ球菌（動物の皮膚や腸内に存在する典型的な細菌で，ブドウ球菌の一種で病原性が強く，食中毒，肺炎，敗血症の原因になる）が含まれる．

TLR3，TLR7およびTLR8は，ウイルス核酸に特異的である．ウイルスには，DNAウイルスを持つDNAウイルスとRNAを持つRNAウイルスがある．体内に侵入したRNAウイルスを認識するのは，TLR3とTLR7である．TLR3のホモ二量体は，ウイルス由来の二本鎖RNA（double stranded RNA；ds RNA）を，TLR7とTLR8は，ウイルス由来の一本鎖RNA（single stranded RNA；ss RNA）を認識する．

TLR4は，細菌とグラム陰性菌の成分であるリポ多糖（lipopolysaccharide；LPS）に特異的である．LPSは，細胞膜上でCD14によりMD-2に受け渡され，LPSとMD-2の複合体がTLR4と相互作用することでLPSを認識する[4]．

TLR5は，フラジェリン（flagelin）という細菌の鞭毛タンパク質に特異的である．鞭毛は，フラジェリンの繊維を束ねた円筒状のもので，鞭毛微生物はこれを動かして移動する．腸内細菌に代表される体内の鞭毛微生物は，哺乳動物の腸内から体内に出てしまった場合，一種の感染症であると生体は感知する．TLR5は，腸管内部である上皮細胞にほとんど発現しないのに対し，基底膜側や膜固有層と呼ばれる部分に存在する樹状細胞に多く発現する．そして，腸管から侵入してきた細菌の鞭毛を構成するフラジュリンを認識する[5]．

TLR9は，微生物DNAに豊富に存在する非メチル化CpGオリゴヌクレオチド（CpG）に特異的である．非メチル化とは，有機分子において基質とメチル基（-CH3）が置換されていないことをいい，細菌やウイルスのDNAの特徴として非メチル化のシトシン（C）とグアニン（G）を多く，特にCpGにはシトシン（C）-グアニン（G）を含む六つの塩基の配列が多く見られる．このような配列は一見ありがちであるが，哺乳動物のDNAにおいては極めて出現頻度が低い配列である．よって，非メチル化のCpG DNAの認識とは，非自己である細菌やウイルスの侵入の察知を意味する[6]．

細菌やウイルスの核酸は，その内部にあり，LPSやフラジェリンなどのように細胞の表面に存在しない．よって，TLRにはTLR1，TLR2，TLR4，TLR5，TLR6のように細胞表面に存在するものと，TLR3，TLR7，TLR8，TLR9のようにエンドソーム内に存在するものがある（**図5-23**）．

それぞれの微生物の構成要素がTLRに接触すると，TLRよりシグナルが伝達される．TLRシグナルで活性化される最も重要な転写因子は，NF-κBとIRF（interferon regulatory factor）である．NF-κBは，様々なサイトカインと細胞内皮接着分子の発現を促進させ，急性の炎症や獲得免疫を誘導させる．IRFは，Ⅰ型インターフェロンであるIFN-αやIFN-βを産生させ，抗ウイルス活性を誘導する（**図5-24**）．

### 2 ● RIG様受容体（retinoic acid-inducible gene-like receptor；RLR）

TLR以外にも病原体を認識する分子としてRLRがある．その代表として，細胞質内に存在するRIG-IとMDA5がある．これらは，ウイルスRNAの複製過程で形成される二本鎖RNAを認識する．一本鎖RNAウイルスは，複

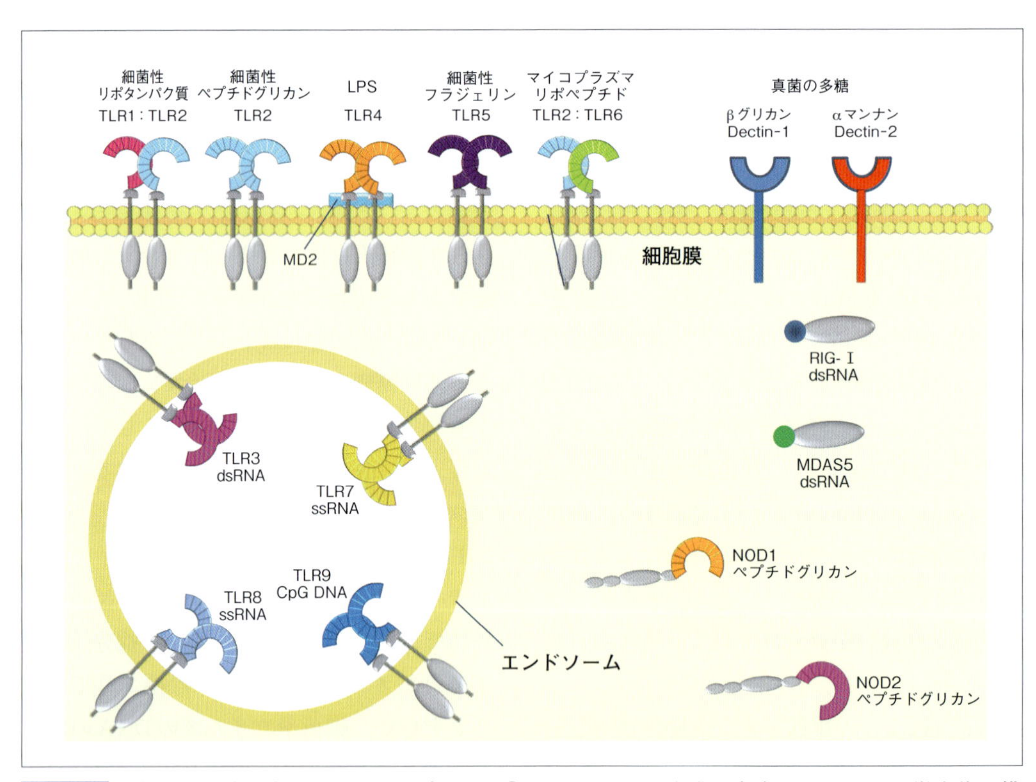


**図5-23 自然免疫系に使用されるレセプター**．①TLRのうち細胞膜に存在するものは，微生物の構造的に多様な構成成分を認識する．一方，エンドソームに存在するTLRは，微生物の核酸のみを認識する．②C型レクチン受容体（Dectin-1，Dectin-2など）は，細胞膜に存在し，微生物に特有の多糖類を認識する．③NOD様受容体（NOD-1，NOD-2など）は，細胞質内に存在し，細菌に含まれるペプチドグリカンを認識する．④GIG様受容体（RIG-Ⅰ，RIG-Ⅱなど）は，細胞質内に存在し，ウイルス由来核酸を認識する．

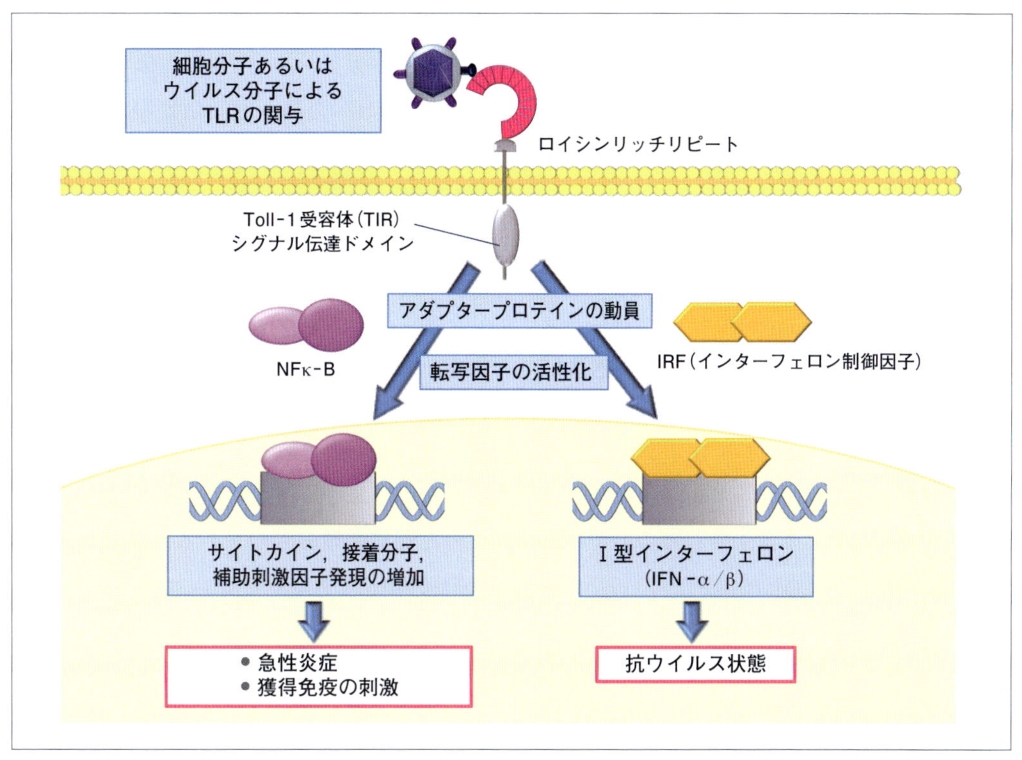


**図5-24　TLRからのシグナル伝達．** TLRは，ロイシンリッチリピートと呼ばれるロイシンリッチなリガンド結合ドメインと細胞膜を貫く細胞質伝達ドメイン，TIRドメインから構成される．TLRに微生物成分が結合すると，NF-κBやIRFなどの転写因子が活性化され，炎症性サイトカインやI型インターフェロンの遺伝子発現を誘導する．

製過程で必ず一度二本鎖RNAの状態になることを利用しているものである．

TLRによる病原体認識は樹状細胞を中心とした免疫細胞で働くのに対し，RIG-IやMDA5などは線維芽細胞などの非免疫細胞においてウイルス認識に重要な働きを示す．つまり，TLRにより認識されない細胞でウイルスを感知するために，RIG-IやMDA5などは必須であると考えられる．短い二本鎖RNAはRIG-Iに，長い二本鎖RNAはMDA5に認識されることが示唆されている．よって，RIG-IとMDA5は，時として重複するものの，異なるウイルスを認識するものと考えられている[7]．RIG-IやMDA5などのRLRにより認識されると強いI型インターフェロン産生が誘導される(**図5-24**)．

### 3 ● NOD様受容体 (nucleotide-binding oligomerization domain (NOD)-like receptor；NLR)

細胞内の自然免疫受容体には，上述した核酸の認識に特化したRLR以外にNLRが存在する．NLRが抗原を認識すると，インフラマソームが活性化され，IL-1βおよびIL-18が産生される．NOD (nucleotide-binding oligomerization domain) という構造的特徴を持つ．代表的なものとして，NOD1やNOD2があり，これらは細菌に含まれるペプチドグリカンの構成成分のムラミルジペプチド(MDP)を認識することで生体防御に関与している[8](**図5-24**)．

### 4 ● インフラマソームとNLRP3

インフラマソームは，病原体や内在性因子などに応答し，炎症性サイトカインであるIL-1βやIL-18の産生を誘導する細胞質内タンパク質複合体のことをいう．上述のNLRファミリー，またアダプター分子であるASC(apoptosis-associated speck-like protein containing a caspase recruitment domain)やカスパーゼ1(caspase1)が含まれる．IL-1βやIL-18遺伝子の転写はTLRや他の炎症刺激でも誘導されることから，これらのサイトカインは，TLRなどからの刺激を受けてからインフラマソームが活性化することにより産生されることが明らかとなっている．

NLRP3(NOD-like receptor family, pyrin domain containing 3)はインフラマソームの中で最もよく知られている分子で，真菌感染，細菌感染，ウイルス感染などの刺激で活性化される．また，NLRP3は，アスベスト，シリカ，尿酸結晶，コルステロール結晶など様々な無菌炎症刺激に関わることが知られている．さらに，アルミニウム塩(水酸化アルミニウムゲル)のようなワクチンアジュバントによっても活性化される．NLRP3は，内在性因子によっても活性化されることから，炎症性疾患との関連性が強く示唆されている．肥満に伴い脂肪組織に浸潤するマクロファージからのIL-1βやIL-18といった炎症性サイトカインの放出は，インスリン抵抗性増加の原因の一つと考えられ，これらのサイトカインの産生にNLRP3が関与していることが知られている．NLRP3は，病原体を含む様々な細胞ストレスに応じて活性化するため，センサー的な役割を持つと考えられている[9]．

NLRP3ノックアウトマウスでは，痛風などの炎症モデルにおいて炎症の低減や細胞浸潤の軽減が認められる．尿酸結晶やアスベストなどの粒子が免疫細胞に貪食された場合，これらを取り込んだエンドソームがダメージを受け，NLRP3が活性化される．活性化したNLRP3は，ASCおよびカスパーゼ1と複合体を形成し，IL-1βを活性型へ変換させ，活性型になったIL-1βは，好中球を遊走させ炎症を惹起させる(**図5-25**)[10]．

### 5 ● C型レクチン受容体

C型レクチン受容体(C-type lectin receptor；CLR)は，糖鎖認識領域(carbohydrate recognition domain；CRD)を介してカルシウムイオン依存的に糖鎖を認識する一群のレクチンの総称である．細胞外に分泌される可溶型のものと膜貫通型のものがある．膜型のものは，異物認識に寄与していることから，TLRに対してC型レクチン受容体(CLR)と呼ばれる．CLRは，下等生物から高等生物に至るまで広く保存されている．多くのCLRが微生物に特有の多糖類を認識し，病原体を感知するセンサーとして機能することが明らかとなっている．また，いくつかのCLRは，病原体などの非自己だけでなく，自己の異常も認識することが報告されており，生体の恒常性に重要な役割を果たしていると考えられている．CLRが関節リウマチ病態に重要な因子であることから治療薬への研究がされている．

微生物を認識するCLRには，Dectin-1，Dectin-2などがある．Dectin-1は真菌の構成成分であるβ-グリカンを認識する．Dectin-2は真菌の中のカンジタ菌の細胞壁成分であるαマンナンを認識する．Dectin-2はハウスダストマイトアレルゲンに含まれるグリカンを認識し，ロイコトリエンの産生を誘導する報告もあることから，ハウスダストマイトアレルゲン起因のアレルギー疾患の増悪にDectin-2が関与している可能性が考えられている．CLRが抗原を認識すると炎症性サイトカインが産生される[11](**図5-24**)．

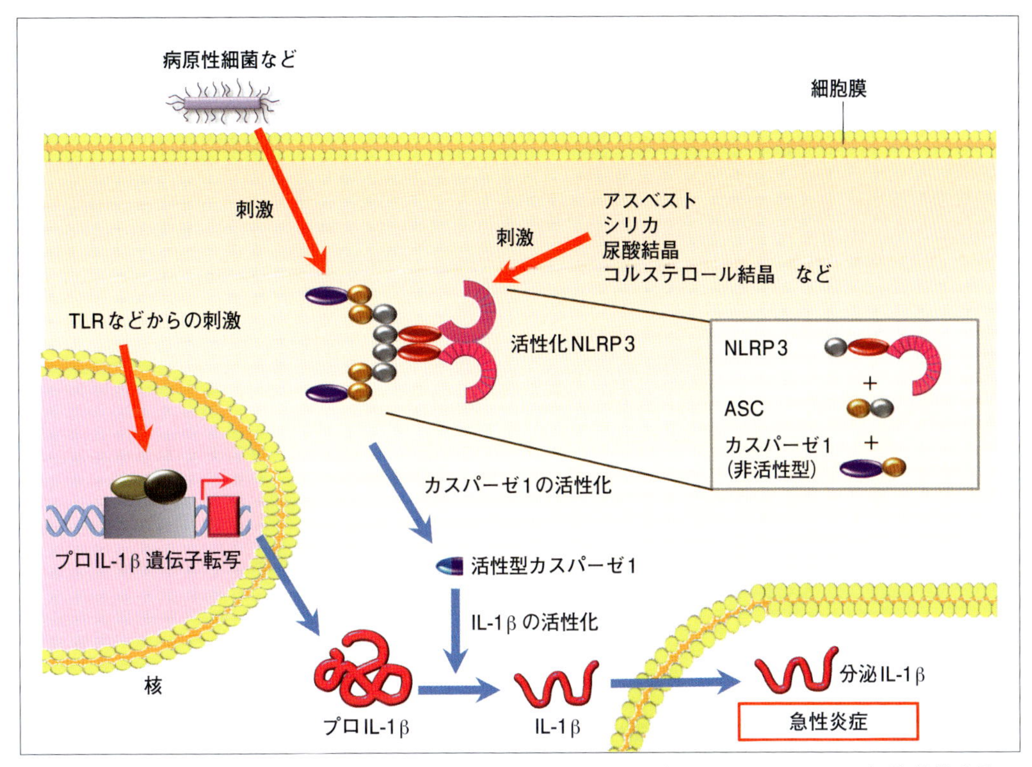


**図5-25　インフラマソームとNLRP3.** インフラマソームの代表であるNLRP3は，細胞外微生物や細胞内因子(アスベスト，シリカ，尿酸結晶，コルステロール結晶など)により活性化される．活性化NLRP3とは，センサーであるNLRP3に，アダプター分子(ASC)と非活性型カスパーゼ1が結合することをいう．炎症系サイトカインのIL-1βの発現は，TLRにより活性化されたNF-κBなどにより転写されたプロ型IL-1βタンパク質が，細胞質内で活性化されたNLRP3から放出された活性型カスパーゼ1により活性型IL-1βとなり，これが細胞外に分泌されることで炎症が起こる．

## 自然免疫と病因

感染症との闘いは古くから本格的に行われている．黄金のマスクで有名なツタンカーメンについての科学調査のため2005年に行われたCTスキャンの結果，大腿骨骨折という大怪我をしており，治癒痕が見つかったため，大怪我の後数日間は生きていたことが判明した．死因については諸説あるが，敗血症で死亡したともいわれている(マラリア感染による合併症で死亡したとの説もある)．

敗血症は，自然免疫の反応の結果発症するものである．マクロファージや樹状細胞などの免疫細胞が，細菌などの病原体を貪食すると，IL-1，IL-6，TNF-αなどの炎症性サイトカインを放出し，防御反応，つまり炎症が始まる．炎症性サイトカインは食細胞の一種である好中球を活性化し，さらに患部近くの血管内皮細胞を活性化して接着分子(好中球が結合する分子)を発現させる．これと同時に，産生されたIL-8により好中球が患部に遊走するため，病原体を貪食するために集簇した食細胞の密度が高くなり，患部は発熱し腫れあがる．これが炎症のメカニズムである．炎症性サイトカインのうち，TNF-αの働きは特に重要で，血管拡張作用だけでなく，免疫細胞の血管透過性を上昇させることが知られており，感染症が重症化した場合，TNF-αは全身で発現する．

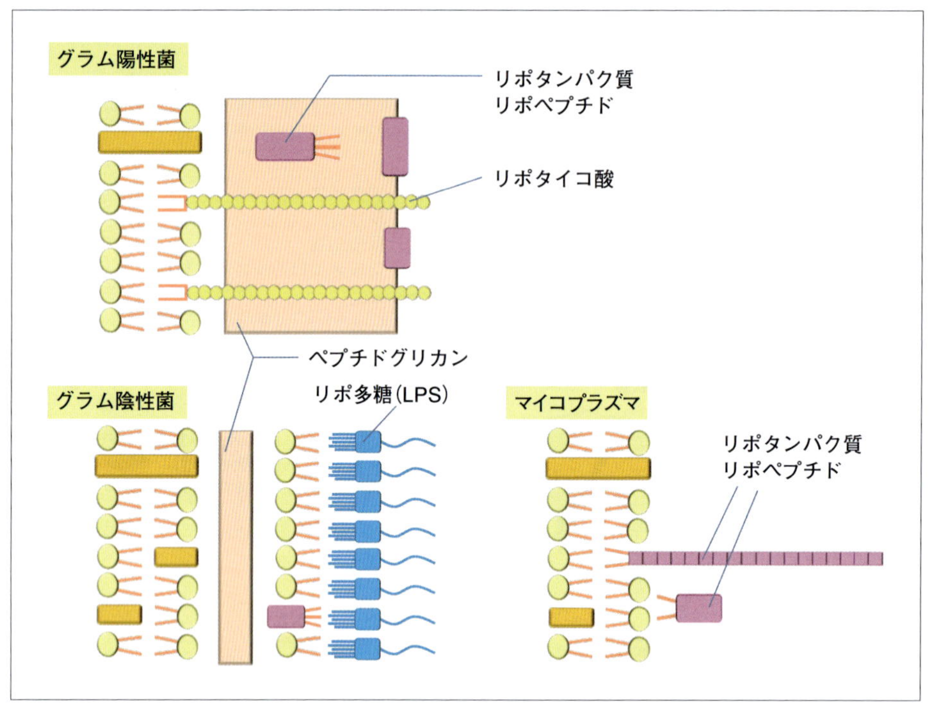


**図5-26 グラム陽性菌，グラム陰性菌，マイコプラズマの表層構造**．グラム陽性菌は，ペプチドグリカン層が厚く，脂質が少ない細胞壁を持つ．グラム陰性菌は，ペプチドグリカン層が薄く，脂質が多い細胞壁を持つ．グラム陰性菌が表層に持つリポ多糖(LPS)が毒として機能した場合，強い炎症を惹起する．マイコプラズマは，細胞壁を持たないが，細胞膜の強度は細胞壁を持つ細菌に比べて高い．

しかし，血管が拡張することによって血液の流れは遅くなるので，症状が進みすぎると血圧が降下してショックが起こる．これが，敗血症ショックの大きな原因とされる．こうした敗血症の真の病態は，自然免疫システムが研究されることによって次々に解明されてきた．

細菌は，グラム染色によって大きく分類される．グラム染色はデンマークの学者グラム(Hans Christian Joachim Gram)によって発明された方法で，細菌類を色素によって染色する方法の1つで，細菌表面が厚いペプチドグリカン層(細菌などの細胞壁の成分である多糖質にペプチド鎖が結合した高分子)で覆われた細胞壁を持つ細菌は染色される．この細菌をグラム陽性菌と呼ぶ．ペプチドグリカン層が薄く脂質の占める割合が多い細胞壁を持つ細菌は，グラム染色法で染色されないためグラム陰性菌と呼ばれる．

グラム陽性菌においては，ペプチドグリカン層が乾燥重量の90%以上を占め，強い毒性を持つものは少ない(**図5-26**)．グラム陰性菌は，厚いペプチドグリカン層の代わりにリポ多糖(lipopolysaccharide；LPS)を表面に持っている．LPSは，脂質とコアの糖とタンパク質から構成される．このLPSが毒として機能した場合は，重度の炎症を誘発し，敗血症ショックを起こすこともある．また，マイコプラズマは，細胞壁そのものを持たないため，グラム染色で染まらず，細胞の形は不定形であるが，細胞膜は他の真正細菌に比べ強度が強い(**図5-26**)．

敗血症の原因細菌を検出するためにリムルス(limulus)試験がある．リムルスとは，アメリカ

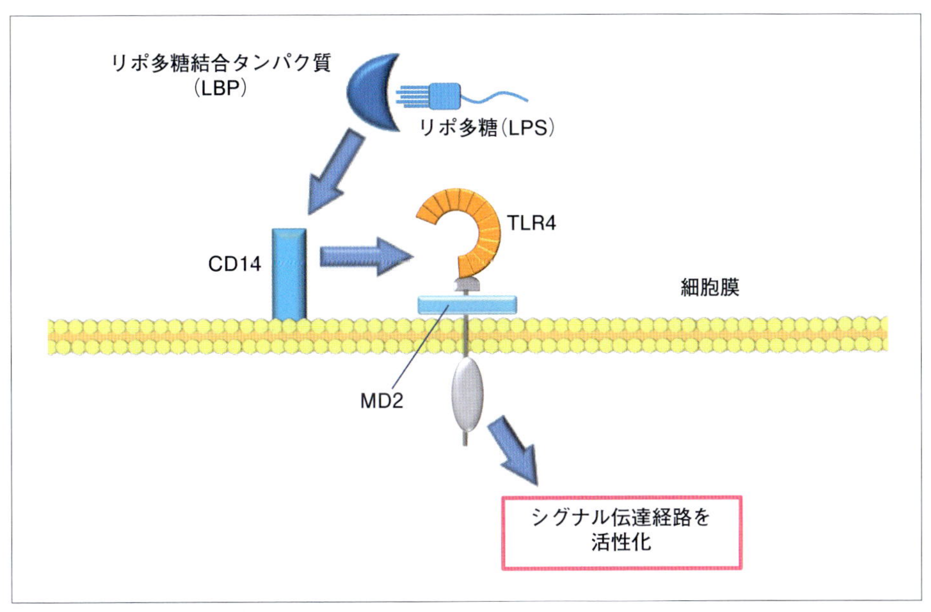


**図5-27　TLRを介したリポ多糖(LPS)の認識.** リポ多糖(LPS)は，リポ多糖結合タンパク質(LBP)と結合し，マクロファージなどの細胞膜上のCD14を介してTLR4とMD2の複合体に運ばれて認識される．その後TLR4/MD2複合体は重合体を形成し，シグナル因子を活性化させる．

カブトガニの学名(*Limulus polyphemus*)である．リムルス試験の方法は，まず細菌感染が疑われる体液をカブトガニの血液と混合する．そして混合後に血液が凝固した場合，細菌感染があると見なすものである．カブトガニの血球には顆粒細胞が多く含まれており，この顆粒細胞には凝固因子や抗菌ペプチドといった生体防御物質が大量に存在する．カブトガニの血中にLPSやβ-グルカンなどが入ると，顆粒細胞から放出された抗菌ペプチドなどが反応し凝固が始まる．凝固することにより病原体の機能を奪うというシステムは，カブトガニの免疫反応であり，リムルス試験はそれを利用した方法である．

MyD88ノックアウトマウスにLPSを過剰投与しても無反応で，ショック死は起こらないことが判明した．これは，グラム陰性菌の感染を感知できないことを意味するが，MyD88は細胞の内部にあるシグナル伝達物質であるため，その上流の受容体を同定するために様々な受容体遺伝子のノックアウト実験が行われ，TLR4がグラム陰性菌を認識する受容体であることが判明した．LPSは，LPS結合タンパク質と結合し，CD14を介してTLR4に認識される．また，TLR4がLPSを認識するためには補助分子のMD2も必要である(**図5-27**)[4]．

このように，自然免疫学研究の進歩によって敗血症の発症メカニズムが明らかになってきている．

## 自然免疫と獲得免疫の交わり

自然免疫が病原体に対する重要な防御反応であることは，TLRの機能発見を通じて明らかとなってきている．しかし，自然免疫の機能はそれだけではない．獲得免疫の中心である抗体産生にも関わっている．

樹状細胞に取り込まれた抗原は，ペプチドという小さな単位にまで消化された後，抗原提示される．この情報を受けとるのは，T細胞であるが，抗原情報だけではT細胞はB細胞を活性化することができない．しかし，樹状細胞がCD40などの共刺激分子や，IL-12やTNF-αなどのサイトカインを出すことによって抗原情報を認識したT細胞を活性化し，この活性化T細胞がB細胞からの抗体産生を誘導する．このように自然免疫が獲得免疫の活性化をしている．

過去の免疫学においては，マクロファージや樹状細胞などの抗原提示細胞によって提示された抗原を，リンパ節においてT細胞が特定の抗原として認識していることがわかっていた．しかし，現在においては，樹状細胞がTLRによって感知したときから抗原の認識は始まっていると考えられるようになった．このことは，自然免疫系の細胞がアレルギーや癌の治療など，様々な医療にとって重要な役割を担っていることを示唆している．

## 炎症マーカー

### 1 はじめに

炎症は，有害刺激に対する生体の免疫防御反応により引き起こされる発赤，熱感，腫脹，疼痛を特徴とする症候である．免疫反応は，自己とは異なる異物を非自己として認識し速やかに生体から排除するだけで，通常生体によって有害になることはない．しかし，病原体の感染，外傷，生体内において発生した腫瘍や自己免疫反応など，様々な原因によって免疫反応が過剰になると炎症が引き起こされる．過剰な炎症や長期間に渡る炎症は生体に悪影響を及ぼすことから，炎症をできるだけ早期に捉えることは疾患に罹患したヒトや動物を治療する上で極めて重要になってくる．そのため，生体内の炎症を反映する炎症マーカーの臨床的有用性が検証され，人医療や獣医療において臨床検査項目として測定可能になっている．

### 2 炎症マーカーとは

炎症マーカーとは，炎症の有無やその程度を検出するためのバイオマーカーである．炎症以外の要因の影響を受けずに，炎症特異的に速やかに変動する液性または細胞性因子が炎症マーカーとして適している．従来，獣医療においては白血球数や白血球分画，血清タンパク分画が炎症マーカーとして利用され，人医療ではこれらに加え赤血球沈降速度[注1]も利用されてきた．抗体も特定の抗原に対する炎症を捉える液性因子という点では広義の炎症マーカーとして分類することができるが，炎症を早期に検出することができないこと，抗体価が必ずしも炎症の程度を反映しないことなどから，急性の炎症マーカーには利用されていない．人医療および獣医療においては，従来から測定されている白血球数，白血球分画，血清タンパク分画，赤血球沈降速度に加え，急性期タンパク質が炎症マーカーとして広く利用されている．

### 3 急性期タンパク質

生体内で炎症が発生した後，短期間で変動する血清中のタンパク質を急性期タンパク質と呼ぶ．急性期タンパク質には炎症に伴いその産生が増加するものと減少するものとがある（**表5-4**）が，炎症マーカーとしては産生が増加

---

**注1**

赤血球が試験管内を沈んでいく速度を測定する検査．1時間あたりに赤血球が沈んだ距離（mm/hr）で評価する．赤血球沈降速度が亢進する原因には，フィブリノーゲンや免疫グロブリンの増加，赤血球数やアルブミンの減少などがある．赤血球沈降速度が遅延する原因には，フィブリノーゲンや免疫グロブリンの減少，赤血球数の増加などがある．

**表5-4　獣医療における主な急性期タンパク質**

炎症に伴い血中濃度が上昇する急性期タンパク質
　C反応性タンパク質(CRP)
　血清アミロイドA(SAA)
　α1酸性糖タンパク質(AGP)
　ハプトグロビン(Hp)
　セルロプラスミン
　α1アンチトリプシン
　フィブリノーゲン

炎症に伴い血中濃度が減少する急性期タンパク質
　アルブミン
　トランスフェリン
　トランスサイレチン

**表5-5　動物種による有用な急性期タンパク質の違い**

| 動物種 | 炎症マーカーとしての有用性 | |
|---|---|---|
| | 非常に有用 | ある程度有用 |
| 犬 | CRP，SAA | AGP，Hp |
| 猫 | SAA | AGP，Hp |
| 馬 | SAA | Hp |
| 牛 | SAA，Hp | AGP |
| 豚 | CRP，SAA | Hp |

非常に有用：炎症によって血中濃度が10倍以上に上昇する．炎症が発生した後，血中濃度は24～48時間以内にピークに達し，炎症の原因が消失した後は急速に基準値に戻る．

ある程度有用：炎症によって血中濃度が2～10倍に上昇する．炎症が発生した後，血中濃度は2～3日以降にピークに達し，炎症の原因が消失した後は徐々に基準値に戻る．CRP：C反応性タンパク質，SAA：血清アミロイドA，AGP：α1酸性糖タンパク質，Hp：ハプトグロビン

する急性期タンパク質が臨床的に利用されている．急性期タンパク質の多くは，炎症に伴い分泌された炎症性サイトカイン(IL-1, IL-6, TNF-αなど)が肝臓に作用することで産生される(第I編，第4章サイトカインとケモカインの機能と役割，**図4-1**)．人医療においては多くの急性期タンパク質が炎症マーカーとして測定可能であるが，獣医療においては，測定系の問題や動物種による急性期タンパク質の特性の違いから，各動物種によって利用できる急性期タンパク質の種類が異なる(**表5-5**)．獣医療で測定される主な急性期タンパク質として次のものがある．

#### (a)　C反応性タンパク質(C-reactive protein；CRP)

体内で炎症反応や組織の破壊が起きているときに血中に現れる急性期タンパク質である．肺炎球菌のC多糖体と結合するためCRPという名前が付けられた．CRPは生体内において五量体として存在し，細菌と結合して補体を活性化する作用や，細菌のオプソニン化により食細胞による貪食を促進する作用などがある．CRPは正常な個体の血液中にはほんの微量しか含まれないが，体内で炎症が起こると犬では血中濃度が20～100倍程度に上昇する．犬のCRPはヒトのCRPよりも早期に血中濃度が上昇することが知られている．炎症の原因によっても異なるが，犬では炎症が発生した後4時間後にはCRPの血中濃度が有意に増加するのに対し，ヒトでは炎症が発生した後6時間後まで血中濃度が変動しない．犬のCRPの血中濃度は24～48時間後にピークに達し，炎症の原因が消失した後は時間の経過とともに1～2週間かけてその血中濃度が減少していく．そのため，CRPは犬の免疫介在性疾患，炎症性疾患，感染性疾患などにおける治療効果の判定や予後因子としても利用可能である．CRPは，犬や豚，ヒトにおいては炎症に応じて血中濃度が上昇するため炎症マーカーとして活用することができるが，その他の動物，特に猫においては炎症が発生しても血中濃度が変動しないため炎症マーカーとして利用することができない．

#### (b)　血清アミロイドA(serum amyloid A；SAA)

慢性炎症性疾患に続発するアミロイド―シスにおいて，組織に沈着するアミロイドAタンパクの血中前駆体として発見された．SAAは，生体においてマクロファージや好中球に対

する細胞走化性作用を有するとともに，リンパ球の増殖を抑制する作用も持つ．また，脂質代謝にも関与している．SAAは，ヒトだけでなく，幅広い動物種において炎症時に血中濃度が速やかに上昇する主要な急性期タンパク質である（**表5-5**）．ヒトや犬ではCRPが炎症マーカーとして臨床的に普及しているが，他の動物，特に猫ではCRPが炎症時に変動しないことから，炎症マーカーとしてSAAの臨床的有用性が明らかになっている．猫においては，SAAの血中濃度は手術後24～48時間でピークに達し，その後4日目には基準値に戻る．また，犬におけるCRPと同様に，SAAは各種疾患に罹患した猫の治療効果判定や予後因子としても活用することができる．

#### (c) α1酸性糖タンパク質（α1acid glycoprotein；AGP）

AGPは，アルブミンと同様，血清中に存在し薬物と結合する性質を有するタンパク質である．AGPは，好中球の貪食作用やリンパ球の増殖作用を抑制することで，抗炎症作用や免疫調節作用を有すると考えられている．AGPは，他の急性期タンパク質と同様，炎症性疾患，感染性疾患および腫瘍性疾患において血中濃度が上昇するが，犬では血中濃度がピークに達するまでの時間が長く，また血中濃度が基準値に戻るまでの時間も長い．実験的にパルボウイルスに感染させた犬では，感染後7日目に血中AGP濃度がピークになる．猫では，犬よりも早期に血中AGP濃度が上昇し，細菌の細胞壁構成成分であるリポ多糖（LPS）を投与した猫では，投与後48時間までに血中濃度がピークに達する．FIPを発症している猫においてAGPが高値になることが知られている．また，犬にフェノバルビタールを投与するとAGPの血中濃度が上昇する．

#### (d) ハプトグロビン（haptoglobin；Hp）

Hpは，炎症性サイトカインの作用により主に肝臓で産生されるヘモグロビン結合タンパク質である．溶血時にヘモグロビンが血中に遊離されると，Hpがヘモグロビンと迅速かつ強固に結合し，細網内皮系細胞の受容体を介して速やかに取り込まれて分解処理される．そのため，炎症時には血中濃度が上昇し，溶血時には減少する．犬においては，炎症の原因が発生した後，血中濃度がピークに達するまでの時間が長く，また血中濃度が基準値に戻るまでの時間も長い．犬では手術後3～4日目に血中Hp濃度がピークになる．猫では，犬よりも早期に血中Hp濃度が上昇し，LPSを投与した猫では投与後48時間までに血中濃度がピークに達する．犬においては，グルココルチコイドの投与により血中Hp濃度が上昇する．

### 4 ● 臨床における炎症マーカーの活用

炎症マーカーは，その特性から炎症の有無を判定するためのスクリーニングとして有用な検査である．しかしながら，どの炎症マーカーを測定しても，炎症の原因までは特定できない．また，どの炎症マーカーの血中濃度が早期に上昇するかは，炎症の原因や動物種により様々である．炎症マーカーの測定値は個体間で比較してもあまり意味がなく，個体内で測定値の変化をモニタリングすることで治療に対する反応性を客観的に評価し，一部の炎症マーカーは予後判定にも役立てることができる．

急性期タンパク質の多くは，凍結保存した血清または血漿サンプルでも測定可能である．また，骨髄抑制を起こし，炎症時に白血球数が増加しないような症例でも炎症マーカーとして利用することができる．しかしながら，炎症マーカーとして急性期タンパク質のみが有用なのではなく，従来から測定されてきた白血球数，白血球分画および血清タンパク分画などに加え急性期タンパク質を測定することで，より総合的かつ正確に炎症の状態や病勢を把握することができるようになる．

## 自然免疫の臨床応用

アジュバントとは，ラテン語の「増強する」などという意味を持つ「adjuvare」という言葉を語源とする言葉であり，抗原とともに投与したとき，その抗原に対する免疫原性を増強する目的で使用される製剤の呼称である．アジュバントにより抗原の投与の量を減らすことができたり，投与回数を減らすことができたりすることが可能である．

アジュバントの作用機序としては，免疫細胞への免疫抗原の取り込みを促進させることが主なものとされてきたが，アジュバントそのものが宿主の自然免疫システムに存在するパターン認識受容体により認識されることによって，その後の獲得免疫の効果を制御していることが明らかとなった．つまり，自然免疫受容体はアジュバント成分を特異的に認識し，その結果，樹状細胞を中心とした抗原提示細胞が活性化され，その遊走や成熟，抗原提示能や補助シグナル分子の発現を促進し，T細胞やB細胞の抗原特異的な活性化を増強する．このように，アジュバントによって自然免疫が刺激され最終的に獲得免疫が動く．

臨床的に最も多く用いられているアルミニウム塩（水酸化アルミニウムゲル）は，NALP3を活性化し，IL-1βやIL-18などの炎症性サイトカイン産生を誘導する．近年では，アルミニウム塩をアジュバントとして投与した部位の免疫細胞が死後放出した自己のDNAがアルミニウム塩の免疫賦活作用として重要な役割を果たすことが明らかとなっている．

アジュバントは有用であると同時に危険性も伴う．インフラマソームの活性化は炎症を惹起し，それが慢性化すると癌を誘発する．アスベストは，NALP3を活性化させるが，同時に，炎症も誘導し，肺癌や中皮腫を発症する発癌物質であることも知られている．より効果的なアジュバントの需要は高いにも関わらず，このような安全性の問題などのため，臨床応用可能な製剤は非常に限られている．

近年は，ヘルパーT細胞（Th細胞）が，Th1型やTh2型などに分化するのを決めているのは，抗原の種類だけではなく，TLRによる抗原認識も重要と考えられている．例えば，細菌の非メチル化DNA（シトシンとグアニンの繰り返し配列．CpGモチーフと呼ばれる）はTLR9に認識されることから，アレルギーを引き起こすブタクサ花粉抗原にCpGモチーフを結合させた減感作治療薬の臨床評価も行われている．これは，TLRの認識機構によって，Th細胞の分化の割合をTh1型へ増強するようにコントロールしようとするものである[12]．

TLRの新規リガンドが発見され作用機序とともに応用研究が行われている．TLR9はCpG以外にヘモゾイン（hemozoin）というマラリア原虫由来の物質を認識することが，マラリア原虫からの粗抽出物を用いたワクチンの研究において明らかとなった[13]．このヘモゾインのアジュバント作用がMyD88に依存的であることを，ノックアウトマウスを用いた実験で明らかとなっている[14,15]．

ヒトにおいては，TLRやその関連因子の遺伝子変異はよく研究されてきた．アフリカの小児において，TLR2，TLR4，TLR9の遺伝子多型解析では，TLR4の遺伝子多型（399番目のチロシンがイソロイシンに変異）を持つ子どもは，重度の貧血や呼吸器症状を伴う熱帯性マラリア感染病態を示すことがわかっている．このように，TLR4がマラリア感染に防御的に働いていることが示唆されている．また，TLR9の遺伝子多型は妊婦におけるマラリア感染症の臨床経過に非常に強い関連があることが示唆された[16]．

TLRをはじめとしたPRRの機能と病態との関

わりは，新たな自然免疫研究が始まってからようやく解明されてきたが，臨床応用を期待したい．

## 4 補 体

### はじめに

生体には以前生体に侵入した病原体を記憶する獲得免疫という強固で確実な免疫がある一方，体内に侵入した病原体に即座に反応する自然免疫がある．自然免疫には，細胞表面に存在する特殊な受容体によるものの他に，血清中の成分が作用する場合がある．その代表的なものが補体である．補体によって，生体は病原体を迅速に死滅させたり，あるいは抗体に結合しやすくさせたりするため，自然免疫の液性成分として補体は非常に重要である．

### 補体とは

補体は抗体による細菌のオプソニン化と殺菌を促進する易熱性の血漿タンパク質としてボルデ（Jules Bordet）により100年以上前に発見された．抗体の抗菌活性能を「補足する（complement）」ことから補体（complement）と名付けられた．補体は感染初期に抗体の非存在下でも活性化される．つまり，補体は獲得免疫がまだ機能する前の段階で，抗体が生体に存在しない状況であっても，自然免疫の一部として重要な役割をまず果たしている．

補体は肝臓で合成され，血中に放出される血漿タンパク質であり，補体の多くはタンパク質分解酵素である．平常時の補体は，不活性型の前駆酵素として血中や組織に存在している．体内に侵入した病原体により活性化されると，それ自身が炎症反応に関わるとともに，その炎症反応の下流に前駆体酵素として存在する他の補体を次々と活性化する．このようにして補体反応はカスケードとして進んでいき，活性化した補体は相互作用して病原体のオプソニン化と病原体に対抗するために炎症反応を誘導する．

補体には多くの種類があり，発見順に番号がつけられている．補体（complement）の頭文字をとり「C」に番号をつける形で標記され，C1-C9となっている．これらの補体が上流の補体により分解されることで二つのフラグメントが生じた場合，それらフラグメントは数字の次に小文字のaあるいはbを付して表される．この際，大きいフラグメントの方をb，小さいフラグメントの方をaと表す（例えば，C3転換酵素によりC3が分解され，大きいフラグメントC3bと小さいフラグメントC3aが生じる）．

### 補体活性化経路と感染防御機構

補体反応の要は，補体活性化経路でC3転換酵素と呼ばれるプロテアーゼを形成する反応である．C3転換酵素は病原体の表面において，どの補体活性化経路においても形成される．病原体の侵入時に最初に動く経路は第二経路であり，次いでレクチン経路，古典経路と反応が起こっていく．この三つの補体活性化経路において最終的に生成されたC3転換酵素の活性化は，三つの感染防御機構（①オプソニン化による貪食促進，②炎症伝達物質生成による炎症反応の誘導，③膜侵襲複合体形成による病原体の融解）によって病原体に対する防御作用を発揮する（**図5-28**，**表5-6**）．

#### 1 補体活性化経路

病原体が体内に侵入し，補体を活性化し，最終的にC3転換酵素を病原体表面で形成するまでには三つの補体活性化経路，すなわち古典経路，レクチン経路，第二経路が存在する．いずれの経路においても，初期反応は連続して起こ

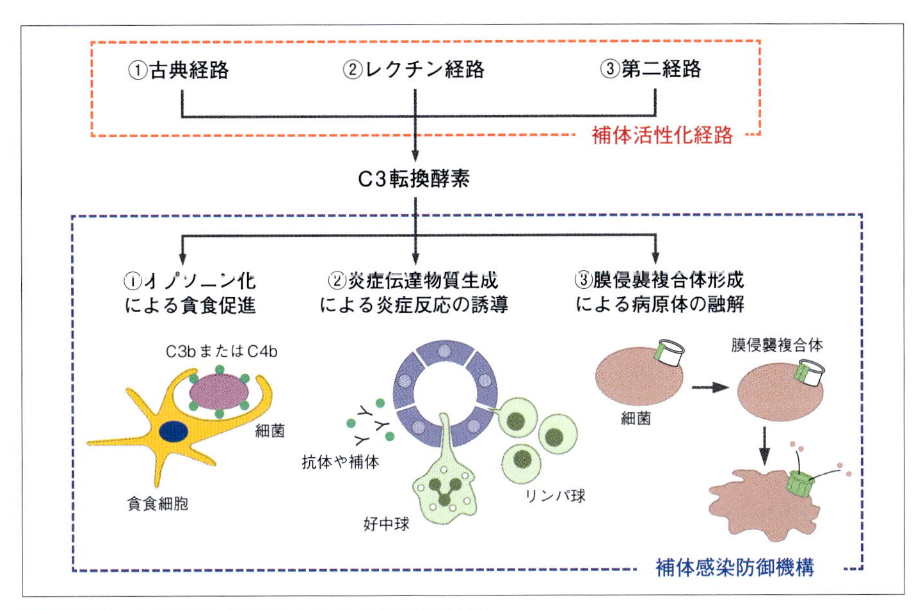


**図5-28** 補体活性化経路と補体感染防御機構

**表5-6** 補体の作用

| 作用 | | 関与補体 |
|---|---|---|
| オプソニン化 | 補体が病原体に結合することで，病原体が貪食細胞に取り込まれやすくなるよう変化させる． | C3b，C4b |
| 炎症反応の誘導 | 補体が血管透過性の亢進や炎症細胞の走化に関わる因子として働く． | C3a，C4a，C5a |
| 病原体の融解 | 補体で形成された膜侵襲複合体により病原体の細胞膜に穴を開け，融解させる． | C5b，C6，C7，C8，C9 |

るタンパク質分解反応であり，初期の分解反応で生成した大きいフラグメントが病原体の表面に共有結合によって結合し，次の補体の活性化を誘導していく．どの補体活性化経路においても，この初期反応によってC3転換酵素が形成される(**図5-28，表5-6**)．

### (a) 古典経路

古典経路は，病原体によって直接的に，または病原体表面に結合した抗体によって間接的に補体が活性化される経路である．古典経路を開始する補体はC1であり，C1は抗原抗体複合体に結合する．よって，C1は病原体表面の抗体(特に感染初期に産生される最初の抗体であるIgM)に結合して活性化する．そして，C4次いでC2を分解する．分解によってできたC4bとC2aが複合体であるC4b2aを形成し，これが古典経路におけるC3転換酵素として病原体表面に結合する．

### (b) レクチン経路

レクチン経路は，マンノース結合レクチン(mannose-binding lectin；MBL)またはフィコリン(ficolin)が病原体の表面に結合することで開始される．MBLまたはフィコリンも古典経路と同様に抗体の存在下で補体活性を開始し，C4bとC2aの複合体C3転換酵素を形成する．

(c) 第二経路

第二経路は抗体の非存在下で多くの病原体の表面で起こる．C3は病原体の侵入がなくとも，自然に活性化されており，この血漿中のC3から作られたC3bが直接病原体に結合することで第二経路は開始する．最終的にC3転換酵素を形成する．このように，古典経路・レクチン経路とは異なり，第二経路はその反応開始に病原体に結合するタンパク質を必要としない．

### 2 ● 補体による感染防御

補体活性化経路により形成されたC3転換酵素によりC3は分解され，C3bとC3aが生成される．C3転換酵素は1分子で100分子ものC3を分解するため，C3転換酵素が生じると大量のC3bとC3aが生成される．このC3bとC3aが契機となり，①オプソニン化による貪食促進，②炎症伝達物質生成による炎症反応の誘導，③膜侵襲複合体形成による病原体そのものの融解が起こる．この一連の作用により補体は病原体を排除する（**図5-28，表5-6**）．

(a) オプソニン化による貪食促進

C3転換酵素の分解によりC3から産生されたC3bが病原体と結合しオプソニン化[注2]が起こる．貪食細胞上には補体レセプターがあり，これによって病原体に結合したC3bが貪食細胞に認識されることで，貪食しやすくなる．

(b) 炎症伝達物質生成による炎症反応の誘導

C3転換酵素の分解で産生されたC3aと，C5転換酵素がC5を分解することで産生されたC5aは，ともに炎症反応の誘導を起こす．小さいフラグメントであるC3aとC5aは平滑筋の収縮を誘導するとともに，肥満細胞に作用して脱顆粒によるヒスタミンなどの分泌を促し血管透過性を促進する．また，C5aは好中球や単球に対する走化性因子としても機能する．

(c) 膜侵襲複合体形成による病原体の融解

C5転換酵素によりC5からC5bが産生される．これによって病原体細胞膜に様々な補体が結合して生じた複合体が形成され，膜に挿入される．この膜侵襲複合体の形成により，病原体の細胞膜に直接約100Å（1Å=0.1nm）の穴が開き，この穴により病原体の外膜は破壊され，やがて病原体は融解する．

## 補体系の制御および補体と関わる疾患

補体反応では，補体活性化経路によって生じた様々な補体が協調して病原体の排除を行っている．補体が病原体のみを破壊し，自己を決して破壊しないように，補体制御タンパク質が血漿中や自己細胞膜に発現している．

例えば，血漿に存在する補体制御タンパクI因子は，C3bが宿主細胞に結合した場合のみC3bを不活性型へと分解する．また，宿主細胞膜に存在する補体制御タンパクCR1はC3bに結合しI因子の補助因子として働く．病原体の細胞壁は補体防御タンパク質を欠くためC3bの分解を促進することができない．つまり，補体制御タンパク質の働きは宿主細胞特異的であるため，自己の認識を可能にしている．

遺伝性血管神経性浮腫（hereditary angioneurotic edema），溶血性尿毒症症候群（hemolytic uremic syndrome），発作性夜間血色素尿症（paroxysmal nocturnal hemoglobinuria）な

---

**注2 オプソニン化**

貪食作用を促進させる作用のことである．

どの疾患では，この補体制御タンパク質の欠損により補体の活性化が起こる．特に遺伝性血管神経性浮腫は，血漿中補体制御タンパク質の欠損により過剰な補体が産生され，局所に浮腫を起こす．この疾患では補体制御タンパク質を患者に補うことで完治することができる．

補体に関連する代表的なウイルスとしてEpstein-Barr Virus（EBウイルス）が存在する．世界的に感染が認められ，日本人のほとんどは乳児期にEBウイルスに不顕性感染しているが，発症しても発熱，のどの痛みなどが出るだけである．しかし，ヒトの免疫学研究においてEBウイルスは重要なウイルスである．EBウイルスは補体レセプターCR2を使って選択的にB細胞に感染する．ヒトのB細胞に感染するとB細胞を増殖するようになるため，B細胞を使った実験にEBウイルスは利用される．また，抗EBウイルス抗体を使用すればCR2を介したB細胞への感染を阻止することができる．

### 補体の検査方法

ヒトにおいては補体系異常の関与する疾患や先天性補体成分異常症の検査として，活性化を受けずに残ったC1-C9の総合的な活性を表す指標血清補体価（CH50）がある．この検査は，羊の赤血球と患者血清と混ぜ，50%溶血させるのに必要な補体量をCH50として求めるが，現在はこの変法が用いられ，自動分析器や検査キットで測定することができる．CH50値が上昇する疾患には，膠原病，慢性感染症，糖尿病，悪性腫瘍，関節リウマチなどの自己免疫性疾患がある．CH50の低値を示す疾患には，全身性エリテマトーデス，慢性肝炎，肝硬変，エンドトキシン・ショック，自己免疫性溶血性貧血，播種性血管内凝固症候群（DIC）などがある．補体成分の欠損症を除いて，各種疾患に対する確定的な検査ではないため，診断獣医学においてもその測定は研究上実施されているものの，実際の臨床現場では応用されていない．

### 補体を利用したワクチン

ワクチン接種により液性免疫を成立させるためには，体内に侵入したワクチン中の病原体が抗原提示能を持つ貪食細胞（抗原提示細胞）に取り込まれる過程が必須である．病原体を効率的に抗原提示細胞に貪食させるため，一部のワクチンでは補体の利用が期待されている．

例えば，肺炎連鎖球菌*Streptococcus pneumoniae*は莢膜を保有するが，莢膜を持つ細菌は貪食細胞に取り込まれにくい（免疫原性が低い）という特徴がある．しかし，*S. pneumoniae*の莢膜に補体を結合させマウスに接種すると免疫原性が高まるだけでなく，クラススイッチを誘導することも知られているため，ワクチンへの応用が期待されている．

## 5 過敏反応

### はじめに

免疫が正常であってもそれが過剰になると疾患が起こる．1963年にクームス（Robin A. Coombs）とゲル（Philip Gell）はその疾患を発生機序によって四つの型に分類した（クームスの過敏症分類）．当時，IgEはまだ発見されておらず，レアギンという物質がⅠ型過敏症に関わっているとして分類が作られた．レアギンがIgEであることが1966年に証明されたことで，この分類における発生機序は明確になった．現在でも，細胞がその病態に関与するⅣ型過敏症については，細胞の機能や種類が詳細に解明されるにつれ，さらに細かく分類されていく傾向がある．

## Ⅰ型過敏症

Ⅰ型過敏症反応とは，IgEと肥満細胞によって起こる反応であり，反応の最終的段階で肥満細胞の脱顆粒を起こす．肥満細胞の顆粒内にはヒスタミンが含まれており，それが放出されて炎症や痒みを起こす．このⅠ型過敏症におけるIgE介在性の反応は原因アレルゲンが体内に侵入してから比較的すぐに開始されるため，即時型反応とも呼ばれており，後述する，リンパ球湿潤によるⅣ型過敏症の遅延型反応とは区別される．

### 1 ● IgEの構造

Ⅰ型過敏症で重要な役割を担うIgEは，IgGなどのその他の抗体クラスと同様に定常領域と可変領域からなるY字型のタンパク質である．その分子量は動物種が異なってもおよそ200 kDaである．抗体のY字型タンパク質は二つの重鎖と二つの軽鎖によって構成され，重鎖と軽鎖の可変領域を合わせて左右対称の同一な抗原結合部位を構成する（**図5-29**）．また，抗体の構成要素である重鎖と軽鎖はジスルフィド結合によって結合している．IgEの定常領域の遺伝子はIgMやIgGの後方に位置するため，IgEの可変領域の構造は同じアレルゲン分子を認識するIgMやIgGとほぼ同じであるが，親和性成熟を経ているためアレルゲンに対する結合力（親和性）はIgMやIgGよりも強い．一方，定常領域は重鎖のみで構成されるY字型の胴体部分に相当し，抗体ごとにその構造が異なり特徴的である．IgEの定常領域はCε1，Cε2，Cε3，Cε4の四つの部分から構成され，特にCε3はIgEに特徴的で，この部位で肥満細胞上のIgE受容体（Fcε受容体）に結合する．IgMやIgGなどの他の抗体はCε3と同じ構造部位を持たないため，IgE受容体に結合することができない．

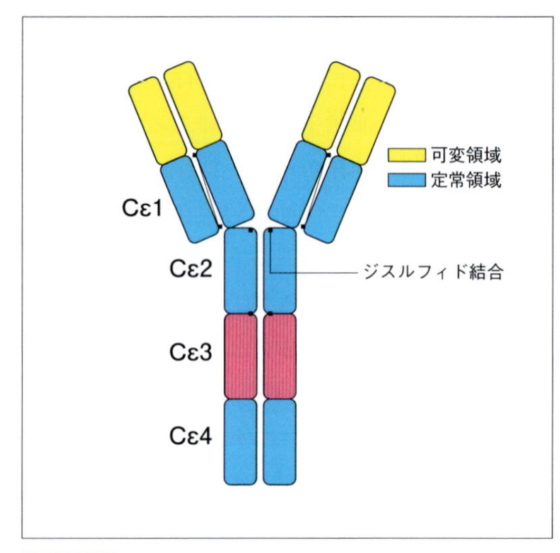


**図5-29** **IgEの構造**．定常領域はCε1，Cε2，Cε3，Cε4から構成されており，Cε3（桃色部分）は他の抗体にはなく，IgEにのみ存在し，この部位で肥満細胞上のIgE受容体に結合する．

IgEの定常領域のアミノ酸配列は動物種間で異なり，その相同性は動物種にもよるがアミノ酸配列において40〜60％程度とそれほど高くはない．そのため，IgEを検出したい場合，他の動物のIgEを認識する抗IgE抗体が別の動物のIgEを検出できる可能性は低い．より精度の高いIgE検出系を求める場合，特別な場合を除いて基本的にはその動物種ごとに抗IgE抗体を作製する必要がある．

一方で，動物間でIgEの構造が類似している部分は，Cε3領域の中のIgE受容体結合部分である．動物種間におけるこの部分のアミノ酸配列の相同性は比較的高く，この部位を認識するIgE測定系であれば動物種間で応用することができる．抗犬IgE抗体を使わずヒトのIgE受容体の組換えタンパク質を用いて犬のIgEを測定できるのはそのためである．

### 2 ● 高親和性IgE受容体（FcεRⅠ）と肥満細胞の脱顆粒

Ⅰ型過敏症の反応は，IgEと組織内の肥満細胞が結合することでその準備が整う．肥満細胞表面にはIgEが結合するIgE受容体が発現しており，IgEとの結合力によって高親和性受容体(FcεRⅠ)と低親和性受容体(FcεRⅡ)に分類される．肥満細胞に特有の受容体は高親和性受容体であるため，Ⅰ型過敏症で重要なIgEと肥満細胞の結合は，高親和性受容体によるものと考えて良い．

FcεRⅠは，α鎖およびβ鎖，さらにジスルフィド結合によってホモダイマーを形成したγ鎖の3種類の分子が非共有結合で緩く会合する四量体として構成されている(**図5-30**)．β鎖とγ鎖それぞれのC末端にはimmunoreceptor tyrosine-based activation motif(ITAM)と呼ばれるコンセンサス配列(共通配列)がある．この細胞内配列の中にはチロシン残基があり，それがリン酸化されるとシグナルが下流に伝達される仕組みとなっている．γ鎖のITAMにはSykと呼ばれるチロシンキナーゼが結合して活性化が起こり，下流のシグナル伝達物質やアダプター分子がさらにチロシンリン酸化されて活性化する(**図5-30**)．最終的には肥満細胞内でヒスタミンなどの炎症性メディエーターの合成やその遊離が起こる．このようなαβγ2の基本構造をとるFcεRⅠは，肥満細胞および好塩基球などに見られる(ヒトの場合，β鎖が見られないαγ2型のFcεRⅠが見られる細胞がある)．FcεRⅠは，細胞外に出ているα鎖によってIgEの定常領域の中のCε3領域と結合する．

肥満細胞が脱顆粒するためには，FcεRⅠに結合したIgEが2分子以上必要である．この2分子のIgEが同時に1分子のアレルゲンをとらえた際にFcεRⅠを介した肥満細胞脱顆粒シグナルが細胞内に入る．このように2分子のIgEが1分子のアレルゲンによってつながることを「IgEの架橋」という．肥満細胞表面で1分子のアレルゲンタンパク質によるIgE架橋が起こらなければ，肥満細胞の脱顆粒は起こらない．そ

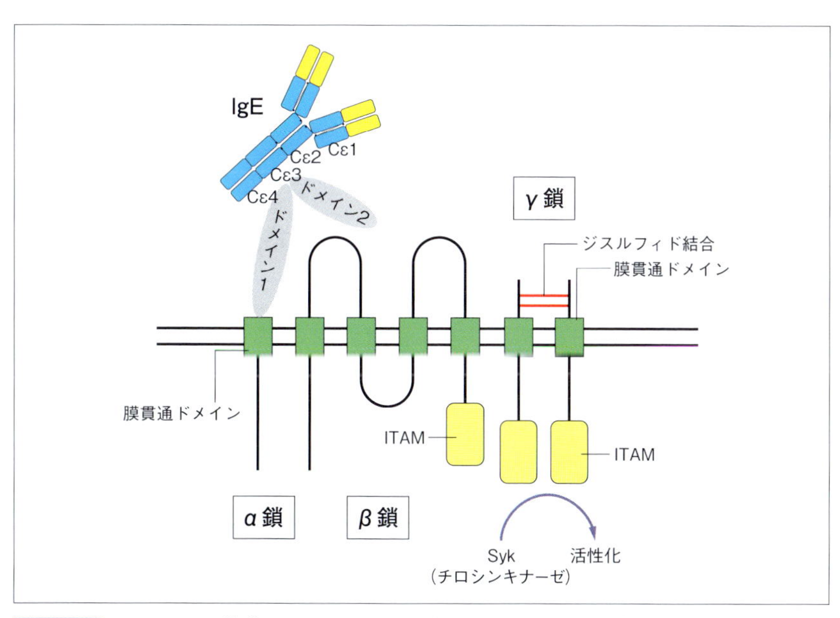


**図5-30　FcεRⅠの構造**．FcεRⅠは，α鎖，β鎖，γ鎖の3種類から構成された四量体である．β鎖とγ鎖にはITAMという共通配列を持ち，これがシグナルを伝達する役割を担っている．IgEとは定常領域のCε3領域と結合する．この構造は肥満細胞や好塩基球などに見られる．

のため，1分子のIgEだけがアレルゲンを捕えただけでは脱顆粒のシグナルは入らない．したがって，一つのアレルゲンタンパク質に結合するIgEのクローン数は体内に2種類以上なければならない．時に実験において経験することだが，たった1種類のIgEクローンが産生されただけでは(モノクローナル抗体の場合)，たとえ血中のIgE値が高値であっても肥満細胞は脱顆粒することがなく，アレルギーの症状も起きない．臨床症例では通常，血中のIgEはポリクローナル抗体であるためこのようなケースは稀であるが，血中IgE値が高値でアレルギー症状が出ていない際には，このような現象が起こっているかもしれない．

一方，IgG受容体であるFcγRⅡbは，肥満細胞の活性化を抑制することができる細胞表面受容体であり，FcεRⅠの脱顆粒シグナルに拮抗する．IgEを架橋する同じアレルゲンタンパク質を認識するIgGが存在する場合，2分子のIgEと1分子のIgGが同時に1分子のアレルゲンタンパク質をとらえることで，IgGが結合したFcγRⅡbの抑制シグナルによって，IgE架橋によるFcεRⅠからの脱顆粒シグナルは抑制される．このような仕組みはアレルギーの減感作療法の研究開発に活用される．

低親和性受容体は，肥満細胞の他にB細胞やNK細胞，マクロファージ，樹状細胞，好酸球，血小板上にも存在するセレクチンである．IgEに結合することに加えて，FcεRⅡはさらに補体レセプターであるCR2にも結合するため，B細胞に発現しているFcεRⅡは他のB細胞やT細胞，樹状細胞上のCR2に結合できる．B細胞を樹状細胞に結合させることによって，FcεRⅡはB細胞を延命させ，IgE産生を促進することがわかっているが，FcεRⅡの存在意義の詳細についてはまだ十分には解明されていない．

### 3 ● Ⅰ型過敏症即時相とⅠ型過敏症遅発相

Ⅰ型過敏症反応は炎症が起こる時間によって

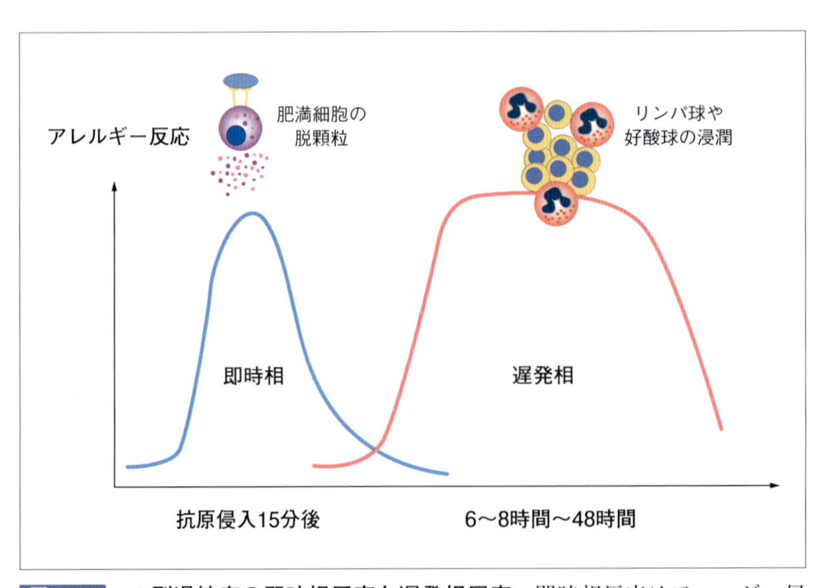


図5-31 Ⅰ型過敏症の即時相反応と遅発相反応．即時相反応はアレルゲン侵入後に15分程度で肥満細胞の脱顆粒により起こる．即時相反応はおおよそ1時間程度で治まるが，次に即時相反応が起こった部位に6〜8時間以上かけてリンパ球や好酸球が浸潤することで遅発相反応が起こる．

二つの相に分類される（図5-31）．最初に起こる反応相を即時相と呼び，続いて起こる反応を遅発相と呼ぶ．即時相の反応はアレルゲン侵入から10～15分程度で起こり，1時間程度続いた後に治まってくる．即時相反応を起こす主な化学物質はヒスタミンである．肥満細胞の脱顆粒によって放出された顆粒内のヒスタミンが血管内皮細胞上のヒスタミン受容体に結合し，血管浮腫を起こして炎症を惹起する．ヒスタミンの特性として，分子量が111と非常に小さく，熱などにも安定であり，失活することがない．

即時相の検査方法は皮内反応であり，研究上ではアナフィラキシーショックの証拠として血中のヒスタミン濃度の上昇をとらえる方法がある．実験ではマウスの直腸温の低下を測定することで，即時相反応によるアナフィラキシーショックが起こったことを確認できる．

即時相が起こった部位にはその後，リンパ球や好酸球が浸潤するが，それはアレルゲンが体内に侵入した後，5，6時間以降から48時間後以内に起こる．この反応を遅発相と呼ぶ．これら浸潤した細胞から各種の化学物質，主にロイコトリエン，その他にプロスタグランジン，ケモカイン，サイトカインなどが産生され，さらに激しい炎症を起こすことができる．遅発相は数時間から数十時間持続する．

### 4 ● IgEの血中半減期とIgE抗体の記憶

IgEの血中の半減期は非常に短く，マウスでは1日，ヒトで2.5日といわれている．血中のIgEは骨髄のIgE産生形質細胞から産生されているが，形質細胞のIgE産生速度は大きく変化しないため，新しいIgE産生形質細胞が骨髄に追加されなければ，その後一定期間はIgE濃度は維持される．このIgE産生形質細胞はその寿命がつきるまで一定のペースでIgEを産生すると考えられており，IgE産生形質細胞が骨髄からなくならないかぎり，IgEは常に血中に存在することになる．犬においては，アレルゲンのアレルゲン性（免疫刺激の強さ）にもよるが，アレルゲン暴露がなくなってから3カ月以内には血中IgE値は低下し始めると考えられる．このことから犬では，骨髄のIgE産生形質細胞の寿命も3カ月以内であろうと推測することができる．

骨髄の形質細胞は薬剤に対する受容体を持っていないため，副腎皮質ステロイドホルモンやシクロスポリンのような免疫抑制作用を持つ薬剤を投与中であってもそのIgE産生スピードは変わらない．このため，IgE測定時にこれら薬剤を休薬するは必要はない．

IgEの血中半減期は短いが，末梢ではIgEは肥満細胞に結合すると1カ月以上も肥満細胞に結合したままで存在することができる．この現象は獣医臨床では減感作療法が奏功した症例で経験することができる．そのような症例では血中IgEが測定されなくなっても，その後，数カ月から1年ほどの間は皮内反応が陽性のまま維持される．さらにIgEが肥満細胞上のIgE受容体に結合すると，そのIgE受容体から微弱な刺激が肥満細胞内に入り続けるため，肥満細胞自体も長く生きることができる．試験管の中では数日の寿命の肥満細胞がIgEを結合させると1週間以上も延びるとされているが，生体内でのその長さはわかっていない．推測にはなるが，数カ月以上は長くなるだろうと考えらえており，アレルギー患者における治療では血中のIgEをとにかく上昇させてはならないといえる．

### 5 ● IgEの季節的変動

犬ではアレルゲン特異的IgEを定量測定できるようになり，血中IgE値は季節的に変動することがわかってきた．血中IgE値はアレルゲンの季節が終了して3カ月後くらいからが低下し始めることから，IgE産生形質細胞はおおよそ3カ月程度で寿命がつきると考えられている．

そのため，例えばダニやカビなど夏にアレルゲン暴露を受けるものについては，これらアレルゲンに対するIgE値は夏に上昇し，冬には低下するなど季節的変動が見られる．このとき夏季にIgE値が十分に上昇している場合には，冬にIgE測定してもそのIgEを検出することができるが，十分に上昇していなかった場合には冬に検査してもこれらダニやカビのIgEは検出できないか，アレルギー発症の可能性が低い範囲に低下していることがある．よって，ダニやカビのIgEによるアレルギーを検出したい場合にはアレルゲン暴露の多い夏季にIgE検査を実施するのが良い．一方，夏にダニやカビのIgEがかなり高くなった場合はダニやカビのIgEが冬にも下がりきらず比較的高い値のままで検出される場合もある．そのようなときには夏にこれらのIgE値がかなりの高値になったか，あるいは冬でもダニやカビの繁殖に適した環境があるのではないかと考えることができる．

また，花粉のIgEも花粉の飛散時期に上昇する．例えば，スギ花粉の場合には2月から花粉の飛散が開始するため，2月後半からスギ花粉IgEが上昇し始める．3月，4月にスギ花粉IgEがピークを迎え，5月前半のスギ花粉飛散終了をもって徐々に低下してくる．ダニやカビのIgEの場合と同じように，花粉飛散の季節を随分と過ぎているにも関わらず花粉IgEが高い場合には，花粉飛散時期のスギ花粉IgE値は相当高値を示していたと考えることができる．おおよそ，IgE値はアレルゲン飛散時期と飛散していない時期では2～3倍の差があると考えられる．

### 6 ● Ⅰ型過敏症の代表的な臨床例

(a) アナフィラキシーショック

Ⅰ型過敏症の代表的反応として知られている疾患に全身性アナフィラキシーショックがある．症状として，低血圧，気管支痙攣，咽喉頭の浮腫，心不整脈，嘔吐，下痢，虚脱などが複合して発症し，犬の場合の標的臓器は肝臓，猫では呼吸器であることが知られている．また，アレルゲンの進入経路もアナフィラキシーの重症度に影響し，甚急性かつ全身性ショックは注射や吸入，接触などの非経口で起きやすくなる．

(b) 犬アトピー性皮膚炎

肥満細胞表面のIgEがスギやハウスダストマイトなどの環境アレルゲンに反応し，肥満細胞に含まれるヒスタミン，プロテアーゼ，サイトカインなどを放出することで皮膚に炎症反応を引き起こす．腋窩などのアレルゲンが蓄積しやすい部位の皮膚にはこれら肥満細胞が多数反応するため，これにより皮膚炎を発症する．

## Ⅱ型過敏症：自己抗体による自己免疫性疾患

Ⅱ型過敏症は細胞表面の分子(細胞表面抗原)に対して抗体(自己抗体)が産生され，それが自己抗原に作用して起こる炎症反応である．自己抗体の抗体クラスはIgGとIgMである．Ⅱ型過敏症反応の検査や診断には，これら自己抗体の検出が必要である．自己免疫性溶血性貧血における赤血球凝集やクームス試験が，天疱瘡ではバイオプシー皮膚サンプルを用いて細胞に結合したIgG抗体を検出するための免疫染色がある．

### 1 ● 機 序

Ⅱ型過敏症は細胞表面抗原に対する自己抗体が補体や種々のエフェクター細胞を活性化し，標的となる細胞や組織を傷害することにより反応が起こる．この場合のエフェクター細胞にはマクロファージ，好中球，好酸球，NK細胞などがある．エフェクター細胞はその細胞表面にIgG受容体を持っており，このIgG受容体を介して抗体と結合した標的組織や標的細胞を認識し，これらを攻撃する．また，自己抗体による補体C3の活性化は直接，補体系による標的細胞の溶解を引き起こす．このように，自己抗体が結合した細胞は，マクロファージやNK細胞，あるいは補体によって処理される(**図5-32**)．

自己抗体が結合する分子によって，Ⅱ型過敏症の病態には三つの反応パターンがある．一つ目は，細胞に結合した自己抗体が目印となり，Fc受容体を持つマクロファージやNK細胞などの免疫細胞や補体がその細胞を攻撃し，細胞傷害を起こす場合である．代表例として自己免疫性溶血性貧血や天疱瘡がある．それぞれ，赤血球が攻撃を受けて破壊されて貧血を生じたり，上皮細胞間のタンパク質に自己抗体が結合することで皮膚に水疱が生じて皮膚が剥離する．

二つ目は，自己抗体が細胞表面上の何らかの受容体に結合することで，その受容体からのシグナルが細胞に入り，作用増強を及ぼす機序である．受容体の作用増強の例として，IgG受容体に対する自己抗体が存在すると，自己抗体が結合したIgG受容体から細胞(マクロファージなど)に常に活性化シグナルが入る現象が起こる．その結果，マクロファージの活性化が原因となる炎症が起こるが，その症状として慢性蕁

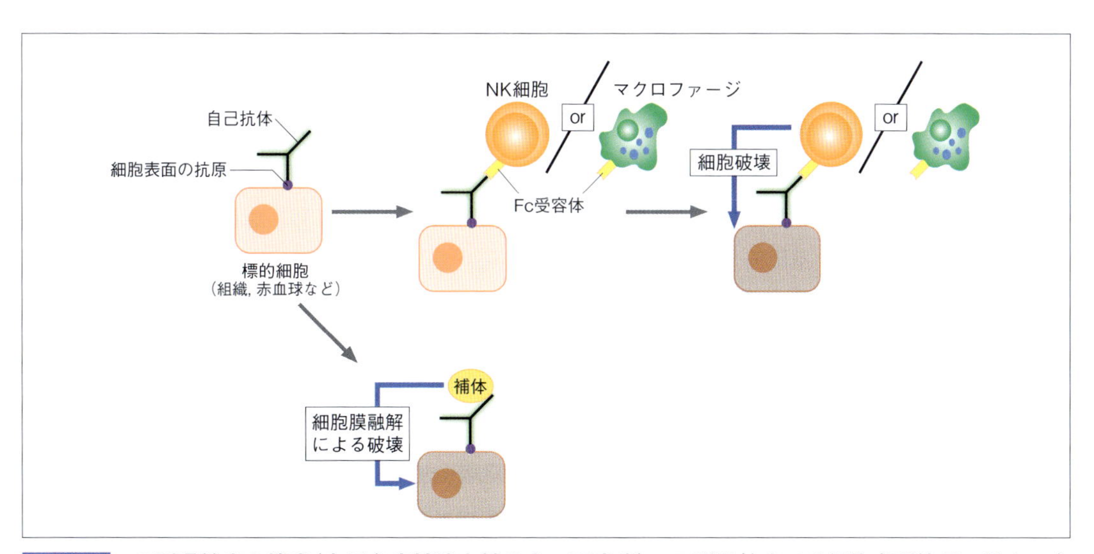


**図5-32　Ⅱ型過敏症の機序(自己免疫性溶血性貧血，天疱瘡)**．Ⅱ型過敏症では細胞表面抗原に対する自己抗体が結合し，Fc受容体を持つNK細胞やマクロファージなどに認識されることで，細胞破壊に至る．また，補体が関わる場合，細胞膜を融解することで細胞を破壊する．

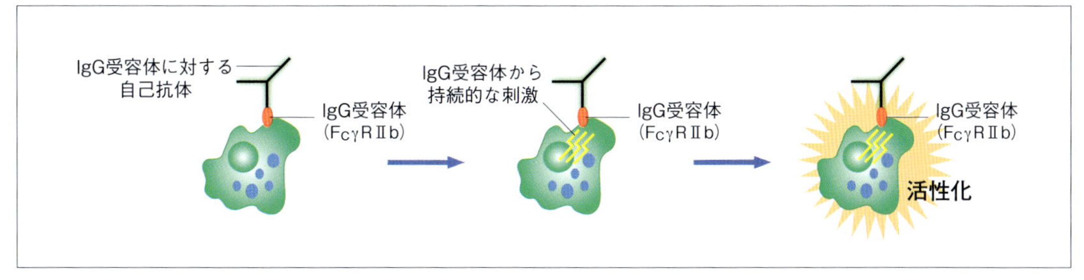


**図5-33　Ⅱ型過敏症の機序(慢性蕁麻疹)**．IgG受容体に対する自己抗体がIgG受容体に結合することで，マクロファージなどの細胞を活性化するシグナルが入る．これにより，マクロファージによる活性化が起こり，炎症が増強される．

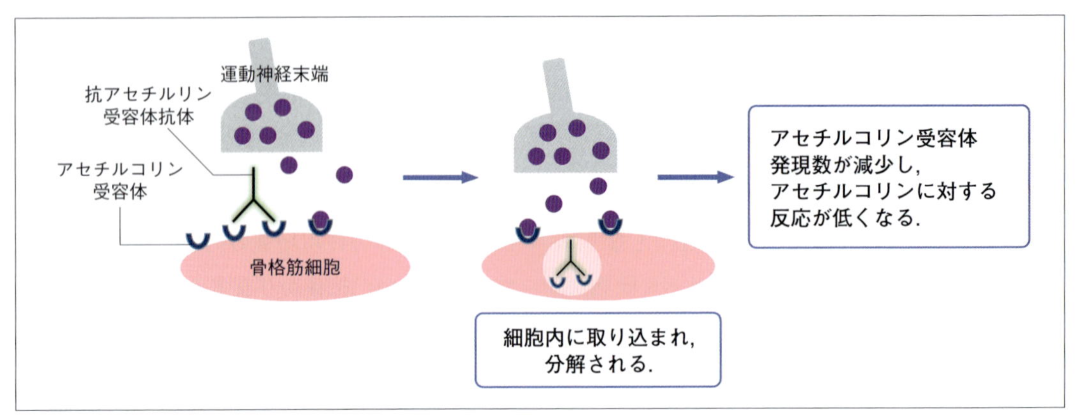


**図5-34** **Ⅱ型過敏症の機序（重症筋無力症）．** 骨格筋細上のアセチルコリン受容体に自己抗体が結合することで，神経伝達を行うアセチルコリンの結合が阻害され，筋刺激が起こらなくなる．さらに，自己抗体が結合した受容体は細胞内に取り込まれるため，筋表面の受容体数が減少する．

麻疹が挙げられる（**図5-33**）．

三つ目は，受容体とそのリガンド（特定の受容体と結合する物質）との結合をブロックすることでその受容体が作用しなくなる場合である．この疾患例として，重症筋無力症がある．この現象は，自己抗体によってアセチルコリンとアセチルコリン受容体の結合が阻害されることで神経伝達が遮断されることで起こる（**図5-34**）．これら疾患の他に，Ⅱ型過敏症が関与するものとして，犬の血小板減少性紫斑病，上皮小体や副腎皮質の機能低下症などがある[1]．

### 2 ● Ⅱ型過敏症の代表的な臨床例

#### (a) 免疫介在性溶血性貧血（IMHA）

赤血球に対する自己抗体によって溶血が生じ，最終的に貧血を起こす疾患は，自己免疫性溶血性貧血とされるが，獣医学領域では免疫介在性貧血と呼ばれることが多い．この疾患は原発性と二次性に分けられる．二次性は感染，腫瘍，薬物投与が発端となって引き起こされるもので，赤血球上の自己抗原に対する抗体が生じて，赤血球破壊を起こす．

犬の免疫介在性貧血の自己抗原として知られているものに，赤血球膜状に存在するグリコホリン，赤血球膜輸送タンパク質であるバンド3や細胞骨格タンパク質であるスペクトリンがある．溶血の機序は，自己抗体がIgGかIgMかによって異なる．赤血球に抗赤血球自己抗体（IgG自己抗体）が結合すると，IgG受容体を持つマクロファージに取り込まれて処理される．他方，IgM自己抗体の結合した赤血球は補体C3と結合し，受容体であるCR1やCR3を持つマクロファージにより処理される．これらにより，犬の免疫介在性貧血では全身性の炎症反応と急激な溶血が同時に起こる．その結果，貧血による粘膜蒼白や元気消失，食欲不振，血管内溶血時にはヘモグロビン尿が見られ，血管外溶血に特異的な症状としては黄疸や脾腫，肝腫大が認められる．IgMは五量体を形成するため，明確な赤血球凝集を形成しやすく，採血した新鮮血で凝集が見られる場合はIgM自己抗体によることが多い．また，冷式クームス試験によってその反応はより顕著に確認することができる．

#### (b) 天疱瘡

この疾患は，表皮または粘膜上皮の細胞接合部（デスモソーム）に存在して上皮細胞同士を接着するカドヘリンの一種であるデスモグレインというタンパク質に対するIgG抗体が原因である．この自己抗体により角化細胞間の接着障害が生じ，皮膚や粘膜に水疱，膿疱および糜爛が起こる．臨床症状によって落葉状天疱瘡と尋常性天疱瘡に分類される．落葉状天疱瘡は犬や猫で最も頻繁に認められ，主に眼瞼，鼻梁，耳介，肉球に病変が認められる．デスモグレイン-1(Dsg-1)に対する自己抗体が産生されることが原因となる．尋常性天疱瘡は皮膚，粘膜および皮膚-粘膜境界部に水疱や糜爛を認める[2,3]．

(c) 重症筋無力症

神経筋接合部の運動神経末端から放出されたアセチルコリンは骨格筋細胞のアセチルコリン受容体に結合することで，筋収縮を起こす．重症筋無力症では，アセチルコリン受容体への結合が自己抗体によって阻害される．神経筋伝達を行うアセチルコリン受容体のαサブユニットに対する自己抗体(IgG)は，アセチルコリン受容体に結合するものの受容体を刺激しないため，自己抗体が結合したアセチルコリン受容体は細胞内に取り込まれて分解されてしまう．これにより，筋のアセチルコリン受容体の発現数が減るため(**図5-34**)，やがて骨格筋細胞は運動神経から放出されたアセチルコリンに対する反応が低くなり，進行性の筋脱力をもたらす[4]．

## Ⅲ型過敏症

Ⅲ型過敏症は血中で生じた抗原抗体複合物(免疫複合体)が組織に沈着することで起こる炎症反応である．その疾患例として，膜性糸球体腎炎や血管炎がある．血中の免疫複合体が増加しても本来これらは食細胞や補体による機構によって除去されるはずであるが，それが追いつかない場合，免疫複合体が飽和状態になり組織に沈着が始まる．この反応は抗体が結合する抗原が常に血中に存在するときに起こるものであり，犬糸状虫などの寄生虫疾患に付随して起こる膜性糸球体腎炎がよく知られている．またこの他，Ⅲ型過敏症が関与している疾患として，高ガンマグロブリン血症を起こす猫伝染性腹膜炎などの感染症や犬のアデノウイルス感染症時に見られるブルーアイがある．

### 1 機　序

Ⅲ型過敏症の炎症過程は，免疫複合体が補体系と反応することから始まる．補体系との反応により補体C3aやC5aが産生され，これが補体レセプターを持つ肥満細胞や好塩基球を刺激する．次に，これら細胞から走化性因子やヒスタミンやセロトニンなどの血管作用性アミンが放出される．また，免疫複合体はFc受容体を有する血小板や好塩基球と反応するため，これら細胞からヒスタミンなどの炎症性メディエーターも放出される．血小板，好塩基球や肥満細胞により放出された血管作用性アミンは，血管内皮細胞の収縮を起こすことで血管透過性を高める．血管透過性が亢進すると，血液成分が血管外へ漏出する力が加わるため，血管壁への免疫複合体の沈着が促進する．血管壁に沈着した免疫複合体がさらにC3a，C5aを産生するため，血管収縮が助長される．また血小板は，血管基底膜の表面に出ているコラーゲン上に凝集し，沈着した免疫複合体の抗体Fc部分と反応して微小血栓を作るようになる．凝集した血小板は，血管作用性アミンを放出し，さらにC3a，C5aの産生を刺激する(**図5-35**)[5]．

### 2 Ⅲ型過敏症の代表的な臨床例

(a) アルサス反応(アルツス反応)

局所に生じるⅢ型過敏反応のことで，ある抗原に対する感作を受けた動物がすでにその抗原に対するIgGを持っている場合，同じ抗原が局所に投与されると数時間以内に皮膚に急性炎症が生じる．皮膚に抗原を投与すると，組織に散

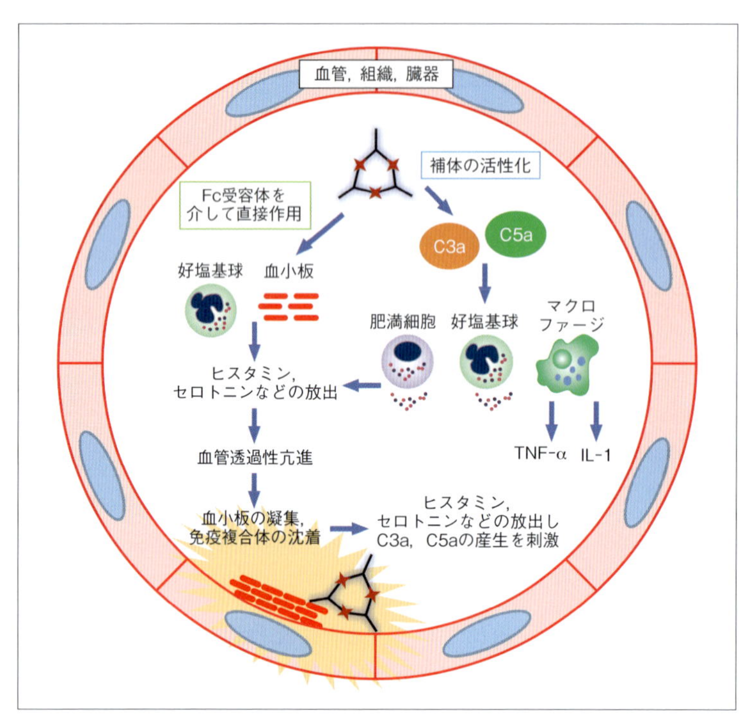


**図5-35** **Ⅲ型過敏症．** Ⅲ型過敏症は免疫複合体が組織や臓器に沈着することで発症する．免疫複合体は補体系を刺激し，C3aやC5aを産生し，補体レセプターを持つ細胞(肥満細胞，好塩基球など)を刺激し，ヒスタミンなどの炎症性メディエーターを放出させる．また，Fc受容体を介して免疫複合体が直接細胞に作用しヒスタミンなどを放出する機序もある．これら炎症性メディエーターにより，血管透過性を高め，血管内皮細胞の収縮が起こることにより血管壁への免疫複合体沈着や血小板凝集が起こり，さらに炎症性メディエーターや補体の産生が刺激される．(免疫学イラストレイテッド原書第5版より改変)

在する投与抗原に対するIgGが免疫複合体を形成する．そして，この免疫複合体は肥満細胞や白血球の表面のFcγRⅢなどのIgG受容体に結合する．その結果，血管透過性を亢進させ，局所に炎症反応を起こす．この反応は血清成分の組織漏出や多核白血球を血管から局所に動員する．また，免疫複合体は補体を活性化してC5aを産生し，このC5aが白血球上のC5a受容体と結合するため，さらに炎症細胞の活性化とそれら細胞が炎症部位に集まる(**図5-36**)．

症状としては局所の発赤，水腫性腫脹から始まり，さらに反応が進行すると，血管壁の破壊が出血や浮腫，血小板凝集や血栓形成をもたらす．

### (b) 全身性エリテマトーデス

全身性自己免疫疾患の一つであり，皮膚，腎臓，脳などの複数の臓器組織が同時に侵される疾患である．全身のどの細胞にも均一多量に存在する抗原に対して自己抗体が生じることで起こる疾患である．それら自己抗体には，細胞内のクロマチンに対する抗体や，mRNAスプライシングに関わるタンパク質であるスプライセオソーム複合体に対する抗体，さらにヒストンあるいは可溶性核抗原に対する抗体などがある．犬ではさらに，RNPs(ribonuclear proteins)，snPNPs(small nuclear RNP complexes)なども関わっていると考えられている．抗原－抗体複合体が血中に存在するため，各種器官にそれらが沈着し，補体反応などを引き起こして全身性の症状が現れる[6]．

### (c) 膜性糸球体腎炎

子宮蓄膿症や犬糸状虫症などの全身性疾患により，免疫複合体が循環血流中に生じ腎糸球体の毛細血管壁に沈着する場合と，循環血流中の抗体がすでに毛細血管壁に結合していた外来抗原と免疫反応を引き起こして免疫複合体を形成する場合がある．免疫複合体による補体系の活性化，多形核白血球の浸潤，血小板の粘着・凝集能の亢進，フィブリン沈着を伴う凝固系の活

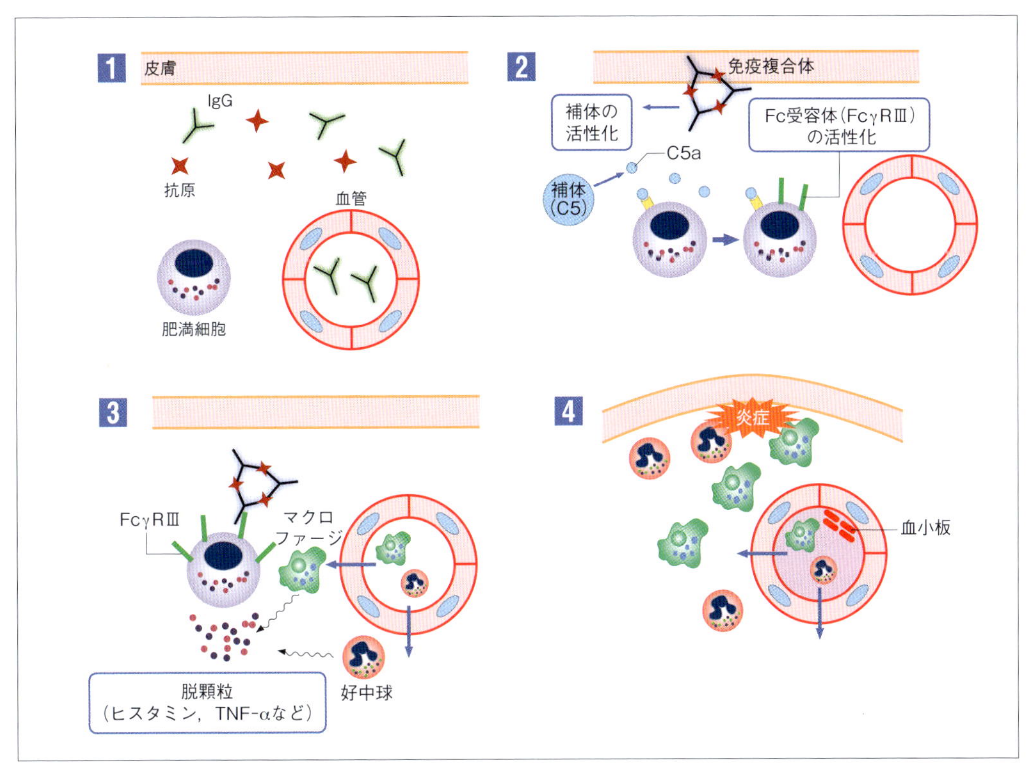


図5-36　**Ⅲ型過敏症(アルサス反応)**．皮内に抗原を投与する(1)．抗原に対するIgGがすでに存在する場合，免疫複合体が補体(C5)を活性化しC5aを産生する．C5aが肥満細胞上の補体レセプターに結合することで，肥満細胞は免疫複合体に反応しやすくなる(2)．C5aが肥満細胞に作用することで，Fc受容体の活性化が起き，免疫複合体がFc受容体に結合する．結果，肥満細胞の脱顆粒が起こり局所へマクロファージや好中球が集まる(3)．肥満細胞の活性化・脱顆粒により血管透過性が亢進し，さらに局所へ炎症細胞が浸潤する．また，血小板の活性化，凝集が起こる(4)．(Janeway's 免疫生物学 第7版より改変)

性化などが糸球体傷害を増悪させ，最終的には慢性腎不全となる．腎糸球体は血圧が他の毛細血管よりも高く血管透過性が常に亢進しているため，免疫複合体が沈着しやすいとされる．また，血液の乱流が発生する部位には重度の病変が起きやすいとされる．

## Ⅳ型過敏症(非IgE介在性アレルギー)

Ⅳ型過敏症は，細胞性免疫が過剰になることで起こる反応である．抗原が体内侵入後12時間以上かけて発症するため，Ⅰ型過敏症を即時型過敏症と呼ぶことに対して，遅延型過敏反応と呼ばれている．Ⅰ～Ⅲ型過敏症の機序とは異なり，Ⅳ型過敏症反応だけがT細胞を介するものである．そして，関与するT細胞の種類によってさらに3つのパターンに分類される．その中の二つはヘルパーT細胞によるもので，IFN-γを産生するT細胞(Th1型)が起こす場合とIL-4を産生するヘルパーT細胞(Th2型)が起こす場合がある．Th1型の代表的なものに，ツベルクリン反応やリウマチがある．Th2型の代表的なものに喘息やアレルギー性鼻炎がある．Th1型，Th2型はともに抗原や細菌に対して起こる反応であるが，三つ目は移植片拒絶など細胞に対して起こる反応であり，細胞傷害性T細胞が担当する．

臨床現場でアレルギーを指す場合，Ⅰ型過敏症とⅣ型過敏症のことを意味する．Ⅰ型過敏症はIgEが関与する反応であるため，IgE介在性のアレルギーと呼ばれるが，Ⅳ型過敏症はIgEが関与しないアレルギーとして，非IgE介在性アレルギーと呼ばれる．

### 1 ● 機 序

Ⅳ型過敏症の三つのタイプは，Th1型，Th2型，細胞傷害型に分けられ(**図5-37**)，それぞれⅣa，Ⅳb，Ⅳcと表される．

Th1型，Th2型のタイプはヘルパーT細胞によるものであるため，抗原提示細胞との抗原情報のやり取りはMHCクラスⅡ分子を介して行われる．MHCクラスⅡ分子に提示されるペプチド(T細胞抗原決定基，T細胞エピトープ)は，抗原提示細胞がエンドソームとして貪食した外来抗原に由来する．エンドソームとして貪食される抗原は細菌抗原やアレルゲンであることから，ⅣaおよびⅣbの反応は外来タンパク質に対して起こるものである．

Th1型，Th2型は産生するサイトカインによって分けられる．Th1型はIFN-γを産生する1型ヘルパーT細胞が主体で，Th2型はIL-4を産生する2型ヘルパーT細胞が主体である．これらヘルパーT細胞は各種のケモカインに対する受容体を細胞表面に持っており，ケモカインが産生された場所に集まる性質によりケモタキシスを起こす．特に犬において報告されているケモカインはthymus-activation and regulated chemokine(TARC)であり，アレル

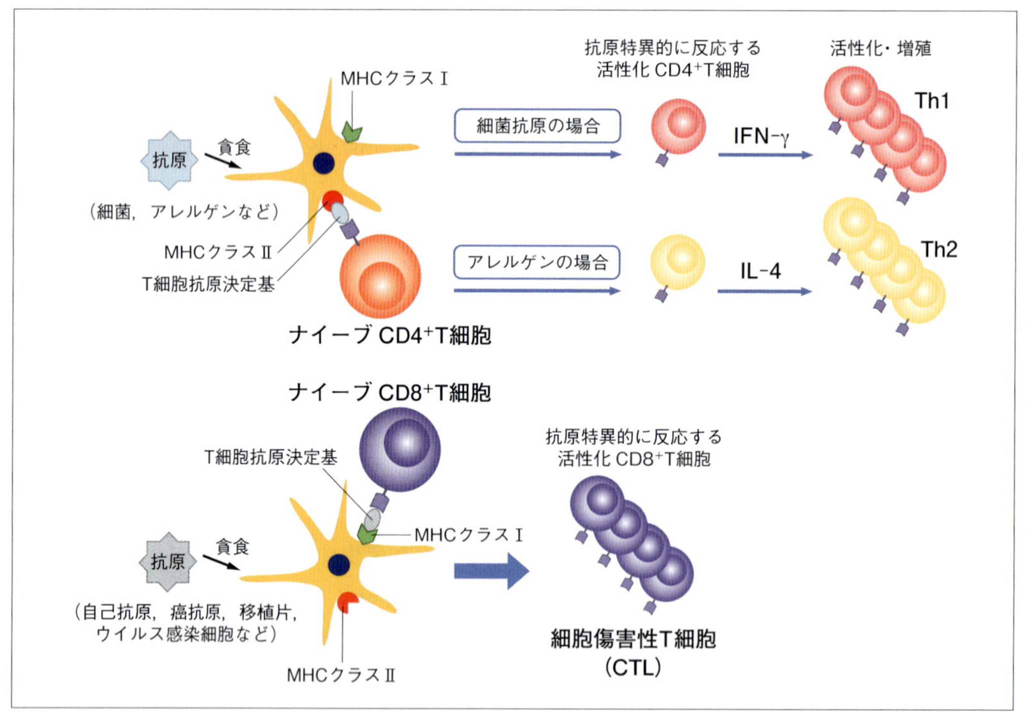


**図5-37 Ⅳ型過敏症．** 抗原提示細胞に細菌やアレルゲンが取り込まれ，MHCクラスⅡを介してナイーブ$CD4^+$T細胞に提示されることで，$CD4^+$T細胞が活性化される．抗原によって，活性化$CD4^+$T細胞が放出するサイトカインが異なり，IFN-γの場合Th1型にIL-4の場合Th2型が活性，増殖が起こる(上段)．抗原提示細胞に自己抗原や移植片などが取り込まれた場合，MHCクラスⅠを介してナイーブ$CD8^+$T細胞に提示され，活性化する．その結果，抗原を排除するための細胞傷害性T細胞が増殖する(下段)．

ギー炎症を起こした皮膚からよく産生され，その受容体(CCR4)を持つ循環血液中の2型ヘルパーT細胞がそれを感知し，その皮膚部位に向かって浸潤するためそこでⅣ型過敏症の炎症反応を起こす[7]．ちなみに，犬ではこのCCR4陽性ヘルパーT細胞の割合を測定することができ,検査システムとしても商業応用されている．当然のことながらTARC-CCR4以外にも同様の関係性を持つケモカインとその受容体が様々存在する．最近ではアトピー性皮膚炎の病変部皮膚におけるフラクタルカイン産生と，その受容体であるCX3CR1を持つT細胞浸潤がマウスで報告されているが，犬においてその解析がTARC-CCR4ほど進んでいるものはまだない．

一方，細胞傷害型では主体となるT細胞は細胞傷害性T細胞であり，ヘルパーT細胞とは異なるT細胞である．細胞傷害性T細胞の細胞表面マーカーはCD8であるため，抗原提示細胞と抗原情報をやり取りする際には，抗原提示細胞上のMHCクラスⅠ分子上のペプチド(T細胞抗原決定基)をこのT細胞が認識する．MHCクラスⅠ分子上のペプチドは，抗原が抗原提示細胞の細胞質内で分解された結果として残ったペプチドである．このペプチドは，細胞質中のタンパク質に由来するため主に自己抗原や癌抗原であるが，ウイルスは感染する細胞の細胞膜と融合して細胞質内に侵入するため，ウイルス抗原もそれに相当する．それ故，細胞傷害性T細胞は他人の細胞や癌細胞，ウイルス感染細胞を排除する機能を担っている．

この細胞が過剰に反応して疾患を起こす例として移植がある．移植片を提供する側(ドナー)と受け入れる側(レシピエント)間でMHCクラスⅠの型が合致していない場合，移植片拒絶が起こる．移植片の細胞はMHCクラスⅠ分子でドナーの自己抗原を提示するが，MHCクラスⅠ分子の型が合わないとレシピエントにとってはそれは非自己として細胞傷害性T細胞に認識されるため，レシピエントの細胞傷害性T細胞が活性化，増殖する．続いて，この増殖したレシピエントの細胞傷害性T細胞により移植片の細胞は攻撃を受けるため，最終的に移植片は拒絶されて排除される．

一方，移植片対宿主病(GVHD)では，移植した臓器(ドナー)中に含まれるドナー側の細胞傷害性T細胞が移植された(レシピエント)側の細胞を攻撃し始めることで起こる疾患であり，発熱などの全身症状を起こす．小動物領域では移植はヒトに比べて頻繁には行われておらず，全血輸血をした場合に稀に起こる可能性がある．

移植以外では，Ⅰ型糖尿病においてもその原因細胞は細胞傷害性T細胞であることがわかっている．

## 2 ● Ⅳ型過敏症の代表的な臨床例

### (a) ツベルクリン反応

結核菌の抗原を皮内に投与したとき接種部位に局所反応として浮腫が認められれば，過去に結核菌に感染したことがわかる．この反応は，局所に集簇したTh1細胞が抗原提示細胞のMHCクラスⅡ分子上の結核菌由来ペプチドを認識することでIFN-γやTNF-βなどの炎症性サイトカインを放出することで起こる．反応開始後4時間までに病変に集積するのは好中球が主であるが，12時間以降になると単球とT細胞が浸潤してくる．これらの細胞が血液中から血管外に浸潤するため48時間後に反応はピークに達する．

### (b) アレルギー性接触性皮膚炎

ニッケルなどの金属や漆，化学薬品などハプテンと呼ばれる低分子物質が表皮の輸送タンパク質と結合して異物として認識される．この複合体が表皮内のランゲルハンス細胞に取り込まれ，MHC分子を介して細胞表面に提示され，T細胞を刺激する．複合体の種類によって

表5-6 自己免疫性疾患と過敏症の型(続く)

| | 症候群 | 自己抗原 | 症状 |
|---|---|---|---|
| Ⅱ型 | 自己免疫性溶血性 | Rh血液型Ⅰ抗原 | 補体やFcR+食作用による<br>赤血球の破壊，貧血 |
| | 自己免疫性血小板<br>減少性紫斑病 | 血小板インテグリン<br>(GpⅡb/Ⅲa) | 出血 |
| | グッドパスチャー症候群 | 基底膜Ⅳ型コラーゲンの<br>非コラーゲンドメイン | 糸球体腎炎<br>肺出血 |
| | 尋常性天疱瘡 | 上皮カドヘリン | 水疱 |
| | 急性リウマチ熱 | レンサ球菌細胞壁抗原<br>抗体は心筋と交叉反応 | 関節炎<br>心筋炎<br>弁膜症 |
| Ⅲ型 | 混合型本態性<br>クリオグロブリン血症 | リウマトイド因子IgG複合体<br>(C型肝炎抗原または他の抗原) | 全身性血管炎 |
| | 関節リウマチ | リウマトイド因子・IgG複合体 | 関節炎 |
| Ⅳ型 | Ⅰ型糖尿病 | 膵β細胞抗原 | β細胞の破壊 |
| | 関節リウマチ | 不明の滑膜抗原 | 関節炎および破壊 |
| | 多発性硬化症 | ミエリン塩基性タンパク質<br>プロテオリピドタンパク質<br>ミエリン希突起細胞糖タンパク質 | CD4 T細胞の脳浸潤<br>筋力低下<br>他の神経症状 |

$CD4^+$T細胞または$CD8^+$T細胞が刺激される．複合物を取り込んだ皮膚ランゲルハンス細胞は局所リンパ節へ遊走し，そこでT細胞を活性化する．次に，同じ抗原に再度感作されたとき，最初の刺激で生じたT細胞に抗原提示され，それらが複合体が形成した皮膚部位に集簇することで炎症が起こる．抗原を認識したT細胞からIFN-γ，IL-17などのサイトカインが放出され，これらサイトカインは皮膚ケラチノサイトを刺激して種々サイトカイン，ケモカインを産生させる．これらサイトカインやケモカインは単球の局所への遊走，マクロファージへの分化促進，T細胞を動員することにより，炎症反応を増悪させる．

(c) 犬の食物アレルギー

犬の食物アレルギーでは，ヒトのように原因食物に対するⅠ型過敏症反応(IgE介在性)は稀であり，ヒトで問題になるように食後に全身性蕁麻疹やアナフィラキシーショックを起こす症例は少ない．そのため，食物アレルギーを疑う犬の症例においてIgE検査(皮内反応や血清IgE検査)を実施しても，食物アレルゲンに対するIgEを検出することは少なく，陰性結果になってしまうことが多く認められる．

皮膚症状を呈する犬の食物アレルギーにおいては，Ⅰ型過敏症よりもⅣ型過敏症が関わっていると報告されており，食物アレルギーの原因として検出された食物アレルゲンのうち，おおよそ80%のものはⅣ型過敏症反応が関わっていたが，Ⅰ型過敏症反応が検出されたものはそのうち約30%に過ぎなかった[8]．犬の食物アレルギーの典型的な症状は幼犬時から発症する慢性の皮膚炎で，時に下痢を伴う．

## 自己免疫性疾患と過敏症の型

自己免疫疾患は自己抗原に免疫反応が起こることで症状が惹起される疾患である．しかし，その発生機序には上述のように様々なパターンがある．ヒトでは自己免疫性疾患の発生機序，原因自己抗原がよくわかっているが(**表5-6**)，動物ではこれら疾患と過敏症の型の分類はまだ進んでいない．

## まとめ

自己と非自己を見分ける機能は，液性免疫の主体である抗体と細胞性免疫の主体であるT細胞によって行われる．そこでは，抗体遺伝子やT細胞受容体遺伝子の遺伝子配列を再編成させることで，細胞の癌化の危険性を冒しながらも様々な外来抗原に対応できる能力を生物が獲得しなければならなかった経緯を伺うことができる．これら液性免疫や細胞性免疫の対応は，一度体内に侵入した外来物質に対して「二度なし」の概念に基づくものであるが，一方，病原体そのものを直接認識する，迅速な免疫反応が20世紀になって発見され，獲得免疫に対して自然免疫と名付けられた．また，自然免疫は獲得免疫を活性化していることも明らかとなり，これらが単独ではなく重複しながら総合的な免疫機能を構築していることがわかった．


獲得免疫：**後飯塚 僚**（東京理科大学）

細胞性免疫：**水野 拓也**（山口大学）

自然免疫：**津久井 利広**（日本全薬工業株式会社）

炎症マーカー：**大森 啓太郎**（東京農工大学）

補体：**地土井 安芸子・間瀬 香織**（日本全薬工業株式会社）

過敏反応：**増田 健一**（動物アレルギー検査株式会社）


### 参考文献


#### 獲得免疫

1. Jung, D., Alt, F. W.(2004): Unraveling V(D)J recombination: insights into generegulation. Cell, 116: 299-311.
2. Chaudhuri, J., Alt, F. W.(2004): Class-switch recombination: interplay of transcription, DNA deamination and DNA repair. Nature Review Immunology, 4: 541-552.
3. 笹川健彦監修(2010): Janeway's 免疫生物学，第7版，南江堂.

#### 細胞性免疫

1. Yasuda N., Masuda K., Tsukui T., *et al.*(2009): Identification of canine natural CD3-positive T cells expressing an invariant T-cell recepter alpha chain, vet immunology and immunopathology; 132; 224-231.
2. Pinheiro, D., Singh, Y., Grant, C.R., Appleton, R. C., Sacchini, F., Walker, K. R., Chadbourne, A.H., Palmer, C.A., Armitage-Chan, E., Thompson, I., Williamson, L., Cunningham, F., Garden, O.A. (2011): Phenotypic and functional characterization of a CD4(+) CD25(high) FOXP3(high) regulatory T-cell population in the dog. Immunology, 132: 111-122.
3. Faldyna, M., Sinkora, J., Knotigova, P., Leva, L., Toman, M.(2005): Lymphatic organ development in dogs: major lymphocyte subsets and activity. Vet Immunol Immunopathol. 104: 239-247.

#### 自然免疫

1. Lemaitre, B., E. Nicolas, *et al.*(1996): The dorsoventral regulatory gene cassette spatzle/Toll/cactus controls the potent antifungal response in Drosophila adults. Cell 86(6): 973-983.
2. Medzhitov, R., P. Preston-Hurlburt, *et al.*(1997): A human homologue of the Drosophila Toll protein signals activation of adaptive immunity. Nature 388(6640): 394-397.
3. Kawai, T. and S. Akira(2009): The roles of TLRs, RLRs and NLRs in pathogen recognition. Int Immunol 21(4): 317-337.
4. Yoon, S. I., O. Kurnasov, *et al.*(2012): Structural basis of TLR5-flagellin recognition and signaling. Science 335(6070): 859-864.
5. Hayashi, F., K. D. Smith, *et al.*(2001): The innate immune response to bacterial flagellin is mediated by Toll-like receptor 5. Nature 410(6832): 1099-1103.

6. Hemmi, H., O. Takeuchi, *et al.*(2000): A Toll-like receptor recognizes bacterial DNA. Nature 408(6813): 740-745.
7. Saito, T. and M. Gale, Jr.(2007): Principles of intracellular viral recognition. Curr Opin Immunol 19(1): 17-23.
8. Takeuchi, O. and S. Akira(2010): Pattern recognition receptors and inflammation. Cell 140(6): 805-820.
9. Zhou, R., A. S. Yazdi, *et al.*(2011): A role for mitochondria in NLRP3 inflammasome activation. Nature 469(7329): 221-225.
10. Strowig, T., J. Henao-Mejia, *et al.*(2012): Inflammasomes in health and disease. Nature 481(7381): 278-286.
11. Sancho, D. and C. Reis e Sousa(2012): Signaling by myeloid C-type lectin receptors in immunity and homeostasis. Annu Rev Immunol 30: 491-529.
12. Creticos, P. S., J. T. Schroeder, *et al.*(2006): Immunotherapy with a ragweed-toll-like receptor 9 agonist vaccine for allergic rhinitis. N Engl J Med 355(14): 1445-1455.
13. Parroche, P., F. N. Lauw, *et al.*(2007): Malaria hemozoin is immunologically inert but radically enhances innate responses by presenting malaria DNA to Toll-like receptor 9. Proc Natl Acad Sci U S A 104(6): 1919-1924.
14. Coban, C., M. Yagi, *et al.*(2010): The malarial metabolite hemozoin and its potential use as a vaccine adjuvant. Allergol Int 59(2): 115-124.
15. Coban, C., Y. Igari, *et al.*(2010): Immunogenicity of whole-parasite vaccines against Plasmodium falciparum involves malarial hemozoin and host TLR9. Cell Host Microbe 7(1): 50-61.
16. Mockenhaupt, F. P., L. Hamann, *et al.*(2006): Common polymorphisms of toll-like receptors 4 and 9 are associated with the clinical manifestation of malaria during pregnancy. J Infect Dis 194(2): 184-188.


### 炎症マーカー


1. Ceron J.J., Eckersall P.D., Martýnez-Subiela S. (2005): Veterinary Clinical Pathology 34(2), 85-99.
2. Eckersall P.D., Bell R. (2010): Veterinary Journal 185 (1), 23-27.
3. Petersen H.H., Nielsen J.P., Heegaard P.M. (2004): Veterinary Research 35(2), 163-187.
4. 玉本隆司(2014): 北海道獣医師会雑誌 58(11), 1-5.
5. 桃井康行(2009): どうぶつ病院臨床検査～検査の選び方と結果のよみ方～, ファームプレス.


### 補体


1. 笹月健彦監修(2010): Janeway's 免疫生物学, 第7版, 南江堂.
2. 池田輝雄他監修(2015): 獣医免疫学, 緑書房.
3. 寺本民生編(1997): ハイパー臨床内科 Version 2.0, 中山書店.
4. Muraji T., Okamoto E., Hoque S., Toyosaka A.(1986): Plasma enchange therapy for endotoxin shock in puppies. J Pediatr Surg. 21(12);1092-1095.
5. Jerome T., Young W., Jeffery S., Amy S., and Elliott K.(1988): Soluble gp350/220 and Delection Mutant Glycoproteins Block Epstein-Barr Virus Adsorption to Lymphocytes.62(12);4452-4464.
6. Samuel T. Test, Joyce Mitsuyoshi, Charles C. Connolly, and Alexander H.Lucas.(2001): Increased Immunogenicity and Induction of Class Switching by Conjugation of Complement C3d to Pneumococcal Serotype 14 Capsular Polysaccharide. Infection and Immunity .69(5); 3031-3040.


### 過敏反応


1. 小沼操(2001): 動物の免疫学 第2版, 文永堂.
2. 岩﨑利郎, 辻本元, 長谷川篤彦(2005): 獣医内科学, 文永堂.
3. 長谷川篤彦(2014): 小動物皮膚科診療, 学窓社.
4. 笹月健彦(2010): Janeway's 免疫生物学 第7版, 南江堂.
5. 多田富雄(2003): 免疫学イラストレイテッド原書 第5版, 南江堂.
6. 前出吉光(2007): 主要症状を基礎にした犬の臨床, デーリィマン社.
7. Maeda S., Okayama T., Omori K., *et al.*(2002). Expression of CC chemokine receptor 4(CCR4)mRNA in canine atopic skin lesion. Vet Immunol Immunopathol; 90: 145-154.
8. Ishida R., Masuda K., Kurata K., *et al.*(2004). Lymphocyte blastogenic responses to inciting food allergens in dogs with food hypersensitivity. J Vet Intern Med; 18: 25-30.

# 第 II 編

# 免疫と疾患

# 第6章 全身免疫

## 1 はじめに

免疫が働かなくなることを免疫不全と呼び，免疫が異常に亢進した状態を免疫亢進と呼ぶ．免疫不全では免疫系の一部が機能しなくなり，免疫系の細胞が欠損したり，あるいはその機能異常による免疫系の傷害が起こる．原因は主に遺伝による原発性のものと何らかの疾患に関連して起こる後天性のものがある．

一方，免疫系が亢進すると局所的にあるいは全身性に炎症が起こる．免疫系が亢進する原因と病態は様々であるが，クームスとゲルは過敏症の型として四つのタイプに分類した．また，この過敏症の型には分類されない，遺伝的な要因によってある特定の免疫系が亢進する場合もある．

犬や猫ではこれらの疾患はよく解明されていなかったり，報告が全くなかったりする場合が多い．しかし，免疫不全症の中には特定の種類の犬や猫で報告されている場合があるため，その点に注意する必要がある（**表6-1**）．

## 2 全身免疫の不全

全身免疫の不全には，原発性と後天性がある．原発性は遺伝的な異常であり，それによって一部の免疫反応が障害されている疾患である．後天性は，免疫系以外の何らかの疾患によって免疫系に障害が起こる場合を指す．

原発性の免疫不全症は，損なわれている免疫系の名称によって分類されている．その名称には，抗体産生不全症，免疫調節不全症，食細胞の異常による免疫不全症，自然免疫不全症，自己炎症性疾患，補体欠損症などがある．主な免疫不全症については下記に説明する．

一方，後天性免疫不全症には，ヒト免疫不全ウイルスによる後天性免疫不全症候群を代表とした，ウイルス性疾患による免疫不全症や，糖尿病による免疫細胞の代謝異常，腎疾患やタンパク漏出性腸炎などによる抗体の漏出，免疫抑制薬や放射線療法など免疫に作用する治療によるものが含まれる．犬では免疫不全ウイルスは発見されていないが，猫では猫免疫不全ウイルスや猫白血病ウイルスによる免疫不全症がよく知られている．このように，後天性免疫不全症は免疫系以外の疾患の結果として起こるため，免疫不全症は原発性について主に解説されている．

### 抗体産生不全症

原発性免疫不全症の中では抗体産生不全症がよく解析されている．それは抗体を測定することによって症例が発見されやすいためである．その病態にはB細胞とT細胞の異常により免疫不全状態が強く，臨床的にも重要視されるためである．

抗体産生を担う液性免疫の原発性免疫不全には次の三つのパターンがある．それは，①B細胞が完全に欠如している場合，②B細胞からの抗体産生を促すヘルパーT細胞の機能が欠如

**表6-1　犬や猫における全身性原発性免疫不全症**

| | | 具体的疾患名 | 原因 | これまでに報告された犬や猫の品種名 |
|---|---|---|---|---|
| 原発性免疫不全症 | 抗体産生不全症 | B細胞欠損症 | DNA依存性プロテインキナーゼ触媒サブユニットの異常による遺伝子再構成の異常 | ジャック・ラッセル・テリア，バセット・ハウンド，ウエルシュ・コーギー |
| | | T細胞欠損症 | 無胸腺症，胸腺萎縮 | ワイマラナー，猫(バーマン種) |
| | 自然免疫不全症 | チェディアック・東症候群 | ヒトでは細胞内輸送に関連する遺伝子の異常による常染色体劣性遺伝 | 猫で報告あり，犬では報告なし |
| | | ペルゲル・ヒュエット症候群 | 好中球の分化異常 | コッカー・スパニエル，バセンジー, ボストン・テリア, フォックスハウンド, クーンハウンド, オーストラリアン・シェパード |
| | | 好中球貪食能障害 | 不明 | ドーベルマン |
| | | 犬白血球接着不全症 | Mac-1遺伝子ミスセンス突然変異 | セッター |
| | | 原発性好中球減少症 | G-CSF欠乏 | ロットワイラー |
| | | | 常染色体劣性遺伝 | ボーダー・コリー |
| | | 周期性好中球減少症 | 遺伝子変異による好中球エラスターゼの異常 | ボーダー・コリー |
| | 分類不能型免疫不全症 | | 不明 | ダックスフンド，ウエスト・ハイランド・ホワイト・テリア，ワイマラナー，ロットワイラー |

している場合，③B細胞自体機能が異常である場合である．

B細胞が完全に欠如している場合とは，重症複合免疫不全症（severe combined immunodeficiency；SCID）と呼ばれるもので，マウスではSCIDマウスと呼ばれる系統が確立している．この疾患ではDNA依存性プロテインキナーゼ触媒サブユニットの異常により，抗体やT細胞受容体の可変領域遺伝子の遺伝子再編成ができないため，それらが機能しない．その結果，B細胞とT細胞が発生せず，それらが欠損する．マウス以外の動物では馬と犬でSCIDが報告されており，犬種はジャック・ラッセル・テリアで報告され，X遺伝子関連性がバセット・ハウンド，ウエルシュ・コーギー・カーディガンの雄で報告されている．SCID動物では，T細胞とB細胞の免疫が機能しないため，通常では病原性を持たない細菌や真菌に感染が起こす（日和見感染という）．

抗体欠損症の中には一つのクラスの抗体のみを欠損している場合がある．IgM欠損症はドーベルマン・ピンシャーで報告がある．その臨床症状は慢性の鼻汁排出である．IgA欠損症はジャーマン・シェパード・ドッグ，シャー・ペイ，ビーグルで報告されていたが，最近ではその可能性がある犬種として，ホファヴァルト，ノヴァ・スコシア・ダック・トーリング・レトリーバー，ノルウェジアン・エルクハウンド，ブル・テリア，ゴールデン・レトリーバー，ラブラドール・レトリーバー[1]，さらにグレーハウンド[2]が挙げられている．IgG低下症はキャバリア・キング・チャールズ・スパニエルで，一時的にIgGが低下する疾患がスピッツで報告されている．

ヘルパーT細胞が欠損していたり，あるいはその機能異常があると，B細胞はヘルパーT細胞の刺激を受けることができず，B細胞からの抗体産生は行われない．胸腺組織自体が欠損する無胸腺症では，ヘルパーT細胞と細胞傷害性T細胞の成熟の場である胸腺がないことから，T細胞全体が発生できない．そのため，ヘルパーT細胞からのサイトカイン産生が行われないため，B細胞は抗体クラススイッチができず，結果としてIgG，IgE，IgAが産生されないが，B細胞はヘルパーT細胞がなくてもB細胞だけで産生することができるIgMのみを産生する．無胸腺症はバーマン種の猫で報告がある．胸腺萎縮によるT細胞欠損症がワイマラナーで報告されており，成長ホルモン療法に反応して胸腺が構成される．B細胞の機能異常で代表的なものは，CD40リガンド欠損症である．CD40はB細胞上にあり，CD40リガンドと結合することでB細胞を刺激する分子である．この刺激とともにサイトカインの刺激を受けたB細胞は抗体遺伝子の再構成を行い，IgM以外のクラスの抗体(IgG，IgE，IgA)を産生できるようになる．CD40リガンドが欠損しているとCD40の刺激が入らないため，B細胞は抗体を産生することができても遺伝子再構成を行うことができずにIgMしか産生しない．このような状態のヒトの患者は高IgM血症を示す．この疾患に相当するものは犬，猫ではまだ報告がない．

## 自然免疫不全症

B細胞やT細胞の異常の他に，顆粒球減少やその機能異常によって自然免疫不全症が起こる．チェディアック・東症候群は好中球の機能異常を示す疾患で，細胞内輸送に関連する遺伝子異常に起因して起こる．細胞内輸送障害によって顆粒球の顆粒内物質が蓄積するため，好酸球などの細胞内顆粒が巨大する特徴がある．この疾患は，猫で報告されているものの犬では報告がない．

ペルゲル・ヒュエット症候群は，好中球の核が左方移動したままで分葉核にならない疾患であり，猫で報告されており，犬ではコッカー・スパニエル，バセンジー，ボストン・テリア，フォックスハウンド，クーンハウンド，オーストラリアン・シェパードで報告されている．

また，好中球の機能異常では，好中球の貪食機能障害がドーベルマンで報告されている．セッターでのみ報告される犬白血球接着不全症は，βインテグリンサブユニットのCD11b/CD18(Mac-1)遺伝子のミスセンス突然変異に起因して，好中球が化学物質へ遊走し，上皮細胞へ接着できなくなることから，細菌感染を防ぐことができない疾患である．膿皮症，口内炎，骨髄炎，リンパ管拡張症，趾端皮膚炎を呈する顆粒球機能不全という疾患がセッターの常染色体劣性遺伝として報告されているが，上述の犬白血球接着不全症と同じ疾患であろうと推測されている．同様の疾患が雑種犬でも報告されている[3]．

原発性の好中球減少症では，G-CSF(顆粒球コロニー刺激因子)欠乏によるものがロットワイラーで，そして常染色体劣性遺伝によるものがボーダー・コリーで報告されている．また，グレー・コリー症候群と呼ばれる周期性好中球減少症は，被毛がシルバーグレー色で鼻が灰色のボーダーコリーで見られ，好中球の減少が11～12日周期で3日間続くものである．ヒトにおける同様の疾患では好中球エラスターゼの遺伝子変異であるが，犬ではそのアダプタータンパク質の遺伝子変異であることがわかっている[4]．一方，後天性好中球減少症では犬や猫のパルボウイルス感染症がよく知られている．

## 分類不能型免疫不全症

原因不明の原発性免疫不全症のことを分類不能型免疫不全症（common variable immunodeficiency；CVID）と呼ぶ．この疾患では，すべてのクラスの抗体産生が起こらないため細菌感染症を繰り返す．この疾患はヒトにおける原発性免疫不全症の中ではIgA低下症に次いでよく見られる疾患である．原因が不明であるため治療法はないが，血中の抗体が不足するため，血清(抗体)を定期的に注射して補充するしかない．犬ではCVIDに相当すると考えられる症例がダックスフンドやウエスト・ハイランド・ホワイト・テリア，ワイマラナーで報告されており，ロットワイラーにおいてもIgAおよびIgG低下症を示す疾患が報告されており，CVIDであると考えられている[5]．

## 3 全身免疫の過剰

全身免疫の過剰な状態を過敏症と呼ぶ．クームスとゲルはそのような全身免疫異常をⅠ型からⅣ型まで四つの過敏症の型に分類した．これらの過敏症については別項で述べるので，本稿ではそれに分類されない疾患を列記する．

サイトカインストームと呼ばれる現象とは，サイトカインを一気に大量に放出されるために起こる．特にインターロイキン-6が産生されると急激な炎症を起こすため，臓器が機能不全に陥る．ヒトではインフルエンザウイルス感染で若齢の人ほど症状が強くなる傾向があるが，インターロイキン-6の産生量が多ければ多いほど，サイトカインストームが起こり，症状が劇症となる．

家族性地中海熱はヒトで常染色体劣性遺伝による疾患で，腎アミロイドーシス，腹膜炎，関節炎など全身性に重度の炎症を起こす．犬では類似した疾患がチャイニーズ・シャー・ペイで報告されている[6]．猫では家族性アミロイドーシスがアビシニアンで報告されており，ヒトの家族性地中海熱の自然発症動物モデルになる可能性が示唆されている[7]．

ヒトでは家族性地中海熱に類似した症状を示す疾患にアイルランド熱と呼ばれる組織壊死因子(TNF)受容体関連周期性症候群がある．この疾患はTNF受容体遺伝子のミスセンス変異による常染色体優性遺伝形式の疾患である．TNF受容体はTNFと結合すると酵素により切断されるために持続的なシグナルが細胞に入らないように調整されているが，本疾患ではTNF受容体の異常のため，その酵素切断が起こらず，酵素により切断されないため，TNFが結合したTNF受容体から持続的なシグナルが細胞内に入り続ける．そして，それによる炎症が持続的に起こる．犬や猫における報告はない．

その他，炎症を伴う疾患として，ヒトにおいて報告があるものの，犬や猫では報告がない疾患がある．それらには，ヒトでも希少疾患である，Muckel-Wells症候群(クライオピリン関連周期熱症候群)，慢性乳児神経皮膚関節炎症候群(CINCA症候群)，ブラウ症候群，クローン病がある．クローン病は犬や猫で炎症性腸疾患(inflammatory bowel disease；IBD)と呼ばれる疾患と類似していると考えられているが，その証明はされていないので注意する必要がある．

免疫が異常に亢進した状態による疾患の中で激しい全身性症状を伴うものの中に，全身性エリテマトーデス(皮膚参照)がある．この疾患は，抗核抗体によって形成される免疫複合体が組織に沈着し，そこに補体が結合して炎症反応，組織傷害を起こす．クームスの分類でⅢ型過敏症に分類される疾患であるが，犬における報告は比較的多いため，特に留意しておく必要がある臨床症状が全身性に認められることが特徴的であり，紅斑や皮疹，脱毛，口腔内潰瘍などの皮膚粘膜の症状に加えて，関節炎や糸球体腎炎，そして漿膜炎(胸膜，心外膜，腹膜)による胸水，心嚢水，腹水の貯留が認められる．また，痙攣などの中枢神経傷害や間質性肺炎などの肺障害も起こす．血液所見では，白血球，リンパ球，血小板が減少し，溶血性貧血が認められる．抗DNA抗体，抗リン脂質抗体，抗核抗体などの自己抗体が認められるが，その診断には抗核抗体陽性に加えて特徴的な臨床症状が二つ以上あることによって行われる．

犬においては臨床的に発熱，関節炎，腎炎，皮膚炎，脾腫などが見られる．白血球減少症や血小板減少症，溶血性貧血などの血球の異常も伴うことがある．ヒトと同様に性差があり，雌で多く報告されている．抗核抗体検査で陽性が検出されるなど自己免疫性疾患の一つと考えられている．

犬では，秋田犬，バーニーズ・マウンテン・ドッグ，ワイマラナー，ジャーマン・シェパード・ドッグ，ベルジアン・シェパード・ドッグで報告されている．原因は不明で，遺伝的要因が疑われているものの，これまでの遺伝子解析の手法によって疑わしい遺伝子がいくつか挙げられているが，決定的なものは見つかっていない．

## まとめ

全身免疫の異常の多くは遺伝的な異常に起因するものがほとんどである．そして，その異常により個体が生存できないか，あるいはそのような個体はすぐに淘汰されてしまう場合があり，臨床獣医師がそれら疾患に遭遇する可能性はあまり高くはない．しかし，そのような疾患が存在することを臨床獣医師は知っておくべきであり，人医学との共通認識は持っておく必要があると考える．

増田 健一（動物アレルギー検査株式会社）

### 参考文献


1. Olsson M., Frankowiack M., Tengvall K., Roosje P., Fall T., Ivansson E., Bergvall K., Hansson-Hamlin H., Sundberg K., Hedhammar A., Lindblad-Toh K. and Hammarstrom L.(2014): The dog as a genetic model for immunoglobulin A(IgA) deficiency: identification of several breeds with low serum IgA concentrations, Vet Immunol Immunopathol. 160: 255-259.
2. Clemente M., Marin L., Iazbik M.C. and Couto C.G.(2010): Serum concentrations of IgG, IgA, and IgM in retired racing Greyhound dogs, Vet Clin Pathol. 39: 436-439.
3. Zimmerman K.L., McMillan K., Monroe W.E., Sponenberg D.P., Evans N., Makris M., Hammond S.H., Kanevsky Mullarky I. and Boudreaux M.K.(2013): Leukocyte adhesion deficiency type I in a mixed-breed dog, J Vet Diagn Invest. 25: 291-296.
4. Benson K.F., Li F.Q., Person R.E., Albani D., Duan Z., Wechsler J., Meade-White K., Williams K., Acland G.M., Niemeyer G., Lothrop C.D. and Horwitz, M.(2003): Mutations associated with neutropenia in dogs and humans disrupt intracellular transport of neutrophil elastase, Nat Genet. 35: 90-96.
5. Day M.J.(1999): Possible immunodeficiency in related rottweiler dogs, J Small Anim Pract. 40: 561-568.
6. Rivas A.L., Tintle L., Meyers-Wallen V., Scarlett J.M., van Tassell C.P. and Quimby F.W.(1993): Inheritance of renal amyloidosis in Chinese Shar-pei dogs, J Hered. 84: 438-442.
7. DiBartola S.P., Tarr M.J. and Benson M.D.(1986): Tissue distribution of amyloid deposits in Abyssinian cats with familial amyloidosis, J Comp Pathol 96: 387-398.

# 第7章 局所免疫

## 1 皮膚の免疫と疾患

### はじめに

皮膚は外界に接しており，常に微生物や環境中に存在する抗原に暴露されていることから，これらの生体への侵入を防ぐための免疫システムが備わっている．皮膚の組織学的構造，物理的バリアおよび経皮的に侵入した抗原に対する免疫反応について概説する．

### 皮膚の構造と物理的バリア

#### 1 ● 角層の形成

皮膚は表皮，真皮および皮下組織から構成されるが，最外層に位置する表皮は外界からの様々な刺激から生体を防護する強固なバリアとしての役割を果たす．表皮は形態的に角層，顆粒層，有棘層および基底層に分類できる(図7-1)．基底層に存在する細胞が表面に向かって形態を変化させながら分化していくため，顆粒層を構成する細胞が最も分化した角化細胞となる．顆粒層の角化細胞が脱核し，アポトーシスしたものが角質細胞であり，物理的バリアの最前線を担う角層を形成する．この角質細胞は細胞骨格となるケラチンとこれらを結束するフィラグリンによって細胞形態が維持される(図7-2)．そのため，フィラグリンの機能異常は角層におけるバリア機能の低下につながる．健常なヒトにおいては分子量500ダルトン以上の物質は表皮を通過できないと考えられているが，アトピー性皮膚炎(atopic dermatitis；AD)の患者においては800ダルトン程度の物質が通過する[1]．AD患者においては高率にフィラグリンの機能異常が認められているため，ヒ

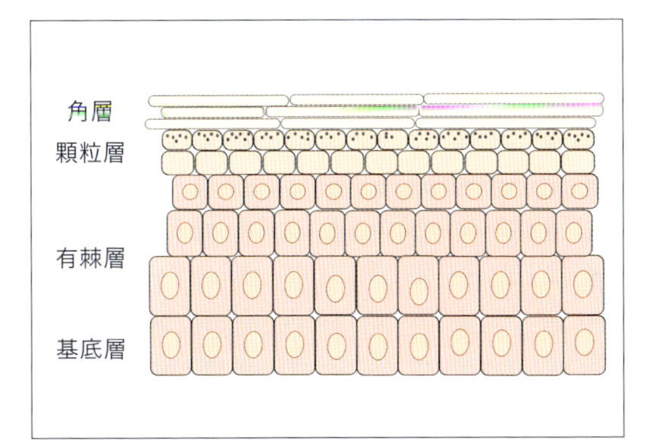


**図7-1 表皮の構造．** 表皮は形態的に角層，顆粒層，有棘層および基底層に分類できる．顆粒層を構成する細胞が最も分化した角化細胞である．

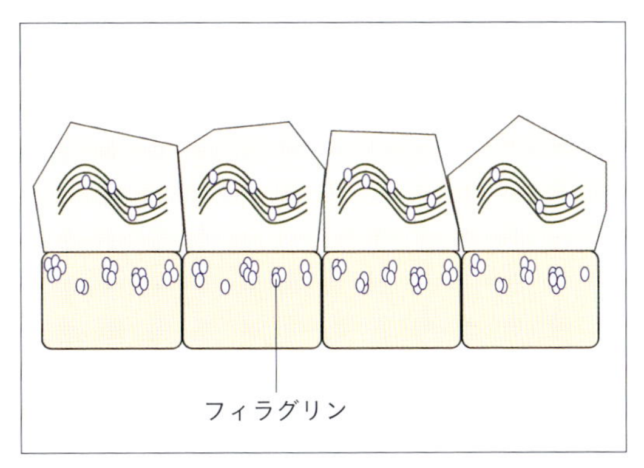


**図7-2 フィラグリンによるケラチンの結束．** フィラグリンは顆粒層で産生され，角質細胞の細胞骨格となるケラチンを結束させる．

トADにおける病態の根幹は，フィラグリンの機能異常によって引き起こされたバリア機能の低下による抗原の経皮的感作頻度の増加であると考えられている[2]．犬アトピー性皮膚炎(canine atopic dermatitis；CAD)においてもバリア機能の低下が示されているが，フィラグリンの関与について統一した見解は得られていない[3]．

## 2 ● 細胞間脂質

顆粒層の角化細胞からはセラミド，コレステロールおよび遊離脂肪酸などの脂質が産生され，角質細胞間隙に存在する．これらの脂質は角質細胞の層構造の維持や保湿において重要な役割を果たす．特に，セラミドに関してはヒトADのみならずCADにおいても減少していることが示されており，減少の程度と皮膚からの水分蒸散量が相関することがわかっている[4]．

## 3 ● 角化細胞の結合

角化細胞はデスモソーム，裂隙接合およびタイトジャンクションによってお互いの細胞が強固に接着している．このうち，タイトジャンクションはzonula occludens-1(ZO-1)，occludinおよびclaudinsなどの分子によって維持されており，犬の表皮においてもこれらの分子発現が確認されている[5]．最近になってヒトADの皮膚におけるclaudin-1の発現量の低下に起因するタイトジャンクションの低下が明らかになった[6]．ADにおいて問題となる環境抗原は少なくても20,000ダルトン以上あるため，表皮を容易に通過できることはできないが，角化細胞のタイトジャンクションが低下することによって，表皮内に存在するランゲルハンス細胞の樹状突起の伸長が促進され，比較的分子量の大きい抗原の捕捉が容易になり，経皮感作される可能性が高くなる[6](図7-3)．CADにおけるタイトジャンクションの異常の有無については明らかになっていない．

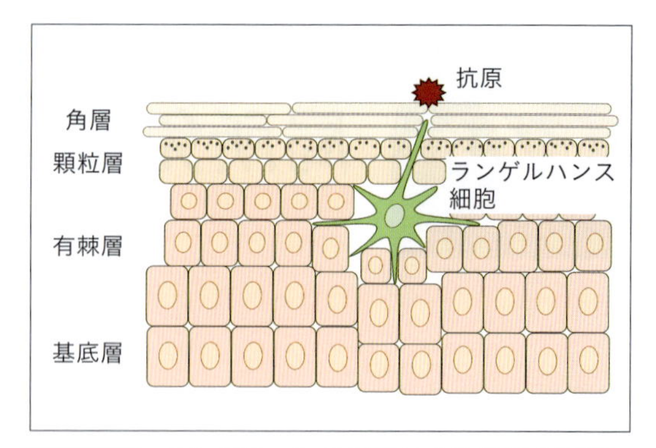


**図7-3 ランゲルハンス細胞による抗原の捕捉．** 角化細胞のタイトジャンクションが低下することによって，表皮内に存在するランゲルハンス細胞の樹状突起の伸長(灰色の細胞)が促進され，比較的分子量の大きい抗原(赤)の捕捉が可能となる．

## 4 ● 角化細胞の免疫細胞としての役割

表皮の95%を占める角化細胞は，物理的バリアを形成する他，様々な液性因子を産生し，自然免疫および獲得免疫に関与している．この液性因子として抗菌ペプチド，サイトカインおよびケモカインなどが存在する．

### (a) 抗菌ペプチドの産生

抗菌ペプチドの多くは陽イオンタンパク質であり，微生物表面に存在する．陰イオンを介した結合によって微生物の細胞膜を破壊する．皮膚のみならず，外界との境界を形成する上皮から抗菌ペプチドが産生される．犬の上皮からは6種類のデフェンシンと1種類のカテリシジンの産生が確認されている[7]．これらの抗菌ペプチドは恒常的に角化細胞から産生されており，皮膚の表面に存在する細菌や酵母などの過剰増殖が抑制されている．通常量の抗菌ペプチドによって殺菌されない微生物に対しては，菌体構成物によるToll様受容体またはプロテアーゼ活性化受容体などを介した刺激によって抗菌ペプチドの産生がさらに増強され，上皮における微生物の排除が促進される[8,9]．この際，抗菌ペプチドだけでなく好中球の走化因子であるIL-8なども産生され，さらに強力な自然免疫が誘導される[10]．ヒトADおよびCADにおいては皮膚表面におけるブドウ球菌の過剰増殖が頻繁に認められる[11,12]．ヒトADにおけるこの過剰増殖はこれらの抗菌ペプチドの産生低下に関連している可能性が示されている[13]．CADの皮膚においても抗菌ペプチドの転写量または発現量が調べられているが，一貫した結果は得られておらず，ブドウ球菌の過剰増殖との関連性は不明である[14]．

(b) ケモカインの産生

抗菌ペプチドによっても死滅せず，物理的バリアを通過した微生物の排除には白血球が重要な役割を果たす．微生物の存在を感知した角化細胞や真皮の線維芽細胞などは白血球を遊走させるケモカインを産生する．IL-8は好中球の主要な走化因子であり細菌や真菌の感染によってその産生が強力に誘導される．感染の有無に関わらず角化細胞において恒常的に発現しているケモカインとして，MIP-3α/CCL20がある．このMIP-3α/CCL20はランゲルハンス細胞の走化因子であり，表皮内へのランゲルハンスの遊走を制御している[15]．そして，自然免疫では排除できない皮膚の微生物に対しては，ランゲルハンス細胞を介した獲得免疫が誘導される．

角化細胞から産生されるケモカインは，CADなどの過敏症の病態においても重要な役割を果たす．CADの病態においては，IgEの過剰産生や好酸球の活性化に必要不可欠なサイトカインを産生するTh2リンパ球が関与している[16,17]．このTh2リンパ球はCAD患者の末梢血においても増加しており[17]，病変部への遊走は角化細胞から産生されるTARC/CCL17によって促進される[18]．TARC/CCL17は角化細胞において産生された後，末梢血に拡散するため，末梢血におけるTARC/CCL17濃度は皮膚病変の重症度と相関し，ヒトにおいてはADの重症度を評価するためのバイオマーカーとして応用されている[19]．

(c) サイトカインの産生

自然免疫のみで微生物の排除が困難である場合，獲得免疫が誘導される．先にも述べたとおり，表皮内のランゲルハンス細胞は抗原提示細胞としての機能を有し，抗原の認識および提示に重要な役割を果たす．ランゲルハンス細胞は抗原を取り込んだ後，リンパ節へ移動し，抗原情報をヘルパーT細胞に提示する．そのため，ランゲルハンス細胞はGM-CSFなどの刺激によってリンパ節へ遊走するためのケモカイン受容体を発現する．GM-CSFはマクロファージのみならず角化細胞からプロテアーゼ活性化受容体を介した抗原刺激によっても産生される[20]．さらに，角化細胞においては，TSLPと呼ばれるADの病態に極めて重要なサイトカインの産生が明らかとなった[21]．このTSLP(thymic stromal lymphopoietin)もGM-CSFと同様にプロテアーゼ活性化受容体を介した刺激によって産生される[22]．TSLPに刺激されたランゲルハンス細胞はナイーブT細胞をTh2細胞に分化させることからバリア機能の低下とともにAD病態の根幹をなすと考えられている[22]．TSLPは犬においてもクローニングされており，CAD病変における転写レベルの増加などが明らかとなっている他，バイオマーカーや治療標的分子としての応用が期待されている[23]．

## 免疫介在性皮膚疾患

動物においては皮膚の局所免疫の低下による疾患は一般的ではなく，過敏症に関連した疾患が多い．したがって，クームスの過敏症分類のⅠ型，Ⅱ型，Ⅲ型およびⅣ型の過敏症が関与すると考えられる代表的な皮膚疾患の疾患概念および臨床徴候について解説する．

### 1 ● 犬アトピー性皮膚炎

#### (a) 疾患概念と病態

犬アトピー性皮膚炎国際調査委員会による定義では，CADを「特徴的な臨床徴候を示し，遺伝的な素因のある炎症性および瘙痒性の皮膚疾患で，多くの場合は環境抗原に対するIgEに関連する」としている[24]．一方，CADと同様の症状を示す炎症性および瘙痒性の皮膚疾患であるが，環境抗原に対するIgEを介した反応が認められない場合を犬アトピー様皮膚炎(canine atopic like dermatitis；CALD)と定義しているが，病態は明らかになっていない[24]．CALDの症例では，食物に対するリンパ球反応が検出されており，Ⅳ型過敏症による食物アレルギーの関与が疑われている[25]．

CADにおいてはTh2細胞から産生されるIL-4，IL-5およびIL-13などのサイトカインによってIgEの産生や好酸球の活性化などが生じる．IgEはプラズマ細胞によって産生された後，主に結合組織に存在する肥満細胞に結合する．抗原がIgEを介して肥満細胞に結合するとヒスタミンをはじめとする炎症メディエイターが肥満細胞から放出され，Ⅰ型過敏症の即時相と呼ばれる炎症反応が起こる．さらに，病変部から産生されるケモカインによって好酸球やTh2細胞が浸潤し，遅発相の炎症反応が持続することとなる(図7-4)．

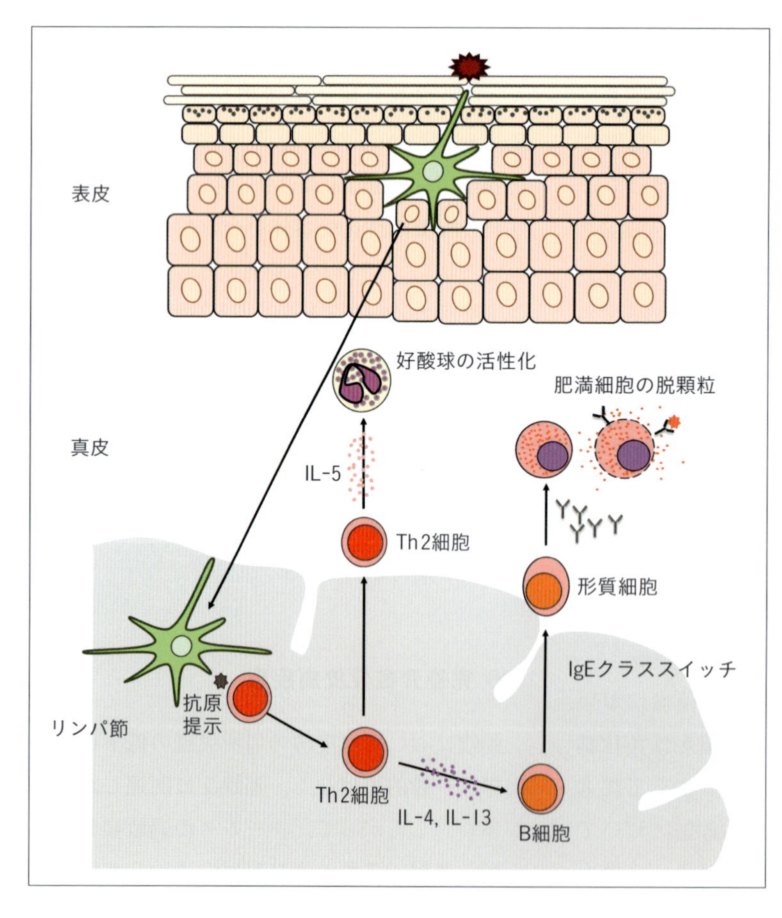


**図7-4 犬アトピー性皮膚炎の病態．** 抗原によって活性化されたランゲルハンス細胞などの抗原提示細胞はリンパ節へ移動し，リンパ球を活性化する．この際，リンパ球はTh2細胞へと分化し，IgEへのクラススイッチや好酸球の活性化などを引き起こす．

(b) 臨床徴候

ほとんどの症例は，6カ月齢から3歳齢までの間に瘙痒を伴う皮膚症状を初発する．初期に認められる皮疹は紅斑と丘疹であるが，極めて初期においては瘙痒のみで肉眼的な皮疹を伴わないこともある．原因となるアレルゲンの種類にもよるが，重症度は季節によって変化することが多い．しかしながら，この季節性は病期の進行に伴い不明確となり，やがては通年性に臨床症状を発現するようになる．慢性期に移行すると，紅斑や丘疹などの原発疹のみならず，表皮剝離，自傷性の脱毛，苔癬化および色素沈着などの続発疹が多く認められるようになる（**図7-5**）．皮疹分布は比較的特徴的であり，顔面，耳介内側部，頸部腹側，腋窩部，鼠径部，下腹部，会陰部，尾の腹側部，四肢の屈曲部および内側部に認められる．これらの皮膚病変に加えて，外耳炎を併発していることが多い．さらに，CADにおいては，表在性膿皮症やマラセチア性皮膚炎などを続発することが多く，これら合併症が皮疹形状および病変分布に多様性をもたらしている．

(c) 治　療

犬アトピー性皮膚炎の治療を考えるとき，次の三つの段階に対するアプローチを組合せなければ成功しない．第一段階は最も根源的なアレルゲンの回避，第二段階は炎症反応の鎮静化，第三段階はアレルゲン特異的免疫反応の制御である．

アレルゲンの回避：アレルゲンを特定し，その暴露を回避することはアレルギーの根本的治療である．その典型例は食物アレルギーであり，原因食物を摂取しないだけでそのアレルギー症状は完全に消失する．また，環境アレルゲンは

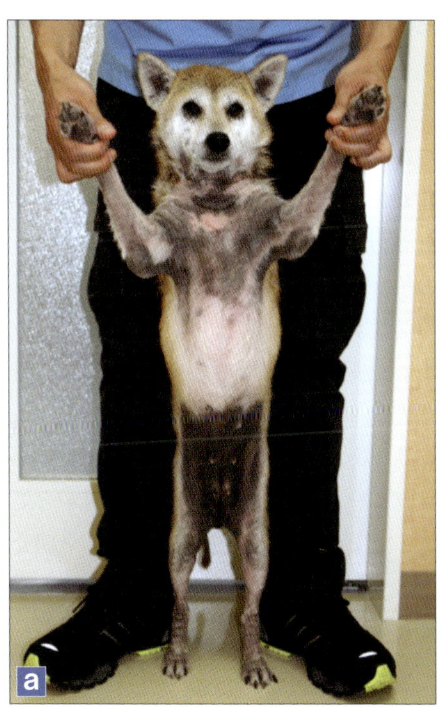

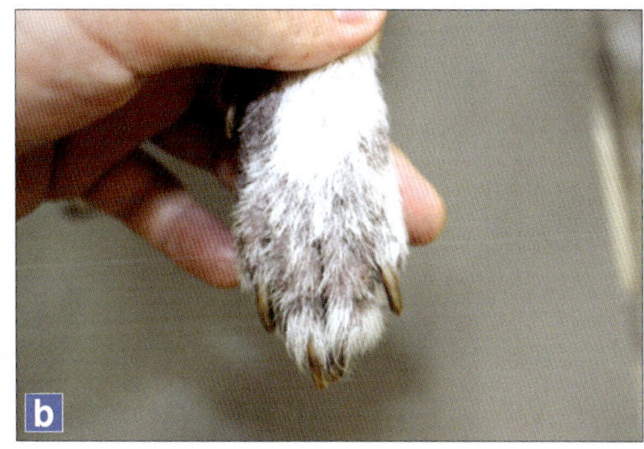

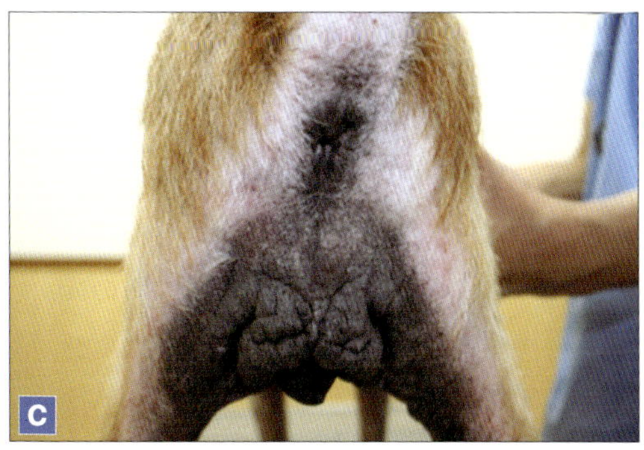

**図7-5　犬アトピー性皮膚炎．**(a)紅斑などの原発疹をはじめ，(b)苔癬化，(c)色素沈着および脱毛が認められる．

皮膚にアレルゲンが蓄積することによってアレルゲン感作と症状発症が起こるが，シャンプーによって体表に蓄積しているアレルゲンを除去することはアレルゲン暴露量を減らすために有効である．

室内のアレルゲンにはダニとカビがあり，ダニやカビは湿度が70％以上，気温が20℃付近になるとその増殖が活発になるといわれている．そのため，これらの発生源をなくすためにはまず換気を良くすることが重要である．部分的に換気が悪くなる室内状況としては，カーペットがあり，その細部の環境にはダニやカビの栄養となるチリやフケなども入り込むため，上記の環境が整うとダニやカビが増えやすくなる同様な状態は畳や絨毯にも起こると考えられる．一方，フローリングではそのような状況が整わないため，ダニやカビが発生し難い．そのため，ダニやカビにアレルギー反応を持っている犬にはフローリングでの飼育は室内アレルゲンを回避するために効果的である．また，特にダニが増える環境として最適なものに布団がある．布団は毎日数時間，睡眠時間中に人の体温まで温められ，汗を吸収して湿気を帯びるため，上述のダニの増殖環境に最適な状態になる．医療用防ダニ布団のカバーは緻密でダニが布団の内部に侵入しないようになっている．これを用いることによってダニアレルゲンが減少することが知られている．医療用防ダニ布団は各種製品(株式会社カービックジャパン，ヤマセイ株式会社など)が販売されている．医療用防ダニ布団を利用する場合には，当然のことながら家族の中の一人だけが利用するのでは効果がなく，家族全員が一斉に利用するようにしなければならない．アレルゲン除去効果そのものの臨床的効果を得るまでには，最低でも2，3カ月間は必要である．

カビは湿気の多い環境を好み，特に夏に最も注意するべき環境はクーラーの内部やそのフィルターに生えることがある．クーラーを起動させるたびにカビのアレルゲンを空気中にまき散らし，アレルギーの原因となってアレルギー発症の危険性を高めることになるため，定期的にカビが生えないようにクーラー内を清掃管理しておくことも重要である．さらに，空気清浄機を設置することで飼育環境中の空中に飛散するアレルゲン量を減らすことができる．

**炎症反応の鎮静化：**犬アトピー性皮膚炎においては，アレルゲンが体内に侵入するとそれに対してアレルゲン特異的免疫反応が起こり，最終的に肥満細胞の脱顆粒に至るⅠ型過敏症が起こる．Ⅰ型過敏症は遅発相反応によってリンパ球や好酸球の浸潤を誘導して，炎症病変を形成していくが，この過程の炎症反応を薬剤でコントロールすることができる．

Ⅰ型過敏症即時相ではヒスタミンが，遅発相ではロイコトリエンがその炎症性メディエーターとして有名である．これらの炎症性メディエーターの作用を抑えることで，Ⅰ型過敏症反応をコントロールすることは可能である．抗ヒスタミン薬はヒスタミン受容体のブロッカーであり，特にアレルギー性皮膚炎では$H_1$受容体が関係しているため，$H_1$受容体ブロッカーを処方する．犬における$H_1$受容体ブロッカーの抗ヒスタミン薬として，ヒドロキシジンとその活性代謝物セチリジンの抗ヒスタミン薬効果が有効とされる．ヒドロキシジンは2 mg/kgを12時間ごと，セチリジンは1 mg/kg/日で有効であるとされている．抗ヒスタミン薬はブロッカーであるため，症状発症前から処方することでその予防効果を発揮する．早期介入療法とは，アレルゲン飛散時期の1カ月以上前から抗ヒスタミン薬を処方し始めることで，その効果を発揮させる方法である．

抗ロイコトリエン薬のアレルギー性皮膚炎に対する有効性の報告はあまりない．Ⅰ型過敏症遅発相で放出されるロイコトリエンの作用を止めてもすでにその他の炎症性メディエーターに因る経路が活性化しているためであろうと考えられる．非ステロイド系抗炎症薬にはプロスタグランジン合成阻害薬などがあるが，犬や猫のアレルギー性炎症を抑制するために使用されるものはほとんど報告がない．その理由は，臨床的な効果が臨床家や飼い主を満足させるものではなく，また低用量のステロイド治療効果に代わることはできないからである．したがって，結論としては非ステロイド系抗炎症薬を使用するよりも，低用量ステロイド治療の方が治療効果，費用の面で飼い主，獣医師の双方が満足できるということである．

副腎皮質ステロイドホルモン剤(以下，ステロイド)は活性化したほとんどの細胞に作用して，細胞から炎症の原因となる物質の産生と放出を無くし，炎症を抑え込む作用がある．ステロイドの投与方法には注射，内服，外用があるが，アレルギー反応が激しく，強い痒みが起こっているときには注射によって炎症を抑えることが良い．一般的には内服で長期的に使用することが多い．使用するステロイドの代表的なものはプレドニゾロンであり，犬アトピー性皮膚炎のコントロールには，0.25～1.0 mg/kgを用いる．痒みや病変た強い場合には1.5 mg/kg程度の用量まで増量することがある．1 mg/kg以上の投与量は数日間のみとして，すぐに漸減していく．例えば，プレドニゾロンを1.0 mg/kg，1日1回，3日間で炎症を治め，その後0.5 mg/kgに減量して数日から10日間程度使用する．その後さらに0.25 mg/kgに減量しても良い．症状がうまくコントロールできれば，休薬する．症状が再発した場合には，最初の投与量である1.0 mg/kg，1日1回，3日間に再び戻って同じ投薬方式を繰り返す．

ステロイド外用剤は局所的な病変があり，その部分のアレルギー性炎症だけを抑えたいときに非常に有効である．全身性の投薬と比較して，副作用である医原性クッシング症候群発症の心配が少ないため使いやすい．ステロイド外用剤はその強さによって様々な仕様があり，例えば，弱いステロイド外用剤としてキンダーベート軟膏(グラクソ・スミスクライン株式会社)，中等度の作用としてリンデロン－V軟膏(シオノギ製薬株式会社)，非常に強力な作用としてジフラール軟膏(アステラス株式会社)がある．ステロイド外用剤は患部に薄く塗布することが基本となっており，ヒトにおいては指先一関節分の用量の軟膏を両手の掌の範囲にまで広げて塗布することが推奨されている．犬では被毛があったり，じっとしていなかったりするため，そのように伸ばして塗ることが難しい場合があるが，その際には白色ワセリンであらかじめ20倍程度に薄めたものを準備すると良い．あらかじめ薄めることで薄く塗ったときと同様な状態になるだろう．白色ワセリンは冬季の低温時には固くなり伸ばし難くなることがあるので，その際には，ヒルドイドクリーム0.3%(マルホ株式会社)を適量混ぜて適当な軟らかさにすると良い．ヘパリン様物質を成分とするヒルドイドクリームは乾燥した肌には保湿作用としての効果を期待することができる．

ヒトのアトピー性皮膚炎においては，近年，ステロイド外用剤の使用方法でプロアクティブ療法と呼ばれる方法が取り入れられている．ステロイド外用剤で病変が消失しても(炎症が治まっても)，病変があった部位に1週間に2回程度，病変が出ていなくても塗布する方法である．皮膚のバリア機能を修復し，活性化した上皮細胞のサイトカイン産生を定期的に抑えることで，皮膚症状の再燃を遅らせる．これによって，病変の発現をかなり遅らせることができるようで，対症療法中の患者のQOLが改善するとともに，ステロイド外用剤の使用総量を抑えることができる．

ステロイドは長期間内服投与すると，飲水量と尿量，体重が増加し，肝臓が肥大して腹筋の筋肉量が低下し腹囲が膨満する．そして，全身の筋肉が減り，体重は増加しているにも関わらず痩せているような印象となるが，このような状態を医原性クッシング症候群という．ステロイド外用剤では全身性の影響は出にくいものの，塗り続けるとその箇所の皮膚が薄くなって脱毛し，面皰が生じ，局所性の医原性クッシング症候群が生じる．

ステロイド治療ではその副作用が問題になることから，免疫抑制薬も痒みと炎症を抑えるために使用される．特にシクロスポリンはステロイドと同等の鎮痒作用があることが知られている．投与量は5～10 mg/kg，1日1回である．その他，タクロリムスやヤヌスキナーゼ阻害薬もその免疫抑制作用から犬アトピー性皮膚炎の治療に使用されている．

アレルゲン特異的免疫療法(減感作療法)：犬アトピー性皮膚炎国際調査委員会は，CADの慢性期の治療については，CADの原因因子を同定し，可能であればそれを除去する．症例犬が過敏反応を示す環境抗原に暴露され臨床症状が再発するのを防ぐために，抗原特異的減感作療法を推奨している[26]．

よって，血清IgE抗体検査等により抗原が同定され，抗原との接触が避けられない症例では，減感作を考慮した方が良い．

アレルゲンとはIgEが結合するタンパク質のことで，その命名は，アレルゲンの由来する動植物の学名の属名の3文字と種名の1文字をアルファベットで表記し，発見された順にアラビア数字をつけて表記する．例えば，チリダニ科に属するヒョウヒダニ属で，コナヒョウヒダニ(*Dermatophagoides farinae*)の2番目に発見されたアレルゲンは，「Der f 2」となる．

6～12カ月間減感作用法を実施した症例の，約50～80%が臨床症状の改善および/あるいは抗炎症薬等の使用の減少を示すとされている[27]．しかし，飼い主には，減感作を実施できるだけの「時間」と「費用」が要求される．

減感作療法治療には天然アレルゲンエキスが用いられてきた．しかし，使用するアレルゲンエキスは「標準化」されたロット間のばらつきがないものが必要とされ，当然ながら，天然アレルゲンからの「標準化」エキスの精製は容易ではない．特に，通年抗原として最も重要とされるダニ(ハウスダストマイト；*Dermatophagoides farinae*, *Dermatophagoides pteronyssinus*)については，その抗原量のばらつきも否定できず，標準化されたダニ治療エキスの開発が望まれていた．また，スギ花粉抗原などと異なり，ダニアレルゲンは完全生物体(ハウスダストマイト)からのタンパク質抽出エキスとなり，含まれるタンパク質は，3万から10万種類と非常に多い．抽出エキス中のアレルゲンは非常に少ない．近年，「ダニアレルゲンワクチン標準化に関する日本アレルギー学会タスクフォース報告」の中で，日本アレルギー学会標準品が設定された．しかし，主要アレルゲンであるグループ1(Der f 1やDer p 1など)アレルゲンの含量の決定はされたものの，もう一つの主要アレルゲンであるグループ2(Der f 2やDer p 2など)に関しては，バラツキが大きく見られるものの，含量の決定までには至らなかった[28]．

一方，遺伝子工学技術の進歩とともに，様々なアレルゲン遺伝子がクローニングされ，高純度かつ大量の組換えアレルゲンの供給が可能となってきている．日本において遺伝子組換え技術を用いてGMP生産された減感作薬が農林水産省から「動物用医薬品」として承認されている．

減感作療法による治療のメカニズムは未だ完全に解明されていないが，近年の免疫学の進歩により少しずつ明らかとなってきている．それについて，ヒトだけではなく犬においても制御性T細胞の関与が重要視されている．

CADの症例犬に減感作療法を実施したところ，治療効果が見られ，血液中の制御性T細胞が有意に上昇していることが報告されている[29]．これらの症例中の血清中のIgE値も減少し，血清中のIL-10の有意な増加も確認された[29]．増加したIL-10の大部分は活性化した制御性T細胞から産生されたと考えられる．減感作療法のメカニズムとして，減感作により抗原提示細胞から産生されたIL-10が，制御性T細胞を活性化させ，活性化した制御性T細胞から産生されたIL-10がB細胞からのIgE抗体産生の抑制とIgG抗体の産生増強に関わると考えられている[29]．

抗原特異的な制御性T細胞を活性化させるために，安全性を高めたアレルゲンを多く投与し，制御性T細胞を抗原特異的に活性化させ，活性化した制御性T細胞から産生されたIL-10やTGF-β等のサイトカインが抗原非特異的にアレルギー反応を抑制するのが理想的な減感作療法の姿であると考える．

## 2 ● 天疱瘡

### (a) 疾患概念と病態

角化細胞間における接着装置をデスモソームと呼び，デスモグレイン1，デスモグレイン3，デスモコリン，プラコフィリンおよびデスモプラキンなどの分子によって構成されている．天疱瘡はデスモソームを構成するこれらの分子に対する自己抗体によって角化細胞の接着が阻害され，水疱やびらんなどが生じる皮膚疾患である（**図7-6**）．どの分子を標的とするかによって症状が異なり，またヒトと犬において必ずしもこれら自己抗原が一致するとは限らない．例えば，ヒトの落葉状天疱瘡ではデスモグレイン1のみに対する自己抗体を有するが，犬においてはデスモグレイン1よりもデスモコリン1に

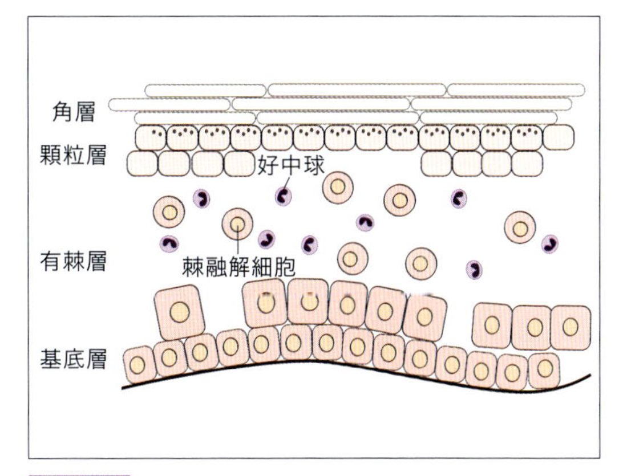


**図7-6　角化細胞の棘融解**．落葉状天疱瘡においては有棘層の角化細胞間の結合が傷害され，棘融解が生じる．有棘層の細胞が水疱内に浮遊する．

対する自己抗体の検出率が高い[30]．尋常性天疱瘡における自己抗体はヒトおよび犬ともにデスモグレイン3を標的としている[31〜33]．Ⅱ型過敏症における一般的な細胞傷害は，自己抗体を介した補体の活性化とオプソニン化によって引き起こされるが，天疱瘡においては自己抗体によるデスモソームの傷害機序は明らかになっていない．

### (b) 臨床徴候

落葉状天疱瘡においては膿疱ならびに膿疱の破壊によって生じた痂皮性またはびらん性の皮膚病変が頭部，顔面および耳などに左右対称的に認められる（**図7-7**）．その他，肉球の痂皮などが認められることもあるが，粘膜病変は認めない．病状の進行は一般的に緩徐であるが，急速に悪化する症例も存在する．

尋常性天疱瘡は落葉状天疱瘡と同様の皮疹が認められるが，粘膜や粘膜-皮膚移行部に好発する点で異なる．膿疱の細胞診では棘融解した細胞と多量の未変性好中球を認める（**図7-8**）．病理組織学的にも表皮内における棘融解細胞と好中球または好酸球などの浸潤を認める（**図7-9**）．

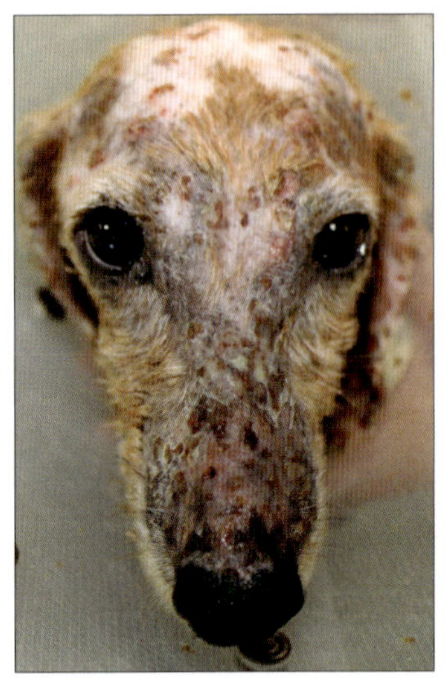

図7-7 **犬の落葉状天疱瘡**．顔面にびらんおよび痂皮が認められる．

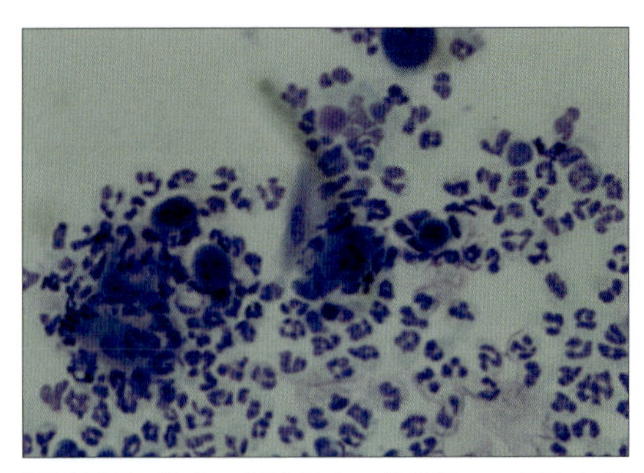

図7-8 **膿疱の押捺標本**．棘融解した細胞と多量の未変性好中球を認める．

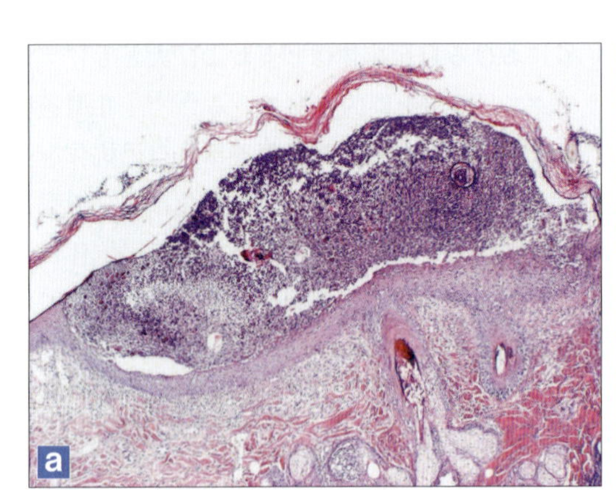


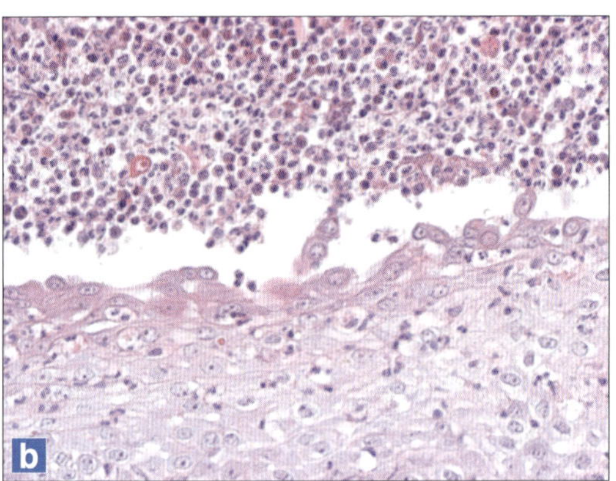


図7-9 **病理組織所見（a弱拡大とb強拡大）**．有棘層において棘融解細胞と好中球を認める．

## 3 ● 全身性エリテマトーデス

### (a) 疾患概念と病態

自己免疫介在性に，多臓器において炎症が生じる疾患であり，ヒトにおいては顔面における特徴的な紅斑の他，多発性関節炎，腎障害および中枢神経障害などを発症する．炎症が自己抗体依存性の機序で生じる点はその他の免疫疾患と同じだが，全身性エリテマトーデス（systemic lupus erythematosus；SLE）においては，複数の臓器および細胞成分に対して多発的に生じる点で異なる．犬における最初の報告は1965年であり[34]，その後に実施された症例の実験的交配によって，発症には遺伝的要因が関与していることが示された[35]．しかしながら，発症には遺伝的要因の他，環境要因も重要とされる．興味深いことにSLEを有するヒトに飼育されている犬の抗核抗体陽性率およびSLE発症率が高いことが示されている[36]．病名に「紅斑」が含まれていることから，必ず皮膚症状を伴うと思われがちだが，犬において皮膚症状を示す症例の割合は約50%であり，半分は皮膚症状を示さない[37]．また，皮膚にのみに病変を形成

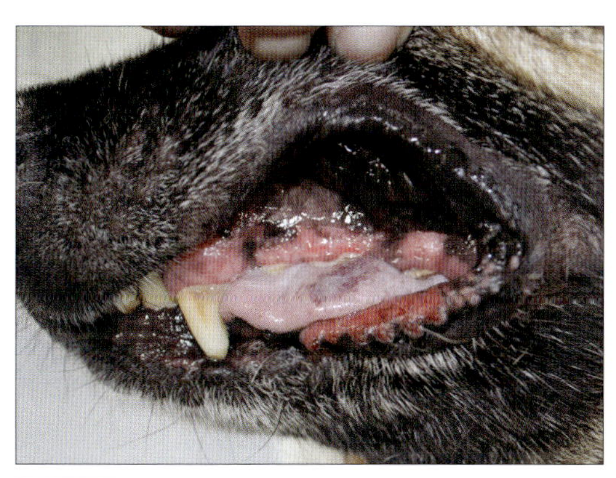

**図7-10　SLEの犬に認められた舌および皮膚粘膜部におけるびらん性病変**

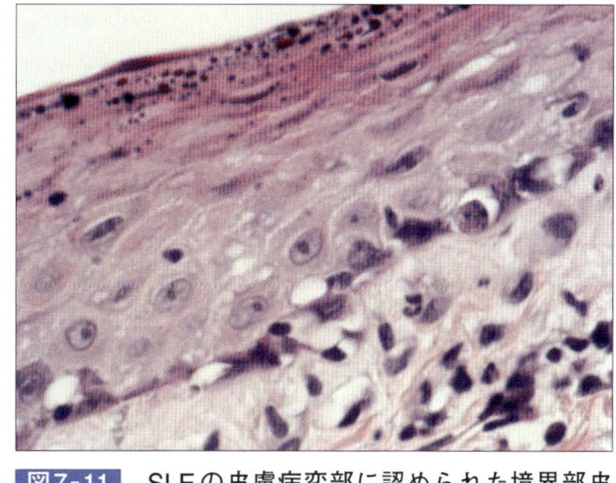

**図7-11　SLEの皮膚病変部に認められた境界部皮膚炎.** 表皮基底層において液状変性および炎症細胞の浸潤を認める.

する場合があり，このような症例を皮膚エリテマトーデス(cutaneous lupus erythematosus；CLE)と呼ぶ．傷害される臓器によって症状が異なるため，多様な病型を示す．SLEの病態にはⅢ型のみならず，Ⅱ型およびⅣ型過敏症も関与していると考えられている．自己抗原に対する過剰な免疫反応が生じる機序については不明な点が多いが，SLEを好発するノヴァ・スコシア・ダック・トーリング・レトリーバーを用いたゲノムワイド関連解析では，T細胞の抗原認識を抑制する遺伝子の異常が関与している可能性が示されている[38].

### (b)　臨床徴候

犬において最も一般的な症状は非びらん性の多発性関節炎であり，実にSLE症例の78%で認められる[37]．関節炎といっても明確な跛行を示すものは少なく，寝起きの関節のこわばり程度なので，飼い主が関節の異常を訴えることは少ない．関節炎に続き，発熱(68%)，腎疾患(55%)，皮膚疾患(46%)，リンパ節腫大(38%)，白血球減少症(18%)，溶血性貧血(15%)，血小板減少症(13%)，筋炎(6%)，中枢神経疾患(5%)，末梢神経障害(2%)などが認められる[33]．皮膚症状からSLEが疑われることも多く，紅斑，鱗屑，色素脱失または脱毛など多様性に富む皮疹が認められる(**図7-10**)．ヒトにおいては，関節炎や口腔内潰瘍などの臨床症状とそれぞれの責任遺伝子が明らかになっている[39]．病理組織学的には表皮基底層における液状変性と炎症細胞の浸潤などを特徴とする境界部皮膚炎が認められる(**図7-11**).

## 4 ● 多形紅斑

### (a)　疾患概念

多型紅斑(erythema multiforme；EM)は表皮におけるリンパ球浸潤と角化細胞の壊死を特徴とし，病態にはウイルスなどの微生物または薬剤に対する免疫反応などが関与していると考えられている．ヒトにおけるEMの発症率は0.01%であり[40]，犬においても皮膚疾患全体に占める割合は0.4%と[41]，非常にまれな疾患である．EMと同様な病理組織学的所見を示す疾患として，Stevens-Johnson症候群(Stevens-Johnson syndrome；SJS)および中毒性表皮壊死症(toxic epidermal necrolysis；TEN)が存在する．しかし，最近ではそれぞれの病態が異なる可能性が示されている[42]．ヒトのEMにおいては症例の90%以上が感染症に関連しており，特に単純性疱疹ウイルスの感染が重要視されている[43]．単純性疱疹ウイルスの感染に続発したEM患者の角化細胞からは，ウイルスDNAが検出されており[44]，これらの感染角化細胞を介したウイルス特異的Th1細胞の活性化とIFN-γの多量産生，それによって生じる非特異的な自己反応性リンパ球の活性化が病態に関与していると考えられている[42]．犬においては，ウイルス関連性のEMとしてパルボウイルスに関連した症例が数例報告されているのみで[45, 46]，病態におけるウイルスの関与については明らかになっていない．

一方，SJSやTENの病態においては，薬剤の投与が重要な役割を果たしていると考えられており[47]，患者の約75%において抗菌薬や抗てんかん薬などが原因薬剤として同定されている[48]．原因となる薬剤でも，アロプリノール，カルバマゼピン，スルホンアミド，Lamotrigine，ネビラピン，NSAIDs（メロキシカムなど），フェノバルビタールおよびフェニトインは高リスクに分類されている[47]．犬の報告は極めて限られているが，Scottらの報告ではST合剤による発症が圧倒的多数を占めている[41]．薬剤誘発型の場合，薬剤によって活性化された細胞傷害性$CD8^+$T細胞がパーフォリンやグランザイムBなどを介して，角化細胞のアポトーシスを誘導すると考えられている．犬の病態については不明であるが，病変部の表皮内において多数の$CD8^+$T細胞が存在していることを鑑みると，ヒトと同様の病態が存在している可能性が高い[49]．

(b) 臨床徴候

ヒトにおいては類円形または不整形の境界明瞭な紅斑が四肢の関節部に認められる．典型例においては標的状病変が認められるが，経過に伴って多型を示す．ヒトにおいては定型的および隆起性非定型的標的病変はEMに特徴的である一方，扁平非定型的標的病変はSJS/TENに特徴的であると考えられているが[50]，すべての症例がこの基準に合致するわけではない．さらに，SJSでは発熱などの全身症状を伴い，これらの病変が四肢以外の全身に拡がる他，粘膜および粘膜移行部にも認められるようになる．また，水疱や出血などを伴い，一部ではびらん性病変も認めるようになる．犬における皮疹の経時的変化もヒトと同様であるものと思われるが，病変は，体幹部，腹部（**図7-12**），皮膚粘膜移行部，口腔粘膜，耳，大腿部または腋窩部などに認められることが多い[41]．病理組織学的にはヒトおよび犬ともに，リンパ球の表皮内浸潤を伴う角化細胞の壊死を特徴とするが（**図7-13**），病期によって程度が異なる．

## 免疫介在性皮膚疾患に対する治療（CADを除く）

天疱瘡，全身性エリテマトーデスまたは多形紅斑などに対する治療は，その他の免疫介在性疾患と同様と考えて良い．寛解導入のためにステロイド，寛解維持を目的として免疫抑制薬が投薬されるが，軟膏やクリームなどを適用でき

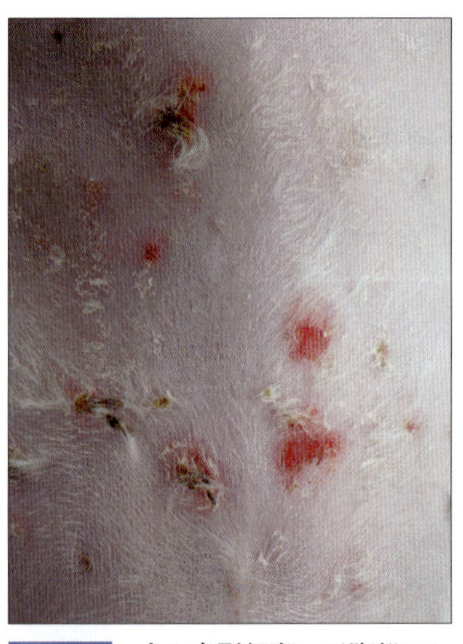

**図7-12 犬の多形紅斑．**下腹部において痂皮を伴うびらん性病変を認める．

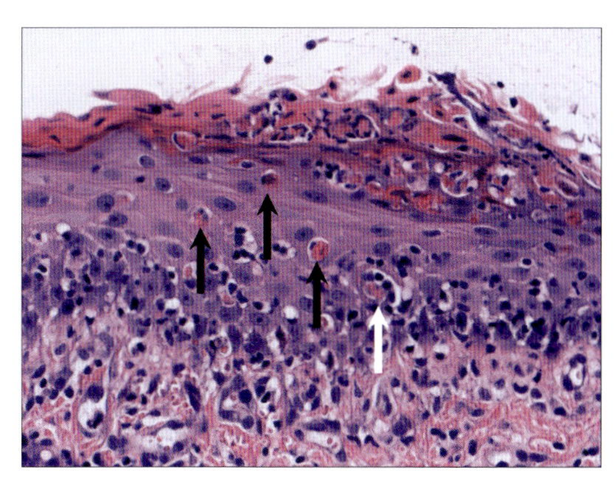

**図7-13** 多形紅斑の皮膚に認められた角化細胞の壊死(黒矢印)とリンパ球によるサテライトーシス(白矢印).(画像提供:岐阜大学 酒井洋樹先生)

る点がその他の免疫介在性疾患とは多少異なる.プレドニゾロンは最も一般的な寛解導入薬であり,免疫抑制用量が投薬される.免疫抑制薬としてはアザチオプリン,クロラムブシルまたはシクロスポリンなどの投薬が推奨されている.

# 2 消化管の免疫と疾患

## 腸管の免疫に関わる細胞

口腔から胃,小腸,大腸に至る消化管は生体にとって最大の免疫応答器官である.また,消化管には1,000種類,1,000兆個を超える腸内細菌が常在し生体と共生しており,摂取した食物に対して反応しないように精巧な免疫寛容システムを擁している.

腸管における主要な免疫誘導器官としては腸管関連リンパ組織(gut-associated lymphoid tissue;GALT)がまず挙げられる.これはパイエル板(Peyer's patch),コロニックパッチ(colonic patch;大腸パイエル板),クリプトパッチ(cryptopatch),孤立リンパ濾胞(isolated lymphoid follicle;ILF)などを含む.GALTにおいて,粘膜上皮によりリンパ濾胞は覆われており,粘膜上皮は粘膜上皮細胞,M細胞,杯細胞,上皮内リンパ球,パネート細胞,樹状細胞,マクロファージなどにより構成される.

本章では,まず,細胞ではなくリンパ組織であるGALTについて概説した後,GALTを構成する細胞群の特性について触れる.また,粘膜上皮を構成する吸収上皮細胞,パネート細胞(Paneth cell),杯細胞(goblet cell)ならびに上皮内リンパ球は消化管に特有な細胞群であり,これらの免疫機能についても概説する[1].

### 1 パイエル板とコロニックパッチ(大腸パイエル板)

空回腸から結腸管腔側の絨毛組織にパッチワーク状に存在し,絨毛が未発達なドーム状の組織(円盤部)をパイエル板と呼ぶ.そのドーム構造直下にはヒトでは約20個のリンパ濾胞が集合体を形成している.マウスではパイエル板は小腸に存在し,その数は8〜12個しか存在しない.パイエル板の円盤部は濾胞関連上皮(follicle associated epithelium;FAE)で覆われており,絨毛表面を覆う粘膜上皮細胞とは異なる,微絨毛の短い背の低い一層の円柱上皮細胞から成る.この円盤部は物理的バリアとなるムチンから成る粘液層が薄く,管腔内の抗原が取り込まれやすい環境となっている.FAEの円柱上皮細胞間にはM細胞(microfold cell;M cell)が散在しており,管腔内の細菌などの異物(抗原)を取り込み,その直下の樹状細胞やマクロファージへ抗原を受け渡す.樹状細胞やマクロファージはそれらの周囲のT細胞に抗原提示する.また一部の樹状細胞は直接FAEを構成する円柱上皮細胞間から消化管管腔内へ偽足を延ばし,直接抗原を取り込む[2].

円盤部の直下のリンパ濾胞は形態学的に大きく二つの部位に分けられ,抗原特異的な抗体を産生するB細胞領域とその周囲に位置するT細胞領域から成る．これらはそれぞれ通常のリンパ節の皮質領域と傍皮質領域に相当する．リンパ節は輸出入リンパ管や血管から抗原が持ち込まれるのに対して，パイエル板ではM細胞や濾胞関連上皮層直下の樹状細胞が直接抗原を取り込む[3]．

コロニックパッチは大腸に存在する大腸パイエル板である．その基本的構成はパイエル板とほぼ同じであり，マウスでは肛門付近に一つ，大腸全体にわたっておよそ7ないし8個のコロニックパッチが散在する．

## 2 ● クリプトパッチ

腸管粘膜固有層の絨毛基底部から陰窩にかけて存在する直系100 μm程度のラクビーボール状のリンパ組織で胎生期には見られず，出生後に形成される．マウスでは小腸に約1,500箇所あり，各クリプトパッチは約1,000個のリンパ球から成る．クリプトパッチには成熟T細胞は2%程度しか存在せず，樹状細胞が20〜30%，残りのほとんどがc-kit陽性の未成熟なT細胞前駆細胞である．このT細胞前駆細胞は造血幹細胞から直接クリプトパッチに集結した胸腺非依存性の細胞であり，腸管上皮へと運ばれ，腸管上皮細胞間リンパ球（intraepithelial lymphocyte；IEL）に成熟し生着する[4]．

## 3 ● 孤立リンパ濾胞

小腸および大腸に見られるリンパ組織で，特に回腸の遠位の粘膜固有層に集中して認められる．マウスではおよそ150〜300個あり，B細胞領域のみから形成される．出生後にクリプトパッチから形成されると考えられており，その形成には腸内細菌などの外来刺激を要する．孤立リンパ濾胞もFAEで覆われており，M細胞も認められ，パイエル板と類似した組織構造を示す．パイエル板と同様，腸管の分泌型IgA抗体応答における誘導組織として機能する．外来刺激に応じて可逆的に形成されることから腸内環境の変化に応じて適切な数のGALTを維持する役割を担っていると考えられる[5]（**図7-14**）．

## 4 ● 吸収上皮細胞

腸管粘膜面を覆う単層円柱上皮細胞の大部分を占めるのが吸収上皮細胞である．吸収上皮細胞はタイトジャンクション（tight junction）と接着結合（adherens junction）の二つの細胞接着装置により厳密な細胞極性を維持している．タイトジャンクションはクローディン，オクルディン，JAM（junctional adhesion molecule），CAR（coxackievirus-adenovirus receptor）から構成され，イオンのような低分子でさえ容易には透過させない細胞間バリアとして機能する[6]．接着結合は1回膜貫通型タンパク質であるE-カドヘリンによる細胞間接着構造である．現在では様々なサイトカインによりタイトジャンクションバリアの減弱や増強が起こることが報告されており[1]，消化管疾患との関連性が示唆されている．粘液層を介して直接消化管管腔内の細菌やウイルス，その他様々な抗原に直に接触する上皮細胞は，抗菌ペプチドであるβ-デフェンシンを発現する．抗菌ペプチドは100アミノ酸以下のカチオン性ペプチドから成る小タンパク質で広い抗菌スペクトルを持つ．また，微生物やウイルスを認識するToll様受容体（Toll-like receptor；TLR）についても上皮細胞は特異な進化を遂げており，例えばTLR2やTLR4の上皮細胞管腔側細胞膜表面での発現は低く，容易に腸内細菌に応答して炎症応答を発揮しない．

## 5 ● パネート細胞

ヒトやマウスでは小腸にのみ存在する．粗大な顆粒を細胞質に蓄えた分泌型上皮細胞で腸内腔側に細胞内顆粒として抗菌ペプチドを放出することで自然免疫機能を発揮する．パネート細

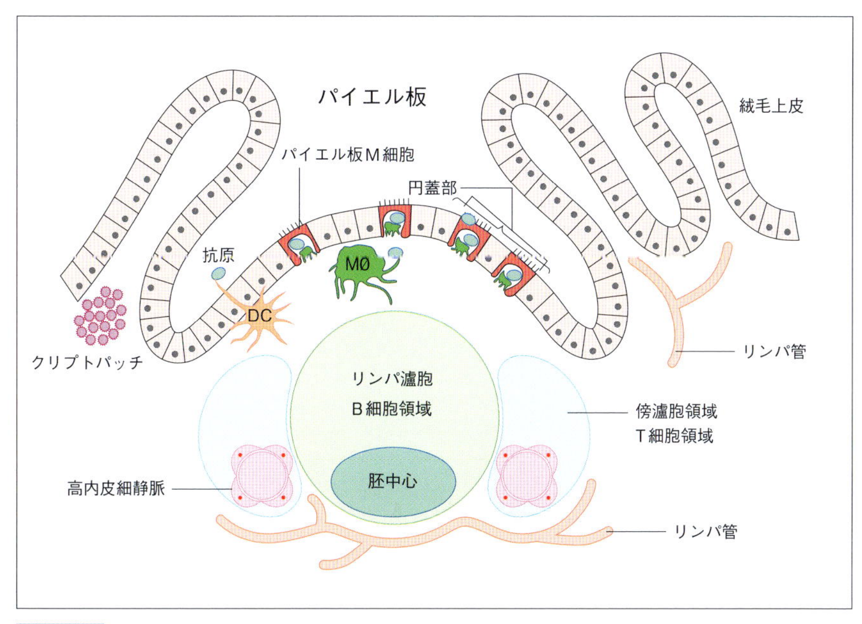


**図7-14 消化管粘膜における特異な免疫器官**．消化管は生体にとって最大の免疫器官であり，腸管関連リンパ濾胞としてパイエル板，クリプトパッチ，孤立リンパ濾胞など特異な免疫器官が発達している．孤立リンパ濾胞はパイエル板と似たドーム状構造を呈し，M細胞も見られるが，リンパ濾胞はB細胞領域のみから成る．

胞は小腸陰窩の基底部近傍にあると考えられている幹細胞由来であり，パネート細胞はこの幹細胞から分化誘導された後，小腸陰窩の最基底部に位置し，αデフェンシンなどの抗菌ペプチドを産生・分泌する．αデフェンシンはパネート細胞にのみ発現しており，マウスでは六つのアイソフォームに(Cryptdin 1-6)，ヒトでは二つのアイソフォーム(HD5とHD6)に分類される[7]．慢性炎症性の腸疾患では異所性に胃や大腸粘膜にパネート細胞が発現することがあり，ヒトではクローン病との関連性が示唆されている．

## 6 ● 杯細胞

ヒトやマウスでは小腸と大腸に存在する分泌型上皮細胞で細胞形状が酒杯に似ていることから杯細胞といわれる．糖タンパク質であるムチンを主成分とする粘液を腸内腔側に産生・分泌する．活動期の潰瘍性大腸炎やクローン病，大腸癌では杯細胞の減少による大腸粘液減少が認められることが多い．パネート細胞や杯細胞の分化ならびに再生にはWntシグナルやNotchシグナルが重要であることがわかってきている[8]．

## 7 ● M細胞

M細胞(microfold cell；M cell)はパイエル板円盤部や小腸の孤立リンパ濾胞などに散見される細胞で，微絨毛は短く，基底膜側にポケット構造を発達させた形態をなし，ポケット内にはT細胞，B細胞，樹状細胞などの免疫担当細胞が集結している．細胞数としてはFAEの約10%程度しか存在しない．近年，絨毛上皮細胞層にも絨毛M細胞と呼ばれるM細胞が発見され，パイエル板M細胞と区別されている．すなわち，M細胞は管腔内腔から抗原を取り込む役割を果たすが，パイエル板依存的経路と絨毛M細胞を介するパイエル板非依存的経路が

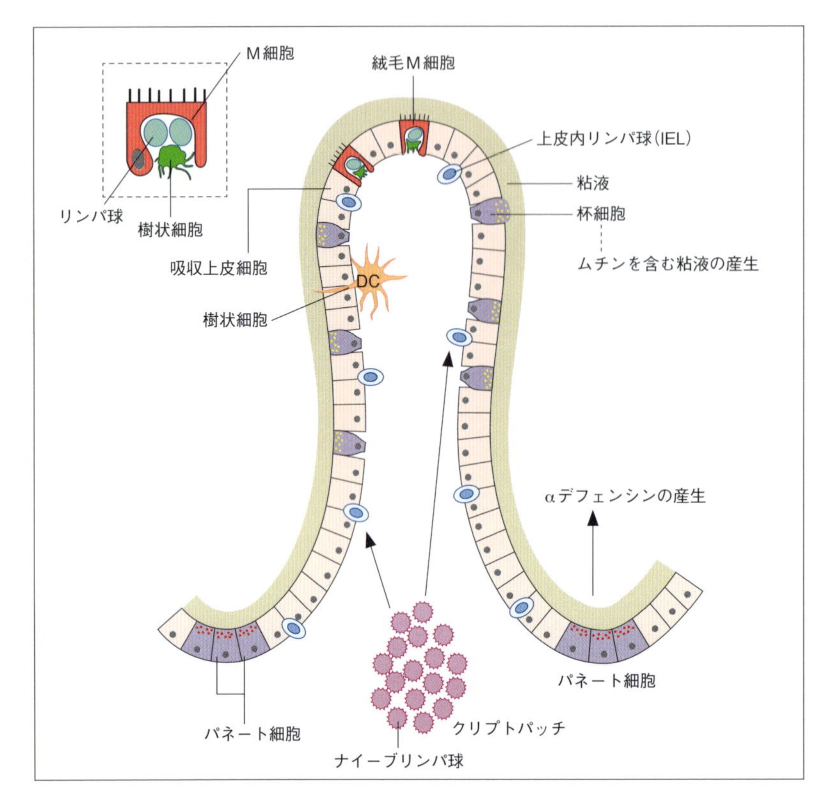


**図7-15 消化管粘膜上皮を構成する細胞群**．消化管粘膜は消化管管腔内の腸内細菌をはじめとする外来物質と粘液層を隔てて直に接触しており，粘膜上皮細胞(吸収上皮細胞)自身が一つの免疫担当細胞機能を担っている．上皮細胞以外にもM細胞，パネート細胞，杯細胞，上皮内リンパ球などはそれぞれ独自の免疫応答を担っており，さらに，基底膜直下の樹状細胞，マクロファージ，リンパ球と相互作用する．

あることを示唆する[1].

### 8 ● 上皮内リンパ球

上皮内リンパ球は獲得免疫応答を経ることなく，あらかじめ記憶細胞の特徴を持つ自然免疫リンパ球(または自然記憶リンパ球)であり，胸腺でのネガティブセレクションを受けない．小腸上皮内リンパ球(intestinal intraepithelial lymphocyte；i-IEL)は腸管粘膜上皮の基底膜側に存在し，その割合は粘膜上皮細胞6細胞に対して1細胞の割合で認められる．

主に$CD3^+CD8^+$T細胞であり，CD8αα鎖のホモダイマーリンパ球とCD8αβ鎖のヘテロダイマーリンパ球がある．CD8αα鎖リンパ球は，さらにTCRの型によりγδ型とαβ型に分けられるが，γδ型T細胞数が多いのが特色である．その機能は，上皮細胞のアポトーシス誘導やKGF(keratinocyte growth factor)産生による上皮細胞再生である．さらに，TGF-βを産生することでB細胞を刺激してIgA産生形質細胞を誘導する．このようなヘルパーT細胞としての機能，過剰な炎症を抑制する免疫制御T細胞としても機能する[9](**図7-15**)．

## 免疫細胞の移動

### 1 ● パイエル板を中心にした免疫細胞の移動

上皮細胞層ならびに基底膜を介してその下層に位置する粘膜固有層にはいずれも多数のT細胞が分布しているが，上皮細胞層に生着している上皮内リンパ球のTCRはγδ鎖から構成される細胞が多く，粘膜固有層に生着するT細胞ではαβ鎖から構成される細胞が多い．パイエル板の円盤部直下にあるリンパ濾胞はB細胞領域とT細胞領域よりなるが，いずれも胸腺や骨髄から生まれたナイーブリンパ球により形成される．パイエル板より産生されるCCL21やCCL19などのケモカインによりこれらのナイーブリンパ球は高内皮細静脈を介してパイエル板に達する．ここで，抗原と遭遇しなかったナイーブリンパ球は再び高内皮細静脈を経て全身循環へと戻って行く．パイエル板のM細胞が抗原を取り込んだ場合，取り込まれた抗原は直下の樹状細胞に取り込まれ，続いて，抗原を取り込んだ樹状細胞はパイエル板円盤部内で，あるいは円盤部のT細胞濾胞からリンパ管を経て腸間膜リンパ節へと移動し，ここでナイーブT細胞に抗原提示を行う．抗原を認識したナイーブT細胞は活性化する．活性化された抗原特異的T細胞は血管ならびにリンパ循環を経て全身の粘膜組織へ移行し，そこでB細胞と会合し，B細胞へとシグナルを伝搬し抗原特異的分泌型IgA産生機構を維持する．このように，パイエル板で獲得した抗原シグナルをもとに，抗原特異的分泌型IgA産生が様々なMALTで共通に伝搬されるシステムが形成されるが，これを共通粘膜免疫システム(common mucosal immune system；CMIS)と呼ぶ[10, 11]．

これに対して，腸管のパイエル板にて抗原特異性を認識したT細胞やB細胞が再び腸管のGALTならびにその近傍に帰巣性をもって移動する場合もある．通常，ナイーブリンパ球はケモカイン受容体であるCCR7を発現し様々なMALTへと遊走する能力を保持している．パイエル板において樹状細胞より抗原提示を直接受けたT細胞やT細胞によって活性化されたB細胞(B2型)はこのCCR7の発現が低下し，変わりにα4β7インテグリンやCCR9などの腸管特異的遊走指向性分子群の発現が上昇する[10]．この腸管特異的遊走指向性分子群の発現は樹状細胞の持つレチノール脱水素酵素(retinol dehydrogenase；RALDH)によってビタミンAからレチノイン酸が作られるが，これによって増強される．

パイエル板円盤部で腸管帰巣性を獲得した活性化B細胞は血小板や赤血球から産生されるスフィンゴシン1-リン酸に対する受容体を発現しており，パイエル板円盤部より移出し，腸間膜リンパ節を経て高内皮細静脈へと移出する．この細静脈への移出は，内細胞に発現するMadCAM-1受容体と活性化したB細胞に発現するα4β7インテグリンの結合に依存している．細静脈へと移動した抗原特異的B細胞はCCR9受容体を発現していることから，腸上皮細胞から常時産生されるCCR9のリガンドであるCCL25に誘導され[12]，腸粘膜固有層へと遊走し，ここで成熟したIgA産生形質細胞へと分化する．形質細胞からは多量の二量体IgAが分泌され，上皮細胞の基底膜側に発現する多量体免疫グロブリン受容体に結合･分解され，分泌型IgAとして管腔側へ粘液とともに放出される[10]．

T細胞の腸管帰巣性についても，B細胞とほぼ同じ仕組みで制御されている．ナイーブT細胞はいったんクリプトパッチに集積し，ここからT細胞の一部は粘膜固有層から基底膜を越え，CCR9依存性に粘膜上皮下へと遊走する．粘膜上皮下では上皮細胞から産生されるTGF-βによりα4β7インテグリンの発現が低下し，代ってαEβ7インテグリンの発現が上昇する．αEβ7インテグリンは，上皮細胞の側底面細胞膜上に発現するE-カドヘリンと結合するためこれらT細胞は成熟したT細胞，すなわちαβ型IELやγδ型IELなどとしてここに定着する．

これら小腸におけるリンパ球の帰巣性にはCCR9とα4β7インテグリンが重要な役割を担うが，大腸やその他の粘膜上皮ではCCL28とその受容体であるCCR10が同様な役割を担う．

### 2 ● 腹腔細胞に含まれるB細胞によるIgA産生経路

B細胞には骨髄造血幹細胞から供給されるB-2細胞と，胎児期に発生し末梢組織に分布した後は骨髄に頼らず自己複製して増殖するB-1

細胞に分類される[13]．上記のIgA産生に関与する細胞の流れは最終的にはB-2細胞を介した経路であるが，消化管粘膜固有層に局在するIgA産生細胞（形質細胞）はB-1細胞とB-2細胞の両者に由来し，その割合もほぼ同等である．すなわち，パイエル板でのCMISを介したIgA産生機構とは別に，腹腔内に存在するB-1細胞に由来し，CMISに依存しないIgA産生経路が別途存在する．B-1細胞にはIL-5Rαが発現しており，Th2細胞やγδT細胞，NK細胞，NKT細胞，肥満細胞，好塩基球，好酸球などから産生されるIL-5により生存や増殖が維持されている．最終的にはB-2細胞と同様に樹状細胞から産生されたTGF-βによりIgA産生形質細胞へと分化する．腹腔内から腸管粘膜固有層へのB-1細胞の移動には，実験的にLPSやペプチドグリカン刺激により起こることからTLR依存性であることがわかっている．また，B-1細胞の腹腔外遊走にはTLRシグナルに加えてNF-κB-inducing kinase（NIK）によるNF-κB系の活性化が必要であることもわかってきている[10]（**図7-16**）．

### 3 ● 粘膜上皮における免疫細胞の移動

粘膜上皮細胞は，細胞内で合成されたタンパク質がプロテアソームで分解されることで生じた自己抗原由来ペプチドと結合したMHCクラスⅠ分子，細胞外からエンドサイトーシスで取り込まれリソソーム加水分解を受けた外来性抗原ペプチドと結合したMHCクラスⅡ分子，さらにαガラクトシルセラミドなど糖脂質抗原と結合し抗原提示するMHCクラスⅠ様分子群（CD1dなど）を細胞測底面に発現している[10]．MHCクラスⅠ分子は$CD8^+$細胞傷害性T細胞へ，MHCクラスⅡ分子は$CD4^+$ヘルパーT細胞へ，CD1dはNKT細胞や$CD8^+$IELへと抗原提示し，細胞傷害性（抗炎症性）に働く．MHCクラスⅠ様分子群には，熱ショックや感染症発現が増加するMICA/MICBもあり，MICAは$CD8^+$IELやγδT細胞の細胞膜上に発現してるNKG2D受容体を活性化し，細胞傷害性に機能する．また，粘膜上皮細胞は底部より基底膜を越える偽足をのばし直接$CD4^+$ヘルパーT細胞を活性化したり[14]，側底部よりMHCクラスⅡ分子を含むエキソソームを分泌して直下の樹状細胞がこれをエンドサイトーシスで取り込み，樹状細胞よりMHCクラスⅡ分子の抗原提示がなされて，さらに直近の$CD4^+$ヘルパーT細胞を活性化する経路を持つ[15]（**図7-17**）．

### 4 ● 腸管粘膜における制御性T細胞による免疫寛容

制御性T細胞（Treg）には，胸腺由来のTreg細胞（naturally occurring Treg；nTreg）と，誘導性制御性Treg（inducible Treg；iTreg）が知られている．$CD4^+$ナイーブT細胞はIL-12によりTh1細胞へ，IL-4によるTh2細胞へ，TGF-βによりTh17細胞とiTreg細胞へと分化する．Th17細胞の分化にはTGF-βに加えてIL-6の刺激を必要とし，iTregの分化にはTGF-βに加えてIL-2，あるいはレチノイン酸の刺激を必要とする．TregはTGF-βやIL-10を産生し抗炎症性に作用することで免疫寛容応答を担っている．腸管粘膜においてiTregの誘導を介した免疫寛容と，Th17を介した炎症応答には，粘膜上皮細胞と直下に常在するマクロファージや樹状細胞によって制御されている．健常状態での粘膜上皮細胞は消化管管腔内の様々な抗原に反応し，常にTGF-βを産生しており，これに加えて樹状細胞がビタミンAから作り出すレチノイン酸がT細胞受容体刺激に加わることでiTregは誘導される[16]．これにより食物に対して免疫応答しないように制御されている．一方，粘膜上皮が傷害を受けた場合，上皮細胞から放出されるATPなどの刺激により常在するマクロファージの中でCOX-2が誘

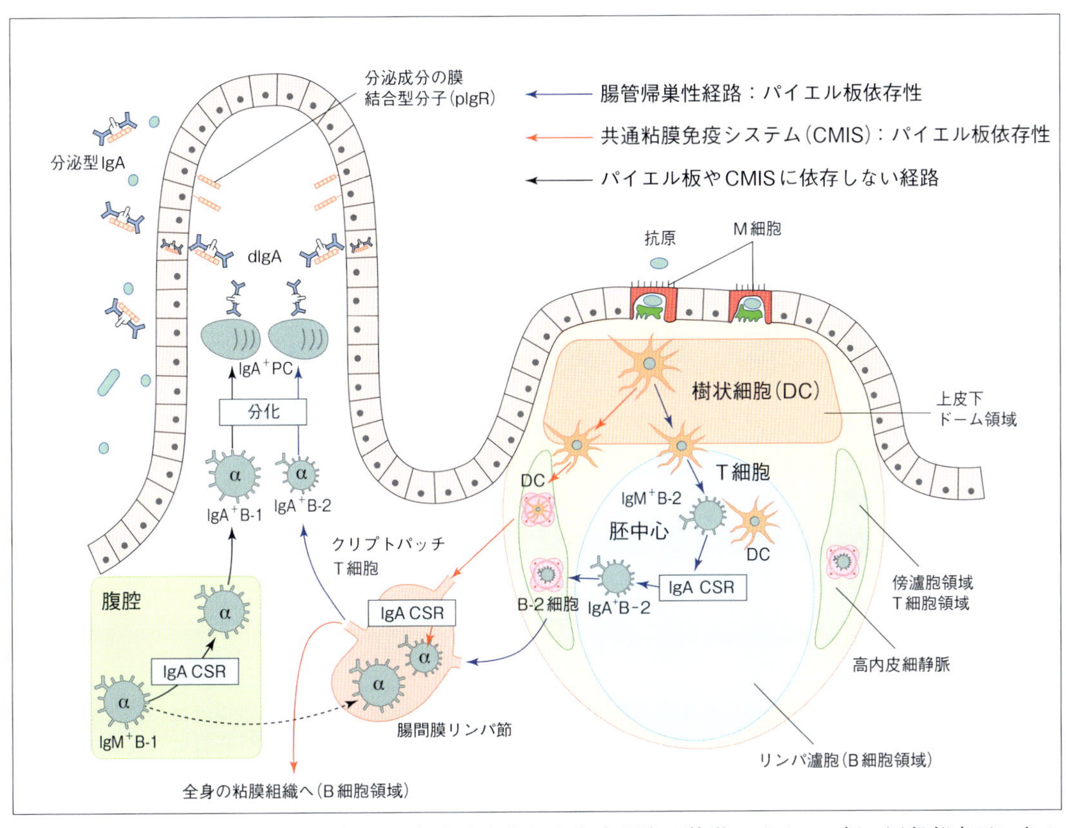


**図7-16　消化管粘膜におけるパイエル板を中心とした免疫細胞の移動．** パイエル板の円盤部直下にあるリンパ濾胞B細胞領域，T細胞領域のリンパ球はいずれも骨髄や胸腺からナイーブリンパ球として供給される．一方，クリプトパッチのナイーブリンパ球は胸腺非依存性の骨髄から直接供給を受ける．クリプトパッチのナイーブT細胞の一部は粘膜上皮へと移行し，上皮内リンパ球(IEL)として生着する(**図7-15**参照)．M細胞や吸収上皮細胞から取り込まれた抗原は樹状細胞に取り込まれ，パイエル板の円盤部のT細胞濾胞からリンパ管を経て周辺の腸間膜リンパ節でナイーブT細胞に抗原提示する．抗原特異的T細胞は全身のMALTへ血管やリンパ管を経て移行し，B細胞へと抗原提示し抗原特異的IgA産生を発揮する(CMIS)．一方，パイエル板円盤直下で抗原を取り込んだ樹状細胞はその場でT細胞へ抗原提示し，さらにB細胞も活性化される．これらのT細胞やB細胞は腸管特異的遊走指向性分子群を発現し，腸管帰巣性を獲得する．腸管帰巣性を獲得したリンパ球はパイエル板円盤部より移出し，腸間膜リンパ節を経て高内皮細静脈へと移出し，粘膜固有層やクリプトパッチを経て一部はIELとして腸管粘膜上皮に生着する(**図7-15**を参照)．これら，パイエル板を介した細胞移行の他にも，腹腔内B細胞(B-1細胞)からの腸管粘膜部での抗原特異的B細胞移行経路，粘膜上皮細胞間にある絨毛M細胞を介した経路など，パイエル板非依存性経路が存在する．IgM⁺B-1, B-2：IgM⁺ナイーブB細胞，IgA CSR：IgAクラススイッチ組換え，IgA⁺B-1, B-2；IgA⁺PC：IgA形質細胞，dIgA：二量体IgA

導されPGE2が産生される．PGE2は樹状細胞からのIL-6やIL-23を産生させ，Th17細胞を誘導し，炎症応答を発揮する．これによって，異常な腸内細菌の侵入は阻止される．

消化管において，粘膜固有層，パイエル板，腸間膜リンパ節などいずれにおいてもFoxp3⁺iTregは常に誘導・成熟・生着している．消化管粘膜に局在するiTregにはFoxp3⁺iTregの他にも，TGF-β産生型iTreg(膜結合型TGF-βであるLAP(latency-associated peptide)を産生するLAP⁺iTregや活性型TGF-βを産生するTh3)とIL-10産生型iTreg(Tr1)が局在して

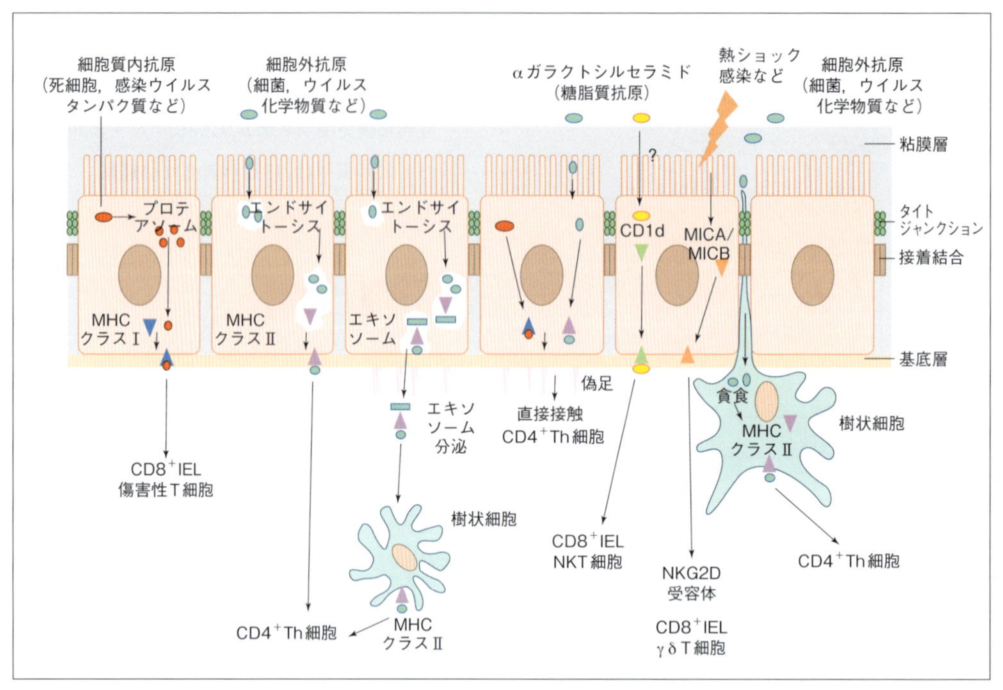


**図7-17 粘膜上皮細胞を介した免疫細胞移動．** 粘膜上皮細胞は細胞自身が抗原提示に必要なMHCクラスⅠ，MHCクラスⅡ，MHCクラスⅠ様分子群を持っており，それぞれ，CD8⁺細胞傷害性T細胞，CD4⁺Th細胞，NKT細胞ならびにCD8⁺IELなどへと抗原提示する．これらの細胞移行もパイエル板非依存性経路の一つである．

いる．LAP⁺iTregやTh3が産生するTGF-βはFoxp3⁺iTregの誘導にも重要な役割を果たしていると考えられている[10]．

## 腸内細菌叢がもたらす免疫系への影響

海洋や土壌など，地球上のあらゆる環境中には多種多様な微生物が生息しており，異種あるいは同種微生物間において，複雑かつ洗練されたやりとりに基づく微生物生態系が構築されている．ヒトを含む動物の体表も例外ではなく，顔や体，手足などには多種多様な共生細菌が生息し，バイオフィルムと呼ばれる微生物叢の膜が形成されている．皮膚のバイオフィルムは宿主細胞とのやりとりを介して形成され，外来病原菌の感染を防ぐことが報告されている[1,2]．しかし，動物の体表は体の外側ばかりではない．体の内側，すなわち消化管は「内なる外」とも称され，生体内外のインターフェースとして機能しており，生体の生命維持・存続のために生体外から栄養素を吸収するというだけでなく，多くの異物や外来抗原に常に暴露されている．そのため消化管，特に腸においては，体にとって必要な栄養素を吸収しながら，外界からの微生物の侵入を排除し，さらには食事由来の食物抗原などに対して免疫寛容を成立させるなど，異種抗原の排除と免疫寛容とを巧妙に操る腸管粘膜免疫系が発達している．また腸管には，第三の自律神経系とも称される腸管壁内神経系が存在し，知覚神経や介在神経，運動神経などから構成される内在性の反射回路や，興奮性神経と抑制性神経とが調和を保ちながら統合的に機能している．さらに腸管粘膜には，腸管内の情報を感知し，対応する臓器にホルモンを介して

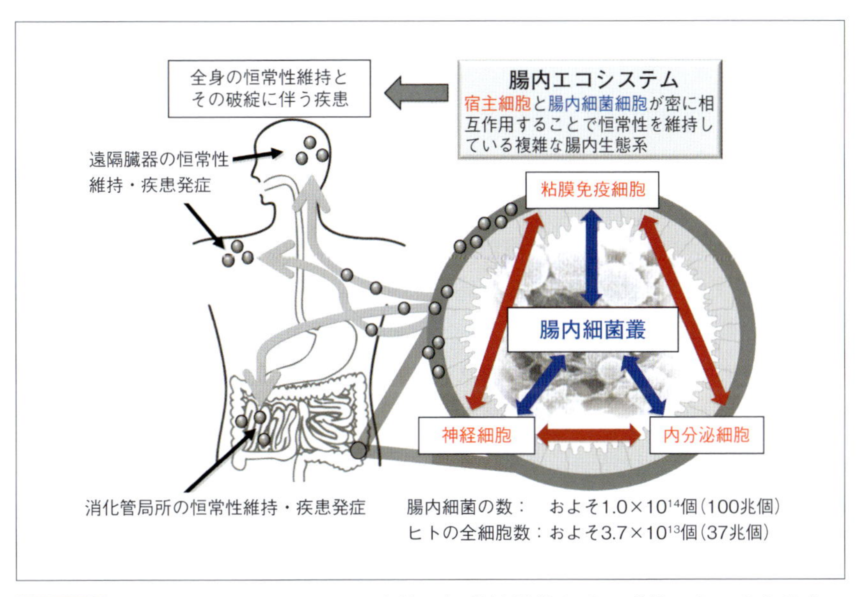


**図7-18　腸内エコシステムによる生体の恒常性維持とその破綻による疾患発症.**
腸内細菌叢が粘膜免疫細胞や神経細胞，内分泌系細胞などと密接にクロストークすることで，複雑な腸内生態系(腸内エコシステム)を形成している(右)．これらの異種生物間相互作用により生体の恒常性が維持されているが，そのバランスが崩れると大腸炎や大腸癌といった消化管局所での疾患発症のみならず，アレルギーや代謝疾患などの全身性疾患の発症につながる(左)(文献5より改変して転載).

信号を伝達する腸管上皮細胞サブセットである腸管内分泌細胞も点在している．これら腸管における免疫系・神経系・内分泌系はそれぞれが独立に機能しているのではなく，お互いに緊密なクロストークを保ちながら統合的な腸管イントラネットを構成し，生体の恒常性維持に重要な役割を果たしている．

この腸管内には，数百種類以上の，およそ100兆個にも及ぶ腸内細菌が生息しており[3]，われわれの体を構成するおよそ37兆個の体細胞数よりも遥かに多い[4]．それら腸内細菌叢は腸管イントラネットとさらにクロストークすることで，腸管内における複雑な生態系，すなわち「腸内エコシステム」を形成している(**図7-18**)．腸内エコシステムは通常はこれら異種細胞間の絶妙なバランスのもとに恒常性を維持しており，外界からの様々な刺激や外部ストレス，老化などによりそのバランスが多少崩れても，もとに戻すロバスト性を有する．しかし，遺伝的素因あるいは過度の外的環境要因によりその恒常性が破綻すると，最終的には粘膜免疫系や神経系，内分泌系の過剰変動に起因すると考えられる炎症性腸疾患や大腸癌といった腸そのものの疾患に加えて，アレルギーや自己免疫疾患，代謝疾患といった全身性疾患につながることが知られている[5,6]．したがって，腸内エコシステムの破綻に起因するこれらの疾患を正しく理解し制御するためには，その構成要素の一つである腸内細菌叢の機能について，腸管イントラネットとのクロストークといった統合的な観点からアプローチする必要がある．本稿では，腸内エコシステムの生体恒常性維持機構，特に腸内細菌叢がもたらす免疫修飾機構について，腸内細菌叢のメタゲノム解析や腸内代謝産物のメタボローム解析を組合せたメタボロゲノミクスによる近年の取り組みについて紹介する．

## 腸内細菌叢と免疫恒常性

腸内エコシステムの生体恒常性維持において，腸内細菌叢がもたらす多様な機能のうち，その多くは粘膜免疫システムの制御に関わっていることが近年明らかになりつつある．腸内細菌叢を持たない無菌マウスでは，CD4$^+$T細胞が産生するIL-4依存的にB細胞から産生される抗体がIgEへクラススイッチし，無菌マウスの血中IgEレベルは高くなることが知られている．しかし，生後直後から多様性の高い腸内細菌叢に曝されることで，B細胞はIgEではなく，産生する抗体をIgAへクラススイッチさせ，結果としてマウス血中IgEレベルは減少し，アレルギーのリスクが低下することが報告されている[7]．興味深いことに，多様性が不十分な腸内細菌叢が定着した場合，血中IgEレベルが高いままだったことから，生後早い段階で多様性の高い正常な腸内細菌叢が腸管内に定着することが，その後のアレルギー発症リスクを低下させるために重要であることが示唆され，このことは衛生仮説を腸内細菌叢の観点から支持する[23]．

腸内細菌叢と免疫細胞の分化に関する報告として，例えば腸内細菌の一種であり，難培養性細菌として知られているセグメント細菌(segmented filamentous bacteria；SFB)は，粘膜免疫系においてIgA産生細胞や腸管上皮細胞間リンパ球を誘導するだけでなく[8]，宿主免疫との相互作用を介して，宿主防御反応や自己免疫性疾患に関与するインターロイキン-17産生性のヘルパーT細胞(Th17細胞)の集積を促すことが報告されている[9〜11]．難培養性細菌であるSFBの培養方法が近年確立されたことから[12]，Th17細胞の分化誘導に関わるSFB側因子の同定が今後期待できる．

## 腸内細菌叢由来代謝物質がもたらす粘膜免疫系への影響

腸内エコシステムの恒常性維持において，腸内細菌叢がもたらす多様な機能の多くは，粘膜免疫システムの制御に関わっていることが近年明らかになりつつある．主要な腸内細菌群の一種であるクロストリジウム目細菌群が，免疫応答の抑制に重要な役割を担う制御性T細胞(Treg)の分化・誘導を促すことが報告されているが[13, 14]，これらの腸内細菌が有するどのような因子が宿主細胞にどのように作用することでTregの分化・誘導を促すのか，すなわち宿主－腸内細菌間クロストークの分子機構は不明であった．そこで筆者らは，メタボロゲノミクスを適用することにより，クロストリジウム目細菌群によるTregの分化誘導メカニズムの解明を試みた．その結果，宿主が摂取した食物繊維の代謝発酵によりクロストリジウム目細菌群が腸管内で産生する短鎖脂肪酸(short-chain fatty acid；SCFA)の一つである酪酸が，大腸粘膜におけるTregの分化誘導に寄与することを明らかにした[15]．酪酸はヒストン脱アセチル化酵素阻害薬(histone deacetylase inhibitor；HDAC inhibitor)として機能することが以前より知られていたが，ナイーブT細胞を用いた*in vitro*でのトランスクリプトーム解析およびゲノムワイドなエピゲノム解析から，酪酸がナイーブT細胞にエピジェネティックに作用することで，Tregの分化誘導のマスター転写因子である*Foxp3*遺伝子領域のヒストンアセチル化を促進し，*Foxp3*遺伝子発現量を増加させることを明らかにした．T細胞依存性大腸炎モデルマウスに酪酸を架橋したデンプンを食餌として与えて腸管内での酪酸量を増加させたところ，大腸粘膜におけるTregの数が増加し，それに伴って大腸炎も抑制されたことから，クロストリジウム目細菌群が腸管内で特徴的に産生する酪酸が，Tregの分化誘導を担

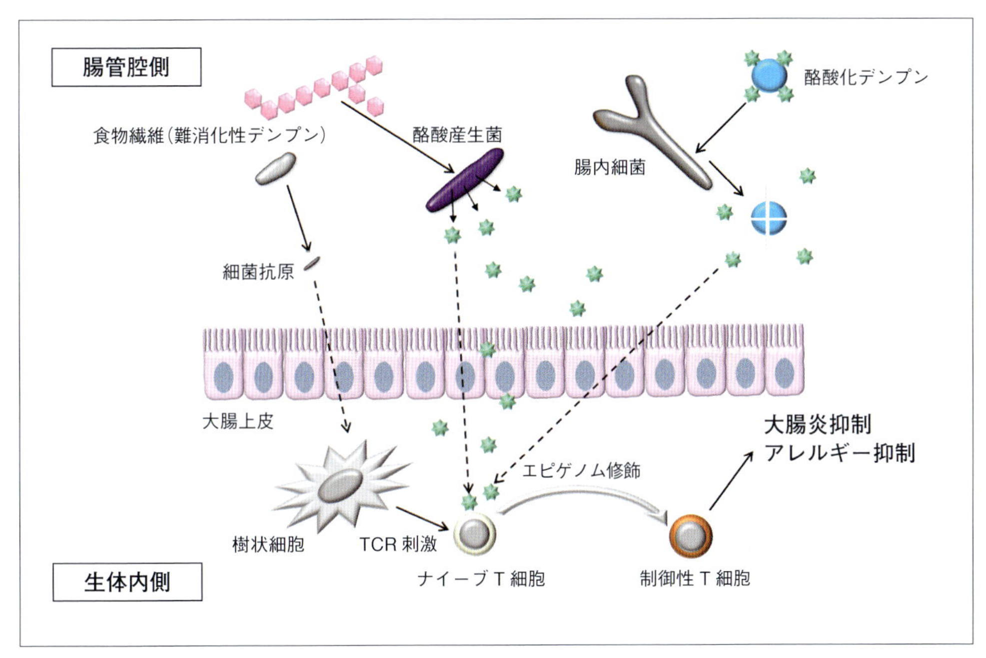


**図7-19 酪酸による制御性T細胞の分化誘導機構.** クロストリジウム目細菌群などの酪酸産生菌が食物繊維の発酵代謝により腸管内で酪酸を産生する. 大腸粘膜固有層において酪酸がナイーブT細胞にエピジェネティックに作用することで, 制御性T細胞のマスター転写因子である*Foxp3*遺伝子の発現を誘導し, ナイーブT細胞から制御性T細胞への分化を誘導する. 大腸局所で誘導された制御性T細胞は, 大腸炎やアレルギーなどの免疫応答を抑制する. 酪酸化デンプンの摂取により腸管内の酪酸濃度を高めた場合にも同様に大腸炎やアレルギーを抑制できる(文献15より改変して転載).

う免疫修飾因子の実体であることを証明した[15](**図7-19**).

酪酸以外にも, 腸内細菌が腸管内で産生する他の短鎖脂肪酸や, 乳酸などの有機酸には生体修飾因子としての機能があることが報告されている. 例えば, 腸内細菌叢由来の酢酸は腸から血中に移行し, 白血球の一種であり炎症反応の中心的役割を担う好中球が発現しているGタンパク質共役受容体43(G protein-coupled receptor 43 ; GPR43)を介してアポトーシスを促し, 実験的大腸炎モデルマウスにおいて大腸炎を抑制することが報告されている[16]. 筆者らも, 腸管出血性大腸菌O157 : H7感染マウスモデルにおいて, 腸内細菌の一種でありプロバイオティクスとしても利用されているビフィズス菌によるO157腸管感染症予防機構について, メタボロゲノミクスによる解析を実施し, ビフィズス菌が腸管内で産生する酢酸が, 宿主腸管上皮細胞のバリア機能を高めることで, O157による腸管感染症を予防することを明らかにした[17](**図7-20**).

## 腸内細菌叢が有する その他の免疫修飾因子

腸内細菌が有する他の免疫修飾因子についても報告されている. ヒト腸内細菌群の一種である*Bacteroides fragilis*の表層多糖(polysaccharide A ; PSA)が, Tregからのインターロイキン-10(interleukin-10 ; IL-10)産生を誘導し, 腸炎抑制に寄与することが報告されている[18]. PSAはTregが発現するToll様受容体2(Toll-like receptor 2 ; TLR2)により認識さ

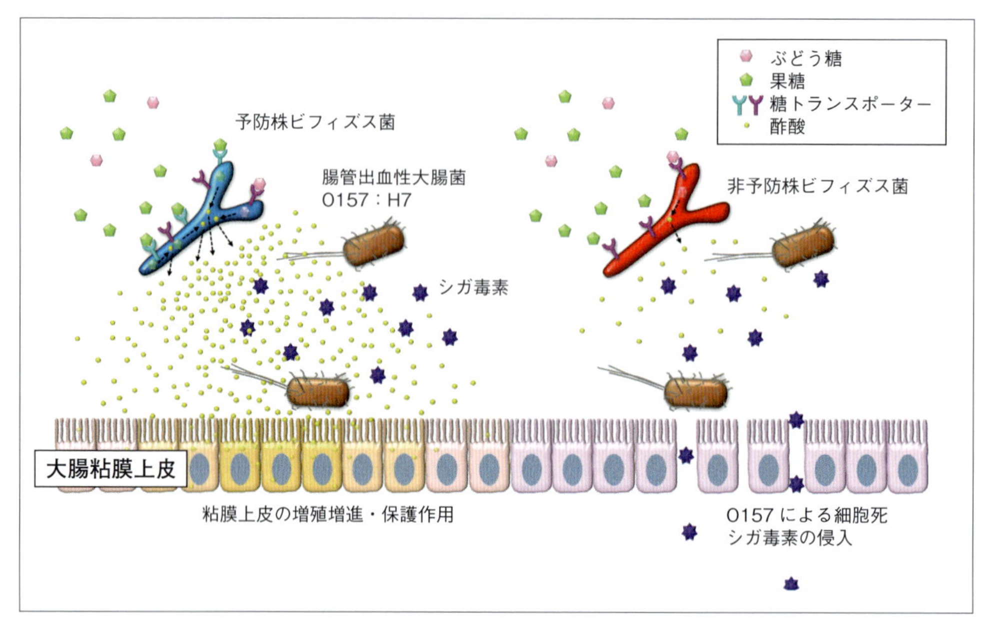


**図7-20 ビフィズス菌による腸管出血性大腸菌O157：H7感染予防機構.** O157感染死予防能があるビフィズス菌(左)はATP結合カセット型の糖質トランスポーターを発現しているため，結腸末端という栄養源が乏しい環境でも糖質代謝が可能であり，発酵の最終産物として多量の酢酸を産生できる．その結果，O157感染によって生じる結腸での軽い炎症は酢酸により抑制されるため，腸管内に多量に存在するシガ毒素は血中へ移行せずマウスは生存する．一方，感染死を予防できないビフィズス菌(右)はATP結合カセット型の糖質トランスポーターを発現していないために，結腸末端での糖質代謝能が低く，酢酸を十分に産生できない．そのため，O157感染により結腸で軽い炎症が生じ，炎症部位では腸のバリア機能が低下することからシガ毒素が血中へ流入することでマウスが死に至る(文献17より改変し，転載).

れることで，直接的にIL-10産生を誘導することも明らかになっている[19]．興味深いことに，PSAを欠損させた*B. fragilis*をマウスに定着させると，炎症応答に寄与するTh17細胞の分化誘導が促されたが，その後のPSA投与によるTreg誘導によりTh17細胞数は減少した．したがってPSAは，*B. fragilis*が腸管内へ定着する際に自身の定着が起因となって生じる炎症応答による排除を免れるための生存戦略因子といえるかもしれない．

日本の伝統的な発酵調味料として味噌や醤油が日常的に使用されているが，醤油醸造の際に使用される乳酸菌にも大腸炎抑制効果があることが報告された．実験的大腸炎モデルマウスに，醤油醸造に使用される*Tetragenococcus halophilus* KK221乳酸菌(KK221)を経口投与したところ，大腸炎を抑制できることが明らかとなった[20]．骨髄由来樹状細胞(bone-marrow-derived dendritic cell；BMDC)を用いた*in vitro*試験から，KK221が細胞内に有する二本鎖RNAをBMDCのTLR3が認識し，インターフェロン-β(IFN-β)産生を促すことが大腸炎抑制の一因であることが明らかとなった[20]．IFN-βがどのように大腸炎抑制に寄与しているのか詳細については明確でない部分もあるが，抗IFN-β抗体を用いたIFN-βの中和実験からその重要性は示唆されている．二本鎖RNAは*Lactobacillus*属菌や*Pediococcus*属菌など乳酸菌全般には多く含まれているものの，黄色ブドウ球菌やサルモネラなどの病原菌ではその含量は少なく，これらの刺激によるBMDCからのIFN-β産生量も少なかったことから，本機構は乳酸菌特異的な免疫修飾機構の一つと考えられる[20]．他にも，市販の整腸剤に含まれている*Clostridium butyricum* MIYARI 588(CB)の経口投与が，実験的大腸炎モデルマウスの大腸炎を抑制できることが明らかとなっている[21]．抗IL-10抗体を用いたIL-10の中和実験や，IL-10レポーターマウスを用いた実験から，CBが炎症状態の腸管に集積しているIL-10産生性マクロファージのTLR2/MyD88経路を介してIL-10産生を直接誘導することで，大腸炎を抑制できることが明らかになった[21]．これは上述の乳酸菌による大腸炎抑制機構とは異なるメカニズムであるが，腸内細菌の種類によってその効果の作用機構は複数存在すると考えられる．

## おわりに

腸内細菌叢のバランスの乱れが，大腸炎や大腸癌などの腸管関連疾患だけでなく，アレルギーや自己免疫疾患，代謝疾患といった全身性疾患につながることが続々と報告されている．したがって，宿主－腸内細菌叢間相互作用に基づいて腸内エコシステム全体を包括的に理解することが，生体の恒常性維持に重要であると考えられる．本稿では，腸内細菌叢がもたらす免疫修飾機構について，メタボロゲノミクスを用いた近年の取り組みについて紹介したが，腸内細菌叢は宿主の免疫系や代謝システムに影響するだけでなく，脳の発達や機能，それに伴った行動変化にまで影響を及ぼすことも報告されていることから[22]，腸内細菌叢はもはや生体内における「もう一つの臓器」として機能しているといっても過言ではない．腸内細菌叢という異種生物の振舞いを包括的に理解し，それらを標的とした制御法を確立することで，新たな健康増進や疾患予防・治療基盤技術を創出できると考えられる．分析装置の高感度化，ハイスループット化に伴い，メタボロゲノミクスをはじめとする種々のオミクス研究分野が発展してきたが，これらを適用したデータ駆動型の腸内環境研究を今後も推し進めることで，腸内細菌叢を標的とした先制医療の礎が築けると確信している．

## 免疫介在性消化管疾患

### 1 食物アレルギー(消化器型食物アレルギー)

食物アレルギー(food allergy；FA)は，ヒトでは「食物によって引き起こされる抗原特異的な免疫学的機序を介して生体にとって不利益な症状(皮膚・粘膜・消化器・呼吸器・アナフィラキシー反応)が惹起される現象」と定義される[1〜3]．したがって，食物アレルギーには，細菌毒素や自然毒(キノコ，フグ)，鮮度の落ちたサバなどの魚によるヒスタミン中毒，仮性アレルゲンと呼ばれる化学伝達物質によるもの，シュウ酸カルシウム(ヤマイモ)によるもの，免疫学的機序を介さない食物不耐症(乳糖不耐症など)は含まれない[1,2]．

ヒトでは食物アレルゲンの侵入経路は，経口と経皮(腸管外感作ルート．例えば，化粧品，ヘアケア製品，石鹸)，さらに吸入(パン製造業者における小麦粉由来アレルゲン吸入，ソバ殻枕使用)，注射(インフルエンザワクチンなど)と様々[注1]である[1,4]．

食物アレルギーは免疫学的機序からIgE介在性とIgE非介在性(細胞性)に分類される[注2,3]．IgE介在性食物アレルギーは即時型で，食物摂取後2時間以内に症状が出現するもので，クームスとゲル分類のⅠ型過敏症であり，蕁麻疹，鼻汁，くしゃみ，咳，嘔吐，下痢，全身性アナフィラキシーショックを起こす．また，食物アレルギーの特殊型とされる口腔アレルギー症候群，食物依存性運動誘発アナフィラキシーもIgE介在性である．大人の食物アナフィラキシーの原因で最も多い物質は果物・野菜で，次が小麦による運動誘発アナフィラキシーとされる[1~3]．

IgE非介在性食物アレルギーは細胞性免疫を介するものであり，その病態はクームスとゲル分類のⅣ型過敏症に分類される[1~3]．主に欧米で食物タンパク誘発胃腸炎症候群(food protein-induced enterocolitis syndrome；FPIES[注4])と呼ばれる疾患を指す[1~3, 5, 6, 10, 36, 37]．FPIESは，嘔吐・下痢を主症状とする食物タンパク性腸炎(dietary protein enterocolitis)と，血便を主とする食物タンパク性直腸炎(dietary protein proctitis)に分類される[3]．日本では，今後いくつかのグループに分かれる可能性があるため，暫定的病名として新生児・乳児消化管アレルギー[注5]として研究されている[2, 7, 10]．

FPIESも新生児・乳児消化管アレルギーもIgE非介在性(細胞性)で，胃腸炎や直腸結腸炎に起因する嘔吐，下痢，血便，タンパク質吸収障害，体重増加不良などの消化器症状が，主に新生児期，乳児期に発症する．原因アレルゲンはヒトでは牛乳タンパク質が大半を占めるが，ほとんどの患者で特異的IgE抗体陰性[注6]，アレルゲン特異的リンパ球刺激試験(allergen-specific lymphocyte stimulation test；ALST)陽性[注7]で，原因食物摂取後に消化器症状が出

---

**注1**

感作経路により，消化管経路をⅠ型食物アレルギー，口腔・上下気道経路をⅡ型食物アレルギーと呼ぶ．化粧品やヘアケア用品に含まれる工業的に加工された食物由来タンパク質に対する経皮経粘膜感作が原因となり，食物アレルギーを発症しうることが明らかになった[4]．

**注2**

「食物アレルギー診療ガイドライン2012」では，IgE依存性，またはIgE非依存性と記載されているが，本書ではIgE介在性，またはIgE非介在性と記載する[1]．

**注3** ヒトの食物アレルギーの分類(文献13抜粋)

食物アレルギー
- IgE介在性
  - 即時型症状(蕁麻疹，アナフィラキシーなど)
  - 特殊型(口腔アレルギー症候群，食物依存性運動誘発アナフィラキシー)
  - 食物アレルギーの関与する乳児アトピー性皮膚炎(主にIgE介在性)
- IgE非介在性 ― 新生児・乳児消化管アレルギー(米国分類 FPIES 食物タンパク性腸炎・食物タンパク性直腸炎)

※すべての乳児アトピー性皮膚炎に食物が関与しているわけではない．

**注4**

FPIESの定義は「IgE非依存性で，乳幼児で主に牛乳と(または)大豆摂取数時間後に，重度な嘔吐，下痢を発症する症候群」[6, 10, 36, 37]

**注5** **新生児・乳児消化管アレルギー(嘔吐と血便の有無で四つのクラスターに分類)**[7]

| | | | | クラスター分類 | 症状 | 消化管の部位 |
|---|---|---|---|---|---|---|
| 嘔吐 | 有 | 血便 | 有 | 1 | 嘔吐，血便 | 全消化管 |
| | | | 無 | 2 | 嘔吐 | 上部消化管 |
| | 無 | 血便 | 無 | 3 | (体重増加不良) | 小腸 |
| | | | 有 | 4 | 血便 | 大腸 |

**注6**

日本では初発時に約20%が陽性とされる．

現し，原因食物除去により症状が消失する．ALSTの診断的有用性が支持されるが[8, 9]，診断の基本は食物除去・負荷試験である．予後は良好で，2歳齢までに耐性を獲得する乳幼児が多い[1, 10]．

また，本邦では米国の分類で混合型とされる乳幼児アトピー性皮膚炎は主にIgE介在性と考えられ，好酸球性胃腸炎は食物アレルギーとの関係[注8]が調べられている[10, 31, 32]．

犬と猫の食物アレルギーは，食物有害反応（adverse food reaction；AFR）の中の一疾患群として鑑別診断される疾患で[注9]「食物抗原で起こるアレルギー反応（Ⅰ型，Ⅲ型[注10]と，またはⅣ型過敏症）で，食物摂取により，瘙痒，下痢，嘔吐などの症状が惹起される現象」をいい，「除去食試験・食物負荷試験に反応が見られる場合」と定義されている[11, 34]．

犬の食物アレルギーでは，皮膚と消化器に（呼吸器症状を併発する症例もある）症状が見られるが，なぜ皮膚症状と消化器症状が両方見られたり，一方しか見られなかったりするかは[注11]わかっていない[34]．

鑑別診断には，消化管内寄生虫感染症，中毒，食物不耐症，抗生物質反応性腸症（antibiotics responsive enteropathy；ARE），炎症性腸疾患（inflammatory bowel disease；IBD），肉

---

**注7**　アレルゲン特異的リンパ球刺激試験

Ⅳ型アレルギーの関与が疑われる場合に用いられる検査でリンパ球幼若化試験，リンパ球芽球化試験と同義語．日本では犬に対して「リンパ球反応検査」（AACL）と呼ばれ利用されている．
ヒトの乳児消化管アレルギー患者での牛乳タンパク質特異的ASLTの陽性率は約80%であり[9]，その診断的有用性は感度90.3%，特異度87.5%[14]と報告されている．

**注8**

好酸球性食道炎，好酸球性胃腸炎は病理学的な診断名．食物アレルギーは病因学的な診断名．小児では腸管のバイオプシーが難しいため，これらの疾患と食物アレルギーとの関係はまだ十分解明されていない．

**注9**　犬と猫における食物有害反応の分類Ⅱ

食物有害反応（AFR）
- 食物アレルギー（FA）（過敏症Ⅰ・Ⅲ型あるいはⅣ型）
- 食物不耐症（代謝性，薬理学的な機序），犬種特異的疾患
- 中毒（細菌毒，真菌毒，その他）

**注10**

Ⅲ型には，ワクチン接種や食物抗原による皮膚血管炎が含まれると考えられる[11]．ヒトの食物アレルギーではⅢ型の記載はない．

**注11**

牛乳アレルギー患者でアトピー性皮膚炎（皮膚型）とアレルギー性腸炎（消化器型）の末梢血単核球を，牛乳αSカゼインで刺激し，芽球化リンパ球上のα4β7インテグリン発現が検討された．消化器型では皮膚型に比べ，有意にα4β7陽性細胞の割合が高かった[2]．α4β7インテグリンは細胞表面の原形質膜にあるタンパク質で，細胞接着分子である．リンパ球のホーミング現象に関与し，ヒトでは潰瘍性大腸炎およびクローン病の治療薬として抗α4β4インテグリン抗体（vedolizumab）が注目されている．

注：消化器症状が主症状である牛乳アレルギー児は，皮膚症状が主症状である牛乳アレルギー児や対照健常児に比べ，少量の抗原刺激からTNF-α（TNF-αは，腸粘膜のタイトジャンクションを弱め，透過性を亢進させる）を高値に産生し，牛乳タンパク質刺激でIL-4（B細胞活性化，IgEへのクラススイッチ）を産生しなかった．また食物誘発性小腸結腸炎または好酸球性胃腸炎の小児患者の十二指腸生検部からはT細胞株が樹立し（健常対照群では樹立されない）この牛乳タンパク特異的T細胞株は，IL-4，IFN-γ（IFN-γはTh1サイトカイン）を生産せず，IL-5，IL-13（ともにTh2サイトカイン）を産生し，IL-10とTGF-β（制御性T細胞から分泌される）は全く産生しなかったことから，Th2型のT細胞と考えられた[2, 15, 16]．

芽腫性大腸炎，タンパク喪失性腸症(protein losing enteropathy；PLE)，アイリッシュ・セターのグルテン反応性腸症，ヒストプラズマ症，消化器型リンパ腫，慢性特発性大腸性下痢，腫瘍などが挙げられる[11]．またヒトでは他に上部消化管に出血をきたす疾患や，捻転，重積など臓器の器質的異常を起こす疾患も加えられている．

猫の食物アレルギーも瘙痒性のある皮膚病や消化器症状を示すと考えられるが，不明な点も多い[34]．原因アレルゲンの特定にはリンパ球幼若化試験が有用と報告されている[12]．

### (a) 食物アレルギーの発症機序

腸管の主な働きは，摂取した食物を消化しエネルギーと成長のために利用することであるが，それと同時に，外部環境から侵入してくる多数の病原体や食物抗原，腸内細菌叢などの非自己抗原に常時暴露されているため，それに対峙するため自然免疫系，獲得免疫系からなる複雑な腸管粘膜免疫システムを発揮することである．

腸管の防御機構に関与する主要因子には，化学的バリアーとして粘液(ムチン，抗菌ペプチド，抗菌物質)，消化液，胃の強酸性環境，物理的バリアーとして腸蠕動運動，腸上皮の細胞間接着機構などがある注12．またヒトの腸管管腔内には，約500～1,000種，100兆個の腸内細菌叢が存在し，免疫と呼応して腸の健常性を維持している．病原体を排除するためには様々な貪食細胞，細胞性免疫，液性免疫(IgA抗体)などがあり，体中の免疫担当細胞の6割が腸管に存在する[2]．

ヒトの食物アレルギーの発症時期は乳幼児時期が最も多く，犬でも皮膚型食物アレルギーの発症時期は1歳齢未満で多い．その理由として，若齢における未熟な腸管粘膜免疫システムが食物に対する免疫応答を獲得させるためと考えられる[1, 2, 17]．

食物アレルゲンは腸管に①粘膜固有層の樹状細胞が腸管管腔内に直接突起を伸ばすことによって，②腸管のパイエル板にあるM細胞を介して，さらに③腸管上皮の吸収機構(トランスポーター)によって注13取り込まれる[2]．しかし，食物抗原や腸内細菌といった，非自己であるが有益な抗原に対しては，能動的かつ選択的に経口免疫寛容注14と呼ばれる免疫不応答状態が成立し，免疫応答が起こらないようになっている[2]．

したがって，食物アレルギーの発症には，この経口免疫寛容機構の崩壊，すなわち経口免疫寛容が誘導されないか，腸管内に取り込まれる単一の抗原量が増加する状態などが関与していると考えられている[2, 17, 18]．腸管上皮から取り込まれた食物抗原は，樹状細胞によりナイーブT細胞に提示されるが，通常，健常者では食物抗原に対して経口免疫寛容が誘導され，ナイーブT細胞がTh1細胞へ分化して異物排除に向

---

**注12**

腸管上皮のタイトジャンクションは，IFN-γやTNF-αなどのサイトカインによって制御されている．分泌型上皮細胞であるパネート細胞からは抗菌ペプチド・抗菌物質が，杯細胞からはムチン(粘膜の主成分)が分泌される[2]．

**注13**

取り込まれた抗原は腸間膜リンパ節やパイエル板でT細胞に抗原提示される[2]．

**注14**

食物抗原や腸内細菌は，局所の抗原提示を活性化するための危険信号を持たずエフェクターT細胞を活性化しない[2]．

かう．しかし，Ⅰ型過敏症の食物アレルギー患者では，ナイーブT細胞はTh2細胞へ分化する．Th2細胞から分泌されたIL-4，IL-5，IL-13などのサイトカインによってB細胞からIgEが産生され，2回目以降の抗原暴露に対してIgEに感作された肥満細胞からケミカルメディエーター注15が放出され，アレルギー炎症が起こる（即時相）．また，抗原暴露の数時間後に，肥満細胞からIL-5，IL-13，TNF-αなど多くのサイトカインが産生・放出され，好酸球・好中球・リンパ球が病変部に浸潤することによる遅発相のアレルギー炎症が起こる[2]．一方，Ⅳ型過敏症では，抗原提示細胞により抗原提示を受けて活性化したT細胞から産生・放出されるサイトカインによって，好酸球などの炎症性細胞の集簇と活性化など，Ⅰ型過敏症の遅発相と類似したアレルギー炎症が起こると考えられている[2]．

FPIESでは，TNF-α（IL-6を誘導する炎症性サイトカイン）の増加や，TGF-β受容体の発現低下によるTGF-β（抑制性サイトカイン）に対する反応性低下が報告されている．また好酸球性胃腸炎では，活性化された好酸球による組織障害が関与していると考えられている[3,17]．

21世紀に入り，分子生物学的手法を用いた腸内細菌叢の迅速解析法が確立し，培養困難な腸内細菌叢を含めたすべての腸内細菌叢の全貌が明らかになってきた．腸内細菌のうち「宿主に保健効果を示す生きた微生物」とそれらを含む食品を総称してプロバイオティクスと呼ぶ．プロバイオティクスなどの腸内細菌が産生する短鎖脂肪酸の中でも，酪酸は制御性T細胞の分化を誘導することがわかった[19,21]．またヒト由来の腸内細菌のうち，制御性T細胞を誘導する17種類のクロストリジウム属菌種注16の培養・同定に成功し[20]，アレルギーや炎症性腸疾患など，免疫反応が原因となっている病気の治療や予防への応用が期待されている．

## 2 ● 食物アレルギーの原因アレルゲン

アレルゲンは基本的にタンパク質注17である．タンパク質はアミノ酸まで分解されると，抗原提示細胞には認識されなくなる．しかし，アレルゲンは加熱や酸でもその抗原性を失わず，消化酵素による分解も受けにくい，十分にアミノ酸まで分解されないタンパク質やペプチド

---

**注15**

ヒスタミン，プロテアーゼ，ロイコトリエンC4，プロスタグランジンDにより，血管透過性亢進，血管拡張による浮腫，有効循環血液量の低下，血圧低下，気管支平滑筋の収縮による呼吸困難，上皮細胞からの粘液分泌亢進などが起きる[2]．

**注16**

グラム陽性で芽胞を形成するクロストリジウム属菌のサブグループⅣ，ⅩⅣ，ⅩⅧに属する．これらの細菌は健常者に比べ，炎症性腸疾患患者群で有意に減少していることが明らかになった[20]．

注：経口免疫寛容に関係する制御性T細胞には，主に$CD4^+CD25^+Foxp3^+$制御性T細胞（腸管粘膜叢にはIL-10高産生制御性T細胞が多数存在する），TGF-βを主に産生するTh3細胞，IL-10を主に産生するTr1細胞などがある[2,3,17]．TGF-βは細胞増殖の抑制，抗炎症効果の他，IgA産生へのクラススイッチを誘導する．またIgAは粘膜表面に分泌され，感染防御と病原体の粘膜表面への付着を阻害し，腸内細菌叢の形成や維持を制御している．IL-10は活性化T細胞を抑制し，IgG4の産生に関わる．経口免疫寛容の成立に影響する因子には，抗原の性状，暴露の用量や回数，固体側の因子として遺伝，年齢，常在細菌叢（破綻すると経口免疫寛容が誘導されにくい，また感染では免疫担当細胞が活性化されやすい），胃酸分泌（月齢や抗酸化剤で胃酸のPHが十分に低くならない），消化機能（未消化，またIgAの分泌は4歳まで少ない），消化管粘膜透過性（腸管の構造が未熟で上皮細胞間の細胞間接着機構が壊れやすい），母体からの移行抗体がある[2,3,17,18]．

は，抗原提示細胞に認識されてアレルゲンとなる[1,24,33]．

食物には通常数種類から数十種類のタンパク質が含まれるが，その中でもIgE結合能を持ち，アレルゲン性を有するタンパク質をアレルゲンコンポーネントという．アレルギー患者の50％以上がそれに特異的に結合するIgE抗体を持っているアレルゲンコンポーネントのことを，主要アレルゲンという[1]．主要アレルゲンと発症の関係については，ヒトに多いI型過敏症の食物アレルギーでよく検討されている．I型過敏症の肥満細胞の脱顆粒には，食物アレルゲンタンパク1分子が二つのIgE分子によって結合されることが必要で，これには立体構造を伴う比較的大きなタンパク分子（アミノ酸の数で約100〜700個，分子量で10,000〜70,000ダルトン）が必要になる．一方，IV型過敏症では細胞性免疫が主体と考えられており，抗原提示細胞の細胞表面のMHCクラスII分子の溝にセットされた最低6個のペプチドでもそれを認識するT細胞反応が起きてしまうと考えられる[7,35]．FPIESの乳児では，タンパク質の最大分子量2,000ダルトンの加水分解ミルクでも消化器症状が起きる報告が多数あり，除去ミルクは分子量1,000ダルトン以下のものが推奨されている[21]．

同じように，食物アレルギーの犬の除去食を選ぶ場合，I型過敏症で原因食物は加水分解タンパク食を利用できるが，加水分解タンパク質の分子量が1,000ダルトン以上のためIV型過敏症の原因食物は現時点では除去する以外方法がない．また，I型過敏症とIV型過敏症では同じ食物中の違うタンパク質に反応している可能性も考えられる[注18]．食物アレルギーの犬では，アレルゲン特異的IgE検査とリンパ球反応検査では，陽性になる食物アレルゲンが大きく異なり一致しないことが多い．ヒトと同じように犬でも，これら二つの検査では同じ食物中の異なったタンパク抗原を認識している可能性があるが，はっきりわかっていない．

特異的IgE抗体は，タンパク質中の特定のアミノ酸配列（エピトープ）を認識して結合する．別のタンパク質にも同じアミノ酸配列があれば，そこにも結合する現象，すなわち交差抗原性が知られている．交差抗原性によって，複数の食物にアレルギー症状を誘発することを交差反応という[1,2,33]．交差性を示す食物を**表7-1**に示す[25]．

ヒトのアレルギー患者における一般的な植物由来のアレルゲン性食物には，ピーナッツ，大豆，ナッツ類，小麦がある[注19]．植物由来アレルゲンは，構造や機能が共通するタンパク質が多く含まれている（汎アレルゲン）．代表的なものに，シラカンバ花粉の主要アレルゲンBet v 1

---

**注17**

タンパク質は約20種類のアミノ酸が鎖状につながっており，さらにこれがらせん状，シート状に折りたたまれて（二次構造），全体として立体の三次元構造をとっている．一般にアミノ酸数50以上のもので，分子量は5,000〜150,000ダルトン．ペプチドは2個以上のアミノ酸が結合したもので，一般にアミノ酸数が2〜10のものをオリゴペプチド，それ以上のものをポリペプチドと呼ぶ．

**注18**

乳児早期消化管型牛乳アレルギー（IV型）で，原因アレルゲンが検討され，IgE介在性牛乳アレルギー（I型過敏症）では，母乳に含まれていないαs-カゼインやβラクトグロブリン（BLG）が強いアレルゲン活性を示すのに対し，IV型ではαs-カゼイン-ALSTは低く，κ-カゼイン-ASLTが高かった．またBLG-ALSTとともに，ALA（αラクトアルブミン）-ALSTも強いアレルゲン活性を持つことがわかった[8]．

**表7-1　交差反応リスト**

| アレルゲン | 主な交差反応アレルゲン |
|---|---|
| 牛　肉 | •牛乳　•牛上皮　•羊肉　•豚肉　•馬肉　•兎肉　•鶏肉 |
| 鶏　肉 | •アヒル　•七面鳥　•ウズラ(卵)　•鶏卵　•その他肉類 |
| 牛　乳 | •チーズ　•山羊乳　•ヨーグルト(乳清) |
| 大　豆 | •ピーナッツ　•インゲンマメ　•エンドウマメ　•シラカバ |
| トウモロコシ | •サトウキビ　•セイバンモロコシ |
| 七面鳥 | •鶏肉 |
| オートミール | •ソバ |
| ポテト | •シラカンバ　•ピーマン　•ナス　•フトモモ科の木(実グアバ) |
| サ　ケ(白身) | •マグロ(赤身)　•オヒョウ(カレイ目・白身) |
| タ　ラ | •タラ科　•ウナギ　•サバ |
| 米(イネ科) | •小麦　•メロン　•オレンジ　•トマト　•スイカ |
| ギョウギシバ | •セントオーガスティングラス |
| セイタカアワダチソウ | •バッカリス　•ヒマワリ |
| オナモミ | •メロン　•スイカ　•セロリ　•バナナ　•ヒマワリ |
| タンポポ | •ヒマワリ　•レタス |
| ヨモギ | •ニンジン　•パセリ　•セロリ　•メロン　•キウイ　•コショウ　•スイカ　•ピーナッツ　•ヒマワリの種 |
| ブタクサ | •メロン　•スイカ　•セロリ　•バナナ　•ヒマワリ　•キュウリ　•トマト　•レタス　•リンゴ　•ズッキーニ　•糖蜜　•カモミール |
| カバノキ(シラカンバ) | •リンゴ　•セロリ　•パセリ　•ニンジン　•ジャガイモ　•トマト　•ソバ　•蜂蜜　•ナッツ類　•大豆　•ブナ　•ホウレンソウ　•アーモンド　•クリノキ　•トリネコ　•キウイ　•アンズ　•ヘーゼルナッツ　•コショウ　•プラム　•サクランボ　•プルーン |
| ス　ギ | •トマト　•ヒノキ |
| ハンノキ | •アーモンド　•リンゴ　•セロリ　•サクランボ　•ナシ　•モモ　•パセリ　•ヘーゼルナッツ |

と相同性(ホモログ：祖先遺伝子が共通のもの)を持つ果物類(バラ科果物，リンゴ他など)があり，口腔アレルギー症候群の原因となる[1]．スギ抗原とトマト抗原は，抗原決定基に共通する部分を持っている[23]．I型過敏症において，小麦タンパク質はヒトで2型食物アレルギー(経皮経粘膜経路による感作で起こる)で問題になるが，米など他の穀類(大麦とライ麦は交差する)とは臨床的に交差反応しない[1, 33]．

ヒトにおける一般的な動物由来のアレルゲン性食物は，牛乳，卵，魚，甲殻類である．パルブアルブミンは魚類の主要アレルゲンで，魚類の筋肉(魚肉)を構成するタンパク質であり，魚類間で相同性が高く多くの魚で交差抗原性が認められるが，魚の部位と筋肉量で含有量に差がある．水溶性で，すり身加工で減少し，缶詰加工でタンパク質が分解される[1, 33]．

肉類の主要アレルゲンは筋肉中に存在する

**注19**

大豆の主要アレルゲンであるP34は，アトピー性皮膚炎である大豆感受性患者の65%がアレルギー反応を示すといわれている．P34はチリダニのアレルゲンDerp1やピーナッツの主要アレルゲンAra h1，牛乳の主要アレルゲン2-S1-カゼインと高い相同性を有する[24]．

血液由来の血清アルブミンである．犬の混合ワクチンには牛胎子血清(fetal bovine serum；FBS)が含まれており，牛血清アルブミン(bovine serum albumin；BSA)を含むFCS成分と，ワクチンに安定化剤として含まれるゼラチン，カゼインが，ワクチンアレルギーを引き起こす主要な原因アレルゲン注18と考えられている[26～28]．ワクチンアレルギーの犬ではワクチン接種後，アナフィラキシーの発現が認められる．またワクチン接種後2～3カ月間(4～5カ月続くこともある)，牛肉のIgE値と，牛乳・羊肉・米のIgE値の何項目かで高値が続き，その後値は低くなる．この期間，ワクチンアレルゲン関連食物を摂り続けることで，皮膚症状や消化器症状が認められることがある．アレルゲン特異的IgE検査でワクチン関連アレルゲン陽性の所見が見られ，ワクチンアレルギーのリスク要因を持つ犬では，ワクチン接種の必要性の判断(ワクチン抗体価の評価)を含む十分な注意が必要である注20．

### 3 ● 犬の食物アレルギーの診断

犬の消化器型食物アレルギーの診断基準は確立されていない．2004年石田らにより，除去食試験・食物負荷試験の結果から食物アレルギーと診断され食物アレルゲンが特定された犬で(消化器型食物アレルギー注7参照を含む)，食物負荷後に除去食試験を行い，皮内検査，アレルゲン特異的IgE検査，リンパ球刺激試験を実施し，食物アレルギーに対する各検査の有効性が比較検討された．その結果，食物アレルギーにおける食物アレルゲンの検出には，皮内検査とアレルゲン特異的IgE検査は適さないという従来の考察[34]が支持され，リンパ球刺激試験が病態とよく一致することがわかった．また，犬の食物アレルギーは，ヒトのようにアナフィラキシー反応などの即時型症状が認められず，細胞性免疫の検出検査であるリンパ球刺激試験が有効なことから，発症機序は主にIgE非介在性・Ⅳ型過敏症であると考えられた[29]．

犬の消化器型食物アレルギーでは，嘔吐，下痢，粘液便，血便などの消化器症状が繰り返される．また食欲不振，むら食い，削痩，腹鳴，臭い放屁，異嗜など，消化器疾患を疑わせる症状が見られる場合がある．若齢犬や短頭犬種では，嘔気や嘔吐後の咳や喘鳴など，消化器症状と合わせて呼吸器症状を呈する症例もある．結膜炎や外耳炎，掌や足の裏を舐めていることもある．近年では，フレンチ・ブルドッグは好発犬種と考えられている．

また，肝炎[30]，膵炎，タンパク漏出性腸炎，炎症性腸疾患，胆嚢粘液嚢腫など，繰り返す消化器症状を示す疾病[35]では，症状の誘発原因や悪化に食物アレルギーの関与がないか調べる必要がある．症状から食物アレルギーを疑う症例では，必要な検査(完全血球算定〈CBC〉，血液像，血液生化学検査，C反応性タンパク測定，糞便検査，寄生虫卵検査，画像診断，必要なら内視鏡検査と腸管生検)を行い鑑別診断する．初期の食物アレルギー症例では，検査では大きな変化が認められない場合も多い．また食物アレルギーが悪化して他の疾患を合併した場合，検査値は様々である．

食物アレルギーでは，正確にアレルゲンを同

---

注20

ワクチンアレルギーにはⅣ型アレルギーが関与する可能性もあることが示唆されている[8]．ワクチンアレルギーのリスク要因を持つ犬では，①飼い主に対する十分なインフォームドコンセント，②ワクチン接種の必要性の判断(ワクチン抗体価の評価)，③接種ワクチンの選択(低アレルゲンワクチンの使用)，④接種後の観察と安静，⑤アナフィラキシーに対する対応[28]等に注意する．

定し原因食物を除外することが治療の基本になる[注21]．しかし，①アレルゲンとなる原因食物は一種類とは限らず，二種類以上の様々な組合せになることも多いこと，②フードやおやつには何種類もの食物が含まれている，③即時型反応がでないため，飼い主が原因食物を認識しにくい，などの理由から，詳しい問診でも原因食物を見つけられないことが多い．除去食試験はアレルゲンが同定されなければ理論上は実施できないため，除去食を選択するためにアレルゲン特異的IgE検査(ng/mLの単位で定量)とリンパ球反応検査(活性化T細胞を％で表示)(動物アレルギー検査株式会社)を実施して反応する可能性がある食物を把握し，それらを除去した除去食を使用することが安全である．

両検査で反応が認められれば，その結果に基づき反応する食物を除外した除去食を選択する．除去食試験は4～8週間，最長で10週間継続する．除去食試験中は基本的におやつや投薬のための食物添加はしない．その期間，飼い主が除去食試験を継続できるように励ます必要があるかもしれない[注22]．除去食試験により臨床症状が消失した時点で，飼い主の同意が得られれば，陽性食物を含むもとの食事やおやつを給餌する．症状が再燃した場合(3～5日で何らかの症状が再燃したら中止する)，またはアレルギー検査値の低下とともに消化器症状など，臨床症状が消失した場合は食物アレルギーと診断する．犬では，ヒトのように食物負荷試験方法が確立していないため，アレルゲンの負荷で重篤な症状を呈する懸念がある症例では，倫理的な観点から食物負荷試験は実施できない場合もある．

問診による除去食選択による除去食試験と，それに続く食物負荷試験が犬の食物アレルギー診断のゴールドスタンダードとされ理想的であるが，臨床現場において実施することは困難な場合が多い．したがって，定量的アレルゲン特異的IgE検査やリンパ球反応検査と食物アレルギーの臨床症状の関連性をさらに検討することにより臨床の現場に即した診断基準の確立が望まれる．

## 炎症性腸症

ヒトの炎症性腸疾患(inflammatory bowel disease；IBD)は，原因が不明な非特異性腸炎のうち潰瘍性大腸炎(ulcerative colitis；UC)とクローン病(crohn's disease；CD)に分類される大腸および小腸または大腸に認められる難治性の慢性の腸炎である[1～4]．潰瘍性大腸炎もクローン病も原因は未だ解明されていな

**注21**

ヒトの診断法は，Step①症状から本症を疑う，②検査による他疾患との鑑別，③治療乳へ変更し症状消失を確認，④1カ月ごとに体重増加の確認，⑤確定診断および離乳食開始のための負荷試験となる．重大な基礎疾患と重症者は負荷試験を避け除去を継続する．その他の患者では入院を原則とした複数の負荷試験プロトコールが提唱されている．またそれに続く積極的な免疫寛容誘導の研究がなされている[7,10]．

**注22**

アレルゲン特異的IgE検査とリンパ球反応検査の検査結果は，大きな情報をペットと飼い主にもたらすので，獣医師は飼い主に検査結果を十分に説明しなくてはならない．結果に基づき獣医師が処方した除去食を，一定期間正確に給餌するのは飼い主であり，除去食の有効性を観察するためには，ペットの食物アレルギーをよく理解し協力してくれる飼い主の存在が不可欠である．説明せずに結果だけを伝えた場合，交差性を無視したフードを与えたり，アレルゲンを含むおやつを与え続けたりといったことが起きれば，除去食の効果はわからず診断に至らない．

column

# 症例における具体的な診断と除去食選択

以下に症例を挙げ，具体的な食物アレルギーの診断と除去食選択について検討する．

症　例：パピヨン，避妊雌，9歳9カ月齢
既往歴：7歳齢でワクチン接種後3週間目から頻繁な嘔吐が見られた．

嘔吐と血便を主訴に来院し，血液検査，X線検査，超音波検査では異常を認めなかった．内視鏡検査を実施し，胃，十二指腸，結腸で生検を行った．肉眼的には十二指腸に発赤と軽度のびらんを認めた．病理学的検査では胃，結腸は正常範囲だったが，十二指腸粘膜固有層にリンパ球・形質細胞の増殖が認められ，慢性炎症性腸疾患と診断された．プレドニゾロン，アザチオプリン，メトロニダゾールなどによる治療で改善するものの，漸減による再燃を繰り返したため，食物アレルギーの関与を疑いアレルギー検査を実施した．

検査実施当時，症例はトウモロコシ，米，卵，鶏肉，大豆を含むフードと，薬を牛乳で溶いたものを摂取していた．リンパ球反応検査では検査時に摂取していない食物は，それが原因アレルゲンであっても反応が起こっておらず，結果として陰性になることがある．獣医師は，アレルギー検査を実施した時に摂取していた食物をすべて調べ，検査結果と照合し，正しく評価して除去食を選択しなければならない．このように，すでに除去食を給餌している場合，一度の検査で正確に原因食物を見つけるのは難しい．

アレルギー検査結果を表7-2に示す．検査結果から，アレルゲン特異的IgE検査における原因食物と，リンパ球反応検査における原因食物は，必ずしも一致しないことがわかる．

まずアレルゲン特異的IgE検査で，Ⅰ型過敏症を診断評価する．環境アレルゲンのシラカンバが153 ng/mLだった．口腔アレルギー症候群を考慮しバラ科果物（リンゴなど）は与えないよう注意する．また食物アレルゲンでは，牛肉，牛乳，羊肉が高値だったが，7歳齢でワクチン接種後3週間目から頻繁な嘔吐という既往歴があり，ワクチンアレルギーの可能性が高いと考えられた（アレルギー検査18カ月前に低アレルゲンワクチン9種を接種）．この症例ではワクチン抗体価を測定し，抗体価が伝染病を予防するのに十分であったことからワクチン接種を控えることとした．また投薬時に牛乳を混ぜていたがそれを中止し，糖液で投薬するよう指導した．他には豚肉，鶏肉，七面鳥，アヒル，タラ，ナマズなど肉と魚でIgE値が陽性だった．Ⅰ型過敏症での原因食物は，加水分解によってその分子量が1万ダルトン未満になっていれば給餌できる．

次にリンパ球反応検査（アレルゲン刺激培養ヘルパーT細胞中の活性化ヘルパーT細胞の％）でⅣ型過敏症の

表7-2　症例1のアレルゲン特異的IgE検査・リンパ球反応検査結果

陽性：アレルゲン特異的IgE検査100以上，リンパ球反応検査1.2以上

| | IgE (ng/mL) | リンパ球 (%) |
|---|---|---|
| 牛　肉 | 423 | 0.0 |
| 豚　肉 | 184 | 1.0 |
| 鶏　肉 | 236 | 0.0 |
| 牛　乳 | 264 | 0.0 |
| 大　豆 | 27 | 2.0 |
| トウモロコシ | 0 | 2.0 |

| | IgE (ng/mL) | リンパ球 (%) |
|---|---|---|
| 羊　肉 | 308 | 0.0 |
| 七面鳥 | 145 | 0.0 |
| アヒル | 169 | 0.0 |
| タ　ラ | 125 | 0.2 |
| ナマズ | 115 | 0.0 |
| ジャガイモ | 31 | 1.4 |
| 米 | 79 | 1.0 |

アレルゲン特異的IgE検査とリンパ球反応検査で原因食物は一致しない．IgE環境アレルゲンはシラカンバ：153，蚊：175以外は陰性

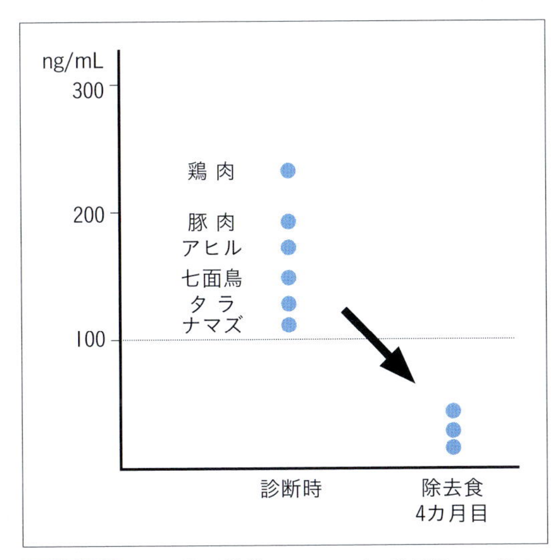


**図7-21 IgE値の推移.** アレルゲン特異的IgE値は，除去食4カ月でほとんどの陽性食物の値が低下し陰性域になった．

**表7-3 リンパ球反応検査値(%)の推移**

| | 診断時 | | 除去食時 |
|---|---|---|---|
| 牛　肉 | 0.0 | | 0.0 |
| 豚　肉 | 1.0 | → | 0.0 |
| 鶏　肉 | 0.0 | | 0.0 |
| 牛　乳 | 0.0 | | 0.5 |
| 大　豆 | 2.0 | → | 0.6 |
| トウモロコシ | 2.0 | → | 0.1 |
| 羊　肉 | 0.0 | | 0.0 |
| 七面鳥 | 0.0 | | 0.1 |
| アヒル | 0.0 | | 0.0 |
| タ　ラ | 0.2 | | 0.4 |
| ナマズ | 0.0 | | 0.1 |
| ジャガイモ | 1.4 | → | 1.6 |
| 米 | 1.0 | → | 2.7 |

豚肉・大豆・トウモロコシでは数値の低下が認められ除去食が成功した．除去食に含まれるサケや他の魚で数値が上昇しなかった．サケを除去食に選択したのは正しい．除去食に含まれている米に反応した．またジャガイモも上昇した．米との交差が疑われる．

可能性について評価する．本症例においては，大豆，トウモロコシ，ジャガイモについて陽性の結果を得た．Ⅳ型過敏症の原因食物と考えられるものは必ず除去する．なぜなら，Ⅳ型過敏症を起こすリンパ球は加水分解後のタンパク質にもまだ反応すると考えられるからである．また，この検査で陰性域の値であっても比較的高めの値の豚肉も除去するのが安全である．大豆陽性症例の中には，大豆油中の残留アレルゲンにも反応する症例があるため注意が必要である．米も1.0％と陰性域でも高かったので除外するのが望ましいが，選べるフードがなかったため，除去食として加水分解サケ＋米のフードを選択し除去食試験を開始した．

本症例では上記のとおりに考えて除去食を与えたところ，開始3週間目には，すべての投薬を中止しても症状の再燃が認められなかった．除去食4カ月目のIgE値とリンパ球反応検査値の推移を**図7-21**と**表7-3**に示す．牛肉と羊肉以外のIgE値は全て陰性域まで低下した(**図7-21**)．ワクチン関連アレルゲンの牛肉(423 ng/mL→154 ng/mL)，牛乳(264 ng/mL→41 ng/mL)と羊肉(308 ng/mL→134 ng/mL)でも低下が認められた．また，大豆とトウモロコシのリンパ球反応値も陰性域まで低下した(**表7-3**)．しかし，除去食に含まれている米と，米と交差している可能性が疑われるジャガイモの値は上昇した．

症例は食物アレルゲンの負荷で重篤な症状を呈すると予想され，負荷試験を実施しなかった．しかし，15カ月後，食物アレルギーが治癒したと思った飼い主が，除去食から一般食にフードを変更した後に症状が再燃した．その時実施したアレルギー検査では，再びリンパ球反応検査で陽性食物が多数検出された．このように，結果として本症例では食物暴露によって症状が再燃することが確認された．

症例はその後除去食を再開し，14歳4カ月齢の現在まで，重篤な消化器症状を再燃させることなく順調に経過している．

食物アレルギーの犬では，この症例のように適切な除去食で良好な一般状態を維持することが可能であるが，原因食物摂取で症状が再燃する．犬では，アレルゲンに反応するT細胞が除去食後，どのぐらいの期間を経過すれば体内から消失するかはわかっていない．またヒトで行われているように負荷試験後，食物アレルゲンを用いた経口免疫療法が有効かもわかっていない．

犬では，複数のアレルギー関連疾患を合併している症例も少なくない．様々なアレルゲンを早期にみ見つけ除去し，悪化させないことがアレルギー疾患の治療の基本である．臨床獣医師が利用しやすい食物アレルギーの診断・治療指針の作成，犬や猫における病態とアレルゲンの解明，安全で有効な療法食，犬や猫に適したプロバイオティクスの開発など，食物アレルギーに対する課題は多く，今後の研究の進展に期待したい．

い[1～3, 5～7]．最近の研究結果で遺伝的な素因が環境，食物，感染性物質に対する腸の免疫反応の不調整を引き起こすことが示されている[8]また，ヨーネ菌(mycobacterium avium subsp. paratuberculosis lipophilic antigen)がクローン病(壊死性大腸炎)を誘発したというエビデンス[9]がある．

一方，獣医領域における臨床現場では，抗生物質反応性腸症および食物有害反応，またその他の腸症を起こすような疾患を完全に除外した上で，慢性腸疾患の中でもステロイド投与に反応して改善するものをステロイド反応性腸症として一般的にIBDと呼んでいるが，ヒトと犬や猫のIBDは同義語ではないため注意が必要である．特に食物アレルギーを含む食物有害反応については適切な除去食を獣医師側が選択できていない場合は，その診断をつけることはできず，一部の食物有害反応はステロイド反応性腸症に混入してしまうことは問題点の一つである．

### 1 ● 病　態

ヒトのIBDは免疫学的因子，環境因子，遺伝因子など様々な病態が考えられているが，IBDの病因および発症機序は未解明な部分が多く，病態を根本的に改善する方法は確立されていない．犬のIBDにおける遺伝的な背景は不明であるが，ヒトのIBDではHLA(human leckocyte antigen，ヒトのMHC分子のことを指す)内のいくつかのマーカーにおいて潰瘍性大腸炎，健常対照者群間で対立遺伝子頻度の分布に差が認められている[10]．また，腸管内の免疫では病原体を排除する一方で，食物や腸内細菌叢には反応しないように免疫寛容状態を形成している．この腸管組織における免疫寛容の破綻が，人医療におけるIBDの原因となることが報告[11]されている．IBDの特徴として炎症を導くT細胞の異常だけではなく，T細胞の活性化を抑制している制御性T細胞の異常も関与していることが報告[12]されている．高繊維食を与えたマウスは，低繊維食を与えたマウスに比べて腸内細菌の活動が高まっており，腸内細菌の代謝産物の一つである酪酸の生産量が増加していることがわかった．さらに，この酪酸が炎症抑制作用のある制御性T細胞への分化誘導に重要な*Foxp3*遺伝子の発現を高めていることも明らかになった．ヒトでは，クローン病や潰瘍性大腸炎など炎症性腸疾患の患者の腸内でも，酪酸を作る腸内細菌が少ないことが知られているため，腸内細菌が作る酪酸には炎症性腸疾患の発症を防ぐ役割がある[13]．

### 2 ● 診　断

ヒトの潰瘍性大腸炎の診断基準は，臨床症状(持続性または反復性の粘血・血便)の他に，内視鏡検査，注腸X線検査，生検組織学的検査を実施し，除外すべき疾患の疾患(細菌性赤痢，アメーバ性大腸炎，サルモネラ腸炎，キャンピロバクタ腸炎，大腸結核，クラミジア腸炎などの感染性腸炎が主体で，その他にクローン病，放射線照射性大腸炎，薬剤性大腸炎，リンパ濾胞増殖症，虚血性大腸炎，腸型ベーチェットなど)が除外できれば，確定診断となる．たとえ内視鏡検査，注腸X線検査が不十分で，あるいは施行できなくとも，切除手術または剖検により，肉眼的および組織学的に本症に特徴的な所見を認める場合は確診できる．クローン病の診断基準は，縦走潰瘍，敷石像，非乾酪性類上皮細胞肉芽腫といった肉眼的所見が主体である．

一方，犬や猫のIBDは「消化管粘膜の炎症病変を特徴とする特発性で慢性の胃腸疾患群」と定義[5, 14]されており，世界小動物獣医師会(WASAVA)の Standardization Group による定義では，

①慢性消化器症状(3週間以上)
②食事の変更，対症療法には完全に反応しない．

③消化管に炎症を引き起こす原因が認められない.
④病理組織学的検査に「benign intestinal inflammation」

とされている.

犬および猫におけるIBDなどの慢性腸疾患の診断は基本的には各種検査による鑑別・除外診断により行う.まずはじめに,慢性消化器症状を呈する可能性のある疾患(内部寄生虫,膵炎,膵外分泌機能不全,甲状腺機能亢進症,胆管道疾患など)を除外する.抗生物質(メトロニダゾール15 mg/kg,1日2回 タイロシン10～15 mg/kg 8時間ごと)を2週間使用し,抗生物質反応性腸症を除外する.

次に食物有害反応を除外する必要がある.高消化性で脂肪を制限した食事,高繊維食などによる給餌が奏功する場合もある.食物に対する免疫反応が関与する食物アレルギーを除外するためには,適切な低アレルギー食による除去食試験を実施する必要がある.近年,犬の食物アレルギーは,IgEが介在するⅠ型過敏症だけではなく,リンパ球が介在するⅣ型過敏症が関与[15,16]しており,その感度は86%と高く[17],第7回世界獣医皮膚科会議でも,犬の食物アレルギーにリンパ球が反応するⅣ型過敏症が関与している可能性が報告されている.したがって,Ⅰ型過敏症だけではなく,Ⅳ型過敏症を把握するためには,食物抗原に対する抗原特異的IgE定量検査に加え,リンパ球反応検査も実施することで,より適切な食物抗原の検出が可能となり,除去食試験の成功率を上げることができる.

抗生物質療法や除去食試験にも反応しないような症例では,最終的にIBD,消化管リンパ腫,リンパ管拡張症など厄介な難治性慢性腸疾患が残るが,これらを鑑別するために内視鏡検査および腹部超音波検査を実施し,病理組織学的検査に基づいて免疫抑制治療や抗癌治療を検討することが必要である.ところが,病理組織学的検査においては消化管の病理組織像の解釈は病理学者の間で著しく異なり,病理学的基準の臨床学的妥当性は未だに確立されていない.慢性腸症の犬の病理組織学的検査によって得られる病理診断名としては,リンパ球形質細胞性腸炎が最も多く,好酸球性腸炎,バセンジー腸炎,肉芽腫性腸炎,組織球性潰瘍性大腸炎などが挙げられるが,リンパ球形質細胞性腸炎の所見が得られたとしても実際にはIBDの確定診断につながるわけではない.犬や猫におけるIBDの診断では,まず詳細な病態解析が必要である.

### (a) 治 療

**ヒトの潰瘍性大腸炎およびクローン病に対する治療**:潰瘍性大腸炎はクローン病とともに治療ガイドラインを基に,病変部の広がり方や重症度,炎症の活動期および寛解期によって治療薬を使い分ける.基本は5-ASA製剤であるメサラジン(ペンタサ)・サラゾスルファピリジン(サラゾピリン)を経口投与し,必要であれば局所的にペンタサ注腸・ステロイド注腸を併用する.症状によっては,ペンタサやサラゾピリンに加え副腎皮質ステロイド(プレドニン)を経口投与する場合もある.その他,アザチオプリンや6-MP,血球成分除去療法,シクロスポリン持続静注療法を使用する場合もある.最近になり,次世代シークエンサーを利用した腸内細菌叢のDNA解析によって腸内細菌叢の乱れ(dysbiosis)が*Clostridium difficile*感染症をはじめとしてIBDなど消化器疾患に関与しているということがわかってきた.そこで腸内細菌のdysbiosisを根本から是正するというストラテジーとして便微生物移植(fecal microbiota transplantation;FMT)の試みが注目されている[18,19].

クローン病は潰瘍性大腸炎と違い,口から肛門まで消化管のどの部位にも炎症や潰瘍が生じる可能性があり,完治させる根本的な治療法は現時点ではない．薬物療法，栄養療法，外科療法を組合せて栄養状態を維持し，症状を抑え，炎症の再燃・再発を予防することがゴールである．薬物療法は，5-ASA製剤や副腎皮質ステロイドが用いられる．副腎皮質ステロイドからの離脱が困難な場合はアザチオプリンの他，関節リウマチ治療薬のインフリキシマブ(レミケード)が用いられることもある．

一方，犬および猫のIBDの治療は通常，食事管理，抗生物質の投与および免疫抑制薬の併用になることが多い．タンパク漏出性腸炎により低タンパク血症を認めた場合は，血漿輸液を含めた輸液療法が必要になる．腹水を認めた場合はフロセミドあるいはスピロノラクトン(1〜2 mg/kg 1日2回)を使用する．タンパク漏出性腸炎では血栓塞栓症を併発することがあるため予防的に低用量アスピリン(0.5 mg/kg 1日2回 経口)が推奨される．中等度から重度のIBDの犬および猫の大部分は食事管理と組合せて免疫抑制療法が効果的な場合がある．その場合，臨床症状が寛解したら徐々に免疫抑制薬を減量し維持する．重度な吸収不良がある場合は低脂肪食を与える．

### ⒝ 抗生物質

メトロニダゾール(犬・猫：10〜15 mg/kg 経口 12時間ごと)は，微生物体内でニトロ還元酵素系の反応により還元を受け，ニトロソ化合物(R-NO)に変化し，このR-NOが殺菌作用を示す．しかし，犬の炎症性腸疾患においてメトロニダゾールは抗菌効果よりむしろ細胞介在性免疫の免疫調節作用かもしれない．プレドニゾンと併用するとより効果的であると報告[20]されている．

タイロシン(10〜20 mg/kg 経口 12時間ごと)やオキシテトラサイクリン(10〜20 mg/kg 経口 12時間ごと)にも免疫調節作用があるといわれている．組織球性潰瘍性大腸炎ではエンロフロキサシンに反応する報告[4,21]がある．

### ⒞ 免疫抑制薬

犬と猫において，グルココルチコイド(プレドニゾロン)は，ほとんどの型のIBDの急性増悪に有用で最も一般的に使用される薬剤であるが，維持療法としては副作用のため適していない．重症例では経口投与にる吸収が不十分である可能性があるため非経口投与することが望ましい．標準的な初期投与量は，1〜2 mg/kgで経口で12時間ごとに2〜4週間投与し，その後ゆっくり漸減する．通常のIBDであれば免疫抑制量のグルココルチコイドに反応する．しかし，さらにグルココルチコイドを増量しなければならない症例は，診断が間違っている可能性を考慮するとともに，多剤薬剤耐性の獲得やP-糖タンパク質に発現[22]の可能性を考慮する必要がある．

アザチオプリンは6-メルカプトプリン(6MP)の誘導体で，生体内では6MPに分解された後，主としてヌクレオタイドのチオイノシン酸(TIMP)となり，T細胞機能を阻害する．アザチオプリンは50 mg/$m^2$または1〜2 mg/kgを経口で24時間ごとに投与する．一般的にプレドニゾロン/プレドニンと併用で使用される．通常はグルココルチコイドによる初期治療に反応が乏しい場合，あるいはグルココルチコイドの副作用が強い場合にグルココルチコイドに併用することが多い．効果発現には時間がかかり，通常は3週間以上である．主な副作用は骨髄抑制と消化器症状である．チオプリンメチルトランスフェラーゼ(TPMT)が遺伝的に欠損している症例では骨髄抑制が現われやすい．猫はTPMT活性がかなり低いのでアザチオプリンは推奨されない[23]．

シクロスポリンは主にT細胞(ヘルパーT細胞)によるインターロイキン-2(IL-2)などのサイトカイン産生を阻害することにより，強力な免疫抑制作用を示す．この産生阻害はシクロスポリンが細胞内結合タンパク質であるシクロフィリンと複合体を形成し，T細胞活性化のシグナル伝達において重要な役割を果たしているカルシニューリンに結合し，活性化を阻害することにより引き起こされる．その結果，IL-2遺伝子などの転写因子であるnuclear factor of activated T cells（NFAT）の脱リン酸化による核内移行が阻害され，IL-2などのサイトカインの産生が抑制される[24]．シクロスポリンはコルチコステロイド抵抗性の重症例に有効なことがある．犬の投与量は5～10 mg/kgを経口で1日1回である．犬における主な副作用は，嘔吐や下痢などの消化器症状である．体内への吸収率を高めるためには空腹時投与が理想的であるが，一過性の下痢や嘔吐であれば食事と一緒に投与することによって持続する副作用を回避することができる．

その他の副作用[25]としては，長期投与によって易感染性となり，細菌尿，細菌性皮膚感染症，多毛症，歯肉過形成が認められることがある．

クロラムブシルはDNAのグアニンと結合してアルキル化することにより，核酸合成を阻害する．特に，B細胞に作用し抗体産生を抑制する．犬での投与量は2～6 mg/$m^2$を経口で24時間ごとに症状が治まるまで続け，その後漸減する．猫はTPMT活性がかなり低いのでアザチオプリンは推奨されないため[23]，細胞傷害性免疫抑制薬としてはクロラムブシルが使われる．

メトトレキサートはヒトのクローン病で使われているが，犬でも報告[26]がある．リンパ腫の治療にも使われるが犬における副作用は下痢であるが，猫では少ない．

サラゾスルファピリジンは，もともと慢性関節リウマチ薬として開発された薬である．サラゾピリン（サラゾスルファピリジン）は，大腸細菌によりSP（スルファピリジン）と5-アミノサリチル酸の二つの成分に分解される．5-アミノサリチル酸は大腸局所でプロスタグランジンおよびロイコトリエンの産生を阻害する．5-アミノサリチル酸は腸管内のみで活性を有し，近位小腸で急速に吸収されるので，経口投与時に吸収が遅延するよう配合する必要がある．スルファサラジンは，5-アミノサリチル酸の吸収を遅延させるためにサルファ剤の構造を有するスルファピリジンを結合させた化合物である．この化合物は，下部回腸および大腸の腸内細菌叢によって分解され，5-アミノサリチル酸を放出する．しかしながら，サルファ成分は数多くの副作用（嘔吐，胆汁性うっ血性黄疸，乾性角結膜炎KCSを引き起こす．5-アミノサリチル酸製剤であるメサラジンは，これらの副作用が少ない．投与量は犬で10～30 mg/kgを経口で8～12時間ごと，猫では10～20 mg/kgを経口で24時間ごとである．

IBDの犬では，コバラミンの吸収不良が葉酸の吸収不良であるためコバラミンを投与しておく．コバラミン欠乏があるとメチルマロン酸血症を惹起する．ビタミン$B_{12}$の経口投与は効果がないので非経口の注射投与となる．週1回の皮下注射（猫および小型犬では250 μg，大型犬では1 mg）を6週間実施し，その後隔週で6週間実施する．

#### (d) ヒトと動物のプロバイオティクス

プロバイオティクスは，抗生物質に対比される言葉で，生物同士の共生を意味する「プロバイオシス（probiosis）」を語源としており，現在では「十分な量を摂取したときに有用な効果をもたらす生きた微生物」と定義されている．プロバイオティクスの働きを助ける物質のことをプレバイオティクス（prebiotics）と呼ぶ．例えば，ビフィズス菌などの善玉菌の栄養源となりそれらを活性化させるオリゴ糖や食物繊維などのことである．また，プロバイオティクスとプレバイオティクスを一緒に取ること，またはその両方を含む食品や製剤などを「シンバイオティクス(synbiotics)」と呼んでいる.

ヒトのIBDでは，腸内細菌のうち悪玉菌が増加し，善玉菌が減少するといった，腸内細菌叢の細菌組成の異常，すなわちdysbiosisが報告[27]されており，このdysbiosisを改善する目的で乳酸菌に代表されるプロバイオティクスの有用性が注目されてきている．プロバイオティクスはTh2サイトカイン(IL-4やIL-13など)を減少させ，Th1サイトカイン(IL-12やIFN-γなど)あるいは調節性T細胞(IL-10やTGF-βなど)を増加させることが知られている[28]．実際にヒトの炎症性腸炎のモデルであるIL-10ノックアウトマウスにおいて，乳酸菌や抗炎症性サイトカインを分泌する乳酸菌が腸炎発症を予防し，発症後の腸炎を改善することが報告[29]されている．その他，小児呼吸感染症，歯周病や口臭，鼻腔病原菌(鼻に常在する細菌)，抗菌薬投与後の*Clostridium difficile*による偽膜性腸炎，炎症性腸疾患などが報告[30]されている．また，プロバイオティクスが胃潰瘍の最も大きな原因である*Helicobacter pylori*感染の治療に関連する副作用を減少させると報告[31]されている．系統的レビューで，プロバイオティクスが早産児における重大な腸疾患である壊死性腸炎のリスクを減少させる強い根拠があると報告[32]している．

一方，獣医学領域においてプロバイオティクスに関する報告は少ないが，最近，犬のIBDに対してプロバイオティックスを使用すると臨床的および組織学的スコアが有意に減少し，T細胞の十二指腸への浸潤も減少したと報告[30]された.

### 4 ● 予　後

犬慢性腸症臨床活動性指標(canine chronic enteropathy clinical activity index；CCECAI)[注23]は元気，食欲，嘔吐，排便の硬さ，排便の頻度，体重減少，Alb値，腹水・浮腫，瘙痒の項目を数値化し，スコアリングシステムであり，CCECAIの高値(12以上)は要注意であるという報告[33]がある．CCECAIを経時的に記録することは，病態のモニタリングに利用できる．さらに，炎症性腸疾患(IBD)に罹患した犬において犬膵リパーゼ免疫活性(CPLI)濃度が増加した犬はステロイド治療に対する反応が乏しく，経過で安楽死をする可能性が有意に高く，CPLIの上昇は予後不良と関連[34]する.

#### (a) ポイント

臨床現場では，麻酔下での生検に対する飼い主の理解が得られず「IBD」と仮診断して診断的治療としてステロイドあるいはシクロスポリンなどの免疫抑制薬を見切りで処方している例も少なくない．食事反応性腸症(FRE)の中に含まれる「消化器型食物アレルギー」を除外することによって，難治性消化器症状のアプローチにおいて不必要な免疫抑制薬を乱用する症例が少しでも少なくなることができる.

## 遺伝性疾患

### 1 ● はじめに

すべての疾患の発症の要因には遺伝的要因と環境要因(図7-23)が関わっており，外傷や事故といったものを除けば，何かしらの遺伝的要因がほとんどの疾患の発症に関わっている.

---

**注23** CCECAI

犬慢性腸症臨床活動性指数臨床スコア(canine chronic enteropathy clinical activity index；CCECAI)は，活動性，食欲，嘔吐，便の性状，排便頻度，体重減少，アルブミン値，腹水，皮下浮腫，瘙痒の9項目について0～3の4段階でスコア化し合計した臨床スコアリング指数である.

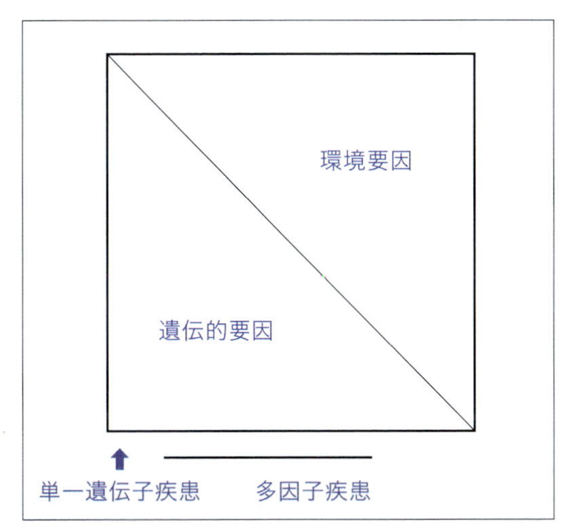


**図7-23 遺伝的要因と環境要因によって疾患は発症する．**単一遺伝性疾患は，ほぼ遺伝的要因のみで発症する疾患である（狭義の遺伝性疾患）．多因子疾患はいくつかの遺伝的要因（疾患感受性遺伝子の組合せ）と環境要因によって発症する．

しかし，その中で遺伝的要因が明らかになっているものはごくわずかであり，かつては狭義の遺伝性疾患である単一遺伝性疾患のみ遺伝子異常の特定と疾患の病態解析が行われていた．近年では，一塩基多型（single nucleotide polymorphism；SNP）をマーカーとしたSNP Arrayを用いたゲノムワイド関連解析（genome-wide association study；GWAS）や次世代シークエンサーを用いたエキソーム解析，全ゲノム解析が可能となり飛躍的に単一遺伝性疾患の疾患原因遺伝子の解析が進んだ．さらには，これまでは不可能とされていた多因子疾患の疾患感受性遺伝子の解析も可能となってきている．

## 2 ● 遺伝性疾患の分類と遺伝形式

遺伝性疾患を大きく分類すると以下の四つに分けられる．

①単一遺伝子疾患：単一の遺伝子の変異（疾患原因遺伝子）が遺伝され，それによって直接発症を引き起こす疾患
②多因子疾患：複数の遺伝子多型（疾患感受性遺伝子多型）と環境要因が組合さることで発症する疾患
③染色体異常：染色体の構造異常，本数の異常によって引き起こされる疾患
④ミトコンドリア遺伝子異常：ミトコンドリアDNA上の遺伝子異常による疾患．必ず卵子由来であり，遺伝形式はメンデルの法則に従わない．

この中で，狭義で遺伝性疾患という場合は単一遺伝性疾患を指す．単一遺伝子疾患の遺伝形式を考えるうえでは以下の2点が重要である．

①常染色体性と伴性：例えば，犬の染色体は78本（38対の常染色体と2本の性染色体）である．一対の常染色体においては二つの対立遺伝子が存在し，常染色体性遺伝形式をとっている．一方，性染色体の場合はXXならX染色体上に，二つの対立遺伝子が存在することになるが，XYの場合は，それが成り立たなくなる．これを伴性遺伝形式という．Y染色体に依存する（限性遺伝形式という）遺伝性疾患はヒト以外の動物では確認されていない．
②優性と劣性：二つの対立遺伝子のうち，ヘテロ接合型（異なる型の遺伝子の組み合せ）のときに性質として現れる表現形を決定する遺伝子を優性遺伝子といい，現れない方は劣性遺伝子という．この場合，優性である遺伝子はホモ接合型（同じ型の遺伝子の組合せ）およびヘテロ接合型のときに表現型として現れるが，劣性である遺伝子はその遺伝子のホモ接合型でのみ表現型として現れる．

これらの組合せにより単一遺伝性疾患は，ⅰ）常染色体性劣性遺伝形式，ⅱ）常染色体性優性遺伝形式，ⅲ）伴性劣性遺伝形式，ⅳ）伴性

優性遺伝形式の四つの遺伝形式に分類される(図7-24, 25).

### 3 ● 遺伝性疾患の診断

検査方法は疾患によって様々である.一般的な血液検査や画像検査の他に,疾患によっては酵素活性の測定(酵素欠損症など),病理組織検査(蓄積が起こる疾患など),CT検査(骨格・関節の疾患など),MRI検査(ライソゾーム蓄積病など)などが特徴的所見を得るために有用である.遺伝性の免疫不全症の場合は,各イムノグロブリンの定量や白血球の機能検査などが挙げられる.

疾患原因遺伝子が明らかである場合,遺伝性疾患に特異的な検査として,遺伝子型検査が可能となる.

一塩基変異の場合は,変異を含む部分をPCR(polymerase chain reaction)で増幅したのち配列をダイレクトシークエンス法で解析したり,変異を含む部位を認識する制限酵素を反応させ生じた断片の多型(restriction fragment length polymorphism;RFLP)を見たりすることで遺伝子型を判定する方法が取られる.大規模な遺伝子断片の挿入(数十から数kb),または,欠失変異の有無を確認するためには,その部位をはさむ,または内部を増幅するようなプライマーを設計して,それらの増幅の有無によって変異の有無を判定する.小規模の遺伝子断片の挿入,欠失,変異の検出には,ダイレクトシークエンス法やPCR-SSCP(single strand conformation polymorphism法)が用いられる.

### 4 ● 遺伝性疾患の治療・予防

遺伝性疾患の本質的な治療は遺伝子治療である.伴侶動物に関しては,ヒトと比べ倫理的な面や寿命的な点から遺伝子治療の対象になり得ると考えられる.特に,血友病[1],筋ジストロフィー[2]などにおいては,実験的に犬をモデルとした遺伝子治療の試みがなされている.ただし,実際に臨床の現場に応用される段階までには技術的な面,費用的な面から非常に困難であると思われる.また,遺伝性疾患の中でも環境要因がその発症に大きな影響を与えるものであれば,それをうまくコントロールすることで発症を抑制することが可能になる場合がある.

先に述べたように,遺伝性疾患の治療は困難であることが多い.よって,その発生の予防つまり繁殖によるコントロールが遺伝性疾患に対する対処として最も重要かつ有効な手段であると考えられる.それを実施する上では遺伝形式を把握することが必要であり,遺伝子型検査に基づいた交配が重要となる.

### 5 ● 免疫異常を伴う遺伝性疾患

#### (a) 白血球粘着不全症(leukocyte adhesion deficiency;LAD)

常染色体劣性.接着分子β2インテグリン(CD18)をコードする遺伝子のミスセンス変異により,β2インテグリンが白血球細胞膜上に発現せず,好中球の付着性,走化性,貪食能,活性酸素生成能が著しく低下する.その結果重度の免疫不全症を発生し,感染症により死亡する.犬のアイリッシュセッター(canine leukocyte adhesion deficiency;CLAD)[3]と牛のホルスタイン種(bovine leukocyte adhesion deficiency;BLAD)[4]が報告されている.ヒトも報告されている.

#### (b) 重症複合免疫不全症(severe combined immunodeficiency;SCID)

常染色体劣性.正常なTおよびB細胞は,分化過程においてV(D)J組替えを必要とするが,その組替えに必要なDNA依存性プロテインキナーゼ(DNA-PK)の異常により未熟なリンパ球のみ産生される.その結果,重度の免疫不全状態に陥り,移行抗体の消失後,感染症に罹

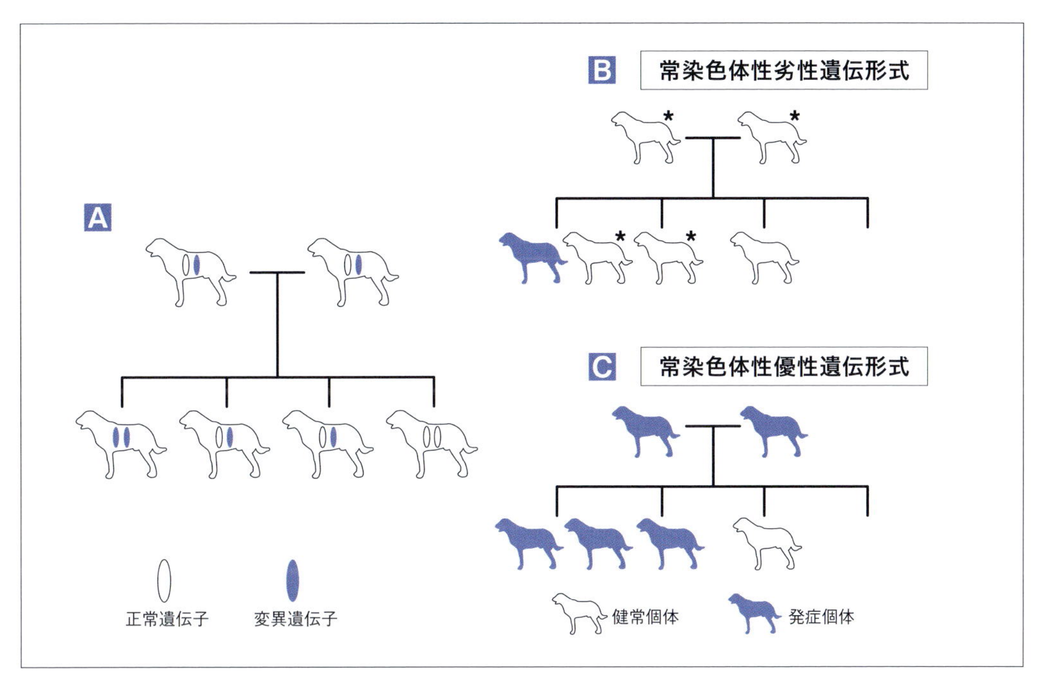


図7-24 **常染色体性遺伝形式をとる遺伝性疾患**．A：疾患原因遺伝子と正常遺伝子をヘテロ接合型に持つ親同士を交配させた場合に生まれる子供の遺伝子型．疾患原因遺伝子ホモ接合型個体(1/4の確率で誕生)，ヘテロ接合型個体(1/2)，正常遺伝子ホモ接合型個体(1/4)が生まれる．B：遺伝子型がAである場合における，劣性遺伝性疾患の発症パターン．＊は発症しないが疾患原因遺伝子を有する個体(キャリアー)を表わす．C：優性遺伝性疾患の発症パターン．

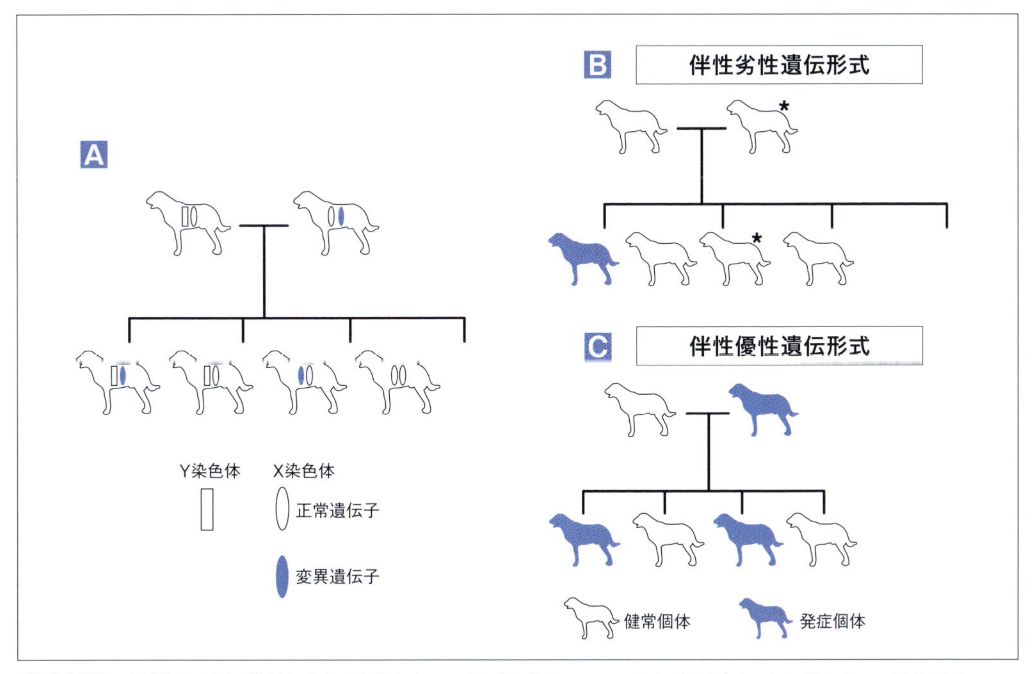


図7-25 **伴性(X染色体性)遺伝形式をとる遺伝性疾患**．A：疾患原因遺伝子を持たない雄個体とヘテロ接合型に持つ雌個体で交配させた場合に生まれる子供の遺伝子型．遺伝子型がAである場合における，劣性遺伝性疾患の発症パターン(B)と優性遺伝性疾患の発症パターン(C)．＊はキャリアーを表わす．

患することより死亡する．犬(ジャック・ラッセル)[5]と馬(アラブ種で)[6]で報告されている．また，犬および豚ではV(D)J組替えに関わる別の遺伝子(RAG)の異常によるSCIDが報告されている[7]．

#### (c) 周期性好中球減少症

常染色体劣性．好中球エラスターゼが顆粒内に輸送されるためには輸送タンパク質(adaptor protein；AP)の働きが必要である．その一つであるAP3(adaptor protein complex 3)のβサブユニット遺伝子(AP3B3)の1塩基挿入によってmRNAの発現が無くなり，その結果としてAP3の機能異常が起こり，好中球エラスターゼの輸送がされなくなることで免疫不全を伴う周期的な好中球減少症となる[8]．コリー系犬種で特徴的な毛色(灰色)の個体で発症するためグレー・コリー症候群と呼ばれている．

#### (d) TNS；trapped neutrophil syndrome

常染色体劣性．ボーダー・コリーで報告されている．骨髄中の好中球が血液循環へと移行できないことによる免疫不全を伴う好中球減少症である．2011年にVPS13B遺伝子の4塩基欠失が責任遺伝子と報告された[9]．

## 3 呼吸器の免疫と疾患

### 呼吸器の免疫に関わる細胞など

呼吸器の役割は空気の出し入れであり，肺胞の隅々まで空気を流入させることにある．気道に侵入した異物は，ほとんどが小さい粒子であるが，鼻甲介や気管および気管支で起こる乱流によって，壁表面の粘液に飛ばされて付着し，物理的に自然免疫の一部として処理される．呼吸器は消化管と同様，その粘膜上皮は粘液層を介して直接外界に接しているため，様々なバリア機構が存在するが，これらが破綻すると疾患が現れることになる．

上部気道に入った粒子は，咳嗽反射によって外に出される他，前述の乱流機構により気道粘液に補足される．気道上皮が分泌するこの粘液に含まれる抗菌化合物であるデフェンシンやリゾチーム，ラクトフェリン，ムチンなどで処理される．これらの機構により，肺胞には5 μm未満のものしか到達できないことになるが，昨今日本でも話題のPM2.5は2.5 μmであるため肺胞に到達してしまうことになる．

#### 1 ● M細胞と杯細胞

呼吸器の免疫に関わる細胞で代表的なものは，M細胞および杯細胞である．呼吸器系でのM細胞は，鼻咽頭関連リンパ組織(narsal-associated lymphoid tissue;NALT)や気管支管壁にあるリンパ小節である気管関連リンパ組織(bronchus-associated lymphoid tissue；BALT)に存在している．気道上部にあるBALTにおいては主にIgAやIgEの産生が起こる．一方，細気管支や肺胞ではIgGが多量に分泌液中に含まれている．NALTとBALTは粘膜関連リンパ組織(mucosa-associated lymphoid tissue；MALT)に含まれる免疫機構であり，いずれも呼吸器の免疫に重要な器官である．

M細胞は腸管粘膜のパイエル板などにも存在する抗原取り込み細胞である．呼吸器系では主にNALTに存在しているが，鼻粘膜を含む上部気道粘膜にはNALT非依存性のM細胞も存在しており，これを呼吸器系M細胞という．この呼吸器系M細胞が抗原を取り込み，樹状細胞やB1細胞によってNALT非依存性に抗原特異的な粘膜免疫応答が誘導される[1]．

気道粘膜にある杯細胞(ゴブレット細胞，円柱上皮細胞)は，多列絨毛上皮間に散在し粘液

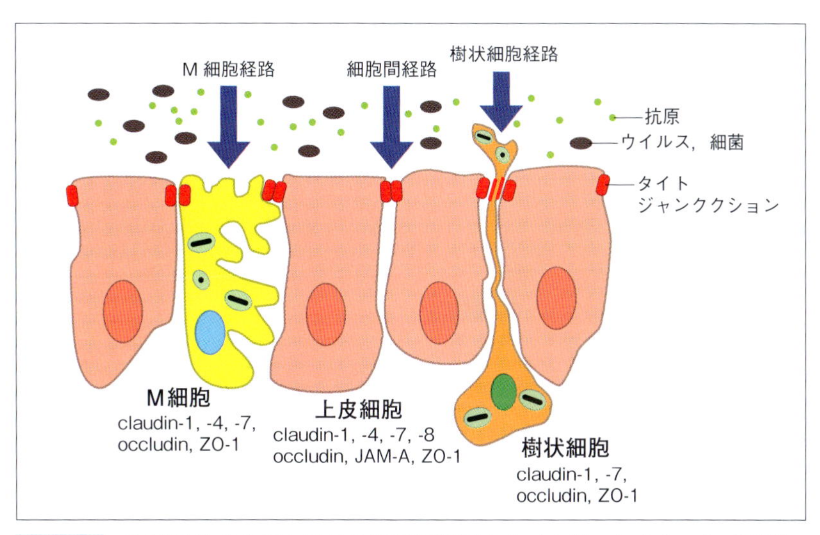


**図7-26** 咽頭扁桃上皮における抗原提示経路とタイトジャンクションの発現

を産生している．粘液に含まれるデフェンシンやリゾチームなどを産生する．ヒトでは慢性気管支炎，気管支拡張症，喘息などの慢性疾患や重度の喫煙者において杯細胞増生が認められる．この杯細胞増生とは，杯細胞を主体として線毛円柱上皮細胞が混在しているものである．

### 2 ● NALTとBALT

NALTは，腸管のパイエル板と同様の粘膜関連リンパ組織の一つであるものの，その形成機構は異なる．NALTの形成にはNALT形成誘導細胞(NALT inducer, NALTi, $CD3^{-}CD4^{+}CD45^{+}$)の機能が不可欠である[1]．パイエル板は胎生15日に組織形成が開始されているが，NALTは出生の1週間から10日後に組織形成が始まる[1]．

外来抗原が抗原提示細胞に提示されるためには上皮細胞を通過する必要がある．NALTにおける抗原認識は外来抗原が三つの経路によって体内に侵入した場合に起こる．その経路には，細胞そのものが食作用で直接抗原を受け取る場合，細胞間隙を通過経路，樹状細胞が直接抗原を受け取る場合である(**図7-26**)．

NALTには咽頭扁桃，口蓋扁桃，舌扁桃があるが，この咽頭扁桃は，口蓋扁桃，舌扁桃などに比べてタイトジャンクションがより強固である．特にタイトジャンクションに重要な膜タンパク質であるクローディンのうち，クローディン1, 4および7が他の扁桃に比べて咽頭扁桃に多量に存在している[2]．

BALTは，ヒトでは出生時には認められず，乳幼児期に発達するが，健常成人では認められない．このことは，免疫が未熟な生後に様々な抗原に暴露されることによってBALTが発生し，抗原との接触が完了して樹状細胞などが担当する気道の局所免疫が発達すると不顕在化するためと推定されている．BALTが成人で顕在化する疾患は，び漫性汎細気管支炎(71%)，慢性過敏性肺炎(60%)，膠原病性肺炎(41%)がある他，肺原発の悪性リンパ腫の発生源となることがある[3](**図7-27**)．

BALTは内腔面を覆うリンパ性上皮とその直下でリンパ濾胞を覆う円蓋領域，リンパ濾胞の濾胞領域とそれを囲む傍濾胞領域の四つの領域から構成されている．円蓋領域には小リンパ球の間に樹状細胞なども存在している．濾胞領

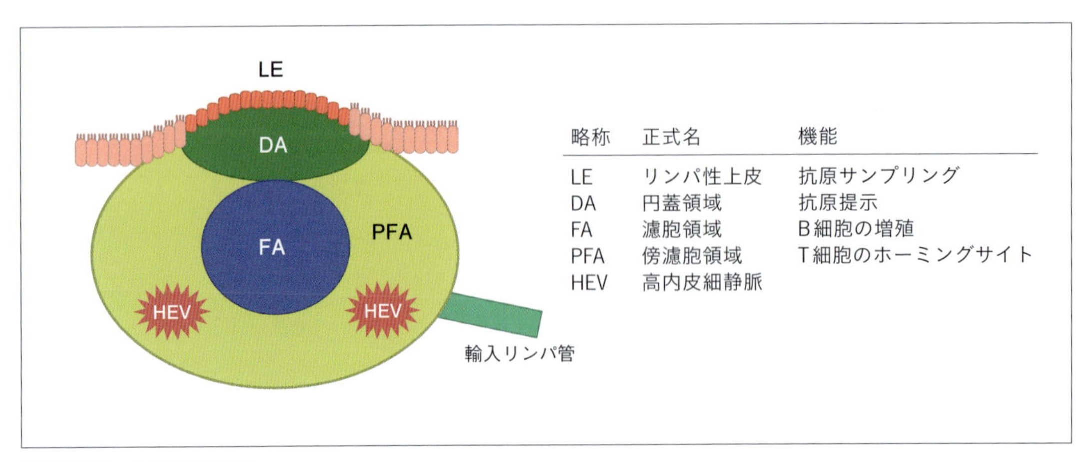


図7-27 BALTの構造

域は小から中型のリンパ球が集まっており，そのほとんどはB細胞である．また，濾胞領域には濾胞性樹状細胞が存在しており，抗原刺激によって胚中心が発現することから，抗原特異的B細胞の増殖・分化を行っていると推定されている．一方，傍濾胞領域はT細胞で構成されている．ここは再循環したリンパ球のホーミングサイトとも考えられている．また，BALT内にはメモリーB細胞も流入してくる．その一部はサイトカインの影響で形質細胞に分化し，抗体を産生する．

### 3 ● 気道上皮細胞

気道上皮細胞は感染防御のために物理的(機械的)バリアになっている他，ケモカインおよびサイトカインを産生している．それらサイトカインは，IL-6およびCXCL8，IL-1b，GM-CSF，G-CSFなどであり，これらが食細胞を気道上皮に集めて活性化し，微生物や感染細胞を処理する[4]．また，気道上皮は病原体を検出するために多くのセンサーを出している．表面および細胞内受容体が細菌，ウイルス，真菌の構成要素を認識すると，免疫シグナリングが活性化する．菌体が上皮に直接接触しなくても，リポ多糖(lipopolysaccharide；LPS)や鞭毛などの病原体関連分子パターン(pathogen-associated molecular；PAMP)が呼吸粘液層を通過して上皮細胞の受容体に認識されて自然免疫が働き炎症を促進する．自然免疫の反応は病原体を効率的に除去するとともに好中球による二次性の炎症反応を制御し，下部気道の無菌性を維持する．他の部位と違い，過剰な炎症による呼吸困難を伴うような肺炎は避けなければならないため，気道における炎症反応の調節は重要である．

### 4 ● 呼吸器の自然免疫

Toll様受容体(Toll-like receptor；TLR)は呼吸器における自然免疫を担っている分子である．気道上皮(ヒト)の上皮細胞表面にはTLR1，2，4，5，6，TNF受容体および上皮成長因子受容体(epidermal growth factor receptor；EGFR)が，エンドソームにはTLR3，4，7，8，9が発現している．TLR3以外のTLRからのシグナル伝達はMyD88(ミエロイド系分化因子88，myeloid differentiation factor 88)依存的である．TLRとIL-1受容体の細胞質内領域はTIR(Toll/IL-1受容体相同性領域(Toll/IL-1R homologous domain)と呼ばれる領域があり，この仲間にはTIR domain-

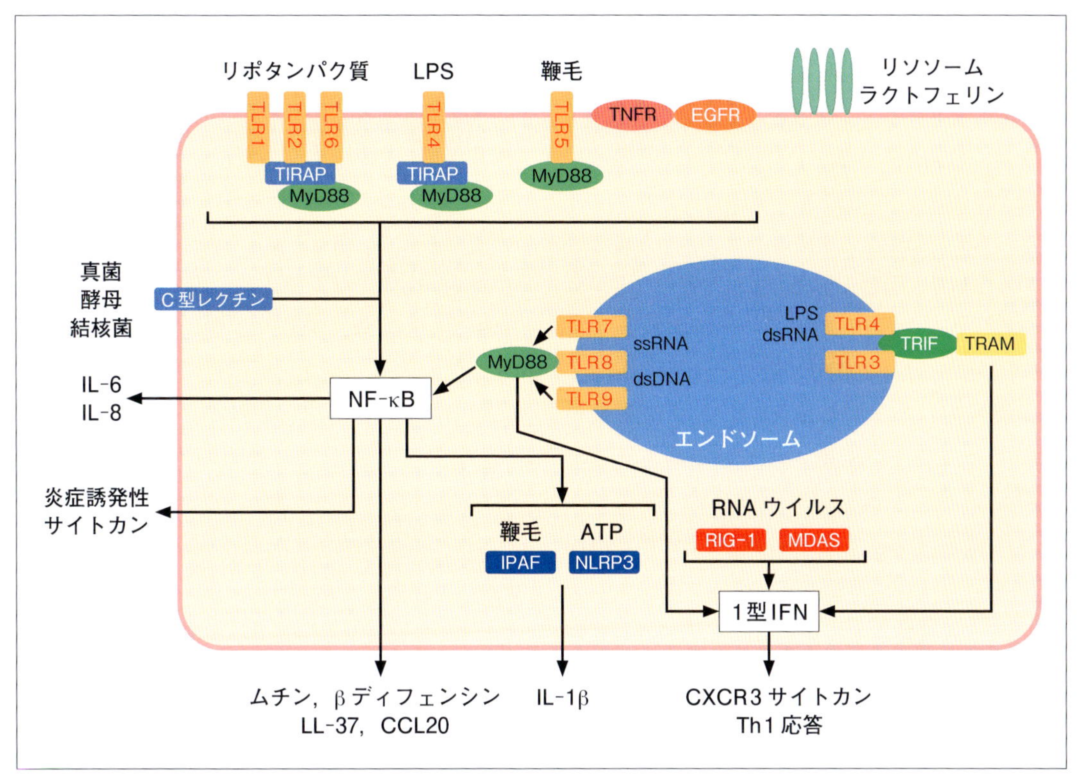


図7-28 呼吸器における自然免疫の概略図

containing adapter protein (TIRAP), TIR domain-containing adapter inducing IFN-beta (TRIF), TIR domain-containing adaptor molecule-1 (TICAM-1), TRIF-related adapter molecule (TRAM) などがある．このうち，TIRAPはMyD88と協調して，TLR4による炎症性サイトカイン誘導に関与している[4] (図7-28)．

細菌などに暴露されていない子牛の気管上皮細胞，気管組織および肺組織をPCR分析して，TLRのmRNA発現を見たところ，それぞれの組織(細胞)でTLR1～10のすべてが発現していた[5]．このように気道の上皮にはすべてのTLRが発現しているが，部位別・細胞別に異なる部分がある．上部および下部気道の細胞系では，TLR2～6が最も強い遺伝子発現をしている．一方，TLR7～10の発現は細胞の種類によって様々である[4]．気道における一般的な病原体であるウイルス(インフルエンザウイルスやライノウイルス，RSウイルス)と細菌(黄色ブドウ球菌，緑膿菌，肺炎レンサ球菌，肺炎桿菌)は上皮細胞表面のPAMPで検出されており，これにより，TLRの発現は誘発される．

TLR3は多くのウイルス検出に重要な役割を持っており，細胞にウイルスが感染するとTLR3の転写が促進される．継続的にウイルス侵襲があった場合，ウイルス由来dsRNA(二重鎖RNA)がTLR3に次々と結合することにより細胞からサイトカインが産生され，強い炎症誘発性反応を引き起こすことがある．同じように，グラム陰性菌である肺炎桿菌の感染症では，LPSの検出担当であるTLR2および4を増加させる．緑膿菌の場合は，TLR2，4および5が誘導される．

TLRはムチン産生も調節している．上部気道でよく見られるムチンは，MUC1，2およびMUC5ACであるが，それぞれグラム陽性菌，グラム陰性菌およびウイルスによってその産生が誘発される．この機構にはフィードバックもある．ムチンの産生と排除のバランスをとる必要があるためで，過剰な粘液もまた有害となるからである[4]．

NOD様受容体（NOD-like receptor；NLR）は細胞質内にある受容体で，ヒトでは22種類ものファミリーが発見されているが，気道上皮細胞においてはNOD1および2が発現している．双方の受容体からの細胞内シグナル伝達はNF-κBの活性化をもたらし，炎症とアポトーシスを調整している．NLRは中心にNOD（nucleotide-binding oligomerization domain）領域があり，C（カルボキシル）末端にPAMPを認識するロイシンリッチリピート（leucine-rich repeats；LRR）が，N（アミノ）末端にはアポトーシスシグナル伝達経路であるカスパーゼ誘引ドメイン（caspase recruitment domains；CARD），あるいはPYRIN（putative protein-protein interaction）ドメインを有する．このLRRが細菌のペプチドグリカン成分を認識するが，NOD1はiE-DAP（D-glutamyl-meso-diaminopimelic acid）を，NOD2はMDP（N-acetylmuramyl-L-alanyl-D-isoglutamine）をそれぞれ認識することにより，CARDドメインがNF-κBを活性化し，細胞をアポトーシスさせる．例えば，NOD1は緑膿菌のペプチドグリカンを検出し，NF-κBを活性化して，細胞死を誘導するため，大量の膿を産生する．

TLRおよびNLR以外の経路で自然免疫を担当する細胞表面受容体もある．TNF受容体1（TNFR1），EGFRとC型レクチンである．TNFはあらゆる種類の感染に反応して活性化する主要な炎症誘発性サイトカインである．TNFR1は気道上皮細胞の表面に豊富に存在している．TNFR1の宿主防御の典型例は黄色ブドウ球菌のプロテインAで見られる．プロテインAがIgGと結合するとTNFカスケードが活性化され，NF-κBを経由してCXCL8の産生を誘導する．プロテインAによるTNFR1シグナリングでは，TLRなどが使うMyD88は関与しない．また，TNFR1は，嚢胞性線維症の際の上皮細胞で強く発現する他，緑膿菌の排除にもとても重要である．緑膿菌の排除は，MUC1発現の調整によって行われる．

EGFRは気道感染における上皮シグナリングにおいて多くの役割を果たしている．気道上皮の尖端に存在し，様々な刺激に反応してCXCL8の産生を誘発する．黄色ブドウ球菌は，プロテインAのIgG結合領域を通してEGFRに作用し，TNF変換酵素（TNF converting enzyme；TACE，ADAM17とも呼ばれる）を活性化する．EGFRシグナリングの気道でのムチン産生誘導は，主にMUC5ACに対してである．緑膿菌はMAPKとEGFRの活性化を介してMUC5ACを誘導する．なお，EGFRはTLR1，3，5，6によっても活性化する．

C型レクチン受容体は，デクチン-1（Dectin-1），デクチン-2とMincleが含まれていて，主に真菌や酵母，結核菌などの細胞壁にあるβグルカンを認識する．デクチン-1は，*Pneumocystis carinii*呼吸器感染症に重要である．デクチン-1はまた，*Aspergillus fumigatus*に反応して炎症シグナルの開始において重要な役割を果たしている．デクチン-2は，肺内の酵母を感知していて，*Candida albicans*の菌糸を認識して宿主防御に貢献している．Mincleもまた*Candida albicans*やマラセチアに反応して炎症シグナルにおける重要な役割を果たしている．

気道は病原体に直接作用する多くの抗菌物質を分泌している．この抗菌物質には分子量が小さい陽イオン分子のβデフェンシン，LL-37，

CCL20と，大きな分子量のタンパク質であるリゾチーム，ラクトフェリンおよびムチンが含まれる．

βデフェンシンは，ヒトでは6種類(hBD1～6)が同定されている．このうち，hBD5および6は気道上皮で見つかっていない．hBD1は気道上皮に発現しており，hBD2～4は細菌，真菌，ウイルスなどによって誘導される．βデフェンシンはTLRにより発現することが多く，hBD2のシグナルがTLR2を通して誘導される．βデフェンシンはMyD88を遮断することでNF-κBのシグナリングに干渉し，その作用を無効にする．また，βディフェンシンの発現には，TLR4からのシグナルが関連しているが，それはTLR4からのシグナルを受けたMyD88によるものである．細菌のDNAはTLR9を介して，細菌のフラゲリンはTLR5を介して，ウイルスの二本鎖RNAはTLR3を介して，気道上皮のβデフェンシン発現を誘導する．βデフェンシンはケモカイン受容体のCCR6と結合することでT細胞と樹状細胞を刺激する．ヒトではhBD2の発現量で肺疾患の重篤度がわかる．長期間喫煙しているとβデフェンシンの発現量が減り，肺疾患の一因となる．

LL-37はカテリシジン抗菌ペプチドの一種であり，ヒトでのみ見つかっている．気道上皮に発現して，細菌クリアランスを強化する広域スペクトルの抗菌活性を持つ．LL-37は嚢胞性線維症症例で高頻度に発現しているため，その発現量が重症度と相関している．上皮細胞で認識されない場合に，マクロファージのTLRを介して誘導されることもある．

CCL20は別名をLARCやMIP-3αとも呼ばれ，デフェンシン類似タンパク質である．CCL20はTLR2，TLR3，TLR5およびTNFによって発現する．CCL20はCCR6と相互作用することで，未成熟樹状細胞やT細胞を引き寄せる．CCL20は嚢胞性線維症症例で高頻度に発現し，タバコの煙で減少する．

気道に大量に存在する大型の抗菌タンパク質には，ラクトフェリンとリゾチームがある．それぞれが抗菌性を示すが，その機序は異なっている．ラクトフェリンは細菌の生育に不可欠な鉄イオンをキレートすることで欠乏させて抗原効果を発揮する．リゾチームはグラム陽性菌の細胞壁を構成する多糖類を加水分解する酵素である．グラム陽性菌の細胞壁はN-アセチルグルコサミンとN-アセチルムラミン酸とがβ-1,4結合した多糖類を主成分とするペプチドグリカンで構成されており，ここにリゾチームが作用する．一方，グラム陰性菌は，このペプチドグリカンの外側にさらにリポ多糖が存在しているため，リゾチームだけでは細胞壁成分が完全には分解できない．しかし，ラクトフェリンには直接的な抗菌活性があり，グラム陰性菌の外膜(リポ多糖)を破壊してリゾチームに感受性のペプチドグリカンを露出させることができる．これによりリゾチームの抗菌作用を発揮させることができる．

これらは嚢胞性線維症の症例で高濃度に存在する他，慢性気管支炎および無症候の喫煙者を比較して，炎症に強く関わっていることが示唆されている．

### 5 ● 肺サーファクタント

肺胞上皮細胞の一種である肺胞Ⅱ型細胞は，肺サーファクタントという生理活性物質を合成して肺胞腔に分泌する細胞である．肺サーファクタントはリン脂質とアポタンパク質からなる脂質タンパク質複合体で，物理化学的表面活性作用により肺胞虚脱を防ぎ，呼吸を安定させている．肺サーファクタントにはSP-A，SP-B，SP-C，SP-Dの4種類が知られており，このうち，SP-AおよびSP-Dは肺コレクチンと呼ばれるハイブリッドタンパク質である(**図7-29**)．SP-BおよびSP-Cは疎水性タンパク質である[6]．

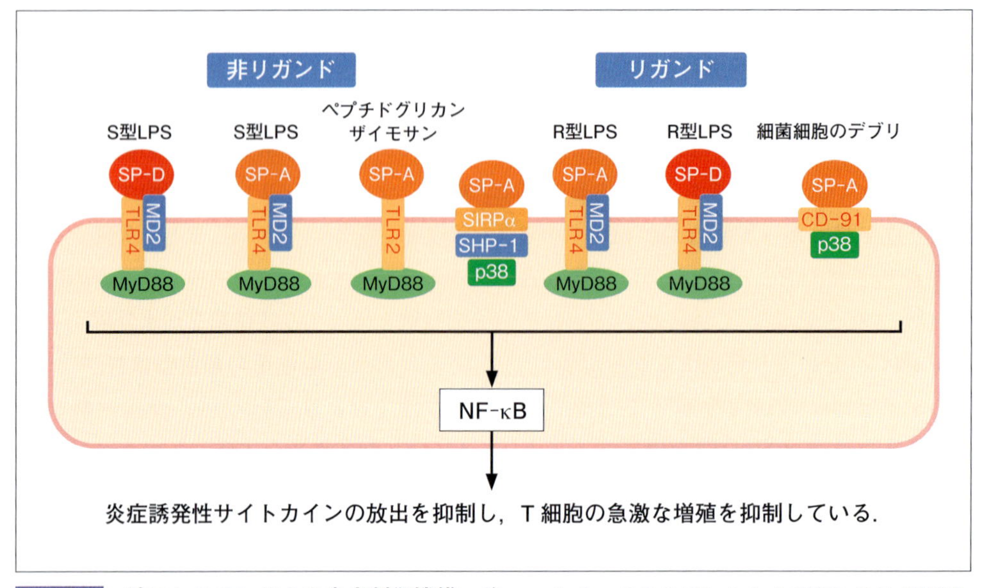


図7-29 **肺コレクチンによる炎症制御機構**．肺コレクチンであるSP-AおよびSP-DはTLRなどと相互作用を行ってNF-κBに情報を伝達し，NF-κBからの炎症誘発性サイトカインの放出を抑制する．この機構によって，SP-AとSP-DはT細胞の急激な増殖を防ぎ，炎症が過剰にならないように抑制している．

SP-AおよびSP-Dは自然免疫に関与しており，オプソニン作用があり，肺胞マクロファージの細菌貪食を促進する．SP-AとSP-Dが菌体に直接結合できなくても，貪食受容体の細胞膜局在を増強する作用によって，細菌貪食を結果として促進している．SP-Aは，エンドトキシンの成分であるLPSの変異体(R型LPS)に結合する．気道に細菌叢を形成するグラム陰性菌の多くは，LPS完全体(S型LPS)からR型LPSに変異するとともに，O特異抗原を失くすことによって獲得免疫を逃れて慢性感染を引き起こすと考えられている．SP-AはR型LPS発現グラム陰性菌に結合して免疫細胞を活性化し，細菌やLPSを排除している．また，S型LPS発現グラム陰性菌などが引き起こす過剰な炎症反応をSP-Aは抑制していると考えられている[6]．これによって，肺コレクチンがT細胞の急激な増殖を抑制している．

## 6 ●気管支肺胞洗浄

気管支肺胞洗浄(bronchoalveolar lavage；BAL)の細胞組成は，健康時はほぼ単球系が占めている．一般にマクロファージが最も多く，リンパ球がこれに続く．動物種ごとの違いを以下に列記する．

正常犬のBALでは，マクロファージの割合は68～80%で，リンパ球は14～32%である．多核白血球は0～9%で，その中で好酸球は3.6%を占める[7,8]．臨床的に正常とされている犬では，肥満細胞が2.1%，上皮細胞が0.8%，好中球が0.6%という報告もある[7]．

全年齢の猫のBAL中の平均マクロファージの割合は87.4%(specific pathogen free；SPFの成猫は61.3%)である．リンパ球は7%(SPF猫は1.4%)で，好中球は3.5%(SPF猫は1.4%)である[9]．通常飼育の猫では，マクロファージが61.28%，続いて好酸球の28.7%である．好酸球は生後5日目のBALで確認されはじめ，その後割合を増していく．BAL中の好酸球数

**表7-4** 馬の呼吸器の部位ごとの洗浄液中の細胞割合[12]

| 洗浄部位 | 上皮細胞 | 扁平上皮 | マクロファージ | リンパ球 | 好中球 | 好酸球 |
|---|---|---|---|---|---|---|
| 鼻部 | 80.9±12.7 | 14.4±11.9 | 2.3±2.0 | 1.5±1.4 | 0.9±0.8 | 0 |
| 気管(内視鏡) | 49.1±11.5 | 0.3±0.6 | 43.0±10.7 | 2.2±2.4 | 4.6±4.9 | 0.7±0.4 |
| 経気管支 | 19.8±6.1 | 0 | 65.0±13.7 | 7.4±3.8 | 6.4±5.5 | 1.2±1.4 |
| 気管支 | 32.5±10.9 | 0.1±0.4 | 55.5±12.9 | 3.4±2.6 | 8.4±5.9 | 0 |
| 気管支肺胞 | 14.3±13.4 | 0 | 70.3±15.2 | 7.6±3.9 | 6.2±5.0 | 1.0±1.4 |

を検討した論文[10]では，喘息の猫において呼吸器症状を呈していない場合，症状を呈している場合と比較してマクロファージとリンパ球は有意に高いが，好酸球数は低いことが(4.2%±7.8%と49.4±20.6%)認められている．

なお，犬および猫でBALと気管ブラシ細胞診を比較した研究では，両方とも炎症の有無は判断できるものの，サンプル抽出法の違いからか炎症の種類の同定には差異がある[11]．

馬のBAL中の細胞はよく検討されており，気道の部位によって細胞構成に差があることがわかっている．**表7-4**に示したとおり，鼻部は上皮系細胞が多く，気管で上皮細胞とマクロファージが半々となり，気管支より下部ではマクロファージが多くなる[12]．

新生子馬(2日齢～2.5週齢)のBALを1日おきに2回計測すると，1回目はマクロファージが84.2%，好中球が10.4%，リンパ球が5.5%を占めるが，その24時間後の計測ではマクロファージが47.7%，好中球が48.7%，リンパ球が3.8%であった．臨床的に健康な2～3歳の馬の1回目のBALは，マクロファージが69.7%，好中球が1.9%，リンパ球が28.0%を占め，その24時間後の計測ではマクロファージが54.3%，好中球が14.0%，リンパ球が21.3%であった[13]．

ヒトと同様に馬でも老齢になると免疫力の低下から慢性，あるいは再発性の炎症性呼吸器疾患に罹患しやすくなる[14]．再発性の炎症性呼吸器疾患は約10～20%発症率が高くなると見積もられている．しかしながら，加齢性変化の報告を見る限り，末梢血のリンパ球，T細胞およびB細胞は減少するが，BALでの細胞数の変化は認められていない．しかし，発症率の高さと相関する因子はBAL中サイトカインであり，IL-1βとIL-8が加齢によって減少し，NF-κBがダウンレギュレーションする[14]．

豚のBALでは，約80%がマクロファージを占め，残りの20%がリンパ球である[15]．また，膜面免疫グロブリン陽性細胞(sIg+)の比率は幼豚が4.5%で高齢豚が8.5%，T細胞の比率は幼豚が6%と高齢豚が14.9%である[15]．さらにリンパ球内のサプレッサーT細胞の比率は，幼豚が4%と高齢豚が8%である[15]．

正常な子牛(2～4週齢)のBALは，マクロファージが約90%，好中球が約4%，リンパ球が約3%，その他の上皮細胞などが約2%である．BALに含まれるIgGおよびIgAの量は，2週齢と4週齢を比較すると1.5～2倍に増加する[16]．

牛後1時間の羊のBALでは，ごくわずかに好中球と単球が認められる他は，ほとんどが上皮細胞である．1日目の好中球は70%以上で肺胞マクロファージの割合は約18%であったが，その後好中球の集積は急速に低下するとともに肺胞マクロファージが増加する．8日目の好中球は約8%で肺胞マクロファージの割合は91%であり，リンパ球も1%認められる．8日目以降は緩やかな変化となり，90日目には成羊と同じ細胞分布となる[17]．

column

# ヒトとマウスでの最新知見から動物に外挿できること

最近の免疫学の話題の一つにナチュラルキラーT細胞(NKT細胞)がある．自然免疫にも獲得免疫にも関与するNKT細胞は1型，2型およびNKT様細胞の3種類に分類されており，このうち1型NKT細胞に含まれるインバリアントNKT細胞(iNKT細胞)が最も注目されている．NKT細胞は呼吸器系疾患でも様々な研究がなされている．ここでは喘息と肺癌について取り上げる．

NKT細胞は，アレルギー疾患，癌の転移，自己免疫疾患を制御する機能を持つ免疫制御細胞であり，この細胞が不足や機能障害が起こると自己免疫疾患や癌を引き起こす[18]．ヒトでの具体例を挙げると，NKT細胞の機能低下が病態を悪化させるものにはI型糖尿病，多発性硬化症，関節リウマチなどがあり，うまく活性化できない場合，乾癬，動脈硬化症，アレルギー，接触性過敏症，喘息，移植片拒絶などが起こる[19]．

マウスの喘息モデルおよびヒトにおける研究から，抗原の暴露量が少ないときの気道抵抗性の上昇(気道過敏性の上昇)にiNKT細胞が関与するが，大量暴露になると気道過敏性はNKT細胞非依存性に上昇することがわかった．抗原の暴露量によってNKT細胞の関与が変化するということになる[19]．

NKT細胞は多種多様なサイトカイン(IL-2, IL-4, IL-5，IL-6，IL-10，IL-13，IL-17，IL-21，IFN-γ，TNF-α，LT，GM-CSF)やケモカインなどを産生するため，抗腫瘍免疫療法を行う際に利用することが理想的であるという考えがある[20]．NKT細胞を活性化させるためには，糖脂質であるαガラクトシルセラミド(α-galactosyl ceramide, α-GalCer)を表面に提示した樹状細胞が必要である．こうして活性化したNKT細胞は大量のIFN-γを急速に産生し，これによってNK細胞および細胞傷害性T細胞が活性化して，高い抗腫瘍効果を得ることができる．この結果，理論上は腫瘍のタイプを問わず効果的に腫瘍細胞を除去することができる上，再発も見られない完全寛解となる．この方法を進行したヒトの非小細胞肺癌患者17例に用いたところ，60％の患者で高いIFN-γ産生が認められ，最初の治療だけで生存期間の中央値を29.3カ月と有意に延長した[20]．この方法は頭頸部腫瘍でも高い治療効果を上げている[20]．

α-GalCerを投与することで感染状態を模倣してiNKT細胞を活性化することは，抗腫瘍治療に有効である．しかも，この方法を取るとその抗腫瘍効果を持つiNKT細胞が肺において9カ月以上という長期にわたって生存して存在し，2度目の抗原進入時に迅速かつ強力に反応する「記憶免疫様NKT細胞」になることがわかった[21]．この細胞の表面にはキラー細胞レクチン様受容体サブファミリーGメンバー1(KLRG1)や接着分子(CD49d)などの分子が発現していて，細胞内には細胞傷害性顆粒であるグランザイムAが発現している．このKLRG1$^{+}$iNKT細胞は，野生型マウスの持つNKT細胞よりもIFN-γの産生能が増加していた他，CCL3やCCL4のケモカインを産生するという特徴があった．また，この細胞は前述のように寿命が9カ月以上と長い上，抗原特異的なT細胞受容体を選択できるという，すなわち「記憶」という優れた能力がある．今後はこのKLRG1＋iNKT細胞を利用した，さらに効率的な抗癌治療法やワクチン開発が期待される．

以上のことは，ヒトにとどまらず，動物にも応用可能であると考える．

なお，従来，NKT細胞はヒトとマウスにしか存在しないと考えられていたが，2009年に犬においてα-GalCerおよびCD1dに相当する分子に反応性のあるCD3$^{+}$細胞が発見されており，これが犬のNKT細胞であると推測されている[22]．

## 免疫細胞の移動

呼吸器内は常に種々の抗原にさらされている．他の臓器と同様最初に自然免疫が対応するが，この自然免疫応答が持続的に活性化すると前述したように慢性化することもある[23]．これは特にウイルス感染で見られる．

自然免疫の主要な担当細胞は好中球およびマクロファージ，樹状細胞である．上皮細胞やリンパ球上に発現して自然免疫を担当するTLR，NLRは，いわゆるパターン認識を行っている．細菌の細胞壁成分を認識するTLR4は，ウイルスを認識しないが，RSウイルスの感染はTLR4の発現を誘発し，細菌感染時の炎症性シグナルを強化する．インフルエンザ感染後に二次性細菌性肺炎が起こりやすいことは細菌に対する反応性が過剰になっているためと考えられる．

TLRからのシグナルが増加すると肺疾患が引き起こされる．たばこの煙に暴露されるとTLR4の発現が増加し，CXCL8産生と気道内への多形核細胞の動員が増強される．嚢胞性線維症症例では，NF-κBとCXCL8シグナルの増加によって肺に過剰な炎症を引き起こす．

### 1 ● 細菌感染に対する反応

好中球集積は細菌性疾患の病理学的特徴であり，宿主の防御に極めて重要である一方，好中球集積が過度になると急性肺損傷や急性呼吸不全症候群を引き起こすこともある．

好中球は骨髄に大量に保管されており，細菌感染症が起きている間，血流に乗って細菌に集まり，自然免疫の最初の防御を担当する．好中球は肺をはじめとした様々な臓器の炎症部位に達するため，血流から血管内皮細胞に付着し，内皮を横断する．この移動には別々のサイトカインに反応した内皮細胞表面に発現する個別の複数の細胞接着因子が関わっている．炎症部位に近づいた好中球は活性化し，フリーラジカルを生成し，顆粒を分泌し，細菌を貪食して劣化させる．好中球は骨髄から出た後，その寿命は6時間未満である．

呼吸器での細菌の認識は上皮細胞上のTLRが行っている．肺で細菌を認識しているのは，形質膜結合型のTLR2，TLR4，TLR5とエンドソーム膜結合型のTLR3，TLR7，TLR8およびTLR9である（**図7-30**）．細菌感染時にパターン認識を行うTLRとその対応菌種の例を**表7-5**に示す．

**表7-5　急性下部呼吸器系細菌感染を起こす菌を認識するTLR**

| TLRs | 菌種 |
|---|---|
| TLR2 | *Acinetobacter baumannii*<br>*Legionella pneumophila*<br>*Porphyromonas gingivalis*<br>*Pseudomonas aeruginosa*<br>*Streptococcus pneumoniae* |
| TLR4 | *A. baumannii*<br>*Haemophillus influenzae*<br>*Klebsiella pneumoniae*<br>*Escherishia coli*<br>*P. aeruginosa*<br>*S. pneumoniae* |
| TLR5 | *L. pneumophila* |
| TLR9 | *K. pneumoniae*<br>*L. pneumophila* |

TLRが認識した情報は，MyD88やTIRAPなどを介してIRAK4をはじめとしたシグナル伝達カスケードに伝えられる．こうして炎症誘発性メディエーターは好中球の走化性と活性化を強化しサイトカインをより多く放出してさらに好中球を炎症部位に集積させる．

好中球が自然免疫細胞として非特異的な方法で病原体と戦う間に，樹状細胞やマクロファージなどの抗原提示細胞は抗原特異的な獲得免疫応答を誘導するために抗原情報をT細胞に提示する．

### 2 ● ウイルス感染に対する反応

気道粘膜でウイルスが検出されるとまず，自然免疫反応によって非特異的に破壊される．しかし，ウイルスが自然免疫の防衛機構を逃れた場合には獲得免疫によって除去される[24]．

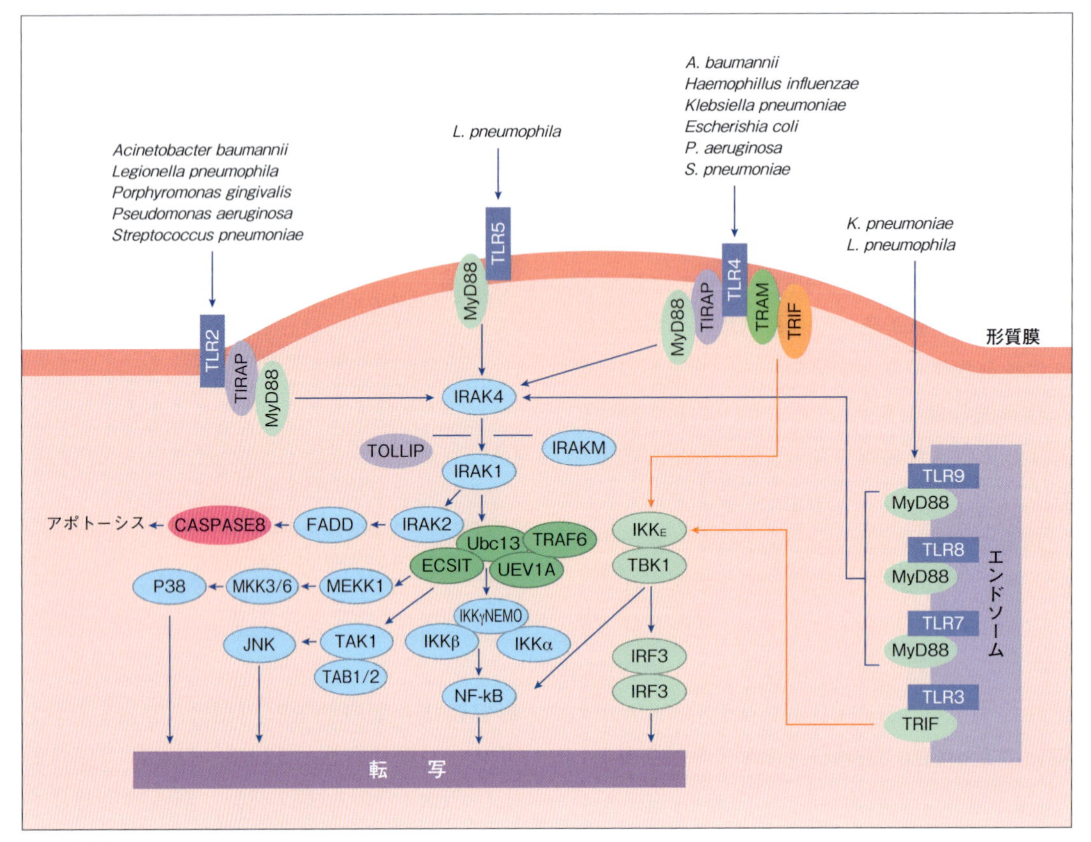


**図7-30** 呼吸器の病原体に対応するTLR

獲得免疫機構では，特異的分泌型IgA(sIgA)抗体と細胞傷害性T細胞(CD8$^+$cytotoxic T lymphocyte；CTL)が対応する．

予防接種などのように何らかの病原体を免疫された動物では，再感染があると直ちに分泌型IgAとIgG抗体によってウイルス-Ig複合体を形成してウイルスを除去する．sIgA抗体は重合して二量体のIgA(dimeric IgA, dIgA)となり，経上皮輸送で粘液に運ばれ，同種ウイルスの感染を防御する他，そこにたどり着いた他種ウイルスにも干渉する．IgG抗体は粘液中に拡散して同種ウイルスの感染を防御する．sIgAとIgG抗体は肺炎を防止するために主に肺胞上皮上に分布している．再感染があるとB記憶細胞による特異的IgAおよびIgG抗体の産生が促進される．これらの抗体は再感染から3日間，ウイルス除去を担当する．感染動物の上皮細胞では，上皮細胞にある特異的dIgA抗体が新しく合成されたウイルスタンパク質と結合することにより，ウイルスの複製を妨げている．

予防接種や以前に感染歴のある動物では，記憶T細胞によるCTLも産生されるため，再感染の3日目からは同じウイルスが感染している細胞を迅速に排除する．この機構は，インフルエンザウイルスなどにおいては，亜型のウイルスに対しても作用するため，全く同じウイルスの予防接種でなくてもワクチン効果が得られる．マウスにおける異なる亜型による攻撃試験において，遅延型過敏反応を促進させる記憶Th1細胞はIFN-γを分泌することによってウイルスの複製を遮断することがわかっている[24]．

ウイルス感染に対する自然免疫においては，

TLR3およびTLR4さらにTLR7～9などが反応してインターフェロン産生を増強し，マクロファージなどを活性化させてウイルスを排除する．しかしながら，呼吸系発疹ウイルス(respiratory syncytial virus；RSV)はマクロファージを刺激するIFN-α，βおよびγの転写を減少させることで生き延びようとする[25]．RSVは，IFN-βおよびIFN-γの転写機序の重要なNLRファミリーのNOD1とⅡ型トランス活性化因子を阻害する．RSVは，IFN-βの転写因子であるSTAT1(シグナル伝達兼転写活性因子，signal transducer and activator of transcription 1)に対してチロシンキナーゼ2リン酸エステル化を阻害する機構を持ち，その転写を阻害する．RSVはまた，STAT1のスプライシングバツアントであるSTAT1bのリン酸化が増えることと相関して転写活性化補助因子が核のSTAT1減少を引き起こし，その結果として起こるIFN-γの転写促進をも阻害する．

## 免疫介在性呼吸器疾患

感染症と腫瘍の他の呼吸器疾患として，ヒトにおいてはアレルギー疾患，原因不明の持続性の疾患，タバコやアスベストによる化学物質による疾患がある．この中で獣医学において問題となり，比較的よく研究されている疾患は，アレルギー疾患である．アレルギー疾患には，アレルギー性鼻炎とアレルギー性気管支炎(喘息)がある．

### 1 アレルギー性鼻炎

アレルギー性鼻炎の定義について，ヒトの鼻アレルギー診療ガイドライン2013年版において「アレルギー性鼻炎(水様性)は鼻粘膜のⅠ型アレルギー疾患で，原則的には発作性反復性のくしゃみ，鼻漏(水様性)，鼻閉(鼻づまり)を3主徴とする過敏性，非感染性，複合型に分類される」としている[1]．すなわち，IgE抗体によるⅠ型過敏症反応が，外来性のアレルゲン(スギ，ブタクサ，室内塵，ダニなど)によって起こることを前提としている．

#### (a) 犬のアレルギー性鼻炎

病態：犬において慢性の炎症性鼻炎は，よく認められるが，原因は様々でなかなか確定診断には至らない．鼻粘膜におけるリンパ球，形質細胞の浸潤が特徴である[2]．犬の慢性炎症性鼻炎の症状は鼻漏，くしゃみ，せき，鼻出血と喘鳴である．

犬で花粉の暴露によって過敏症が生じて，鼻漏が起こるという報告は日本ではじめて行われた[3]．皮内反応によってスギ花粉アレルゲンに反応していた犬4頭が，PKテストによってスギ花粉に特異的IgEを持っていることを確認した．吸入誘発試験において鼻腔内に天然のスギ花粉アレルゲン(Cry j 1およびCry j 2)を入れた2/3頭で5～20分後に鼻汁が増加した．

また，実験的にブタクサ花粉抗原感作ビーグルにブタクサ抗原を鼻腔内に噴霧して鼻閉を誘発したという報告もある[4]．アレルギー性鼻炎と臨床診断した犬において，その原因アレルゲンがハウスダストマイトにあると推測した報告もある[5]．この報告によると，皮内反応および血清抗原特異的IgE検査によってHDMに陽性と特定した犬3頭と対照の健常犬4頭から末梢血単核細胞を採取し，コナヒョウヒダニ抗原存在下で培養したところ，アレルギー性鼻炎の犬3頭が高い幼若化反応を示した．アレルギー性鼻炎の犬の細胞におけるIL-4mRNA発現は健常犬に比べ高値を示した．このことからアレルギー性鼻炎の犬においてはアレルゲンに対するTh2型反応が起こっていると考えられた．

最近，慢性鼻炎や慢性気管支炎の犬においてCD4$^+$細胞中のCCR4$^+$細胞の割合，いわゆるアレルギー強度が上昇していると報告されている[6]．このことからも犬におけるアレルギー性鼻炎の存在が示唆されているアレルギーに関連しているものと判断された．

**診断**：寄生虫や感染を除外あるいは管理してアレルギー性鼻炎であることを確認し，アレルゲン特異的IgE検査を行って原因アレルゲンを特定する．

**治療**：特定したアレルゲンに暴露させないことが重要である．また，ヒトのアレルギー性鼻炎と同様，アレルゲンが環境中に増加する時期に早期から抗ヒスタミン薬を投与することも症状緩和につながる．それでも症状がひどい場合には，ステロイドの投与を考慮する．

### 2 ● 喘 息

ヒトの喘息予防・管理ガイドラインにおける気管支喘息の定義は，

①自然にあるいは治療により可逆性を示す種々の程度の気道の狭窄
②気道の過敏性が亢進
③T細胞，肥満細胞，好酸球などの炎症細胞，気道上皮細胞，線維芽細胞をはじめとする気道構成細胞，および種々の液性因子が関与する気道の慢性の炎症性疾患
④持続する気道炎症は，気道傷害とそれに引き続く気道構造の変化(リモデリング)を惹起する．

である．

小児喘息と成人喘息は同一疾患ではあるが，多くの相違点が見られる．すなわち，小児に比べて成人は慢性化して気流制限が非可逆性となり，気道組織の質的変化・改築(リモデリング)を伴うことが多く，臨床的に慢性重症例が多いことが知られている．免疫反応は，小児が吸入性アレルゲン(ダニ，ペット，カビなど)を主とするアレルゲンに対するアトピー(IgE抗体)反応によるのに対し，成人は非アトピーのアレルギー反応(非IgE依存・リンパ球依存型)の割合が高い．

#### (a) 猫喘息

猫喘息はアレルギーを原因とする下部気道炎症性疾患とされている．約1～5%の猫が罹患していると推定されている[7]．症状発現の中央値は4～5歳であるが，それらの猫の多くが慢性徴候を示しているため，疾患の発症はさらに若いと推定される．発生機序はヒトなどと同様に吸入された空気中アレルゲンの暴露に対するアレルギー応答であり，このアレルゲンによって刺激されたTh2細胞が様々なサイトカインを生産する．これらのサイトカインが気道に病理学的変化をもたらす．

**臨床徴候**：猫喘息の臨床徴候は，喘息クリーゼ(喘息持続状態)，および咳や努力呼吸の慢性化の大きく二つある．臨床徴候の重症度と頻度には様々な段階がある．喘息症状の原因がアレルギーか否かは，胸部X線検査によって除外診断によって鑑別する．胸部X線所見として「気管支パターン」がある．また，BAL中の細胞は好酸球が主体であることが確定的ではないものの，特徴的である[7]．

喘息との鑑別が重要な疾患には，他に寄生虫性(猫肺虫：*Aelurostrongylus abstrusus*，犬糸状虫：*Dirofilaria immitis*，猫回虫：*Toxocara cati*)および感染性がある．特に犬糸状虫は犬糸状虫随伴呼吸器疾患(heartworm associated respiratory disease；HARD)と呼ばれる咳や呼吸困難の臨床症状を引き起こすことがあるため，注意が必要である．また，気胸の猫16頭を調査したところ，4頭(25%)が喘息に続発してされており，気胸の基礎疾患として猫喘息の可能性がある[8]．

**診　断**：猫喘息の診断に有用な血液検査は確立されていない．BAL中の好酸球割合は，無症候の猫では4.2±7.8%で喘息の猫では49.4±20.6%と有意差がある（$P<0.001$）[9]．実験的に喘息を誘発した猫のBAL中の好酸球の割合は38%で，対照猫の3.5%に比べて有意に高い値を示していた[10]．同じ研究でBAL中のエンドセリン-1の濃度を比較しているが，喘息誘発猫が1.393 fmol/mLで健常対照猫が0.83250 fmol/mLで有意に（$P=0.012$）高く，BAL中のエンドセリン-1濃度で喘息を診断バイオマーカーになるのではないかと報告している．

ギョウギシバ・アレルゲン（bermuda grass allergen；BGA）を感作抗原とした喘息モデル猫において，アレルゲン特異的に活性化するCD5$^{+}$ヘルパーT細胞が増加することがわかっており[11]，フローサイトメトリーによるこれらリンパ球の検出は猫喘息の原因アレルゲンの同定は有用かもしれない[11]．

**治　療**：猫喘息の治療は主に対症療法である．ステロイドおよび気管支拡張薬の投与は多くの猫で有効だが，感受性が低い猫もいる．また，猫はステロイドによる副作用が出現しにくいとはいえ，漫然としたステロイド薬投与は，真性糖尿病やうっ血性心不全では禁忌である．ステロイドによって過剰な免疫反応をコントロールできなかった場合，肺機能の減少および慢性気道リモデリングを改善できないことになり肺の機能的変化はやがて器質的変化に進行する．そのため，早い段階からステロイド治療効果を補助するネブライザー療法を実施しておく（**表7-6**）．

**表7-6**　ネブライザーに用いる薬剤

| 1回15分間で噴霧する量 | |
|---|---|
| 生理的食塩水 | 10 mL |
| アレベール | 10 mL |
| アスプール | 0.5 mL |
| ムコフィリン | 1A |
| アミカシン（100 mg） | 1A |
| インタール吸入用 | 1A |
| 水性プレドニゾロン | 適量 |

注：生理的食塩水，アレベール，ムコフィリン，インタール吸入用は1時間に1，2回として，5，6時間実施する．
注：アスプール，アミカシン，水性プレドニゾロンの薬剤は1日1回のみ投与のこと．

糖尿病とうっ血性心不全を併発した喘息の猫の治療において，グルココルチコイドの代わりにシクロスポリンを利用して管理できたという報告がある[12]．真性糖尿病と診断されていた5歳の猫が発咳と呼吸窮迫で来院し，検査で肥大型心筋症と喘息に続発したと見られるうっ血性心不全が見つかった．心不全治療にはフロセミドとエナラプリルを用い，好酸球性気道炎に対してはシクロスポリンを投与したところ，すべての臨床徴候が収まったというものである．シクロスポリンは経口グルココルチコイドが禁忌の症例に考慮すべきかもしれない．

喘息モデル猫でアレルゲン特異的急速減感作（rush immunotherapy；RIT）を行った研究においては，経口ステロイド投与量を減量することができたと報告している．実験的感作猫にBGA特異的RITを施す際，経口プレドニゾロン（10 mg，1日1回）と吸入フルチカゾン（220 μg，1日2回）を投与して比較したところ，BAL中の好酸球割合は経口ステロイド投与で有意に増加していた．これらのことより，猫でRITを行う際には，経口よりも吸入でグルココルチコイドを投与した方が良いかもしれない．

### 3 ● 馬の慢性閉塞性肺疾患

(a)　病　態

慢性閉塞性肺疾患の馬において，末梢血およびBALのリンパ球の表現形を検討した研究がある[16]．末梢血中のリンパ球のうちCD5±細

column

## 経鼻ワクチン

呼吸器の免疫を利用したワクチン方法に経鼻接種(吸収)がある．鼻腔など気道上皮およびその粘膜組織に感染防御能を与えておくことは，粘膜が感染部位であるウイルスや細菌に対して有効である．皮下・皮内および筋肉内注射によるワクチン接種は，血清中に抗原特異的IgGを産生させることが目的であるが，これらの方法では気道粘膜において免疫応答の中心となる抗原特異IgAを誘導的することは難しい[13]．

ヒトのアレルギー性鼻炎や喘息に対しては，TLRのリガンドを利用したワクチン開発が始まっている[14]．TLR4を標的としたアレルギーワクチンとしてアレルギー性鼻炎に対して臨床治験中のCRX-675は，水様性のモノホスホリルリピドA(monophosphoryl lipid A；MPL，LPSの無毒性誘導体で，ワクチンアジュバントの一種)である．CRX-675を経鼻投与するとTLR4に結合し，TLR4のシグナル刺激が入り，リンパ球はTh2型からTh1型反応を示す．また，CRX-675は気道平滑筋に対する気管支拡張効果やリモデリング防止効果もある．CRX-675と同様のMPLを喘息モデルマウスに投与したところ，血清中の総IgE量を減少させて，気道の好酸球症およびIL-13の産生も減少した．

他にもTLR7作動薬であるAZD8848やGSK2245035，TLR8作動薬であるVTX-1463などが，呼吸器アレルギーの経鼻投与薬が臨床試験において安全性と有効性において好成績を収めている．

犬の経鼻投与ワクチンとして，わが国では現在，犬アデノウイルス(CAV-2)，犬パラインフルエンザウイルス(canine parainfluenza virus；CPiV)および気管支敗血症菌(bordetella bronchiseptica；BP)の不活化ワクチンがある．

また，BPに対して低抗体価の健常犬を用いて弱毒生ワクチンを鼻腔内に，抗原抽出ワクチンを皮下に，あるいは鼻腔内および皮下にプラセボを投与した比較試験がある[15]．鼻腔内にワクチン接種した犬は試験終了まで鼻汁中に高濃度にBP特異的IgA力価が存在したが，抗原抽出物あるいはプラセボ投与された犬では発現しなかった．さらにワクチンから63日後に強毒株で暴露したところ，鼻腔内ワクチン接種犬は多の群に比べて咳のスコアが有意に低く($P=0.0058$)，排菌量も少なかった($P<0.001$)．一方，皮下接種とプラセボ群に有意差は認められていない．BPの経鼻ワクチンは経皮ワクチンよりも高い効果があることが示唆された．

わが国で利用可能な猫の経鼻投与ワクチンはないが，海外では注射部位肉腫が起こらないことを優位性とする製品が複数ある．海外で販売されているワクチンの対象は，犬と同様のBP(猫ボルデテラ症)の他，猫ウイルス性鼻気管炎ウイルス(feline herpesvirus-1；FHV-1)，猫カリシウイルス(feline calicivirus；FCV)，猫汎白血球減少症ウイルス(feline parvovirus；FPV)である．

以上のように，呼吸器感染するウイルスに対して，経鼻ワクチンは有益性が高いと考えられる．しかしながら，確実に免疫を付与することや，免疫持続期間を担保することなど，まだまだ未解決のこともある．今後さらに発展できる化膿性のあるワクチンということもできる．

胞が一番多く65.1%(52.3～82.8%)であり，$CD8^+$細胞はその約半分の32.1%(20.5～37.1%)であった．また，B細胞は30.1%(17.2～37.7%)であった．これら末梢血中のリンパ球の比率は，慢性閉塞性肺疾患罹患馬と正常馬に有意な差は認められていない．一方，BALFリンパ球の組成は，$CD5^+$細胞および$CD8^+$細胞は有意に高く，それぞれ95.3%(94.4～97.6%)および51.4%(48～63%)である．B細胞は4.7%(2.4～5.6%)と有意に低値を示していた($P<0.05$)．無症候性の閉塞性肺疾患の馬では対照群に対してB細胞数が有意に高く，$CD5^+CD8^-$細胞のリンパ球数は有意に低かった．これらの馬に乾草など牧草で攻撃したところ，

CD5$^+$CD8$^-$のリンパ球数は上昇し，CD8$^+$細胞は有意に低値を示した．

競走馬は輸送というストレスにさらされる．非輸送の馬(対照)と41時間輸送した後の馬のBALを比べると輸送後の馬ではBALF中の有核細胞数が4倍に，総タンパク質濃度は約5倍に増加する．細胞の種類の構成比率は特に変化はなかった．また，輸送後の馬ではBALF中のホスファチジルグリセロール濃度が有意に減少していた．このことは肺サーファクタントの減少を意味しており，肺胞Ⅱ型上皮細胞のサーファクタント産生の減少を示している．肺胞領域からのサーファクタントの減少は，肺の防御機構を減少させるため易感染性になる[17]．

(b) 疾患概略

馬の慢性閉塞性肺疾患は，古くは息労(heaves)と呼ばれていたが，ヒトのCOPDとは経過および気道粘液の状態，病理所見が異なるため，再発性気道閉塞(recurrent airway obstruction；RAO)と呼ぼうとEquine Respiratory Medicine and Surgeryに書かれている．また，炎症性呼吸器疾患(inflammatory airway disease；IAD)という用語もあるが，これはアレルギーを原因として再発性気道閉塞に移行する前の状態を指すときにも使われる．

(c) 臨床徴候

臨床徴候は咳嗽や鼻汁排出，重度になると頻呼吸や腹式呼気動作，体重減少が認められる．吸引したカビに対する気管支のアレルギー反応が病因として考えられている．原因と病態に関することは，いまだ未解明な部分が残っている．

(d) 診　断

臨床症状の確認と，聴診での呼気時の湿性ラ音や喘鳴音の聴取による．内視鏡検査において，鼻咽腔や気管からの滲出を認める．また，上述のように気管支肺胞洗浄液や気管洗浄液の細胞学的検査において，有核細胞総数の増加を伴う軽度の好中球数増加，リンパ球数増加および単核球数増加が特徴である．

(e) 治　療

環境中の塵埃を管理し，気管支拡張薬の投与を行う．気管支拡張薬は平滑筋弛緩作用を期待してβ2作動薬を用いて，気管支収縮を改善させる．抗炎症作用を持つコルチコステロイドの投与を併用する．両剤は吸入させた方が効果的であるが，コルチコステロイドの前にβ2作動薬を吸入させておいた方が薬物吸収度を向上させると考えられている．重篤な場合には，経鼻酸素療法を行う他，フロセミドなどで利尿して二次的に気管支弛緩を得る方法もある．塵埃が多い場所で飼養する場合には，抗アレルギー薬の投与で症状を抑える．

## 4 血液の免疫と疾患

### 造血とサイトカイン

血液細胞は，赤血球，白血球，血小板の3種類の細胞から構成されるが，それらの細胞はすべて多能性造血幹細胞(pluripotent hematopoietic stem cell；PHSC)に由来している．PHSCは自己複製と多分化能の二つの機能を有することが特徴であり，これにより血液細胞は常に発生し，供給され続けている．PHSCの増殖・分化・成熟には，骨髄ストローマ細胞と骨髄微小環境および多くのサイトカイン(造血因子)の作用により制御されている(第4章サイトカインとケモカインの機能的な特徴，5.サイトカインの分類と生理活性参照)．PHSCはIL-3，IL-1，IL-6，IL-7，SCFなどの作用によりリンパ系の多能性前駆細胞(原始的リンパ球様多能性前駆細胞，lymphoid primed multipotent progenitpr；LMPP）とGM-CSFやSCF，IL-6，IL-11，IL-3，IL-1などの作用により骨髄系の多能性前駆細胞(骨髄系前駆細胞，common myeloid progenitor；CMP)にそれぞれ分化する．LMPPはさらに種々のインターロイキンの作用によりリンパ球系共通前駆細胞(common lymphoid progenitor；CLP)を経て，最終的にB細胞，T細胞，NK細胞に分化する．一方，CMPは巨核球-赤血球共通前駆細胞(MEP)を経て巨核球-血小板，赤芽球-赤血球に分化し，また，顆粒球・マクロファージ前駆細胞(GMP)を経て好中球と単球に分化する．さらにCMPは，各単能性前駆細胞(CFU-Ba, CFU-Eo, CFU-Mc, CDP)を経て，それぞれ好塩基球，好酸球，肥満細胞，樹状細胞にも分化する．CLPは一部CDPにも分化し，樹状細胞になる．これらの分化・増殖には多くのサイとカインが関与している．**図7-31**に各血球の分化とそれに関わるサイトカインを示した．

## 血球の動態と免疫学的機能

### 1 赤血球

MEPから赤血球系に分化した細胞はBFU-E(erythroid burst forming unit)，CFU-E(colony forming unit-erythroid)と分化し，さらに光学顕微鏡的に鑑別可能な前赤芽球に分化し，各成熟段階を経て，最終的に正染性赤芽球となり，脱核し網状赤血球(多染性赤血球)として末梢血中に出現する．この分化段階で最も重要な働きをするサイトカインがエリスロポエチンであり，特にCFU-Eに最も多くのエリスロポエチン受容体が発現している．BFU-Eから網状赤血球までの成熟には5～6日必要である．

赤血球の最も重要な機能は，酸素の運搬と末梢組織で生じた二酸化酸素を炭酸や重炭酸塩として運搬することである．その他にブドウ糖やイオンなどの運搬や異物を細胞膜表面に吸着させて，運搬除去する役割も担っている．

### 2 好中球

GMPに分化した細胞は，CFU-G(colony forming unit-granulocyte)に分化し，さらにG-CSFを中心としたサイトカインの刺激により，骨髄芽球から成熟好中球まで分化する．

好中球の主要な機能は貪食殺菌能であり，これは遊走，認識，貪食，殺菌の一連の過程から成る．細菌が組織に侵入した場合，局所の線維芽細胞やマクロファージからIL-1やTNF-α，IFN-γなどのサイトカインが放出される．それにより局所毛細血管の内皮細胞から接着分子が発現され，それにより好中球はその場にとどまり，そこから血管外に出て行く．血管外に遊出した好中球は走化性因子により，感染局所に集まる．走化性因子には，局所の線維芽細胞やマクロファージが放出するケモカインや細菌由来物質，活性化補体(C5a, C5b67)などがある．

好中球はパターン認識受容体やオプソニン(抗体や補体成分)に対する受容体を持ち，それにより細菌などを好中球表面に特異的に固定することができ，これを「認識」と呼ぶ．認識されるとその刺激が細胞内に伝達され，細胞膜の変形，運動により異物や細菌を包み込むように貪食し，食空胞を形成する．食空胞はリソソームと融合し，リソソームの成分である殺菌性タンパク質やタンパク質分解酵素などにより殺菌される．また，活性酸素も生成し，それによっても殺菌され，これらの相互作用により強力な殺菌作用が発揮される．

### 3 単球・マクロファージ

GMPに分化した細胞は，CFU-M(colony forming unit-monocyte)に分化し，さらにM-CSFを中心としたサイトカインの刺激により単球に分化する．単球は組織内に移動し，組織

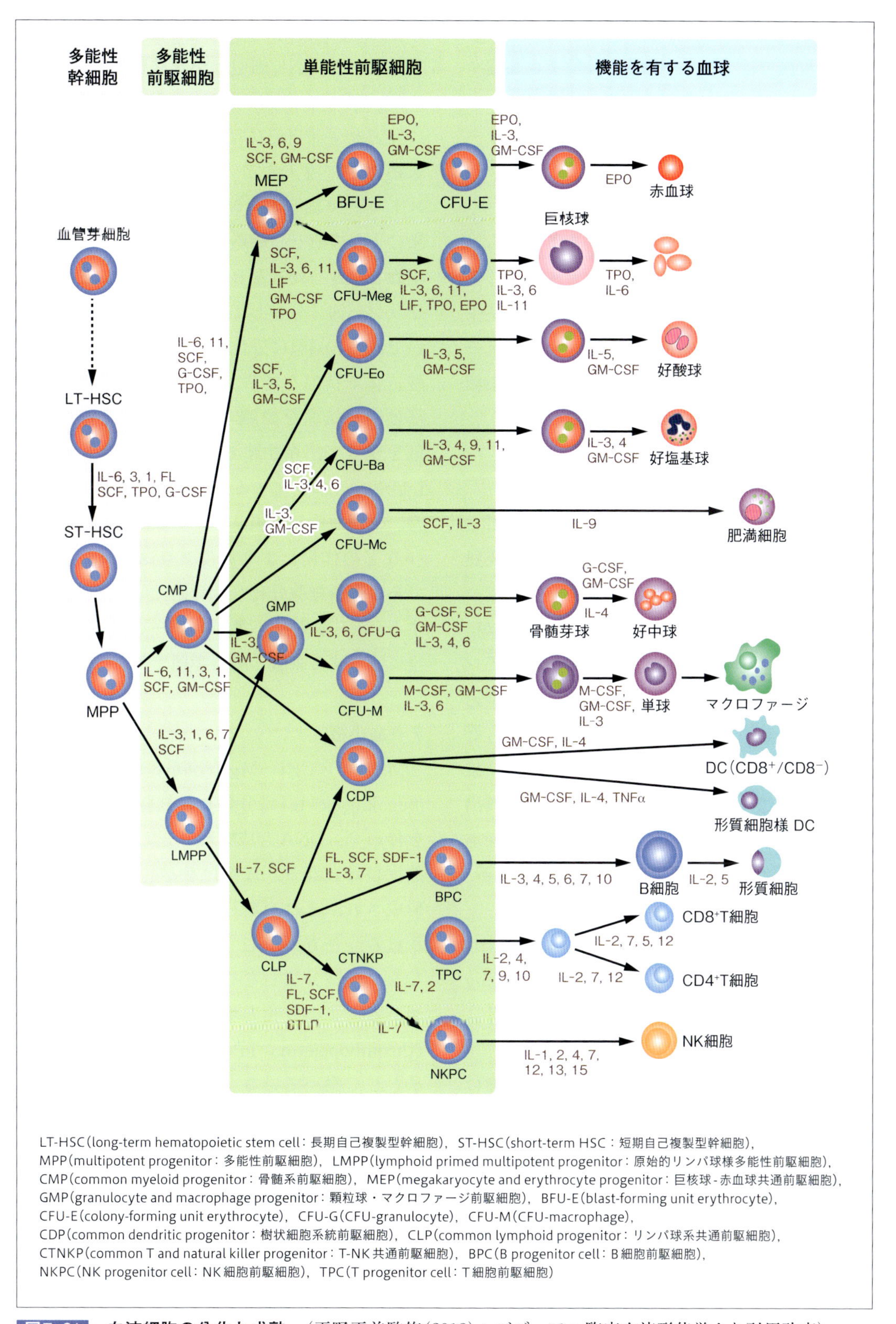


**図7-31　血液細胞の分化と成熟.** (平野正美監修(2012)：ビジュアル臨床血液形態学より引用改変)

部位によって様々な呼び名のマクロファージとなる．肝臓ではクッパー細胞，肺臓では肺胞マクロファージ，骨では破骨細胞，皮膚ではランゲルハンス細胞，中枢神経系ではミクログリアと呼ばれる．

単球・マクロファージの機能は多彩であり，好中球と同様に貪食殺菌作用を有する．さらに貪食した異物を処理し，その抗原をT細胞に提示する．他に種々のサイトカインや酵素の産生分泌，抗原提示などを行う．また，マクロファージ自身がサイトカインにより活性化し，感染細胞や腫瘍細胞の破壊を行う．

### 4 ● 好酸球

CMPより分化したCFU-E (colony forming unit-eosinophil)は，IL-5などの作用により成熟好酸球に分化する．

好酸球は好中球同様貪食殺菌能を有するが，寄生虫に対する作用が特異的である．また，アレルギー疾患の病態に深く関与している．Ⅰ型過敏症反応において，肥満細胞や好塩基球から好酸球化学走性因子から放出され，それにより集まった好酸球は，肥満細胞や好塩基球から放出されたヒスタミンやセロトニン，ロイコトルエンなどを不活化させ，炎症反応を鎮静化させる．

### 5 ● 好塩基球

CMPより分化したCFU-Ba (colony forming unit-basophil)は，IL-3やIL-4などの作用により成熟好塩基球に分化する．

貪食能を有するが，特有の機能は細胞表面に存在するIgE受容体を介しての細胞質顆粒の放出反応である．この脱顆粒によりアレルギー反応が起こる．

### 6 ● リンパ球

LMPPはさらにCLPに分化し，CLPはB細胞前駆細胞(BPC)とT-NK共通前駆細胞(CTNKP)に分化する．CTNKPはT細胞前駆細胞(TPC)とNK細胞前駆細胞(NKPC)に分化する．TPCは胸腺に移動し，ここで自己抗原に反応せず非自己に反応する細胞が選別され，末梢血中に流入する．一方BPCは，骨髄中でストローマ細胞から産生されるIL-7などの刺激により成熟し，細胞表面にIgMを持つ幼若B細胞となる．幼若なB細胞は骨髄から出て脾臓やリンパ節に分布して，成熟B細胞となる．次いで成熟B細胞に分化した段階で細胞表面の膜型抗体で抗原を認識するとIgMを分泌し，一部は同じ抗原を認識するヘルパーT細胞の刺激を受けて，産生する抗体クラスをIgMからIgGやIgAに変化する．これら成熟B細胞は通常，末梢血中や末梢リンパ組織内に存在し，IL-6などの作用により免疫グロブリン産生細胞である形質細胞分化し，骨髄に戻って抗体産生する(第Ⅰ編免疫・アレルギーの基本，2章免疫に関与する細胞と臓器参照)．

### 7 ● 血小板

MEPからCFU-Mg (colony forming unit-megakaryocyte)に分化した細胞は，細胞分裂を伴わず，DNA合成を繰り返し，多倍体の成熟巨核球になる．成熟巨核球に細胞質突起が形成され，それが断片化し血小板となり放出される．一方，CFU-Mgは他の血球細胞と異なり，細胞分裂しないため自己増殖する必要がある．この分化と増殖にトロンボポエチン(thrombopoietin；TPO)が最も重要な造血因子として働いている．TPOは主に肝臓で血小板数に関係なく一定量産生されており，血小板および巨核球のTPO受容体により消費される．血小板が多いときは巨核球の受容体に結合するTPOは減少し，逆に血小板が減少したときは，血中TPO濃度は上昇して巨核球の受容体に結合するTPOが増加し，巨核球造血は刺激され，血小板数は保たれている．

血小板の最も重要な機能は止血機能であるが免疫学的にはウイルスや免疫複合体を吸着することにより生体防御に役立っている．

## 免疫介在性血液疾患

### 1 免疫介在性血球減少症

免疫介在性血球減少症には免疫介在性溶血性貧血（immune-mediated hemolytic anemia；IMHA），免疫介在性血小板減少症（immune-mediated thrombocytophenia；IMTP），免疫介在性好中球減少症（immune-mediated neutrophenia；IMNP）が含まれる．IMHAは成熟赤血球が，IMTPは血小板が，IMNPでは成熟好中球がそれぞれ免疫学的機序により破壊され末梢血において血球減少を呈する疾患であり，それぞれ単独で発生する場合といくつかの組合せで見られる場合がある．IMHAとIMTPが同時に見られるものはエバンス症候群と呼ばれる．

#### (a) 病　態

免疫介在性の血球減少症は、何らかの原因により細胞膜上の抗原に対する抗体が産生され、その抗体や補体を介して直接的もしくは食細胞の貪食作用によって血球が傷害され，その寿命が著しく短縮し、血球減少をきたす病態である．

血球に対する抗原抗体反応の成立には，個体の自己抗原に対する免疫応答の異常によるものと，抗原側の要因が関与するものの二つが考えられている．免疫応答の異常によるものは，免疫監視機構の失調により本来「自己」である赤血球に対する抗体（自己抗体）が産生されるもので，免疫学的寛容（トレランス）の破綻と考えられ，真の自己免疫性疾患である（第1編免疫・アレルギーの基本，3章自己と非自己の識別参照）．一方，抗原側の要因としては，細胞膜が何らかの原因により傷害を受け，隠れていた新たな抗原が露出したり，細胞表面に付着した微生物（例えば*Babesia*や*Hemoplasma*）や薬物（ペニシリンなど）がハプテン[注24]として作用して抗体が産生される場合や，免疫複合体が赤血球表面に付着することにより補体が活性化し，その作用を受けたり，血球に付着した外来抗原に対する抗体が血球に対して交差反応を示す場合，さらに血球膜に結合あるいは発現した外来抗原に対する抗体反応に血球自身が巻き込まれてしまう場合などが考えられている．これらの要因により発生する血球減少症は，その原因が自己抗原ではないため，自己免疫性といわず，免疫介在性といわれる．

免疫介在性血球減少症は，IgGや補体成分C3bによりオプソニン化[注25]され，マクロファージにより貪食される．マクロファージは血管外の組織（脾臓や肝臓）に存在するため，このマクロファージの貪食による赤血球破壊を血管外溶血という（**図7-32**）．血球に結合した抗体がIgGの場合，血球はマクロファージのFcγ受容体（IgG受容体）を介してマクロファージに取り込まれる．主に脾臓で貪食される．この場合，例えば，IMHAでは赤血球1個あたり約150個のIgG分子が必要とされている．さらに

---

**注24　ハプテン**

分子量が小さく，B細胞表面上の膜型抗体を架橋することができないため，B細胞に刺激を入れることができない．そのため，抗体産生を誘導するほどの免疫原性を持たない抗原で，不完全抗原とも呼ばれる．T細胞を刺激することもできないが，適度の大きさ，分子量のタンパク質と結合することによりB細胞の膜型抗体を架橋することができ，そのタンパク質がT細胞を刺激するものであれば（T細胞に認識されるものであれば），完全抗原となる．

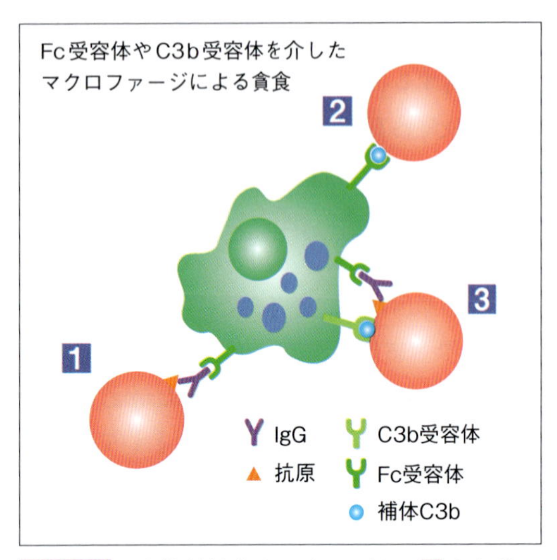


図7-32 **血管外溶血のメカニズム**. 1赤血球に対するIgGがマクロファージ表面のFc受容体結合してマクロファージに貪食される. 2補体成分のC3bが赤血球表面に接着しマクロファージ上のC3b受容体に結合して貪食される. 3①と②が協同した場合で貪食は効率よく起こる.

IgGの量が多いと,補体も活性化する.補体成分C3bが活性化して赤血球に付着し,マクロファージのC3b受容体を介する貪食が起こる.IgG単独よりC3bが協同する場合の方が効率よく貪食される.作用する抗体がIgMの場合,マクロファージはIgM受容体を持っていないため,赤血球はIgMの感作により活性化した補体成分C3bに対する受容体を介してのみ(図の②)貪食され,それは主に肝臓のクッパー細胞による.したがって,自己抗体がIgMの場合補体の活性が溶血には不可欠となる.

一方,血管内では貪食によらない赤血球破壊も起こる.このメカニズムは,補体成分がC9まで活性化して,C5-C9複合体(MAC)が赤血球表面に形成され,これが血球の細胞膜に小孔を開け,その結果,浸透圧差により水分が細胞内に入り込み,赤血球が膨張し破裂することにより起こる.通常,C9までの補体の活性化はIgMにより起こることが多い.IgGの感作においては活性化されたC3bはC3b不活化因子によりC3cとC3dに分解され,それ以降の補体反応のカスケードが停止するためと考えられている.また,C9までの補体活性化のためには細胞1個あたり1,100個以上のC3分子が必要であることから,IgMの補体活性化能力はIgGより数段上であり,このことは,IgGではC3活性が血管内溶血を起こさせるには不十分であることに関係している.IgGによる血管内溶血はまれに認められるが,これは貪食によらないで単球やNK細胞および細胞傷害性T細胞によるFcγ受容体を介した抗体依存性細胞傷害(antibody dependent cellular cytotoxicity;ADCC)作用によると考えられている(**図7-33**).

### (b) 病態と診断

免疫介在性溶血性貧血はその原因により自己免疫性,薬剤誘発性,同種免疫性に分類される.自己免疫性と分類されるものの中で自己抗体の標的抗原が真に赤血球膜の自己抗原である場合,自己免疫性溶血性貧血(AIHA)と呼ばれる.薬剤誘発性溶血性貧血はその発生メカニズムから,ハプテン型(ペニシリン型,高親和ハプテン型),免疫複合体型(低親和ハプテン型),自己抗体型(メチルドーパ型)に分類される.ハプテン型は,本来は抗原性を持たない薬剤自身が赤血球表面タンパク質と結合すること

注25 **オプソニン化**

食細胞が細菌などを貪食する場合,食細胞は抗原に結合した抗体や補体に対する受容体を介して効率よく細胞内に取り込むことができる.この食作用を促進することをオプソニン化といい,抗体や補体のように食作用を促進する物質のことをオプソニンという.

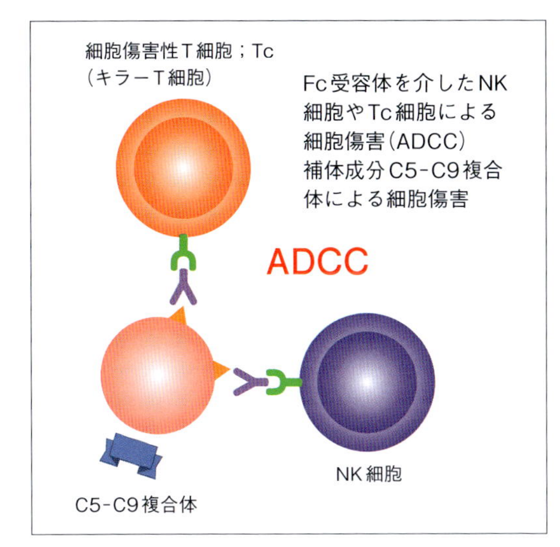


図7-33 血管内溶血のメカニズム

で薬剤分子がハプテンとして働き，それに対して抗体が産生されるもので，ペニシリン，エリスロマイシン，シスプラチン，テトラサイクリンなどがそのような薬剤としてヒトでは知られている．免疫複合体型は，血漿タンパク質と薬剤が一つの抗原となり，それに対して抗体が産生され，免疫複合体を形成し，それが赤血球に付着すると補体が活性化し，赤血球が破壊されるもので，アセタアミノフェン，キニン，キニジン，ストレプトマイシンなどが知られている(図7-34)．自己抗体型にはαメチルドパ，L-ドーパ，プロカインアミドなどがヒトでは知られており，T細胞の異常により起こると考えられている．

同種免疫性溶血性貧血には不適合輸血反応と新生児溶血性疾患(新生児黄疸)が含まれる．ヒトにおける新生児溶血性疾患(新生児黄疸)とは，血液型(Rh型)の異なる胎児の赤血球に対する抗体を母親が獲得し，その抗体によって胎児の赤血球が溶血する現象である．Rh(−)型の母親が1回目の妊娠でRh(+)型の胎児を持った場合，出産時に胎児赤血球が母親の体内に入ることによってRh抗原に母親が感作されることがある．このときRh(−)型の母親はRh抗原に対するIgGを獲得してしまうが，2回目の妊娠でRh(+)胎児を再び妊娠すると，1回目の妊娠で作られたRh抗原に対するIgGが胎児内に入って胎児の赤血球を破壊する．

この現象を予防するために，抗原原罪が利用されている．第1子の出産後3日以内に，つまり，Rh(−)型の母親がRh(+)型の胎児の赤血球に

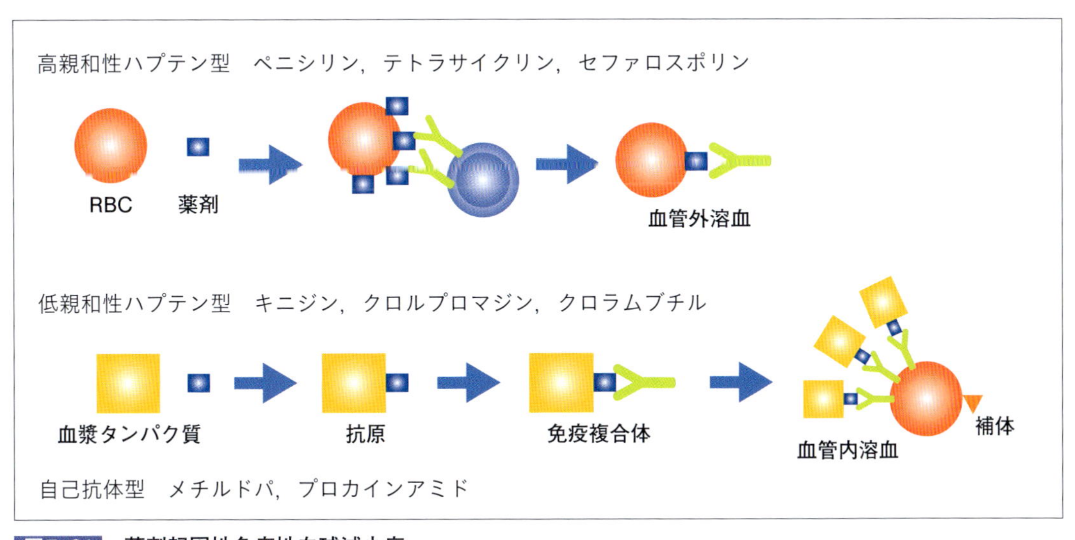


図7-34 薬剤起因性免疫性血球減少症

反応する前に，母親にRh抗原に対するIgGを投与しておくと母親の胎児のRh抗原に対する応答は起こらなくなり，Rh抗原に対する液性免疫も成立しない．これは投与されたRh抗原に対するIgGが母親のB細胞のIgG受容体に結合し，抗原原罪を誘導することによって，母親の免疫が胎児のRh抗原に対してIgGを作ることができなくなるためである．この処置により，妊娠した第2子がRh(+)の血液型であっても，その胎児の赤血球は母親の免疫に攻撃されることなく無事に出産できる．

IMHAは臨床的に基礎疾患や随伴疾患の有無により特発性と続発性に分類される．続発性はリンパ腫や慢性リンパ性白血病，全身性紅斑性エリテマトーデス，悪性腫瘍，ウイルス感染などに伴って見られる．また，抗体の作用温度によって温式と冷式の二つに大別される．温式は37℃が反応至適温度であり，通常IgGが関与する反応である，冷式はIgMが関与する反応で4℃が反応至適温度であるが，作用温度域が広い場合もあり，30℃以下なら赤血球と反応する．冷式反応は体の末梢で低温にさらされると生じ赤血球に付着して補体を活性化させる．体温付近まで加温されると抗体は赤血球から遊離するが，補体は残り血管外溶血が起きる．補体の活性が強い場合，血管内溶血を伴うこともある．さらに，IgMによる冷式反応はIgMが五量体であるため，赤血球を凝集させる(自己凝集)．末梢血管内における自己凝集は微小血栓を生じ，四肢末端や耳介の壊死やチアノーゼが起こる場合がある．この抗体を寒冷凝集素といい，その疾患は寒冷凝集素病と呼ばれる．

犬のIMHAは特発性のものが多く，病型では温式抗体による血管外溶血、非凝集タイプが最も多いといわれている．犬のIMHAにおける単独抗血清を用いた直接抗グロブリン試験の結果では，IgGが関与するものが83.7%，IgMが関与するものが62.6%，C3が関与するものが60.6%でIgG，IgM，C3すべてが関与しているものが38.7%と最も多く，IgGとC3が関与しているものと，IgG単独のものがそれぞれ19%，IgGとIgMが関与するものが10.7%，IgM単独が9.9%，IgMとC3が関与したものは最も少なく2.8%であった[1]．

犬のIMHAは雌に多発するといわれている．発生はすべての品種で見られるが，特にプードル，コッカー・スパニエル，アイリッシュ・セッターが罹患しやすい．その他，コッカー・スパニエル，イングリッシュ・スプリンガー・スパニエル，コリーが罹患しやすいという報告がある[2]．一方で，好発犬種はないという報告もあり[3]，好発犬種については統一した見解がない．季節的には春に発生が多いといわれており，Klag *et al.* は症例の40%が5，6月に発生し、それはワクチン接種に関係しているのではないかと述べている[4]．IMHAの発症とワクチン接種の因果関係をDuvalらは統計的に証明している[5]．さらに5月〜8月にかけて多発する傾向も認めており，これはウイルス感染によるものが疑われており，Doddsらはパルボウイルスとの関係を示唆している[2]．

猫のIMHAは報告が少なく，特に特発性IMHAの発生頻度は低いようである．猫のIMHAは猫白血病ウイルス(feiline leukemia virus；FeLV)感染に伴う続発性のものが圧倒的に多く，Wernerらは21例中15例に[6]，Scottらは7例中4例にFeLVの感染を認めている[7]．

IMHAの臨床所見は貧血の結果によるものがほとんどで，食欲不振，沈うつ，可視粘膜の蒼白，運動不耐性などが一般的である．発熱や嘔吐は時折見られ，これらは急性の血管内溶血に伴うことが多い．ヘモグロビン尿や黄疸も血管内溶血に伴って見られる．脾腫や肝腫は時折血管外溶血に伴って見られる．寒冷凝集素病では赤血球の凝集とそれに伴う血行障害による四肢末端や耳介先端に壊死などの皮膚病変が認められる．臨床所見の重症度は貧血の程度，溶血のタイプと程度，自己凝集の有無，疾患の進行速度，合併症（IMTPやDIC）の有無などによって異なる．

血液検査所見では，多くの症例でPCV値の低下が見られるが，急性で溶血発作後直ちに来院した場合には正常値を示すものもあり，注意が必要である．貧血は通常形態学的には大球性低色素性で網赤血球の増加を認め，網赤血球指数（RPI）は2以上で，すなわち，再生性貧血の所見が得られる．しかし，網赤血球の増加には時間的ずれがあり，溶血が起こってから3〜4日以上経過しないと網赤血球の増加は見られない．また，再生性貧血を示して大小不同症や多染性赤血球症が見られる．MCVの上昇やMCHCの低下は必ず見られるものでなく，むしろ血管内溶血がある場合MCHCは高くなる傾向がある．赤血球の形態的特徴として球状赤血球[注26]の出現が見られる．また，赤血球の自己凝集[注27]が認められる場合もある．凝集反応は一つの抗体に二つ以上の抗原が結合して抗原の連鎖が形成される結果である．正常な赤血球表面は負に荷電しており互いに反発しあっている．したがって，単一抗体上の抗原結合部位間の距離は凝集能に密接に関係している．IgGの抗原認識部位は2箇所あるが，その間隔はnmである．赤血球どうしは力によって反発しあうのでnmよりお互いに近づかない．そのため，IgGは片方の抗原認識部位で1個の赤血球に結合するものの，もう片方で赤血球に結合するこ

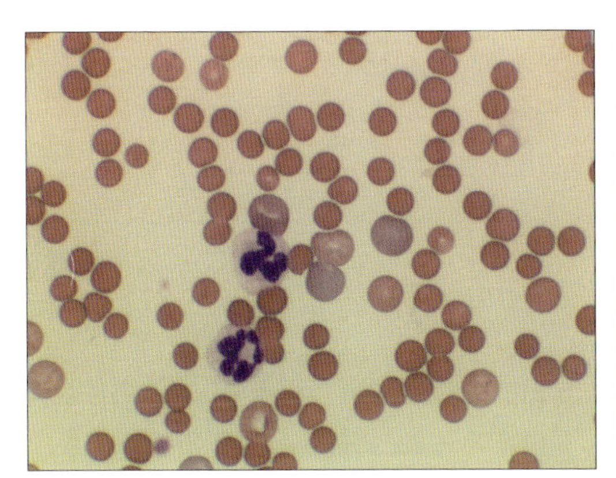

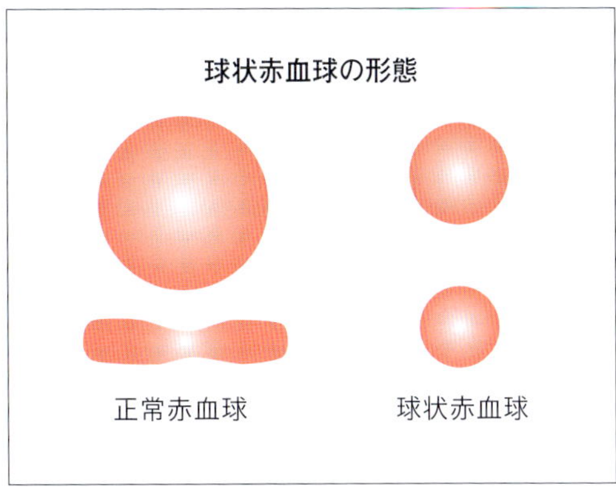


**図7-35　球状赤血球**．全赤血球の30〜50%以上が球状赤血球でIMHAと診断できる．貪食細胞により赤血球膜が部分貪食された結果形成される．すなわち，血管外溶血が起こっている証拠である．

---

**注26　球状赤血球**

球状赤血球（スフェロサイト）は円形の濃染するセントラルペーラを認めない赤血球で、マクロファージによって細胞膜の一部が貪食された結果，扁平な形態を保てなくなり球状化したもので，IMHAの診断上価値は高い（図7-35）．球状赤血球の出現率は様々で，血管内溶血が重度なものでは球状赤血球は産生されないため出現率は低い．Permanらは全赤血球中の50%以上が球状赤血球なら他の所見がなくともMIHAと診断できるといっている．

**注27　自己凝集**

赤血球の自己凝集は抗凝固処置した血液がスライド上で凝集するものであり，連銭形成と区別するために生理食塩水によって犬では2倍，猫では4倍に希釈しても肉眼的もしくは顕微鏡的に赤血球の凝集が見られるものを自己凝集ありと判断する（図7-36）．

肉眼所見

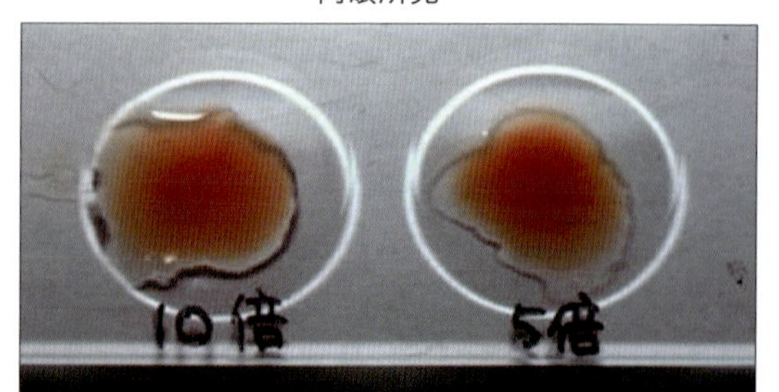


顕微鏡所見

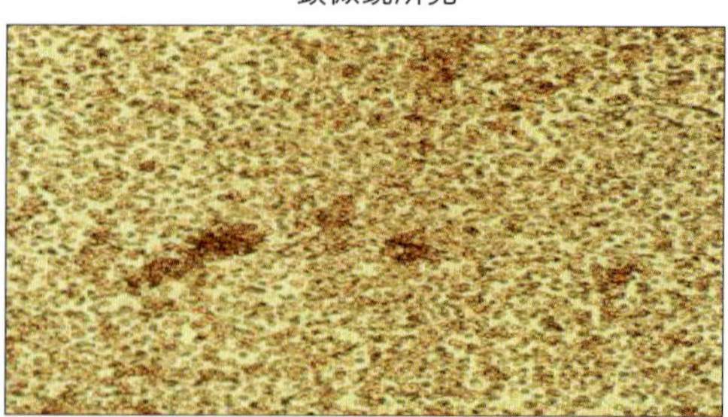

図7-36 **赤血球の自己凝集**．犬は2倍，猫は4倍に希釈しても凝集が認められる場合に自己凝集と判断できる．消失する場合は連銭形成かIgGによる自己凝集．IgGによる場合はアルブミンの添加により増強される．

非自己凝集

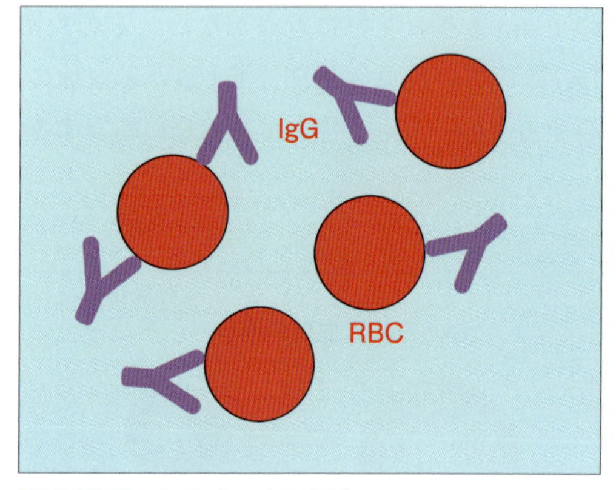


自己凝集

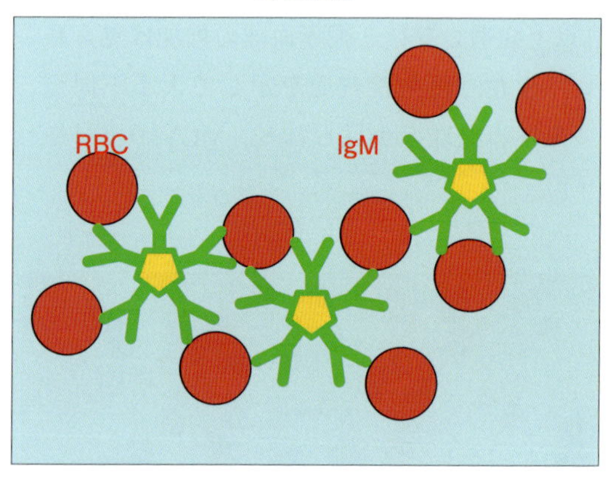


図7-37 **赤血球の自己凝集**

とができない．IgMは五量体のため抗原結合部位間の距離は生理的食塩水の中で赤血球の凝集を起こさせるのに十分である（**図7-37**）．したがって，一般的な自己凝集は温式ないし冷式IgMによって起こる．温式IgMによる場合は37℃で凝集は最も強くなり，4℃に冷却すると凝集は消える．冷式IgMによる場合は4℃で最も強くなり，37℃で凝集は消える．しかし，冷式IgMは通常30～32℃以下なら室温でも凝集を起こす．犬のIMHAでは自己凝集が見られる頻度は低くKlagらはその発生頻度は10%と報告している[4]．一方，猫では自己凝集を認めることが多く，Wernerらは猫のIMHA 17例中37℃での自己凝集を3例，4℃での自己凝集を5例に認めており，すべてIgMに感作されたものであった[6]．Taskerらは猫のIMHA 11例において37℃での自己凝集は認めなかったが4℃での自己凝集は9例で認めている[8]．

白血球系では，わずかな左方移動を伴った好中球増加が網赤血球の増加とともに見られる．単球の増加もしばしば認められる．これらは種々のサイトカイン（G-CSF，GM-CSF，M-CSF，IL-3）などの影響と考えられている．まれに単球の赤血球貪食像が観察される．

血小板も白血球や網赤血球の増加とともに増加している場合もあるが，減少もしばしば認められる．この血小板減少は免疫介在性血小板減少症（immune-mediated thrombocytopenia；

IMTP，エバンス症候群と呼ばれる）や播種性血管内凝固（disseminated intravascular coagulation；DIC）を併発しているものと考えられる．Switzerらは犬の24.7％にIMTPの併発を認め[9]，Klagらは42例中28例に血小板減少を認め，その内5例をIMTPと診断している[4]．

IMHAの診断は大球性低色素性貧血，網赤血球の増加，ヘモグロビン血症，ビリルビン血症，LDHとそのアイソザイムなどの所見により溶血性貧血の所見に基づいて診断する．赤血球の形態的観察によりバベシア症，ハインツ小体性貧血，ヘモバルトネラ症，細血管傷害性溶血性貧血などを除外しておかなければならない．さらに赤血球の自己凝集，球状赤血球症，直接抗グロブリン試験（DAT）[注28]，浸透圧破壊試験などの所見が一つ以上認められれば確定診断できる．しかし，犬のバベシア症や猫のヘモプラズマ症でもこれらの試験結果が陽性になる場合がある．IMHAの約60～70％がDAT陽性であるといわれており，偽陰性になる原因がいくつかわかっている．

### (c) 免疫介在性血小板減少症（IMTP）の病態と診断

免疫介在性血小板減少性紫斑病，特発性血小板減少性紫斑病も同義語であり，IMHAと同様な機序により血小板が免疫反応により破壊されることで重度の血小板減少症が引き起こされる病態である．

IMTPにおける血小板減少は，血小板の破壊の亢進と血小板産生障害の二つの免疫学的障害によって起こる．抗血小板IgGが結合した血小板は，主に脾臓のマクロファージに発現したFcγRⅡaおよびFcγRⅢa受容体を介して貪食，破壊される（オプソニン化）．マクロファージには貪食を抑制するFcγRⅡb受容体が存在するが，IMTPではそれが減少しており，貪食作用が亢進状態にあるといわれている．また，C9までの補体の活性化による細胞溶解や細胞傷害性T細胞による細胞破壊の機序によるものもある．

IMTPの血小板減少は巨核球の成熟障害によるものも関与していることが明らかとなっている．抗体の標的となる主要な抗原決定基である血小板膜糖タンパクGPⅠb/ⅨおよびGPⅡb/Ⅲaは，巨核球の分化とともにその発現量が増加し，成熟した巨核球ほど傷害を受けやすくなる．さらに通常，再生不良性貧血や化学療法後に見られる血小板減少症では，血中トロンボポエチン濃度の著しい上昇が見られるが，IMTPではトロンボポエチン濃度は正常か軽度上昇にとどまることが知れており，トロンボポエチンの相対的減少による巨核球成熟刺激の低下も原因として考えられている．

症状は，止血障害による出血である．血小板数が5万/μL以下で打撲などにより紫斑が見られるようになり，3万/μL以下では自然に紫斑を生じる．粘膜出血が見られるのは血小板数が通常1万以下に減少した場合である．皮膚に出血斑が見られる場合（dry purpura），粘膜

---

**注28　直接抗グロブリン試験（direct antiglobulin test；DAT）（直接クームス試験）**

DATは，赤血球表面に免疫グロブリンや補体が存在していることを証明することができる，最も信頼できるIMHAの診断法である．検査の原理を図7-36に示した．この検査は猫には猫の抗グロブリン血清，犬には犬の抗グロブリン血清を使用しなければならないため，人間の検査センターに依頼することはできない．動物の検査センターではこの検査を行ってくれるが，採血後24時間以内に検査が行えない地域では自分の病院内で検査を実施すべきである．DATの適応は溶血性貧血を示唆する所見（再生像の亢進，血清鉄の上昇，LDHアイソザイムの溶血パターン，間接ビリルビンの上昇）があるが*Hemoplasma*や*Babesia*などの感染やハインツ小体などが認められない場合，かつIMHAと診断するには赤血球の自己凝集や球状赤血球症が見られない場合である．

column

### 赤血球に付着したIgGが少ない場合

DATが陽性になるには赤血球1個あたり200～250個のIgG分子が結合することが必要であり，赤血球がマクロファージに貪食されるには赤血球1個あたり150個のIgGの結合が必要とされている．したがって，赤血球に結合するIgGが少ない場合，DAT陰性IMHAが存在しうる．

### 洗浄操作中に赤血球に付着したIgGが洗い流されてしまった場合

赤血球に結合するIgGは，厳密に37℃で洗浄操作を行わないと，温度が下がることにより赤血球から離れて，洗浄液中に溶出してしまい，偽陰性になる．補体の活性を伴うケースでは温度が下がっても補体成分は赤血球から離れないため，抗C3抗体を含んだクームス血清検査では陽性となる．

### 洗浄が不十分な場合

洗浄操作が不十分であると血漿中のタンパク質と抗血清が非特異的に結合してしまい抗体と抗血清が結合しないため偽陰性になる．

### プロゾーン現象

抗血清の濃度が不適当な場合，偽陰性となることがありこれをプロゾーン現象という．赤血球に付着している抗体量に比較して抗血清の濃度が高すぎる場合に起こり，段階希釈した抗血清でDATを行うとこの現象が起こらない条件で判定できる．

に見られる場合(wet purpura)と呼ばれ，wet purpuraは脳や肺，消化器などに重篤な出血を起こす可能性があるため危険である．一般的には皮膚，歯肉，強膜，膣粘膜，包皮粘膜などの点状および斑状出血，血尿，血便，鼻出血，喀血，吐血，前眼房出血などが起こる．肺出血以外では一般状態は良好なことが多く，急性出血や重度の貧血を示す例では衰弱や虚脱となる．

血液検査では，著明な血小板減少が認められる．血液形態的には巨核球の産生亢進を反映する巨大血小板の出現が見られる．巨大血小板は，血小板の減少の原因がその産生低下によるものではなく，破壊や消費の亢進による場合に認められる．骨髄異形成症候群においては例外的に巨大血小板の出現が見られる．貧血は通常認められないが，時に失血性，鉄欠乏性の貧血が見られる．白血球は正常ないし軽度の増加を認める．血液凝固系検査では出血時間の延長，血餅退縮不良が見られるが，凝固時間，プロトロンビン時間(PT)や活性化部分トロンボプラスチン時間(APTT)，フィブリン/フィブリノゲン分解産物(FDP)などは正常である．乳酸脱水素酵素(LDH)総活性は中等度に上昇し，そのアイソザイムは分画3が優位なパターンをとる．

骨髄検査では，その他の血小板の破壊の亢進(DICなど)を示す病態に比べIMTPでは骨髄巨核球の著しい増加は見られず，成熟巨核球の減少，未成熟巨核球(前巨核球，巨核芽球)の増加が顕著である．正常な骨髄では成熟巨核球と未成熟巨核球の比は2.35～5.25：1であるがIMTPでは0.17～0.85：1になるといわれている．これは抗血小板抗体の主要な抗原決定基である膜糖タンパクGPⅠb/ⅨおよびGPⅡb/Ⅲaが巨核球の分化とともに発現量が増加し，成熟巨核球ほど傷害を受ける結果である．また，成熟巨核球の顆粒は認められるが血小板の放出像は見られず，形態学的異常として細胞質に空胞形成が見られるのが特徴である(**図7-38**)．

診断は血小板減少を呈する他の疾患を除外する除外診断により行われる．血小板減少を呈する疾患を**表7-7**に示した．LDHアイソザイム検査と骨髄所見は産生障害による血小板減少を除外するのに有効である．APTTやPT，

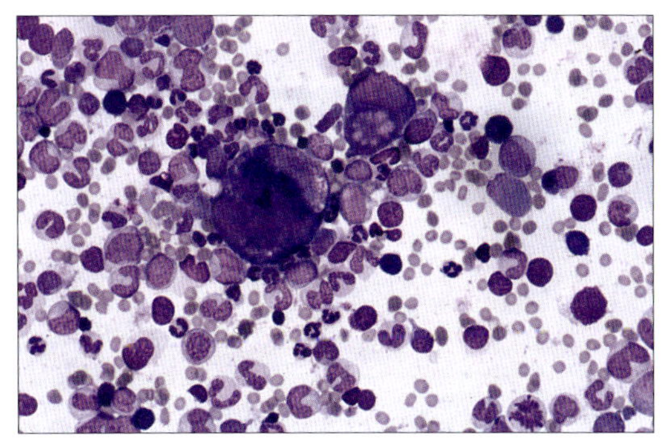

図7-38 **IMTPの骨髄像**．巨核球はやや増加し，特に塩基性（前）巨核球の増加が顕著である．

**表7-7 血小板減少を呈する疾患**

| | |
|---|---|
| 1. 産生障害によるもの（図7-38） | • 再生不良性貧血<br>• 骨髄異形成症候群<br>• 骨髄癆 |
| 2. 破壊亢進 | • IMTP<br>• 血管傷害性<br>DIC，血管肉腫，VCS<br>• 脾機能亢進症 |
| 3. 消費亢進 | • 出血<br>• DIC |
| 4. 感染症 | • エールリッヒア<br>• バベシア |

FDP，フィブリノーゲンなどを測定し，DICを否定する．抗血小板抗体の証明は過去に血小板第3因子（PF-3）テストや間接蛍光抗体法などによって血清中の抗血小板抗体の証明が行われたが，検査結果の再現性や検査の感度が低く，臨床的に有用ではなかった．そこでヒトでは血小板関連抗体（platelet-associated immunoglobulin G；PA-IgG）の測定が考案され，広く応用されている．PA-IgGはRIA法やERISA法などによって測定されていたが，最近ではモノクロナール抗体を使ったフローサイトメトリー法が主流で，動物においても可能となっている．PA-IgGと血小板数は負の相関が証明されており，ヒトのIMTPの症例では90％以上の症例でその測定値が増加している．しかしSLEや膠原病，肝硬変，エイズなど多のIMTP以外の疾患でもPA-IgGが上昇することが知られており，IMTPにおけるPA-IgGの測定は感度が高いが特異性に欠けるといわれている．

### (d) 免疫介在性好中球減少症（immune-mediated neutraphenia；IMNP）の病態と診断

好中球減少症の原因には骨髄における好中球の産生の低下，分布異常（循環プールから辺縁プールへの移動，血中より組織への移動の増大および，脾臓での抑留），好中球の破壊の亢進などが挙げられる．破壊の亢進は免疫介在性に好中球が破壊されるもので，特発性（自己免疫性）のものと，薬剤性やウイルス感染に伴う二次的なものがある．特発性のものは，ステロイド治療により改善されるため，ステロイド反応性好中球減少症ともいわれている．薬剤誘発性好中球減少症はスルファメトキサドール・トリメトプリム合剤（ST合剤）やフェノバルビタールの投与などで経験される．ウイルス感染に関連するものは猫において猫白血病ウイルス（FeLV）や猫免疫不全ウイルス（feline immunodeficiency virus；FIV）の感染に関連してしばしば見られる．

臨床所見は，発熱や易感染性が見られ，発熱，口内炎，上部気道感染症などが多い．血液検査所見では，白血球減少症が見られ，これは好中球減少によるものでリンパ球数や単球数は正常である．形態的には異常が見られず，少数の桿状核好中球出現が見られる．通常貧血や血小板減少は見られないが，IMTPやIMHAを併発している場合はそれぞれの血球減少が見られ，また慢性感染症を伴う例では慢性疾患に伴う貧血（anemia with chronic disease；ACD）のカテゴリーに分類される貧血が認められる場合がある．

骨髄検査が最もIMNPを診断する価値の高い

検査である．赤芽球系細胞と巨核球系細胞には異常が見られない．顆粒球系細胞では後骨髄球や桿状核好中球までの細胞はむしろやや過形成であるが，分葉核好中球の著明な減少が見られる．すなわち，後骨髄球レベルでの「見せかけの成熟停止」が認められる．巨大好中球やドーナツ状核好中球などの異形成所見は散見されるが，骨髄異形成症候群におけるような頻度ではなく，他の異形成所見は通常見られない．単球・マアクロファージ系細胞は増加しており，貪食像も見られる(**図7-39**)．

診断は末梢血所見，骨髄所見から他の好中球減少をきたす疾患を除外した後，好中球抗体を証明することにより確定診断が行われる．抗好中球抗体の検出はヒトでは顆粒球凝集試験や蛍光抗体法プロテインA標識法などにより血清中の好中球抗体や好中球に結合した抗体の検出が行われているが，動物では確立されていない．したがって，IMNPの診断は他の好中球減少症を除外し，さらに骨髄所見から行うのが現在の獣医学の現状である．

### 2 ● 非再生性免疫介在性貧血の病態と診断

IMHAは成熟赤血球が免疫学的に破壊されるため，通常再生性であり，網赤血球の増加が特徴的であるが，まれに再生像を伴わないものが見られる．以前このような病態は，非再生性免疫介在性溶血性貧血と呼ばれていたが，現在は非再生性免疫介在性貧血(non regererative immune mediated anemia；NRIMA）と呼ばれるようになった．この疾患は免疫学的破壊のターゲットが成熟赤血球以前の細胞(多染性赤芽球～多染性赤血球)に向けられた場合に起こる．

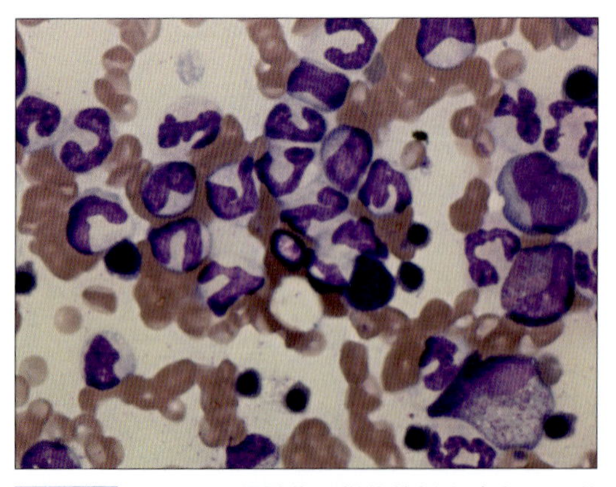

**図7-39 IMNPの骨髄像．** 桿状核好中球までは過形成であるが，成熟好中球はほとんど見られない．

症状は，元気消失，食欲低下や運動不耐性など非特異的で，臨床所見としては，貧血や可視粘膜の蒼白による心雑音が聴取されることがある．脾腫が見られる頻度は比較的低い．

血液検査では正球性正色素性非再生性貧血が見られ，赤血球は形態学的に特徴に乏しく，球状赤血球はIMHAを併発している場合に限って認められる．

骨髄検査では，骨髄細胞充実度やM/E比には一定の傾向は見られないが，赤芽球系細胞がいずれかのレベルで成熟停止しているのが認められる(**図7-40**)．これは赤芽球の成熟に異常が起こっているわけではなく，ある感熱段階以降の細胞に免疫学的破壊が起こり，成熟停止しているように見える．そのため破壊される赤芽球より幼若な赤芽球はむしろ絶対的に増加している．具体的には多染性赤芽球が標的となった場合，前赤芽球と塩基性赤芽球は過形成となり，多染性赤血球を含めそれ以降の細胞は著しく低形成となる．多染性赤血球が標的となった場合は，正染性赤芽球までのすべての成熟段階の赤芽球が過形成となるが，多染性赤血球はほとんど認められない．Stokolら(2000)の犬のNRIMAの報告における骨髄所見では，正染性赤芽球まで十分認められるが多染性赤血球が見られないタイプが34%と最も多く，多染性赤血球まで十分認められるタイプと塩基性赤芽球までは認められるがそれ以降の赤芽球が見られないタイプがそれぞれ29%と2番目に多いタイ

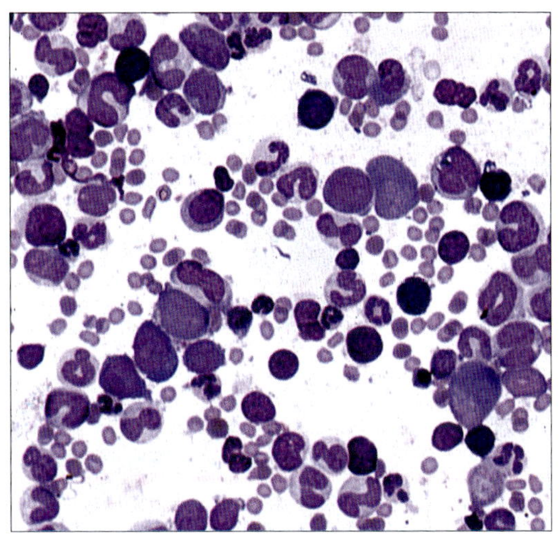

図7-40 **非再生性免疫介在性貧血の骨髄像**. ターゲットとなった細胞より若い赤芽球系細胞は過形成で，それ以降の成熟した細胞は著しく減少している(見せかけの成熟停止).

プであった[10].

診断は，骨髄所見によるが，赤芽球癆や慢性疾患に伴う貧血，鉄芽球性貧血，鉄欠乏性貧血など他の非再生性貧血を呈する疾患の鑑別が重要である.

### 3 ● 赤芽球癆の病態と診断

免疫学的破壊の標的が赤芽球の前駆細胞(BFU-E, CFU-E)やエリスロポエチンなどの場合，骨髄の赤芽球系細胞すべてが著明に減少することにより起こる貧血が赤芽球癆(pure red cell aplasia；PRCA)である．したがって赤芽球癆は顆粒球系や血小板系には異常がなく，赤血球系だけに産生低下が起こる疾患であり，そのため重度の貧血が認められるが，好中球や血小板は正常数認められるのが特徴である．ヒトのPRCAは先天性と後天性のものがあり，後天性のものはさらに，特発性と二次性(続発性)に分類される．特発性のものは，通常慢性経過をとる．二次性には急性型と慢性型があり，それらの間には病因上はっきりした特色が認められている．急性型はウイルス感染や薬物投与に関連して起こるものが多く，慢性型は胸腺腫，自己免疫性疾患(重症筋無力症，SLE，IHA，慢性関節リウマチ)，慢性リンパ性白血病，リンパ腫，骨髄腫などに合併して発症する．猫では猫白血病ウイルスのうちサブタイプCによって発生するといわれている[11].

先天性のものや特発性のものおよび慢性型のものでは，発症機序として多くの場合，免疫学的機序が考えられている．免疫液性因子(IgG)や細胞性因子(T細胞，NK細胞，LGL)によってエリスロポエチンや赤芽球およびその前駆細胞(BFU-E，CFU-E)が抑制されることにより起こると考えられている．薬物やウイルスによるものは，直接的あるいは間接的(免疫学的)に赤芽球系前駆細胞に傷害を与えていると考えられており，慢性型のものは液性および細胞性免疫学的抑制因子による赤芽球前駆細胞の傷害が推測されている.

症状は，特発性のものでは貧血に伴った臨床徴候が見られるが，その他の特徴的所見はない．脾腫や肝腫も通常伴わない．続発性のものでは，その基礎疾患に関連した臨床徴候が認められる.

血液検査所見では正球性，正色素性の重度の非再生性貧血が認められる．血清鉄は高値を示し，トランスフェリン飽和度は極めて高くなる．LDHアイソザイムは溶血性貧血を伴っていない場合，正常分画像を示す．骨髄所見では赤芽球系細胞のみ著しい低形成を示し，顆粒球系および巨核球系細胞は正形成で異形成所見や芽球の増加は認められない．残存している赤芽球は幼若なものが多い．軽度のリンパ球の増加を伴ったものもある(図7-41).

診断は，重度の非再生性貧血が見られるが，好中球数，血小板数は正常であること．骨髄では赤芽球系細胞の著しい減少が認められるが，顆粒球系および巨核球系細胞は正形成で形態学的異常も見られないことにより行う．赤芽球の

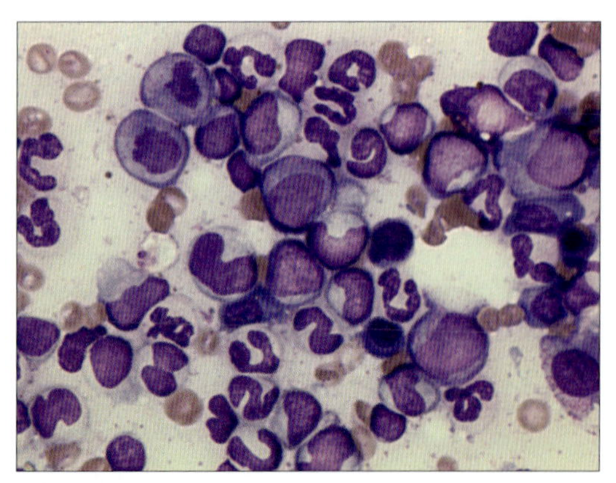

図7-41 **犬の赤芽球癆の骨髄像**．赤芽球系細胞はほとんど見られない．顆粒球系細胞や巨核球系細胞に異常は認められない．

低形成を伴う骨髄異形成症候群や非再生性溶血性貧血との鑑別が重要といわれている．骨髄異形成症候群では赤芽球の低形成がしばしば観察されるが，この場合顆粒球や巨核球に異形成所見が認められまた，末梢血では好中球減少や血小板減少が認められることにより鑑別できる．

### 4 ● 再生不良性貧血の病態と診断

末梢血の汎血球減少症と骨髄での低形成を示す疾患である．芽球の増加や異形成所見は認められず，リンパ，プラズマ球の相対的な増加と脂肪組織の増加を特徴とする．

本症は先天性と後天性に大別され，後天性はさらに特発性(本態性)と二次性(獲得性)に別けられる．二次性の原因には薬剤(抗癌剤，クロラムフェニコール，グリセオフルビン，トリメトプリムースルファジン，エストロジェン)，毒物(有機溶剤)，放射線，感染(パルボウイルス)，妊娠，エストロジェン分泌腫瘍(セルトリー細胞腫)などが挙げられる．猫ではFeLV感染によって発症することがほとんどで，犬では医原性や精巣の腫瘍に関連したエストロジェン中毒によるものが多い．

本症は造血幹細胞の障害により骨髄ならびに末梢血の赤血球，好中球，単球，血小板の未成熟ならびに成熟細胞およびそれらの前駆細胞(CFU-G，CFU-E，BFE-E，CFU-GM，CFU-M)の減少した状態である．特発性の場合，免疫学的異常が関与していると考えられている．ヒトの(aplastic anemia；AA)では自己免疫性疾患としての側面として，造血抑制作用を有するインターフェロン-γ(IFN-γ)や腫瘍壊死因子(TNF-α)などのTh1型サイトカイン血中濃度の増加が認められており，また，再生不良性貧血においてターゲットとなっている特異抗原はまだ同定されていないが，抗原特異的なT細胞のクローン性増殖や抗体産生

表7-8 **各疾患のLDHアイソザイム**[注29]

| 疾患 | LDHアイソザイム |
|---|---|
| IMHA | Ⅰ，Ⅱ上昇(Ⅰ>Ⅱ) |
| IMTP | Ⅲ上昇 |
| IMNP | Ⅳ，Ⅴ上昇(Ⅳ<Ⅴ) |
| リンパ腫 | Ⅲ，Ⅳ上昇(Ⅲ>Ⅳ) |
| 肺炎 | Ⅳ，Ⅴ上昇(Ⅳ<Ⅴ) |

注29 **疾患と乳酸脱水素酵素(lactate dehydrogenase；LDH)アイソザイム**

LDHは生体全体に広く分布しているが，そのアイソザイム分画は各臓器，組織によって異なっている．したがってLDHアイソザイム分画を見ることによって傷害を受けている臓器，組織を推定することが可能となる．血球においてもLDHアイソザイム分画に違いがあり，赤血球は分画Ⅰ，血小板は分画Ⅲ，好中球は分画Ⅴ，リンパ球は分画Ⅴが最も多く含まれる．したがって，血小板の破壊による血小板減少を呈する疾患では分画Ⅲが優位なパターンが見られる．一方血小板の産生低下による血小板減少(再生不良性，骨髄癆，骨髄線維症など)ではLDHアイソザイムは正常パターンである(表7-8)．

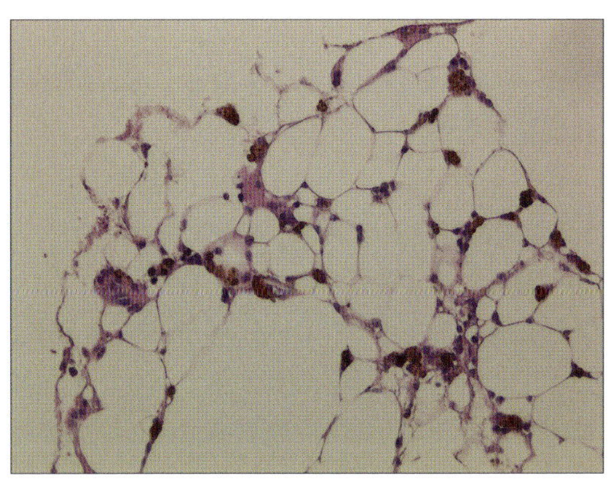

**図7-42　再生不良性貧血の骨髄**．骨髄細胞は著しく低形成で脂肪組織の増加が顕著である．有核細胞のほとんどははリンパ球と形質細胞である．

**表7-9　再生不良性貧血以外で汎血球減少症を呈する疾患**

| 表7-9　再生不良性貧血以外で汎血球減少症を呈する疾患 |
|---|
| 骨髄癆<br>急性白血病，リンパ腫，癌転移，骨髄腫，骨髄線維症 |
| 骨髄異形成症候群 |
| 葉酸，ビタミンB12欠乏症 |
| その他の骨髄疾患<br>悪性組織球症，血球貪食症候群，骨髄壊死 |
| 脾機能亢進症 |
| その他<br>敗血症，エールリッヒア症 |

が示唆されている．さらに，免疫抑制作用を有する制御性T細胞（Treg）の減少や機能低下が報告されている[12]．二次性のものは直接的な造血細胞の障害と考えられる．犬において，高エストロジェン血症に伴う雌性化はセルトリ細胞腫の約20%，間質細胞腫の約5%に見られ，雌性化を示す症例の約15%に骨髄抑制が見られる．そのメカニズムはまだ解明されていないが，エストロジェンのDNA転写抑制作用により造血幹細胞が障害されるためと考えられている．

症状は，貧血による運動不耐性，可視粘膜蒼白化，血小板減少による出血傾向，紫斑，好中球減少に伴う発熱，感染症などが認められる．

血液検査所見では，貧血は中等度から重度で，正球性正色素性，非再生性を示す．ただし猫のFeLV感染猫の再性不良性貧血では大球性を呈することが多い．血小板減少，好中球減少，単球減少が認められ，相対的にリンパ球，プラズマ球の増加が認められるが，血球の形態学的異常所見は見られない．骨髄検査では骨髄は低形成で脂肪組織の増加が認められる．巨核球はほとんど見られない．ヒトの再性不良性貧血の診断基準では骨髄が低形成でない場合でも，巨核球の減少とリンパ球の増加所見が認められれば本症が疑われるとしている．芽球の増加や異常細胞の浸潤増殖は認められず，形態学的異常所見も見られない（**図7-42**）．骨髄穿刺は2～3箇所場所を変えて行うことが推奨されており，骨髄穿刺の他に骨髄生検も実施すべきである．

診断は，末梢血において汎血球減少症を呈し，骨髄は著しく低形成で脂肪組織の増加が認められ，芽球の増加や異型細胞の浸潤増殖はなく，血球の形態異常は認められないこと．汎血球減少症の原因となる他の疾患（**表7-9**）が認められないこと．などの所見によって診断する．

## 免疫介在性血液疾患の治療

免疫介在性血液疾患の治療においては，血球破壊の免疫学的機序と免疫抑制薬の薬理作用を理解した上で治療にあたることが重要であり，難治性の場合は適切な組合せで薬剤を選択し，タイミングよく投与することが重要である．

### 1　血球破壊の免疫学的機序と免疫抑制薬の薬理作用

血球の破壊は血球の表面に抗体や免疫複合体

が付着することから始まる．抗体の産生はT細胞が産生するサイトカイン（IL-2）に刺激されたB細胞から分化した形質細胞により産生される．抗体や免疫複合体が付着した血球はIgGや補体成分C3bに対する受容体を介して食細胞に貪食されたり，細胞傷害性リンパ球やキラー細胞によって破壊されたり（ADCC），さらには血球表面に付着した補体成分がC9まで活性化することにより血管内で破壊される．免疫抑制薬はこの一連の過程のどこかを阻害することにより効果を示す．アザチオプリンやメトトレキサートは主にT細胞を，シクロスポリンはT細胞のIL-2などの産生を傷害し，シクロホスファマイドは主にB細胞を傷害して抗体産生を抑制する．プレドニゾロンやヒト免疫グロブリンはマクロファージの受容体と抗体や補体との接合を阻止することにより免疫抑制効果が表れる．したがって，速効性があり，3～5日以内に反応が見られる．これに対して抗体産生を抑制して効果を示す免疫抑制薬は効果発現に2～3週間を要する．

### 2 ● 基本的な免疫抑制療法

免疫介在性血液疾患における免疫抑制療法の基本はどの疾患でもほぼ同じである．通常，副腎皮質ホルモン剤が第一選択薬に選ばれる．副腎皮質ホルモン剤単独で寛解導入がうまくいった場合は漸減して，維持療法を行う．寛解導入がうまくいかない場合や漸減中に再燃が見られる場合，維持療法に高用量の副腎皮質ホルモン剤が必要となる場合に他の免疫抑制薬の投与を考慮する．また，経験的に副腎皮質ホルモン剤の単独療法では寛解導入が得られないことが予想できる病態，例えば自己凝集と血管内溶血を伴ったIMHAなどでは最初から複数の免疫抑制薬を投与する場合もある．

免疫抑制薬の使用にあたってはその薬剤の作用機序や特性，副作用を十分に理解しておく必要があり，特に多くの免疫抑制薬は効果発現まで2～3週間を要することを理解しておかなければならない．

### 3 ● 免疫抑制療法に用いられる薬剤の特徴

#### (a) 副腎皮質ステロイドホルモン

副腎皮質ホルモン（コルチコステロイド）剤は最も広く用いられる免疫抑制薬であり，免疫抑制療法を行う場合の第一選択薬である．副腎皮質ホルモン剤の免疫抑制薬としての作用機序は，

①食細胞の機能抑制
②標的細胞に対する抗体や補体の結合抑制
③抗体産生抑制
④細胞性免疫抑制が挙げられる．

特に①，②の効果により即効性が期待され，反応がある場合には4日以内に効果が見られるといわれている．通常プレドニゾロンかプレドニゾンが用いられる．リン酸メチルプレドニゾロンによるパルス療法がヒトのPRCAやAAで実施される．筆者も難治性のIMHAやIMTP，PRCAなどに実施し有効であった症例を経験している．投与法は20 mg/kgを3日連続で投与し，その後10 mg/kg，5 mg/kg，2.5 mg/kgと毎日減量し，2.5 mg/kgで維持する方法を実施している．作用のメカニズムは明らかではない．

#### (b) 代謝拮抗薬

DNA合成阻害薬で主にT細胞を抑制する．B細胞に対する直接作用はほとんどないがヘルパー細胞の抑制の結果，二次的に抗体産生は抑制される．効果発現まで2～4週間要する．アザチオプリンが一般的に用いられている．メトトレキサートは，葉酸代謝拮抗薬でヒトの骨髄移植においては急性拒絶反応時の免疫抑制薬として現在も用いられている．

(c) アルキル化剤

細胞周期非特異性に細胞毒性を示す抗腫瘍薬で主にB細胞に作用して液性免疫を抑制することにより免疫抑制効果が発現する．効果発現まで2～4週間要する．シクロホスファミドが通常用いられるが，最近の報告では，IMHAに対しては否定的な報告が多い．クロラムブシルは，シクロホスファミドに比較して副作用の少ないマイルドなアルキル化剤である．

(d) シクロスポリン

カルシニューリン阻害薬でIL-2などのサイトカイン産生抑制することにより主にT細胞の活性を抑制する．用量は2.5～5 mg/kg 1日2回で導入するが維持療法ではその1/2～1/3量で有効な場合も多い．細胞毒性がないため副作用が少ないのが特徴である．

(e) ミコフェノール酸モフェチル

プリン合成阻害薬でT細胞，B細胞の増殖を選択的に抑制し，免疫系以外の細胞は抑制しないのが特徴である．用量は10～20 mg/kg 1日2回経口投与する．重篤な副作用は少ないがアザチオプリンと併用すると骨髄抑制が起こりやすく，シクロスポリンと併用すると本剤の効果が減弱する可能性がある．

(f) レフルノミド

抗リウマチ薬でピリミジン合成阻害によりT細胞，B細胞の増殖を選択的に抑制する．また，チロシンキナーゼ用量は阻害作用を有し，TNFなどの炎症性サイトカインのシグナル伝達を抑制する作用を持つ．

(g) ヒト免疫グロブリン

マクロファージの貪食を阻害することにより免疫抑制効果が得られる．免疫介在性疾患の中でもマクロファージの貪食による細胞傷害が病態の本質である疾患(IMHA, IMTP, IMNP)に適応される．投与後3～7日で効果が発現し，1週間程度持続する．

(h) ビンクリスチン

ビンクリスチンなどのビンカアルカロイドは細胞のマイクロチュブルス(微小管)に結合して細胞分裂を抑制する．IMTPにおいて本剤はマイクロチュブルスに富む血小板と結合しFc受容体を介してマクロファージに貪食される．したがって，マクロファージに比較的選択的に高濃度に本剤が運ばれ，マクロファージが破壊される．0.025～0.03 mg/kgを4～8時間かけて点滴静注する(緩速点滴静注療法)．投与後5～10日で効果が現れてくる．

### 4 ● 摘脾療法

摘脾療法は，抗体産生産生抑制と血球貪食と破壊の場所を除く目的で実施される．ヒトのIMHAやIMTPでは比較的早期に実施されることが多い．適応は副腎皮質ホルモンが無効な場合や維持に高用量の副腎皮質ホルモンが必要な場合，再発を繰り返す場合，副腎皮質ホルモンの副作用が強い場合などが対象となる．近年，非再生性免疫介在性貧血(NRIMA)に対して有効性を示す症例が報告されている．

## 5 内分泌系の免疫と疾患

### はじめに

生体の恒常性を保つために，免疫系は内分泌系および神経系と密接に連動し，様々な環境に対応している．免疫系からはサイトカインによって神経系および内分泌系に連絡し，神経系からは神経伝達物質を，内分泌系からはホルモンを分泌し，それぞれ情報を伝えあって恒常性

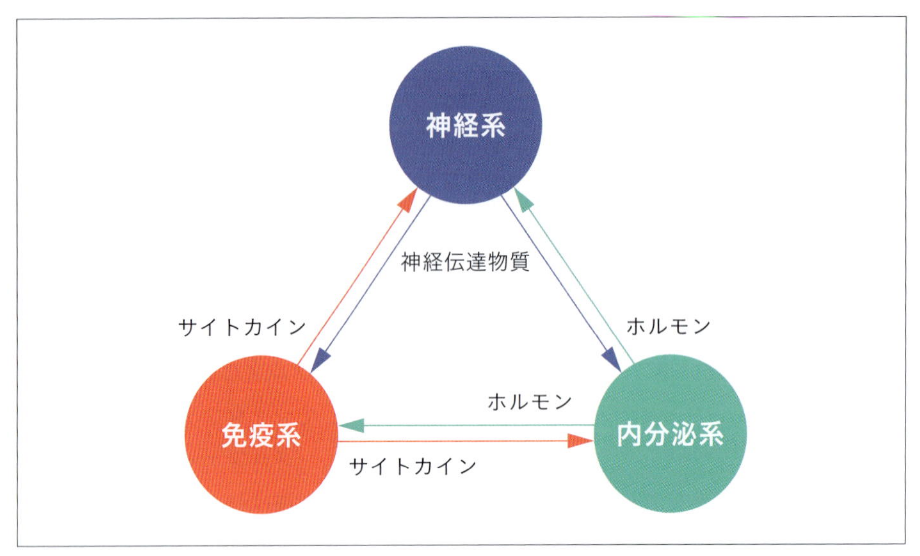


**図7-43 免疫系，神経系，内分泌系の関係．** 神経系，内分泌，免疫系という三つの機能が密接に連動し，様々な環境に対応している．互いに制御しあう物質を分泌し，上方を伝えることで身体を一定に保つ仕組みを持っている．

を保っている(**図7-43**)[1]．

我が国においても，精神神経内分泌免疫学（psychoneuroendocinoimmunology；PNEI）研究会が2004年から活動している[2]．PNEIという名称は，Ader, FeltenおよびCohenが1981年に著した「Psychoneuroimmunology（Psychology（心理学），Neurology（神経学），Immunology（免疫学）」にEndocrinology（内分泌学）を追加したものと思われる．この著書の出版後に「Brain, Behavior, and Immunity」誌が刊行され，90年代より盛んに研究が行われるようになった．PNEI研究会の研究領域は，心理，神経，内分泌，免疫などの生体内の恒常性維持機構の相互作用である．

本章ではまず，神経内分泌系の概略を紹介し，その後に主なホルモンと免疫の関係について詳細を述べる．

## 1 ● 神経内分泌系

神経内分泌系は，次の3種類の系(軸)とその系に関連したホルモンによって全身的免疫学的機構をコントロールしている[1]．神経内分泌系と免疫系の関係模式図を**図7-44**に示した．

①視床下部-下垂体-副腎系（hypothalamic-pituitar-adrenal；HPA axis）：糖質コルチコイド(glucocorticoids；GC)
②視床下部-下垂体-生殖腺系（hypothalamic-pituitary-gonadal；HPG axis）：性ホルモン
③視床下部-下垂体-甲状腺系（hypothalamic-pituitary-thyroidal；HPT axis）：甲状腺ホルモン

また，これらの古典経路の他に，レニン-アンギオテンシン-アルドステロン系(renin-angiotensin-aldosterone system；RAAS)なども免疫機能の調節に関与している．

### (a) 視床下部-下垂体-副腎系

様々な身体的および心理的刺激を受けると，視床下部傍室核から下垂体門脈系に副腎皮質刺激ホルモン放出ホルモン(corticotrophin-

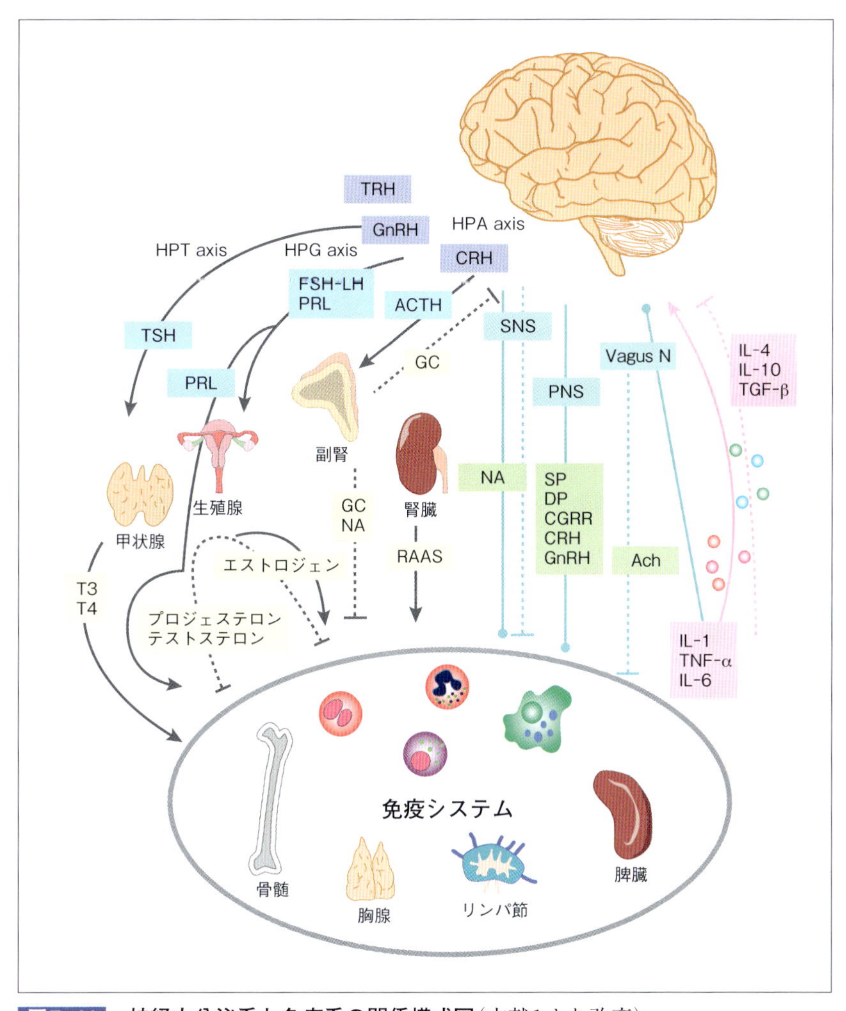


**図7-44　神経内分泌系と免疫系の関係模式図**(文献1より改変)

releasing hormone；CRH)が分泌され，下垂体前葉から副腎皮質刺激ホルモン(adrenocorticotropic hormone；ACTH)の放出を刺激する．ACTHは，副腎皮質を刺激してGCの産生を促す．CRHの分泌は，ドーパミン，セロトニン，ノルアドレナリンとヒスタミンによって上方制御されており，負のフィードバック，すなわちオピエートとγアミノ酪酸(gamma aminobutyric acid；GABA)ならびにCRHの下流のホルモン(例えば，GCとACTH)によって減少する．

GCは免疫応答に様々な変化をもたらすが，一般的には自然免疫および獲得免疫に対して抑制的に働く．GCは，炎症誘発性サイトカイン(IL-1，IL-6，TNF-α)およびTh1関連サイトカイン(IL-2, IL-12, IFN-γ, GM-CSF)や，炎症伝達物質であるプロスタグランジンや一酸化窒素の産生を阻害し，抗炎症性サイトカイン(IL-4，IL-10)の産生を強化する．GCはまた，細胞傷害性T細胞の増殖および機能を抑制する．GCはさらに樹状細胞の成熟を抑制し，MHCクラスII分子の発現を低下させることにより，抗原提示も阻害する．この他，GCはIL-5やIL-8の細胞輸送を阻害する他，T細胞や胸腺リンパ球のアポトーシスも誘導する．

CRHは炎症部位の神経終末および免疫細胞からも放出される．CRH受容体は，マクロファージ，T細胞，B細胞，肥満細胞と好酸球などの免疫細胞上に発現している．CRHの局所での効果は，炎症性である．CRH受容体拮抗薬は，マクロファージからのIL-6とIL-1およびTNF-αの産生を抑制する．これはエンドトキシンショックのモデルで，その発症を抑制することがわかっている．

### (b) 視床下部-下垂体-生殖腺系

視床下部から放出される性腺刺激ホルモン放出ホルモン(gonadotropin releasing hormone；GnRH)は，下垂体前葉で卵胞刺激ホルモン(follicle stimulating hormone；FSH)と黄体形成ホルモン(luteinizing hormone；LH)を含む性腺刺激ホルモンの放出を刺激し，卵巣腺からのエストロジェンとプロジェステロンの放出を刺激する．免疫細胞はGnRHそのものと，GnRH受容体を発現している．GnRHは免疫賦活性に働き，T細胞の発育，増殖，サイトカイン(IFN-γ)産生およびIgG産生を強化する．

細胞質のエストロジェン受容体(estrogen receptor；ER)にはERαとERβの2種類がある．ERαの発現部位は子宮内膜，卵巣間質細胞，乳房および視床下部で，ERβは脳，腎臓，骨，心臓，肺，腸および内皮細胞を含む多くの組織に発現している．エストロジェンの免疫応答調節は，血漿濃度に応じて二元的である．高濃度のエストロジェンはマクロファージのTNF-αとIL-12産生を抑制し，IL-10の産生を促進する．さらにエストロジェンはHPA軸とノルアドレアナリン産生を促進して炎症を抑制し，Th2型サイトカイン産生を増強する．エストロジェンはB細胞の発達と生存にも調節的影響を強く及ぼし，B細胞の免疫寛容あるいは自己抗体産生強化にも関与する．エストロジェンの過剰状態は，液性免疫応答を刺激し，これが全身性エリテマトーデス(systemic lupus erythematosus；SLE)の病因と関連している．対照的に，妊娠は関節リウマチや多発性硬化の疾患活動性を減少すると報告されているが，この原因はTh1/Th17による免疫抑制である．

プロジェステロンは，NF-κBを抑制して抗炎症効果を示す．テストステロンは，先天性および獲得免疫を阻害する．ジヒドロテストステロンは，免疫グロブリン，サイトカイン産生およびリンパ球増殖を減少させる．

プロラクチンは，下垂体前葉から放出されて，乳房の生長と分化を刺激する．プロラクチンとプロラクチン受容体(サイトカイン受容体でもある)は免疫細胞で発現している．プロラクチンは，哺乳やストレスにより刺激され，ドーパミンによって阻害される．T細胞のプロラクチン産生は，IL-2およびIL-4によって阻害される．プロラクチンの免疫応答に関する効果は免疫賦活性であり，IFN-γやIL-12，IL-10などのサイトカインの産生を強化するとともに，T細胞の増殖を促している．プロラクチンはB細胞の選択性も変更し，自己反応性B細胞の寛容性を減弱し，自己抗体の出現可能性を高める．

以上のように，女性ホルモンは自然免疫および獲得免疫の双方を活性化するが，女性に自己免疫疾患が多い理由も女性ホルモンの影響である．

### (c) 視床下部-下垂体-甲状腺系

視床下部傍室核から分泌される甲状腺刺激ホルモン放出ホルモン(thyrotropin-releasing hormone；TRH)は，下垂体前葉に作用して甲状腺刺激ホルモン(thyroid stimulating hormone；TSH)の放出を促進し，TSHは甲状腺からの甲状腺ホルモン放出を促進する．免疫細胞にはTSHおよび甲状腺ホルモンの受容体の存在するため，下垂体性甲状腺ホルモンと免疫系の間の相互作用の存在を意味する．甲状腺ホルモン受容体欠損マウスを用いた研究では，B細胞，マクロファージおよび顆粒球がそれらのマウスの脾臓内で減少を示唆した．甲状腺機能低下症は，胸腺の活性と液性免疫応答および細胞性免疫応答を減少させるが，甲状腺ホルモンの投与によってその状況は軽減される．マウスの研究では，甲状腺機能がIL-2やIFN-γの産生に関わっていることを示唆している．また，慢性的なストレスを与えたマウスにおいて甲状腺ホルモン濃度が低下し，T細胞の増殖反応および細胞毒性活性が減少した．これらの知見から，ストレスがHPT軸に影響を与え，免疫応答調節を行っている．

#### (d) レニン-アンギオテンシン-アルドステロン系

RAASは血圧と体液の恒常性を掌っている．レニンはアンギオテンシンをアンギオテンシンⅠに変換し，アンギオテンシン変換酵素(angiotensin-converting enzyme；ACE)がアンギオテンシンⅠをアンギオテンシンⅡに変換する．アンギオテンシンⅡの受容体は2種類(angiotensin Ⅱ type1 receptor, AT1RおよびType2受容体)があるが，アンギオテンシンⅡとAT1Rが主要な役割を持っている．RAASは前述の他のホルモン類と同様に免疫細胞でも発現している．例えば，単球と樹状細胞はアンギオテンシンⅡとAT1Rを産生する．アンギオテンシンⅡの刺激はNF-κBの活性化をもたらし，サイトカインやケモカイン，さらに細胞接着因子などの炎症伝達物質の産生を促進する．これらのメディエイターは樹状細胞の分化と好中球の集積を促進するため，アテローム硬化や炎症を引き起こす．ACEやAT1Rが抑制されると，TNF-αやIL-1，IL-6，IL-12，IL-18などの炎症性サイトカインの産生を抑制するため，関節炎モデルでは疾患抑制がもたらされる．コラーゲン誘発性関節炎モデルや実験的自己免疫性ブドウ膜炎において，抗原特異的Th1応答が抑制されるため，RAASは自然免疫および獲得免疫の両方を抑制する．また，実験的自己免疫性脳脊髄炎モデルにおけるACEやAT1Rの阻害により，Th1およびTh17の両方の反応の抑制と，TregとTGF-βの誘導も抑制される．

### 2 ● ホルモンと免疫の関係

ヒトにおける内分泌と免疫の関係は，性ステロイドホルモン(エストロジェン，テストステロンやプロラクチン)，成長ホルモン，甲状腺および副腎のホルモン，ビタミンDなどが研究されている．上記のホルモン異常による疾患は，自己免疫疾患と捉えられており，全身性エリテマトーデスや関節リウマチなどの全身性自己免疫疾患の他，臓器特異的なものには，重症筋無力症，甲状腺機能亢進症(バセドー病，グレーブス病)，橋本病(慢性甲状腺炎)，円形脱毛症などがある．また，自己免疫疾患が二次性に高血圧や糖尿病を呈することもある．ストレスなどによるホルモン分泌異常も免疫異常を引き起こす．

### 3 ● ヒトの成長期のホルモンと免疫

低濃度のエストロジェンは，Th1応答を促進し，IFN-γを産生させる．また，微量のエストロジェンは骨格の成長を促している．思春期になり多量に分泌され始めると，Th1は逆に抑制される．一方，プロジェステロンはTh2を活性化させ，IL-4やIL-5，IL-10を増加させる．

テストステロン(ジヒドロテストステロン)は，男児の思春期初期から徐々に分泌が増加し，Th1応答もTh2応答も抑制する．これは，テストステロンのIFN-γ抑制によって細胞性免疫が低下し(Th1低下)すること，IL-4抑制による抗体産生の低下，IL-5抑制による好酸球活性の低下(Th2低下)によって，アレルギー

**表7-10 性ホルモンが免疫に及ぼす影響**

| | Th1細胞 | Th2細胞 | | |
|---|---|---|---|---|
| サイトカイン | IFN- | IL-4 | IL-5 | IL-10 |
| 低濃度エストロジェン | ↑ | → | | → |
| 高濃度エストロジェン | ↓ | | | ↑ |
| プロジェステロン | ↓ | ↑ | ↑ | ↑ |
| DHT | ↓ | ↓ | ↓ | |
| テストステロン | → | → | | |
| プロラクチン | 免疫亢進作用 | | | |
| 成長ホルモン | 免疫亢進作用 | | | |

反応全体を抑え込む．

一方，プロラクチンや成長ホルモンには免疫亢進作用がある．性ホルモンが免疫に及ぼす影響は**表7-10**のとおりである．

### 4 ● ヒトの女性生殖器における免疫細胞[3]

女性生殖器には二つの主要な機能がある．微生物の攻撃に対する防御と期間中の妊娠の持続である．上部生殖路は，卵管と子宮頸部を含む子宮からなり，下部は子宮腟部と腟からなる．生殖路にある免疫細胞は矛盾した役割を持つ．下部生殖路は，腟内の病原体に対して免疫で防御し，上部生殖路は精子および胚や胎子に対して免疫寛容を確立している．免疫系は性ステロイドホルモンの影響を強く受けているが，生殖路の白血球にはエストロジェンとプロジェステロンに対する受容体がない．これら生殖路の白血球は，上皮層，固有層および間質に凝集あるいは分散して分布している．また，免疫細胞は生殖路の臓器ごとに特異的に分布している．主な免疫細胞はT細胞，マクロファージ/樹状細胞，ナチュラルキラー(NK)細胞，好中球と肥満細胞であり，女性生殖路ではB細胞はまれである．腟と子宮頸部の固有層には，$CD3^+$T細胞が分散した状態で存在している．末梢血中の$CD3^+$T細胞とは異なり，$CD8^+$T細胞が多くて$CD4^+$T細胞は少ない．子宮頸部で凝集したリンパ球が見つかることがあるが，この中心には$CD19^+CD20^+$B細胞が存在し，多数のT細胞が周囲を囲み小胞のような構造を形成している．このようなB細胞は子宮頸部のリンパ球集団でのみ観察される．女性生殖路の各部位における免疫細胞の種類と多寡を表に記した．子宮内膜のNK細胞は妊娠初期や月経周期のホルモン分泌期(黄体期)後期に増加する．NK細胞およびTregは，脱落膜の脈管形成，栄養膜の遊走，および妊娠中の免疫寛容にとても重要である．子宮内膜や脱落膜の免疫細胞調節不全は，不妊や流産，あるいは周産期疾患に強く関連している(**表7-11**)．

## 主なホルモンと免疫の関係

### 1 ● エストロジェン[4]

エストロジェンの作用は，ほとんどの免疫細胞に発現しているエストロジェン受容体αかあるいはβ(ERα/β)を通して伝達される．エストロジェン受容体は，核内受容体としては，遺伝子プロモーターによって直接的にエストロジェン反応要素と結合できる他，NF-κBやAP1のような転写制御因子の共同因子にもなる．細胞質内エストロジェン受容体および膜関

表7-11　女性生殖路における免疫細胞[3]

| 部位 | | 免疫細胞の種類（多い順） |
|---|---|---|
| 卵管 | | T細胞＞顆粒球＞NK細胞＞Mφ＞B細胞 |
| 子宮内膜 | 通常 | T細胞＞NK細胞＞顆粒球＞Mφ＞B細胞 |
| | 増殖期 | 肥満細胞＞Mφ，T細胞＞B細胞，NK細胞 |
| | 分泌期 | Mφ，肥満細胞＞NK細胞＞T細胞＞B細胞 |
| | 月経期直前 | NK細胞，Mφ，好中球＞肥満細胞，好酸球＞T＞B |
| 子宮頸部 | | T細胞＞NK細胞＞顆粒球＞Mφ，B細胞 |
| 子宮腟部 | | T細胞＞NK細胞＞顆粒球，Mφ，B細胞 |
| 腟 | | T細胞＞NK細胞＞Mφ，顆粒球＞B細胞 |

連エストロジェン受容体は特異的なキナーゼ・シグナル伝達経路に影響を与えている．エストロジェン受容体は自然免疫および獲得免疫の両方に顕著な影響を及ぼしている．エストラジオールは，リンパ球サイトカイン産生，サイトカイン受容体発現と効果器細胞の活性化を調整する．ERαはあらゆる濃度のエストロジェン存在下でほとんどの免疫細胞(胸腺リンパ球，骨髄非造血細胞，T細胞，B細胞前駆体と循環しているB細胞)に発現している．

### 2 ● エストロジェン受容体とリンパ球（T細胞，B細胞）

ERαは$CD4^+$T細胞においてB細胞よりも発現が高い．B細胞ではERβの発現量が高い．$CD8^+$T細胞でのERαおよびERβの同程度の発現比率であるが，それらの発現量は低い．エストロジェンはB細胞生成の調節にも重要な役割を持っている．ERαノックアウトマウスを用いた研究などから，B細胞生成にはERαが重要であることがわかっている．エストロジェンは$CD4^+CD8^+$ダブルポジティブT細胞の産生にも影響するが，これにはERαとERβの両方を必要とする．

エストロジェンのヘルパーT細胞への効果は用量依存的であるが，複数の研究からエストロジェンが低用量ではTh1を，高用量ではTh2応答を刺激して促進することがわかっている．去勢マウスにエストロジェンを投与すると，抗原特異的$CD4^+$T細胞応答とIFN-γ産生細胞の発達を増加させた．ERαノックアウトマウスを用いた研究から，Th1細胞応答にはERαが必要であることが確認されている．このことはすなわち，ERαはエストロジェンに反応してT細胞応答をTh1の方にミスリードする可能性があるということである．

エストロジェンはまた制御性T細胞(Treg)の産生も促進する．$CD4^+CD25^-$T細胞にERαが発現しており，エストロジェンの生理的用量でFoxp3とIL-10の遺伝子発現量が増加し，$CD4^+CD25^-$T細胞が$CD4^+CD25^+$T細胞に変化する(Treg変換)．このTreg変換は，エストロジェン受容体阻害薬によって阻害される．以上のように，エストロジェンとエストロジェン受容体は，多様なリンパ球に影響を与えているのである．

### 3 ● エストロジェン受容体と樹状細胞

抗原提示細胞である樹状細胞は，T細胞応答を開始するだけでなく，自己寛容の維持と同様，Th1とTh2のどちらを誘導するかにも影響している．複数の研究データから，樹状細胞とその他の抗原提示細胞はその数や機能において，性ホルモン，特にエストラジオールの影響を強く受けることが示唆されている．雌ラットの生殖路では，エストロジェン濃度の違いによって抗原提示細胞の数と機能が異なる．

ERαとERβは，マクロファージや単球，樹状細胞などの大部分の抗原提示細胞に発現しており，それぞれの役割を持って調整している．例えば，マウスの生体外培養において，ERαはCD11c＋細胞のサブセット二つとも発現しているが，ERβは一方しか発現していない．一方，健常なヒトの末梢血単核球を用いた研究では，未成熟および成熟した樹状細胞のいずれからもERαとERβ両方のmRNAが発現していた．

エストロジェンは，骨髄からの樹状細胞の分化を促進している．これはマウスの骨髄前駆細胞を利用した研究で次のように証明されている．

①ステロイドホルモン非存在下では樹状細胞の分化は起こらないが，エストラジオールの添加で起こった．
②ERαノックアウト骨髄細胞や，エストロジェン受容体阻害剤を使うと樹状細胞の分化が阻害される．一方，エストラジオール存在下の樹状細胞は優れた抗原提示機能を示すが，これには増加したMHCIIの発現にも続発しているものと示唆されている．

前述のエストロジェン刺激による樹状細胞分化に関する生体外モデルにおいて，CD11＋CD11bintが発現した樹状細胞が産生される際，MHCクラスII分子およびCD86も高濃度に発現していた．

ERαシグナリングは様々な部位での樹状細胞の発達にも重要である．ERαノックアウト骨髄細胞においてエストラジオール-ERα依存性樹状細胞を復元させるには，インターフェロン制御因子4(IRF4)を過剰発現させることが必要である．ということは，IRF4はERαシグナリングの代替となりえるということになるが，IRF4の発現は樹状細胞分化の引き金となるGM-CSF刺激下のERαによって増加すると考えられている．

## 4 ●エストロジェン受容体とマクロファージ

自然免疫において重要な役割を持つ食細胞である単球とマクロファージの機能は，それらが暴露される環境に強く影響を受ける．これは，サイトカイン，ケモカインだけでなく，ステロイドホルモンの影響も受けるということを意味する．エストロジェンは，単球とマクロファージの免疫機能にも影響を及ぼしている．生体内および生体外において黄体期の方が卵胞期よりもTNF-αとIL-1βを多く産生するとの研究報告がある一方，エストロジェンが単球のサイトカイン産生に影響しているという矛盾する報告もある．

エストロジェン受容体が単球に発現することは長年にわたって知られていた．しかしながら，エストロジェンに対する反応が，ERαとERβの発現や支配が分化のどの時期に起こるかはあまり分かっていなかった．マクロファージはERαを，単球はERβをもう一方より多く発現している．エストロジェンは，ERαを発現している単球にアポトーシスを誘発し，単球ではERαを発現させない．また，エストロジェンは単球とマクロファージのいずれにもERβの調節を行わなかった．この部分には未解明の部分が残っている．

## 5 ●アンドロジェン[5]

エストロジェンの効果は前述のように確立されているが，テストステロンの役割は完全には理解されていない．多くの研究のエビデンスは，テストステロンの免疫抑制性の役割を示

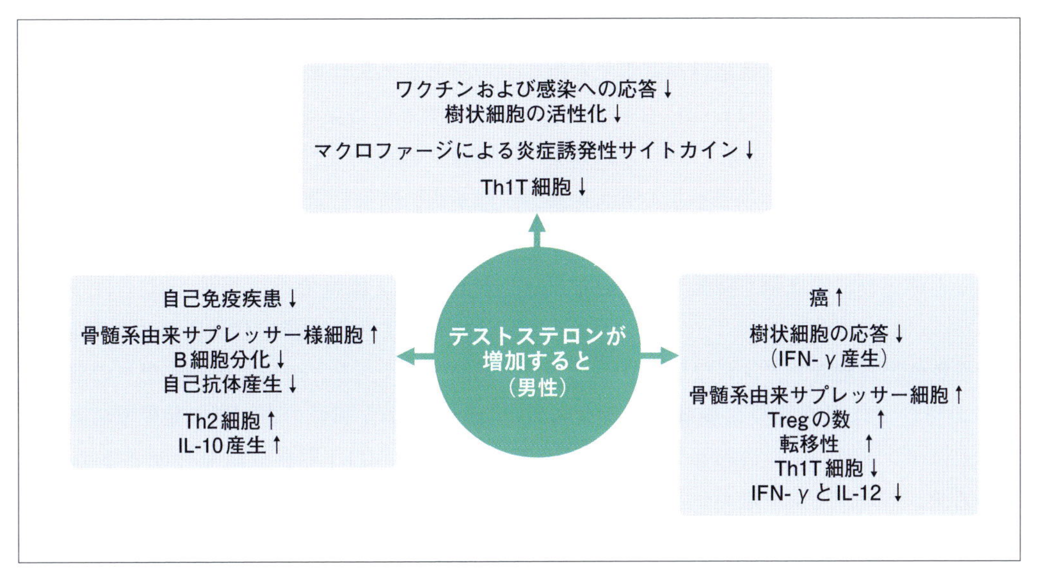


**図7-45** 男性におけるテストステロンの免疫調整

唆している．ヒトの乳幼児の易感染性の調査では，男児の方が女児よりも感染症に有意に罹患する．これは，出生時に起こるアンドロジェン・サージに起因していると考えられている．また，クラインフェルター症候群患者にテストステロン補充療法を行うと，血清抗体およびサイトカイン濃度を減少させ，T細胞とB細胞の数も減少させる．テストステロンの免疫抑制効果は鳥類でも証明されており，特定の種に限定されているものではない．しかしながら，テストステロンの細胞性および分子機構についてはまだ十分理解されていない．ここでは，自然免疫と獲得免疫における重要な細胞成分上でのテストステロンの効果について述べる．男性におけるテストステロンの免疫調整の概略を**図7-45**に示した．

### 6 ● 自然免疫担当細胞とアンドロジェン

アンドロジェン受容体の少ない好中球は，GCS-F刺激に反応せずに増殖しない，アポトーシスの影響を受けやすい，遊走シグナルへの応答を欠くなどの特徴がある．好中球の恒常性は，機能的なアンドロジェン受容体の発現の有無にかかっているが，直接的にも間接的にも，テストステロンの影響は不明のままである．

マクロファージとアンドロジェンの関係については，長年研究されてきた．例えば，去勢した（アンドロジェン欠損）雄のC57/BL/6マウスでは，マクロファージ表面のTLR4発現レベルが高いために内毒素性ショックに有意に影響されやすい．去勢された動物に外因性テストステロンを投与すると，TLR4発現レベルおよび内毒素性ショックへの感受性を低下することができた．すなわち，テストステロンは細菌に対するマクロファージの反応において免疫抑制効果をもたらす．

樹状細胞に対するアンドロジェンの機能作用は，去勢動物を使った研究で次のように報告されている．それは，テストステロンを除くとリンパ節の樹状細胞におけるMHCクラスⅡ分子および補助刺激分子の発現が有意に高くなるというものである．ヒトの男性における性腺機能低下症は，抗原刺激能が強くなることから，自己免疫疾患の発生率の増加と強く相関している．Ⅱ型糖尿病の男性患者の臨床試験において，テストステロン投与は，樹状細胞が産生する炎症誘発性サイトカイン（IL-1b，IL-6とTNF-α）産生に対して抑制効果を示した．その効果は治療後も長期間持続した．つまり，テストステロンによって樹状細胞の活性化やサイトカイン産生などの免疫応答は強く抑制されている．

### 7 ● 獲得免疫担当細胞とアンドロジェン

ヒトの男性では思春期後に胸腺が退縮するが，これはアンドロジェンの影響である．雄の動物からアンドロジェンを除去すると胸腺が腫脹するという報告は多い．すなわち，去勢してアンドロジェン産生を妨げることにより，胸腺が若返って再度拡張する．この状態の胸腺内では，胸腺細胞（リンパ球）の増殖が増加し，そのアポトーシスの頻度は低下する．去勢によって胸腺が再び拡張した状態の動物にテストステロンやジヒドロテストステロン（DHT）を投与すると，胸腺T細胞のアポトーシスを増加させ，その増殖を減少させる．これらのことから，アンドロジェンが胸腺やT細胞に対して抑制性に働くことが示唆された．アンドロジェン濃度の変化に対する胸腺の応答はアンドロジェン受容体を介して影響を受ける．アンドロジェン受容体は胸腺リンパ球のうち$CD3^{low}CD8^{+}$で最も高く発現しており，$CD3^{+}$細胞および$CD4^{+}$細胞，$CD8^{+}$細胞でも発現している．

胸腺が退縮することにより，末梢へのT細胞の供給は減少し，末梢T細胞受容体の種類や機能も減少する．マウスでは，去勢によって胸腺からの$CD44^{low}$naive $CD4^{+}$および$CD8^{+}$T細胞の移出を促進し，末梢T細胞プールを補充する．去勢によりアンドロジェンが除去されると，T細胞受容体の種類や機能が回復することから，免疫処置後のT細胞応答の大きさにもアンドロジェンが影響を及ぼしている可能性がある．しかしながら，この効果が直接的かまたは間接的かは，不明なままである．

テストステロンは，特にウイルスや宿主抗原に対する免疫系を全体的に抑制する．Th1細胞は，細菌および真菌，ウイルスによる感染症からの防御に重要な役割を持っている．Th1細胞はまた，抗腫瘍応答にも重要である．アンドロジェン優位である男性では，Th1細胞が活性化して生じる炎症性大腸炎やⅠ型糖尿病，関節リウマチなどの自己免疫疾患への罹患率は低い．一方，男性の方が癌の発生率が高いということは，Th1型炎症誘発性サイトカインが抑制された結果，抗腫瘍免疫応答が抑制されたためである．これらのことは，テストステロンがアンドロジェン受容体依存性に非受容体1型チロシンホスファターゼ（non-receptor type1 protein tyrosine phosphatase；PTPN1）を上方制御したことによる．PTPN1は，Th1細胞分化を誘導するために必要なSTAT4転写因子を誘導し，これがIL-12誘導に必要なJak2およびTyk2キナーゼを不活化するからである．アンドロジェンがT細胞の枯渇している症例ではそうでない対照と比較してPtpn1の発現量が減少する．以上のようにアンドロジェンがT細胞のTh1分化に対して抑制性に働くことは，男性が自己免疫疾患に罹患しにくい一方，ウイルス感染には罹患しやすいことがわかる．

寄生虫感染実験において，アンドロジェンはリンパ球Th2分化を抑制するため，女性は寄生虫が感染すると男性よりも強いTh2応答を起こして寄生虫を排除できる．IL-4欠損のBalb/cマウスにネズミ鞭虫を寄生させると雌のマウスは遅発性にIL-13介在性Th2応答を起こして寄生虫を排出できるが，雄ではできない．しかし，雄マウスを去勢するとIL-18発現が減少して寄生虫を排出できるようになる．一方，卵巣を切除された雌マウスはアンドロジェンが存在しないため，Th2応答を起こし続け寄生虫排除は可能だった．テストステロンは

Th2細胞のIL-10産生を直接誘発する．DHTを投与した雌のSJLマウスの脾細胞は，培養液中に非常に多くの量のIL-10を分泌する．そして，CD4$^+$T細胞の培養にDHTを追加するとより多くのIL-10産生が起こる．このことは，DHTの投与を受けたSJLマウスが実験的アレルギー性脳炎に罹患し難いことにもつながる．これらの結果から，テストステロンはTh2の免疫を抑制することによってIL-18を上方制御してしまい，寄生虫を排除しない方向に作用する．

アンドロジェンはTregを増加させることも示唆されており直接および間接的にヘルパーT細胞分化やiTregの誘導，T依存性抗体産生応答の調節などに関与している．

アンドロジェンはB細胞に対して，T細胞と同様に抑制的に働く．雄マウスを去勢するとB細胞新生が盛んになり，B細胞前駆体も増加する．このマウスにアンドロジェンを投与するとB細胞の数はもとに戻る．アンドロジェン非感受性のTfmマウスでは，IL-7は骨髄の間質細胞によって産生され，B細胞の増殖と分化に必要であるが，骨髄内のIL-7反応性B細胞前駆体は，その割合も総数も対照に比べて増加している．アンドロジェン受容体は骨髄間質細胞およびB細胞に発現している．間質細胞(リンパ球以外の細胞)に発現しているアンドロジェン受容体がB細胞新生に負の影響を与えているのである．なお，脾臓内にあるB細胞はアンドロジェン受容体を発現していないことから，アンドロジェンの効果は骨髄におけるB細胞新生に重要であると思われる．なお，末梢に存在しているB細胞へのアンドロジェンの影響は不明のままである．

### 8 ● プロラクチン[6]

プロラクチンは主に下垂体前葉から分泌されているが，下垂体外細胞によっても生成されている．プロラクチンの遺伝子発現には二つの独立したプロモーター領域が制御に関わっており，それぞれ下垂体と下垂体外臓器で特異的に調整されている．プロラクチンの断片で分子量16kDaのタンパク質には，抗血管新生作用および腫瘍生長の抑制効果があるが，これらの効果を得るには特異的な受容体を介する必要がある．プロラクチン受容体を刺激すると，多くのシグナル伝達経路(例えば，JAK2/STAT, MAPK, c-src, Fynキナーゼカスケード)を含むが，これらの経路は組織ごとに異なる．プロラクチンの合成と分泌は，主にドーパミンの抑制性影響によって調整されているが，その他のホルモンもこの機序に関係している．プロラクチンの基本的生物学活性は催乳と乳汁産生刺激であるが，他にも浸透圧調節や代謝と免疫および中枢神経系の調節など，体機能の恒常性に関与している．

プロラクチンの免疫への関与は，免疫細胞(T細胞，B細胞，マクロファージ)に発現しているプロラクチン受容体による．プロラクチン受容体は，多くのサイトカインやヘマトポエチンと構造的に関連している．それらは，成長ホルモン，GM-CSF，エリスロポエチンと，IL-2, IL-3，IL-4，IL-5，IL-6，IL-7，IL-9，IL-13とIL-15受容体である．

プロラクチンは単独ではリンパ球を分裂増殖させることはできないが，T細胞に対しては他の刺激と共同で作用する．この作用はCon-Aなどのマイトジェンや抗原提示による刺激を増強する．末梢単核細胞培養時にプロラクチンに対する中和抗体を添加すると，T細胞の活性化と分裂増殖を有意に減少させる．このことから，局所的なT細胞の活性や分裂増殖にはプロラクチンが影響を与える．

T細胞においてプロラクチン受容体の刺激は，JAK-2とSTAT5 (STAT1ではなく)のリン酸エステル化を介して転写因子T-betを発現させる．この効果はT細胞培養への低濃度のプロラクチンで誘導される．T-betは，インターフェロンのようなTh1型サイトカイン産生に重要な転写制御因子である．したがって，プロラクチンはTh1細胞を誘導して炎症反応を助ける．低濃度のプロラクチンはT-betを刺激するが，高濃度プロラクチンをT細胞に暴露するとサイトカインシグナル抑制因子（suppressor of cytokine signaling；SOCS）のSOCS1とSOCS3が誘導されてT-betが減少し，STAT5のリン酸エステル化が抑制される．よって高濃度のプロラクチンは，ヘルパーT細胞の炎症誘発性作用を阻害する．

自己免疫疾患患者（妊娠を経験した女性）では中等度の高プロラクチン血症を伴うことがある．関節リウマチ患者で45%，SLE患者で20～30%，強皮症患者の59%およびシェーグレン症候群患者では46%で観察される．しかしながら，これらの患者に，プロラクチン産生を抑制するブロモクリプチンを投与してプロラクチン濃度を低下させても，疾患経過などに影響は認められていない．このことは，これらの自己免疫疾患の初期にプロラクチンが関与し，症状が顕在化した後には影響していないということである．

### 9 ● ビタミンD[7]

日光とビタミンDは，多発性硬化症とI型糖尿病のリスクに関連している．このことは，ビタミンDが自己免疫疾患の進行に強く影響する要因であることを示す．自己免疫疾患の発生機序には核内にビタミンD受容体を持つ$CD4^+$T細胞が強く関わっている．これはエストロジェン受容体の場合と同様である．

ビタミンDは，胸腺におけるネガティブセレクションに関わっている他，ヘルパーT細胞がエフェクターT細胞（Th1，Th17）へ分化する場合や外因性アポトーシス信号にも関わっている．その他に，$FoxP3^+CD4^+$制御性T細胞と$CD4^+$制御性T細胞タイプ1（T-regulatory cell type1；Tr1）の細胞機能に関わっている．すなわち，エストロジェンとエストロジェン受容体の関係とがT細胞に与える影響と似ており，ビタミンDとその受容体は自己免疫疾患において重要な役割を担っている．

## 免疫介在性内分泌疾患

本章で取り上げる疾患は，腫瘍が関連する場合が多いが，免疫と直接関連する疾患についてのみ解説する．本書は免疫学の本であるため，免疫を主体に取り上げる．

### 1 ● 犬の甲状腺機能低下症

甲状腺機能低下症は犬で最も頻度の多い内分泌疾患の一つで，一般的に自己免疫疾患であると考えられている[1]．ヒトの甲状腺機能低下症において甲状腺は，細胞性免疫（自己反応性ヘルパーT細胞および細胞傷害性T細胞）および液性免疫（サイログロブリン，サイロキシンおよびトリヨードサイロニンに対する特異的自己抗体）によって破壊される．細胞性免疫の破綻はTh1反応とTh2反応のアンバランスである．他に示唆されている因子としては，末梢性免疫寛容の減少（制御性T細胞の機能不全）やTh17細胞の更なる炎症誘発効果がある．犬では原発性のものが多いが，その原因はリンパ球，プラズマ細胞やマクロファージの浸潤を伴うリンパ急性甲状腺炎による濾胞の損失であるが，腫瘍などの突発性もある．

臨床的に健康な犬28頭，血清中にサイログロブリン抗体（Tg抗体）のある甲状腺機能低下症の犬8頭，Tg抗体を持たない甲状腺機能低下症の犬25頭を比較した研究報告がある[1]．血中の総タンパク質，α－，β2－およびγ-グロブリン，ハプトグロブリン，フィブリノゲンの量は，甲状腺機能低下症の犬が健常対照犬に対して有意に高値を示した．これら血清タンパク質の増加は慢性炎症性状態を反映しているものと考えられる．また，循環血液中の免疫複合体や急性期タンパク質の量も疾患群の方が高値を示したが，抗核抗体はどの犬でも認められなかった．

末梢血のフローサイトメトリーでは，ヒトの報告と同様にT細胞（$CD3^+$）およびB細胞（$CD21^+$）の比率においてTg抗体の有無による群間差はなかったが，$CD3^+$細胞中の$CD8^+$細胞の頻度は健常対照群より疾患群の方が有意に高値を示した．CD4：CD8細胞比は，Tg抗体のない疾患群が1.43 ± 0.75，Tg抗体を持つ疾患群が1.96 ± 0.62，健常対照群は2.51 ± 1.09と，対照群が高い傾向を示したが，対照群とTg抗体を持つ疾患群の間に有意差はなかった．制御性T細胞として$CD4^+FoxP3^+$細胞および$CD4^+CD25^+$細胞の頻度はどの群も同様の値だった．$CD8^+IFN\text{-}\gamma^+$細胞の割合は，甲状腺機能低下症の犬は健常対照と比べて有意に高かったが，これがCD4：CD8比に影響していると考えられる．IFN-γのmRNAおよびタンパク質発現量およびIL-17の発現量，CD28のmRNA発現量は，対照群に比べて疾患群において有意に高かった．これらの所見は甲状腺機能低下症の両群で認められた．したがって，犬の甲状腺機能低下症は，細胞性免疫応答（Th1とTc1）が優位の状態で全身性炎症があると示唆された．リンパ球活性化状態や，循環血液中免疫複合体および急性期タンパク質の状態から，ホルモン補充療法を行っても慢性かつ無症候炎症が続くことも示唆された．

犬の甲状腺機能低下症の治療は，血中のT4をモニタリングしながら甲状腺ホルモン製剤（例えば，レボチロキシン）を投与する．過剰投与では甲状腺機能亢進症の症状が出るため，注意が必要である．この投薬は一生続ける必要がある．なお，クッシング症候群などによって甲状腺機能低下症が引き起こされている場合は，基礎疾患に対する治療を行うべきである．

### 2 ● 猫の甲状腺機能亢進症

甲状腺機能亢進症の最も一般的な原因は，甲状腺の過形成や腺腫である．この疾患に免疫が関係しているという報告はほとんどなく，純粋な内分泌疾患であるか，癌が原因である場合がほとんどである．また，もともと単なる加齢性変化であり，予防啓発が進み平均寿命が延長したために顕在化したという議論もある．

猫の恒常性機能亢進症の治療は抗甲状腺薬の内服での投薬か，外科的な甲状腺の除去である．

### 3 ● 犬の副腎皮質機能亢進症

クッシング症候群ともいわれる，グルココルチコイド過剰により多飲・多尿や食欲亢進，皮膚症状を主徴とした疾患である．主な原因は2種類あり，約90％を占める下垂体ACTH過剰分泌による下垂体依存性副腎皮質機能亢進症（pituitary-dependent hyperadrenocorticism；PDH），および副腎腫瘍（adrenal tumor）によるものに分類される．PDHの原因のほとんどは下垂体腫瘍である．また，グルココルチコイドの過剰投与や長期間の連用によって引き起こされる医原性クッシングという病態もある．

下垂体依存性副腎皮質機能亢進症罹患犬における末梢リンパ球リブセットの変化を測定して免疫状態を調査した報告がある[2]．PDH罹患犬27頭と健常対照犬8頭を用い，PDH罹患犬27頭は，ACTH刺激試験を行い刺激後血清コルチゾール値に基づいて以下の4群に分けている．2～5 μg/dLのexcellent control（$n = 8$），5～20 μg/dL の fair control（$n = 7$），＞20 μg/dLの poor control（$n = 4$），およびuntreated（$n = 8$）．白血球の計測は，$CD4^+/CD8^+$比の算出と，白血球数，リンパ球数，$CD3^+$（T細胞），

CD4$^{+}$(ヘルパーT細胞), CD8$^{+}$(細胞傷害性T細胞), CD21$^{+}$(B細胞)を行っている. その結果, PDHと健常犬の間でCD3$^{+}$, CD4$^{+}$, CD8$^{+}$とCD21$^{+}$細胞で有意差があった. PDHの各群はそれぞれ対照群に比べてCD3$^{+}$, CD4$^{+}$とCD21$^{+}$の細胞数が有意に減少していた. 一方, 白血球数とCD4$^{+}$/CD8$^{+}$比では有意差は認められていない. これらのリンパ球サブセットの結果から, PDHの犬は免疫抑制状態になっていると考えられる. すなわち, 易感染性状態になっているということであり, この状態はトリロスタンなどで治療しても変わらないため, PDH罹患犬では, トリロスタン使用の有無を問わず, 免疫賦活を意識すべきである.

#### 4 ● 糖尿病[3~5]

真性糖尿病は犬と猫で一般的な疾患の一つである. 糖尿病はⅠ型, Ⅱ型やその他の疾患に続発するものなどに分類されている. このうち, Ⅰ型糖尿病は自己免疫性に膵臓β細胞が破壊されるタイプである. 犬の最も一般的な病型の糖尿病は, ヒトのⅠ型糖尿病に似ているとされており, 遺伝学的, 免疫介在性および環境因子が犬の糖尿病発現に関与していると示唆されている. 一方, 糖尿病の犬と健常犬を比較した結果, ヒトで認められる膵島細胞抗体やGAD65抗体が犬では認められなかったという報告もある[4]. この報告者たちは, 犬の真性糖尿病に免疫が関与している根拠はまだないと主張している.

猫の最も一般的な病型の糖尿病は, ヒトのⅡ型糖尿病に似ている. 猫の主要な危険因子は, 肥満である. 肥満の猫はいくつかのインスリンシグナル遺伝子の発現やグルコース輸送体を変更し, レプチンに抵抗性となる. 遷延性高血糖になると膵島にアミロイドが沈着して糖毒性を呈する. 猫の膵臓膵β細胞とインスリン産生細胞は機能的なTLRを発現している[5]. 猫の膵臓および膵臓β-細胞に発現しているTLRに細菌血症やウイルス血症などで抗原が結合すると, IL-6mRNAなどが活性化され, 炎症性サイトカインが強く発現する. このとこは, 感染症が猫の膵臓膵β細胞とインスリン産生細胞が持つTLRに結合すると炎症を誘発し, 膵内分泌組織に損傷を与えることを示している.

糖尿病の治療はインスリンの投与である. 血糖曲線を作成し, その症例に応じた投与量を決定する必要がある.

## 6 神経の免疫と疾患

### はじめに

中枢神経系は, 免疫学的特権部位といわれ, 免疫反応が起こらない特別な場所と考えられてきた. しかしながら, 神経系にも自己反応性T細胞性あるいは自己抗体による自己免疫疾患が存在し, その発症には中枢神経系内での抗原提示過程が重要である. 中枢神経系内の抗原提示細胞はミクログリアと考えられている.

### 神経系の構造

神経系は, 生体が生存するための反応や行動に必要な情報を体の隅々にまで伝達し処理を行う一連の器官である. 神経系と免疫系では機能タンパク質を共有している. 例えば, マウスのT細胞に存在するThy1抗原は神経マーカーでもある. さらに, 神経系の発生時に機能するガイダンスタンパク質であるセマフォリン[注30]は様々な免疫細胞に発現しており, 免疫反応が正常に生じるためにも非常に重要である.

中枢神経系は脳と脊髄からなり, 中枢神経系から出て体内の諸器官に分布するのが末梢神経である. 脳の中で, 特に生命維持に重要な間脳, 橋, 中脳, 延髄を脳幹という. 末梢神経系は神経細胞体が集まって神経節を形成し，神経線維にて中枢神経系と各種臓器とを連絡している．脳から出る末梢神経は脳神経といわれ，嗅神経，視神経，動眼神経，滑車神経，三叉神経，外転神経，顔面神経，内耳神経，舌咽神経，迷走神経，副神経，舌下神経の左右12対が存在する．神経には末梢の臓器から中枢神経系にシグナルを伝達する求心性神経と中枢神経系のシグナルを末梢の臓器に伝達する遠心性神経が存在し，抑制性神経と興奮性神経が存在する．

機能的には神経系は体性神経と自律神経とに大別される．体性神経は外部からの刺激を伝達する求心性の感覚神経と末梢において反応を起こす遠心性の運動神経からなる．一方，自律神経は，心拍，血圧，呼吸など体の恒常性に関わる．争いや逃避の時に機能する交感神経と休息時などに機能する副交感神経がある．各臓器に分布する求心性の感覚神経は中枢神経系につながる．中枢神経系からの遠心性神経は運動神経として末梢の臓器につながる．感覚神経と運動神経の神経線維は交感神経とともに一つにまとまり末梢の各臓器に分布する．副交感性の神経として重要なのは内臓の感覚神経および運動神経でもある迷走神経で脳神経の12対の中で唯一，腹部にまで存在する．

## 神経の免疫

中枢神経系は，他の臓器と異なり，次の特徴がある．

①血液能関門（blood brain barrier；BBB）があり，抗体やリンパ球のなどの侵入を阻んでいる．

②リンパ組織がなく，樹状細胞などの抗原提示細胞がT細胞と遭遇する場である所属リンパ節へ移動するルートがないこと．

③免疫系から認識されるのに必要である主要組織適合遺伝子複合体（major histocompatibility complex；MHC）が中枢神経系の構成細胞であるニューロン，アストロサイト，オリゴデンドロサイト，ミクログリアではMHCが発現していない，もしくはその発現が低いなどにより，免疫系の監視から逃れる免疫学的特権部位と考えられてきた．

しかし，免疫学の中でも血清学，免疫化学および細胞学の急速な進歩に伴い，中枢神経系における免疫学的特権部位を保持している機能が炎症や損傷などの要因で失われ，免疫性神経疾患が起こることが明らかになった．

中枢神経系内の血管にはBBBが存在し，血液と中枢神経系内の物質移動を制限する機構が働く，内皮細胞間がタイトジャンクション[注31]で結合されていることから物質移動が制限されており，リンパ球も移動できない．しかし，中枢神経系に炎症や損傷が起こると，その内皮細胞の表面に細胞接着分子やケモカインを発現し，リンパ球の中枢神経系への浸潤が可能となる．また，くも膜下腔には生理的条件下でもT細胞が存在する[1]．くも膜下腔や血管周囲腔には抗原提示を有するマクロファージあるいは樹状細胞が存在しており，脳脊髄液中のメモリーT細胞は，これらの抗原提示細胞とコンタクトし，中枢神経系の免疫学的監視を行っている．

---

**注30　セマフォリン**

発生に関わる一因子であるセマフォリンは構造により，七つのクラスに分類される．クラス1と2が無脊椎動物，クラス3～7が脊椎動物．セマフォリンの発現は神経系だけでなく非神経系でも認められる．軸索ガイダンス以外の機能も解明されつつある．Sema4Dノックアウトマウスは免疫系に変化が認められる．セマフォリンの機能は未解決の問題が多いが疾患の解析，治療や神経再生医学などでの応用が期待されている．

生体が細菌感染などに暴露されると感染因子により活性化されたリンパ球，単球，好中球は血管内皮細胞との接着を強めていき，BBBを通り抜けて中枢神経系内に侵入する．活性化されたリンパ球は中枢神経系内でその特異的な抗原に出会わなければ再び中枢神経系の外へ出て全身循環に入るが，特異抗原に出会ったリンパ球は抗原提示細胞であるミクログリアからの提示を受けてさらに活性化され，免疫反応が生じるようになる．炎症反応や損傷の程度によってはBBBも完全に破壊され，他の体組織の免疫応答と同一の反応が一時的に生じることになる．この時点で中枢神経系は免疫学的特権部位ではなくなる．

中枢神経系の唯一の生体防御機構は最も原始的な自然免疫である．自然免疫では侵入因子の種類に関係なく同一の反応を同じ強度で繰り返す．細菌外膜のリポ多糖，プロテオグリカン[注32]，リポタンパク質などがミクログリアを活性化する．活性化したミクログリアはTNF-α，活性酸素や一酸化窒素などを産生し，外敵を攻撃する．同時に神経栄養因子，脳由来神経栄養因子などの栄養因子を産生することにより神経細胞を保護する．これは神経系の重要な防御機構である．しかしながら，活性化ミクログリア由来の炎症性因子は自己を攻撃するため，種々の感染因子が脳内のミクログリアを活性化し，神経免疫性疾患の誘因となる．ミクログリアの活性化は，リポ多糖，プロテオグリカンなど以外にも貪食，傷ついた神経細胞からのシグナルや活性化T細胞からのサイトカインなどの要因で惹起される．

中枢神経系は古くから免疫学的特権部位といわれ，免疫反応の起こらない特別な場所と考えられてきた．しかしながら，神経系にも自己反応性T細胞性あるいは自己抗体による自己免疫疾患が存在する．その発症には中枢神経系内での抗原提示過程が重要である．中枢神経系内の抗原提示細胞はミクログリアと考えられている[2]．

傷ついた神経細胞はミクログリアを活性化する．活性化に伴いミクログリアはIL-1，IL-6，TNF-αなどの炎症性サイトカインや一酸化窒素，活性酸素，プロスタグランジンを産生し，それらが炎症のエフェクターとして作用する．

活性化ミクログリアから産生された炎症性サイトカインは血管内皮細胞のタイトジャンクションの機能を破壊する．それ以外でも活性化ミクログリアは血管内皮細胞上で様々な物質の出入りを担っているトランスポーターの機能を破壊し，BBBの機能を障害する[3]．

ミクログリアは神経傷害性にも神経保護にも働く作用を有し，諸刃の剣に例えられている．神経細胞とミクログリアの共培養をするとミクログリアの刺激因子を加えることにより神経細胞は細胞死に陥る．神経細胞とミクログリアを直接の接触なしにミリポア膜で分離しミクログリアを活性化しても神経細胞死を誘導できることから，ミクログリア由来の液性因子が神経傷害性に働いていると考えられる．

ミクログリア由来の神経傷害因子の検討からグルタミン酸[注33]が最も強力な神経傷害因子であることが明らかになっている．TNF-αは単

---

**注31 タイトジャンクション**

隣り合う上皮細胞をつなぎ，様々な分子が細胞間を通過するのを遮断する，細胞間結合の一つ．

**注32 プロテオグリカン**

糖とタンパク質の複合体で，糖タンパク質の一種である．「プロテオ」はプロテイン，つまりタンパク質，「グリカン」は多糖類を意味する．

独では直接的に神経細胞死に関与しないが，ミクログリアにグルタミン酸を産生させ，間接的に強い神経細胞死を引き起こす[4]．スナネズミにおける動物実験においてもミクログリアのグルタミン酸産生を抑えることにより神経変性を抑制することが示されている[5]．

## 血液脳関門と血液神経関門

中枢神経系では血液脳関門（blood brain barrier；BBB）と血液脳脊髄液関門（blood-cerebrospinal fluid barrier；BCSFB）が，末梢神経では血液神経関門（blood-nerve barrier；BNB）が存在し，神経系実質に免疫が作用することを防いでいる．BBBは，血管内皮細胞に局在し，血管内スペースと中枢神経系実質を隔てている．BBB機能は脳の毛細血管に存在し，管腔に面した内層から順に血管内皮細胞，血管周細胞，神経膠細胞の三つの細胞からなる．バリアの本体として働くのは血管内皮細胞である．BBBに関与する血管内皮細胞は，一般臓器の内皮細胞とは明確に区別される．血管内皮細胞のバリア機能維持には血管周細胞と神経膠細胞から分泌される液性因子が必須である．末梢神経系でBNBが存在する部位は神経内膜内微小血管と神経周膜の2箇所である．隣接する神経周膜細胞同士あるいは神経内鞘にある微小血管内皮細胞同士を結合させているタイトジャンクションの存在によってBNBは規定されている．しかし，神経周膜を介した物質の透過性は著しく低いため，神経内鞘内の毛細血管が血液と末梢神経系との実質的な意味での物質交換の場である．

微小血管内皮細胞は，BBB，BNBの最内層に位置し，神経系内にあって常時血液成分と接触する唯一の細胞であり，BBB，BNB機能の中心的存在[6]と考えて良い．BBB，BNBは単に物質の通過を妨害する壁ではなく，神経系にとって有用な物質は取り込み，不要ないし有害な物質は積極的に排除する機能的インターフェイスである．免疫性神経疾患では，臓器傷害性T細胞の神経内への浸潤が発症および増悪に関与するため[7]，その制御にはBBBならびにBNBの機能形態およびバリア破綻の分子メカニズムの理解が不可欠である．

## BBB, BNB破綻機序

バリア破綻の現象は二つのメカニズムからなる．一つは炎症細胞のバリアを超えた神経実質内への侵入，もう一つはBBB，BNBを構成する内皮細胞間あるいは神経周膜細胞間のタイトジャンクションの破壊，機能不全を介した液性因子の神経実質内への漏出である．この二つはそれぞれ独立した分子メカニズムを有しているが，自己免疫性神経疾患では同時に起こっていると考えられている．単核球の侵入には，IL-1，IL-6，IL-17，TNF-αなどの炎症性サイトカイン，CCL2などの炎症性ケモカインの作用による内皮細胞側の接着因子発現上昇が不可欠である．液性因子の流入にはタイトジャンクション分子の変化が伴う．タイトジャンクション分子の変化をきたす主役は血管内皮増殖因子（vascular endothelial growth factor；VEGF）でBBBではアストロサイト由来VEGFがclaudin-5やoccludin[注34]の下方制御をきた

---

**注33 グルタミン酸**

神経系では興奮性神経伝達物質としての機能と内因性興奮毒としての性質を持つ．中枢神経系において主要な興奮性神経伝達物質であり記憶，学習などの脳高次機能に重要な役割を果たしている．しかし，その機能的重要性の反面，過剰なグルタミン酸は神経細胞傷害作用を持ち，様々な神経疾患に伴う神経細胞死の原因となる．

し[8]，さらにoccludinのリン酸化を介して血管透過性を高め液性因子の神経実質内漏出が起こる[9]．BNBでの液性因子漏出の分子メカニズムはほとんど解明されていないが，電子顕微鏡学的に炎症性ニューロパチーではBNBを構成する微小血管内皮細胞相互の接着が十分でない電顕的所見が報告され[10]，その後，神経内膜内微小血管内皮細胞のclaudin-5の発現が低下していることから炎症性ニューロパチーでのBNB破綻を明らかにした報告もされている[11]．

神経実質への入り口であるBBB，BNBからの単核球や液性因子の流入を遮断することは，神経免疫疾患治療戦略上，重要である．

## 脳から免疫系への影響

脳に入った刺激は視床下部に到達する．その結果，視床下部ではノルアドレナリンとグルココルチコイドの分泌を促進する指令を出す．一つは副腎皮質ホルモン放出因子(corticosteroid releasing factor；CRF)を分泌させ，それが脳下垂体に働き副腎皮質刺激ホルモンの分泌を誘導し，グルココルチコイドの分泌につながる．グルココルチコイドはストレスにより起こった内部環境の変動を抑えるように働くが，同時に免疫系に対して抑制的に働く．一方，視床下部でのCRFは交感神経を介して副腎髄質に働き，ノルアドレナリンを分泌させる．ノルアドレナリンはストレスに対応する反応を引き起こすがリンパ球に対しては抑制作用を示す[12]．グルココルチコイドはIL-2[注35]の産生とIL-2受容体の発現を抑制し，これも免疫抑制につながる．グルココルチコイドはマクロファージの食作用およびIL-1産生を抑制する．IL-1はT細胞のIL-2産生に関わるので，このマクロファージによるIL-1産生の低下はT細胞機能低下の一因となる．T細胞の機能がグルココルチコイドで抑制されれば，T細胞のサイトカインに依存するB細胞の分化や抗体産生も抑制される．さらにグルココルチコイドはB細胞にも直接的に働き機能を抑制する．

## 免疫系から脳への影響

免疫機能が低下した状態では病原体が生体に侵入すると感染症になりやすい．そのような状況下では免疫応答反応が起こり，様々なサイトカインが産生される．健康な生体では，ほとんどのサイトカインは濃度が低く検出限界以下である．しかし，感染症に罹患すると，IL-1, IL-2, IL-6, IL-8, IL-10, TNF-αなど多くのサイトカインの血中濃度が上昇する[13]．サイトカインが働くためには受容体が必要であり，リンパ球は細胞表面にある受容体を介して免疫機能を遂行する．一方，脳においても免疫系と同様のサイトカインが産生され機能している．ストレスや感染により脳における各種サイトカイン受容体の発現は変動する．脳にはBBBがあるが，ストレスや感染によりBBBの透過性が増加し感染などで血中に増加した各種サイトカインなどが脳内に侵入しやすくなる[14]．

いずれにしても感染が起こって血中のサイト

---

**注34** Occludin
京都大学の月田承一郎教授が同定したタンパク質．発見当初は，タイトジャンクションの構築に必須のタンパク質として考えられていた．

**注35** IL-2 (Interieukin-2)
活性化T細胞増殖因子として有名である．制御性T細胞の増殖にも必須．

カインが増加すると脳に作用して視床下部におけるCRFの分泌誘導が起こる．感染などでサイトカインが放出されると脳に働きすぎないように，そのサイトカイン産生を抑えるようにCRFが分泌され，ネガティブフィードバック注36しなって免疫系に抑制的に働く[12]．

## 末梢神経と免疫

シュワン細胞注37は末梢神経系におけるグリア細胞であり，発生学上は，神経節細胞とともに神経堤細胞に由来する．シュワン細胞の最大の特徴は神経細胞の軸索周囲に末梢性ミエリン（髄鞘）を形成し神経伝道を促進することである．一方，中枢神経系ではオリゴデンドロサイトが中枢性ミエリンを形成する．また，無髄神経の軸索や神経節細胞の周囲では，神経支持細胞としてシュワン細胞が存在している．シュワン細胞は神経細胞を機械的に支えているだけではなく，両者間では神経栄養因子や神経伝達物質などの物質的交換も行われている．シュワン細胞は，免疫反応に参加するとともに，そのミエリンの構成成分が自己抗原として免疫反応に関与する．末梢神経障害では，神経軸索，シュワン細胞の増殖とミエリン形成が起こり，さらにシュワン細胞数が適正に保たれることが修復機序で重要である．この修復機序を炎症反応，免疫反応が修飾，調整している[15]．

## 免疫介在性神経疾患

### 1 多発性根神経炎

末梢神経の変性あるいは炎症などにより，脊髄根や神経節が傷害された状態を根神経症という．犬では犬種特異性のない炎症性疾患が好発する．炎症性根神経症には，急性多発性根神経炎，慢性多発性根神経炎，神経節根神経炎などが含まれる[16]．

多発性根神経炎は，特発性炎症性末梢神経疾患の一つであり，急性に臨床徴候が進行する疾患は，歴史的に北米で比較的好発するアライグマ猟犬麻痺（または，クーンハウンド麻痺）といわれ，急性特発性多発性根神経炎であり運動性の末梢神経傷害を示す[16]．また，症例数は多くはないが，非常にゆっくりとした速度で末梢神経の炎症が進行し，運動性または（あるいは）感覚性障害を起こす疾患を，慢性多発性根神経炎という[17]．このカテゴリーに分類される疾患としては，慢性多発性神経炎[18]，肥大性神経症[19]，多発性根神経炎[20]，慢性再発性多発性根神経炎[20]などがある．

急性多発性根神経炎は，後肢の筋力低下から始まり，1～2日で脊髄反射の低下または消失を伴う四肢不全麻痺または四肢麻痺を起こす[17]．麻痺は運動性の障害のみで，上行性・対称性の麻痺として現れる[17]．

急性の多発性根神経炎では，脊髄神経前根，

---

**注36 ネガティブフィードバック**
抑制ホルモンの分泌を促す情報を甲状腺から送ることをネガティブフィードバック，刺激ホルモンの分泌を促す情報を送ることをポジティブフィードバックと呼ぶ．

**注37 シュワン細胞**
中枢神経と末梢神経の大きな違いの一つは，グリア細胞にある．中枢神経ではニューロンの代謝活動を支えるアストロサイト，神経軸索の周りにミエリン（髄鞘）を形成するオリゴデンドロサイト，神経損傷や炎症反応時に活躍するミクログリア，脳室と神経管との内面を覆う上衣細胞がある．数ではアストロサイトが一番多い．これに対して，シュワン細胞が末梢神経におけるグリア細胞である．これらのグリア細胞の中でシュワン細胞のみが発見者の名前に由来している．

末梢神経が障害され，下位運動ニューロンの軸索変性と中心崩壊に伴い，単核炎症細胞浸潤が見られる[17].

慢性多発性根神経炎では，ゆっくりとした早さで進行するが，末梢神経，脊髄神経根は前根・後根ともに障害を受ける上，炎症は神経節にまで及ぶ[21]そのため，運動神経のみならず感覚神経障害を示すことがある[21]．症状は，再発性である．脊髄後索に二次的な脱髄と軸索変性を起こす．そして，病変が慢性化すると，炎症性病変は減少し，髄鞘の脱落とシュワン細胞および線維芽細胞の増生が著しく，非可逆的病変が主体となる．

この疾患において，脳神経では特発性の三叉神経炎が認められることが知られている[21, 22]．三叉神経は，眼神経，上顎神経，下顎神経に枝分かれしているため，三叉神経に炎症が起こると，眼の異常(結膜炎，縮瞳など)，唾液分泌過剰，嚥下困難などが起こる．三叉神経炎が進行し，三叉神経の機能不全が起こると，現れている症状によっては(例えば，嚥下困難)安楽死を選択することもある[17, 23].

多発性根神経炎の原因は不明である．この疾患の急性期症状として代表的なクーンハウンド麻痺(coonhound palsy)[注38]は，ヒトにおけるギラン・バレー症候群(Guillain-Barré syndrome；GBS)と臨床徴候，特徴がよく似ている[24, 25]．GBSは，よく研究されており，発症のおよそ60%が，ウイルスや細菌など何らかの感染により免疫が刺激されることにより発症すると推定されている[26, 27]．また，ワクチン接種後の発症も見かけられる[27]そのため，クーンハウンド麻痺も類似の免疫介在性の病因論が示唆されている．

慢性多発性根神経炎に関しては急性の場合より，臨床徴候も特徴も複雑で，より原因因子も不明瞭であるにも関わらず，免疫介在性が強く疑われている．

多発性根神経炎は，免疫組織化学的に炎症性細胞の浸潤が確認されており，炎症細胞の主体は，$CD79a^{+}$ B細胞，$CD3^{+}$ T細胞，マクロファージである[17]．B細胞とT細胞の数はほぼ等しく病変内に浸潤するが，T細胞が炎症性細胞浸潤している病変部において，全体的に一貫してその浸潤が確認されるのに対し，B細胞は全体を通じて点在するも，炎症性細胞の凝集体の中に集中する[17]．炎症性細胞の浸潤は，リンパ球によって支配される．これは免疫応答が起こっていることを示唆しており，しかも体液性，および細胞性，どちらの免疫系統も活性化していることを示している．

ニューロンは，MHCクラスI分子を示し，これは細胞傷害性T細胞の標的となる[28]．末梢神経系ニューロンは，中枢神経系ニューロンよりT細胞性溶解の影響をより受けやすく，末梢神経におけるニューロンの損失はこれによるものと考えられる[28]．臨床徴候は，損傷の部位に呼応して現れる．

多発性根神経炎を確定診断するには，病理組織学的検査が必要となるのは，他の中枢神経系の特発性炎症性疾患と同じである．一般血液検査での特徴的な所見はなく，神経学的検査で障害されている部位の運動神経，もしくは感覚神経の麻痺が確認される．脳脊髄液検査でタンパク質量の増加が確認される[17]．また，電気生理学的検査で，運動神経終末，脊髄神経根などで神経伝導速度の遅延やブロックなどが確認され

**注38 クーンハウンド麻痺**

北米を中心に報告されているクーンハウンド麻痺は原因不明である．アライグマと接触した猟犬で1～2週間後に発症し，後肢機能の低下，前肢機能の低下が見られ数週間から数カ月で自然治癒する．

ることがあるが[24]，標本数が少なく，またこの疾患に特有の所見でないため，確定診断には至らない．MRI検査で異常が確認されても，特徴的な所見はない．どこの神経が障害されるかにより，現れる症状が異なるため，鑑別診断のリストもかなり幅広いものとなり，診断は困難である．

多発性根神経炎に関しては，急性相でも慢性相でも早期治療を行うことで症状の改善が期待できるため，診断的治療は有効となることが多い[22]．確定診断が出ない状況での第一選択薬としてはコルチコステロイド投与となるが，しかし，多発性根神経炎の治療として，コルチコステロイドは有効ではない，と考えられている[17]．コルチコステロイドに合わせて免疫抑制薬の投与も行われることがあるが，こちらも有効とはいえない．

現在，多発性根神経炎が強く疑われる症例に対して，ヒトのギラン・バレー症候群の治療に準じ，コルチコステロイド投与と併用して，免疫グロブリンの投与が行われることがある[27]．

この疾患は，急性期において臨床徴候によっては安楽死の選択を余儀なくされる場合もあるが，傷害を受けた部位とその臨床症状によっては，数週間から数カ月で治癒する．再発の可能性はあるが予後は比較的良いと考えられている．

## 2 ● 変性性脊髄症

変性性脊髄症（degenerative myelopathy：DM）は，主に高齢犬の脊髄白質における，非常にゆっくりと進行する神経変性疾患である．ジャーマン・シェパード[29～31]は，この疾患において最初に報告された最も罹患しやすい犬種であり，他に，シベリアン・ハスキー[32]，ミニチュア・プードル[33]，ボクサー[34]など純血種の大型犬種に多く報告されている．そして，近年ウエルシュ・コーギー・ペンブローク[35,36]においてその発生が急増しており，注目を集めている．

DMは8歳以上の高齢犬に起こり，まず，その症状は後肢から始まる[32]．この疾患の特徴の一つとして，DMは運動系の疾患と考えられているにも関わらず，感覚性病変（感覚の欠損）を起こすことである．また，最近の研究においては，この感覚の欠損は，運動ニューロン障害の前に起こることがわかっている[36]．後肢の感覚の欠損により，歩き方に異常が起こり始め，それは次に骨盤に現れる．骨盤が安定せず，より後肢のふらつき・もつれなどが大きくなり，完全麻痺へと進行する．その後，麻痺は前肢・頸部へと移行していき，重度の運動失調を起こす[29,30]．

この疾患の進行は非常にゆっくりであるが，臨床徴候を見せ始めてから重度の運動失調を起こすまでは，6カ月間から12カ月間かかるといわれている．この間，呼吸器機能と自力での排尿排便は保たれており，この二つの機能が失われるまでにはまた数カ月間の時間が経過する[29,30,37]．

また，感覚の欠損が起こるため，この疾患の麻痺には通常痛みは伴わない．四肢の麻痺に関する臨床症状は，椎間板ヘルニアとよく似ているが，痛みを伴わないという点において，大きく異なっている[29]．

自力での排尿排便，起立不能に至る頃には，症状は呼吸器機能に及ぶ．自力での呼吸が困難な呼吸器不全を起こすと，死に至る．

DMの原因として，現在までに遺伝性[37]，栄養性[38]，軸索変性性[39]，免疫介在性[31,40]などが提唱されたが，確定には至っていない．しかし，近年，DMを発症した多くの犬にスーパーオキシドジスムターゼ（SOD1）遺伝子に変異を起こしていることが確認された[41]．SOD1は細胞内で発生する有害な活性酸素であるスーパーオキシドを解毒する反応系を触媒する酵素であり，SOD1は3種あるSODのうち，主に細胞質に存在し，銅や亜鉛を配意している．ただ，この遺伝子の変異が直接神経細胞を傷つけているのではなく，何らかの毒性を発揮することで，神経細胞死を招くと考えられているが，その詳細は未だ不明なままである[36]．また，この遺伝子の変異は，ヒトにおける一部の家族性筋萎縮性側索硬化症(fALS)の発症の原因となっていることが知られている．

DMを確定診断するためには，脊髄の病理組織学的検査が必須となる．DMに罹患している場合，この検査により，頸部・胸部・腰部の脊髄白質における脱髄と軸索損失または退化，星状細胞の増加が観察できる[34～36, 41]．この変化は胸部が一番深刻であり，病態の進行に応じて状態は激しさを増していくのが特徴的である[42]．しかしながら，これは検死の際に行う検査であり，生前に行うのは不可能な検査である．したがって，DMの検査の実際は，他に考えられ得る疾患を除外，鑑別していくことになる．

まず，特徴的な臨床症状を持つ犬に対して，好発犬種であるかどうかを検討し，さらに症状の履歴を確認しながら神経学的検査を実施する．血液検査，脳脊髄液検査で他の神経系炎症性疾患の可能性を，CT・MRI，脊髄造影検査で他の脊髄疾患の可能性を除外した後，仮診断をする．また，前述のSOD1遺伝子の検査も可能となっており，変異したSOD1遺伝子がホモで存在することが確認できれば，DMである可能性は高くなる．

また，DMに関する免疫学的所見としては一貫した所見が得られておらず，そのため，DM発症の原因として免疫介在性，という説が唱えられても，現在確定されていない．DMに罹患した犬の脊髄には$CD3^+$細胞が分散して存在することが確認されても，それに対する免疫反応性は軽度で，T細胞・B細胞ともにほとんど観察されない．また，免疫グロブリンと補体の沈着が脊髄組織において増加している，との研究もあるが，明らかではない[40]．

現時，DMに対する有効な治療法は存在しない．SOD1遺伝子の変異がDMに何らかの影響を及ぼしていることから，抗酸化作用のあるビタミン類やサプリメントはある程度効果が見られる可能性はあるが，確実ではない[37]．また，他の神経性疾患によく使用されるステロイドも効果がないといわれている．

唯一，その効果が認められているのは理学療法であるが[43]，DMそのものを根本的に治療するのではなく，あくまで生活の質の向上(QOL)を目指すためのものである．ただ，これも疾患の進行状況によっては，かえって筋肉を傷めてしまう可能性があること，また椎間板ヘルニアを発症している場合(単独あるいは併発)は，それを悪化させる可能性があるため，いずれも慎重かつ計画的な実施が不可欠である．

### 3 ● 肉芽腫性髄膜脳脊髄炎

肉芽腫性髄膜脳脊髄炎(granulomatous meningoencephalomyelitis；GME)は犬の中枢神経系の急性かつ進行性の特発性炎症性疾患である．比較的若齢から中齢(4歳から8歳)の小型犬に発症が多いとされているが，犬種に特異性はない[44～47]．臨床的および病理的特徴に基づいて，GMEは三つの型(播種型・限局型・眼型)に分類される[48, 49]．GME症例の約50%を占める播種型は，多病巣性で臨床徴候が急性発症し，進行も早く予後不良である(診断後長くて6週)[47, 50]．限局型は一般的に大脳と脳幹の範囲内に病変が起こり，その病変部位により症状も予後も左右される．限局型もGME症例の約50%を占め，概して遅延性の発症であり慢性的に移行することがあるが，かなりの変動性がある(診断後3～6カ月)[47, 50]．眼型は非常にまれで，通常視神経炎による突然の失明[51]，時にブドウ膜炎，まれに網膜出血あるいは剥離が起こる[52, 53]．概して症状は両側性であるが，片側性の場合もあり，この型は他の二つの型に比べて死亡率は低い[52～54].

播種型，限局型は，その病変が中枢神経系のどの部分にできるかによって現れる症状が異なる．元気消失，食欲不振，疼痛，といった一般的な症状から，歩行の異常，頸部痛，様々な部分の麻痺，痙攣発作，失神といった神経症状などが現れる[47, 48].

GMEの原因については，多くの研究が行われているにも関わらず未だ不明なままである．感染性[50]，免疫介在性[54, 55]，腫瘍性[44]，などが唱えられているが，中でも近年，免疫介在性の病因論が注目を集めている．

GMEは血管中心性に結節性肉芽腫性病変を作るが，その病変は大脳白質を中心に，中脳，小脳，脊髄に及ぶ．病変部にはマクロファージを中心に，リンパ球，プラズマ細胞，好中球，類上皮細胞などの炎症細胞が集積する[50, 54, 56, 57]．原因は不明であるにも関わらず，$CD3^+$T細胞の増加がどのGME病変にも認められ，そのためこの細胞がGMEの発症，もしくは進行，悪化に関わっているのではないか，と考えられている[58, 59]．それゆえ，GMEは遅延型過敏反応に関連している可能性があると考えられる[54].

病変部に浸潤する炎症性細胞の中では，特にマクロファージの浸潤が目立つ[60]が，これらは大脳白質，小脳，脳幹，脊髄の活動性炎症性病変部において特に集積していることが判明している．マクロファージは通常炎症性病変で清掃細胞として働くが，GMEにおいては，免疫応答の反応の一部として肉芽腫病変を形成する[60].

また，$CD3^+$T細胞は，サイトカインであるインターロイキン17(IL-17)[注39]を生じる．IL-17は自己免疫疾患，アレルギー反応，抗腫瘍免疫に関係しているが，マクロファージ，肥満細胞，好酸球，好中球もアレルギー反応の病変でIL-17を生じる[58]．GMEは遅延型過敏反応に関連している場合がある[54]ことから，これらの細胞がそれぞれIL-17の生産に関与している可能性がある[58, 59].

ある研究では，脳病変におけるCD163陽性マクロファージ(CD163は抗マクロファージ抗体であるが，他の抗マクロファージ抗体に比べ標識として明確に観察されるため使用されている)が$CD3^+$T細胞よりも多く浸潤していることがわかっている[59].

すなわち，GMEの活動性炎症性病変分においては，T細胞とともにマクロファージがIL-17を多く生産することで，GMEの病態の進行，病変部の形成に大きく関わっている可能性があるということである．未だ原因が不明なGMEではあるが，これらの炎症性細胞，免疫介在性細胞がその病因論に何らかの関わりがあるように考えられている[58, 59].

GMEの確定診断は，病理組織学検査であり，脳生検が必要となることから生前には不可能である．臨床徴候に関しても，播種型・限局型ともに病変部がどこにできるかによって大きく左右され[56]，いわゆる一般的な血液検査では特徴的な指標は現れない．CSF分析で単核髄液細胞の増加を見る場合があるが，この場合も鑑別すべきリストは膨大となる(例えば，ウイルス脳炎群，原虫性・真菌性脳脊髄炎，壊死性髄膜脳炎，腫瘍など).

眼型に関しては，臨床的に突然の失明が特徴的であるが，失明まで至らず，重度の視神経炎の状態であれば，多数の潜在的な原因がある上，

---

**注39　インターロイキン17(IL-17)**

炎症性疾患の病態形成において重要な役割を果たしている．関節リウマチ，多発性硬化症，全身性エリテマトーデス，喘息などの炎症部位でその発現が亢進していることが明らかになっている．

合わせていわゆる神経症状などが現れてこない限り，GMEが疑われる可能性は低い[53]．いずれも，他の疾患と鑑別した上で，推定診断されるのが現状である[53]．

GMEの治療の主体は，免疫抑制量で使用するコルチコステロイドである[60]．例えば，プレドニゾロンやデキサメタゾンはT細胞またはマクロファージ媒介免疫（サイトカインの産生），免疫介在性細胞の一部を阻害する[48]．最初の段階では，コルチコステロイドは奏功する．症状が抑えられたのを確認し，薬用量を減薬するが，長期間に及ぶにつれ，臨床徴候は再発する．その場合，コルチコステロイドを増量しても制御は非常に困難となり，回復することはない．そのため，近年，寛解した臨床徴候を維持するために代替薬の使用が増加している．しかし，どの代替薬も未だ症例数が少な過ぎるため，結論を出すには至らない．抗腫瘍薬の一種であるシトシンアラビノシド[44,54]やプロカルバジンは[44]，病変部の制御を目的として使用され一定の効果をあげている．また，免疫抑制薬の一種であるアザチオプリンやシクロスポリン[61]は，主にコルチコステロイドを減薬する目的で使用されているが，薬剤そのものの効果は不明である．また，限局型のGMEにおいて放射線治療が導入され一定の成果をあげたという報告も見られる[47]．

### 4 ● 壊死性白質脳炎

壊死性脳炎（necrotizing encephalitis；NS）は，犬の中枢神経系の特発性炎症性疾患である．脳の軟化と炎症を特徴とする疾患のうち，病変が主に大脳皮質，海馬，視床などに分布するものを壊死性髄膜脳炎（necrotizing meningoencephalitis；NME）といい，パグ[63,64]，マルチーズ[65]，シーズー[66]，パピヨン[66]などに好発する．一方で，病変が，大脳白質を中心に，視床，中脳，小脳，脊髄と広範囲に及ぶものを壊死性白質脳炎（necrotizing leukoencephalitis；NLE）といい，ヨークシャー・テリア[69〜71]，フレンチ・ブルドッグ[72]，チワワ[73]などに好発する．歴史的にヨークシャー・テリアでの発生が多く見られたため，ヨークシャー・テリアの壊死性脳炎と呼ばれていたこともある[70]．発症は，NMEと同じく若齢に多いが，高齢での発症も報告されており，幅広い年齢の発症が確認されている．

臨床徴候としては，起立障害・起立困難や歩様異常，旋回運動などの神経症状に加え，視力の低下が比較的初期に現れる[67,70,71]．NLEはNMEに比べて病変が広範囲に拡大するため，どこに病変ができるかにより症状とその進行にかなりの変動がある．しかし，一般的にNMEに比べて劇症性のものは比較的少なく，慢性的に移行する症例が多い[70,71]．

病理組織学的には，大脳白質における神経膠細胞の空胞化と壊死が目立ち，それによる軟化と変性，空洞化が特徴的である[58,59]．軟化は大脳白質と皮質下領域で特に観察され，主に血管周囲に出血とマクロファージ，リンパ球などを中心とした炎症性細胞の集結が見られる[58,59]．炎症性細胞の浸潤は，脳室の上位において顕著に見られ，脈絡層で軽度である．また脊髄における病変部では，リンパ球とグリア細胞の病変が主体となる．空胞化，断片化したミエリン線維は末梢の軟化した領域でよく観察される．NLEにおける炎症は広範囲破壊的非化膿性炎症であり，慢性進行性の神経障害を生じるのが特徴である[58]．

血管周囲カフス，軟髄膜病変における$CD3^+$ T細胞はNMEよりも多く観察される[58]．ただし，軟化病変においてはほとんど観察されない．$CD3^+$ T細胞はサイトカインであるインターロイキン17（IL-17）を産生する[73]．IL-17は自己免疫疾患，アレルギー反応，抗腫瘍免疫に関係しており，同じ中枢神経系の特発性脳炎の一つである，GMEの病変部に特徴的に多く見られる[48, 59, 66]．

また，CD163$^{+}$マクロファージが大脳白質の壊死性病変で，まれに小脳，脳幹，脊髄で観察される[58]．NLEの軟化した病変部に浸潤するこれらのマクロファージはその病変や炎症性産物を貪食する清掃細胞として活動している[58, 59]．

アストロサイト（星状膠細胞）に内包されているグリア線維性酸性タンパク質（glial fibrillary acidic protein；GFAP）に対する自己抗体 の存在がNMEと同じく観察された[58]．NLEの原因は他の中枢神経系特発性炎症性疾患と同じく不明なままであるが，GFAPに対する自己免疫の形成は，その発症，もしくは進行，悪化に関係している可能性がある[58]．

NLEの確定診断は，他の中枢神経系特発性炎症性疾患と同じく，脳の病理組織学検査によって行われる．したがって，生前の確定診断は不可能である．

一般的な血液検査では特徴的な所見はない．MRI，CT検査により，側脳室および白質領域に多病巣性の空胞化が見られ，また脳室の拡大が見られるのが特徴である．これらの画像診断である程度の診断はつくものの，他の脳炎，腫瘍，出血，脳梗塞などとの鑑別は困難な場合が多い．また，脳脊髄液検査により，NMEと同じく，アストロサイトから漏出したGFAPに対する自己抗体の存在の有無を明らかにすることで，確定診断に近づけることは可能である[58]．

治療に関しては，NMEと同じくコルチコステロイド療法[74]が主体となる．近年，シクロスポリンを併用する方法に加え，NLEでは放射線療法を取り入れた治療も試験的に導入されており，コルチコステロイド療法と放射線療法の併用により，有意に生存期間が延長した，という報告もある[48]．

予後に関しては，概ね慢性に移行する症例が多く，臨床徴候に合わせてコルチコステロイドの減薬を行うが，治療期間が長期に渡るとコルチコステロイドの副作用による弊害が現れるため，併用療法は必須となる傾向がある．

### 5 ● 壊死性髄膜脳炎

壊死性髄膜脳炎（necrotizing meningo encephalitis；NME）は犬の中枢神経系の特発性炎症性疾患で，大脳皮質・海馬・視床に，リンパ球・プラズマ細胞・単球・組織球を含む炎症細胞の浸潤と顕著な壊死によって特徴づけられる[58, 62, 75, 76]．細菌やウイルスなどの感染が原因でない非感染性脳炎であり，非化膿性脳炎である．歴史的に1980年代に最初にパグで報告され[62]，その後もパグに多く見られたため，パグ脳炎と呼ばれることもある．この疾患には，犬種特異性があることが知られており，パグ，マルチーズ，シーズー，ヨークシャー・テリア，ペキニーズ，パピヨン，チワワ，ポメラニアン，フレンチ・ブルドッグが好発犬種である[28, 66, 68, 69, 71, 77～80]．概して4カ月齢から3歳齢程度の若齢の犬の発症が多いが，10歳齢以上の高齢犬での報告もあり，幅広い年齢層での発症の可能性がある．発症に性差はなく致死率は高い[58, 81]．

初期の病変は大脳皮質に発生し，病気の進行に伴い大脳基底核，小脳，脳幹へと拡大する．慢性化すると灰白質のほとんどが萎縮，荒廃する．病変は灰白質に限局されており，白質や脊髄に病変が浸潤することはほとんどない[58, 62]．

これに伴い，初期症状としては，主に発作，運動失調，旋回運動，視力障害など大脳皮質の異常による症状が出現する．さらに進行すると嗜眠，意識消失，嚥下困難，遊泳運動などが生じ，数日から数週間で症状は急速に悪化する．治療によりコントロールができない場合には，失明，斜頸，起立不能，飲水障害，昏睡などの神経学的異常が急速に進行し，最終的には重積発作や誤涎により，発病からわずか1日から数週間で死に至るか，症状の悪化により安楽死を選択せざるを得なくなる[58, 81]．

病理組織学的には，急性・亜急性・慢性により病変部に違いが観察される．急性期の病変は主に軽度の炎症性細胞浸潤であり，亜急性期では，中等度の軟化と著しい炎症性細胞浸潤が見られ，慢性期になると，軟化が広範囲に観察される[58, 82]．特に血管周辺でリンパ球，網状組織球とマクロファージを中心として炎症細胞の密度の高い集合体を形成する[58, 82]．その結果，脳実質の空洞化を示し，重篤な神経細胞死を示す．

NMEの原因は不明であるが，犬種特異性が強いことから遺伝的素因が原因の一つと考えられている[83]．最初に報告され，その後も罹患数の多いパグにおいて，遺伝形質の研究が進められている[75, 83]．また，犬ヘルペスウイルスの関与を示唆した報告もある[63]．その他の原因として，近年，自己免疫性病因論が非常に注目され，盛んに研究されている．

Th1細胞やマクロファージなどで発現するCXCR3mRNAの発現が高いことが確認されている[58]．また，T細胞免疫応答のためのサイトカインの中で，インターフェロンγのmRNAがNMEで著しく増加する[72, 84]．IFN-γは細胞毒性を特徴[85]としておりこれにより神経膠細胞を傷害するため，神経膠細胞から産出するサイトカインの種類・量が少なく，逆に本来存在しないはずの物質が漏出したりすると考えられている[59]．他の脳炎，例えばGMEに比べて，炎症を誘発する主要なサイトカイン，インターロイキン17(IL-17)の検出が少ないのもこのためであると考えられている[59, 86, 87]．

一方で，神経膠細胞から漏出したものとして，脳脊髄液中にGFAPが出現し，またそれに対する自己抗体が認められることが確認されており，NMEの大きな特徴となっている[82]．

通常，健康な動物の脳において，GFAPは中枢神経系に存在する神経膠細胞の中の一種であるアストロサイト（星状膠細胞）の細胞内にのみ存在する．しかし，アストロサイトに傷害が起こるとGFAPが漏出し，脳脊髄液中で観察される．NME症例の多くでは脳脊髄液中にGFAPが高値で検出されるが，他の脳炎に罹患した犬

column

## ラスムッセン症候群

ヒトにおけるラスムッセン症候群[注40]（ラスムッセン脳炎）は，感染などをきっかけに主に小児に発症する自己免疫性のてんかん発作を主体とする疾患であるが，病理組織学的に自己抗体が検出されるなどの点でNMEとよく似ているといわれている[59]．ラスムッセン症候群では，片側の大脳のみが障害を起こすのに対し，NMEでは両側の大脳半球が冒されるという点において異なる．ラスムッセン症候群はNMEに比べて致死率は低いがまだまだ不明な点も多い．NMEはこの疾患に比べると圧倒的に症例数が多いので，今後ラスムッセン脳炎の治療モデルとなる可能性があると期待されている．

**注40 ラスムッセン症候群**

ラスムッセン症候群（小児の慢性進行性持続性部分てんかん）は通常のてんかんとは全く病態が異なり，グルタミン酸受容体等に対する自己免疫によりてんかん発作重積・知的退行・片麻痺が起こる進行性の中枢神経疾患である．難治てんかんの千分の一の頻度，日本では250人程度ではないかと推定されている．

では検出されない[88].

NME罹患数が非常に多いパグにおいては，健康な犬の脳脊髄液中にもかなり高い確率でGFAPが検出される．これは，パグに特有のもので，NMEに罹患していない健康な状態でも，アストロサイトが脆弱であると考えられ，逆に漏出したGFAPに対して自己免疫が形成され，それがNMEの原因の可能性があると考えられている[88]．ただし，これはパグ特有の特徴であり，他のNME罹患犬種に適用されるものではない．

確定診断は，脳の病理組織検査となるため，生前には不可能である．一般血液検査では特徴的なものはなく，MRIで脳の炎症部位を特定することが可能である．また，より進行した症例ではCTやエコーで病変も病変部位の特定は可能となる．しかし，脳の炎症の存在は確認できても，画像のみでその他の腫瘍や，脳梗塞，出血，その他の脳炎などの病変と鑑別するのは非常に困難である．その他，脳脊髄液検査でアストロサイトから漏出したGFAPに対する自己抗体の存在の有無が判明できれば，より確定診断に近づくことが可能である．

従来から，治療はコルチコステロイドである[89]．しかしながら，反応は様々であり臨床徴候は投薬量漸減すると急速に再発する．

ステロイドによる副作用(多飲多尿，多食，体重増加，肝毒性，医原性副腎皮質機能亢進症など)を考慮して，近年では代替薬の使用が増加しており，シクロスポリンとの併用が積極的に研究されている[90]．シクロスポリンは，T細胞のサイトカイン遺伝子の転写を妨げることが可能であることが確認されてから獣医学領域での使用が増加している[89]．特に皮膚科と眼科の治療において，奏功が見られ一定の成果をあげている[89, 91, 92]．シクロスポリンの副作用は，歯肉増生，乳頭腫症，嘔吐，下痢，細菌性膀胱炎，細菌性皮膚炎，摂食障害，腎障害，骨髄抑制，多毛などが挙げられる[93]が，治療で用いる薬用量(5 mg/kg)の4～5倍量を維持しない限り出現しない[93]．シクロスポリンとの併用により，臨床徴候の改善・維持が期待され，コルチコステロイドの薬用量漸減による，全体的な副作用を減少させる可能性があり，その有用性は高い[62, 89, 94]．シクロスポリンは，その効果が出るまでに数週間かかるので，すぐにその効果が発現するコルチコステロイドとの組合せは理想的ともいえる[90]．ある研究では，コルチコステロイド単体での治療より，シクロスポリンとの併用治療により，生存期間が有意に延長した，と報告している[90].

NMEの予後は二分される．免疫抑制薬を使用した治療によく反応し，慢性期に移行すれば，数年以上の生存も確認されているが，コントロールできない症例では大脳皮質病変が急速に進み，神経学的な異常も急激に進行する．これらの症例では，1日～数週間で死に至るか，もしくは症状の悪化によっては安楽死が選択される．

## 免疫介在性神経疾患の治療

人医領域では，分子標的療法や生物学的製剤の開発が進んでいる．免疫介在性神経疾患の中でも多発性硬化症に対するナタリズマブ，オクレリズマブなどのモノクローナル抗体製剤[95]，インターフェロンなどの病態修飾薬[96]により再発の減少，病気の進行が遅くなるなど早期治療開始により予後の改善が期待できる．しかしながら，完治には至っておらず，これらの分子標的療法も根治目的ではない．また，免疫機序を介する炎症機転の防御に加えて，損傷された髄鞘の修復など再生医療を神経免疫疾患に活用することも望まれている．獣医領域においては，壊死性髄膜の脳炎のプレゾニゾロン，シクロスポリンなどを用いた免疫抑制療法は一部の症例には有効であるが根治を目的とする治療方法ではない．現時，その他の免疫介在性神経疾患においても根治を目的とした治療方法はない．

# 7 筋骨格系の免疫と疾患

## 免疫介在性筋骨格系疾患

### 1 免疫介在性多発性関節炎

免疫介在性多発性関節炎（immune-mediated polyarthritis；IMPA）は，犬および猫における最も一般的な慢性経過をたどる多発性関節炎である．これまでにⅢ型過敏症と考えられており，滑膜への免疫複合体の沈着により炎症が起こると考えられている[1]．免疫介在性多発性関節炎はX線検査や病理組織学的検索により，一般的によく見られる非びらん性と，まれであるびらん性に分けられる．

#### (a) 非びらん性多発性関節炎

病　態：非びらん性であり，多発する対称性の関節炎という特徴からは，ヒトのジャクー関節症に類似するが，それぞれの病態が明らかにされていないため，同一な疾患かどうかは不明である[2]．

非びらん性の免疫介在性多発性関節炎は，関節腔内への免疫複合体の蓄積によるⅢ型過敏反応により発症すると考えられている．これらの関連抗原は，全身循環中からも検出されるが，関節腔内に起源する抗原も知られている[1,3,4]．全身性の免疫複合体は，ジステンパーなどのウイルスや，その他の微生物体，腫瘍，薬物，食事成分による様々な慢性的な抗原刺激によって増加すると考えられている．関節腔内では，熱ショックタンパク質，免疫グロブリン（リウマチ因子），核成分（抗核抗体）などの自己抗原から免疫複合体が形成されると考えられている[1,3〜7]．これらの免疫複合体により，滑膜や関節液中において免疫反応が活性化されるが，特に補体結合反応によりサイトカインが放出され好中球が集積される．またこれらの好中球がさらにサイトカインやリソソーム酵素を放出することで組織損傷が生じる[1,3,4]．関節腔内では，末梢血と比較して$CD4^+$T細胞や$CD8^+$T細胞の上昇，多くのMHCクラスⅡ分子陽性細胞および高濃度のTNF-αが認められており，局所で引き起こされる炎症に関与していることが示されている[8]．循環血液中ではC反応性タンパク質やIL-6の上昇が認められている[9]．

臨床徴候：臨床徴候としては，体重減少，発熱，無気力，衰弱，歩きたがらない，こわばり，ぎこちない，跛行，複数の関節の腫脹，触診による関節痛などである[10〜12]．しかし，嘔吐や下痢などの消化器症状も稟告から聴取されることがある[10,12]．頸背部痛が認められる場合には，ステロイド反応性髄膜炎・動脈炎が疑われる[13]．

代表的な疾患：犬における非びらん性の多発性関節炎は，特発性多発性関節炎をはじめとし，全身性エリテマトーデス，薬物誘発性関節炎，ワクチン誘発性関節炎，多発性関節炎・多発性筋炎症候群，ステロイド反応性髄膜炎・動脈炎，秋田犬の関節炎，チャイニーズ・シャー・ペイのアミロイド症，結節性多発性動脈炎，シェーグレン症候群，膝関節のリンパ球形質細胞性関節炎および関節への細菌感染などが含まれる[3,14]．猫においては，特発性多発性関節炎，全身性エリテマトーデス，多発性関節炎・髄膜炎症候群，結節性多発性関節炎，薬物誘発性関節炎，ワクチン誘発性関節炎，細菌感染および再発性多発性軟骨炎などが含まれる（**表7-12**）[14]．これらの中で，代表的な疾患の病態やシグナルメントを以下に挙げる．

特発性多発性関節炎は，分類された他の疾患

**表7-12　犬と猫における非びらん性多発性関節炎**

| 犬 | 猫 |
|---|---|
| • 全身性エリテマトーデス | • 特発性多発性関節炎 |
| • 薬物誘発性関節炎 | • 多発性関節炎・髄膜炎症候群 |
| • ワクチン誘発性関節炎 | • 全身性エリテマトーデス |
| • 多発性関節炎・多発性筋炎症候群 | • 結節性多発性関節炎 |
| • ステロイド反応性髄膜炎・動脈炎 | • 薬物誘発性関節炎 |
| • 秋田県の関節炎 | • ワクチン誘発性関節炎 |
| • チャイニーズ・シャーペイのアミロイド症 | • 関節への細菌感染に伴う関節炎 |
| • 結節性多発性動脈炎 | • 再発性多発性軟骨炎 |
| • シェーグレン症候群 | |
| • 膝関節のリンパ球形質細胞性関節炎 | |
| • 関節への細菌感染に伴う関節炎 | |

に属さない免疫介在性の関節炎である．狩猟犬や大型犬に多く，2.5～4.5歳齢の若い成犬に多い．犬種ではラブラドール・レトリーバー，ゴールデン・レトリーバー，ジャーマン・シェパード・ドッグ，コッカー・スパニエル，アメリカン・エスキモーが好発犬種とされている[3]．

また，特発性多発性関節炎は，Ⅰ型（特発性），Ⅱ型（反応性），Ⅲ型（腸疾患性），Ⅳ型（腫瘍性）の四つのサブタイプに分類される（**表7-13**に各タイプとその特徴）．Ⅰ型は，誘発疾患や併発疾患は認められない．特発性多発性関節炎の約50％がこのタイプである．Ⅱ型は，泌尿器系，歯，耳や皮膚，リーシュマニア症，エールリッヒア症，アナプラズマ症，ボレリア症や細菌性心内膜炎などの感染症に関連した免疫複合体が，関節腔内に沈着すると考えられている．約25％がこのタイプである．Ⅲ型は，腸疾患や肝疾患などの胃腸系疾患における腸管において，免疫複合体の生成を刺激する潜在抗原の透過性が亢進し，その結果，増加した免疫複合体が関節腔内に沈着すると考えられている．Ⅳ型は，関節とは無関係の扁平上皮癌，平滑筋腫，乳腺癌やリンパ腫などの腫瘍により生体の免疫反応が刺激され，その結果，増加した免疫複合体が関節腔内に沈着すると考えられている．これらのどの型においても，関節腔内での病態生理学的な変化は同じである[3,4]．

**表7-13　犬の非びらん性多発性関節炎の分類**

| | |
|---|---|
| Ⅰ型（特発性） | 確認できる併発疾患なし |
| Ⅱ型（反応性） | 関節から遠隔の感染症<br>または炎症性疾患 |
| Ⅲ型（腸疾患性） | 胃腸疾患または肝疾患 |
| Ⅳ型（腫瘍性） | 関節から遠隔の腫瘍 |

(Bennett D, *et al.* J Small Animal Pract.)

ワクチン誘発性関節炎は，初回接種またはブースター効果のワクチン接種時に発症し，ワクチン接種後30日以内に臨床症状を示す[15]．ワクチン誘発性多発性関節炎は，通常数日以内に改善し，一過性である．秋田犬では，子犬のワクチン接種後に約10％で発症し，約1カ月間の長期の経過をたどるとの報告がある[16]．子猫においては，ワクチン接種後5～7日後に発症し，カリシウイルス成分が誘発因子とする報告がある[17]．

薬物誘発性多発性関節炎は，ドーベルマン・ピンシャーにおけるスルホンアミドがよく知られているが[18]，フェノバルビタール，エリスロポエチン，ペニシリン，リンコマイシン，エリスロマイシンやセファロスポリンなどの薬剤で，過去に投与を受けていたかまたは長期の連用により，どの犬種でも起こり得るとされている[3, 10]．発熱やリンパ節の腫脹，皮膚疾患を伴うこともある[14]．通常，2～7日間の休薬で臨床症状は改善される．スルホンアミドでは，投与後平均12日(5～36日)，再投与時には，1時間～10日で臨床症状が認められることが知られている[18]．

多発性関節炎・多発性筋炎症候群は，局所的もしくは全身的な筋肉痛や，筋萎縮と線維化による腫脹を，多発性関節炎と同時に発症する特徴を持つ．通常，発熱と関節痛および筋肉痛が認められる．また最終的には関節の可動領域も制限されてしまう．これまでの報告のほとんどがスパニエルである[3]．抗核抗体が陽性を示さないことから，全身性エリテマトーデスと区別される．白血球増多症，高グロブリン血症やクレアチニンキナーゼ濃度，乳酸脱水素酵素，アスパラギン酸アミノトランスフェラーゼの上昇を認めることがある．筋生検では筋線維の退行性変化や好中球，マクロファージ，リンパ球や形質細胞の浸潤が特徴的である．筋電図検査が有用となることもある[14]．

ステロイド反応性髄膜炎・動脈炎は，若齢のビーグル実験犬において動脈炎として認められたことからビーグル疼痛症候群と呼ばれていたが，現在では，2歳齢以下の中～大型犬種(バーニーズ・マウンテン・ドッグ，ボクサーなど)に発症する髄膜炎を特徴とする疾患であることから，ステロイド反応性髄膜炎・動脈炎と呼ばれるようになった[19]．猫での報告もある．通常，急性の頸部痛，発熱および活動性の低下が認められる[19]．抗核抗体は陰性を示す．脳脊髄液の分析では，炎症所見とタンパク質の上昇が認められる．特に，全身性またはクモ膜下腔内に高いレベルのIgAが認められ，これらのIgAの検出がステロイド反応性髄膜炎・動脈炎の診断に有用であることが示されている[15, 19]．病理組織学的所見としては，髄膜への炎症細胞の浸潤や，硬膜動脈の炎症による血管の狭窄が認められる．関節痛に頸部痛を伴う場合は，脳脊髄液検査を実施することが推奨されている[19]．

全身性エリテマトーデス：全身性エリテマトーデスの項を参照していただきたい．

### (b) びらん性多発性関節炎

病　態：びらん性の関節炎はまれであり，犬の多発性関節炎の約1%である[3]．これらのびらん性の関節炎は，関節リウマチ，骨膜増殖性多発性関節炎，フェルティ症候群が挙げられる．ヒトのフェルティ症候群は関節リウマチ，好中球減少症および脾腫を特徴とするが，犬においてもこの症候群に類似する疾患が，過去に報告されている[4, 20]．

ヒトの関節リウマチの病態について，ある特定の遺伝素因を持った個体が，EBウイルス，パルボウイルスB19，ヒトT細胞性白血病ウイルス，ヒト免疫不全ウイルス，C型肝炎ウイルス，風疹ウイルスなどのウイルスや，マイコプラズマ属，ジンジバリス属やプロテウス属などの細菌，熱ショックタンパク質，シトルリン化された抗原やⅡ型コラーゲンや細胞細菌壁などの環境因子である抗原と反応することで発症すると考えられている．結果的に免疫異常と炎症が生じ，関節内に浸潤してきたリンパ球と，関節滑膜を構成している滑膜細胞が相互に活性化され増殖する[21, 22]．

これらに関与する細胞は，T細胞，B細胞，単球やマクロファージ，好中球および血管内皮細胞などである．また，これらの細胞からTNF-α，IL-6およびIL-17などの炎症に関わる種々のサイトカインや，活性酸素やプロスタグランジンなどが放出される．その結果，血管新生，リンパ球の活性化，滑膜細胞増殖や破骨細胞の活性化が起こり，滑膜は炎症性肉芽組織となり，加えて炎症性細胞からはタンパク質分解酵素（マトリックスメタロプロテアーゼ；MMPなど）が放出され軟骨や骨が破壊される[23]．T細胞，滑膜細胞や骨芽細胞にも発現しているreceptor activation of nuclear factor-κB ligand（RANKL）も重要に関わっている[24]．

犬の関節リウマチは，びらん性の関節変性を特徴とする．関節内のリウマチ因子（変性したIgGのFc領域に対する自己抗体であり，主にIgMに属する）や，関節表面に沿った抗Ⅱ型コラーゲン抗体が認められている[5, 24]．これらからその病態はⅢ型過敏症であると考えられている．また，血管周囲に浸潤するT細胞，B細胞，形質細胞やマクロファージを特徴とする慢性の関節炎であることからⅣ型過敏症の関連も示唆されており，Ⅲ型およびⅣ型の多病因である可能性についての記述もある[14]．T細胞，マクロファージや線維芽細胞からマトリックスメタロプロテアーゼが放出されることで炎症は増加し，その結果，軟骨および骨の変性や破壊を招き，びらん性の関節炎を引き起こすと考えられている[3]．

また，犬の関節リウマチの関節液中に，抗犬ジステンパーウイルス抗体，熱ショックタンパク質やⅡ型コラーゲンが検出されている[6, 24, 25]．関節腔内のジステンパーウイルス抗体と，熱ショックタンパク質やIgMとの間に有意な相関性が認められたことから，ジステンパーウイルスの関与が，病態の一つの可能性として示されている[6]．また，近年の研究では，犬の膝関節炎において，細菌のDNA量の増加が確認されており，細菌が関節炎の引き金になっている可能性が示唆されている[26]．関節リウマチと診断された犬の関節液や循環血液中から，抗IgM，IgGやIgA抗体が検出されている[5, 24]．

シグナルメント：関節リウマチはどの犬種にも起こり得るが，小型犬種の2～6歳齢に多いとされている[1]．

診　断：免疫介在性多発性関節炎の診断は，関節穿刺と関節液の分析によって行う．

また，血液，生化学検査，胸・腹部X線検査，心臓・腹部超音波検査や尿検査を実施し，細菌性関節炎，変性性関節炎，腫瘍による関節疾患，外傷や血友病性関節症を除外する．特にX線検査では，すべての関節における関節液量，軟部組織の腫脹，関節のびらんや崩壊像を確認し，他の疾患を除外すべきである[11]．免疫介在性多発性関節炎では，手根関節，足根関節や膝関節に異常が認められることが多く，大関節では細菌性関節炎であることが多いとされている[1]．また，関節リウマチでは膝関節と手根関節における病変が一般的であるが，指関節にも病変が認められることがあるとされている[20]．X線所見に変化が認められるまでに6カ月かかることがあるため，非びらん性であっても定期的にX線で観察すべきであるとの記述もある[1]．

必要に応じて，リウマチ因子（rheumatoid factor；RF），抗核抗体（antinuclear antibody；ANA）検査を実施する．関節リウマチと診断された犬において，抗IgG抗体に対する血清リウマチ因子の凝集検査[注41]では，73％が陽性であったと報告されている[20]．X線検査において，

---

**注41**
過去の報告での測定系と，現在依頼している検査会社の測定系が異なっていることもあるため，その解釈には注意が必要である．

**表7-14 犬における関節リウマチの診断基準**

- □ こわばり
- □ 一つ以上の関節の触診による疼痛
- □ 3カ月以上の関節炎徴候
- □ 関節周囲の軟部組織の腫脹
- □ X線による軟骨下骨組織の崩壊，関節面の不整やパンチアウト像侵襲，骨端の石灰化，関節周囲軟部組織の石灰化，関節空間の変位や関節変性を伴った広範囲な骨破壊
- □ 炎症を伴った関節液
- □ 末梢関節の特徴的な対称性変形
- □ 血清中のリウマチ因子(抗グロブリン)の検出
- □ 滑膜表面の病理組織学的な三つの変化：絨毛性肥大，滑膜細胞の増殖，フィブリン沈着，壊死病巣とリンパ球，形質細胞の浸潤
- □ リンパ節腫脹など関節外の徴候

これらの項目五つ以上で強く疑われる．七つ以上で確定診断

左右対称性の関節にびらん性の変化が認められる場合には実施すべきである．関節内に細菌が認められず，関節のびらん性変化とリウマチ因子が陽性であれば，関節リウマチを示唆する結果である[27, 28]．しかし，これらの検査は慢性炎症性疾患，感染症や悪性腫瘍でも陽性を示すことがあるため，注意が必要である[14]．犬の関節リウマチの診断基準はヒトにおける診断基準を改善し作成されている(**表7-14**)[3, 4, 20]．

抗核抗体検査および全身性エリテマトーデスについては，全身性エリテマトーデスの項を参照していただきたい．

**関節穿刺術および関節液の分析**：免疫介在性多発性関節炎の診断は，複数の関節液中の好中球による炎症所見である．しかし，一つの関節で診断されている報告もある[29]．通常，手根関節および足根関節[注42]より免疫介在性多発性関節炎の診断が得られることが多いため，それらの関節から穿刺を始めることが推奨されている[11]．犬の正常な関節液は，淡黄色透明であり，高い粘稠度を持つ(粘稠度は糸引きテスト，string testで2.5 cm以上)[30]．また，関節液中の細胞数は＜3,000個/mLであり，単核細胞が90%以上，好中球は5%以下である[7, 11, 29]．犬の免疫介在性多発性関節炎の関節液量は増量していることが多く，混濁または変色し，粘稠度の低下(string test＜2.5 cm)が認められる．細胞数も＞5,000個/mLとなり，好中球も10～95%まで増加する[7, 11]．

**治　療**：ワクチン誘発性関節炎のような一過性の経過をたどるようなタイプに対しては，NSAIDsの投与が試みられる[11]．感染症が完全に除外できている条件下では，プレドニゾロンを中心とした免疫抑制療法により治療する．その他，サルファサラジン，アザチオプリン，シクロフォスファミド，レフルノミド，ミコフェノール酸モフェチル，レバミゾール，金チオリンゴ酸ナトリウムやオーラノフィンの金製剤，メトトレキサートなどの細胞傷害性薬物や免疫調整剤の投与が試みられている[11, 12, 31](詳細については第3章免疫と治療を参照)．

## 2 ● 重症筋無力症

重症筋無力症(myasthenia gravis；MG)は，運動後の骨格筋の疲労および筋力の低下を特徴とする，ヒト，犬，猫およびフェレットで認められる疾患である[32, 33]．筋膜上のアセチルコリン受容体での神経筋伝達の障害により生じ

---

注42
これらの報告は大型犬が主体である欧米のものである．本邦のような小型犬が主体である国では，足根関節からの採取は高い技術が必要とされるため，膝関節を優先すべきであろう．

る．免疫介在性による後天的な発症がほとんどであるが，機能的な受容体の先天的な不足によっても生じる[34]．

(a) 後天性重症筋無力症

病　態：アセチルコリン受容体に特異的に感作されたヘルパーT細胞依存性の自己抗体である抗アセチルコリン受容体抗体(IgG)が産生される．この自己抗体がアセチルコリン受容体に結合することで神経筋伝達は直接的に障害され，補体の結合と活性化によりアセチルコリン受容体の機能低下はより進行し，シナプス後膜部の破壊が生じる(Ⅱ型過敏症)．この結果，機能的なアセチルコリン受容体の数が減り，筋肉の収縮が不可能となる[35]．

ヒトでは，抗アセチルコリン受容体抗体陰性の患者の血清から，抗筋特異的受容体型チロシンキナーゼ抗体が検出されており，抗アセチルコリン受容体抗体(IgG1およびIgG3クラス)と抗筋特異的受容体型チロシンキナーゼ抗体(IgG4クラス)の二つに分類されている[36]．

自己免疫疾患の誘因は不明であるが，犬ではチチン(骨格筋の収縮に関わるタンパク質)，筋細胞内タンパク質またはリアノジン(筋小胞体からカルシウム遊離を引き起こすアルカロイド)受容体に対する抗体産生の可能性についての報告がある[33]．また，ヒトおよび動物では胸腺の関与が病因として考えられている[34, 37]．ヒトにおいては，抗アセチルコリン受容体抗体産生の場として密接な関わり合いがあるとされる胸腺は，抗体産生B細胞のソース，ヘルパーT細胞のソース，抗原提示細胞のソース，MHCクラスⅡタンパク質の発現，抗原タンパク質の発現，サイトカインの発現亢進や免疫細胞の正および負の選択の場であり，治療の標的臓器として重要であるとされている[38]．

犬や猫では胸腺腫瘍において，二次的に重症筋無力症が発症することが報告されている[39]．犬では約3%，猫では約20%で胸腺腫瘍を併発しており，その傾向が強いとされている[40, 41]．また，犬の重症筋無力症は，胸腺腫瘍以外のいくつかの腫瘍によっても発症することが報告されている[42～45]．

重症筋無力症は，多発性筋炎や好酸球性筋炎，甲状腺機能低下症，不整脈，副腎皮質機能低下症や血小板減少症，溶血性貧血など，いくつかの他の疾患を伴うことがある[45, 46]．猫においては，メチマゾールの投与による重症筋無力症に注意が必要である[46, 47]．しかし，これらの疾患との関連性についての詳細な機序は明らかにされていない．

シグナルメント：ヒトにおける重症筋無力症は，遺伝的な要因が明らかにされている[48]．犬においては，秋田犬，ジャーマン・ショートヘアード・ポインター，チワワ，ジャーマン・シェパード・ドッグ，ニューファンドランド，テリア種などに多く[47, 49]，猫においては，アビシニアンやソマリ関連種に発症することが知られている[39, 41]．発症年齢は，2～4歳齢および9～13歳齢の二峰性が知られている[39, 50, 51]．

臨床徴候：臨床徴候の特徴として，運動の反復に伴い骨格筋の筋力が低下し(易疲労性)，休息で改善が認められる．歩幅は徐々に短くなり，堅苦しい歩様となり，やがてしゃがみ込み，横たわるようになる．通常，前肢より後肢に症状が認められることが多い．しかし，43%では四肢の筋力低下の症状は認められず，はっきりしないケースもある[47]．また，頸部の腹側屈曲が認められることもある．運動失調は認められず，固有知覚反応などの姿勢反応，脊髄反射，筋肉量や筋緊張は認められない．しかし，しばしば顔面，咽頭，喉頭および食道の筋組織異常による顔面の脱力，発声障害，嚥下障害，流涎，吐出による誤嚥性肺炎にいたる[50]．猫における巨大食道や嚥下障害の発生率は，犬と比較して低い[52].

急性の全身性の劇症タイプは犬や猫で報告されている．通常，歩行不能の四肢不全麻痺，頸部の腹側屈曲，顔面の脱力，膀胱拡張，巨大食道，流涎，呼吸の低下，また二次性の誤嚥性肺炎などを起こし，高い死亡率である．また，これらの何例かでは胸腺腫を併発していたと報告されている[39, 50, 52, 53].

重症筋無力症の局所型では，全身性の筋力低下を認めず，顔面の脱力，下垂した下顎，嚥下障害や二次的な逆流性の食道炎など，局所での病変が認められる[50, 54, 55].

診　断：通常，血液，生化学検査で異常が認められることは少ないが，二次性の肺炎による炎症性変化が認められることがある．また，血液，生化学検査を行うことで，低血糖，電解質異常，甲状腺機能低下症，副腎皮質機能低下症や筋炎などの他の神経筋脱力を示す疾患との鑑別に役立つ．胸部X線検査は，胸腺腫，巨大食道症や二次性の誤嚥性肺炎の確認に有用である[34].

診断に最も有用な検査は，血清中の放射免疫測定法[注43]による抗アセチルコリン受容体抗体の検出である．犬の重症筋無力症では98%で検出されると報告されている[51]．また，これらの抗体は局所型の重症筋無力症でも検出される(26%)が[54]，陰性であることが多い．しかし，しばらく経過してから抗体が検出されるケースがあるため，本疾患が疑われる時には再検査が有用となることがある[34, 44, 45].

短期間の抗コリンエステラーゼ薬であるエドロホニウム(テンシロン)の投与によって，飲み込む筋力や歩様の改善が認められるかを観察することで診断を得ることも可能である．投与後，数秒以内で症状の改善が認められるが，数分後には臨床徴候は再び認められるようになる．しかし，重症筋無力症のすべてのケースがこの薬剤に反応するわけではない[39, 45, 50]．アセチルコリン受容体の過剰な刺激による抗コリンエステラーゼ薬過剰症候群は，衰弱，流涎，震え，嘔吐，徐脈，気管支収縮や呼吸困難を悪化させる恐れがある．このため，慎重にモニターすべきであり，アトロピンと気道確保に必要な器材の準備をすべきである[34].

電気的診断テストは神経筋障害を示す他の疾患との鑑別に有用である．筋電図や神経伝導速度は，ほとんどの末梢神経障害や筋疾患とは異なり正常である．また，複合筋活動電位も正常である．しかし，反復神経刺激は減衰する[33, 44, 50].

筋肉や神経の生検による病理組織学的検査は，他の末梢神経障害や筋障害の除外診断に有用である．通常，重症筋無力症では異常は認められない．しかし，筋肉生検組織は，神経筋接合部における免疫複合体沈着物の免疫組織化学的な検出が可能であったとの報告もある[50, 56, 57].

治　療：後天性重症筋無力症の治療は，神経筋接合部のアセチルコリン受容体の不足の改善のためにアセチルコリンの量を増加させるか，または，免疫介在性疾患であることから免疫療法の選択となる．獣医学領域におけるこれまでの正書では，第一選択薬として臭化ピリドスチグミンまたはネオスチグミンといった長期作用型の抗コリンエステラーゼ薬の投与とされている[14, 34]．これらの薬剤は効果によって薬用量が設定されるが，嘔吐，下痢，流涎，縮瞳や筋肉痙攣および障害などの毒性徴候をモニターすべ

---

注43

過去の報告での測定系と，現在依頼している検査会社の測定系が異なっていることもあるため，その解釈には注意が必要である．

きである．重症筋無力症の多くは，抗コリンエステラーゼ薬単独で良好に管理できるとされている[14, 34]．重篤な巨大食道症による吐出に対しては，薬剤の非経口的な投与のために，栄養チューブの設置による管理が必要となることがある[35, 57, 58]．

人医学領域では，抗コリンエステラーゼ薬による対症療法から，免疫療法が中心となっている．犬でもグルココルチコイドが有用となることが多い[50]．しかし，巨大食道症に伴った誤嚥性肺炎の悪化，グルココルチコイドによる多飲での吐出の危険性の増大や[59]，89％において診断後 6.4カ月（1～18カ月）後には自然寛解が起こる[60]ことなどを理由に，グルココルチコイドの投与については賛否両論となっている．

犬における他の免疫抑制薬の試みは，アザチオプリン，シクロスポリンやミコフェノール酸モフェチルである[35, 61, 62]．これらの薬剤を用いた治療法は，主にT細胞を標的としており，免疫系や好中球機能を低下させる．これらの併用は，グルココルチコイド単独では効果がない場合や，肺炎を伴う場合，グルココルチコイドによる多飲，多尿，過食といった副作用の軽減に役立つかもしれない[34]．しかし，これらの薬剤の有効性に関する科学的根拠は乏しい．加えて，ヒトでは血漿交換法や免疫グロブリン製剤による報告もあるが[63, 64]，動物での検証は数少ない[65, 66]（詳細については第3章免疫と治療を参照）．

## まとめ

本稿においては，局所や臓器における免疫反応を解説するとともに，それに関連する免疫疾患を具体的に挙げてその病態を基礎から臨床まで解説した．個々の免疫疾患を理解するためには，項目を超えた基礎知識を繋ぎ合わせてその病態理解へまで応用しなければならず，そのためにこれまでそれら病態を理解することは往々にして難しいとされてきた．しかし，今回，個々の免疫疾患に必要な基礎情報だけを選択し，それらを臨床病態と関連づけて解説することで，読者にとってはよりコンパクトに，そしてより迅速にそれらの病態を理解することが可能となったと考える．そして，個々の疾患における具体的な診療アプローチが可能となったのではないだろうか．本稿に記載された情報を切っ掛けとして，さらに詳細な情報は読者が個々に「肉づけ」していただきたい．

皮膚の免疫と疾患：**前田 貞俊**（岐阜大学）
腸管の免疫に関わる細胞：**堀 正敏**（東京大学）
腸内細菌叢がもたらす免疫系への影響：**福田真嗣**（慶應義塾大学）
免疫介在性消化管疾患：**周藤 明美**（浦安中央動物病院）
炎症性腸症：**川野 浩志**（プリモ動物病院練馬　動物アレルギー医療センター）
遺伝性疾患：**玉原 智史**（相模大野プリモ動物病院）
呼吸器の免疫と疾患：**市川 康明／増田 健一**（動物アレルギー検査株式会社）
血液の免疫と疾患：**下田 哲也**（山陽動物医療センター）
内分泌系の免疫と疾患：**市川 康明／増田 健一**（動物アレルギー検査株式会社）
神経の免疫と疾患：**田村 勝利**（アニコムホールディングス株式会社）
筋骨格系の免疫と疾患：**湯木 正史**（湯木どうぶつ病院）

## 参考文献

### 皮膚の免疫と疾患

1. Bos J.D., Meinardi M.M.(2000): Experimental Dermatology, 9, 165-169.
2. Palmer C.N., Irvine A.D., Terron-Kwiatkowski A., *et al.*(2006): Nature Genetics, 38, 441-446.
3. Roque J.B., O'Leary C.A., Kyaw-Tanner M., *et al.*(2011): BMC Research Notes, 4, 554.
4. Shimada K., Yoon J.S., Yoshihara T., *et al.*(2009): Veterinary Dermatology, 20, 541-546.
5. Roussel A.J., Knol A.C., Bourdeau P.J., *et al.*(2014): Journal of Comparative Pathology, 150, 35-46.
6. De Benedetto A., Rafaels N.M., McGirt L.Y., *et al.*(2011): Journal of Allergy and Clinical Immunology, 127, 773-786 e771-777.
7. Santoro D., Bunick D., Graves T.K., *et al.*(2013): Veterinary Dermatology, 24, 39-47 e10.
8. Kawai K., Shimura H., Minagawa M., *et al.*(2002): Journal of Dermatological Science, 30, 185-194.
9. Lee S.E., Kim J.M., Jeong S.K., *et al.*(2010): Archives for Dermatological Research. Archiv für Dermatologische Forschung, 302, 745-756.
10. Kollisch G., Kalali B.N., Voelcker V., *et al.*(2005): Immunology, 114, 531-541.
11. DeBoer D.J., Marsella R.(2001): Veterinary Immunology and Immunopathology, 81, 239-249.
12. Hauser C., Wuethrich B., Matter L., *et al.*(1985): Dermatologica, 170, 35-39.
13. Nomura I., Goleva E., Howell M.D., *et al.*(2003): Journal of Immunology, 171, 3262-3269.
14. Lancto C.A., Torres S.M., Hendrickson J.A., *et al.*(2013): Veterinary Dermatology, 24, 414-421, e490.
15. Dieu-Nosjean M.C., Massacrier C., Homey, B., *et al.*(2000): Journal of Experimental Medicine, 192, 705-718.
16. Iio A., Motohashi T., Kunisada T., *et al.*(2014): Veterinary Dermatology, 25, 199-203, e150.
17. Maeda S., Ohmori K., Yasuda N., *et al.*(2004): Clinical and Experimental Allergy, 34, 1467-1473.
18. Maeda S., Tsukui T., Saze K., *et al.*(2005): Veterinary Immunology and Immunopathology, 103, 83-92.
19. Kakinuma T., Nakamura K., Wakugawa M., *et al.*(2001): Journal of Allergy and Clinical Immunology, 107, 535-541.
20. Maeda S., Maeda S., Ohno K., *et al.*(2013): Veterinary Immunology and Immunopathology, 153, 17-25.
21. Soumelis V., Reche P.A., Kanzler H., *et al.*(2002): Nature Immunology, 3, 673-680.
22. Kabashima K.(2013): Journal of Dermatological Science, 70, 3-11.
23. Klukowska-Rotzler J., Chervet L., Muller E.J., *et al.*(2013): Veterinary Dermatology, 24, 54-59 e13-54.
24. Halliwell R.(2006): Veterinary Immunology and Immunopathology, 114, 207-208.
25. Ishida R., Masuda K., Kurata K., *et al.*(2004) :J Vet Intern Med, 18: 25-30.
26. Olivry T., D. J. DeBoer, *et al.* (2010): Treatment of canine atopic dermatitis: clinical practice guidelines from the International Task Force on Canine Atopic Dermatitis. Vet Dermatol 21(3): 233-248.
27. Loewenstein C. and R. S. Mueller (2009): A review of allergen-specific immunotherapy in human and veterinary medicine. Vet Dermatol 20(2): 84-98.
28. 日本アレルギー学会タスクフォース. (2014): ダニアレルゲンワクチン標準化に関する日本アレルギー学会タスクフォース報告. アレルギー 63(9). 1229-1240.
29. Keppel K. E., K. L. Campbell, *et al.* (2008): Quantitation of canine regulatory T cell populations, serum interleukin-10 and allergen-specific IgE concentrations in healthy control dogs and canine atopic dermatitis patients receiving allergen -specific immunotherapy. Vet Immunol Immunopathol 123(3-4): 337-344.
30. Bizikova P., Dean G.A., Hashimoto T., *et al.*(2012): Veterinary Immunology and Immunopathology, 149, 197-207.
31. Nishifuji K., Amagai M., Ota T., *et al.*(2003): Journal of Dermatological Science, 32, 181-191.
32. Nishifuji K., Olivry T., Ishii K., *et al.*(2007): Veterinary Immunology and Immunopathology, 117, 209-221.
33. Olivry T., Joubeh S., Dunston S.M., *et al.*(2003): Experimental Dermatology, 12, 198-203.
34. Lewis R.M., Schwartz R.S., Henry W.B.(1965): Blood, 25, 143-160.
35. Lewis R.M., Schwartz R.S.(1971): Journal of Experimental Medicine, 134, 417-438.
36. Chiou S.H., Lan J.L., Lin S.L., *et al.*(2004): Lupus, 13, 442-449.
37. Stone M.(2010)Systemic Lupus Erythematosus, Textbook of Veterinary Internal Medicine, 7th ed(Ettinger S, Feldman E, eds.).783-788 SAUNDERS.

38. Wilbe M., Jokinen P., Truve K., *et al.*(2010): Nature Genetics, 42, 250-254.
39. AS J.d., C A., P S.G., *et al.*(2014): Curr Genomics 15, 52-65.
40. Huff J.C., Weston W.L., Tonnesen M.G.(1983): Journal of the American Academy of Dermatology, 8, 763-775.
41. Scott D.W., Miller W.H.(1999): Veterinary Dermatology, 10, 297-309.
42. Sokumbi O., Wetter D.A.(2012): International Journal of Dermatology, 51, 889-902.
43. Weston W.L.(2005): Journal of Investigative Dermatology, 124, xv-xvi.
44. Ng P.P., Sun Y.J., Tan H.H., *et al.*(2003): Dermatology, 207, 349-353.
45. Favrot C., Olivry T., Dunston S.M., *et al.*(2000): Veterinary Pathology, 37, 647-649
46. Woldemeskel M., Liggett A., Ilha M., *et al.*(2011): Journal of Veterinary Diagnostic Investigation, 23, 576-580.
47. Mockenhaupt M.(2011): Expert Review of Clinical Immunology, 7, 803-813; quiz 814-805.
48. Sassolas B., Haddad C., Mockenhaupt M., *et al.*(2010): Clinical Pharmacology and Therapeutics, 88, 60-68.
49. Affolter V., Moore P., Sandmaier B.(1998): Immunohistochemical characterization of canine acute graft-versus-host disease and erythema multiforme, 103-115, Butterworth-Heinemann.
50. Bastuji-Garin S., Rzany B., Stern R.S., *et al.*(1993): Archives of Dermatology, 129, 92-96.


### 腸管の免疫に関わる細胞


1. 清野宏(2010): 臨床粘膜免疫学, シナジー㈱.
2. Mason K.L., Huffnagle G.B., Noverr M.C., *et al.*(2008): Adv Exp Med Biol 635, 1-14.
3. Hoorweg K., Cupedo T.(2008): 20, 164-170.
4. Kanamori Y., Ishimaru K., Nanno M., *et al.*(1996): J Exp Med. 184, 1449-1459.
5. Hamada H., Hiroi T., Nishiyama Y., *et al.*(2002): J Immunol. 168, 57-64.
6. Tsukita S., Yamazaki Y., Katsuno T., *et al.*(2008): Oncogene. 27, 6930-6938.
7. Selsted M.E., Ouellette A.J.(2005): 6, 551-557.
8. Yang Q., Bermingham N.A., Finegold M.J., *et al.*(2001): Science. 294, 2155-2158.
9. Cheroutre H.(2004): Annu Rev Immunol. 22, 217-246.


### 免疫細胞の移動


10. 清野宏(2010): 臨床粘膜免疫学, シナジー㈱.
11. Cheroutre H.(2004): Annu Rev Immunol. 22, 217-246.
12. Iwata M., Hirakiyama A., Eshima Y., *et al.*(2004): Immunity. 21, 527-538.
13. Moon B.G., Takaki S., Miyake K., *et al.*(2004): J Immunol. 172, 6020-6029.
14. Hashimoto Y., Komuro T.(1998): Cell Tissue Res. 254, 41-47.
15. van Niel G., Raposo G., Candalh C., *et al.*,(2001): Gastroenterology. 121, 337-349.
16. Mucida D., Park Y., Kim G.,*et al.*,(2007): Science. 317, 256-260.


### 腸内細菌叢がもたらす免疫系への影響


1. Gallo R.L. and Nakatsuji T. (2011): J Invest Dermatol. 131: 1974-1980.
2. Iwase T., Uehara Y., Shinji H., *et al.* (2010): Nature. 465: 346-349.
3. Qin J., Li, R., Raes J., *et al.*(2010): Nature. 464: 59-65.
4. Bianconi E., Piovesan A., Facchin F., *et al.* (2013): Ann Hum Biol. 40: 463-471.
5. Fukuda S. and Ohno H. (2014): Semin Immunopathol. 36: 103-114.
6. Aw W. and Fukuda S. (2015): Semin Immunopathol. 37: 5-16.
7. Cahenzli J., Koller Y., Wyss M., *et al.*(2013): Cell Host Microbe. 14: 559-570.
8. Umesaki Y., Setoyama H., Matsumoto S., *et al.*(1999): Infect Immun. 67: 3504-3511.
9. Ivanov II, Atarashi K., Manel N., *et al.*(2009): Cell. 139: 485-498.
10. Goto Y., Panea C., Nakato G., *et al.*(2014): Immunity. 40: 594-607.
11. Yang Y., Torchinsky M.B., Gobert M., *et al.*(2014): Nature. 510: 152-156.
12. Schnupf P., Gaboriau-Routhiau V., Gros M., *et al.*(2015): Nature. 520: 99-103.

13. Atarashi K., Tanoue T., Shima T., *et al.*(2011): Science. 331: 337-341.
14. Atarashi K., Tanoue T., Oshima K., *et al.*(2013): Nature. 500: 232-236.
15. Furusawa Y., Obata Y., Fukuda S., *et al.*(2013): Nature. 504: 446-450.
16. Maslowski K.M., Vieira A.T., Ng A., *et al.*(2009): Nature. 461: 1282-1286.
17. Fukuda S., Toh H., Hase K., *et al.*(2011): Nature. 469: 543-547.
18. Mazmanian S.K., Round J.L., and Kasper D.L. (2008): Nature. 453: 620-625.
19. Round J.L., Lee S.M., Li J., *et al.*(2011): Science. 332: 974-977.
20. Kawashima T., Kosaka A., Yan H., *et al.*(2013): Immunity. 38: 1187-1197.
21. Hayashi A., Sato T., Kamada N., *et al.*(2013): Cell Host Microbe. 13: 711-722.
22. Sampson T. R.and Mazmanian S.K.(2015): Cell Host. 17: 565-576.

### 免疫介在性消化管疾患

1. 宇理須厚雄/近藤直実監修. 食物アレルギー診療ガイドライン2012. 日本小児アレルギー学会食物アレルギー委員会作成. Japanese Pediatric Guideline for Food Allergy 2012 .
2. 清野宏ほか(2010): 臨床粘膜免疫学. 18-156, 178-235, 246-392, 400-410, 647-655. シナジー㈱.
3. Sicherer S.H.,Sampson H.A.(2010): Food allergy. J Allergy Clin Immunol. 125: S116-25.
4. 福冨友馬(2011): 化粧品に含まれる食物アレルゲン—経皮感作による食物アレルギーについて. 日本小児アレルギー学会誌 25: 50-56.
5. Sicherer Scott H. (2000): Food Protein-Induced Enterocolitis Syndrome: Clinical Perspectives. Journal of Pediatric Gastroenterology & Nutrition. 30: 45-49
6. 野村伊知郎(2009): Food Protein-Induced enterocolitis Syndrome(FPIES), 臨床、病態のまとめと診断治療指針作成. 日本小児アレルギー学会誌. 23: 1: 34-47 .
7. 野村伊知郎(2013): 新生児・乳児消化管アレルギー, 4つの病型とそれぞれの診断治療法について. 日本小児アレルギー学会誌. 27: 674-683.
8. 木村光明(2009): 乳児早期消化管型牛乳アレルギーにおけるアレルゲン特異的リンパ球刺激試験(ASLT)の有用性. 日本小児アレルギー学会誌. 23: 1: 25-33
9. Kimura M., Oh S., Narabayashi S., *et al.* (2011): Usefulness of lymphocyte stimulation test for the diagnosis of intestinal cow's milk allergy in infants. Int Arch Allergy Immunol.
10. 木村光明(2011): 新生児・乳児の消化管アレルギー. 臨床免疫・アレルギー科. 55(6)645-650.
11. Frederic P.,Gaschen,Sandra R.,Merchant.(2011): Adverse food reactions in dogs and cats.Vet Clin Small Anim. 41: 361 -379.
12. Rinei Ishida, Keigo Kurata, Kenichi Masuda(2012): Lymphocyte Blastogenic Responses to Food Antigens in Cats Showing Clinical Symptoms of Food Hypersensitivity. J Vet Med. Sci.74(6)821-825.
13. 厚生労働科学研究. 食物アレルギーの診断の手引き2011. 研究代表者・海老澤元宏.
14. 木村光明(2010): その他の検査(ALST, DLST, HRT, BAT). 小児科心療. 73: 1117.
15. Benlounes N., Candaih C., Matatazzo P., *et al.* (1999): The time-course of milk antigen-induced TNF-alpha secretion differs according to the clinical symptoms in children with cow's milk allergy. J. Allergy Clin. Immunol. 104: 863-869.
16. Beyer K.,Castro R.,Birnbaum A., *et al.*(2002): Human milk-specific mucosal lymphocytes of gastrointestinal tract display a TH2 cytokine profile. J Allergy Clin Immunol. 109: 707-713.
17. 大嶋勇成, 眞弓光文(2012): 食物アレルギー診療ガイドライン2012 第3章 病態と成立機序. 日本小児アレルギー学会誌. 26: 652-658.
18. 大野博司(2011): 食物アレルギーと腸管免疫系. 臨床免疫・アレルギー科. 55(6)636-642.
19. Yukihiro Furusawa, Yuuki Obata , Shinji Fukuda , *et al.* (2013): Commensal microbe-derived butyrate induces the differentiation of colonic regulatory T calls. Nature. 504,446-450.
20. Koji Atarashi, Takeshi Tanoue, Kenshiro Oshima, *et al.*(2013): Treg induction by a rationally selected mixture of Clostridia strains from the human microbiota. Nature. 500,232-236
21. 大野博司, 福田真嗣(2012): 炎症を抑える腸内細菌代謝産物, 短鎖脂肪酸. 臨床免疫・アレルギー科. 57(1): 20-24.
22. Tomoyuki Kabuki, Kosuke Joh,(2007): Extensively Hydrolyzed Formula(MA-mi) Induced Exacerbation of Food Protein-

Induced Enterocolitis Syndrome (FPIES) in a Male Infant. Allergology International. 56: 473-476.
23. 近藤康人，徳田玲子，各務美智子(2001)：トマトによる口腔アレルギー症候群(oral allergy syndrome)とトマトアレルゲン. 日本小児アレルギー学会誌. 15(1)39-46.
24. 森田秀行，金子英雄，大西秀典(2008)：免疫寛容誘導のための食物アレルギー主要抗原タンパクの基礎的検討. 日本小児アレルギー学会誌. 22(2)233-238.
25. 小沼守(2013)：犬アレルギー検査の臨床応用①獣医アトピー・アレルギー・免疫学会技能講習会5.
26. Keitaro Ohmori, Kenichi Masuda,Sadatoshi Maeda,(2004)：IgE reactivity to vaccine components in dogs that developed immediate-type allergic reactions after vaccination. Veterinary immunology and immunopathology. 104: 249-256.
27. Keitaro Ohmori, Kenichi Masuda, Shinpei Kawarai (2007)：Identification of Bovine Serum Albumin as an IgE-Reactive Beef Component in a Dog with Food Hypersensitivity against Beef. J.Vet. Med.Sci.69(8)：865-867.
28. 大森啓太郎(2012)：ワクチンアレルギーを予防するために. 獣医アトピー・アレルギー・免疫学会誌. 2(1)14-21.
29. Rinei Ishida, Kenichi Masuda, Keigo Kurata (2004)：Lymphocyte Blastogenic Responses to Inciting Food Allergens in Dogs with Food Hypersensitivity. J Vet Intern Med. 18: 25-30.
30. 秋谷進，宮本幸伸，木村光明(2009)：食物特異的リンパ球増殖反応検査によってIgE非依存性消化管型アレルギーと診断した乳児肝炎の2例. 日本小児アレルギー学会誌. 23(1)139-146.
31. 大塚宜一(2013)：新生児乳児消化管アレルギー　―その粘膜病変について―．日本小児アレルギー学会誌. 27: 79-85.
32. 大塚宜一(2009)：新生児・乳児消化管アレルギーの病態　―消化管局所における病態―．日本小児アレルギー学会誌. 23(1)18-24.
33. 海老澤元宏監修，今井孝成，高松伸枝(2012)：食物アレルギーの栄養指導. 医歯薬出版㈱
34. Muller, Kirk's(2001)：Canine Food Hypersensitivity, Feline Food Hypersensitivity. Small Animal Dermatology 6th Edition. 615-627.
35. 小沼守，小野貞治，石田智子(2012)：炎症性細胞浸潤を伴った消化器腺腫性ポリープの病因として食物アレルギーが疑われた犬の2例. 獣医アトピー・アレルギー・免疫学会誌. 2(1)27-30.
36. Scott H., Sicherer., Philippe A., Eigenmann Hugh A.,Sampson.(1998)：The Journal of Pediatrics. 133(2)214-219.
37. SichereScott H.(2000)：Food Protein-Induced Enterocolitis Syndrome: Clinical Perspectives. Journal of Pediatric Gastroenterology & Nutrition. 30(1)45-49.

## 炎症性腸症

1. Sands B.E.(2007)：Inflammatory bowel disease: past, present, and future. J Gastroenterol. Springer-Verlag. 42(1)：16-25.
2. Strober W., Fuss I.J., Blumberg R.S.(2002)：The immunology of mucosal models of inflammation. Annu Rev Immunol. 20 (1)：495-549.
3. Sartor R.B.(2006)：Mechanisms of disease. Nat Clin Pract Gastroenterol Hepatol.Jul. 3(7)：390-407.
4. Hostutler R.A., Luria B.J., Johnson S.E., Weisbrode S.E., Sherding R.G., Jaeger J.Q., *et al.*(2004)：Antibiotic-Responsive Histiocytic Ulcerative Colitis in 9 Dogs. Journal of Veterinary Internal Medicine. Blackwell Publishing Ltd. 18(4)：499-504.
5. Jergens A.E.(1999)：Inflammatory bowel disease. Current perspectives. The Veterinary clinics of North America Small animal practice. 29(2)：501-21-vii.
6. New concepts in the pathophysiology of inflam... [Ann Intern Med. 2005] -PubMed- NCBI.
7. Hibi T, Ogata H.(2006)：Novel pathophysiological concepts of inflamm... [J Gastroenterol. 2006] -PubMed- NCBI. J Gastroenterol. Springer-Verlag; 20;41(1)：10-6.
8. Sartor R.B.(2006)：Mechanisms of Disease: pathogenesis of Crohn's disease and ulcerative colitis. Nat Clin Pract Gastroenterol Hepatol. Nature Publishing Group. 1; 3(7)：390-407.
9. Momotani E., Ozaki H., Hori M., Yamamoto S., Kuribayashi T., Eda S., *et al.*(2012)：Mycobacterium avium subsp. paratuberculosis lipophilic antigen causes Crohn's disease-type necrotizing colitis in Mice. Springerplus.1(1)：47.
10. Cho J.H., Brant S.R.(2011)：Recent insights into the genetics of inflammatory bowel disease. Gastroenterology.140(6)：1704-12.
11. Egawa S., Iijima H., Shinzaki S.,(2008)：Upregulation of GRAIL is associated with remission of ulcerative colitis.

American Journal of ….

12. FoxP3(+)CD4(+)CD25(+) T cells with regulato... [Clin Exp Immunol. 2005] - PubMed - NCBI.
13. Furusawa Y., Obata Y., Fukuda S., Endo T.A., Nakato G., Takahashi D., *et al.*(2013): Commensal microbe-derived butyrate induces the differentiation of colonic regulatory T cells. Nature.19;504(7480): 446-50.
14. Jergens A.E., Moore F.M., Haynes J.S.(1992): Idiopathic inflammatory bowel disease in dogs and cats. 84 cases (1987-1990). Journal of the American ….
15. Ishida R., Masuda K., Kurata K., Ohno K., Tsujimoto H.(2004): Lymphocyte blastogenic responses to inciting food allergens in dogs with food hypersensitivity. J Vet Intern Med. 7;18(1): 25-30.
16. Kawano K., Oumi K., Ashida Y., Horiuchi Y., Mizuno T.(2013): The prevalence of dogs with lymphocyte proliferative responses to food allergens in canine allergic dermatitis. Pol J Vet Sci.16(4): 735-9.
17. Fujimura M., Masuda K., Hayashiya M., Okayama T.(211): Flow cytometric analysis of lymphocyte proliferative responses to food allergens in dogs with food allergy. J Vet Med Sci.73(10): 1309-17.
18. Wei, Y. *et al.*(2015): Fecal Microbiota Transplantation Improves the Quality of Life in Patients with Inflammatory Bowel Disease. Gastroenterol Res Pract. 2015, 517597.
19. Moayyedi, P., *et al.* (2015): Fecal Microbiota Transplantation Induces Remission in Patients With Active Ulcerative Colitis in a Randomized Controlled Trial. Gastroenterology. 149, 102-109.e6.
20. Jergens A.E., Crandell J., Morrison J.A., Deitz K., Pressel M., Ackermann M., *et al.*(2010): Comparison of oral prednisone and prednisone combined with metronidazole for induction therapy of canine inflammatory bowel disease: a randomized-controlled trial. J Vet Intern Med.24(2): 269-77.
21. Davies D.R., O'Hara A.J., Irwin P.J.(2004): Successful management of histiocytic ulcerative colitis with enrofloxacin in two Boxer dogs. Australian veterinary ….
22. Allenspach K., Bergman P.J., Sauter S., Gröne A., Doherr M.G., Gaschen F.(2006): P-glycoprotein expression in lamina propria lymphocytes of duodenal biopsy samples in dogs with chronic idiopathic enteropathies. J Comp Pathol.134(1): 1-7.
23. Foster A.P, Shaw S.E., Duley J.A.,(2000): Shobowale-Bakre EM, Harbour DA. Demonstration of thiopurine methyltransferase activity in the erythrocytes of cats. J Vet Intern Med.14(5): 552-4.
24. Archer T.M., Boothe D.M., Langston V.C., Fellman C.L., Lunsford K.V., Mackin A.J.(2014): Oral cyclosporine treatment in dogs: a review of the literature. J Vet Intern Med.28(1): 1-20.
25. Peterson A.L., Torres S.M.F., Rendahl A., Koch S.N.(2012): Frequency of urinary tract infection in dogs with inflammatory skin disorders treated with ciclosporin alone or in combination with glucocorticoid therapy: a retrospective study. Veterinary Dermatology. 23(3): 201-43. 27
26. Yuki M., Sugimoto N., Takahashi K., Otsuka H., Nishii N., Suzuki K., *et al.*(2006): A case of protein-losing enteropathy treated with methotrexate in a dog. J Vet Med Sci.68(4): 397-9.
27. Gollwitzer E.S., Marsland B.J.,(2014): Microbiota abnormalities in inflammatory airway diseases-Potential for therapy. Pharmacol Ther.141(1): 32-9.
28. van der Aa L.B., Heymans H.S.A., van Aalderen W.M.C., Sprikkelman A.B.(2010): Probiotics and prebiotics in atopic dermatitis: review of the theoretical background and clinical evidence. Pediatr Allergy Immunol.21 (2 Pt 2): e355-67.
29. Reiff C., Delday M., Rucklidge G., Reid M., Duncan G., Wohlgemuth S., *et al.*(2009): Balancing inflammatory, lipid, and xenobiotic signaling pathways by VSL#3, a biotherapeutic agent, in the treatment of inflammatory bowel disease. Inflammatory Bowel Diseases. Wiley Subscription Services, Inc., A Wiley Company. 1;15(11): 1721-36.
30. Rossi G.,Pengo G., Caldin M., Palumbo Piccionello A., Steiner J.M., Cohen N.D., *et al.*(2014): Comparison of microbiological, histological, and immunomodulatory parameters in response to treatment with either combination therapy with prednisone and metronidazole or probiotic VSL#3 strains in dogs with idiopathic inflammatory bowel disease. PLoS ONE.9(4): e94699.
31. TONG J.L., RAN Z.H., SHEN J., ZHANG C.X., XIAO S.D.(2007): Meta-analysis: the effect of supplementation with probiotics on eradication rates and adverse events during Helicobacter pylori eradication therapy. Aliment Pharmacol Ther.15;25(2): 155-68.
32. Alfaleh K., Bassler D.(2008): Probiotics for prevention of necrotizing enterocolitis in preterm infants. AlFaleh KM, editor. Cochrane Database Syst Rev.(1): CD005496.

33. Allenspach K., Wieland B., Gröne A., Gaschen F.(2007): Chronic Enteropathies in Dogs: Evaluation of Risk Factors for Negative Outcome. Journal of Veterinary Internal Medicine. Blackwell Publishing Ltd. 21(4): 700-8.
34. Kathrani A., Steiner J.M., Suchodolski J., Eastwood J., Syme H., Garden O.A., *et al.*(2009): Elevated canine pancreatic lipase immunoreactivity concentration in dogs with inflammatory bowel disease is associated with a negative outcome. Journal of Small Animal Practice. Blackwell Publishing Ltd. 50(3): 126-32.

## 遺伝性疾患

1. Scallan, C.D., *et al.*(2003): Blood, 102: 2031-7.
2. Cerletti, M., *et al.*(2003): Gene Therapy, 10: 750-7.
3. Kijas J.M1, Bauer T.R. Jr, Gäfvert S, *et al.* (1999): Genomics. 61: 101-7.
4. Shuster D.E1, Kehrli M.E. Jr.Ackermann M.R., *et al.* (1992): Proc Natl Acad Sci U S A. 89: 9225-9.
5. Meek K1, Kienker L., Dallas C., *et al.* (2001): J Immunol. 167: 2142-50.
6. Wiler R., Leber R., Moore B.B., *et al.* (1995): Proc Natl Acad Sci U S A. 92: 11485-9.
7. Verfuurden B1., Wempe F., Reinink P., *et al.* (2011): Genes Immun.12: 310-3.
8. Benson K.F.1, Li FQ, Person R.E., *et al.* (2003): Nat Genet. 35: 90-6.
9. Shearman J.R1, Wilton A.N. (2011): BMC Genomics. 12: 258.

## 呼吸器の免疫と疾患

1. 清野宏(2010): M細胞の免疫生物学的解明とそれを標的とする粘膜ワクチンの開発.
2. Ogasawara N., Go M., Kojima T., *et al.* (2011): Acta Otolaryngol 131, 116-123. Epithelial barrier and antigen uptake in lymphoepithelium of human adenoids.
3. 佐藤篤彦(2000): 日呼吸会誌 38, 3-11. BALTの基礎的, 臨床的展望
4. Parker D., Prince A. (2011): Am J Respir Cell Mol Biol 45, 189-201. Innate immunity in the respiratory epithelium.
5. Berghuis L., Abdelaziz K., Bierworth J., *et al.* (2014): Vet Res 45, 105. Comparison of innate immune agonists for induction of tracheal antimicrobial peptide gene expression in tracheal epithelial cells of cattle.
6. 黒木由夫, 西谷千明 (2009): 生化学 81(3), 182-188 肺コレクチンによる自然免疫制御機構.
7. Vail D.M., Mahler P.A., Soergel S.A. (1995): Am J Vet Res. 56, 282-295. Differential cell analysis and phenotypic subtyping of lymphocytes in bronchoalveolar lavage fluid from clinically normal dogs.
8. Kaltreider H.B., Salmon S.E. (1973): J Clin Invest. 52, 2211-2217. Immunology of the lower respiratory tract. Functional properties of bronchoalveolar lymphocytes obtained from the normal canine lung.
9. McCarthy G.M., Quinn P.J. (1989): Can J Vet Res 53, 259-263. Bronchoalveolar lavage in the cat.
10. Shibly S., Klang A., Galler A. (2014): J Comp Pathol. 150, 408-415. Architecture and inflammatory cell composition of the feline lung with special consideration of eosinophil counts.
11. Zhu B.Y., Johnson L.R., Vernau W. (2015): J Vet Intern Med 29, 526-532. Tracheobronchial Brush Cytology and Bronchoalveolar Lavage in Dogs and Cats with Chronic Cough 45 Cases (2012-2014).
12. Mair T.S., Stokes C.R., Bourne F.J. (1987): Equine Vet J. 19, 458-462. Cellular content of secretions obtained by lavage from different levels of the equine respiratory tract.
13. Liu I.K., Walsh E.M., Bernoco M., *et al.* (1987): J Reprod Fertil Suppl. 35, 587-92. Bronchoalveolar lavage in the newborn foal.
14. Hansen S., Baptiste K.E., Fjeldborg J., *et al.* (2015): Ageing Res Rev 20, 11-23. A review of the equine age-related changes in the immune system: Comparisons between human and equine aging, with focus on lung-specific immune-aging.
15. Gehrke I., Pabst R. (1990): Lung 168, 79-92.
16. Pringle J.K., Viel L., Shewen P.E., *et al.* (1988): Can J Vet Res 52,239-248. Bronchoalveolar lavage of cranial and caudal lung regions in selected normal calves, cellular, microbiological, immunoglobulin, serological and histological variables.
17. Weiss RA, Chanana AD, Joel DD. (1986): Pediatr Res. 20, 496-504. Postnatal maturation of pulmonary antimicrobial defense mechanisms in conventional and germ-free lambs.

18. 岩渕和也.(2011):北里医学 41, 99-109. ナチュラルキラーT細胞の分化と機能,前編.
19. 岩渕和也.(2012):北里医学 42, 19-31. ナチュラルキラーT細胞の分化と機能,後編.
20. Fujii S., Shimizu K., Okamoto Y., *et al.*(2013): Front Immunol 4, 409 NKT cells as an ideal anti-tumor immunotherapeutic.
21. Shimizu K., Sato Y., Shinga J., *et al.* (2014): Proc Natl Acad Sci U S A. 111, 12474-9. KLRG+ invariant natural killer T cells are long-lived effectors.
22. Yasuda N., Masuda K., Tsukui T., *et al.* (2009): Vet Immunol Immunopathol. 132, 224-231. Identification of canine natural CD3-positive T cells expressing an invariant T-cell receptor alpha chain.
23. Kim E.Y., Battaile J.T., Patel A.C., (2008): Nat Med 14, 633-640. Persistent activation of an innate immune response translates respiratory viral infection into chronic lung disease.
24. Tamura S., Kurata T. (2004): Jpn J Infect Dis 57, 236-247. Defense mechanisms against influenza virus infection in the respiratory tract mucosa.
25. Senft A.P., Taylor R.H., Lei W., *et al.* (2010): Am J Respir Cell Mol Biol 42, 404-414. RS Virus Impairs Macrophage IFN-a b and IFN-γ-Stimulated Transcription by Distinct Mechanisms.

## 免疫介在性呼吸器疾患

1. 鼻アレルギー診療ガイドライン作成委員会(2013):鼻アレルギー診療ガイドラインダイジェスト 2013年版.
2. Windsor R.C., Johnson L.R.(2006): Clin Tech Small Anim Pract 21, 76-81. Canine chronic inflammatory rhinitis.
3. Sasaki Y., Kitagawa H., Fujioka T., *et al.*(1995): J Vet Med Sci. 57, 683-685. Hypersensitivity to Japanese cedar (Cryptomeria japonica) pollen in dogs.
4. Tiniakov R.L., Tiniakova O.P., McLeod R.L., *et al.*(2003): J Appl Physiol 94, 1921-1928, Canine model of nasal congestion and allergic rhinitis.
5. Kurata K., Maeda S., Masuda K., *et al.*(2004): J Vet Med Sci. 66, 25-29. Immunological findings in 3 dogs clinically diagnosed with allergic rhinitis.
6. Yamaya Y., Watari T.(2015): J Vet Med Sci 77, 421-425. Increased proportions of CCR4+ cells among peripheral blood CD4+ cells and serum levels of allergen-specific IgE antibody in canine chronic rhinitis and bronchitis.
7. Trzil J.E., Reinero C.R.(2014): Vet Clin North Am Small Anim Pract. 44, 91-105. Update on feline asthma.
8. Liu D.T., Silverstein D.C.(2014): J Vet Emerg Crit Care (San Antonio). 24, 316-325. Feline secondary spontaneous pneumothorax.
9. Shibly S., Klang A., Galler A., *et al.*(2014): J Comp Pathol. 150, 408-415. Architecture and inflammatory cell composition of the feline lung with special consideration of eosinophil counts.
10. Sharp C.R., Lee-Fowler T.M., Reinero C.R.(2013): J Vet Intern Med. 27, 982-984. Endothelin-1 concentrations in bronchoalveolar lavage fluid of cats with experimentally induced asthma.
11. Reinero C.R., Liu H., Chang C.H.(2012): Vet Immunol Immunopathol. 149, 1-5. Flow cytometric determination of allergen-specific T lymphocyte proliferation from whole blood in experimentally asthmatic cats.
12. Nafe L.A., Leach S.B.(2014): J Feline Med Surg. 2014 Dec 19. pii: 1098612X14563342. [Epub ahead of print]. Treatment of feline asthma with ciclosporin in a cat with diabetes mellitus and congestive heart failure.
13. 谷本武史(2010): Drug Delivery System 25-1, 15-21. 経鼻吸収型インフルエンザワクチンの開発.
14. Aryan Z., Holgate S.T., Radzioch D., (2014): Int Arch Allergy Immunol 164, 46-63. A new era of targeting the ancient gatekeepers of the immune system: toll-like agonists in the treatment of allergic rhinitis and asthma.
15. Jacobs A.A., Bergman J.G., Theelen R.P., *et al.*(2007): Vet Rec. 160, 41-5. Compatibility of a bivalent modified-live vaccine against Bordetella bronchiseptica and CPiV, and a trivalent modified-live vaccine against CPV, CDV and CAV-2.
16. Heller M.C., Lee-Fowler T.M., Liu H., *et al.*(2014): Vet Immunol Immunopathol. Neonatal aerosol exposure to Bermuda grass allergen prevents subsequent induction of experimental allergic feline asthma.
17. Hobo S.,Oikawa M.,Yoshihara T.(1997): Am J Vet Res. 58, 531-534.

## 血液の免疫と疾患

1. Piek J.C., Junius G., Dekker A., *et al.*(2008): J. Vet. Intern. Med.22, 366-373.
2. Reimer M.E., Troy G.C., Wamick L.D.(1999): J. Am. Anim. Hosp. Associ.35, 384-391.

3. Weinkle T.K., Center S.A., Randolph J.F., *et al.*(2005): J. Am. Vet. Med. Assoc. 226, 1869-1880.
4. Weiss J.D.(2008): J.Comp. Path. 138, 46-53.
5. Stokol T., Blue J.T., French T.W.(2000): J. Am. Vet. Med. Assoc. 216, 1429-1436.
6. Stokol T., Blue J.T.,(1999): J. Am. Vet. Med. Assoc. 214, 75-79.
7. Kohn B., Weingart C., Eckmann V., Ottenjann M., *et al.*(2006): J Vet Intern Med 20, 159-166.
8. Messick J.B.(2013): 最新犬と猫の血液学(鬼頭克也監訳), 43-51, インターズー.
9. 藤村欣吾(2014): 臨床血液. 55, 83-92.
10. 山崎宏人(2011): 臨床血液. 52, 1507-1514.
11. 廣川誠(2009): 臨床血液. 50, 1460-1468.
12. 亀崎豊実, 梶井英治(2008): 臨床血液. 49, 1322-1329.

### ◆内分泌系の免疫と疾患

1. Miyake S.(2012): Clin. Exp. Neuroimmunol. 3, 1-15. Mind over cytokines: Crosstalk and regulation between the neuroendocrine and immune systems.
2. 精神神経内分泌免疫学研究会ウェブサイト. http: //jpnei.org/index.html
3. Lee S.K., Kim C.J., Kim D.J., *et al.*(2015): Immune Netw. 15, 16-26. Immune cells in the female reproductive tract.
4. Cunningham M., Gilkeson G.(2011): Clin Rev Allergy Immunol. 40, 66-73. Estrogen receptors in immunity and autoimmunity.
5. Trigunaite A., Dimo J., Jorgensen T.N.(2015): Cell Immunol. 294, 87-94. Suppressive effects of androgens on the immune system.
6. Ignacak A., Kasztelnik M., Sliwa T., *et al.*(2012): J Physiol Pharmacol. 63, 435-43. Prolactin is not only lactotrophin. A new view of the old hormone.
7. Hayes C.E., Hubler S.L., Moore J.R., *et al.*(2015): Front Immunol. 6, 100. Vitamin D Actions on CD4(+) T Cells in Autoimmune Disease.

### ◆免疫介在性内分泌疾患

1. Miller J., Popiel J., Chełmońska-Soyta A.(2015): J Comp Pathol. 15, 00051-1.(in press) Humoral and Cellular Immune Response in Canine Hypothyroidism.
2. Mori A, Lee P, Izawa T, *et al.*(2009): Vet Res Commun. 33, 757-69. Assessing the immune state of dogs suffering from pituitary gland dependent hyperadrenocorticism by determining changes in peripheral lymphocyte subsets.
3. Nelson R.W., Reusch C.E.(2014): J Endocrinol. 222, 3. Animal models of disease: classification and etiology of diabetes in dogs and cats.
4. Ahlgren K.M., Fall T., Landegren N., *et al.*(2014): PLoS One. 9, e105473. Lack of evidence for a role of islet autoimmunity in the aetiology of canine diabetes mellitus.
5. Franchini M., Zini E., Osto M, *et al.*(2010): Vet Immunol Immunopathol. 138, 70-78. Feline pancreatic islet-like clusters and insulin producing cells express functional Toll-like receptors (TLRs).

### ◆神経の免疫と疾患

1. Wekerle H., Sun D., Oropeza-Wekerle R. L., *et al.*(1987): The Journal of Experimental Biology.132, 43-57.
2. 楠進 (2013): 免疫性神経疾患ハンドブック.316-325, 南江堂.
3. Jung H. K., Ryu H. J. , Kim W. I. *et al.*(2012): Brain Research.1447, 126-134.
4. Takeuchi H., Mizuno T., Zhang G. *et al.*(2005): The Journal of Biological Chemistry.280, 10444-10454.
5. Takeuchi H., Mizoguchi H., Doi Y. *et al.*(2011): PLos One.6(6), e21108.
6. 神田隆 (2011): Brain and Nerve.63, 557-569.
7. Wu C., Anderson P., Hallmann R., *et al.*(2009): Nature Medicine.15, 519-527.
8. Argaw A.,Gurfein B., Zhang Y. *et al.*(2009): Proceedings of the National Academy of Sciences of the United States America 106, 1977-1982.
9. Antonetti D.A. , Barber A.J., Hollinger L.A. *et al.*(1999): The Journal of Biological Chemistry 274, 23463-23467.

10. Kanda T., Usui S. , Beppu H. *et al.*(1998): Acta Neuropathologica.95, 184-192.
11. Kanda T., Numata Y., Mizusawa H.(2004): Journal of Neurology, Neurosurgery, and Psychiatry.75, 765-769.
12. 矢田純一 (2013): 医系免疫学 改訂13版, 595-596, 中外医学社.
13. Utsuyama M., Hirokawa K.(2002): Experimental Gerontology.37, 411-420.
14. 前田敏彦, 神田隆 (2013): 日本臨牀. 71(5), 789-794.
15. Rodney S. B.(2005): Fundamentals of Veterinary Clinical Neurology.56-58, Blackwell Publishing.
16. Cummings J., de Lahunta A., Holmes D.(1982): Acta Neuropathologica.56, 167-178.
17. Panciera R., Ritcheyr J., Baker J.(2002): Veterinary Pathology.39, 146-149.
18. Bichsel P.,Oliver J.Jr., Tyler D.,(1987): Journal of the American Veterinary Medical Association. 191, 991-994.
19. Cummings J., de Lahunta A.(1974): Acta Neuropathologica .29, 325-336.
20. Griffiths I., Carmichael S., Mayer S.(1983): Veterinary Record.112, 360-361.
21. Summers B., Cummings J., de Lahunta A.(1995): Veterinary Neuropathology.427-431, Mosby.
22. de Lahunta A.(1983): Veterinary Neuroanatomy and Clinical Neurology, 2nd ed, 110-111, Saunders.
23. Carmichael S., Griffiths I.R.,(1981): Veterinary Record.109, 280-282.
24. Cuddon PA,(1998): Journal of Veterinary Internal Medicine.12, 294-303.
25. Cummings J., Haas D.(1967): Journal of the Neurological Sciences.4, 51-81.
26. Hartung H., Toyka K.(1990): Ann Neurol.27, S57-S63.
27. Van der Meche F., van Doorn P.(1995): Annals of Neurology.37, 14-30.
28. Medana I., Gallimore A., Oxenius A., *et al.*(2000): European Journal of Immunology.30, 3623-3633.
29. Averill D.R.Jr.(1973): Journal of the American Animal Hospital Association 162, 1045-1051.
30. Lee, J., Ryu, H. and Kowall, N. W.(2009): Biochemical and Biophysical Research Communications.387, 202-206.
31. Waxman, F. J., Clemmons, R. M., Johnson, G.(1980): Journal of Immunology.124, 1209-1215.
32. Bichsel, P., Vandevelde, M., Lang, J. and Kull-Hachler, S.(1983): Journal of the American Animal Hospital Association.183, 998-1000.
33. Matthews N. S. and de Lahunta,A.(1985): Journal of the American Animal Hospital Association.186, 1213-1215.
34. Miller A. D., Barber R., Porter B. F.(2009): Veterinary Pathology.46, 684-687.
35. Coates, J. R., March, P. A., Oglesbee, M., *et al.*(2007): Journal of Veterinary Internal Medicine.21, 1323-1331.
36. March P. A., Coates J. R., Abyad R.J., *et al.*(2009): Veterinary Pathology. 46, 241-250.
37. Braund K.G, Vandevelde M.(1978): American Journal of Veterinary Research.39, 1309-1315.
38. Johnston, P. E. J., Griffiths, I. R., Knox, K. *et al.*(2001): Veterinary Record.148, 403.
39. Griffiths I.R., Duncan I.D. (1975): Journal of Small Animal Practice.16, 461-471.
40. Barclay K.B. and Haines D. M.(1994): Canadian Journal of Veterinary Research. 58, 20-24.
41. Awano T.,Johnson G.S., Wade, *et al.*(2009): Proceedings National Academy Sciences U.S.A. 106, 2794.
42. Mizue OGAWA, Kazuyuki UCHIDA, Eun-Sil PARK (2011): The Journal of Veterinary Medical Science.73, 1275-1279.
43. Kathmann I., Cizinauskas S., Doherr M.G.*et al.*(2006): Journal of Veterinary Internal Medicine.20, 927-932.
44. Cuddon P.A., Smith-Maxie L.(1984): Compendium on Continuing Education for the Practising Veterinarian.6, 23-32.
45. Demierre S., Tipold A., Griot-Wenk, M.E.(2001): Veterinary Record.148, 467-472.
46. Glastonbury J.R. and Frauenfelder A.R.(1981). Australian Veterinary Journal. 57, 186-189.
47. Munana K.R., Luttegen P.J.(1998): Journal of the American Animal Hospital Association .212, 1902-1906.
48. Emma J. O., Darren M., Boyd J.,(2005): Irish Veterinary Journal.58, 86-92.
49. Sorjonen D.C.(1987): Journal of the American Animal Hospital Association.26, 141-147.
50. Braund K.G.(1985): Journal of the American Veterinary Medical Association. 186, 138-141.
51. Sawashima Y., Sawashima K., Shitaka H.(2008): Journal of the American Veterinary Medical Association.61, 800-803.
52. Gelatt, K.N.(2000): Essentials of Veterinary Ophthalmology. 253-294, Wiley Blackwell .
53. Tomomi M., Akinori S., Takehito M.(2009): The Journal of Veterinary Medical Science.71, 509-512.
54. Kipar A., Baumgärtner W., Vogl C., *et al.*(1998): Veterinary Pathology.35, 43-52.
55. Wong C.W., Sutton R.H.(2002): Australian Veterinary Practitioner.32, 6-11.
56. Braund K.G.(2003): International Veterinary Information Service.Online: www.ivis.org.

57. Cordy D.R.(1979): Veterinary Pathology.16, 325-333.
58. Park E. S., Uchida K. and Nakayama H.(2012): Veterinary Pathology.49, 682-692.
59. Park E. S., Uchida K. and Nakayama H.(2013): Veterinary Pathology.50, 1127-1134.
60. Cuddon P.A., Coates J.R., Murray N.(2002): 20th ACVIM: 319-321.
61. Platt S.R.(2002): 20th Annual ACVIM Forum. 370-372.
62. Adamo F.P., O'Brien R.T.(2004): Journal of the American Veterinary Medical Association 225, 1211-1216.
63. Cordy D.R, Holliday T.A.(1989): Veterinary Pathology.26, 191-194.
64. Levine J.M,. Fosgate G.T., Porter B., *et al.*(2008): Journal of Veterinary Internal Medicine.22, 961-968.
65. Fearnside S.M, Kessell AE, Powe JR.(2004): Australian Veterinary Journal. 82, 550-552.
66. Suzuki M., Uchida K., Morozumi M., *et al.*(2003): The Journal of Veterinary Medical Science.65, 1233-1239.
67. Baiker K, Hofmann S, Fischer A, *et al.*(2009): Acta Neuropathologica.118, 697-709.
68. Kuwamura M., Adachi T., Yamate J., *et al.*(2002): Journal of Small Animal Practice.43, 459-463.
69. Lotti D., Capucchio M.T., Gaidolfi E. *et al.*(1999): Veterinary Radiology & Ultrasound.40, 622-626.
70. Tipold A., Fatzer R., Jaggy A., *et al.*(1993): Journal of Small Animal Practice.34, 623-628.
71. Von Praun F., Matiasek K., Grevel V.,(2006): Veterinary Radiology & Ultrasound.47, 260-264.
72. Spitzbarth I., Schenk H.C., Tipold A., *et al.*(2010): Journal of Comparative Pathology.142, 235-241.
73. Aranami T, Yamamura T.(2008): Allergology International 57, 115-120.
74. Daynes RA, Araneo BA.(1989): European Journal of Immunology.19, 2319-2325.
75. Greer K.A., Schatzberg S.J., Porter B.F.(2009): Research in Veterinary Science. 86, 438-442.
76. Greer KA, Wong AK, Liu H.(2010): Tissue Antigens.76, 110-118.
77. Dagle J.C.(2002): The Journal of the American Animal Hospital Association.38, 205-208.
78. Higgins R.J., Dickinson P.J., Kube S.A., *et al.*(2008): Veterinary Pathology.45, 336-346.
79. Jull B.A., Merryman J. I., Thomas W.B.and McArthur A.(1997): Journal of the American Veterinary Medical Association. 211, 1005-1007.
80. Uchida, K., Hasegawa, T., Ikeda, M.(1999): Veterinary Pathology.36, 301-307.
81. Talarico L. R. and Schatzberg S. J.(2010): Journal of Small Animal Practice.51, 138-149.
82. Matsuki, N., Fujiwara, K., Tamahara, S., *et al.*(2004): The Journal of Veterinary Medical Science.66, 295-297.
83. Renee M. B., Scott J. S., Jason J. C.(2011): Journal of Heredity.102(S1), 40-46.
84. Bromley S.K, Mempel T.R, Luster A.D.(2008): Nature Immunology.9, 970-980.
85. Woodroofe M.N., Cuzner M.L., (1993): Cytokine.5, 583-588.
86. Oda N, Canelos PB, Essayan DM, *et al.*(2005): American Journal of Respiratory and Critical Care Medicine.171, 12-18.
87. Shahrara S., Huang Q., Mandelin A.M. II, *et al.*(2008): Arthritis Research & Therapy.10, R93-R100.
88. Hizuru. M., Akiko. I., Miho T., *et al.*(2013): The Journal of Veterinary Medical Science .75, 1543-1545.
89. Dewey C.W.(2003): Iowa State Press. 1st ed.: 160-162, Iowa state university.
90. Dong I.J., Byeong-Teck K., Chul P., *et al.*(2007): The Journal of Veterinary Medical Science.69, 1303-1306.
91. Noli, C. and Scarampella, F.(2006): Journal of Small Animal Practice.47, 434-438.
92. Robson D. C. and Burton G. G.(2003): Veterinary Dermatology.14, 1-9.
93. Jacobs R.M.,Cochrane S.M. and Lumsden J.H.(1990): The Canadian.Veterinary Journal .31, 587-588.
94. Gnirs, K.(2006): Journal of Small Animal Practice. 47, 201-206.
95. Gensicke H., Leppert D., Yaldizli O., *et al.*(2012): CNS Drugs.26, 11-37.
96. 新野正明, 宮崎雄生(2013):Brian ande NERVE .65, 1381-1388.

## 筋骨格系の免疫と疾患

1. Ettinger S.J., Feldoman, E.C.(2010): Textbook of veterinary internal medicine. 743-749, Elsevier.
2. Mensah K.A., Mathian A., Ma L. *et al.* (2010): Arthiritis Rheum 62, 1127-1137.
3. Johnson K.C., Mackin, A.(2012): J Am Anim Hosp Assoc. 48, 12-17.
4. Kohn B.(2007): Eur J Comp Anim Pract. 17, 119-124.

5. Bell S.C., Carter S.D., May C. *et al.*(1993): J Small Anim Pract. 34, 259-264.
6. Bell S.C., Carter S.D., May C. *et al.*(1995): Br Vet J. 151, 271-279.
7. Berg R.I., Sykes J.E., Kass P.H. *et al.*(2009): J Vet Intern Med. 23, 814-817.
8. Hegemann N., Wondimu A., Kohn B. *et al.*(2005): Vet Comp Orthop Traumatol. 18, 67-72.
9. Foster J.D., Sample S., Kohler, R. *et al.*(2014): J Vet Intern Med.28, 905-911.
10. Bennett D., Kelly D.F.(1987): J Small Anim Pract. 28, 891-908.
11. Johnson K.C., Mackin, A.(2012): J Am Anim Hosp Assoc. 48, 71-82.
12. Stull J.W., Evason, M., Carr, A.P. *et al.*(2008): Can Vet J 49. 1195-1203.
13. Rondeau M.P., Walton R.M., Bissett S. *et al.*(2005): J Vet Intern Med. 19, 654-662.
14. Day M.J.(2012): Clinical immunology of the dog and cat. 172-200, Manson Publishing.
15. Webb A.A., Taylor S.M., Muir G.D.(2002): J Vet Inter Med. 16, 269-273.
16. Dodds W.J.(2001): J Am Anim Hosp Assoc. 37, 211-214.
17. Dawson S., Bennett D., Carter S.D. *et al.*(1994): Res Vet Sci. 56, 133-143.
18. Giger U., Wemer L.L., Millichamp N.J. *et al.*(1985): J Am Vet Med Assoc. 186, 479-484.
19. Lowrie M., Penderis J., McLaughlin M. *et al.*(2009): J Vet Intern Med. 23, 862-870.
20. Bennett D.(1987): J Small Anim Pract. 28, 779-797.
21. Carty S.M., Snowden N., Silman A.J. (2004): Ann Rheum Dis 63, 46-49.
22. Rajaiah R., Moudgil K.D. (2009): Autoimmun Rev 8, 388-393.
23. Choy E.H., Panayi G.S. (2001): N Engl J Med 344, 907-916.
24. Bari A.S., Carter S.D., Bell B.C. *et al.*(1989): Br J Rheumatol. 28, 480-486.
24. Choi Y., Arron J.R., Townsend M.J. (2009): Nat Rev Rheumatol 5, 543-548.
25. May C., Carter S.D., Bell S.C. *et al.*(1994): Br J Rheumatol. 33, 27-31.
26. Schwartz Z., Zitzer N.C., Racette M.A. *et al.*(2011): Vet Microbiol. 148, 308-316.
27. Carter S.D., Bell, S.C., Bari A.S. *et al.*(1989): Ann Rheum Dis. 48, 986-991.
28. Chabanne L., Fournel C., Faure J.R. *et al.*(1993): Vet Immunol Immunopathol. 39, 365-379.
29. Macwilliams P.S., Friedrichs K.R.(2003): Vet Clin N Am Small Anim Pract. 33, 153-178.
30. Jacques D., Cauzinille L., Boury B. *et al.*(2002): Vet Surg. 31, 428-434.
31. Colopy S.A., Baker T.A., Muir P.(2010): J Am Vet Med Assoc. 236, 312-318.
32. Couturier J., Huynh M., Boussarie D. *et al.*(2009): J Am Vet Med Assoc. 235, 1462-1466.
33. Tizard I.R.(2009): Veterinary immunology. 429-430, Elsevier.
34. Ettinger S.J., Feldoman, E.C.(2010): Textbook of veterinary internal medicine. 1475-1477, Elsevier.
35. Dewey C.W.(1997): Vet Clin North Am Small Anim Pract. 19, 1340-1354.
36. Meriggioli M.D., Sanders D.B. (2009): Lancet Neurol 8, 475-490.
37. Levinson A.I., Wheatley L.M.(1996): Clin Immunol Immunopathol. 78, 1-5.
38. Levinson A.I., Wheatley L.M. (1996): Clin.Immunol. Immunopatho 78, 1-15.
39. Ducote J.M., Dewey C.W., Coates, J.R.(1999): Compend Contin Educ Pract. 21, 440-447.
40. Day M.J.(1997): J Small Anim Pract. 38, 393-403.
41. Shelton G.D., Ho M., Kass P.H.(2000): J Am Vet Med Assoc. 216, 55-57.
42. Krotje L.J. Fix A.S., Potthoff A.D.(1990): J Am Vet Med Assoc. 197, 488-490.
43. Moore A.S., Madewell B.R., Cardinet G.H. *et al.*(1990): J Am Vet Med Assoc. 197, 226-227.
44. Ridyard A.E., Rhind S.M., French A.T. *et al.*(2000): J Small Anim Pract. 41, 348-351.
45. Shelton G.D.(1998): J Small Anim Pract. 39, 368-372.
46. Dewey C.W., Shelton G.D., Bailey C.S. *et al.*(1995): Prog Vet Neutol. 6, 117-123.
47. Shelton G.D., Schule A., Kass P.H.(1997): J Am Vet Med Assoc. 211, 1428-1431.
48. Vieira M.L., Caillat-Zucman S., Gajdos, P. *et al.*(1993): J Neuroimmunol. 47, 115-122.
49. Lipsitz D., Berry J.L., Shelton G.D.(1999): J Am Vet Med Assoc. 215, 956-958.
50. Dewey C.W., Bailey C.S., Shelton G.D. *et al.*(1997): J Vet Intern Med. 11, 50-57.
51. Shelton G.D.(1999): Vet Immunol Immunopathol. 69, 239-249.
52. Shelton G.D.(2002): Vet Clin North Am Small Anim Pract. 32, 189-206.

53. King L.G. Vite C.H.(1998): J Am Vet Med Assoc. 212, 830-834.
54. Shelton G.D., Willard M.D., Cardinet, G.H. *et al.*(1990): J Vet Intern Med. 4, 281-284.
55. Yam P.S., Shelton G.D., Simpson J.W.(1996): J Small Anim Pract. 37, 179-183.
56. Dickinson P.J., LeCouteur R.A.(2002): Vet Clin North Am Small Anim Pract. 32, 132-163.
57. Shelton G.D.(1989): Semin Vet Med Surg(Small Anim). 4, 126-132.
58. Hopkins A.L.(1992): J Small Anim Pract. 33, 477-484.
59. Rusbridge C., White R.N., Elwood C.M. *et al.*(1996): J Small Anim Pract. 37, 376-380.
60. Shelton G.D., Lindstrom J.M.(2001): Neurology. 57, 2139-2141.
61. Bexfield N.H., Watson P.J., Herrtage, M. E.(2006): J Vet Intern Med. 20, 1487-90.
62. Dewey C.W., Cerda-Gonzalez S., Fletcher D.J. *et al.*(2010): J Am Vet Med Assoc. 236, 664-668.
63. Batocchi A.P., Evoli A., Di Schino C. *et al.*(2000): Ther Apher. 4, 275-279.
64. Skeie G.O., Apostolski S., Evdi A. *et al.*(2006):Eur J Neurol 13. 691-699.
65. Bartges J.W.(1997):Semin Vet Med Surg(Small Anim). 12, 170-177.
66. Bartges J.W., Klausner J.S., Bostwick E.F. *et al.*(1990):J Am Vet Med Assoc. 196, 1276-1278.

# 第8章 癌の発生と免疫監視

## 1 はじめに

生体には癌に対する様々な防御機能が備わっており，発生した癌細胞をアポトーシスに導く細胞特異的な機序が存在する．これらの防御機能に加え，免疫系が癌の排除に寄与しているという証拠が近年急速に蓄積してきている．

癌免疫に関しては，その基本概念がいまだに大きな論争の対象になっており，依然として癌あるいは免疫研究の他のどの分野より流動性が高い．さらに，犬や猫では癌免疫に関する基礎的研究がほとんど行われておらず，この分野に関する情報がほとんどない．しかしながら，この分野は癌の発生機序や新しい治療法についての新たな洞察をもたらしてくれることが大きく期待される免疫学の重要な一領域である．

## 2 癌の発生

癌は遺伝子異常の蓄積が原因で起こるとされており，モデル動物および臨床例の解析から複数の遺伝子が順次異常を引き起こすことで段階的に発生することが証明されている．一方，癌を全身性の疾患ととらえ，その免疫学的側面を考えた場合，癌の発生・形成過程における癌細胞と免疫細胞およびその他間質細胞との相互作用による免疫病態が非常に重要である．癌形成過程において，癌細胞は免疫抵抗性および抑制性を獲得する．また，癌組織や所属リンパ節などでは多様な免疫細胞や免疫調節分子が関与する免疫抑制カスケードが作動して，癌細胞の増殖・浸潤を促進する免疫抑制的な環境が構築される．

## 3 免疫監視機構

免疫監視機構とは，生体には，癌細胞の発生を監視し，その排除を担う免疫システムが存在するという概念である．この考えは1957年にBurnetに提唱されてから長い間議論の分かれるところであったが，2000年代以降様々なノックアウトマウスやモノクローナル抗体を用いた動物実験の結果から，この仮説を肯定する結果が複数のグループにより発表された．癌免疫監視機構の存在を強く支持する実験データは化学発癌剤である3-メチルコラントレンによってRag2-/-マウス[注1]または野生型マウスに誘発された肉腫の詳細な研究からSchreiberらに

注1

RAG（recombination activating gene）とはリンパ球前駆細胞に特異的に発現するDNA組換え酵素で，RAG1とRAG2の2種類が存在する．これらはTCR遺伝子および免疫グロブリン遺伝子のV，D，Jの各遺伝子断片に隣接する特異的な塩基配列を認識して切断する．このため，遺伝子再構成に必須であり，Ragの変異や欠損はT細胞およびB細胞を欠損する免疫不全症を引き起こす．Rag2-/-マウスはT細胞，B細胞およびNKT（natural killer T）細胞を完全に欠く免疫不全マウスである．

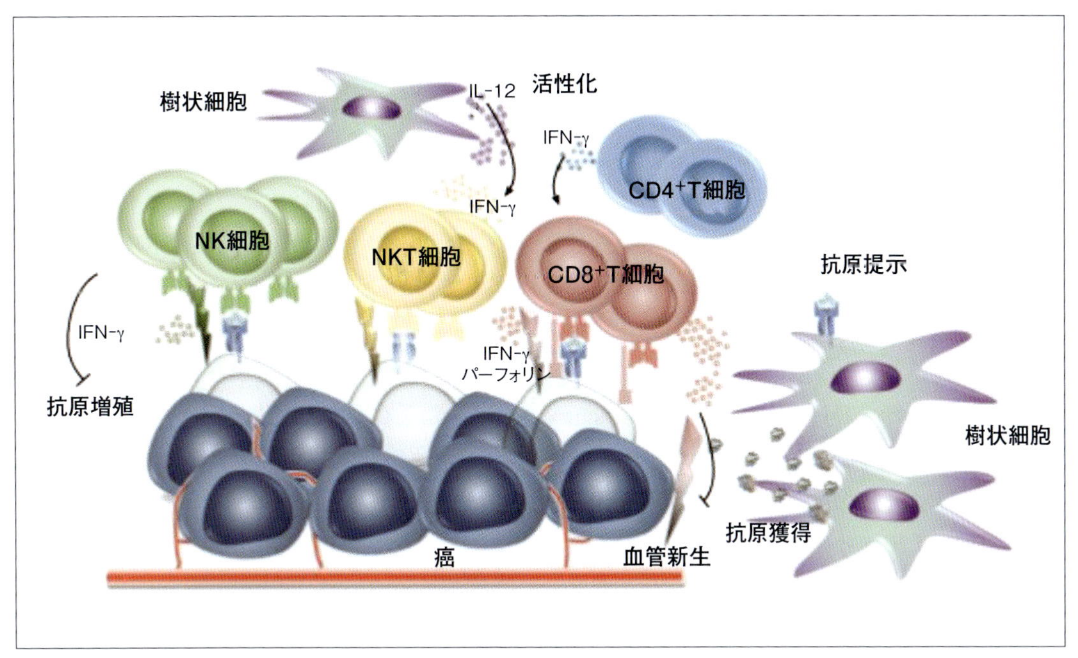


**図8-1　免疫監視機構(免疫細胞による癌細胞の排除)**．癌細胞はNK細胞やNKT細胞などの自然免疫系およびCD8$^+$細胞やCD4$^+$細胞などの獲得免疫系の両方に認識され，排除される．また，免疫細胞により産生されるIFN-γにより癌細胞増殖および血管新生が抑制される．

よって2001年に発表された[1]．この結果からT細胞，B細胞，NKT細胞(natural killer T cell)は癌の発生を防いでいることが明らかとなり，マウスにおける癌免疫監視機構の存在が示された．正常細胞が癌細胞へと形質転換すると，NK，NKT細胞，マクロファージなどの自然免疫系，およびT細胞と樹状細胞を中心とする獲得免疫系が癌細胞を感知する．様々な分子を介した免疫システムの攻撃により癌細胞が排除される(**図8-1**)．

## NK細胞

NK細胞はT細胞やB細胞において特徴的な抗原特異的受容体を発現しないが，イムノグロブリン様受容体ファミリーやC型レクチン受容体ファミリーに属する受容体群を用いて活性化シグナルと抑制性シグナルのバランスを調節することでその反応性を制御している．つまり，活性化受容体を介したストレス性リガンド分子群の認識による活性化シグナルと，抑制性受容体を介した主要組織適合遺伝子複合体(major histocompatibility complex；MHC)クラスI分子の認識による抑制性シグナルとのバランスによってNK細胞の機能は調節されている．癌細胞には活性化リガンドの発現増強や自己MHCの発現低下が起こりこのバランスが活性化に傾くことでNK細胞が癌細胞に応答することができる．活性化NK細胞はパーフォリンやグランザイムなどの細胞傷害性顆粒や，Fasリガンドや TRAIL(TNF-related apoptosis-inducing ligand)といったデスリガンドにより直接癌細胞を傷害する．さらに各種インターフェロンをはじめとするサイトカイン産生によって，他のエフェクター機構を活性化することにより癌細胞の排除に働く．

## NKT細胞

NKT細胞はNK1.1やCD56などのNK細胞マーカーを発現しながら，かつ遺伝子再構成で生じたT細胞受容体(T cell receptor；TCR)を有する特殊なリンパ球サブセットである．狭義には，MHCクラスI様分子であるCD1d拘束性に非ペプチド性抗原を認識し，応答するT細胞である．

NKT細胞は，CD1d拘束性semi-invariant TCR(iTCR＝Vα14Jα18/Vβ8, 7, 2)を発現するtype I NKT(iNKT)細胞と多様なTCRを発現するtype II NKT細胞という，その機能が大きく異なる二つの亜集団に分類される[2]．iNKT細胞は，脂質のα-GalCer(α-galactosylceramide；αガラクトシルセラミド)，をリガンドとしてエフェクター機能を呈し，type II NKT細胞は，sulfatideなどをリガンドとして調節性機能を呈する亜群と考えられている．α-GalCerによって活性化されたiNKT細胞は，パーフォリンなど様々な細胞傷害因子を発現することで，標的細胞に対して直接細胞傷害活性を示す．また活性化したiNKT細胞が急速にかつ大量に産生するIFN-γなどのTh1タイプのサイトカインや，抗原提示細胞の成熟化などを介して，NK細胞や$CD8^+$T細胞の細胞傷害活性の増強効果を発揮する．

## T細胞と樹状細胞(dendritic cell；DC)

T細胞は，細胞傷害性($CD8^+$)T細胞とヘルパー($CD4^+$)T細胞の二つのサブセットに大別される．$CD8^+$T細胞はTCRを介して，MHCクラスI分子に結合した抗原ペプチドの複合体を認識し，活性化され細胞傷害活性を発揮する．MHCクラスI分子は原則としてすべての有核細胞と血小板に発現するが，一部の癌細胞ではその発現が失われている場合がある．基本的には，細胞内のタンパク質がプロテアソームにより分解されてできたペプチドがMHCクラスI分子に負荷され$CD8^+$T細胞に提示される．

一方，$CD4^+$T細胞は抗原ペプチドとMHCクラスII分子の複合体を認識して活性化される．MHCクラスII分子の発現は主に，DC，マクロファージ，B細胞などのAPCに限定され，APCは成熟過程を経て，あるいはサイトカインやその他の刺激分子による刺激を受け，その発現を増強させる．MHCクラスII分子に負荷されるペプチドは，細胞外液中あるいは細胞膜上のタンパク質がAPCに取り込まれ分解されたものであることから，腫瘍特異抗原(腫瘍関連抗原：tumor-associated antigen；TAA)が分泌タンパク質や膜タンパク質である場合や，癌細胞の破壊によりTAAが細胞外へ放出された際には，TAAはAPCに取り込まれMHCクラスII分子を介して$CD4^+$T細胞に提示される．例外として，DCはこれらのタンパク質由来のペプチドを$CD8^+$T細胞に対してもMHCクラスI分子を介して提示できる．この仕組みはクロスプレゼンテーションと呼ばれ，TAA特異的$CD8^+$T細胞の活性化を惹起する重要な機構である．ナイーブT細胞が活性化される場合，TCRを介した抗原ペプチド/MHC複合体の認識だけでは不十分で，T細胞上の補助刺激分子を介した補助シグナルを必要とする．すなわち，ナイーブ$CD8^+$T細胞がTAAペプチド/MHC複合体のみを認識しても十分な活性化が起こらない．この点に関して，$CD8^+$T細胞の十分な活性化を促すために$CD4^+$T細胞が重要な役割を担っている．$CD4^+$T細胞はDCに提示されたTAAペプチドを認識して活性化する際に，補助刺激分子であるCD40リガンドを発現させ，DC上のCD40との相互作用を介してDCの成熟，活性化を促す．これにより，DCはMHC，CD80およびCD86などの発現を増加させ，T細胞上に発現する補助刺激分子であ

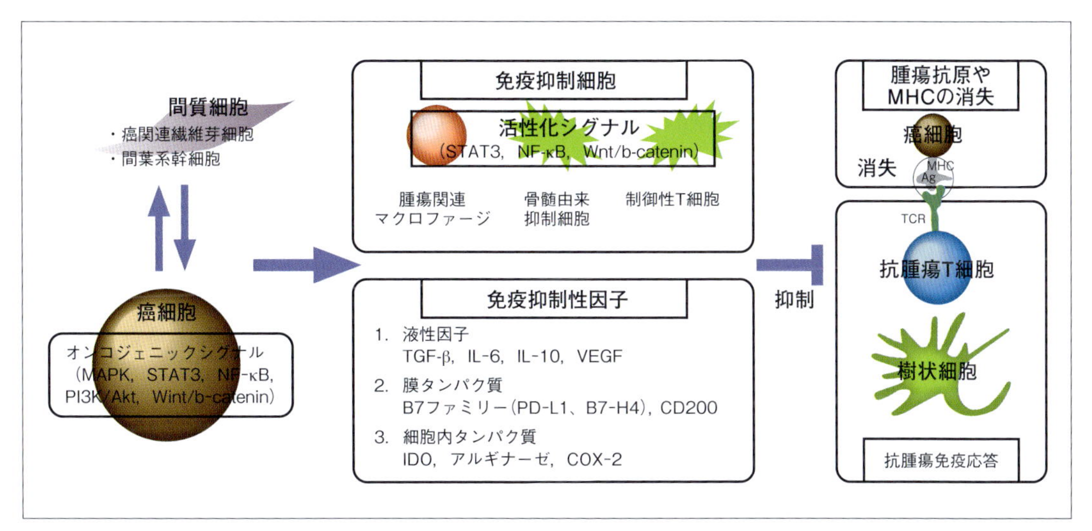


**図8-2　癌微小環境における免疫逃避機構**. 癌微小環境において, 癌細胞, 免疫細胞およびその他の間質細胞が相互作用し, 免疫抑制因子の産生や免疫抑制細胞の誘導を介して免疫抑制的な微小環境を構築する. 癌細胞は腫瘍抗原やMHC分子の消失により, T細胞による認識から直接的に逃避する. いくつかのオンコジェニックシグナルは癌細胞および免疫抑制細胞の両方の免疫抑制活性の活性化に寄与している.

るCD28を介した刺激をTAAペプチド/MHC複合体を認識するナイーブT細胞に与え, 十分な細胞傷害活性を有する成熟したエフェクター$CD8^+$T細胞, あるいは特定の機能に特化したエフェクター$CD4^+$T細胞への分化を促進する.

## 4　免疫逃避

生体内では癌細胞と免疫システムは常に生存と排除のせめぎ合いの状態であり, 免疫システムから逃避した癌細胞が増殖することにより, 臨床的に癌として顕在化する. 現在, この癌の免疫システムからの逃避は癌特有の生物学的特徴(hallmarks of cancer)の一つとして考えられている[3](図8-2).

### 癌細胞レベルの変化(免疫原性の低下)

癌の免疫逃避メカニズムの一つとして, 免疫原性が強い腫瘍抗原の消失やMHC分子の消失など, 癌細胞レベルで変化が起こり免疫システムから認識されず癌細胞が増殖する[4,5]. 腫瘍抗原が消失する原因には, 免疫原性が強い腫瘍抗原を発現していた細胞亜集団がT細胞により排除され, 腫瘍抗原を発現していない細胞亜集団が選択的に生き残った結果起こる場合[4]と, 免疫原性が強い腫瘍抗原がエピジェネティックな変化により抑制されるために起こる場合[5]などが知られている. MHCの消失の原因としては, ①MHCクラスⅠ分子をコードする遺伝子の変異, ②β2ミクログロブリン遺伝子の変異, あるいは③細胞内でのペプチドトランスポートに関わるTAP(transporter associated with antigen processing)遺伝子の変異などが考えられる.

### 癌が誘導する免疫抑制性の環境

担癌状態では, 癌細胞自体が免疫抵抗性を獲得するだけでなく, 癌細胞の遺伝子異常・シグナル異常を起点として, 癌細胞と様々な免疫細胞，あるいは線維芽細胞や間葉系幹細胞(mesenchymal stem cell；MSC)などの間質細胞との相互作用により，抗腫瘍免疫応答の抑制が起こる．癌細胞と周囲の免疫細胞や間質細胞を含む癌微小環境における免疫抑制メカニズムは以下の三つの機序に分類される．

①**免疫抑制性サイトカインや免疫抑制性液性因子の産生**：癌細胞は癌遺伝子の活性化とそれに引き続くMAPK，STAT3，NF-κBおよびβ-cateninなどのシグナル活性化により，TGF-β，IL-6，IL-10およびVEGFなどの免疫抑制性サイトカインを分泌する[6]．癌微小環境では，トリプトファン代謝におけるキヌレニン経路の律速酵素であるIDO(indoleamine 2,3-dioxygenase)やTDO(tryptophan 2,3-dioxygenase)が高発現し，局所的なトリプトファン欠乏や代謝産物キヌレニンによるアポトーシスの誘導によりT細胞を抑制する[7]．また，免疫抑制性PGE2を産生するCOX2(cyclooxygenaze-2)などの細胞内酵素を発現して免疫抑制環境を構築する[8]．

②**抑制性免疫細胞の誘導**：癌組織で産生されるCCL2，CCL20，CCL21，CCL22などのケモカイン[注2]がCCR2，CCR4などのケモカイン受容体を介して腫瘍関連マクロファージ(tumor-associated macrophage；TAM)，骨髄由来抑制細胞(myeloid-derived suppressor cell；MDSC)，制御性T細胞(regulatory T cell；Treg)などの免疫抑制機能を持つ細胞集団が癌微小環境に誘導される．癌組織内では，癌細胞や浸潤免疫細胞により産生されるTGF-β，IL-4，IL-6，IL-10，IL-13およびVEGFなどのサイトカインがTAM，MDSC，Tregなどの様々な免疫抑制細胞の生成を促進し，これらの免疫抑制細胞はさらに免疫抑制サイトカインやケモカインを産生する．

③**免疫抑制性補助刺激分子の発現**：癌抗原に対する免疫応答の主役であるT細胞の活性化や抗原応答性はT細胞受容体を介した抗原認識に加え，補助刺激性および補助抑制性シグナルの相互作用により決定される．補助抑制性シグナル分子は自己に対する不応答性(免疫寛容)の維持や免疫反応の終止のために必要であり，免疫応答の恒常性を監視する機能を有することから免疫チェックポイント分子とも呼ばれている．癌細胞と免疫システムの相互作用のメカニズム解明が進むにつれて，癌組織が補助抑制性シグナルを伝達する免疫チェックポイント分子を巧みに利用して免疫抑制環境を誘導し，癌に対する免疫監視機構から逃避している特性が明らかとなってきた．近年，癌微小環境における癌免疫逃避機構で特に中心的役割を担うB7(B7-1：CD80，B7-2：CD86)/CTLA-4(cytotoxic T-lymphocyte-associated protein 4)経路とPD-1(programmed cell death-1)/PD-1リガンド(PD-L1，PD-L2)経路が特に注目されている．

CTLA-4は活性化したT細胞にのみ発現し，抗原提示細胞あるいは癌細胞の表面に存在する生理的リガンドであるB7と結合することにより抑制性の補助シグナルを伝達する．また，CTLA-4のB7との親和性は同

---

**注2 ケモカイン**

ケモカイン(chemokine)は白血球に対して細胞遊走活性(chemotaxis)を示すサイトカイン(cytokine)で，四つのシステイン残基を保存された位置に保有し，最初の二つのシステイン残基の構造によって，CC，CXC，CX3CおよびCの四つのサブファミリーに分類される．CXCL8(IL-8)の同定に始まり現在までに50以上のケモカインが同定されている．

一のリガンドを共有する補助シグナルであるCD28より数十倍高いため，CD28を拮抗阻害することにより免疫応答を抑制する．実際，担癌マウスへの抗CTLA-4抗体の投与により腫瘍の退縮効果が観察されたことが報告されている[9]．PD-1は活性化したT細胞，B細胞および骨髄系細胞に発現し，リガンドであるPD-L1(B7-H1，CD274)やPD-L2(B7-DC，CD273)と結合することで抑制性の補助シグナルを伝達する．特に，持続的な抗原刺激を受けているT細胞ではPD-1が高発現し，そのシグナルによりanergyやexhaustionとよばれる不応答性が誘導される[10]．このためPD-1による免疫チェックポイント機能は主にエフェクターT細胞に作用し，強力な免疫制御作用を発揮すると考えられている．PD-1のリガンドであるPD-L1は多くの癌細胞で発現しており[11]，癌細胞上のPD-L1分子は癌微小環境において浸潤リンパ球(tumor-infiltrating lymphocyte；TIL)により産生されるIFN-γなどの炎症性サイトカインにより誘導される．また，PD-L1は癌細胞のみならず，癌組織局所のMDSCにも高発現している．これらのことから，PD-1/PD-L1経路は癌微小環境における免疫抑制の主要な分子機構の一つと考えられている．

## まとめ

担癌生体においては，多様な癌細胞集団，免疫細胞集団，間質細胞集団の相互作用により，癌組織や所属リンパ節などの局所，さらに骨髄なども関与して全身性の免疫抑制環境が構築され，癌細胞に対する免疫応答が阻害されている．癌の免疫制御のためには，免疫病態を正確に把握して，免疫応答を増強することと同時に，免疫抑制・抵抗性を是正することが重要である．

田村 恭一(日本獣医生命科学大学)

### 参考文献


1. Bendelac A., Savage P. B., Teyton L., (2007) : Annual review of immunology. 25, 297-336.
2. Zou W., Chen L., (2008) : Nature reviews. Immunology. 8 (6), 467-477.
3. Shankaran V., Ikeda H., Bruce A.T., *et al.* (2001) : Nature. 410 (6832), 1107-1111.
4. Hanahan D., Weinberg R.A., (2011) : Cell. 144 (5), 646-674.
5. Matsushita H., Vesely M.D., Koboldt D.C., *et al.* (2012) : Nature. 482 (7385), 400-404.
6. DuPage M., Mazumdar C., Schmidt L.M., *et al.* (2012) : Nature. 482 (7385), 405-409.
7. Yaguchi T., Sumimoto H., Kudo-Saito C., *et al.* (2011) : International Journal of Hematology. 93 (3), 294-300.
8. Muller A.J., Prendergast G.C., (2007) : Current Cancer Drug Targets. 7 (1), 31-40.
9. Greenhough A., Smartt H.J., Moore A.E., *et al.* (2009) : Carcinogenesis. 30 (3), 377-386.
10. Leach D. R., Krummel M. F., Allison J. P., (1996) : Science. 271 (5256), 1734-1736.
11. Barber D. L., Wherry E. J., Masopust D., *et al.* (2006) : Nature. 439 (7077), 682-687.

MEMO

# 第 III 編

# 免疫と治療

# 第9章 ワクチン

## 1 はじめに

ワクチンとは，ヒトや動物に接種することで人為的に病原体に対する免疫を賦与し，感染を予防するための製剤である．1796年にエドワード・ジェンナーが牛痘の膿を天然痘ワクチンとして用いたことが最初である．ワクチンが開発されたことによって天然痘および牛痘は地球上から根絶された．ワクチンを用いた予防接種は感染症予防の主体であり，人医療および獣医療において広く普及している．

### ワクチンの種類

獣医療において用いられているワクチンは，弱毒生ワクチンと不活化ワクチンに大別することができる．それぞれのワクチンにはメリットとデメリットがあり，動物に賦与する免疫反応も異なる(**表9-1**)．そのため実際の使用にあたっては，それぞれのワクチンの特徴を十分理解する必要がある．また，従来のワクチンの欠点を克服するため，様々な新しいワクチンも開発され一部実際に使用されているものもある(**表9-2**)．

表9-1 弱毒生ワクチンと不活化ワクチンの比較

| 項目 | 弱毒生ワクチン | 不活化ワクチン |
|---|---|---|
| 主に誘導される免疫反応 | 液性・細胞性免疫 | 液性免疫 |
| 免疫持続時間 | 長い | 短い |
| 体内増殖 | あり | なし |
| アジュバント | 不要 | 必要 |
| 必要な病原体の量 | 少ない | 多い |
| 移行抗体の影響 | 大きい | 少ない |
| 病原性の復帰 | 可能性あり | なし |

#### 1 ● 弱毒生ワクチン

病原体を自然宿主とは異なる異種の動物や培養細胞で長期間培養し，人為的に弱毒化したワクチンである．弱毒生ワクチンに含まれる病原体は，生体内において増殖能を有している．そのため，弱毒生ワクチンを接種すると，生体内でワクチン株の病原体が増殖し感染細胞が出現する．感染細胞はMHCクラスI分子を介して，$CD8^+$細胞に対し抗原提示を行う．したがって，弱毒生ワクチンを接種した個体においては，抗体を中心とした液性免疫だけではなく，$CD8^+$の細胞傷害性T細胞を主体とした細胞性免疫も誘導することができる．

このように，弱毒生ワクチンは，接種した個体に対して自然感染に近い感染防御免疫を長期間に渡って賦与する．しかしながら，弱毒化した病原体であるため，病原性が復活する可能性が少なからず存在し，幼若動物や免疫不全動物に弱毒生ワクチンを接種すると，これらの動物に対して病原性を示す危険がある．

#### 2 ● 不活化ワクチン

ホルマリンなどの化学物質，加熱，紫外線などによって病原体を不活化し，病原体の免疫原性は残したまま，その増殖能，病原性および感

表9-2 新しいワクチン

| ワクチンの種類 | 性状 |
|---|---|
| 遺伝子欠損ワクチン | 病原体の病原性に関与する遺伝子を欠損させた弱毒生ワクチン |
| 遺伝子組換えワクチン | 病原体の抗原遺伝子を細菌，ウイルスあるいは細胞に組込んで，病原体の抗原タンパク質を発現させたものをワクチンとして用いる方法 |
| DNA ワクチン | 病原体の抗原遺伝子をプロモーターとともに発現用プラスミドに組込んだワクチン．DNAワクチンは皮下または筋肉内に投与し，宿主の筋肉や樹状細胞内で病原体の抗原タンパク質を発現させ免疫反応を誘導する． |
| ペプチドワクチン | T細胞およびB細胞が認識する病原体の抗原の一部（ペプチド：10数個のアミノ酸）を人工的に合成して作製したワクチン |
| 経口ワクチン | 病原体の抗原遺伝子を植物に組込み，病原体の抗原タンパク質を発現する植物を宿主が食べることによって消化管を通して病原体に対する免疫を賦与しようとするワクチン |
| 粘膜ワクチン | 病原体の抗原を粘膜アジュバントとともに経鼻投与あるいは経口投与し，分泌型IgAを粘膜面に誘導するワクチン |

染性を失わせたワクチンである．破傷風などの細菌から産生される外毒素を無毒化したトキソイドや，ワクチンとして有効な病原体の成分のみを使用したコンポーネントワクチンも不活化ワクチンに含まれる．

不活化ワクチンにおいては病原性が復帰することはなく安全性が高い．しかしながら，免疫原性は低く，接種した個体に免疫を賦与する期間は短い．したがって，通常，不活化ワクチンにはアジュバントが添加されている．アジュバントは，ワクチンに添加して抗原と一緒に接種する免疫賦活剤で，接種局所に抗原を長期間残留させ，徐々に抗原を放出し，持続的に免疫細胞を活性化する作用がある．市販のワクチンに含有されるアジュバントとして，水酸化アルミニウムが広く用いられており，経験的にも安全であることがわかっている．

不活化ワクチンに含まれる抗原は，マクロファージや樹状細胞に取込まれ，MHCクラスII分子を介してヘルパーT細胞に抗原提示される．抗原提示を受けたヘルパーT細胞は活性化し，同じ不活化ワクチン抗原を認識するB細胞と会合して刺激し，B細胞からの抗体産生を促進する方向に働き，液性免疫が惹起される．不活化ワクチンでは，弱毒生ワクチンとは異なり，接種した個体において不活化された病原体が増殖することはできず感染細胞も出現しないため，安全であるものの，不活化ワクチンの細胞性免疫の誘導能は低い．

## 2 ワクチン接種による感染防御免疫の誘導とワクチン接種の実際

ワクチンを用いた予防接種によって，宿主に病原体に対する特異的な感染症防御免疫を賦与することができれば，その後の病原体からの攻撃に対して有効な免疫反応を迅速に誘導することができる．さらに，病原体に対する抗体反応は数年以上の単位で持続する．したがって，ワクチン接種による感染症防御免疫を成立させるためには，病原体に対するIgGを効率的に産生させ，免疫記憶を誘導する必要がある．そのためワクチン接種に際しては，母子免疫を理解し，適切な時期に適切な間隔でワクチンを接種することが重要である．

## 移行抗体

自然界においては，母体から生まれたばかりの新生子は，すぐに外界に存在する様々な病原体に暴露される．新生子の免疫能は成体の免疫能に比べはるかに弱く，新生子は生まれた直後から感染の危険性にさらされることとなる．それに対して，母子間には移行抗体を中心とする母子免疫が存在し，新生子を感染から防御するシステムが備わっている．

移行抗体とは，母体から子へと授けられるIgGを主体とした抗体を指す．移行抗体の伝授様式は動物種により異なり，ヒト，サル，ウサギなどでは胎子期に胎盤を介して抗体が移行する．牛，馬，羊，豚などでは，生後初乳を介して抗体が移行する．犬や猫では，胎子期に一部の抗体が移行するが，大部分の抗体が生後初乳を介して移行する．初乳中の抗体は，腸管で分解されずに吸収され血中に移行し，新生子の抗体として機能する．腸管からの抗体の吸収は，牛で生後36時間，犬や猫で生後48時間までで終了し，それ以後の乳汁中の抗体は腸管から吸収されない．

母体からの移行抗体は時間とともにその抗体価が減少し，それとともに感染防御能も低下していく．移行抗体の半減期は犬で8〜10日，猫で9〜18日程度であり，移行抗体による感染防御が可能な時期は犬や猫において8〜14週齢程度までである．

## ワクチン接種時期および間隔

### 1 初回ワクチン接種時期

移行抗体の存在下でワクチンを接種しても，移行抗体によりワクチン中の病原体抗原が中和されてしまうため，接種した個体に十分な免疫を賦与することはできない[注1]．したがって，移行抗体の血中濃度が低下し，感染防御能がなくなるころに初回ワクチンを接種する必要がある．一方で，幼若動物，例えば子犬や子猫は生後4〜8週間後からIgGを産生することができるようになり，生後16週程度で成犬や成猫と同レベルとなる．そのため，犬や猫においてはこれらの時期を考慮して初回ワクチンを接種する必要がある（図9-1）．犬における市販の混合生ワクチンにおいては，ワクチンの種類にもよるが，一般的に6〜8週齢以上の犬に対して初回ワクチンを接種することが推奨されている．

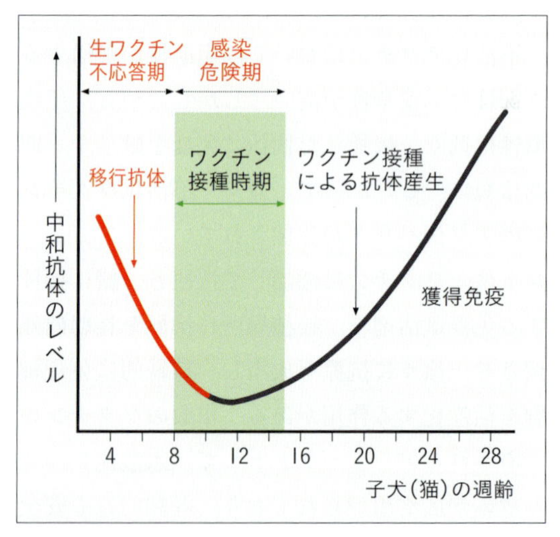


**図9-1** 移行抗体とワクチン接種による抗体産生

---

**注1**

一般的に，弱毒生ワクチンは移行抗体の影響を受けやすく，不活化ワクチンは影響を受けにくいとされている．弱毒生ワクチンに含まれる病原体は生体内で増殖するため，ワクチン中に含まれる抗原量が少なく，移行抗体により容易に中和されて，生体内で増殖することができない．一方，不活化ワクチンに含まれる病原体は生体内で増殖することができないため，ワクチン中に含まれる抗原量も多く，アジュバントも使用されている．そのため移行抗体の影響を受けず，免疫反応を誘導すると考えられている．

### 2 ● ワクチン接種間隔

ワクチンを接種した動物においては，ワクチン接種後2～4週間で感染防御能がピークとなる（一次免疫反応）．一次免疫反応の持続期間は，弱毒生ワクチンの方が不活化ワクチンに比べ長い．一次免疫応答は時間とともに減弱し，やがて消失することから，ワクチンを再接種することによって免疫反応を増強し維持する必要がある．これをブースター効果と呼ぶ．犬における市販の混合生ワクチンにおいては，初回ワクチン接種後，3～4週間後に2回目のワクチンを接種することが推奨されている．

日本においては，不活化狂犬病ワクチンは狂犬病予防法により年1回の接種が義務づけられている．しかしながら，成犬および成猫に対する狂犬病以外のワクチンの追加接種に関しては明確な基準がなく，慣例的に1年ごとのワクチン追加接種が行われている．世界小動物獣医師会（the world small animal veterinary association；WSAVA）のワクチネーションガイドライングループは，ワクチン接種後の免疫持続時間に基づいて，犬および猫のコアワクチン[注2]については，若齢期に複数回のワクチン接種を行い，1年後にワクチンの追加接種を行った場合，その後は成犬および成猫に対して3年に1回のワクチン接種を推奨している（不活化ノンコアワクチン[注2]の多くについては，成犬および成猫に対して1年に1回の追加接種を推奨している）[1]．

**表9-3** ワクチンの効果に影響を及ぼす要因

| 宿主側の要因 | 使用者側の要因 |
|---|---|
| 移行抗体 | 不適切なワクチンの選択 |
| 免疫不全（先天性/後天性） | ワクチンの不適切な保管 |
| 妊娠 | 不適切なワクチン接種経路 |
| 年齢（若齢/老齢） | 接種量不足 |
| ストレス（外科手術，長距離輸送など） | 消毒薬による不活化 |
| 栄養の不均衡 | 不適切な接種間隔（短/長） |
| | 免疫抑制薬の使用 |
| | 抗血清の使用 |

予防接種においては，個体ごとの感染防御免疫だけではなく集団免疫が重要である[注3]．そのため，日本における成犬および成猫に対する狂犬病以外のワクチンの追加接種間隔については，結論が出ておらず今後の議論が必要である．現状では，ワクチンの追加接種間隔は，個々の獣医師の判断に任されている．

### 3 ● ワクチンの効果に影響を及ぼす要因

前述の移行抗体以外にも，宿主側および使用者側の様々な要因によってワクチンの効果が影響を受ける（**表9-3**）．これらは，ワクチンを接種する獣医師によって回避可能であることから，ワクチン接種の際は十分気をつける必要がある．

---

**注2**

コアワクチンとは，すべての犬および猫に接種することが推奨されているワクチンで，犬では犬ジステンパーウイルス，犬アデノウイルス，犬パルボウイルス2型，狂犬病ウイルス（流行地），猫では猫パルボウイルス，猫カリシウイルス，猫ヘルペスウイルス，狂犬病（流行地）に対するワクチンが該当する．一方ノンコアワクチンとは，コアワクチン以外のワクチンで，必要に応じて接種が選択されるワクチンのことである[1]．

**注3**

ある病原体に対して集団内の70～75%以上の個体に免疫が賦与されていると，その病原体に起因する伝染病は流行しないとされている（シャルル・ニコルの法則）．

## 3 ワクチン接種に伴う副反応

発生頻度は低いが，ワクチン接種後には様々な副反応が発生する可能性がある(**表9-4**)．この中で，犬におけるワクチン接種後アレルギー反応や猫におけるワクチン接種部位肉腫は，臨床症状が劇的で致死的になることもあることから臨床上特に重要である．

### ワクチン接種後アレルギー反応

ワクチン接種後アレルギー反応として，全身性アナフィラキシー，アレルギー性皮膚症状[顔面の腫脹(**図9-2**)，皮膚の発赤，瘙痒など]，消化器症状(嘔吐や下痢など)が発症する．日本における犬のワクチン接種後アレルギー反応の発生頻度は，1万回のワクチン接種につき全身性アナフィラキシーの発生が7.2頭，アレルギー性皮膚症状が42.6頭であったことが報告されている[2]．様々な犬種でワクチン接種後アレルギー反応が発生するが，特にミニチュア・ダックスフンドにおける発生頻度が高いことが示唆されている[2]．ワクチン中に含まれるアレルゲン解析から，即時型のワクチン接種後アレルギー反応を起こした犬の大部分が，ワクチン中に含まれている牛胎子血清(fetal bovine serum；FCS)や牛血清アルブミン(bovine serum albumin；BSA)に感作されIgEを産生していることが明らかとなっている[2]．現

**表9-4** ワクチン接種後に発生する副反応

| 免疫介在性 | 非免疫介在性 |
|---|---|
| 過敏反応 | ワクチン株による病原性の復帰 |
| Ⅰ型過敏反応(全身性アナフィラキシーなど) | |
| Ⅱ型過敏反応(免疫介在性溶血性貧血など) | |
| Ⅲ型過敏反応(ブドウ膜炎など) | |
| Ⅳ型過敏反応(脳炎など) | |
| 局所反応(注射部位の発赤・疼痛・腫脹，肉芽腫，肉腫など) | |

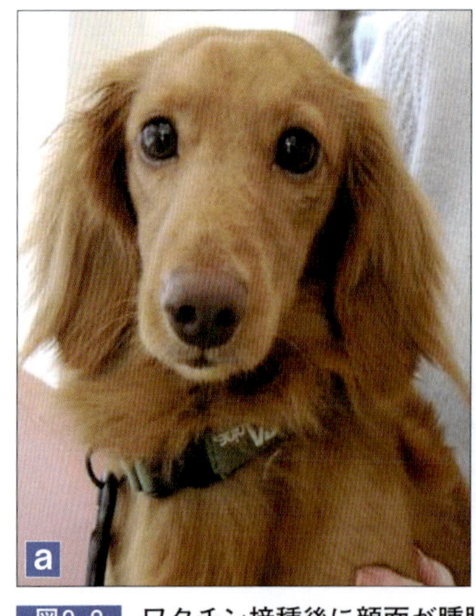


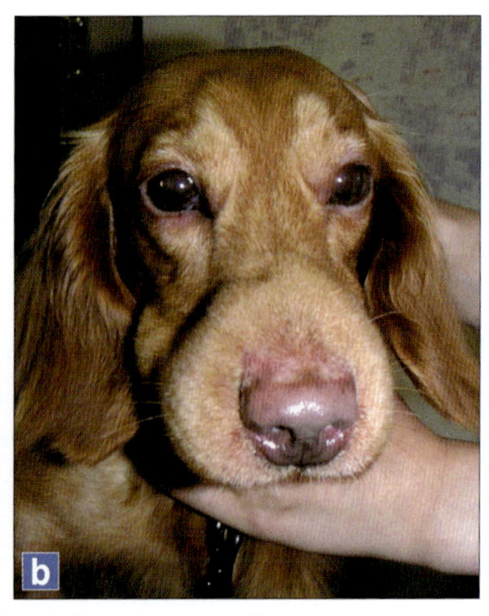


**図9-2** ワクチン接種後に顔面が腫脹したミニチュア・ダックスフンド．
a ワクチン接種前．b ワクチン接種後

在のところ，ワクチン接種後アレルギー反応の有効な予防法は存在しないが，死に至る可能性がある全身性アナフィラキシーは，ワクチン接種後数分から遅くとも1時間以内に発症する[3]ため，この時間内はワクチンを接種した動物を監視した方が良い．ワクチン接種後アレルギー反応，特に全身性アナフィラキシーが発症した場合には，エピネフリンの投与など迅速な対応が求められる．

## ワクチン接種部位肉腫

ワクチン接種部位に発生する非上皮系悪性腫瘍で，多くが線維肉腫である．非常に強い局所浸潤性を示し，摘出後の再発率も高いのが特徴である．発生頻度は1万頭に1～10頭程度であることが報告されている[4]．特定のメーカーやワクチンの種類による肉腫発生率の違いは報告されていない．原因として，過去にはアジュバンド(水酸化アルミニウム)との関連性が示唆されていたが，アジュバンドを含まないワクチン接種後にも発生する．ワクチン接種後から発症までの期間は，3カ月から3年間以上と様々である．ワクチン接種部位肉腫が発生した場合は外科的な切除が必要で，化学療法や放射線療法の有効性も報告されている[4]．

## 抗原原罪とは

抗原原罪とはすでに体内に存在する抗体が新しい抗体産生を阻害することをいう．ある外来異物(抗原)に対する抗体は抗原が体内に侵入してくる度に，親和性成熟が起こり，最終的な抗体認識部位は抗原の構造の数カ所に限られ，その他の部位に抗体が生じないようになっている．これによって逆に新しい抗体は体内にできなくなる．

このような特定の構造(抗原決定基)を認識する抗体産生B細胞は記憶B細胞として長期間体内に残る．そのため，次に同じ抗原が体内に侵入した際にはこれらの記憶B細胞が最初に反応するため，抗体認識部位の限られた抗体のみが優先的に反応する．これにより，変異を起こさない同じ抗原に対しては，獲得免疫が迅速にかつ効率的に反応できるシステムを有している．

ところが，インフルエンザのように毎年変異を起こしたり，デングウイルスのように血清型がいくつもある場合，このシステムが逆に新しい抗体を作ることへの障害になることがある．

## 抗原原罪のメカニズム

未熟B細胞が持つ膜型抗体とIgG受容体(FcγRⅡb)の関係によって抗原原罪が起こる．未熟B細胞は，将来産生する抗体を細胞膜表面に備えており(膜型抗体)，この細胞表面の膜型抗体が捉えた抗原をB細胞は膜型抗体ごと細胞質内に取り込み，次に抗原提示細胞としてヘルパーT細胞にその抗原情報を提示する．ヘルパーT細胞はこの抗原提示の刺激を受けることで，逆に未熟B細胞を活性化して抗体産生B細胞(形質細胞)に分化させる．しかし一方では，未熟B細胞の表面にはIgG受容体の一つ，FcγRⅡbが存在しており，その細胞内シグナルは細胞活性化を抑制する．未熟B細胞表面のFcγRⅡbに過去に作られたIgGが結合した場合，そしてそのIgGが膜型抗体と同じ抗原を同時に捉えた場合，未熟B細胞にはFcγRⅡbからの活性化抑制のシグナルが入る．これにより，未熟B細胞は，たとえ膜型抗体が抗原を認識していても形質細胞へ分化することはできず，膜型抗体に由来する抗体産生を行うこともできない．

このように，抗原原罪は，未熟B細胞の膜型抗体とFcγRⅡbに結合する既存のIgGが同じ抗原を認識する場合にのみ起こる．言い換えれば，膜型抗体とFcγRⅡbに結合したIgGが同

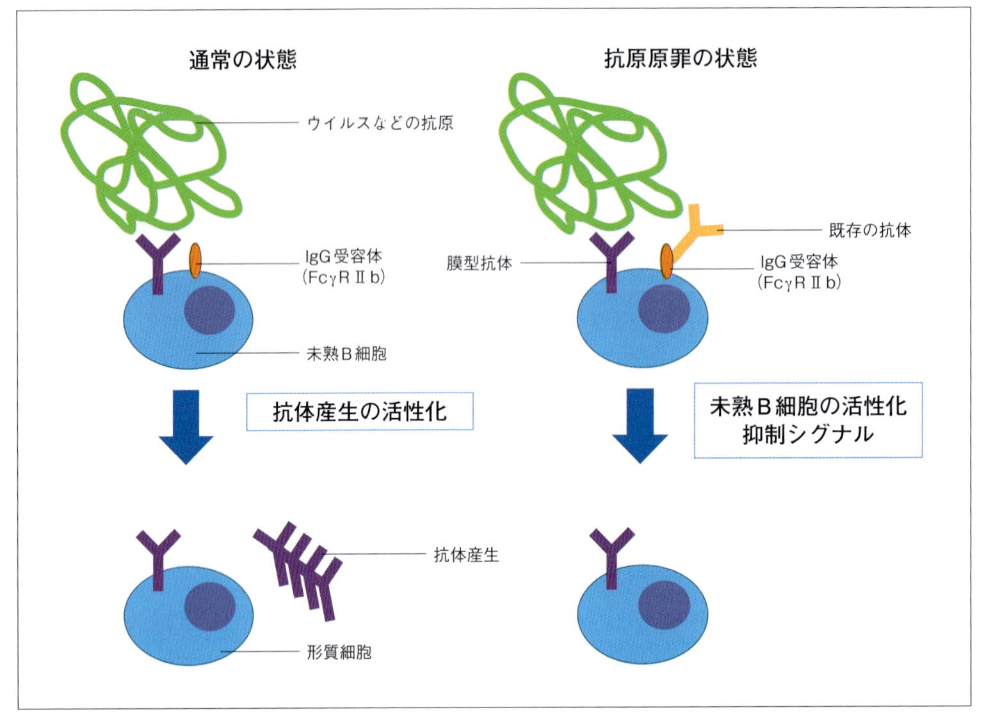


**図9-3 抗原原罪.** 通常の抗体産生においては未熟B細胞の膜型抗体が抗原に結合することでB細胞は形質細胞に変化し，その抗原に対する抗体の産生が起こる．しかし，未熟B細胞の表面のIgG受容体に，同一抗原に結合する，既存の抗体(膜型抗体とは異なる抗原結合部位を持つ)がすでに接着しているとき抗原原罪が起こり，未熟B細胞の活性化抑制が起こり，抗体産生が抑制される．

じ一つの抗原を同時に捉えなければこの現象は起こらない．つまり，膜型抗体の結合部位とFcγR II bに結合したIgGの結合部位(抗原決定基)が異なる必要がある．このように，抗原原罪とは，ある抗原の異なる部位に抗体を新しく産生することをすでに存在する抗体が抑制する現象のことである．

## 抗原原罪の臨床例(ヒト)

### 1 インフルエンザとインフルエンザワクチン

抗原原罪によって，あるインフルエンザ株に感染した人が，その後別のインフルエンザ変異株に感染した場合，最初に出会った抗体結合部位のみに反応して，それ以外の抗体結合部位にはたとえ免疫応答の誘導能(免疫原性)が高くても反応できなくなっている．これは最初に感染したウイルスに対する抗体が別の新しい抗体結合部位に対して未熟B細胞反応するのを抑制するためである．これはB細胞のみに限らず，記憶T細胞についてもあてはまる．変異抗原に対しては，未熟T細胞の活性化が抑制される．この効果は$CD8^+$T細胞(細胞傷害性T細胞)で特に著しい．いったんCD8記憶T細胞が再活性されると非常に速やかにキラー効果が発揮され，新たな抗原を提示すべき樹状細胞を殺傷してしまうため，ナイーブ$CD8^+$T細胞が活性化されないとも考えられるこの現象は，初回感染で抗体が産生された抗体結合部位をすべて欠くインフルエンザウイルスに感染した場合には起こらない．

また，私たちが毎年接種するインフルエンザ

**表9-5 IgG受容体の種類**

| 受容体 | FcγRⅠ (CD64) | FcγRⅡ-A (CD32) | FcγRⅡ-B2 (CD32) | FcγRⅡ-B1 (CD32) | FcγRⅢ (CD16) |
|---|---|---|---|---|---|
| 細胞とタイプ | マクロファージ<br>好中球<br>樹状細胞 | マクロファージ<br>好中球<br>好酸球<br>血小板<br>ランゲルハンス細胞 | マクロファージ<br>好中球<br>好酸球 | B細胞<br>マスト細胞 | NK細胞<br>好酸球<br>マクロファージ<br>好中球<br>マスト細胞 |
| 機能 | 貪食作用亢進<br>呼吸バーストの活性化<br>傷害活性の誘導 | 貪食作用<br>顆粒放出<br>(好酸球) | 貪食作用<br>刺激の抑制 | 貪食作用なし<br>刺激の抑制 | キラー活性の<br>誘導(NK細胞) |

受容体のサブユニット構造と結合する細胞への特異性，発現細胞を示している．抗原原罪にはFcγRⅡが関与している(Janeway's 免疫生物学 P.410 図9-30 引用・改変)．

ワクチンでは，この現象が障害になることがある．最初にインフルエンザワクチンAを接種し，次に異なるタイプのインフルエンザBを接種した場合，ワクチンAとワクチンBに共通の抗原部分にはワクチンAの免疫記憶が反応して抗体を上昇させる．しかし一方で，本来の目的であるワクチンBにだけ特有の抗原部分への抗体産生は，ワクチンAによって産生された共通部分のIgGが抗原原罪として働くことで抑制されてしまう．このため，ワクチンBの効果を十分に発揮できない状態に陥る．

インフルエンザウイルスは変異するため，毎年その変異にあわせたワクチンを新しく作製して接種しなければならないが，このような抗原原罪の可能性がある限り，毎年新しいワクチンを接種していても効果がなかったというヒトは常に出てくることになる．

### 2 ● マラリア

マラリアの濃厚感染地域ではすでにマラリアに対する抗体価が上昇しているキャリアがいるが，キャリアの持っている抗体はマラリアを駆逐することができない．

そこで，マラリアを駆逐する抗体誘導能のあるワクチンをキャリアに接種すれば良いことになるが，これまでにマラリアに感染したことのない健常者では抗体価をうまく上昇させるワクチンであっても，キャリアではワクチンによる抗体価上昇は得られない．これはすでに存在する抗体が新しい抗体を産生するB細胞の出現を抑制するため，新規の抗体が体内で産生されない抗原原罪と考えられる．

### 抗原原罪を逆手にとった臨床応用：抗Dヒト免疫グロブリン

1回目の妊娠でRh(+)胎児を持つRh(−)の母親は，胎児赤血球が出産時に末梢血に入ることによってRh抗原に感作されることがある．本来であれば，母親のIgG抗体が胎盤を通過して胎児内に入り，新生児として生まれた子供を感染から守る働きをするが，2回目の妊娠でRh(+)胎児を妊娠すると，1回目の妊娠で作られた母親の抗Rh(+)抗体が胎児内に入り胎児赤血球を破壊する．このことを，新生児溶血性疾患という．

この現象を予防するために，抗原原罪が利用されている．Rh(−)の母親がRh(+)の胎児のRh抗原に反応する前に母親にあらかじめ抗Rh(+)抗体を投与すると母親の胎児Rh抗原に対する応答は抑制される．しかし，記憶B細胞の

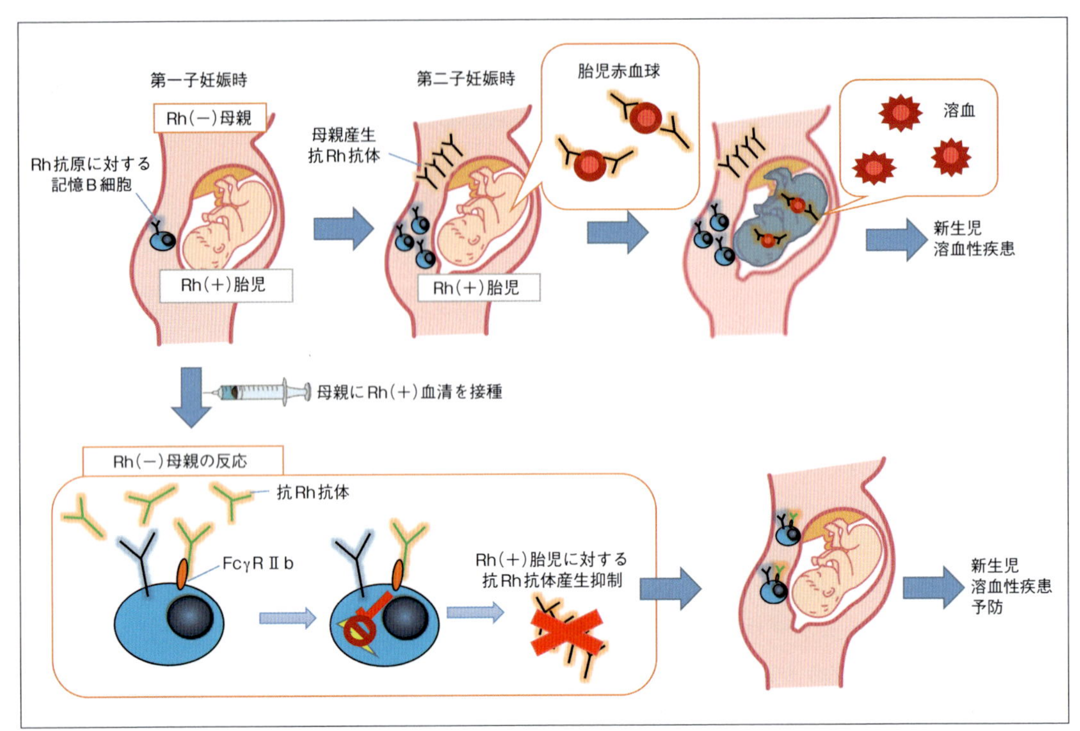


**図9-4 抗原原罪を利用した治療．** Rh(−)の母親はRh(+)の胎児を妊娠するとRh抗原に対する抗体を産生するB細胞を体内に作ってしまう．第二子を妊娠した時，胎児のRh抗原の刺激によってRh抗体を産生するB細胞が反応し，抗Rh抗体を産生する．抗Rh抗体は第二子がRh(+)であった時に第二子の赤血球を攻撃して溶血させる．これが新生児溶血性疾患となる．そこで，第二子を妊娠した時にあらかじめRh(+)の血清を母親に投与しておくと，母親の体内のRh抗原に対する記憶B細胞の抗体産生を，抗原原罪によって抑えることができる．これによって，抗Rh抗体が産生されなくなり新生児溶血が起こらずに第二子が無事に生まれる．

応答は抗体によっては阻害されないため，リスクのあるRh(−)の母親を早く同定してRh(+)に対する一次免疫応答を起こす前に治療することが必要である．これは，投与された抗Rh(+)抗体が母親のB細胞のIgG受容体に結合し，抗原原罪を引き起こして母親が胎児のRh(+)抗原に対して抗体を作ることを抑制することによる．これにより，妊娠した第二子がRh(+)の血液型であってもその胎児の赤血球は母親の免疫に攻撃されずに無事に出産できる．

## まとめ

### ▶ポイント

- 獣医療で使用されているワクチンには弱毒生ワクチンと不活化ワクチンがあり，それぞれにメリットとデメリットがある．
- 移行抗体が消失する時期に初回ワクチンを接種し，その後ワクチンを追加接種して病原体に対する感染防御免疫を増強する．
- ワクチン接種後には，副反応としてアレルギー反応やワクチン接種部位肉腫などが発生する可能性がある．

### ▶まとめ

ワクチンによる予防接種は感染症予防に必須である．ワクチン接種に際しては，ワクチンの種類，作用メカニズムおよび副反応などを十分理解して，ワクチンを接種した個体に有効な感染防御免疫を誘導する．

### ▶臨床検査・検査応用について

小動物臨床においては，各検査会社において様々な感染症に対する抗体価が測定可能であり，ワクチンの効果や感染の有無を判定する際に利用する．

**大森 啓太郎**（東京農工大学）
**増田 健一**（動物アレルギー検査株式会社）

### 参考文献

1. Day M.J., Horzinek M.C., Schultz R.D.(2010): Journal of Small Animal Practice. 51(6), 1-32.
2. Ohmori K., Masuda K., Maeda S., *et al*.(2005): Veterinary Immunology and Immunopathology. 104(3-4), 249-256.
3. Miyaji K., Suzuki A., Shimakura H., *et al*.(2012): Veterinary Immunology and Immunopathology. 145(1-2), 447-52.
4. Morrison W.B., Starr R.M., Vaccine−Associated Feline Sarcoma Task Force.(2001): Journal of the American Veterinary Medical Association. 218(5), 697-702.

### 参考図書

- 動物用ワクチン・バイオ医薬品研究会(2011)：動物用ワクチン ―その理論と実際―．文永堂出版．
- 明石博臣，大橋和彦，小沼操ほか(2011)：動物の感染症(第三版)．近代出版．
- 見上彪(2012)：獣医微生物学(第3版)．文永堂出版．
- Greene, C.E. (2006): Infectious Diseases of the Dog and Cat(3rd ed.), W.B. Saunders.

# 第10章 免疫系に作用する栄養因子

## 1 はじめに

五大栄養素を過不足なく摂取することは，生体の構造や機能の維持に必要である．特に，重篤な疾患を有する場合では，食欲不振が見られたり，特定の栄養素の消費が増加するため，栄養不良状態に陥り，感染防御能や創傷治癒能が低下することがある．ある種の栄養素の欠乏を防いだり，生理的な必要量以上に投与したりすることで，過剰な炎症を抑え，患者の生体防御機能や免疫機能を増強できることが明らかになっており，このような栄養管理法は"immnonutrition[注1]"と呼ばれる．本稿では，代表的なimmnonutrientsであり，一般的な免疫賦活剤にも応用されているアルギニン，グルタミン，オメガ-3脂肪酸，ヌクレオチド，抗酸化物質について解説をする．

## 2 栄養と免疫能

栄養と免疫の相互関係は，周術期や栄養補助が必要な重症動物においてよく認められる．栄養学的な不均衡，特に，タンパク質摂取の減少は，免疫抑制の原因となる．アミノ酸，核酸などを制限したタンパク質欠乏食は，リンパ球の減少，補体の減少，マクロファージ機能の減退，免疫担当細胞の機能低下などにより免疫機能を減少させる[1,2]．また，タンパク質の栄養不良といくつかの微量栄養素(亜鉛，鉄，ピリドキシン，ビタミンA，銅，セレン)の欠乏により，サイトカインの産生と放出が障害されることも確認されている[3]．

一方で，栄養不良により低下した免疫能は，適切な栄養補給に対してよく反応する．ヒトの栄養不良に伴い低下した抗体やリンパ球数は，食餌の再開とともに速やかに正常化する．また，小腸切除直後の犬に対して経腸的に低分子栄養食を与えると，電解質溶液群と比べ，2倍以上の免疫グロブリンが合成されたことが報告されている[4]．猫では，安静時エネルギー要求量(resting energy reguirement；RER)の25%の食餌を与えたところ，4日目までに総白血球数，リンパ球数，単球数，MHCクラスⅡの発現，食作用の活性，リンパ球の増殖能力等の減少が認められたが，これらの変化はRERに見合う食餌の再開後，4日間で回復している[5,6]．

### アルギニン

アルギニンは，犬と猫において必須のアミノ酸である．そのため，総合栄養食の栄養規格に見合ったペットフードは，最低でも成犬では

---

**注1 immunonutrition**
immno(免疫)とnutrition(栄養)の造語

0.51%(乾物)，成猫では1.04%(乾物)のアルギニンを含んでいなければならない(成長期の犬と猫では，それぞれ0.62%，1.25%)．アルギニンは，ほとんどのタンパク質源から十分に供給されるため，通常，食餌に添加する必要はないが，手作り食など飼い主の都合により，タンパク質の含有量が少ない場合には注意が必要である．

アルギニンは，尿素回路における重要な中間代謝物質であるため，猫では，アルギニン欠乏食摂食後3時間以内に高アンモニア血症を発症し，死に至ることもある[7]．犬でもアルギニンが欠乏した食餌を摂食後にアンモニア中毒と同様の症状が現れることがある．また，侵襲を受けた生体や担癌患者に見られる細胞性免疫能の低下の主因は，血中のアルギニン濃度の低下にあると考えられている．

タンパク質の欠乏や腫瘍により生じた免疫機能の低下に対して，アルギニンの補給による効果に関して，様々な動物モデルによる研究が実施されており，重度の外傷や敗血症における異化反応を減少させるとともに，免疫反応を改善することが示されている．手術後の患者に対してアルギニンの摂取量を増加させることは，正常なT細胞の機能を早期に回復させることが知られており，また，アルギニンを豊富に含む食餌を摂取している動物では，創傷の感染率が有意に低下し，熱傷動物では免疫系と創傷治癒を改善し，死亡率を低下させている[8]．

アルギニンはまた，体内の一酸化窒素(nitric oxide；NO)合成の基質となる．NOは極めて多彩な作用を持つが，血管に対しては，血管壁の平滑筋の弛緩，血管の拡張として作用し，血流を増加される．侵襲などでアドレナリンが優位なホルモン環境にある際には，細動脈が収縮し，末梢の血流は障害され，免疫担当細胞の遊走を妨げるとともに組織の修復を遅延させる．このような状態に対して，アルギニンを与えNOを適切に供給することは，組織循環の改善を介して局所免疫能の改善を促進する可能性がある．

アルギニンは一般的には毒性がないため，重度の外傷や，手術動物後の動物において，十分にアルギニンを含む食餌を与えることは有用であると思われる[9]．

## グルタミン

グルタミンは，体内で他のアミノ酸から合成されるため，通常時は必須のアミノ酸ではない．しかしながら，外科手術，重度の外傷，重大な感染などといった状況下で体内での要求量が高まると，内因性のグルタミン貯蔵と合成量では必要量を賄えない可能性があることが示されている．そのため，「条件つき」必須アミノ酸と呼ばれている．

グルタミンは，様々な細胞活動において重要な役割を果たしており，特に，活発に細胞分裂する腸管上皮細胞，リンパ球，線維芽細胞などは多くのグルタミンを消費する．そのため，消化管粘膜細胞の増殖，特異的および非特異的免疫能の維持に強く関与している．複数の臨床試験により，グルタミンの投与が術後の感染による合併症を減少させ，重症患者の合併症や死亡率を低下させることが示唆されている[10]．

正常な動物ではグルタミンを強化する必要性はないため，通常のペットフードではグルタミンは添加されていない．しかしながら，重症患者に用いられる経腸食の中にはグルタミンが添加されているものもあり，これらの製品では，グルタミン含有量はラベルに記載されていることが多い．救急治療の犬や猫に対する市販の経腸食のグルタミン濃度は500 mg/100 kcal以上であることが望ましい．

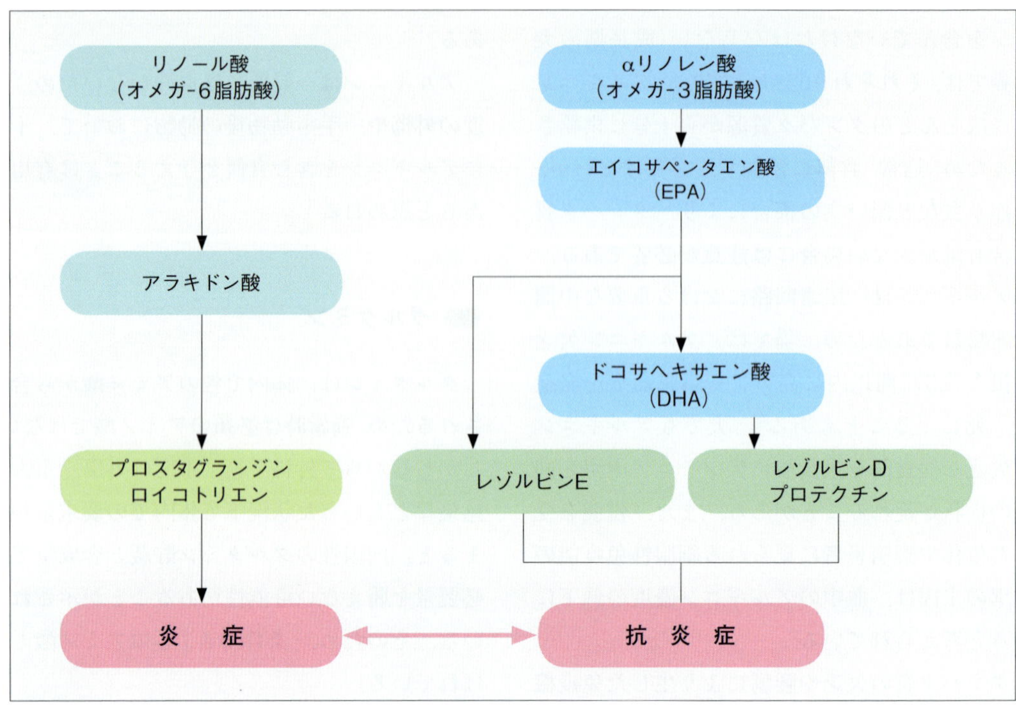


**図10-1 不飽和脂肪酸の代謝.** 不飽和脂肪酸は，主に肝臓で代謝を受け，より不飽和度の高い長鎖の脂肪酸に代謝される．オメガ-6系の脂肪酸であるアラキドン酸からは炎症性のメディエーターが生成され，オメガ-3系の脂肪酸からは抗炎症性のメディエーターが生成される．

## オメガ-3脂肪酸

オメガ-3脂肪酸は細胞膜内に取り込まれると，膜の流動性やセカンドメッセンジャーの機能を変化させる．また，侵襲時の炎症反応は，オメガ-6脂肪酸であるアラキドン酸より産生される炎症性の強いプロスタグランジンやロイコトリエン等のエイコサノイドにより増強されるが，オメガ-3脂肪酸からは炎症を起こし難いエイコサノイドや，抗炎症作用を持つレゾルビン，プロテクチンが産生される(**図10-1**)．レゾルビンやプロテクチンは，インターロイキンやTNF-αの活性を抑えたり，白血球浸潤の調節因子としても作用することから，免疫系の調整に関与していると考えられている．このように，食餌中のオメガ-6脂肪酸とオメガ-3脂肪酸の成分を調整することは，侵襲や感染による炎症を低減し，免疫機能を適正に保つことに役立つと考えられる．

全身性の炎症のカスケードを弱めるために必要な食物中の投与量は，獣医療においては標準化されていないが，炎症性皮膚疾患において，初期には1日あたり50～300 mg/kgのオメガ3-脂肪酸をサプリメントあるいは食餌成分として与えることが推奨されている．また，オメガ-6脂肪酸とオメガ-3脂肪酸の比は5：1から1：1程度が良いことが示唆されている．これらの不飽和脂肪酸が作用するためには，一度，細胞膜へ取込まれることが必要であり，それには摂取してから数日が必要である．したがって，食餌による脂肪酸療法は急性の炎症反応に作用できるほどの即効性は期待できない．

一方，オメガ-3脂肪酸はリンパ球の増殖を抑制することが知られているため，高用量かつ長期にわたる給餌，特に，生存や回復に免疫機能が重要となる病態においては注意深く行うべきである[11]．8週間にわたりオメガ-3脂肪酸の豊富な食餌（オメガ-6脂肪酸：オメガ-3脂肪酸が1.3：1）を給餌された健康な猫において，血小板機能が有意に低下することも観察されている．他の多くの栄養素と同様に，過剰な量のオメガ-3脂肪酸は有害である可能性がある．

## ヌクレオチド

核酸の構成成分であるヌクレオチドは，体内の多くの代謝反応に関与しており，細菌や真菌などに対する正常な細胞免疫の維持，特に腸粘膜細胞やリンパ球・マクロファージなどの増殖が盛んな細胞にとって重要である．

ヌクレオチドを含まない食餌で飼育されたマウスでは，マクロファージ活性の低下や致死的な感染症に罹患しやすくなることが報告されており，アルギニン，ヌクレオチド，オメガ-3脂肪酸の豊富な，ヒト用経腸剤の効果を調査した研究により，手術後の免疫パラメーターの増強や，敗血症の動物の入院期間の短縮などが確認されている[12]．

しかしながら，これまでのところ，獣医療において，その有益性がヌクレオチドのみによるものか，フード内に入っている他の栄養素の組合せによるものなのかははっきりしておらず，臨床的な意義を立証するようなデータは限られている．1日あたりの最適な投与量や投与間隔は，犬や猫では標準化されていないものの，食物中のヌクレオチドは免疫機能や宿主防衛を維持または回復するための食餌療法に不可欠な要素であるため，重症症例の食餌を選択する際には考慮する必要があるだろう．ただ実際には，肉や穀物を材料として使用している一般的なペットフード中には，適正量のヌクレオチドが含まれているため，欠乏する心配はないと考えられる．一方で，ヒトの市販の利用可能な多くの非経腸/経腸栄養剤ではヌクレオチドが欠除していることがあるため，長期の給与には注意が必要である．

## 抗酸化物質

細胞膜，タンパク質，DNAに対する長期間の酸化的ストレスは，多様な退行性疾患を生じ，免疫機能を含む様々な生態機能の低下を引き起こすことがある．抗酸化物質は，生体内の酸化ストレスや食品の変質の原因となる活性酸素やフリーラジカルを無害化する物質の総称であり，細胞内の生体分子の正常な構造と機能の維持のための多くの作用を持つ．身体は多種の抗酸化酵素や化合物を生合成しているが，食餌由来の抗酸化物質もあり，免疫系に対して影響を与える物質も複数含まれる．一般的に食餌中に補充されている食餌由来の抗酸化物質として，ビタミンE，ビタミンC，カロテノイド，セレンなどが挙げられる．

成犬の場合，ビタミンEの最小要求量は乾物1 kgあたり50 IU/kgとされているが，体内で抗酸化機能を発揮させるためには最低400 IU/kg以上含有させることであり[13]，高齢犬において2010 IU/kgとなるように添加すると免疫機能が向上した[14]．犬と猫にカロテノイドの一種であるβ-カロテンあるいはルテインを補給すると，細胞性ならびに体液性の免疫反応が増強される．高齢犬にβ-カロテンを補給すると，若齢犬の水準までT細胞の活性が改善することが報告されている[15~17]．

抗酸化物質は，互いに共同して働くものも多いため（例えば，ビタミンCはビタミンEがフリーラジカルと反応することにより生じるトコフェロールラジカルをビタミンEに再生する），様々な物質を組合せて摂取すると良い．

## 微量元素の免疫系に果たす役割

微量元素は，酵素，サイトカイン，ホルモンなどの活性中心として存在するものが多い．そのため微量元素の欠乏は，細胞間の相互作用によってリンパ球の増殖・分化・細胞死が制御されることにより成り立っている免疫系に対して直接的に，あるいは間接的に作用することにより，生体における免疫異常を誘発する．

鉄が欠乏するとT細胞数の減少，リンパ球のマイトジェンによる幼若化能の低下，遅延型皮膚反応の低下などのT細胞機能の抑制やマクロファージ遊走阻止因子の産生能の減退などマクロファージ機能の抑制が見られる．米国飼料検査官協会(The Association of American Feed Control Officials; AAFCO)はフィチン酸を含まない食事の場合，犬と猫ともに許容下限量を乾物1 kgあたり80 mgと定めている[18]．しかしながら，肉，特に内臓肉は鉄を豊富に含むため，それらを主原料とする一般的なペットフードを使用した場合には鉄欠乏は起きないと考えられる．

銅の欠乏でもT細胞の数の減少や機能の抑制が見られる．銅は供給源や，他の原料，栄養素(例えば，フィチン酸，カルシウム，亜鉛，鉄との相互作用)の存在により要求量には数倍の差が出ることが知られており，銅欠乏は現実的に起こり得る問題である[19]．食事の形態により銅の生体利用率は大きく異なるため，銅の要求量を定めるのは難しいが，AAFCOは食餌中の銅の許容下限量を，犬では乾物1 kgあたり7.3 mg，猫ではエクストルード加工のフードの場合，乾物1 kgあたり15 mg，ウエットフードでは5 mgと定めている[18]．

セレンは体内の活性酸素除去に重要な役割を持つグルタチオンペルオキシダーゼの活性中心となる．そのため，セレン欠乏ではリポキシゲナーゼ系などを介する酸化的障害が起こり，白血球の機能低下による免疫能への影響が考えられる．セレン欠乏症は犬において実験的には確認されているが[20]，セレン欠乏症の自然発生例については犬，猫いずれにも報告はないようである．AAFCOのセレン許容下限量は犬で乾物1 kgあたり0.11 mg，猫では0.1 mgである[18]．

亜鉛は免疫系にとって最も重要な微量元素の一つである．亜鉛が存在しなければ機能しないタンパク質は体内に300種類以上あるといわれており，免疫系に対しては特に胸腺におけるT細胞の増殖と分化において重要な役割を持つ．リンパ球は種々のマイトジェンによって活性化を受け分化増殖するが，この過程に亜鉛は必須である．また，亜鉛は細胞内のセカンドメッセンジャーとして働き，プロテインキナーゼCや血清胸腺因子も亜鉛によって活性化される．これらのことから，亜鉛の欠乏は免疫系に広く影響を及ぼし，胸腺ならびに胸腺依存性リンパ組織の萎縮とそれに伴う細胞性免疫の低下を引き起こす可能性がある．

亜鉛欠乏は食餌中の亜鉛不足によってだけでなく，亜鉛の生体利用率を低下させる種々の因子(フィチン酸，食餌中の多量のカルシウム，リン酸，銅，鉄，カドミウム，クロム)によっても発生する．例えばフィチン酸はカルシウム，鉄，亜鉛と難溶性の複合体を形成する．亜鉛の最小要求量を満たしているにも関わらず，多量のフィチン酸を含む可能性のある穀類を主原料とするドライフードを与えられた犬で，亜鉛欠乏の症状が現れることが報告されている[19,21]．AAFCOの亜鉛許容下限量は，犬では乾物1 kgあたり120 mg，猫では75 mgとされている[18]．

## まとめ

### ▶ポイント

免疫系に対する栄養の介入は，ワクチンのように特定のターゲットに的を絞るのではなく，その個体の持つ免疫機能を最大限に引き出し，非特異的に生体の抵抗力を高めることが目的である．すなわち，侵襲時に特定の栄養素(immnonutrients)を強化することは，正常な免疫能を維持するために最適な栄養を供給することであるから，すべての患者に適応すべきであろう．

徳本 一義(ヘリックス株式会社)

### 参考文献


1. Chandra R.K., Kumari S.(1994): Nutrition and immunity: An overview. Journal of Nutrition.124: 1433S-1435S.
2. Saxena Q.B., Saxena R.K., Alder W.H.(1984): Effect of protein calorie malnutrition on the levels of natural and inducible cytotoxic activities in mouse spleen cells. Immunology. 51: 727-733.
3. Chandra R.K.(1992a) :Nutrition and immunoregulation. Significance for host resistance to tumors and infectious diseases in humans and rodents. Journal of Nutrition.122: 754-757.
4. Moss G.(1978): Immediately postoperative full nutrition and sepsis resistance: Immune globulin synthesis (abstract). Journal of Parenteral and Enteral Nutrition.1: 36.
5. Freitag K.A., Saker K.E., Thomas E., *et al*. (2000):Acute nutritional deprivation and subsequent re-feeding affects lymphocyte subsets and membrane function in cats. Journal of Nutrition.130 (10): 2444-2449.
6. Simon J.C., Saker K.E., Thomas E. (2000):Sensitivity of specific immune function tests to acute nutrient deprivation as indicators of nutritional status in a feline model. Nutrition Research.20 (1): 79-89.
7. Milner J.A.(1989):Arginine:A dietary modifier of ammonia deyoxification and pyrimidine biosynthesis .In:Friedman M,ed. Absorption and Utilization of Amino Acids,vol.Ⅱ.Boca Raton,FL:CRC Press Inc.,25-40.
8. Ireton-Jones C.S., Baxter C.R.(1990): Nutrition for adult burn patients: A review. Nutrition in Clinical Practice.6: 3-7.
9. Goffschlich M.M., Jenkins M., Warden G.D., *et al*. (1990):Differential effects of three dietary regimens on selected outcome variables in burn patients. Journal of Parenteral and Enteral Nutrition 14: 225-236.
10. Novak F., Heyland D.K., Avenell A., *et al*. (2002):Glutamine supplementation in serious illness: A systemic review of the evidense. Critical Care Medicine.30: 2022-2029.
11. Chang H.R., Dulloo A.G., Vladonianu I.R., *et al*. (1992):Fish oil decreases natural resistance of mice to infection with Salmonella typhimurium. Metabolism.41: 1-2.
12. Bower R.H., Cerra F.B., Bershadsky B., *et al*. (1995):Early enteral feeding of a formula (Impact) supplemented with arginine, nucleotides, and fish oil in intensive care unit patients: Results of a multicenter, prospective, randomized, clinical trial. Critical Care Medicine.23: 436-449.
13. Jewell D.E., Toll P.W., Wedekind K.J., *et al*.(2000): Effect of increasing dietary antioxidants on concentrations of vitamin E and total alkenals in serum of dogs and cats. Veterinary Therapeutics 1: 264-272.
14. Hall J.A., Tooley K.A., Gradin J.L., *et al*.(2003): Effects of dietary n-6 and n-3 fatty acids and vitamin E on the immune response of healthy geriatric dogs. American Journal of Veterinary Research.64: 762-772.
15. Chew B.P., Park J.S., Weng B.C., *et al*. (2000):Dietary b-carotene is taken up by blood plasma and leukocytes in dogs. Journal of Nutrition.130: 1788-1791.
16. Kim HW, Chew BP, Wong TS, *et al*. Dietary lutein stimulates immune response in the canine. Veterinary Immunology and Immunopathology 2000a; 74: 315-327.
17. Kim H.W., Chew B.P., Wong T.S., *et al*.(2000): Modulations of humoral and cell-mediated immune responses by dietary lutein in cats. Veterinary Immunology and Immunopathology.73: 331-341.
18.. AAFCO. (Association of American Feed Control Officials). Official Publication, 2007.

19.. Morris J.G., Rogers Q.R.(1994): Assessment of the nutritional adequacy of pet food through the life cycle. Journal of Nutrition.124: 2520S-2534S.

20.. Van Vleet J.F.(1975): Experimentally induced vitamin E-selenium deficiency in the growing dog. Journal of the American Veterinary Medical Association.166: 769-774.

21.. NRC. (National Research Council). Nutrient Requirements of Dogs and Cats. Washington, DC: National Academies Press, 2006.

# 第11章 薬物治療

## 1 副腎皮質ステロイド

視床下部から放出される副腎皮質刺激ホルモン放出ホルモンは，下垂体前葉から副腎皮質刺激ホルモンを放出させる．このら副腎皮質刺激ホルモンが血行を介して副腎皮質に到達すると，各種ホルモンを放出する(**図11-1**)．副腎皮質から放出されるホルモンの中でもヒドロコルチゾン(コルチゾール)は，炎症時に生じる血管拡張や血管透過性亢進を惹起するプロスタグランジンの合成抑制作用や肥満細胞のヒスタミン放出抑制作用を有する．また，インターロイキン(IL)-2, 4, 5, 6やTNF-αなどのサイトカインの産生を低下させることで免疫抑制作用も発揮する．一方，コルチゾールは電解質コルチコイド作用により$Na^+$の貯留，そしてそれによる体液貯留作用を発揮する(**表11-1**)．副腎皮質ステロイドホルモンは，コルチゾールに似た薬物であり，$Na^+$貯留作用や抗炎症作用，作用時間がそれぞれの薬剤で異なる(**表11-1**)．

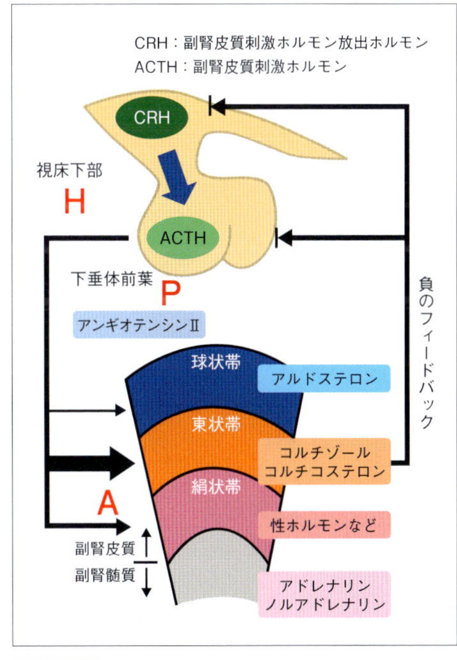


**図11-1　副腎皮質ホルモンの視床下部-下垂体による制御**

肥満細胞に結合した抗原特異的IgEに抗原が結合すると，ヒスタミンやセロトニンなどの生理活性物質を放出する．また，細胞膜酵素を活性化することでロイコトリエンやプロスタグランジン，トロンボキサン$A_2$などを遊離する．これらのケミカルメディエーターは，血管拡張や血管透過性亢進，気管支平滑筋収縮を誘発し，いわゆるⅠ型過敏症反応を惹起する．副腎皮質ステロイドホルモンは，プロスタグランジン合成抑制作用や肥満細胞のヒスタミン放出抑制作用により，Ⅰ型過敏症反応を抑制する．**表11-2**に示すようにアトピー性皮膚炎の犬に対して有用である[1]．溶血性貧血，血小板減少症，リウマチ性関節炎，多発性筋炎，多発性関節炎などの免疫介在性疾患に対しても用いられる．

副腎皮質ステロイドを高用量/長期間継続して投与すると，副腎は萎縮し機能が低下する可能性がある．また副腎皮質ステロイドの過剰投与は多飲多尿や体幹の脱毛，筋力低下などの医原性クッシング症候群を引き起こす可能性がある．

**表11-1 副腎皮質ステロイドホルモンの種類と特徴[2]**

| 薬 物 | 抗炎症比(mg) | 作用 | | 血漿中半減期(分)犬[ヒト] | 作用持続時間 |
|---|---|---|---|---|---|
| | | 抗炎症 | $Na^+$貯留 | | |
| ヒドロコルチゾン | 20 | 1 | 1〜2 | 52〜57[90] | ＜12時間 |
| ベタメタゾン(リン酸・酢酸塩) | 0.6 | 25 | 0 | [300＋] | ＞48時間 |
| デキサメタゾン(リン酸・酢酸塩) | 0.75 | 30 | 0 | 119〜136<br>[200〜300＋] | ＞48時間 |
| メチルプレドニゾロン | 4 | 5 | 0 | 91[200] | 12〜36時間 |
| プレドニゾロン | 5 | 4 | 1 | 69〜197<br>[115〜212] | 12〜36時間 |
| プレドニゾン | 5 | 4 | 1 | [60] | 12〜36時間 |
| トリアムシノロンアセトニド | 4 | 5 | 0 | [200＋] | 12〜36時間<br>IM：Week |

**表11-2 犬アトピー性皮膚炎に対するメチルプレドニゾロンの効果[1]**

| | 投与開始からの期間(週) | | | | |
|---|---|---|---|---|---|
| | 1 | 2〜4 | 4〜8 | 9〜12 | 12〜16 |
| 平均1日投与量(mg/kg) | 0.74 | 0.36 | 0.29 | 0.27 | 0.27 |
| 投与した犬の頭数(%) | | | | | |
| 開始時用量を1回/1日 | 57(100) | − | − | − | − |
| 開始時用量を1回/2日 | − | 57(100) | 28(51) | 22(46) | 20(45) |
| 開始時用量の1/2を1回/2日 | − | − | 26(49) | 20(42) | 11(25) |
| 開始時用量の1/4を1回/2日 | − | − | − | 5(10) | 10(23) |

非季節性のアトピー性皮膚炎の犬に対してメチルプレドニゾロンを0.5〜1 mg/kg，1日1回(経口投与)から開始し，改善時に投与量を半減し，さらなる改善時には投与量のさらなる半減，2日に1回投与というプロトコールで効果の検証を実施した結果，犬アトピー性皮膚炎臨床スコアが治療前と比較して半分以下となった症例が58%であった.

## 2 免疫抑制薬

### シクロスポリン

インターロイキン-2(IL-2)により活性化したT細胞は増殖しながら，さらにIL-2やインターフェロンγ(IFN-γ)などのサイトカインを産生する．これらのサイトカインはナチュラルキラー細胞やマクロファージおよび細胞傷害性T細胞を活性化する．シクロスポリンは，細胞内のタンパク質であるシクロフィンと複合体を形成してカルシニューリンの活性化を抑制する．これによりNFATcの活性化が抑制されることで，IL-2遺伝子などの転写活性が抑制される[3](**図11-2**)．

#### 1 ● サンディミュン®とネオーラル®/アトピカ®

従来のシクロスポリン製剤であるサンディミュン®は油性基材を用いているため，経口投与後は胆汁酸で乳化されて上部消化管から吸収される．膵液分泌による影響も大きいため，吸収過程の個人差が大きい．食餌の有無も吸収に影響を与える．一方，ネオーラル®/アトピカ®は，親油性溶媒，親水性溶媒，そして，これらを結びつける界面活性剤がバランス良く配合されている．その効果により，水中では10〜100 nmの微細な液滴(マイクロエマルジョン)を形成し

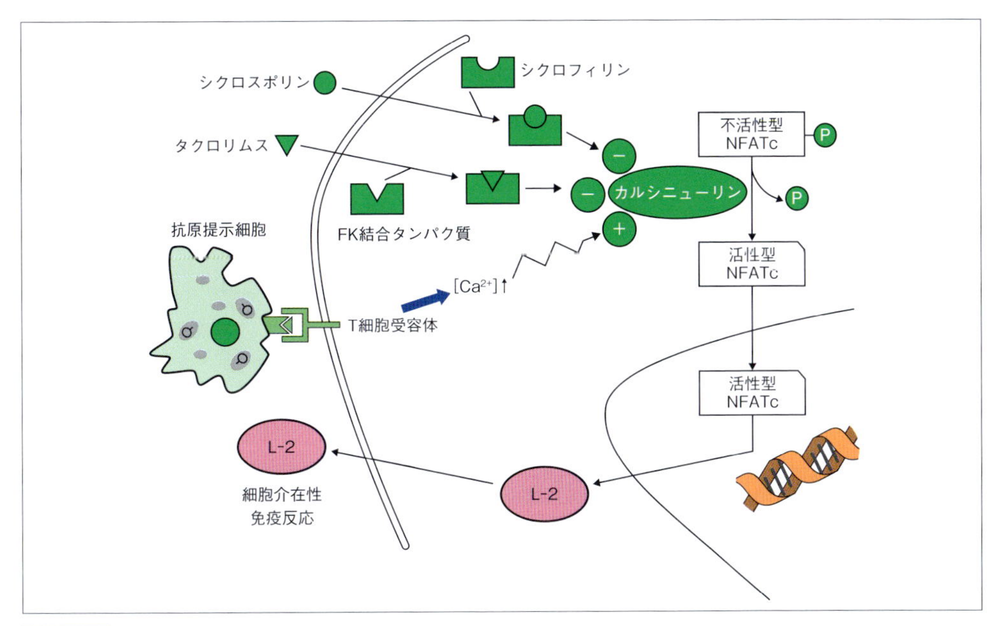


**図11-2** シクロスポリンの作用機序

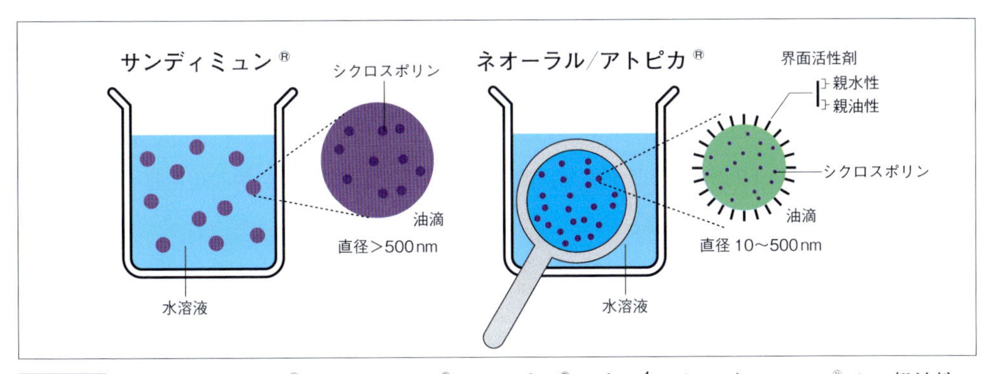


**図11-3** **サンディミュン®とネオーラル®/アトピカ®の違い**[4]．サンディミュン®は，親油性のシクロスポリンの油滴であり，ネオーラル®/アトピカ®は界面活性剤が配合されてマイクロエマルジョンを形成し水溶性の性質を有している．サンディミュン®は胆汁酸などで乳化されて消化管より吸収される．一方でネオーラル®/アトピカは®食餌や胆汁酸に影響されにくく，より安定して吸収されるという性質を有する．

水溶性と同様の性質を有する[4](**図11-3**)．消化管上部で収されやすいため，ヒトでは食餌によってその吸収は影響を受けない[5]．しかし，犬では空腹時投与の方が食後投与に比べて血中濃度のバラつきは少ない．このことより，犬では食前あるいは食後2時間の投与は吸収が安定しているとされている[6]．

当初シクロスポリンは，ヒトや犬，猫において移植時の免疫抑制薬として用いられていた．現在ではアトピー性皮膚炎などの免疫介在性疾患に対して有用性が認められている(**表11-3**)．炎症性腸炎，免疫介在性の溶血性貧血や血小板減少症，赤芽球癆，全身性エリテマトーデスに対する有効性も報告されている．

## タクロリムス

タクロリムスはシクロスポリンと同様の作用

**表11-3** 犬アトピー性皮膚炎に対するシクロスポリン（アトピカ®カプセル）の効果[1]

| | 投与開始からの期間（週） | | | |
|---|---|---|---|---|
| | 1〜4 | 5〜8 | 9〜12 | 12〜16 |
| 平均1日投与量（mg/kg） | 4.6 | 3.53 | 2.79 | 2.83 |
| 投与した犬の頭数（%） | | | | |
| 開始時用量を1回/1日 | 117(100) | 54(52) | 28(28) | 30(32) |
| 開始時用量を1回/2日 | − | 48(50) | 58(58) | 39(42) |
| 開始時用量を2回/週 | − | − | 14(14) | 24(26) |

シクロスポリン（アトピカ®カプセル）を5 mg/kg，1日1回（経口投与）から開始し，皮膚炎の範囲/重症度指数CADESIの改善が認められた時には用量を半減し，さらなる改善時には2日に1回投与に変更した．

**表11-4** 主な抗ヒスタミン薬の用量/用法[2,7]

| 薬物 | 犬用量 | 猫用量 |
|---|---|---|
| 塩酸ジフェンヒドラミン | 2〜4 mg/kg，8〜12時間ごと（経口投与）<br>1 mg/kg，8〜12時間ごと（筋肉注射，皮下注射，静脈注射） | 2〜4 mg/kg，6〜8時間ごと（経口投与）<br>1 mg/kg, 8時間ごと（静脈注射, 筋肉注射） |
| 塩酸プロメタジン | 0.2〜0.4 mg/kg，6〜8時間ごと（経口投与，筋肉注射） | 0.2〜0.4 mg/kg，6〜8時間ごと（経口投与，筋肉注射） |
| マレイン酸クロルフェニラミン | 4〜8 mg/頭，8〜12時間ごと（経口投与）<br>（最大投与量：0.5 mg/kg） | 2 mg/頭，12時間ごと（経口投与） |
| フマル酸クレマスチン | 0.05〜0.1 mg/kg, 12時間ごと（経口投与） | 0.34〜0.68 mg/頭, 12時間ごと（経口投与） |
| ヒドロキシジン | 2.2 mg/kg，8時間ごと（経口投与） | 1〜2 mgまたは5〜10 mg/頭,<br>8〜12時間ごと（経口投与） |
| セチリジン | 1 mg/kg，1日3回（経口投与） | 2.5〜5 mg/頭，12時間ごと（経口投与） |

メカニズムを有しており，タクロリムス軟膏はアトピー性皮膚炎や円板状エリテマトーデスなどの免疫介在性疾患の補助療法に用いられる．

## 3 抗ヒスタミン薬

ヒスタミンは肥満細胞中に高濃度に存在するアミンで，細胞内顆粒に貯蔵されている．細胞に刺激が加わると脱顆粒により細胞外に放出され，血管拡張，血管透過性亢進，気管支平滑筋収縮作用によりアレルギー反応を引き起こす．ヒスタミン受容体には$H_1$から$H_4$のサブタイプがあり，主に$H_1$がこれらのアレルギー反応に関与している（$H_2$は胃酸分泌に関与しており，$H_2$ブロッカーであるシメチジンやファモチジンは胃潰瘍や十二指腸潰瘍などの消化器潰瘍の治療に用いられている）．

$H_1$ブロッカーは抗ヒスタミン薬として，アレルギー性皮膚炎などの治療薬として用いられている．副作用として中枢神経抑制（不活発，傾眠）や口渇，尿貯留などの抗コリン作用があるが，その程度は薬物により異なる．**表11-1**は抗ヒスタミン薬として用いる場合の各薬物の用量/用法である．

**表11-4**に主な抗ヒスタミン薬とその用量用法について記した．クロルフェニラミンは猫の瘙痒に対して一般的に用いられる薬物の一つである．またクレマスチンは犬の瘙痒に対して用いられている．

ヒドロキシジンは，抗コリン作用や鎮静作用，制吐作用なども有する抗ヒスタミン薬である[1]．

またヒドロキシジンの代謝物であるセチリジンは，鎮静作用の少ない抗ヒスタミン薬である[1]．犬アトピー性皮膚炎に対する抗ヒスタミン薬として犬におけるクレマスチンの体内半減期が早いことがわかり，ヒドロキシジンとセチリジンは見直されている[8,9]．

## 4 抗ロイコトリエン薬

ロイコトリエンは気管支ぜんそくや浮腫などアレルギー反応に関与している炎症性メディエーターの一つである．抗ロイコトリエン薬は，その受容体に結合することでこれらのアレルギー反応をブロックする．

ザフィルルカストはロイコトリエン$D_4$および$E_4$受容体を選択的に阻害することで喘息やアレルギー性皮膚炎に対して有効性が期待できる．補助療法として犬アトピー性皮膚炎に対しては20 mg/頭，1日2回（経口投与），猫気管支ぜんそくに対しては1～2 mg/kg，1日1回もしくは2回（経口投与）で用いられる．

## まとめ

### ▶ポイント

炎症反応や免疫反応を抑制する薬物について，その効果や副作用の特徴を作用メカニズムとともに解説した．これらの薬物による治療は，徴候の沈静化や改善が主な目的である．そのため，炎症や免疫活性化の原因除去などの根本治療についても考慮する必要がある．

折戸 謙介（麻布大学）

### 参考文献


1. Steffan J., Alexander D., Brovedani F., *et al.*(2003): Comparison of cyclosporine A with methylprednisolone for treatment of canine atopic dermatitis: a parallel, blinded, randomized controlled trial, Vet Dermatol. 14: 11-22.
2. Plumb D.(2011): Veterinary Drug Handbook. Wiley-Blackwell.
3. 倉石泰(2006)：免疫抑制薬，イラスト免疫学(柳澤輝行，丸山敬，eds)．丸善，539-549.
4. 西葉子(2001)：ネオーラル®カプセル・内用液(シクロスポリン・マイクロエマルジョン前濃縮物製剤)の薬理学及び薬物動態学的特徴と臨床効果，日本薬理学会誌．118：107-115.
5. Kahan B.D., Dunn J., Fitts C., *et al.*(1995)：Reduced inter-and intrasubject variability in cyclosporine pharmacokinetics in renal transplant recipients treated with a microemulsion formulation in conjunction with fasting, low-fat meals, or high-fat meals, Transplantation. 59: 505-511.
6. Steffan J., Strehlau G., Maurer M., *et al.*(2004): Cyclosporin A pharmacokinetics and efficacy in the treatment of atopic dermatitis in dogs, J Vet Pharmacol Ther. 27: 231-238.
7. 佐野忠士(2011)：抗ヒスタミン薬，薬用量マニュアル(中山智宏，佐伯潤，eds.)．日本小動物獣医師会，97-100.
8. ヒドロキシジンとセチリジン: 2008 Vet Dermatol. 19, 348-357. Hydroxyzine and cetirizine pharmacokinetics and pharmacodynamics after oral and intravenous administration of hydroxyzine to healthy dogs.
9. セチリジン: 2011 Tierarztl Prax Ausg K Kleintiere Heimtiere. 39, 25-30. Effect of prednisolone and cetirizine on D. farinae and histamine-induced wheal and flare response in healthy dogs.

# 第12章 分子標的治療

## 1 はじめに

分子標的治療とは，病気の発症に関与する標的分子に特異的に作用する薬剤を用いて治療する療法である．ヒトにおいては，腫瘍，自己免疫疾患，アレルギー疾患，代謝性疾患など様々な分野で分子標的治療薬が開発され臨床応用されている．

従来の治療薬は，*in vitro*および*in vivo*の試験における治療効果から薬剤をスクリーニングし，後からメカニズムを明らかにする，いわば結果から生まれた治療薬である．そのため，標的とする細胞だけではなく，正常な細胞に対しても少なからず作用する可能性があることから，臨床的に副作用(毒性)が問題となる．一方，分子標的治療薬は，対象とする疾患の発症メカニズムを分子レベルで解明し，標的遺伝子または標的遺伝子産物を絞り込んだ後，その機能を特異的に制御する薬剤を設計し創生する，いわば理論から生まれた治療薬である．分子標的治療薬は，標的細胞に対する特異性が高いため，従来の治療薬に比べ副作用の可能性は低くなる[注1]．

## 2 分子標的治療薬の分類

### 低分子化合物

低分子化合物は天然または人工的に合成した化合物で，分子量が小さいことから細胞膜を透過し，細胞質内や核内まで移行することができる．そのため，低分子化合物の標的は，受容体下流の細胞内シグナル伝達物質や核内分子などである．

低分子化合物には，inhibitor(阻害薬)という単語から，薬剤名の語尾に必ずib(イブ)という言葉を使用する．

低分子化合物の例として，イマチニブ(グリベック®)がある．イマチニブはチロシンキナーゼ[注2]

---

**注1**

分子標的治療薬でも，まれに予期しない副作用が発生することがある．T細胞に発現するCD28に対するヒト化抗体の安全性を評価した第Ⅰ相試験において，抗体を投与した健常人男性6人全員が急性の全身性炎症反応および臓器不全を起こし，その中には重篤者もいたことが報告されている[1]．ラットやサルを用いた動物実験ではこのような有害事象は発生しておらず，何故予期しない有害事象がヒトにおいてのみ発生したのかはよくわかっていない．

**注2**

キナーゼとは，低分子基質やタンパク質にATPのリン酸基を付加(リン酸化)する酵素の総称である．細胞内でタンパク質がリン酸化されると，そのタンパク質は活性化して様々な細胞内シグナル伝達経路を開始させ，細胞の増殖，生存，分化，代謝，遊走など多様な細胞応答を引き起こす．タンパク質を構成するアミノ酸の1種であるチロシンをリン酸化するキナーゼをチロシンキナーゼと呼び，受容体型と非受容体型のチロシンキナーゼに分類される．ヒトや動物の様々な腫瘍において，チロシンキナーゼの異常な活性化が検出されている[2]．

阻害作用を有する低分子化合物で，ヒトにおいては慢性骨髄性白血病，KIT陽性消化管間質腫瘍，フィラデルフィア染色体陽性急性リンパ球性白血病，FIP1L1-PDGFRα陽性好酸球増多症候群および慢性好酸球性白血病に対して使用されている．慢性骨髄性白血病患者の約90%においては，9番染色体と22番染色体の転座により，新たにフィラデルフィア染色体が生じる．この染色体異常により，*Abl*と*Bcr*と呼ばれる遺伝子が融合し，BCR-ABLタンパク質が産生される．BCR-ABLタンパク質は非常に強いチロシンキナーゼ活性[注2]を有し，自分自身および細胞内シグナル伝達に関与する他のタンパク質を恒常的にリン酸化し，これが慢性骨髄性白血病の腫瘍化メカニズムにおいて重要な役割を果たしている．イマチニブは，チロシンキナーゼのATP結合部位の分子構造に合わせてデザインされた分子標的治療薬であり，チロシンキナーゼ阻害薬として，リン酸基の供給源であるATPと競合拮抗する．慢性骨髄性白血病においては，BCR-ABLタンパク質を標的として，BCR-ABLタンパク質のATP結合部位にイマチニブが競合的に結合する．その結果，ATPはBCR-ABLタンパク質に結合できなくなり，BCR-ABLタンパク質の自己リン酸化およびその後に続く細胞内シグナル伝達を阻害して抗腫瘍効果を発揮する[2,3]．

受容体からの細胞内シグナル伝達物質や核内物質は，種の壁を越えて共通の機能を有する傾向がある．そのため，ヒト用に開発された低分子化合物が，ヒト以外の動物の同じ標的分子や類似した標的分子に対し種の壁を越えて作用する可能性がある．例えば，イマチニブは犬や猫の肥満細胞腫に対しても作用し，抗腫瘍効果を示す．しかしながら，ヒト用に開発・承認されたすべての低分子化合物が動物に応用できるわけではなく，獣医療において実際に応用するためには，有効性および安全性に関する解析が必要となる．

## 抗体医薬

抗体医薬は，標的タンパク質に特異的に結合するモノクローナル抗体を用いた分子標的治療薬である．抗体は基本的には細胞膜を透過することはできないため，抗体医薬の標的は，細胞外タンパク質や細胞表面の受容体となる．

**図12-1**に抗体の基本構造を示す．抗体は，抗原に結合するFab部分（fragment, antigen binding）と免疫細胞の細胞表面に発現している受容体に結合するFc部分（fragment, crystallizable）に分けることができる．Fab部分の先端には可変領域（variable region；V領域）があり，様々な抗原に結合できるよう，遺伝子再構成により多様なアミノ酸配列を取ることができる．V領域以外は定常領域（constant region；C領域）と呼ばれ，この部分が入れ替わることで抗体のクラスが変化する（例：IgMからIgGへのクラススイッチなど）．V領域において直接抗原と接触し結合部位を形成している部分を相補性決定領域（complementarity determining region；CDR）と呼び，重鎖（heavy chain；H鎖）および軽鎖（light chain；L鎖）にそれぞれ三つずつCDRが存在する．抗体の構造の中で，CDRによって抗原に対する特異性および結合性が決定される．

ほとんどのモノクローナル抗体はもともとマウスの細胞から作製される．マウスのモノクローナル抗体をヒトに投与すると，ヒトにとって異物として認識され，マウス抗体に対するヒト抗体が産生されてしまう．そのため，マウスのモノクローナル抗体をそのまま抗体製剤として使用することは，安全性および有効性において大きな問題となる．このような問題を解決するため，分子標的治療薬として使用されている抗体製剤は，できる限りヒトの抗体に近づくように作製されている．その一つがキメラ抗体[注3]で，遺伝子改変技術により，V領域がマウス由

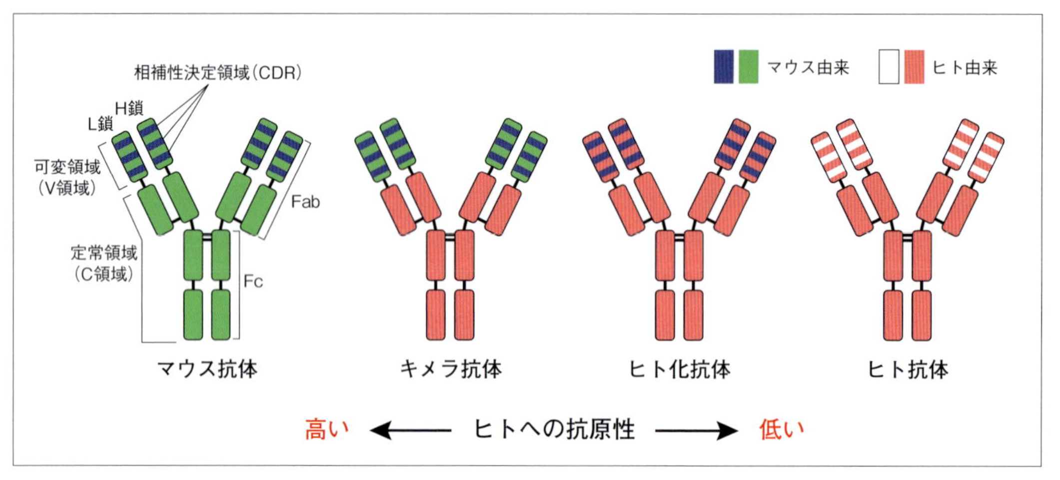


**図12-1 抗体の構造と抗体医薬** ①抗体の基本構造，②キメラ抗体：遺伝子改変技術により，V領域がマウス由来，C領域がヒト由来の遺伝子で構成された抗体，③ヒト化抗体：V領域の中で抗原の結合性に重要なCDRのみをマウス由来とし，その他の部分をヒト由来にした抗体，④ヒト抗体：すべてのアミノ酸配列がヒト由来の抗体

来，C領域がヒト由来の遺伝子で構成されている．キメラ抗体では，V領域をマウスモノクローナル抗体由来の遺伝子とすることで，抗原に対する特異性および結合性を保ちつつ，C領域をヒト由来の遺伝子とすることで，ヒトの体内で異物として認識される可能性を低くしてある．V領域の中で抗原の結合性に重要なCDRのみをマウス由来とし，その他の部分をヒト由来としたヒト化抗体も作製されている．ヒト化抗体は，キメラ抗体よりもヒトに対する抗原性が低く，安全性が高まっている．また，すべてのアミノ酸配列がヒト由来のヒト抗体も開発されている．ヒト抗体は，マウスの抗体を産生せず，代わりにヒトの抗体を産生する遺伝子改変マウスを用いて作製する．ヒト抗体は，キメラ抗体やヒト化抗体に比べ，ヒトの体内で異物として認識されにくいため，抗原性が低く，安全性が高まったものである(**図12-1**)．

抗体医薬には，モノクローナル抗体(monoclonal antibody)という単語から，薬物名の語尾に必ずmab(マブ)という言葉を使用する．さらに，抗体の種類により，キメラ抗体の場合，ximab(キシマブ)という語尾を使用し(例えば，リツキシマブ)，ヒト化抗体の場合，zumab(ズマブ)という語尾を使用する(例えば，オマリズマブ)．また，ヒト抗体の場合はmumab(ムマブ)という語尾を使用する(例えば，アダリムマブ)．

抗体医薬は，中和作用または細胞傷害作用によりその効果を発揮する．中和作用は，抗体が細胞外タンパク質や細胞表面の受容体に結合し，その作用を中和したり，リガンドとなるタンパク質と受容体の結合を阻害したりする．細胞傷害作用は，抗体が細胞表面の標的抗

注3

キメラという名称は，ライオンの頭，山羊の胴体，蛇の尾を持つギリシャ神話に登場する怪物に由来する．生物学においては，異なる胚由来の細胞が同一個体内で混合した状態を指すが，由来が異なる複数の部分により構成された分子やタンパク質に対しても「キメラ」という言葉を使用する．

原や受容体に結合し，NK細胞やマクロファージを介した抗体依存性細胞傷害作用（antibody dependent cellular cytotoxicity；ADCC），あるいは補体を介した補体依存性細胞傷害作用（complement dependent cytotoxicity；CDC）により標的細胞を攻撃する．

抗体医薬の例として，オマリズマブ（ゾレア®）がある．オマリズマブはヒト化抗ヒトIgEモノクローナル抗体で，遊離型IgEのC領域に結合し，IgEが高親和性IgE受容体に結合するのを阻害する作用がある．そのため，アレルゲンおよびIgEを介した高親和性IgE受容体発現細胞（肥満細胞など）からの炎症メディエーターの放出を抑制する．ヒトにおいては，既存の治療法によって臨床症状をコントロールできない気管支喘息患者に対する使用が承認されている．

抗体医薬は標的タンパク質の一部を認識する．そのため，ヒト用に開発された抗体医薬がヒト以外の動物のタンパク質と共通の抗原を認識し交差反応性を示す場合のみ，理論的には種の壁を越えて作用する可能性がある．しかしながら，抗体医薬の多くの部位はヒト由来のタンパク質であるため，ヒト以外の動物にとっては異物として認識される．そのため，ヒト用に開発・承認された抗体製剤は，基本的にヒト以外の動物で使用することはできない．

## 3 獣医療において使用されている分子標的治療薬

### イマチニブ（グリベック®）

イマチニブは，前述のBCR-ABLタンパク質以外にも，受容体型チロシンキナーゼであるKITも標的とする．KITは肥満細胞に発現し，幹細胞増殖因子（stem cell factor；SCF）をリガンドとして，正常な肥満細胞の生存，分化，増殖等を制御している．犬の肥満細胞腫の15～40%（国内の調査では17%）においては，KITをコードする*c-kit*遺伝子に変異が存在し，リガンドであるSCFの非存在下でも恒常的にKITがリン酸化して肥満細胞の腫瘍化に関与している[4]（**図12-2**）．猫の肥満細胞腫においても同様のメカニズムが知られている[5]．イマチニブは，ヒトの慢性骨髄性白血病におけるBCR-ABLタンパク質と同様，リン酸基の供給源であるATPと競合拮抗し，KITのATP結合部位に結合する．その結果，標的となるKITの恒常的なリン酸化を阻害し，その後の細胞内シグナル伝達を抑制することで，犬および猫の肥満細胞腫に対して抗腫瘍効果を発揮することが明らかになっている（**図12-2**）．特に，KIT膜近傍領域に変異を有する肥満細胞腫では，イマチニブに対する感受性が高いことが知られている．

### トセラニブ（Palladia®）

トセラニブは，犬の肥満細胞腫に対する使用が承認されている分子標的治療薬である．日本国内においても承認・販売されている．トセラニブは，受容体型チロシンキナーゼであるKIT，血小板由来増殖因子（platelet-derived growth factor；PDGF）受容体および血管内皮増殖因子（vascular endothelial growth factor；VEGF）受容体2を標的として，これらのリン酸化を阻害する低分子化合物である[6,7]．トセラニブは，前述のイマチニブ同様，KITを阻害することで肥満細胞腫に対する抗腫瘍効果を発揮する．さらに，PDGF受容体およびVEGF受容体2を阻害することで，これらが関与する腫瘍の血管新生を抑制し抗腫瘍効果をあらわすと考えられている．そのため，犬に対する承認外の使用例ではあるが，肥満細胞腫以外の固形がんに対しても治療効果が検討され，一部のがんにおいてトセラニブの臨床的有効性が報告されている．

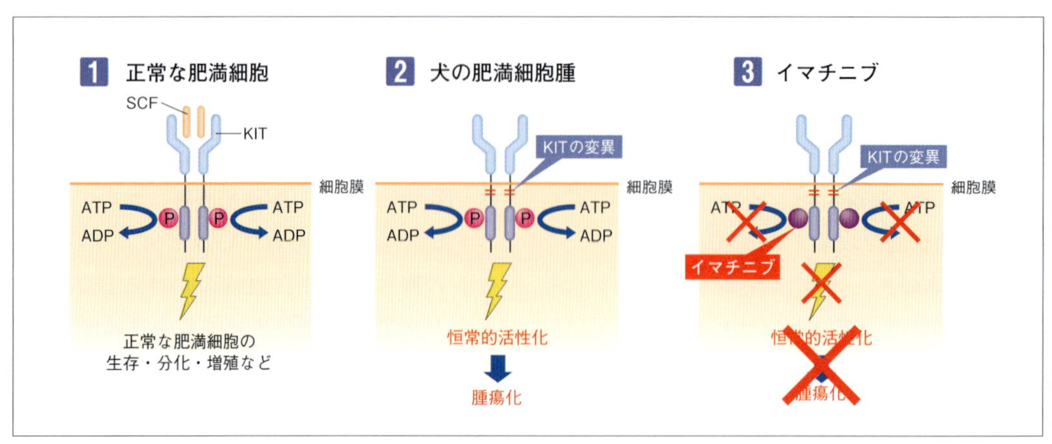


図12-2 **犬の肥満細胞腫の腫瘍化メカニズムとイマチニブの作用機序**．1正常な肥満細胞：細胞表面に発現しているKITにリガンドであるSCFが結合すると，KITは二量体を形成し，自己リン酸化して細胞の生存，分化，増殖等を制御する．2犬の肥満細胞腫：15～40%の肥満細胞腫(国内の調査では17%)では，KITをコードする*c-kit*遺伝子に変異が存在し，リガンドであるSCFが結合しなくても恒常的にKITがリン酸化する．その結果，KITから常に活性化シグナルが伝達され，肥満細胞が腫瘍化する原因の一つと考えられている．3イマチニブの作用機序：分子標的治療薬であるイマチニブは，リン酸基の供給源であるATPと競合拮抗し，KITのATP結合部位に結合する．その結果，イマチニブはKITの恒常的なリン酸化を阻害し，その後の細胞内シグナル伝達を抑制して抗腫瘍効果を発揮する．

## マスチニブ(Masivet®, Kinavet®)

マスチニブは，犬の肥満細胞腫に対する使用が承認されている分子標的治療薬である[注4]．マスチニブは，受容体型チロシンキナーゼであるKIT，PDGFR α/β，非受容体型チロシンキナーゼであるLynなどを標的に，これらのリン酸化を阻害する低分子化合物である[8]．

## オクラシチニブ(Apoquel®)

オクラシチニブは，12カ月齢以上の犬のアレルギー性皮膚炎に伴う痒みのコントロール，および犬アトピー性皮膚炎のコントロールに対する使用が承認されている分子標的治療薬である．日本国内においても承認され，販売される予定となっている．オクラシチニブは，非受容体型チロシンキナーゼであるJanus Kinase (JAK)を標的に，その機能を阻害する低分子化合物である[9]．JAKはサイトカイン受容体に会合しているタンパク質で，サイトカインが受容体に結合すると，受容体に会合しているJAKがリン酸化(活性化)する．活性化したJAKは，会合しているサイトカイン受容体をリン酸化し，この部位にSTATタンパク質が結合する．活性化したJAKは，STATタンパク質もリン酸化して，細胞質内でSTATの二量体が形成される．二量体となったSTATは核内に移行

注4
マスチニブは，変異のないKITにも作用することから，KITを介した正常な肥満細胞の機能も抑制する．また，マスチニブの標的となるLynは，IgEを介した肥満細胞の脱顆粒に重要な細胞内シグナル伝達物質である．このようなマスチニブの作用から，犬アトピー性皮膚炎に対するマスチニブの臨床的効果が検討され，その有効性が報告されている[10]．

し，転写因子として標的遺伝子の上流に結合し，標的遺伝子を発現させる（第1章免疫・アレルギーの基本，サイトカイン・ケモカインの章参照）．

JAKには，JAK1，2，3およびTyk2の4種類あり，サイトカインの種類によって受容体に会合しているJAKの種類が異なる．オクラシチニブは，JAK1依存性のサイトカインの機能を選択的に阻害する作用がある[9]．JAK1依存性のサイトカインとして，炎症やアレルギーに深く関与するIL-2，IL-4，IL-6，IL-13や，直接痒みを引き起こすことができるIL-31などがあり，オクラシチニブはこれらのサイトカインの機能を阻害することが明らかとなっている．オクラシチニブは炎症，アレルギーおよび痒みに関与するJAK1依存性サイトカインの機能を阻害することで，皮膚炎および痒みの改善といった臨床的効果を発揮すると考えられている．

## まとめ

### ポイント

- 低分子化合物は，分子量が小さいことから細胞膜を透過し細胞質内や核内まで移行することができる．低分子化合物の標的は，受容体下流の細胞内シグナル伝達物質や核内分子などである．
- 抗体は基本的には細胞膜を透過することはできないため，抗体医薬の標的は，細胞外タンパク質や細胞表面の受容体となる．ヒト用の抗体医薬は，有効性および安全性の問題から，できる限りヒトの抗体に近づくようにキメラ抗体、ヒト化抗体あるいはヒト抗体として作製されている．
- 獣医療においても，犬の肥満細胞腫や犬アトピー性皮膚炎を対象とした分子標的治療薬が承認されている．

### まとめ

分子標的治療薬は有効な治療法であるが，開発に伴う特許の問題があり高額な治療法になる．実際に使用する際には，対象となる症例の選択，有効性や副作用について十分な知識が必要となる．今後，獣医療においても多くの分子標的治療薬が承認されることが予想されるため，多くの情報を整理して臨床に役立てていく必要がある．

### 臨床検査・検査応用について

イマチニブやトセラニブに対する反応性を推測する目的で，犬の肥満細胞腫におけるc-*kit*遺伝子の遺伝子変異検査がある．この検査では，c-*kit*遺伝子膜近傍領域の遺伝子変異の有無をPCR法により検出する．

大森 啓太郎（東京農工大学）

## 参考文献

1. Suntharalingam G., Perry M.R., Ward S., *et al.*(2006): The New England Journal of Medicine. 355(10), 1018-1028.
2. London C.A.(2013): Veterinary Dermatology. 24(1), 181-187. e39-40.
3. Bavcar S., Argyle D.J.(2012): Veterinary and Comparative Oncology. 10(3), 163-173.
4. Welle M.M., Bley C.R., Howard J., *et al.*(2008): Veterinary Dermatology. 19(6), 321-339.
5. Isotani M., Yamada O., Lachowicz J.L., *et al.*(2010): British Journal of Haematology. 148(1), 144-153.
6. London C.A., Malpas P.B., Wood-Follis S.L., *et al.*(2009): Clinical Cancer Research. 15(11), 3856-3865.
7. London C., Mathie T., Stingle N., *et al.*(2012): Veterinary and Comparative Oncology. 10(3), 194-205.
8. Hahn K.A., Ogilvie G., Rusk T., *et al.*(2008): Journal of Veterinary Internal Medicine. 22(6), 1301-1309.
9. Gonzales A.J., Bowman J.W., Fici G.J., *et al.*(2014): Journal of Veterinary Pharmacology and Therapeutics. 37(4), 317-324.
10. Cadot P., Hensel P., Bensignor E., *et al.*(2011): Veterinary Dermatology. 22(6), 554-564.

## 参考図書

- 鶴尾隆(2008)：がんの分子標的治療，南山堂.
- 田中良哉(2013)：免疫・アレルギー疾患の分子標的と治療薬事典，羊土社.

# 第 IV 編

# エキゾチックアニマルの免疫と疾患

# 第13章 鳥とウサギ，フェレット，その他小型哺乳類

## 1 はじめに

比較免疫学という分野では，ウサギとネズミは生物学的に比較的近縁であるにも関わらず，その免疫系は大きく異なり，生物学的に全く近縁ではない鳥とウサギの免疫系は似ている．このようにエキゾチックアニマルに関しては，解明されていない動物種が多く，系統立てて解説することはできないが，本稿ではエキゾチックアニマルの中でも，特有な免疫機構があり，よく研究されている鳥（主にニワトリ）やウサギの免疫と疾患を解説し，疾患報告のあるフェレット，ヨツユビハリネズミ，マウス，ラットを加えて解説する．

## 2 鳥の免疫

B細胞の語源が，骨髄(bone marrow)のBではなく，鳥のファブリキウス嚢(F嚢；the bursa of Fabricius)のBから由来していることはよく知られている．F嚢の機能を理解することは免疫分野にとって重要であるとともに，鳥類の免疫の機構は哺乳類と類似していながらその構造には大きな違いがある．

### 自然(非特異的)免疫

鳥類における自然免疫の主役は主に骨髄から分化する白血球，栓球，マクロファージである．白血球の中でも鳥類の好中球は，好酸球に似た偽好酸球(ヘテロフィル)とも呼ばれ，顆粒内に含まれる種々の酵素などを利用し，自然免疫に関与する[1]．好酸球は，寄生虫感染に誘発された増加症を示唆する報告もあるが，主に否定的な意見が多く，過敏性反応の可能性も指摘されている[1]．栓球は哺乳類における血小板であるが，哺乳類にはない貪食作用を持つ[1]．マクロファージは哺乳類と同様の機能があるが，鳥の肺や気嚢内に，哺乳類にある肺胞マクロファージに相同する食細胞は存在しない．その代わり，吸入異物は，ガス交換領域にある呼吸上皮下の間質に待機している多数の遊離性マクロファージが貪食し処理される．さらに傍気管支上皮細胞にもエンドサイトーシス能がある[1]．これらの防御システムが，鳥の感染症に対する高い抵抗性を有する理由となっている．リンパ球は慢性的な抗原刺激により，反応性リンパ球が増加する[1,2]．慢性的な感染例になると，Tリンパ球の成熟率が抑制され，細胞を介した免疫が阻害されることもある[3]．また，いくつかの免疫修復物質は，マクロファージの貪食作用や時にNK細胞の活性化など抗原に対する非特異的免疫応答の強化に関与する[1]．なお，NK細胞は，胸腺やF嚢にも存在しない[1]．

### 獲得(抗原特異的)免疫

F嚢は液性免疫に関与するB細胞を産生する中枢(一次リンパ組織)として知られている．F嚢はB細胞の前駆細胞がコロニーを作り，胚

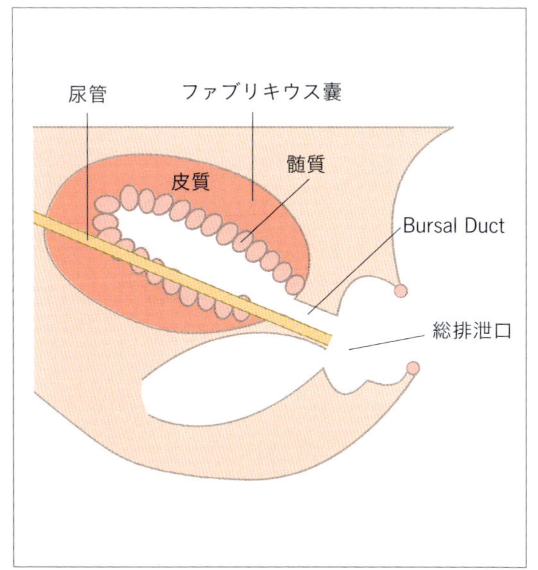


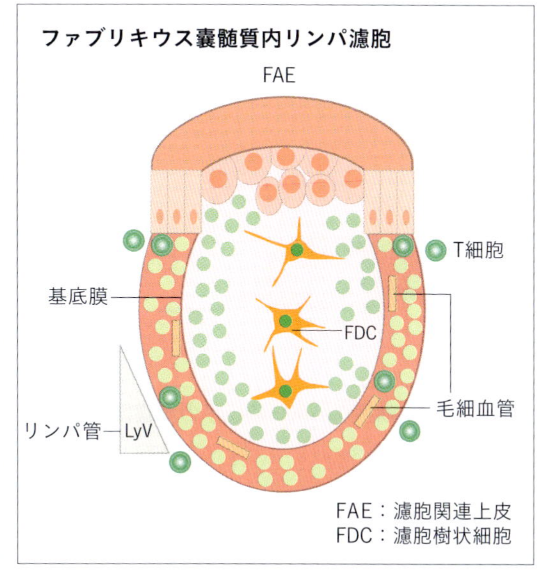


**図13-1　ファブリキウス嚢と髄質内リンパ濾胞**．髄質は基本的には上皮内に発達したリンパ濾胞で，皮質との境界に一層の上皮と基底膜がある（浴野成生ら，1998, 43(2)：145, 図2より一部改変[4]）．

胎期間に総排泄腔内で発達する[1,4]．F嚢は，総排泄腔の背側にある嚢状のリンパ組織で，十数の襞があり，互いに独立したおよそ1万個のB細胞濾胞で構成されている[4]．その濾胞は，特殊な腸上皮である濾胞関連上皮（follicular associated epithelium；FAE）で腸管内の抗原などを貪食する作用を持っている[4]．F嚢は，髄質と皮質に分かれ，髄質の中央部には抗原抗体複合体（IgG関与）を付着した濾胞樹状細胞（follicle dendritic cell；FDC）があり，記憶B細胞やある種のB細胞を誘導している[5]．細胞性免疫に関与するT細胞は，皮質および濾胞間結合組織に分布しており，リンパ管は濾胞間結合組織部分に分布している[4]（**図13-1**）．

## F嚢の機能

病原体や常在細菌叢などの環境的負荷にさらされる消化管の粘膜免疫系に腸管関連リンパ組織（gut-associated lymphoid tissue；GALT）がある[6]．F嚢は解剖学的および組織学的には，ウサギの虫垂，羊や牛の回腸パイエル板（IgA産生），扁桃などのGALTに相当する[4]．未熟B細胞は，F嚢のFAEから髄質に運ばれた環境抗原（腸内細菌も含む）の刺激に対してほとんどがアポトーシスするが，F嚢で抗原刺激を受けてもアポトーシスせずに，メモリーB細胞あるいは形質細胞に分化する[4,7]．F嚢でB細胞が多様性を獲得（B細胞の項参照）し，二次リンパ組織の胚中心において様々な抗原に対する抗体を産生している[4,6,7]．このようにF嚢は，抗体産生細胞自体はないため，胸腺と同じく「中枢」リンパ組織と考えられる[4]．なお，F嚢は鳥類特有の組織と考えられているが，類似する組織が円口類やカメにも存在する[8]．

### 1　B細胞

B細胞は，抗体遺伝子の構造や多様性の作られ方，産生される臓器などにおいて脊椎動物の中でとても変化に富み，マウスやヒトでは胎子肝臓や骨髄で，ウサギでは虫垂で，ニワトリではF嚢で多様性が作られる（**図13-2**）[7]．B細胞

図13-2 動物種別の抗体遺伝子の多様性が作られる部位

系の一次分化の場所が，形態的に明瞭な器官として独立しているのは鳥類だけである[9].

一般的なT細胞受容体遺伝子や抗体遺伝子は，複数のV, D, J領域の中から1個ずつ選ばれて，さらに遺伝子組換えにより多様なVDJを獲得している[6,7]. ヒトやマウスではVDJ組換えによって多様化するが，ニワトリではF嚢内において一組のVDJの遺伝子変換(Vの一部を偽V遺伝子断片と置換される)と体細胞高頻度突然変異で多様性が作られている(**図13-3**)[6,7]. 羊や牛での免疫グロブリン多様性は，回腸のパイル板として知られる器官で生じる体細胞高頻度突然変異によるが，その体細胞高頻度突然変異はまた，鳥(羊やウサギも同様)における免疫グロブリンの多様性の獲得にも寄与している．その獲得にはT細胞および特定の抗原をまったく必要としない.

## 2 ● 抗 体

液性免疫は，哺乳類同様にB細胞が分化した形質細胞から産生される抗体(免疫グロブリン)に委ねられている[4,9]. 形質細胞はF嚢で産生されており，そのF嚢細胞の表面には鳥類の特徴として，哺乳類のいかなる器官の細胞より高頻度に免疫グロブリンを有している[9]. また，眼窩にあるハーダー腺(鳥類や爬虫類特有のリンパ系器官)や，盲腸扁桃にも免疫グロブリンを有する形質細胞が多い[9].

鳥の免疫グロブリンのアイソタイプは，哺乳類と違いIgM，IgY[注1]，IgA(サブクラスはない)に区分されるが，アイソタイプが哺乳類と違うにも関わらず，同様の液状免疫機能を有している[1,注2]. IgYは，抗原をオプソニン化，凝集化，沈殿させることができる[1]. IgMは通常，末梢血で抗原に接触後の初期に作られる[1]. IgYには，抗原のオプソニン化，凝集反応，ウイルス中和と補体活性作用などがあるが，IgMの方がこれらの作用は高い[1]. 単一遺伝子性および重合形のあるIgAは，分泌因子と結合して，呼吸，泌尿生殖器および消化管の粘膜表面上へ排出される[1].

---

**注1** IgY

最も多い抗体で，哺乳類のIgGとその構造および分子量の違いはあるが，時としてIgGとも呼ばれる.

**注2**

カモといくつかのガチョウで，主な免疫グロブリンとしてIgMと，補体を修復しないa5, 7Sタンパク質の分子を持つ[1].

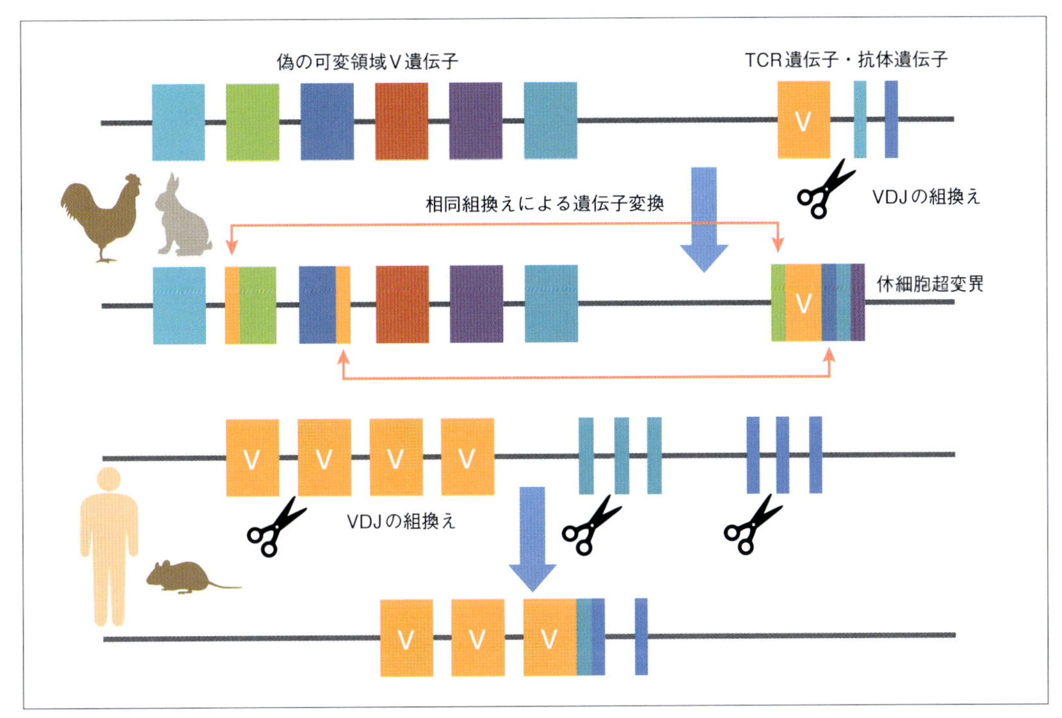


図13-3 動物種別，抗体遺伝子の多様性の作られ方

### 3 ● T細胞

鳥類の胸腺は分葉状の細長い器官の一次リンパ組織である．頸静脈に沿って頸部に位置し，主に胸腺由来T細胞の分化に関与している[9]．T細胞系は，鳥類だけでなく，軟骨魚類からヒトまで基本的には変わらず，T細胞受容体とMHC分子の関係などもほぼ同じである[7]．胸腺由来リンパ球のCD3$^+$T細胞は，細胞性免疫，遅延型過敏症に関与する[1]．

## 3 鳥の免疫介在性疾患

免疫に関しては，特にニワトリの免疫能を中心に解説したが，ペットの鳥は，色の突然変異を作るために多くが同系（近親）交配で，野生種より免疫系が弱く，過敏症の発現率も高い可能性がある[1]．

### 過敏症

哺乳類の過敏性反応は四つに分類されるが，それらの概念を鳥の過敏症にそのまま外挿できない．示唆されるものとしては，I型過敏症に関与するIgEを鳥類は持っておらず，その機序は完全には解明されていない．しかし，特に胸腺のリンパ組織には多数の肥満細胞があるため，IgEに相当する抗体がFcフラグメントに付着すれば血管作動性物質（ヒスタミンを含む）を放出し，即時型過敏反応を起こす可能性がある[1]．II型過敏症は，ヘテロフィル，マクロファージと若干のリンパ球はFcフラグメントの受容体を持っているため，食細胞の接触や貪食によって細胞や組織が傷害される可能性がある[1]．III型過敏症は，免疫複合体が組織に沈着して起こる障害であるが，鳥ではアミロイドーシスの形で起こることがあり，特にカモ，ガチョウと白鳥において，反応性アミロイドーシスによる実質臓器の組織破壊が慢性化膿性病変にしばしば関与している[1]．Ⅳ型過敏症の詳細な報告はほとんどないが，実験的に胸腺を摘出されたニワトリの肉垂で，同種移植片の生着期間が長くなり，遅延型過敏反応が低下することが知られている[9]．

以上のように過敏症について古典的な分類法に従って解説したが，鳥類における過敏症や自己免疫性疾患などはまれであり，それらの証明も難しい．ただし鳥類の防衛機構は複雑であるが，その報告の多くは家禽であり，飼育された鳥類の定義はない．しかもホルモンおよび栄養的(必須アミノ酸，ビタミンAやC，亜鉛の欠乏など)な因子の影響もあるため，更に免疫系の理解が難しくなっている[1]．よって報告されている疾患が必ずしも免疫という現象を証明したものではないため，病態生理に関しては個々の疾患ごとに理解するしかない．そのため，各疾患に関しては過敏症分類をせずに解説する．

### アレルギー性皮膚炎

ペットの鳥(主にオウム，ヨウム，ボウシインコ，コンゴウインコ)の毛引き症は，栄養学的問題や潜在的にアレルギー反応を起こす残留農薬や防腐剤入りの食事の給餌歴，類似する臨床徴候を呈する感染症(羽髄の細菌感染，PBFD[注3]，ポリオーマウイルスなど)などがない限り，アレルギー性皮膚炎を原因とする瘙痒症の可能性がある[1,10]．環境抗原(アトピー性皮膚炎)や，特定の食物抗原(食物アレルギー)にアレルギー反応を呈し，真皮の障害[11]などを発現し瘙痒症となることがある[1]．診断は，皮内アレルギーテストおよび病理組織学的所見，食事療法(除去食試験含む)の情報を参考にするが，通常の行動の「毛引き」と区別するのが困難な場合もある[10]．除去食試験には，市販された粉状総合栄養食を給餌されている食物アレルギー様症状の鳥で，食物抗原の同定には至らなかったが，除去食試験と瘙痒の寛解に臨床的な相関があったという報告がある[12]．

### 自己免疫性疾患

自己免疫疾患には，肥満系のニワトリで甲状腺機能低下を発現する自己免疫性甲状腺炎[1]や，皮膚および臓器の線維化を特徴とする強皮症[13]，強皮症と類似する疾患で，常染色体の劣性遺伝子により支配され，指がガラス様変化して滲出物が貯留し，硬化後剥がれ落ちる指離断症がある[14]．落葉状天疱瘡は，予後不明の表皮内膿疱形成と棘融解を伴う類似した症例の報告が数例あるが，確定診断に至ってはいない[15~17](**図13-4，5**)．鳥類においても，間接蛍光抗体法によって天疱瘡の原因抗原の検出が可能であることを示唆する文献は存在するが，確定診断としては利用されていない[13]．また，眼科疾患では，遅延型過敏反応による水晶体破裂に関わる眼内の古典的な肉芽腫性反応が発現する報告もある[18]．

## 4 ウサギの免疫

ウサギはファブリキウス嚢と同様，GALTである虫垂に免疫システムがあり，鳥とほぼ同じ免疫システムを持つ[4,6]．虫垂とは盲腸(**図13-6**)の先端にある免疫を司る臓器で，草食動物で発

---

注3 PBFD
psittacine beak and feather fisease，オウム類の嘴－羽毛病

**図13-4　落葉状天疱瘡が疑われた症例．**頭部を中心とした脱羽，皮膚の落屑，肥厚，痂皮，紅斑，そして嘴の形成異常が明瞭である（参考文献15より転用，小嶋篤史先生のご厚意により掲載）．

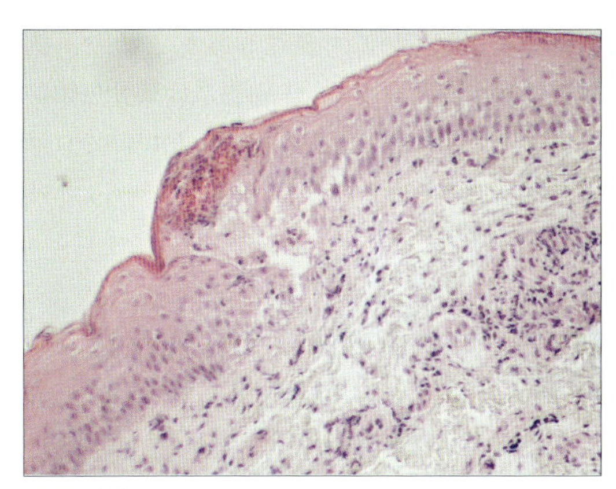

**図13-5　皮膚生検病理組織像（HE染色，×400）．**棘融解による水疱形成が見られ，真皮には血管周囲炎がある（参考文献15より転用，小嶋篤史先生のご厚意により掲載）．

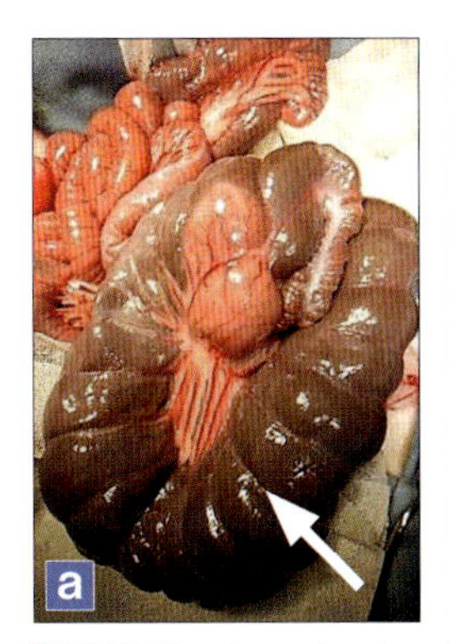



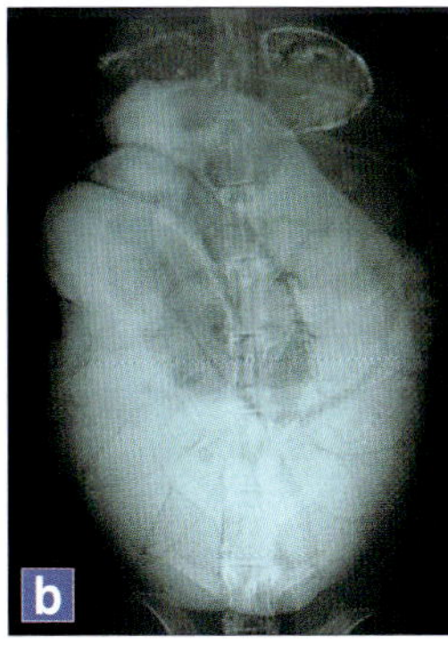



**図13-6　ウサギの盲腸（矢印）の肉眼所見（a）と腹部X線検査（陽性造影）所見（b）．**盲腸は腹腔内の約半分を占める．

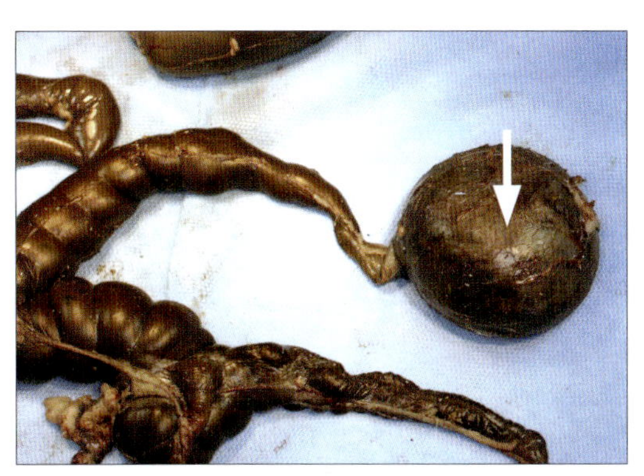

**図13-7　虫垂の壊死性腸炎．**盲腸の先端にある虫垂の壊死性腸炎により食渣が停滞し拡大（矢印）している（戸崎和成先生のご厚意により掲載）．

達している[6,7]．その虫垂において，時に免疫システムの破綻に関連したと考えられる壊死性腸炎（**図13-7**）やリンパ腫（**図13-8**）を発現することがある[19]．腸管上皮から虫垂に運ばれた環境抗原の刺激により，虫垂内の濾胞B細胞で一組のVDJの遺伝子変換（Vの一部を偽V遺伝子と置換される）と体細胞高頻度突然変異が起こり，B細胞は多様性を保つ[6,7]（**図13-6**）．この多様性の獲得にはT細胞および特定の抗原を全く必要としない[7]．そして正的にメモリーB細胞が誘導され，末梢に送り出されている[4]．ニワトリ同様，二次リンパ組織の胚中心も関与し，

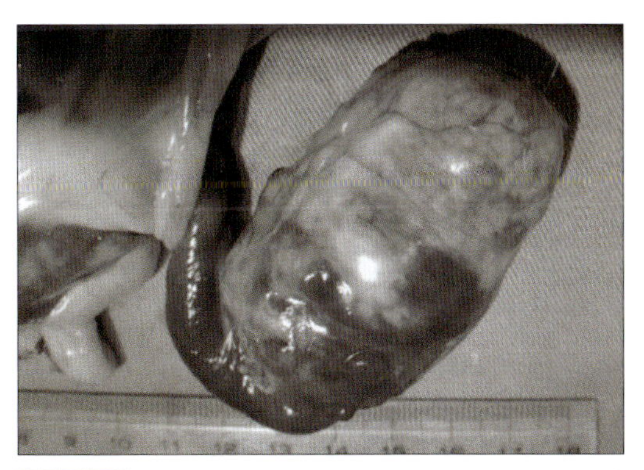

**図13-8　盲腸腫瘍の手術時の肉眼所見．**盲腸末端部に楕円形の腫瘤が存在した．

抗体を産生している可能性もある[4]．また，抗体の種類は哺乳類間で，T細胞系は軟骨魚類からヒトまで基本的には変わっていないのでウサギも同様であるとされる[7]．

## 5 ウサギの免疫介在性疾患

ウサギの免疫疾患の報告は少ない．消毒薬，新聞紙，木屑などによる接触性皮膚炎の報告はあるが，確定診断の根拠は不明である[20]．自己免疫性疾患には，実験的だが，抗サイログロブリンの自己抗体を用い発現させた甲状腺炎，抗神経物質を用い発現させた脳脊髄炎があり，自然発生リンパ腫に伴う自己免疫性溶血性貧血の報告がある[21,22]．また，胸腺腫に随伴することがあり自己免疫の関与が疑われる皮脂腺炎（図13-9）と，病理組織学的に診断された報告もある[23]．眼科疾患では，鳥類同様，遅延型過敏反応による水晶体破裂に関わる眼内の古典的な肉芽腫性反応がある[18]．

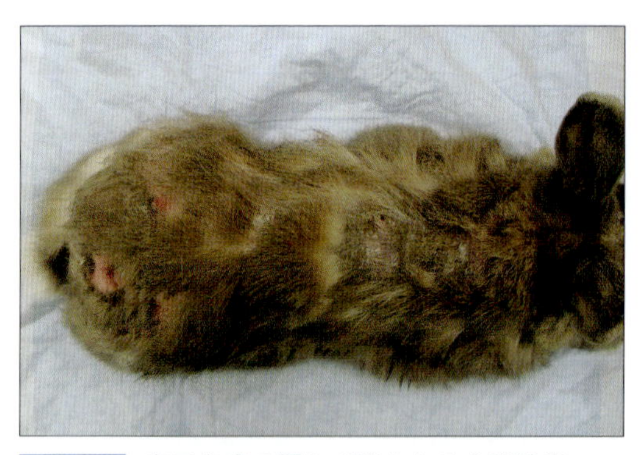

図13-9 自己免疫の関与が疑われる皮脂腺炎

## 6 フェレットの免疫介在性疾患

### ワクチンアレルギー

Ⅰ型過敏症もしくはアナフィラキシーは，ジステンパーや狂犬病のワクチン有害事象で報告されている[24,25]．ワクチンにおける有害事象は主に接種後30分以内に発現するが，30分以上や24～48時間後に生じるものもある[24,25]．徴候は，軽度な反応なら瘙痒や紅斑，重度な場合は，嘔吐や下痢，立毛，発熱，循環不全を示し，時に死亡することもある[26]．

筆者の経験した症例では，犬ジステンパー混合ワクチン投与15分以内に，虚脱（図13-10），可視粘膜蒼白（図13-11），嘔吐，発熱，血圧低下，

図13-10 ワクチンアレルギー．起立不能で虚脱状態となっている．

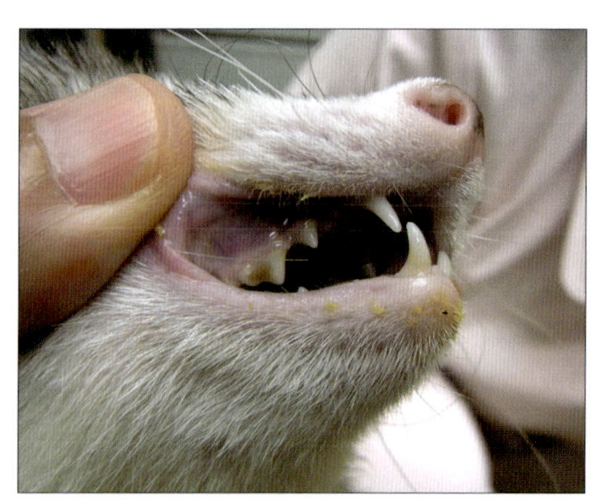

図13-11 ワクチンアレルギー．可視粘膜が蒼白になっている．

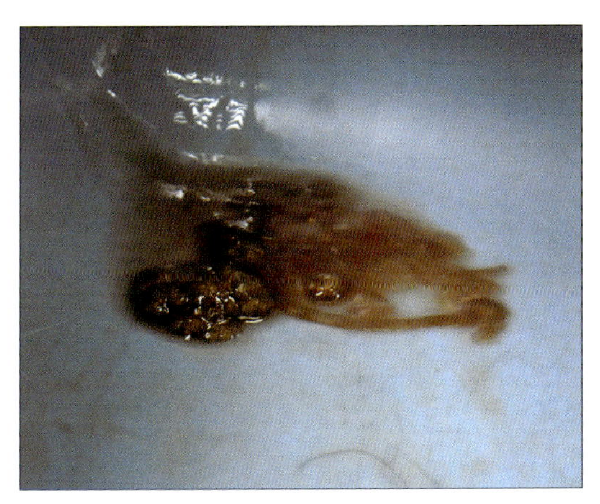

**図13-12 ワクチンアレルギー**．排便に血液が混入している．

血便(**図13-12**)を発現し，エピネフリン，$H_1$・$H_2$ブロッカー，プレドニゾロンにて治療したところ，30分で血便以外は改善し，60分後には完全に回復した．

### ミンクアリューシャン病

アリューシャン病はパルボウイルスの突然変異株[27]が原因であり，1940年代にミンクの疾患としてはじめて報告された[28]．フェレットでは1960年代後半にはじめて報告され[29]，今では米国，英国，スウェーデン，ニュージーランド，日本で報告されている[30]．この疾患はⅢ型過敏症で知られる免疫複合体を介したもので，高γグロブリン血症[31](**図13-13**)や免疫抑制状態を発現させる[32]．また，免疫複合体が，糸球体腎炎や胆管増殖，動脈炎，進行性の衰弱[32]，慢性炎症による貧血[31]など様々な器官に障害を発現させる．ただし臨床徴候がなく，非進行性で持続感染(ウイルス排出あり)するものもいる[31,33〜35]．

診断は，海外ではアリューシャン病ウイルス検査に有効な血清学的検査は，対向免疫電気泳動法[5,36]や，免疫蛍光抗体法，病理組織学的検査，PCR，電子顕微鏡検査などがある[32]が，本邦では株式会社モノリスが提供するELISA法によるフェレットパルボウイルスIgG抗体の検出により診断(3倍未満陰性，時にペア血清必要)が可能となっている．

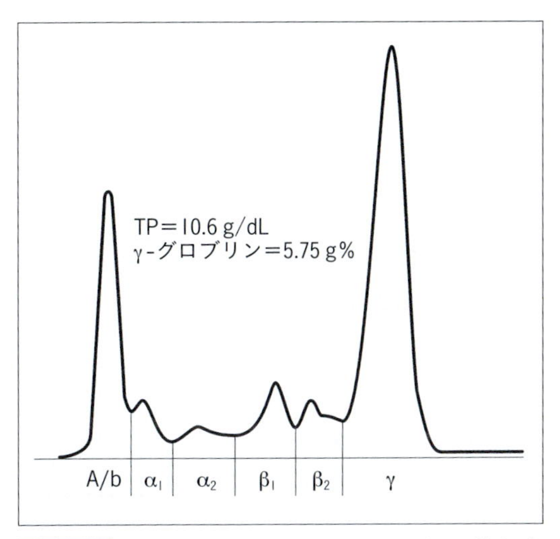


**図13-13 総タンパク質の約54%という顕著な高γグロブリン血症が認められる**(参考文献31より一部改変)．

### その他

胃腸症状を呈し，消化管全層生検により，リンパ球性形質細胞性腸炎や好酸球性腸炎と診断された症例の中には，食物不耐症や食物アレルギーも含まれる可能性がある[37,38]．また，食道拡張症が多いが，重症筋無力症や自己免疫性疾患との関連は不明である[38]．自然発生した多形紅斑を臨床徴候と皮膚生検により診断した報告[39]や，実験的だが気管支喘息の報告がある[40]．

## 7 その他のげっ歯類の免疫介在性疾患

ヨツユビハリネズミにおいて瘙痒を伴う顔面，腋窩，鼠径部の皮膚炎で，病理組織学的にリンパ球性形質細胞性皮膚炎と診断されたものが，抗ヒスタミンやグルココルチコイドに反応したため，アレルギー性皮膚炎が疑われた報告がある[41, 42]．また，手足，肛門，耳，顎の湿った紅斑，腹部と四肢の表皮小環などの皮膚徴候を発現した落葉状天疱瘡の報告もある[43]．

マウスの特発性皮膚疾患の中で，皮膚血管への免疫複合体の沈着による潜在的な血管炎による瘙痒を伴う潰瘍性皮膚炎がある[44]．

ラットでは，実験動物での報告で，Ⅲ型過敏症の関与が強く疑われている結節性多発性動脈炎[45]やアレルギー性脳脊髄炎，自己免疫性腎炎，自己免疫性甲状腺炎，インスリン依存型自然発生糖尿病，コラーゲン誘発性関節炎などがある[46]が，ペットのラットでは自己免疫性疾患が疑われる耳介軟骨炎以外は，ほとんど報告がない[47, 48]．

## 8 謝辞

最後に本稿作成にご協力いただいた久山昌之先生(久山獣医科病院)，小嶋篤史先生（鳥と小動物の病院リトル・バード)，眞田靖幸先生(小鳥の病院 BIRD HOUSE Companion Bird Laboratories)，寺田節先生(獨協医科大学実験動物センター)，戸崎和成先生(アンドレ動物病院)に深謝する．

## まとめ

犬や猫と違い特有なものとして，消化管の粘膜免疫系の腸管関連リンパ組織(GALT)があり，鳥ではF嚢，ウサギでは虫垂がそれにあたる．F嚢やウサギの虫垂で，液性免疫に関与するB細胞の多様性を獲得しているが，B細胞系の一次分化の場所が，器官として独立しているのは鳥だけである．免疫グロブリンのアイソタイプは，鳥は哺乳類と違いIgM，IgY(IgG)，IgAに区分される．一次リンパ組織である胸腺の作用やT細胞系は，他の動物種とほぼ同じである．免疫疾患には，鳥では自己免疫性甲状腺炎，強皮症，指離断症，眼内の肉芽腫性反応など，ウサギでは接触性皮膚炎や甲状腺炎，脳脊髄炎，自己免疫性溶血性貧血など，フェレットではワクチンアレルギーや，ミンクアリューシャン病など，ヨツユビハリネズミでは落葉状天疱瘡などがある．

小沼 守(大相模動物クリニック)

### 参考文献

1. Gerlach H.(1994): Defence mechanisms of the avian host, Avian Medicine : Principles and Application(Ritchie BW, Harrison GJ and Harrison LR. eds). 109-120. Wingers.
2. Coles B.H.(2007): Leucocytes, Essentials of Avian Medicine and Surgery Third Edition. 62-64, Blackwell.
3. Coles B.H.(2007): The logical use of antibiotics, Essentials of Avian Medicine and Surgery Third Edition. 122-123, Blackwell.
4. 浴野成生，山岸秀夫，横溝祐一(1998)：記憶B細胞誕生におけるファブリキウス嚢の機能，特集：リンパ細胞分化と活性化，蛋白質・核酸・酵素．43(2)：140-147.
5. Wolfensohn H.H.L.(1994): Aleutian disease in laboratory ferrets, Vet Rec.134: 100.
6. Murphy K., Travers P., Walport(2010)：抗体レパートリー増大のための第二次多様性の導入，Janeway's 免疫生物学，第

7版．笹月健彦訳．167-179，南江堂．
7. 河本 宏(2012)：いろいろな生物の免疫-免疫系の進化を考える，もっとよくわかる免疫学．168-176，羊土社．
8. 関 正利，平嶋邦猛，小林好作(1981)：血液の系統発生と個体発生，実験動物の血液学．24-42，ソフトサイエンス社，東京．
9. Mannng M.J., Tuener R.J.(1979)：恒温脊椎動物：鳥類，比較免疫生物．村松 繁，大西耕二訳．147-173，共立出版．
10. Nett C.S., Tully T.N.(2003): Hypersensitivity and intradermal allergy testing in psittacines, Compend Contin Educ Pract Vet. 25(5): 348-357.
11. Macwhirter P., Mueller R., Gill J.(1999): Ongoing research report: allergen testing as a part of diagnostic protocol in self-mutilating psittaciformes, Proc Annu Conf Assoc Avian Vet. 125-128.
12. Harrison G.J., McDonald D.(2006)：Nutritional Considerations Section II Nutritional Disorders, Clinical avian medicine, volumes1, Harrison G.J., Lightfoot T.L., 108-140, Spix.
13. Van De Water J., Gershwin M.E.(1985): Animal model of human disease, Avian scleroderma, An inherited fibrotic disease of white Leghorn chickens resembling progressive systemic sclerosis, Am J Pathol. 120(3): 478-482.
14. 水谷 誠(1983)：家禽における疾患モデル動物およびその可能性のあるミュータントについて，日獣会誌．36：631-638.
15. 小嶋篤史(2008)：落葉状天疱瘡が疑われステロイド療法が奏功したコザクラインコの1例，鳥類臨床研究会会報．11：42-45.
16. Schmidt R.E., Reavill D.R., Phalen D.N.(2003): Miscellaneous Conditions, Pathology of pet and aviary birds. 190, Iowa State Press.
17. Schmidt R.E., Lightfoot T.L.(2006): Integument, Clinical avian medicine. volumes 1, Harrison G.J., Lightfoot T.L. 397-409, Spix.
18. Martin C.L.(2013)：免疫介在性炎症，Dr. Martin's 獣医眼科学，基礎から診断・治療まで，工藤荘六訳．p85-87, インターズー．
19. Ishikawa M. Hirofumi Maeda, *et al.*(2007): A case of lymphoma developing in the rabbit cecum, J. vet. Med. Sci 69(11): 1183-1185.
20. Harcourt-Brown F.(2007): Skin disease, Textbook of rabbit medicine. 224-248, Elsevier Limited.
21. 大林与志雄(1971)：家畜の自己免疫病と自己免疫性貧血病(Ⅰ)，日獣会誌．24：221-225.
22. Weisbroth S.H.(1994): Neoplastic disease. The Biology of the Laboratory Rabbit, 2nd edn(Manning P.J., Ringler D.H., Newcomer C.E., eds). 259-292, Academic Press.
23. White S.D., Linder K.E., Schultheiss P., Scott K.V., Garnett P., Tayer B., Emily J., Walder E.J., Rosenkrantz W., Yaeger J.A.(2000): Sebaceous adenitis in four domestic rabbits(Oryctolagus cuniculus). Vet Dermatol. 11: 53-60.
24. Lincoln J.(2003): Another interpretation of ferret's reaction to vaccination, J Am Vet Med Assoc. 223(8): 1112.
25. Meyer E.K.(2001): Vaccine-associated adverse events, Vet Clin North Am Small Anim Pract. 31: 493-514.
26. Quesenberry K.E., Orcutt C.(2012): Vaccine-Associated Adverse Events, Ferrets Rabbits and Rodents, Clinical Medicine and Surgery. 3rd ed(Quesenberry KE, Carpenter JW). 16, Elsevier Saunders.
27. Saifuddin M., Fox J.G.(1996): Identification of a DNA segment in ferr*et al*eutian disease virus similar to a hypervariable capsid region in milk Aleutian disease parvovirus, Arch Virol. 141: 1329-1339.
28. Fox J.G., Pearson R.C., Gorham J.R.(1998): Viral diseases, Biology and diseases of the ferret, 2nd ed(Fox J.G., ed). 355-374, Williams & Wilkins.
29. Kenyon A.J., Howard E., Buko L.(1967): Hypergammaglobulinemia in ferrets with lymphoproliferative lesions(Aleutian disease), J Vet Res. 28: 1167-1172.
30. Meredith A.(2009): Ferrets: systemic viral diseases, BSAVA manual of rodents and ferrets(Keeble E., Meredith A., eds.). 330-335, BSAVA.
31. Palley L.S., Coming B.F., Fox J.G., Murphy J.C., Gould D.H.(1992): Parvovirus associated syndrome(Aleutian disease) in two ferrets, J AmVet Med Assoc. 201: 100-106.
32. Quesenberry K.E., Orcutt C.(2012): Aleutian Disease, Ferrets Rabbits and Rodents, Clinical Medicine and Surgery. 3rd ed(Quesenberry KE, Carpenter JW). 71-73, Elsevier Saunders.
33. Bloom M.E., Race R.E., Wolfinbarger J.B.(1982): Identification of a non-virion protein of Aleutian disease virus: mink with Aleutian disease have antibody to both virion and nonvirion proteins, J Virol. 43: 608-616.
34. Daoust P.Y., Hunter D.B.(1978): Spontaneous Aleutlan dlseae in ferrets, Carl Vet J. 19: l33-l35.
35. Porte H.G., Porter D.D., Larsen A.E.(1982): Aleutian disease in ferrets, Infect Immun. 36：379-386.
36. Welchman D. de B., Oxenham M., Done S.H.(1993): Aleutian disease in domestic ferrets: diagnostic findins and survey

results, Vet Rec. 132: 479-484.
37. Bauck L.S.(1985): Salivary mucocele in 2 ferrets, Med Vet Pract. 66：337-339.
38. Quesenberry K.E., Orcutt C.(2012): Gastrointesutinal Disease, Ferrets Rabbits and Rodents, Clinical Medicine and Surgery. 3rd ed(Quesenberry KE, Carpenter JW). 27-45. Elsevier Saunders.
39. Fisher P.G.(2013): Erythema multiforme in a ferret(Mustela putorius furo), Vet Clin North Am Exot Anim Pract. 16(3): 599-609.
40. Kurucz I., Szeienyi I.(2006): Current animal models of bronchial asthma, Curr Pharm Des. 12(25): 3175-3194.
41. Ellis C., Mori M.(2001): Skin disease of rodents and small exotic mammals, Vet Clin North Am Exotic Anim Pract. 4: 493-542.
42. Lightfoot T.L.(2000): Therapeutics of African pygmy hedgehogs and prairie dog, Vet Clin North Am Exotic Anim Pract. 3: 155-172.
43. Wack R.(2000): Pemphigus foliaceus in an Africa hedgehog. Proceedings North Am Vet Conf. 1023.
44. Brown C., Thomas M.(2012): Disease problems of small rodents, Ferrets Rabbits and Rodents, Clinical Medicine and Surgery. 3rd ed(Quesenberry K.E., Carpenter J.W.). 354-372, Elsevier Saunders.
45. Paterson S.(2006): Auricular chondritis, Skin disease of exotic pets. 322-323. Blackwell Science.
46. McEwen B.J., Barsoum N.J.(1990): Auricular chondritis in Wistar rats, Lab Anim. 24(3)：280-283.
47. Ishizu A., Takahashi Y.(2009): The pathologenesis of vasculitis in env-pX Rats, J Jpn Coll Angiol. 49: 17-20.
48. 名取 孝(1986)：免疫制御の遺伝的背景と免疫病の発現，免疫の研究．山村雄一編．529-546．同文書院．

第  編

# 免疫・アレルギーの検査方法と仕組み

# 第14章 抗体を使用した検査方法

## 1 はじめに

抗体は抗原と結合して抗原抗体複合物を形成する．この反応を利用して，抗体が結合する抗原の有無を検出することができる．方法によって抗原抗体複合物を可視化したり，あるいは目的の抗原を産生する細胞を検出することができる．あらかじめ抗体に何らかの物質を標識しておくことで，目的の物質に結合した抗体の有無を検出器で検出することが可能である．このように，抗体と抗原が結合する性質を利用することによって，例えば，病原体由来の抗原やホルモンなどの微量な物質の検出や定量測定が可能となる．

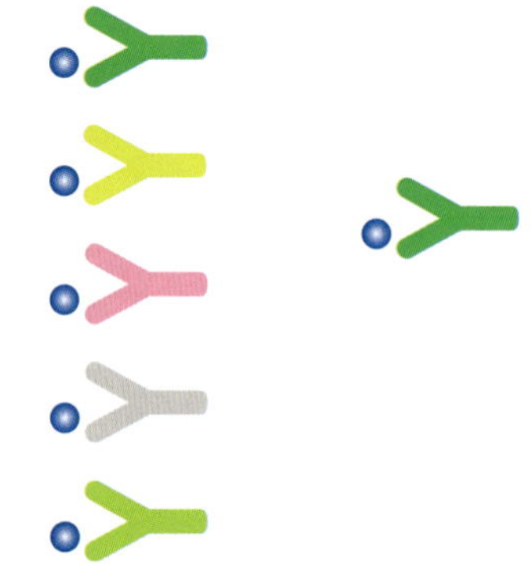

ポリクローナル抗体　モノクローナル抗体

**図14-1 ポリクローナル抗体とモノクローナル抗体**．ポリクローナル抗体では，一つの抗原に対していくつかの抗体が結合し，その結合部位もそれぞれ異なる場合が多い．一方，モノクローナル抗体は1種類の抗体クローンのことであり，結合部位も1カ所である．

## 2 使用する抗体

抗体を用いた検出系に使用する抗体の種類にはポリクローナル抗体とモノクローナル抗体がある．ポリクローナル抗体とは，ある抗原を認識するいくつかの抗体クローンの集合体であり，通常は目的の抗原を感作させた実験動物の血清，あるいはその血清からあるクラスの抗体だけを精製したものである．一方，モノクローナル抗体とは，ある抗原を認識する抗体クローンが単一である場合をいう（図14-1）．通常は，モノクローナル抗体産生細胞を作製し，その培養上清からモノクローナル抗体を精製する．モノクローナル抗体産生細胞のことをハイブリドーマと呼ぶ．ハイブリドーマは骨髄腫由来の細胞株（ミエローマ細胞株）と脾臓やリンパ節由来の抗体産生細胞が融合した細胞であり，半永久的に持続的に抗体産生する能力を有する細胞である．ミエローマ細胞株はマウスやラットでのみ作成されているため，通常モノクローナル抗体はマウスあるいはラットの抗体のみとなる（図14-2）．

## 3 ハイブリドーマの作製

モノクローナル抗体の作製には，マウスあるいはラットに抗原を免疫した後，その脾臓ある

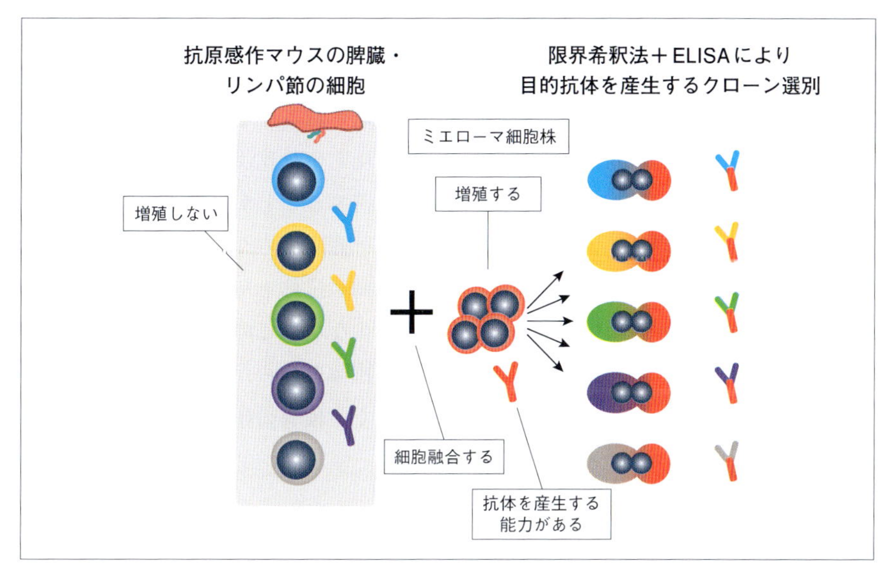


**図14-2　ハイブリドーマの作製.** 抗原感作を行ったマウスから脾臓あるいはリンパ節細胞を採取し，ミエローマ細胞株と融合させることで，増殖しながら目的の抗体を産生するハイブリドーマを作製する．限界希釈法とELISAにより目的の抗体産生ハイブリドーマを選別する．選別したハイブリドーマを大量培養して抗体を精製することで，大量にモノクローナル抗体を得ることができる．

いはリンパ節中のB細胞を取り出し，それぞれのミエローマ細胞株と細胞融合させる．細胞融合の方法には，ウイルスベクターを使用する方法やポリエチレングリコールを使う方法，さらには電気刺激を与える方法があり，これらの刺激によってB細胞とミエローマ細胞の細胞膜が融合して一つの細胞となる[1]．融合した細胞はハイブリドーマと呼ばれ，B細胞由来の目的の抗原を抗体で認識する能力とミエローマ細胞由来の抗体を持続的に産生する能力を兼ね備えるため，免疫した抗原に対する抗体を持続的に産生することができる．

このハイブリドーマ細胞を選別する特殊な培養液はHAT培地と呼ばれる[1]．ミエローマ細胞の核酸合成は，二つの核酸合成経路，de novo合成とサルベージ経路のうち，HGPRTを欠損しているためde novo合成にのみ依存している．そこでミエローマ細胞のde novo合成を阻害するアミノプテリンを含有するHAT培地中にミエローマ細胞を入れると，核酸合成ができずにすべて死滅する．しかし，脾臓由来のB細胞と融合したハイブリドーマ細胞は脾臓B細胞由来のHGPRTを持つため，HAT培地中でもサルベージ経路を利用して核酸合成が可能であり，生き残ることができる(**図14-2**)．これによってハイブリドーマ細胞を選別して培養し，培養液中に産生された抗体を精製して抗体分画だけを回収し，モノクローナル抗体として利用する[1]．ハイブリドーマ細胞は増殖するため，ハイブリドーマ細胞を増やすことで回収する抗体量を増やすことができる．

上述の方法では，ハイブリドーマ細胞株がない他の動物種ではモノクローナル抗体を取ることができないが，ヒトにおいてはEBウイルス(Epstein-Barrvirus virus，1964年に発見されたB細胞に感染するヘルペスウイルス)をB細胞に感染させることでB細胞を不死化することができる[1]．これによりB細胞は半永久的に生存することができ，上述のハイブリドーマ細胞と同じ状況を得ることができるため，モノクローナル抗体を取ることができる．その他の動物種では，EBウイルスのようなウイルスがなく，この方法を取ることができないため，基本的にマウス，ラット，ヒト以外の動物種のモノクローナル抗体は存在しない．しかし例外として，マウスあるいはラットのハイブリドーマ細胞と偶然細胞融合を起こす場合があり，このような場合にはそれら動物種のモノクローナル抗体が取れることがある．

### ポリクローナル抗体とモノクローナル抗体の利点と欠点

ポリクローナル抗体とモノクローナル抗体にはそれぞれ利点と欠点がある．ポリクローナル抗体には親和性の弱いものから強いものまで様々なクローンの抗体が含まれている．また，それらの抗体クローンの抗原認識部位もそれぞれのクローンで異なる．よって，ポリクローナル抗体は抗原を全体的に，かつ包括的に捉えることが可能であり，目的の物質を検出する力は高いといえる．しかし一方で，抗体クローンごとに検査の正確性を低下させる要因となる非特異的反応が起こるため，非特異的反応を起こしやすい抗体クローンが多く混ざっている場合には，測定値が非特異的反応によって隠されてしまい，目的の物質を正確に検出することができない．また，ポリクローナル抗体血清を作製する度に，それを構成する抗体クローンの種類や割合を一定にさせることが難しいため，製造ロット間でのばらつきが大きくなる．さらに，抗体は目的物質に類似したものに対して交差反応を起こすため，抗体クローン数が多くなればなるほど，検出したい物質以外のものにも交差反応してしまう．単一でない，様々な抗体クローンを含むポリクローナル抗体では上述のような非特異的反応の可能性が高まるため，一般的には，検査の精度はモノクローナル抗体を使ったものよりも低下する．

一方，モノクローナル抗体は抗体クローンが一つだけであるため，抗原の認識部位も1カ所に限定される．そのため，抗体クローンの非特異的反応や交差反応も把握しやすく，検出感度を改善することが可能で，より正確な検査システムを樹立することができる．製造ロット間の差も同じ抗体を毎回製造するため基本的には極めて少ない．このようなことから，モノクローナル抗体を使った検査システムは条件設定がしやすく，検査の精度も良いため，好まれる．

### 抗体の親和性と検出感度

抗体を使用した検査の精度は抗体の親和性に依存する．抗体の親和性が高いことは，使用する抗体と目的物質の結合が強いことであり，実験操作中にいったん目的物質に結合した抗体が目的物質から離れる可能性が低く，目的物質をより検出しやすい．

ポリクローナル抗体の親和性を高めるためには，動物を免疫する際に目的物質の投与回数を増やすと良い．投与回数が多ければ多いほど，抗体の親和性の成熟が起こり体内ではより親和性の高い抗体だけが選別されて産生されるようになるためである．一方，モノクローナル抗体ではハイブリドーマのクローンを選別する際により反応性の強いものを選択すれば良い．

## 4 可視化する方法

### 沈降反応

抗原と抗体の反応を可視化するために様々な手法がある．最も簡単なものは，抗原と抗体を反応させて抗原抗体複合物を沈降線として検出することである．この方法を沈降反応と呼ぶ．

また，単純に抗原液と抗体溶液を混ぜることで沈降反応を検出することができる．毛細管の中で抗原液と抗体溶液を重層して反応させて二つの溶液の接触面に沈降物を検出する方法（炭疽菌診断のアスコリー反応，気腫疽菌抗原検出，豚丹毒菌・レンサ球菌の血清型判別など）やこれら溶液を混合して綿状の沈殿物を検出する方法（細菌毒素の検出，C反応性タンパク質の定量，細菌の型別など）がある[2]．

また，タンパク質が自由に寒天ゲルを拡散する性質を利用して沈降物を検出する方法もある．寒天ゲル内の別々の箇所にそれぞれ抗体と目的物質を入れると，抗体と目的物質のタンパク質は寒天ゲル内を拡散して移動する．抗体と目的物質が出会うところで抗原抗体複合物が形成され，それが沈降線として可視化される．これらは免疫拡散法，ゲル内沈降反応と呼ばれる．

## 目視による反応検出：凝集反応

凝集反応は，抗原を表面に持つ凝集素が抗体によって繋がることで大型の凝集塊を生じる反応である．この凝集塊は目視で検出することができる（図14-3）．スライド凝集反応とは，あるいは急速凝集反応は，細菌や赤血球をそれらの抗血清とスライドグラス上で混合し，反応させて凝集の有無を検出する方法である（血液型判定，病原体の血清型判定，分離菌の同定など）[2]．また，試験管凝集反応は，凝集反応を利用して血清中の抗体価を測定する定量法のことである．抗原を段階希釈した抗血清と反応させ，凝集を起こす最大血清希釈倍率を検出する方法である[2]．例えば，パルボウイルスに対する抗体価をこの方法で測定することができる．パルボウイルスは豚赤血球の表面に結合して赤血球の凝集反応を起こす性質がある[2]．

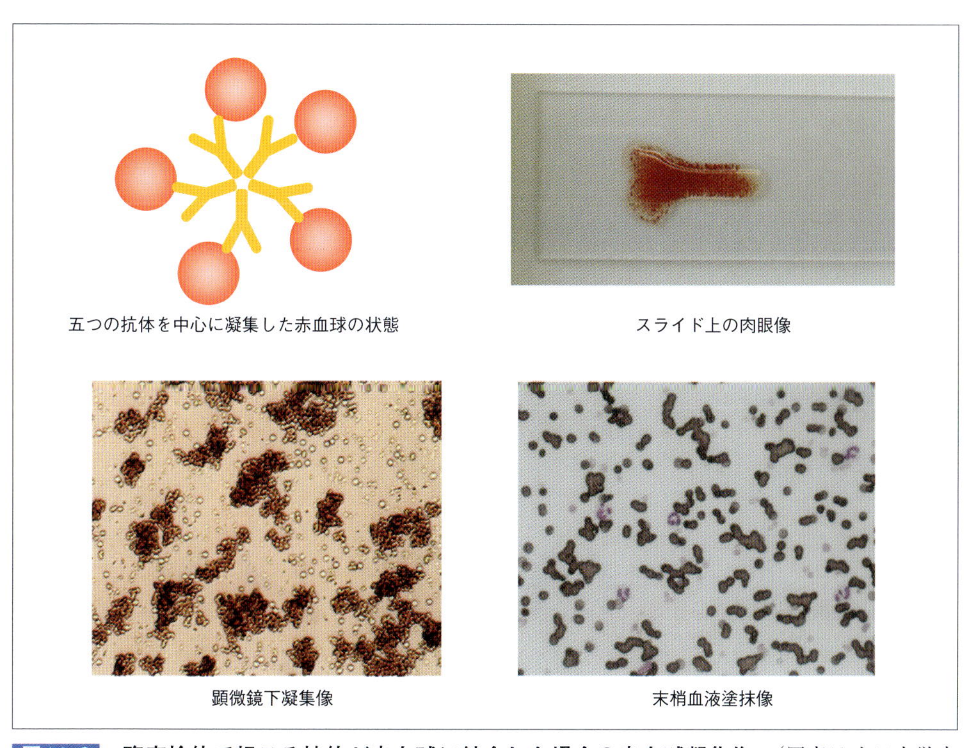


**図14-3　臨床検体で起こる抗体が赤血球に結合した場合の赤血球凝集像．**（写真は山口大学水野拓也教授のご厚意による）

血清を添加することにより血清中のパルボウイルスに対する抗体がこの赤血球凝集を抑制することを利用して，パルボウイルスの抗体価を測定できる．この方法を赤血球凝集抑制反応(hemagglutination inhibition reaction；HI)と呼ぶ[2].

クームス試験は赤血球を凝集素にして赤血球表面に結合する自己抗体を検出する検査である．獣医学領域ではクームス試験という呼び名が一般的であるが，医学では抗グロブリン試験とも呼ばれる．

クームス試験には直接クームス試験と間接クームス試験がある(**図14-4**)．直接クームス試験は，赤血球凝集の有無を抗免疫グロブリン抗体を用いて検査する方法である．患者の赤血球表面に結合した抗体(検出したい原因抗体)をクームス血清(抗免疫グロブリン抗体)と反応させて直接検出する方法である(抗Rh抗体の直接検出，免疫介在性溶血性貧血など免疫疾患における自己抗体の検出など)．この場合，使用する検体は，抗赤血球抗体がすでに体内で結合していると予想される患者の赤血球である．一方，間接クームス試験は血清中に健常者の赤血球に対する抗体が存在するかどうかを調べる方法で，患者血清と正常個体から得た赤血球を混合した後，赤血球に結合した抗体を抗免疫グロブリン抗体を反応させて検出する(Rh不適合の検出，血液適合など)．陽性であれば，患者血清中の抗体が健常者の赤血球に結合しているため，抗免疫グロブリン抗体によって凝集反応が起こる[1].

また，間接クームス試験の原理を応用し，赤血球の代わりに表面に目的抗原を結合させたラテックスを凝集素として用いる方法があり，ラテックス凝集反応と呼ばれる．ラテックス凝集反応は抗原がわかっている場合には便利で，ロタウイルスの検出，オーエスキー病の診断でよく使用されている[2].

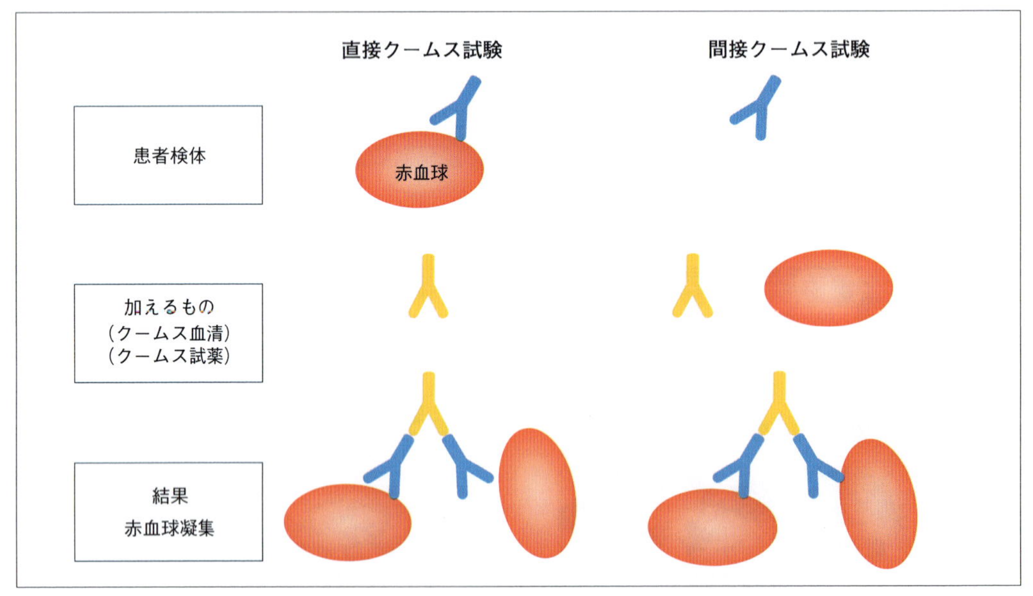


**図14-4 クームス試験(抗グロブリン試験)の原理図．** 直接クームス試験は赤血球にすでに結合した自己抗体を検出するものであり，間接クームス試験は患者血清中の自己抗体を健常個体の赤血球に反応させて検出する方法である．結果判定はいずれも赤血球凝集を肉眼で検出する．

### 標識物による反応検出：酵素免疫測定法，ウエスタンブロッティング法，蛍光抗体法，ラジオイムノアッセイ

プレートに固相化した抗原と，この抗原を認識する抗体(多くは血清中の抗体)を反応させた後，化学物質で標識した二次抗体(検出用抗体)を使って抗原と結合した抗体を検出することができる．これによって，血清中の目的抗原に対する抗体価を測定することができる．標識化学物質には，蛍光物質，放射線同位元素，酵素がある．

蛍光抗体法とは，検出用抗体に蛍光物質が標識されている場合であり，蛍光物質の量を蛍光プレートリーダーで読み取ることで，二次抗体が結合した，抗原を認識する抗体が血清中にどの程度あるかを測定することができる．

蛍光標識の代わりに酵素標識した二次抗体で測定系を構築することも可能であり，酵素標識免疫吸着測定法(enzyme-linked immunosorbent assay；ELISA)という．この場合には標識酵素が分解した基質の呈色反応や蛍光反応を見ることになる(**図14-5**)．酵素が多ければ多いほど(二次抗体が多く存在するほど)，基質が分解されて発色あるいは蛍光をより多く発するため，目的抗原の量が多いことがわかる．発色度合を目視したり，光の透過性を計測することで呈色の強さを測定したり，あるいは蛍光物質の量を測定することで，検出する物質の量を計測することができる．患者血清と正常者血清を比較することによって，患者血清の測定値が正常者血清の測定値を上回った時に陽性と判定される．目的抗原があらかじめ試薬として入手できる場合には，その試薬を各種濃度に薄めたものを同時に測定することで検量線を得ることが可能であり，それを用いて検体中の目的抗原の含有量やそれに反応する抗体を定量測定することもで

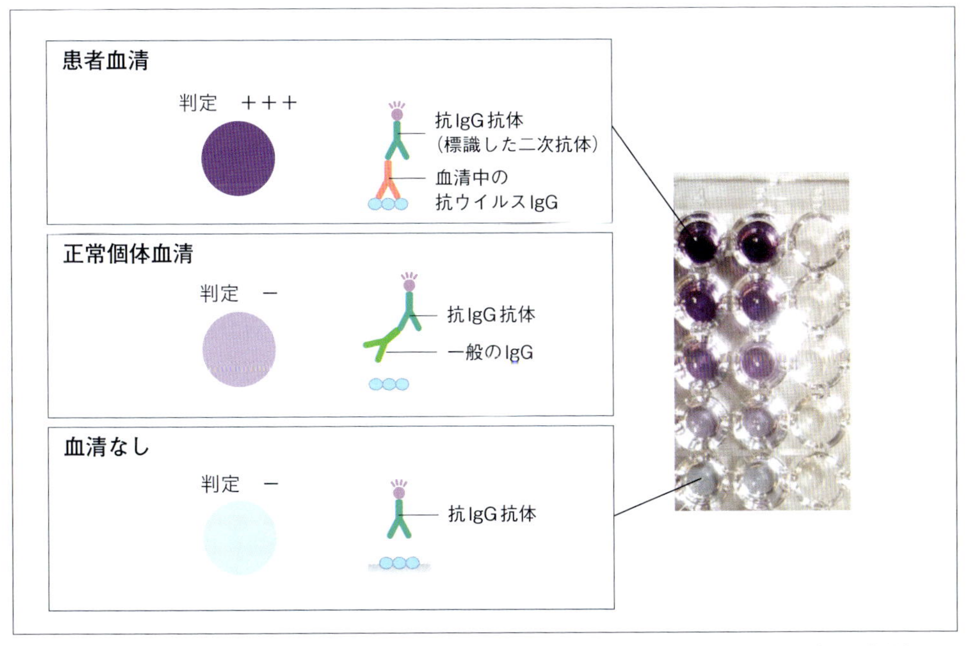


**図14-5** **ELISAの原理**．例えば，ウイルスタンパク質に対する血清中の抗体価(IgG濃度)を測定したい場合，ウイルスタンパク質を固相化したプレートに血清と二次抗体として抗IgG抗体を混ぜて反応させる．血清中に抗ウイルスIgGが存在すれば，抗IgG抗体がそれに結合して検出される．抗IgG抗体には，何らかの標識がされており，発色あるいは蛍光で検出することができる．

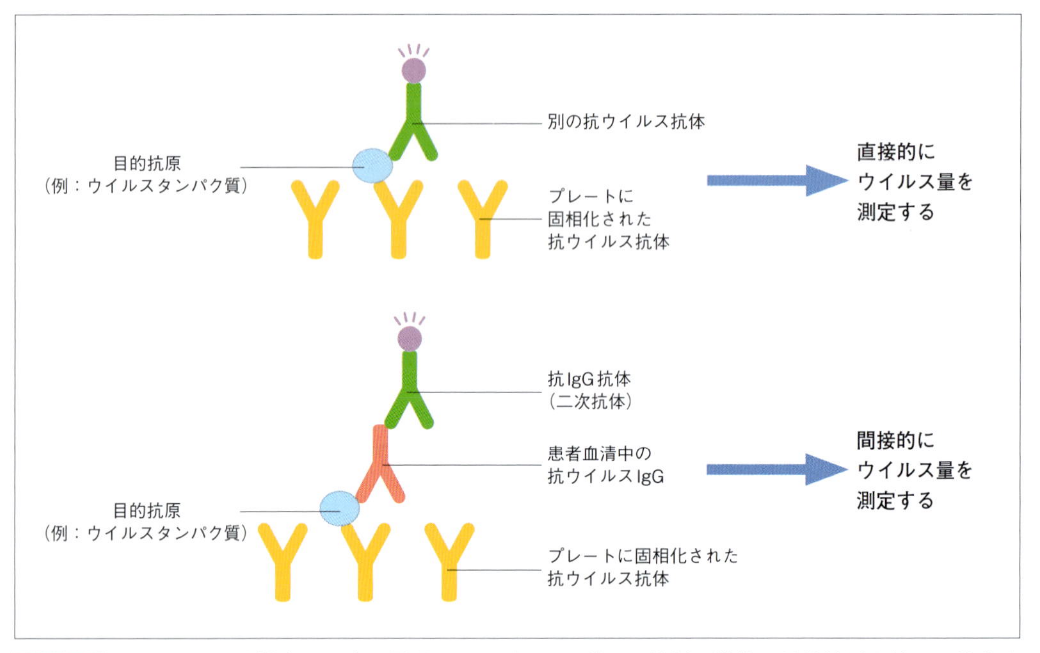


**図14-6 サンドイッチ法(ELISA)の原理.** サンドイッチ法は2種類の抗体で目的抗原を挟んで検出する方法であり，より正確に目的抗原を検出することができる(**上**)．目的抗原を直接認識する抗体が2種類ない場合や標識した抗体がない場合には目的抗原の免疫動物の血清や患者血清を用いて検出することも可能である．標識した二次抗体を用いて間接的に検出できる．

きる．これらに使用される酵素には，基質を発色させるペルオキシダーゼやアルカリホスファターゼ，蛍光を発するβ-ガラクトシラーゼがある．

蛍光物質や酵素標識の代わりに放射性同位元素を検出用抗体に標識して同様に測定系を構築することも可能である(ラジオイムノアッセイ，radioimmunoassay；RIA)．RIA法は放射性同位元素の放射する放射線量を測定するため，非常に感度が良い測定系となるが，一方で放射性同位元素の扱いは特殊施設に限られ操作が面倒であることから，最近ではELISA法を使うことが一般的である．

また，固相化抗原の代わりに，検出用抗体とは別の抗原認識部位を持つ抗体を固相化することにより，目的抗原を固相化抗体と検出抗体で「挟み込んで」検出する方法もあり，サンドイッチ法と呼ばれる(**図14-6**)．挟み込みに使う抗体の組合せによって様々な測定系に応用が可能である．

## ウエスタンブロッティング

SDS-PAGEによりアガロースゲル内に検出したい物質を電気泳動した後，これをニトロセルロース膜あるいはPVDF(ポリフッ化ビニリデン)膜に写し取る(転写する)．次に転写した膜を，検出したい物質に対する抗体を含む抗体溶液に浸して反応させる．抗体には酵素標識や蛍光色素標識が施してあるため，上述と同様に発色させたり，発光させることで目的物質を検出することができる．ELISAとは異なり，電気泳動を行うため分子量の違いによってタンパク質を分けることができ，目的の物質の分子量も推定できることが利点である(**図14-7**および**図14-8**)．

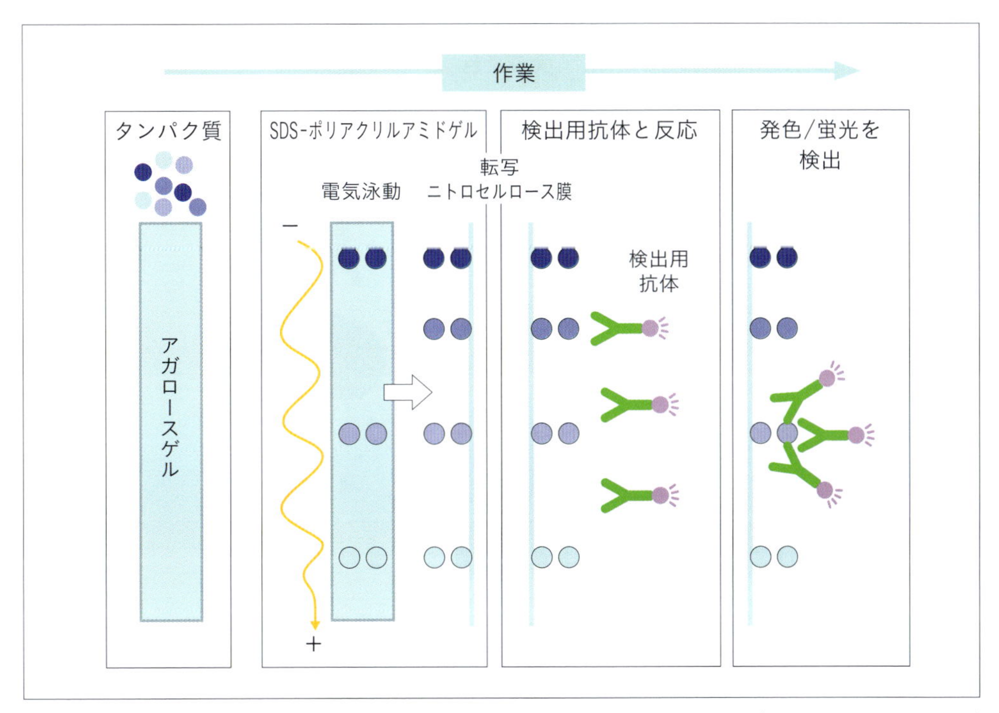


図14-7　**ウエスタンブロッティング法の原理**．タンパク質を乗せたゲル(ポリアクリルアミドゲル)に電気を通すとマイナス荷電しているタンパク質はプラスの電極に向って移動する．分子量が小さいものほど速く移動することを利用して，分子量によってタンパク質を分けることができる．その後，ゲル内のタンパク質をニトロセルロース膜に写すことで(転写)，タンパク質と抗体を反応させることができる．抗体には何らかの検出用の標識が施されているため，抗体が反応したタンパク質を検出することができる．

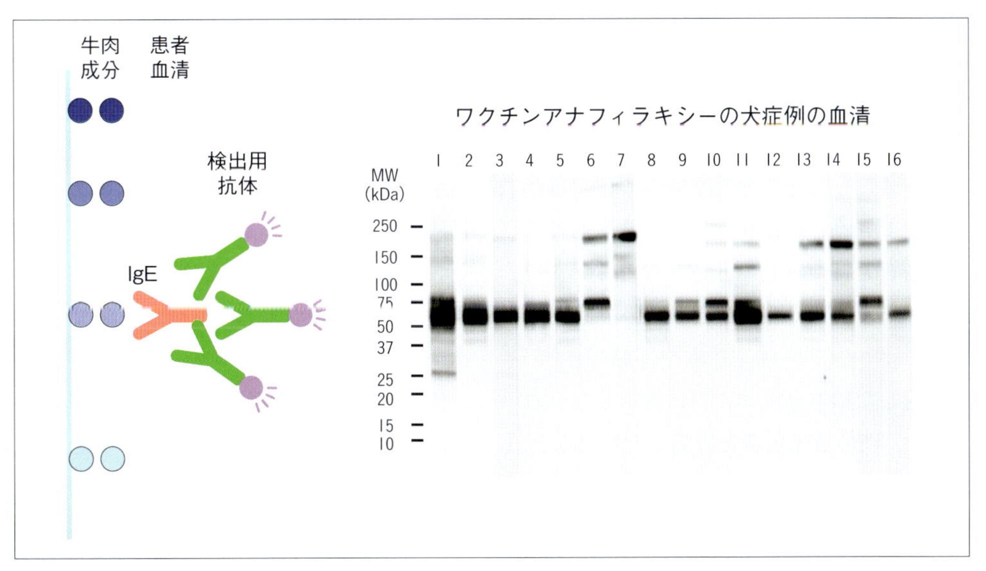


図14-8　**ウエスタンブロッティングの例**．牛肉のタンパク質成分を電気泳動することで各種分子量で分けた後，アレルゲン犬の血清(牛の成分に対するIgEを含む)を反応させることで，血清中のIgEが反応するタンパク質を酵素標識した抗IgE抗体(検出用抗体)を用いて検出した(写真は大森啓太郎先生のご厚意による．Ohmori K. *et al.*(2007)：*Vet Immunol Immunopathol.* 115：166-71より)．

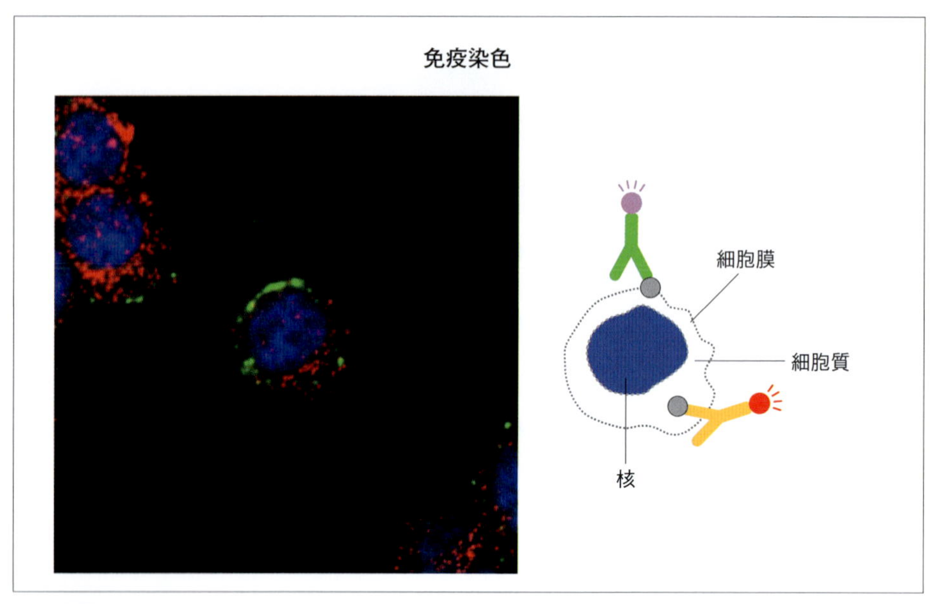


図14-9 **免疫染色の一例**．異なる分子に対する2種類の抗体で一つの細胞の分子を染め分ける．緑色蛍光を標識した抗体で細胞表面分子を，赤色蛍光色素を標識した抗体で細胞内分子を染め分けている（右は模式図）．

## 免疫染色

スライドグラスに固定した細胞や組織標本と検出したい物質に対する抗体を反応させることで，顕微鏡下で抗体が反応した細胞や分子を観察する方法である（**図14-9**）．抗体にはウエスタンブロッティングのときと同様に酵素や蛍光色素の標識が施されており，目的物質を持つ細胞を発色させたり発光させたりすることで検出することができる．組織切片を用いると組織内での目的物質を持つ細胞の分布を知ることができる．抗体によっては検出できる標本状態が異なるため，ホルマリン固定標本や凍結標本等，その都度適した標本を抗体ごとに選択しなければならない．別の蛍光色素を標識した抗体を2，3種類同時に用いることで1種類以上の物質を同時に検出することができ，それら物質の細胞内外の分布状況を知ることができる（**図14-9**）．

## フローサイトメトリー法

フローサイトメトリー法とは，血液や組織，あるいは培養細胞などを個々の細胞にばらばらにした後，目的物質に対する抗体を反応させて目的物質を持つ細胞を検出する方法である．免疫染色のように固定した細胞（死んだ細胞）も検出することができるが，生きたままの細胞を検出することが可能であり，この特性を利用して目的の物質を持つ細胞だけを選択して高純度にそれら細胞を生きたまま集めることもでき（セルソーティングという）免疫学研究では活用用途が広い方法である．

使用する検出用抗体には蛍光標識が施してあり，抗体が結合した細胞にレーザーを当てることでその励起波長を検出し，抗体が結合した細胞集団を特定する方法である．目的の物質を持っている細胞集団をパーセンテージで表すことができるため，客観的指標を示すデータとして重要視される．抗体に標識する蛍光色素を変えることで何種類かの抗体を用いた染色を同じ

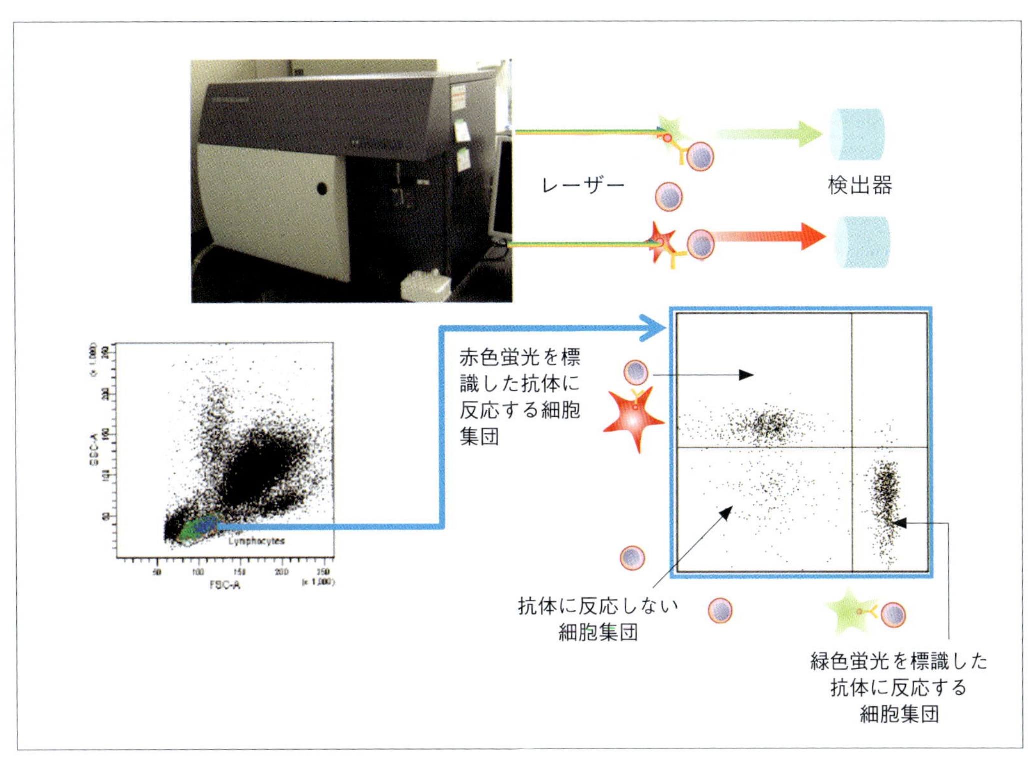


**図14-10　フローサイトメトリーの原理**．蛍光標識した抗体が結合した細胞をレーザーを用いて分離することができる．抗体に標識する蛍光色素を変えることで様々な分画に細胞を分離することが可能である．

細胞集団に同時に行うことが可能であり，各種物質の有無により細胞集団を細かく分類することができる（**図14-10**）．

フローサイトメトリー法は，もともと細胞表面にある物質を認識する抗体を用いることで，その物質を細胞表面に持つ細胞数を測定するものであるが，細胞内の物質へ応用することも可能である．例えば，あるサイトカインを産生する細胞をフローサイトメトリー法で検出する場合，サイトカインは常に細胞外へ分泌されるため，培養細胞の細胞内物質の放出を止める処理（プレフェルジンAの添加）を施すと，細胞内にサイトカインを蓄積させることができる．その状態で細胞をホルマリン等でいったん固定し，その後，サポニンなどで細胞膜に穴を空けることで検出用抗体の膜透過性を上げて細胞質内に検出用抗体が浸透して，細胞内の目的物質を検出することができる．このようにして，目的の物質を産生する細胞数も測定することができる．

## ELISPOT法

ELISPOT法は目的の物質を産生する細胞を検出する方法である．上述の細胞内物質を検出するフローサイトメトリー法とその検出目的は類似しているが，フローサイトメトリー法が検査時点における細胞内に存在する物質を検出する一方で，ELISPOT法では培養期間中に細胞周囲に目的物質を産生した細胞数を検出する．

方法は，培養プレートの底に目的物質を検出するための抗体をあらかじめ固相化しておく．その上で細胞を培養すると培養期間中に細胞が目的の物質を産生し，産生された目的物質はプレートに固相化された抗体により補えられる．細胞培養を終了し，細胞を洗い流した後に固相化した抗体とは別の，同じ物質を認識する抗体(検出用抗体)と反応させる．検出用抗体には酵素標識などが施してあり，基質と反応させることで発色し，目的物質を産生した細胞を点(スポット)として数えることができる(**図14-11**)．発色ではなく，蛍光物質を検出用抗体に標識しておけば，蛍光スポットを検出することも可能である．スポット数を計測することで目的物質の産生細胞の数を調べることができる．このように，フローサイトメトリー法と異なり，培養期間内の細胞の機能(例えば，細胞刺激物質に対する反応など)を評価することができる．

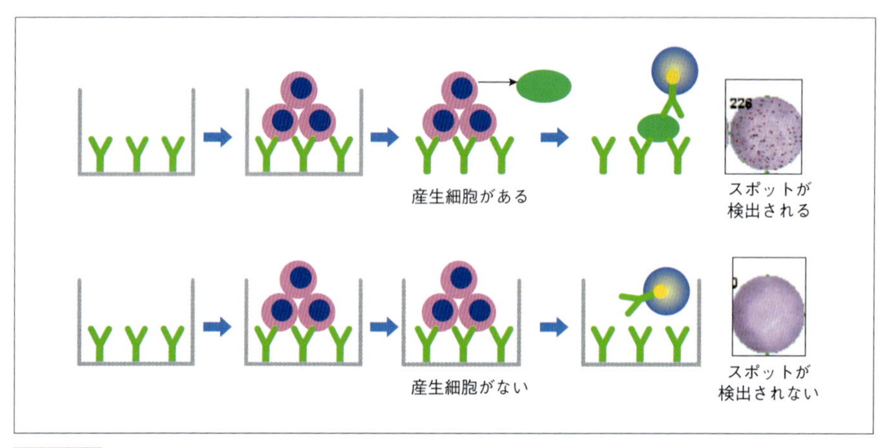


**図14-11 ELISPOT法の原理**．抗体を固相化した培養プレートで細胞を培養し，培養期間中に細胞が産生する物質を固相化抗体が補足する．細胞を洗い流した後，補足した物質を別の抗体(検出用抗体)を用いて検出する．検出用抗体には標識が施されており，最終的に発色させることでスポット数を検出することができる．

## まとめ

本章においては抗体反応を使って行う検査，実験手法についてその概要を解説した．どれも臨床現場の獣医師が遭遇する可能性の高い手技であり，実際に抗体反応を利用した検査方法は多い．したがって獣医師はその原理については少なくとも理解しておかねばならないであろう．原理をよく理解することで，獣医師は検査結果を適確に判断することができ，また，いくつかの検査手法が考えられた場合においても，それぞれの特徴から判断して，個々のケースで最も最適で，必要性の高い手法を選択することもできるであろう．

**増田 健一(動物アレルギー検査株式会社)**

### 主な参考文献

1. Janeway C.A., Travers P., Walport M., Capra D.J., editors(1999): Immunolbiologytheimmune system in health and disewase. London/New York: Elsevier Science Ltd./Garland Publishing.
2. 見上彪(2003): 獣医微生物学(第2版)，文永堂出版.

# 第15章 抗体を使用しない試験管内の検査方法 分子生物学的手法

## 1 はじめに

クリック(Francis Crick)が1958年に提唱したセントラルドグマはゲノムDNAを鋳型にメッセンジャーRNA(mRNA)が転写され，mRNAの配列を基にタンパク質が翻訳されるという分子生物学の基本概念である．この概念にのっとれば，タンパク質の構造や量の情報はゲノムDNAやmRNAなどのヌクレオチドを解析することで，ある程度代用できる．また，ヌクレオチドはタンパク質と比べ，サンプルの保存や調製，検出の段階で優位性があり，広く検査に用いられる．

### ヌクレオチド解析とタンパク質解析の長所と短所

ヌクレオチドの検査と抗体を用いたタンパク質の検査の長所・短所を**表15-1**にまとめた．ヌクレオチド検査の利点の一つはサンプル調製が比較的容易な点である．例えば，ゲノムDNAは遺伝情報を次世代に伝える分子であることから，生体内の状態を保持させたまま比較的容易に調製しやすい．また，どんなDNA断片やmRNAについても，それぞれ化学的な性状が均一であることから，同一の手法で抽出できる．具体的には，フェノールやクロロホルムによる抽出か，塩化グアニジンでタンパク変性させた細胞溶液をシリカゲルカラムに通すことで調製可能である．一方でタンパク質の調製はヌクレオチドと比べると考えるべき点が多い．特に活性を維持した状態でタンパク質を抽出する場合，タンパク質ごとに調製の方法が大きく異なる．また，細胞膜，核，ミトコンドリアなど各オルガネラで働くタンパク質を効率よく調製するためには細胞分画が必要となる．さらに，高次構造が活性に必要なタンパク質については凍結融解で容易に失活する．したがって，タンパク質の検査法と比べ，ヌクレオチドの検査法はスクリーニングや一次検査に向く．

ヌクレオチド検査の二つ目の利点は，増幅が可能という点である．近年，免疫細胞マーカー分子が多数見出され，フローサイトメトリーソーター機能を用いることで，極微量なサンプルでも信頼性の高い検査が実施できるようになった．このように，小スケール化したサンプルに対してヌクレオチド検査は，多項目の生化学的検査ができるというタンパク質検査にない優位性がある．特にマリス(Kary Mullis)が考案したポリメラーゼ連鎖反応(polymerase chain reaction；PCR)は微量サンプル解析に革新的な技術的進歩をもたらした[1]．

三つ目の利点は，検出が容易であるという点である．目的とするヌクレオチド断片と相補的な配列を持つプライマー(primer)やプローブ(probe)を化学合成することで，特異的な検出が可能となる．このことは検査結果が良質な抗体の有無に大きく依存するタンパク質解析と比べ大きな利点といえる．また，DNAについては簡便な配列解析の手法も確立されていることから，一次構造解析にも大きな優位性がある．

一方で，DNAやmRNAは最終的な機能分子

**表15-1 抗体を用いたタンパク質解析とヌクレオチド解析の長所と短所**

| | 抗体を用いたタンパク質解析 | ヌクレオチドの解析 |
|---|---|---|
| 調製方法 | タンパク質ごとに異なる | 均一の方法で良い |
| 安定性 | 容易に変性するものあり | 比較的安定 |
| 感度 | 低い | 高い(増幅可能) |
| 検出方法 | 抗原抗体反応<br>良好な抗体作製は困難 | プローブ，プライマーによる相補的結合<br>プライマー・プローブ作製は容易 |
| 配列解読 | 不可能 | 可能 |
| 転写後調節 | 評価容易 | 評価可能 |
| 翻訳後調節の検出(リン酸化・糖鎖付加など) | 可能 | 不可能 |
| タンパク質の活性測定 | 可能 | 不可能 |
| タンパク質の分泌量の測定 | 可能 | 不可能 |

ではないため，これらを用いた検査はあくまで間接的な情報しか提供できないという欠点がある．特にmRNAを対象とした検査は，転写後調節や翻訳調節，翻訳後修飾を受ける最終遺伝子産物の量的・質的な変化の評価には向いていない．また，顆粒に蓄えられ，刺激に応じて分泌されるような生理活性物質の分泌量も評価できない．

## ハイブリダイゼーションによるヌクレオチドの検査法

ヌクレオチドはアデニンとチミン(mRNAの場合はウラシル)，グアニンとシトシンの間で特異的な水素結合を行う．例えば，5'-ATGCCTGA-3'のDNA断片に対して，5'-TCAGGCAT-3'が特異的に結合する．このような目的断片に配列特異的に結合するヌクレオチド鎖を相補鎖という．この相補鎖をプローブとして，検査したいヌクレオチド断片に結合させ，その結果，形成される二本鎖ハイブリット(hybrid)を可視化することで，目的ヌクレオチドを検出・定量できる．このときプローブと対象ヌクレオチドの結合をハイブリダイゼーション(hybridization)という．ハイブリダイゼーションを利用した検査法にはサザンブロット法(southern blotting)，ノザンブロット法(northern blotting)，DNAマイクロアレイ法(DNA microarray)，*in situ*ハイブリダイゼーション法(*in situ* hybridization)などがある．

### 1 サザンブロット法(図15-1)

サザンブロット法(またはサザンブロッティング法，サザンブロットハイブリダイゼーション法という)は1975年にサザン(Edwin Southern)によって開発された手法で，様々なDNA混合液の中からある特定の塩基配列を持つDNA断片の有無を検査する手法である[2]．以下の手順で実施する．

①アガロースゲルを用いた電気泳動：DNAサンプルをサブマリン電気泳動槽に設置したアガロースゲルにアプライし通電する．DNAはマイナスの電荷を帯びていることからマイ

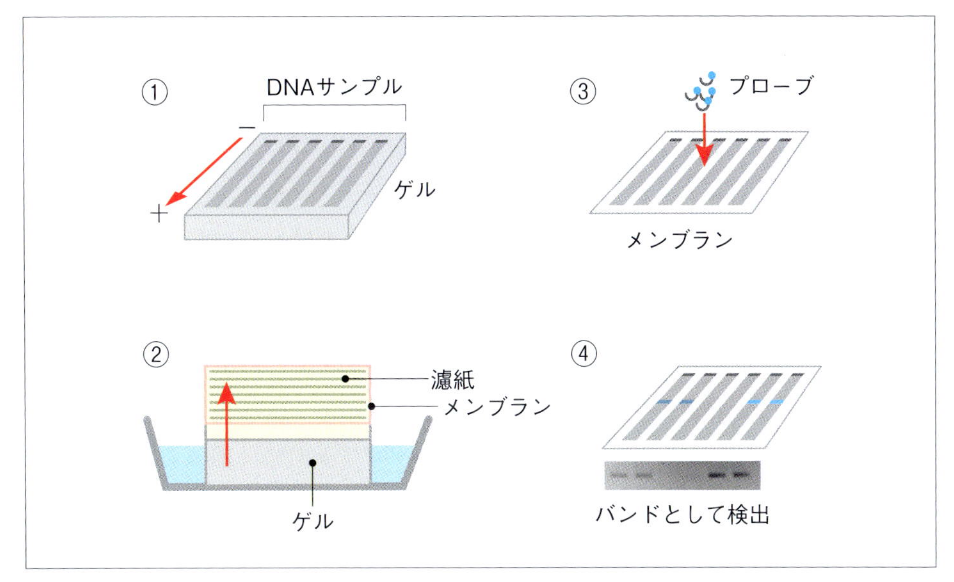


**図15-1　サザンブロット法の概略．** ①DNAをアガロースゲル電気泳動で分離する．②アルカリ溶液中でDNAをナイロンメンブランに転写し，紫外線や煮沸によりクロスリンクする．③メンブランに放射性同位元素かジゴキシゲニンなどの化合物で標識したプローブを含む溶液を加える．プローブは相補的な配列を有する標的DNA断片とハイブリダイゼーションする．④出来上がったハイブリットを可視化することにより，目的とするDNAがサンプルに含まれるかが検査できる．なお，ノザンブロット法ではDNAの代わりにRNAを泳動し検出する．

ナス電極側からプラス電極側に移動する．この際，小さな断片はアガロースの網目に引っかかりにくく，大きく移動するのに対し，大きな断片は引っかかるので，その移動距離は小さい．結果として，DNA断片の大小に応じた移動度からDNA断片を分離できる．

②膜への転写：ゲルのままではその後の取扱いが不便であるため，泳動した二本鎖DNAを水酸化ナトリウムなどのアルカリ溶液で一本鎖に変性させ[注1]，毛細管現象によりナイロンメンブランに転写する．転写されたDNAは紫外線照射や煮沸により膜上に固定する．

③プローブによる検出：確認したいDNA配列と相補的な配列を有するオリゴヌクレオチドやcDNA（complementary DNA）断片やcRNA（complementary RNA）断片をリンの放射性同位体（radioisotope；RI）またはジゴキシゲニン（digoxigenin）[注2]，フルオレセイン（fluorescein），ビオチン（biotin）で化学標識したプローブを含む溶液中に膜を浸し，目

**注1**

転写時のアルカリ処理は二本鎖DNAを検体に用いるサザンブロットのみであり，ノザンブロットでは行わない．

**注2**

ジゴキシゲニンはジキタリス属の植物である*Digitalis orientalis*などが有するステロイドである．分子量が小さいことからデオキシリボ核酸やリボ核酸の化学修飾に容易に使用でき，特異的に認識する良い抗体があることから放射性同位元素によらないヌクレオチドの標識に最もよく使用されている物質の一つである．

的DNAとプローブをハイブリダイゼーションさせる．RI標識したプローブを使用する場合は放射性シグナルをオートラジオグラフィーにより検出し，ジゴキシゲニンやフルオレセイン，ビオチン標識したプローブを使用する場合は，標識物質を認識する酵素抗体や蛍光抗体を用いて化学発光や化学蛍光，酵素発色によりハイブリダイゼーションシグナルを検出する[注3]．各種サイズのマーカーとハイブリッドのバンドの位置の比較から，目的のDNA断片の大きさの情報が得られる．

サザンブロット法は，RFLP（restriction fragment length polymorphism）解析で広く用いられている．ヒトゲノムを構成する約$3 \times 10^9$塩基対の中には数百塩基対に1カ所の割合で個体差があるとされ，他の哺乳動物においても同様と推定される．このような個体差（遺伝子多型という）によって種々の制限酵素による切断パターンに差異が生じ，得られるDNA断片の大小の違いをサザンブロット法で検出するのがRFLP解析である．検出する遺伝子多型が遺伝病と関連する場合，遺伝病の診断に応用される．

### 2 ● ノザンブロット法

ノザンブロット法（もしくはノザンブロッティング法，ノザンブロットハイブリダイゼーション法という）はサザンブロット法に似た手法であるが，検出するのはmRNAなどの転写産物である．DNAを検出するサザンブロットに対する一種の洒落として名づけられた．

手順は，まずホルムアルデヒドを含む溶液中で加熱することで，RNAを変性させ，分子内の二次構造を解き，直鎖状にしてからホルムアルデヒドを含むアガロースゲル中で電気泳動にて分離する．SSC（saline-sodium citrate）緩衝液を用いた毛細管現象によりRNAをメンブランに転写する．転写されたRNAは固定後，サザンブロット同様にRIまたは化学修飾核酸を含むプローブでハイブリダイゼーションを行い，ハイブリダイゼーションシグナルを泳動バンドとして検出する[注4]．

一般的な細胞ではmRNAは全RNAの5%未満である．そのため，高感度にmRNAを検出するためには，80%以上あるリボゾーマルRNA（ribosomal RNA；rRNA）を取り除き，mRNAを濃縮する必要がある．哺乳動物のmRNAは3'端にアデニンが重合したポリ(A)$^+$尾部を有する．したがってポリ(A)$^+$尾部に相補的なオリゴ−(dT)が付着した磁性体ビーズを用いたハイブリダイゼーションにより，mRNAを分離・濃縮することが可能である．こうして得られたポリ(A)$^+$RNAをノザンブロットで使用することにより，高感度なmRNA発現解析が可能になる．また，翻訳に供されるmRNAは，多数のリボソーム（ribosome）と結合したポリソー

---

**注3**

Non-RI（RIを使用しない検出系）の場合，標識核酸の検出に抗体を使用するので，厳密には「抗体を使用しない検査法」とはならないが，本項に含めた．

**注4**

ノザンブロット法でも検出バンドのサイズはサイズマーカーを一緒に泳動し，そのシグナルと比較することで検出バンドのサイズを調べる．しかし大まかなサイズであればrRNAのバンドとの比較でできる．すなわち，28S rRNAは約5kbであり，18S rRNAは約2kbである．rRNAは豊富なので，臭化エチジウムやメチレングリーン染色で容易に可視化できる．また，rRNAはRNAの破壊程度の評価にも用いられる．すなわち，破壊が少ないRNAは28S rRNAと18S rRNAのバンドの濃さの比が約2：1であり，破壊が進めばく1：1になる．

ム(polysome)を形成する．ポリソームに含まれるmRNAと含まれないmRNAは，細胞質溶液からショ糖密度勾配遠心分離法により分離できることから，これらの量比をノザンブロット法で比較することにより，検査したいmRNAの翻訳状態を評価することも可能である[3]．

ゲノムDNAからはタンパク質情報をコードするmRNA以外に，mRNAの転写や転写後の分子イベントを調節する非コードRNA(non-coding RNA；ncRNA)注5も転写される．特に20～25塩基程度のマイクロRNA(micro RNA；miRNA)注6はタンパク質とRISC(RNA-inducing silencing complex)を形成し，相補的結合をするmRNAの翻訳制御や分解に関与する．これらmiRNAの検出にもノザンブロット法は用いられる．ただし，分子量がとても小さいためアガロースゲルでの分離は難しく，より網目の細かいポリアクリルアミドゲルを用いた電気泳動法で調べることが多い．また，塩基長が短いため，通常のプローブとのハイブリット形成が安定でないことからLNA(locked nucleic acid)と呼ばれるDNAより結合力の強い核酸アナログを用いたプローブが用いられることが多い．

ノザンブロット法は検査する遺伝子の発現量の変化を捉えるものである．そのためmRNAやmiRNAなどの転写物とプローブのハイブリッドにより生ずるシグナルを定量化する必要がある．現在，放射性シグナルや化学発光，化学蛍光を検出し定量化できる高性能画像解析装置が各メーカーから発売されており，これらを効果的に使用すると良い．

ノザンブロット法の最大の長所は転写物の分子サイズがわかるということである．多くの遺伝子は転写の際，選択的スプライシング(alternative splicing)によって機能の異なるスプライシングバリアント(splicing variant)と呼ばれる変異体を合成する．RNAのサイズマーカーをサンプルに並べて電気泳動し，これらと検出バンドの位置を比較することで検出転写物のある程度の大きさを知ることができる[4]．これらの情報と遺伝子データバンク(例えば，欧州バイオインフォマティクス研究所のEmsemblや米国生物工学情報センターのGenBankなど)に登録されている各スプライシングバリアントのmRNAのサイズ情報を見比べることで，サンプル中のスプライシングバリアントの量比を明らかにできる．

ノザンブロット法や後述の定量的逆転写PCR法はmRNAの量的変化を捉えるものであることから，分析に供するサンプルの調製効率がサンプル間でばらつかないことが理想的である．しかしながら，生体サンプルを用いた場合，サンプル間で調製効率を完全に均一にすることは難しい．ノザンブロット法を例に考えれば，RNAに供する臓器の保存状態，RNA抽出時のロス，電気泳動時のピペッティングなどに起因する技術的なばらつきは避けられない．技

---

**注5**

ncRNAにはmiRNA以外にrRNAやtRNAが豊富であるが，それ以外に，mRNA様の長鎖ncRNAや核内低分子RNA(small nuclear RNA；snRNA)，核小体低分子RNA(small nucleolar RNA；snoRNA)などが知られており，転写やRNAのプロセッシングなどに関与している．

**注6**

miRNAはpri-miRNAの形で転写されたのちにdroshaと呼ばれリボヌクレアーゼⅢにより分解され70～80塩基からなるpre-miRNAが生成する．これが核外に輸送されdicerと呼ばれるリボヌクレアーゼⅢにより切断され成熟miRNAとなる．miRNAはRISCと複合体を形成しながら標的mRNAに結合し，分解や翻訳抑制を引き起こす．

術的なばらつきを補正するために，目的遺伝子の発現量を環境要因で発現変動しにくいリファレンス遺伝子(reference gene)の発現量で標準化(normalization)する必要がある注7．これらの遺伝子の多くは組織や細胞中で共通して一定量発現し，細胞の生存・維持に不可欠であることからハウスキーピング遺伝子(house keeping gene)ともいう．ただしこれらリファレンス遺伝子の中には条件に応じて発現量が変わるものもあるので，検査ごとに発現変動していないものを適切に選ぶことが大切である．

### 3 ● DNAマイクロアレイ法(図15-2)

サザンブロット法やノザンブロット法が遺伝子や転写物の構造や量をひとつひとつ測定するのに対して，全ゲノムスケールで調べていく手法や考え方をゲノミクス(genomics)という．ゲノミクスの中でも特にmRNAの網羅的な解析法をトランスクリプトミクス(transcriptomics)というが，DNAマイクロアレイ法は特に普及しているトランスクリプトミクスの手法である．この方法は数万以上のDNAプローブを基板上に配置させ，それに標識したヌクレオチドサンプルをハイブリダイゼーションさせる．その後，高解像度スキャナーでハイブリダイゼーションシグナルを検出し，あらかじめ登録されていたプローブの位置情報と比較することにより，全ゲノムスケールで各転写物の発現量を調べることが可能となる注8．

DNAマイクロアレイ法は様々な作製方法がある．cDNAマイクロアレイは米国のブラウン(Pat O. Brown)が開発したマイクロアレイである[5]．mRNA溶液から逆転写反応により作製したcDNAライブラリー(cDNA library)の中から，重複の無いcDNAクローンセットを作製し，それらの各クローンをあらかじめコーティングしたガラススライドにアレイスポッターのピンで打ち付けるというものである．一度cDNAクローンセットが用意できれば安価に高感度なアレイスライドが作製できるというメリットがあるが，スライド間の品質のばらつきは大きい．

一方で，アレイスライド上で20～60 merのオリゴヌクレオチドを高密度に合成する方法もある．例えば，米国のAgilent社のマイクロアレイではインクジェットプリンターの原理を応用したインクジェット方式では，異なる塩基を含む溶液を重層していくことでオリゴヌクレオチドプローブを合成する．また，米国のAffymetrix社が開発したGeneChipと呼ばれるアレイスライドは光リソグラフィ技術と半導体作製技術を応用した固相化学反応により基板上で20～25 merのオリゴヌクレオチドを数百万個配置できる．

マイクロアレイ法は一度のハイブリダイゼーションで全ゲノムスケールの遺伝子発現解析ができる．この手法を用いれば発症機構が明らかでない免疫疾患の検体について，責任遺伝子

---

**注7**

代表的なリファレンス遺伝子にはrRNAやリボゾームタンパク質，グリセルアリデヒド3リン酸脱水素酵素(glyceraldehyde 3-phosphate dehydrogenase：GAPDH)，βアクチン(β-actin)，ヒポキサンチンホスホリボシル基転移酵素Ⅰ(hypoxanthine phosphoribosyltransferase 1：HPRT-1)，TATA結合タンパク質(TATA-binding protein：TBP)，β2マイクログロブリン(β2-microglobulin)遺伝子が知られる[6]．

**注8**

ただし，すべてのプローブの結合定数・解離定数を均一に設計することは不可能であることから，異なるプローブによって得られるシグナル値を単純比較できない．

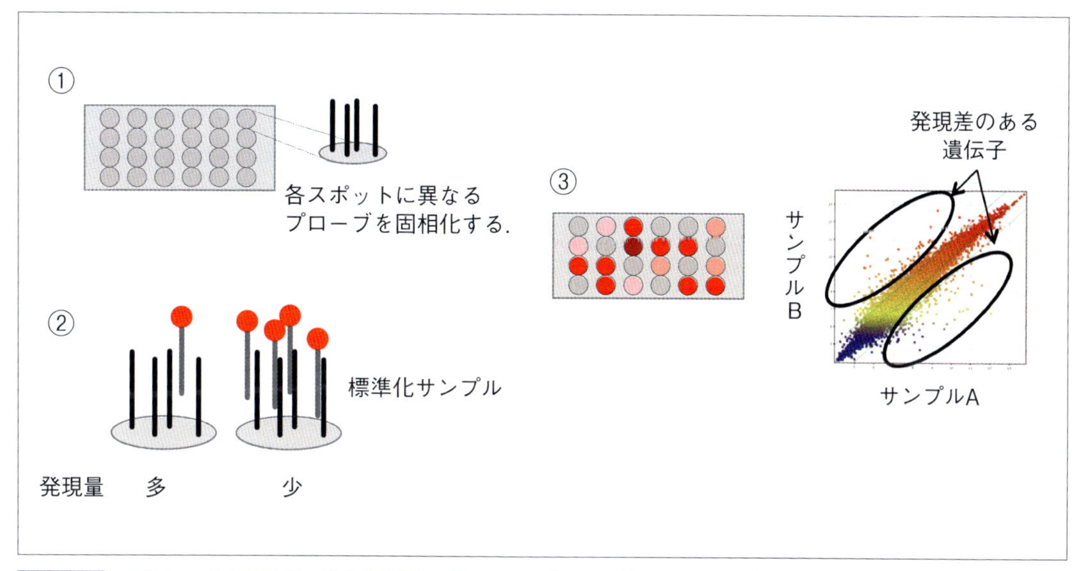


**図15-2 DNAマイクロアレイ法の概略.** ①cDNAプローブをアレイスポッターでガラス基板に打ち付けるか，基板上で工業的にオリゴヌクレオチドプローブを合成しDNAマイクロアレイを作製する．②これに蛍光標識した核酸サンプルをハイブリダイゼーションさせ，③得られたシグナルとプローブの位置情報から網羅的に遺伝子発現を調べる．

(群)の決定に繋がることもある．また，一度に複数の免疫関連分子の発現を検査することも可能であることから，免疫介在性疾患の病状の進行を評価するのにも役立つ．さらに種々の免疫細胞の遺伝子発現パターンを網羅的に比較することにより，新たな免疫細胞の分子マーカーや新たな免疫細胞集団の発見などに繋がることも多い．

マイクロアレイはmRNAの解析以外にDNAの解析にも用いられる．ゲノムDNAの特定領域の欠失や増幅などコピー数には個体差があり，このコピー数の変化が腫瘍化や発達障害に関わることが知られている．DNAマイクロアレイはこれらゲノムDNAのコピー数の変化を検出する比較ゲノムハイブリダイゼーション法(comparative genomic hybridization；CGH)にも応用される．すなわち，DNAデータベースに登録されているコピー数多型(copy number variation；CNV)部位をアレイ基板上に配置し，検体のゲノムDNAを標識したサンプルをハイブリダイゼーションさせる．得られるシグナルから各CNVにおけるコピー数を調べることができ，症状と比較することで疾患発症とCNVの因果関係が明らかになる．

DNAマイクロアレイなどのゲノミクスは多量のデータを生産する．これらの素データは米国生物工学情報センターのGene Expression Omnibusや欧州バイオインフォマティクス研究所のArrayExpressなどのデータベースに登録され閲覧可能となっている[注9]．

---

**注9**

免疫・アレルギー科学に特化した発現データベースも存在する．例えば，理化学研究所の管理するRefDic(http://refdic.rcai.riken.jp/welcome.cgi)はその先駆けともいうべきものである[7]．また，innate DB(http://www.innatedb.com/index.jsp)のように解析機能の豊富な免疫データベースもある[8]．

ただし，これらゲノミクスデータは単なる数字情報の羅列にすぎず，それを解釈するには膨大なデータの中から意味のあるデータを抽出する必要がある．これらの作業を鉱石の採掘(mining)に喩えてデータマイニング(data mining)という．データマイニングの過程は生物情報学(bioinformatics，バイオインフォマティクス)の技術が必要となる．

近年，マイクロアレイ法の一つの方向性としてアレイスライドやアレイチップといった基板上でハイブリダイゼーションを行う方法に加えて，液相でハイブリダイゼーションさせるリキッドアレイ法も普及しつつある．例えば，Affymetrix社のシステムでは，ビーズ，プローブ，mRNAを液体中でハイブリダイゼーションさせ，ビーズを細管に通過させる際に，ビーズの蛍光とプローブの蛍光を読み取ることで標的mRNAを定量化できる．また，NanoString社のシステムではバーコードの役割を果たすヌクレオチドを結合させたプローブと検体mRNAをハイブリダイゼーションさせ，その後，バーコードの配列を解読・カウントし，各

> **POINT**　DNAマイクロアレイ法を実施する際，効果的なデータマイニングを実施するためには，各プローブの注釈情報（アノテーション；annotation）が十分整備されていることは不可欠である．プローブの注釈情報とはそれぞれのプローブの信頼性や，ゲノム遺伝子上での設計部位，認識する遺伝子の機能情報などである．また，シグナルとノイズを区別するためのネガティブコントロールプローブとポジティブコントロールプローブも吟味される必要がある．哺乳類において，ヒト，マウス，ラットを除くと，市販のマイクロアレイのアノテーション情報はまだまだ十分とは言い難い．これら情報が整備されるのを待つか，後述するRNAシーケンス法で検査するかは，時勢に応じた対応が必要であろう．

遺伝子のmRNAを定量する．これら液相反応は反応効率が良く，サンプル調製も楽である．PCR法を応用した手法と比べ増幅の操作が含まれないことから，正確な絶対定量ができるのが魅力である．

### 4 ● *in situ* ハイブリダイゼーション法（図15-3）

サザンブロット法やノザンブロット法，マイクロアレイ法が分離ヌクレオチドを用いた生化学的検査であるのに対して，*in situ* ハイブリダイゼーション法は目的遺伝子を発現している細胞や，ウイルス感染細胞を切片上や胎児標本で検出する手法になる[4]．この方法では一般にパラホルムアルデヒドで固定した組織を包埋し，凍結切片またはパラフィン切片を作製する．これに$^{33}$Pや$^{35}$Sなどの放射性同位体やジゴキシゲニンや，ビオチン，蛍光核酸で標識したプローブを結合させる．プローブとして，化学合成したオリゴヌクレオチドを用いたり，あるいは*in vitro*でDNAポリメラーゼやRNAポリメラーゼで合成したDNAプローブやRNAプローブ(リボプローブともいう)を用いる．検出は放射性プローブを使用する場合，X線フィルムで露光するか，オートラジオグラフィー用の乳剤に漬け銀粒子の集積物として検出する．一方，非放射性プローブの中でもジゴキシゲニンやビオチン標識の場合，これらに対する酵素抗体により基質を発色させてシグナルを検出する．蛍光核酸プローブを用いた*in situ* ハイブリダイゼーション法（fluorescence *in situ* hybridization；FISH）の場合，プローブごとに用いる蛍光を変えれば，同じ切片中で複数の遺伝子の発現細胞を比較観察できる．

*in situ* ハイブリダイゼーション法は切片でハイブリダイゼーションシグナルを検出することから，臓器サンプルを用いたノザンブロット法やマイクロアレイ法では見逃すような微小集団の遺伝子発現変化を捉えることができる．また，

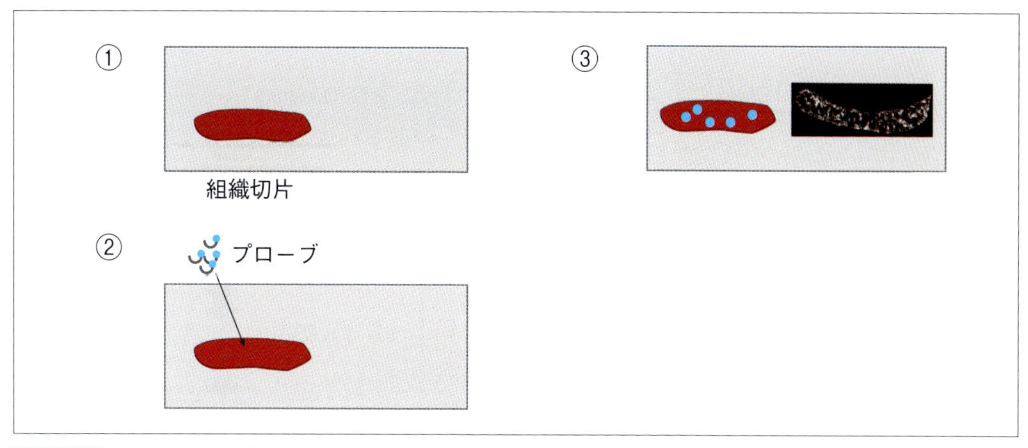


**図15-3** *in situ* **ハイブリダイゼーション法の概略.** ①組織切片やあるいは胎児の固定標本を準備する. ②これに放射性同位元素や化学標識したオリゴプローブまたはリボプローブを含む溶液を反応させる. ③放射性シグナルや標識化合物に対する蛍光二次抗体, 酵素二次抗体による発色・蛍光シグナルを検出する. この方法の定量性は定量的逆転写PCR法やノザンブロット法に劣るが, 発現細胞の詳細な局在情報が得られるという大きなメリットがある.

目的としている遺伝子を発現する細胞を同定するためにも役立つ. その一方で, 切片の固定条件や内在性酵素の阻害条件など, 偽陽性や偽陰性を生じない検査条件を十分予備検討で決めておく必要がある. 非標識プローブの過剰添加によるシグナル消失実験や, センス鎖プローブを用いた陰性対照実験は不可欠である.

## PCRを用いた検査法

前述のハイブリダイゼーションを用いた方法は, ヌクレオチドの増幅がないことから比較的サンプル量が豊富でなければ検査できない. また, サザンブロット法やノザンブロット法は電気泳動→メンブラン転写→ハイブリダイゼーション→検出と操作が多く, 故に用意すべき器具も多い. その一方で, 1回の検査で検出できる遺伝子数は少なく, 費用対効果が小さいといわざるを得ない. そのため, スプライシングバリアントの量比を検査するなどサイズ情報が必要な場合を除いては, 簡便で感度の良いPCRを用いた検査法を実施するケースが一般的である.

### 1 ● PCR法(図15-4)

PCRはマリス(Kary Mullis)が考案した二本鎖DNAの増幅反応である[1]. 増幅したい領域の両末端の配列に相当する18～25 mer程度のオリゴヌクレオチドプライマーを1対設計し, その間の二本鎖DNAをDNAポリメラーゼで繰り返し合成する. 反応は大きく分けて,

①変性(denature)
②アニーリング(annealing)
③伸長(extension)

の3段階からなる[注10].

**注10**
プライマーのTm値が高い場合, アニーリングと伸張反応を同時に行うことで2段階からなる(すなわち, 変性とアニーリング・伸張反応)PCR反応を行うこともある.

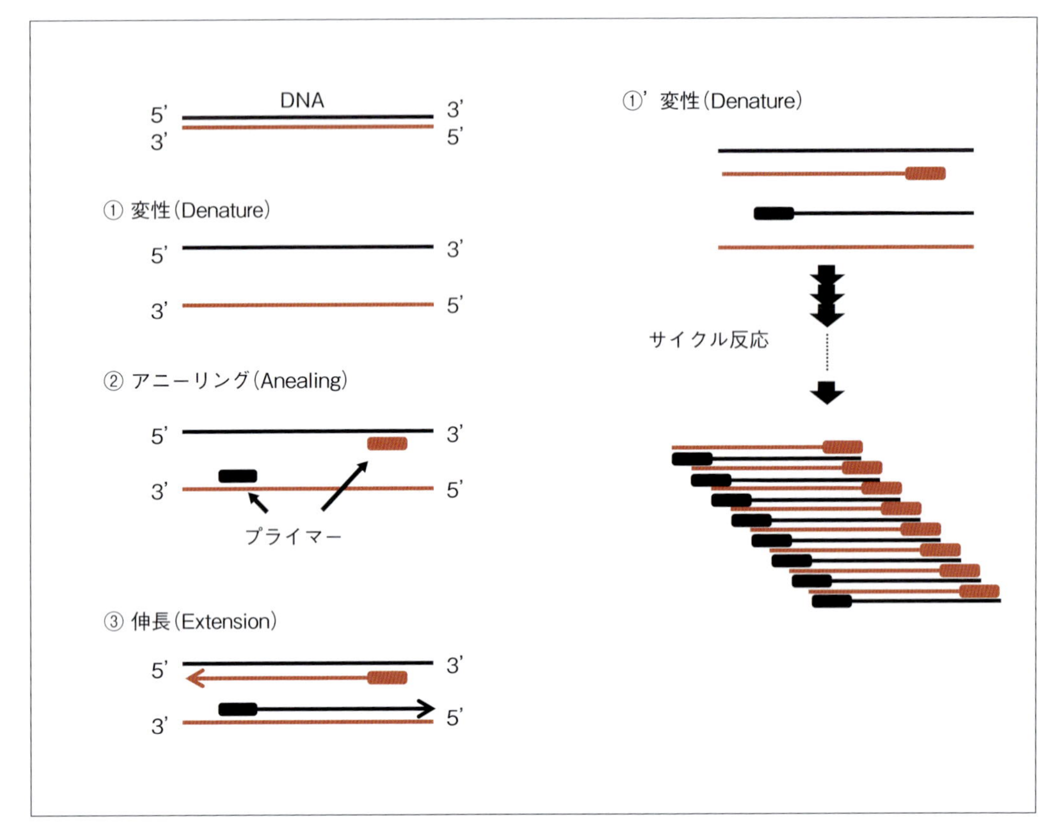


**図15-4 PCR法の概略.** ①DNA二本鎖を熱変性し一本鎖にする.②増幅したい領域の末端に相当するプライマーをアニールさせる.③プライマーの3'端から5'→3'方向にDNA二本鎖を合成する.この①〜③の反応を繰り返すことで1対のプライマーに挟まれた領域が増幅する.得られた増幅産物はアガロースゲルなどで分離し,インターカレーターによりバンドとして可視化される.

変性は二本鎖DNAに90℃以上の熱を加え一本鎖にする反応である.続くアニーリングは温度を下げプライマーを鋳型一本鎖DNAの相補領域に結合させる反応である.正確なアニーリングを実施するには,適切なアニーリング温度を設定することが大切である.ヌクレオチドの結合は温度が高いほど解離しやすく,低いほど結合しやすい.すなわち,高温過ぎれば,プライマーは鋳型DNAに結合できないのに対し,低温過ぎれば非特異結合を生じやすい.グアニンとシトシンの結合は強固であり高温で結合可能であるのに対し,アデニンとチミンの結合は比較的弱い.そのため,プローブ長とGC(グアニン・シトシン)含有量から各プライマーの融解温度(melting temperature;Tm)を求め,これに応じてアニーリングの温度を決定する.伸張反応はプライマーの3'端から5'→3'方向に二本鎖DNAを合成する過程である.反応時間や温度は使用する酵素や増幅したい断片の塩基長に依存する.1kbの増幅あたり1分間の増幅時間を設定するのが一般的である.PCR法は1回の増幅反応で目的領域を2倍に増やすことができるため,変性→アニーリング→伸長からなるサイクル反応をn回繰り返すことにより,原理的に$2^n$倍の増幅が可能となる.なお得られたPCR産物はアガロースゲルを用いたサブマリン電気泳動法で分離し,臭化エチジウムなどDNA二重らせんの塩基対間に平行挿入する蛍光インターカレーター(intercalator)を用いて検出する．

PCR法の実現には90℃以上という高温でも活性を失わないDNAポリメラーゼの発見と，温度変化を迅速に行うインキュベーターの開発が不可欠であった．前者は噴水孔などの高温環境で生育する*Thermus aquaticus*から分離した耐熱性の*Taq* DNAポリメラーゼの発見がある[9]．現在ではこの酵素の変異体や別の菌から分離した耐熱性DNAポリメラーゼが商品化されており，さらに伸張反応時の読み違えの少ない酵素や，GC含有量が高くとも伸張反応をスムーズに行う酵素なども開発されている．一方，増幅に用いるインキュベーターは，ペルチェ素子(Peltier device)を組み込んだものが広く使用される[注11]．サイクル反応を実施する装置なのでサーマルサイクラー(thermal cycler)と呼ばれる．

PCR法ではサンプル中の目的DNA断片の量に比例して増幅産物も増えるため原理的には増幅産物の量を測定すれば，もとのサンプル中の目的DNA断片の量を評価できる．しかし，増幅がある程度進むとプライマーやデオキシヌクレオチドが枯渇し，酵素活性が失活するので増幅反応は頭打ちとなる．頭打ちになるタイミングは，反応終了時には明らかでないので目的DNA断片の定量解析はやや困難である．しかし全く目的DNA断片が含まれていない検体と，多数含まれている検体間の比較のように量差が大きい場合は，一般的なPCR法で半定量的検査ができる．例えば遺伝子ノックアウトマウス(gene knockout mouse)やトランスジェニックマウス(transgenic mouse)のような遺伝子組換えマウスと，野生型マウスを見分けるための遺伝子型判定(ジェノタイピング，genotyping)には，PCR法は有用である．またDNAウイルスや細菌などの検出にも用いられる．

### 2 ● 逆転写PCR法

PCR法はDNAポリメラーゼを用いた検査法なので，mRNAを増幅できない．mRNAの増幅には，mRNAから相補的なcDNAをいったん作製し，これをPCRの鋳型に供する必要がある．すなわち，M-MLV (Moloney murine leukemia virus)やAMV (avian myeloblastosis virus)などのレトロウイルス由来の逆転写酵素(reverse transcriptase)によりmRNAから相補的なcDNAを作製し，これを鋳型にPCRを行うのが逆転写PCR法(reverse transcription-PCR；RT-PCR)である．逆転写反応は①プライマーによるアニーリング，②伸張反応，③酵素の失活反応の三つの過程からなる．前述のようにmRNAは全RNAの5％以下であることから単純に総RNAをDNAに逆転写すると，cDNAのほとんどはmRNA由来でない．そのためmRNAに特有な構造であるポリ$(A)^+$尾部に結合するオリゴ−$(dT)_{12\sim20}$をプライマーに逆転写反応することで，mRNAのみをcDNA化することが可能である．しかしこの方法では，3′末端からの逆転写となるため，mRNAの5′端に相当する領域までcDNAが合成されにくいという問題もある．そのためM-MLVの遺伝子改変酵素を用いて，長鎖mRNAの5′側領域まで合成を伸張させることもある．あるいはmRNA由来のcDNAがわずかであってもPCR

---

注11

ペルチェ素子とは，2種類の金属の間に電流を流すと片方の金属から片方の金属へ熱が移動するというペルチェ効果(Peltier effect)を利用している．

による増幅数を増やせば十分増幅可能であることから，適当な塩基で作製したランダムヘキサマーまたはオクタマーを鋳型に逆転写反応を行うことで，全長をカバーすることもある[注12]．得られたcDNA溶液は適宜希釈し，PCR反応の鋳型として用いる．この検査法もPCR法同様，極めて大きな発現差が見られる検体では，半定量的検査に使用できる[注13]．

### 3 ●定量的逆転写PCR法

定量的逆転写PCR法（またはリアルタイム逆転写PCR法やqRT-PCR法という）はmRNAの定量検査をPCRで行うというものである．鋳型となるサンプルは上述した合成cDNAサンプルで，蛍光検出器を接続したサーマルサイクラーを用いてcDNAの増幅曲線をリアルタイムにモニタリングし，ある閾値（threshold line）に達するサイクル数から検体中の目的mRNAを定量するという方法である．検出の手法より，インターカレーター法と加水分解プローブ法に分けられる（**図15-5**）．

インターカレーター法は，DNAの二重らせんに平行挿入される蛍光インターカレーターが発する蛍光を測定し増幅産物量を測定する．

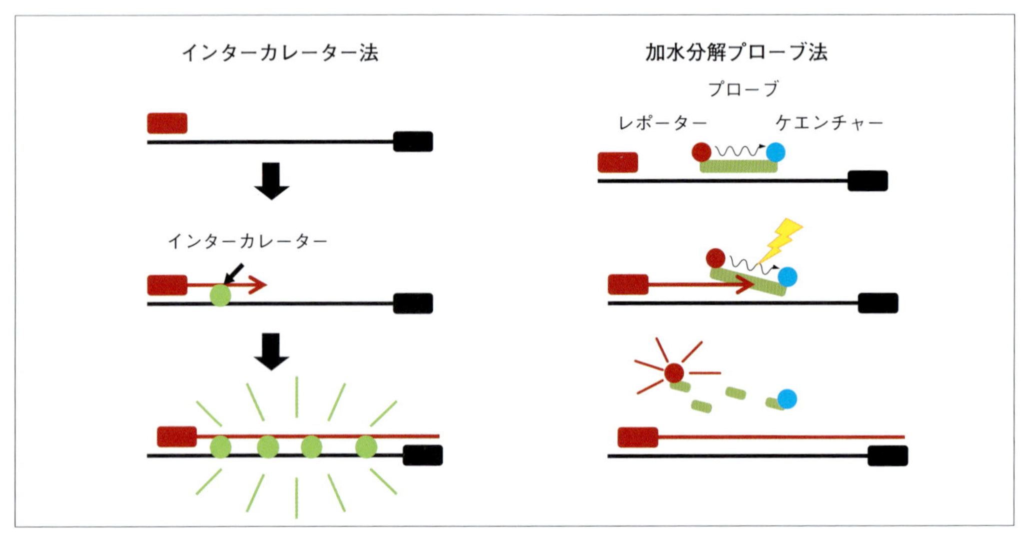


**図15-5　インターカレーター法と加水分解プローブ法**．インターカレーター法（左）はDNA二本鎖に平行挿入されるサイバーグリーンなどの蛍光インターカレーターを使用し増幅産物を定量化する．一方，加水分解プローブ法（右）では1対のプライマーで挟まれた領域にレポーター色素およびクエンチャー色素を結合させた加水分解プローブを標的DNA断片にハイブリダイゼーションさせる．通常レポーター色素の蛍光はクエンチャー色素により打ち消されるが，伸張反応時にTaqポリメラーゼの5'→3'エキソヌクレアーゼ活性によりプローブが加水分解されると，レポーター色素の蛍光が検出される．この蛍光を定量する．

---

**注12**

ランダムヘキサマーとはランダムにヌクレオチドを六つ繋げたものでNNNNNNと表記される．ランダムオクタマーは同様にNNNNNNNNで表わされる．双方とも短いので，逆転写時には標的mRNAと離れないよう最初に低温（25℃など）で少し逆転写反応を進めてから，酵素の至適温度での伸張を行う．

**注13**

定量的検査がその物質の量を数値として正確に測定するのに対し，半定量的検査とはおおよその増減を調べる．

一般に使用されるインターカレーターがサイバーグリーン(SYBR Green)であることからサイバーグリーン法とも呼ばれる．目的とする遺伝子配列に相補的な1対のプライマーを合成するだけで検査できる簡便さから広く普及している．しかし一方で，1対のプライマー配列が作る特異性しかないため，プライマーの設計次第では目的の断片以外も増幅されていることがあり，非特異増幅産物と目的増幅産物の区別は蛍光シグナルからは不可能である．そのため融解曲線分析(melting curve analysis)により反応の正当性を評価する必要がある．PCR後，温度が低い段階では二本鎖が形成されているため蛍光シグナルが検出されるが，徐々に温度を上昇し融解温度に達すると，解離し一本鎖になるため，蛍光インターカレーターは外れ，蛍光シグナルは急激に低下する．このとき増幅シグナルがすべて目的産物に由来するのであれば融解曲線のピークは一つになるが，プライマーダイマーや，目的産物以外の非特異産物の増幅がみられる場合は複数のピークが認められる．このような場合はプライマーを再設計するか，アニーリング温度を上げて特異的な検査を実施しなければならない．インターカレーター法は1種類の蛍光しか使用できないため，一度の検査で検出できる遺伝子は1種類に限定される．

加水分解プローブ法は，1対のプライマーに加えて，増幅される領域内に結合する蛍光加水分解プローブを用いる方法である．TaqMan®という商品が有名であることからTaqMan法ともいう．この方法で用いる蛍光プローブはレポーター色素(reporter dye，主にFAMという蛍光色素が用いられる)に加え，レポーター色素から発せられる蛍光エネルギーを吸収するクエンチャー色素(quencher dye)で標識されている．アニーリングの際，両プライマーが標的断片に結合するのに加え，蛍光プローブも標的領域にハイブリダイゼーションする．その後，伸長反応の際，*Taq*ポリメラーゼが進路上にあるプローブを5'-エキソヌクレアーゼ(5'-exonuclease)活性で加水分解する．その結果，レポーター色素から発せられる蛍光がクエンチャー色素に吸収されなくなる．発せられる蛍光は標的ヌクレオチドに結合するプローブ数に比例することから，これをリアルタイムに測定することで，標的ヌクレオチドの増幅曲線を描くことができる．この方法はプライマーに加えプローブの特異性が加わるため，インターカレーター法より信頼性の高いデータが得られるという長所がある．また異なる蛍光色素を用いることで，一度に複数の遺伝子の発現量を調べることも可能である．その一方で，蛍光で二重標識された加水分解プローブを設計・合成せねばならないことから，インターカレーター法より手間とコストがかかるという短所はある．以上の点を鑑みると，安価で簡便なインターカレーター法は多検体・多遺伝子を標的とした網羅的なスクリーニング解析に向いており，正確性の高い加水分解法は限られた遺伝子を厳密かつ高感度に定量したいときに向く手法といえる．

定量的逆転写PCR法で得た生データの数値化にも二つの手法がある．一つは検量線法でもう一つは⊿⊿CT法(デルタ・デルタCT法，比較CT法)である．検量線法では，まず目的とする遺伝子断片のコピー数が明らかな標準液を作製し，それを階段希釈して標準希釈系列を作製する．これらをPCRに供することで，溶液中の目的断片のコピー数とthreshold lineの関係を示す検量線を描ける．この検量線と検体のthreshold lineを比較することで，目的遺伝子断片のコピー数を明らかにできる．この方法は検量線用の標準液を準備せねばならないことや，それら標準液用のスペースを試験プレートごとに用意せねばならないという欠点はあるが，標準液中に含まれる断片のコピー数をあらかじめ算出しておけば，検体中の遺伝子断片の絶対コピー数を算出できる．ただし，定量的逆転写PCR法もRNAの調製からPCRまで多数の過程を経る実験系なので，リファレンス遺伝子による標準化は不可欠である．

一方，⊿⊿CT法は検量線を必要としない数値化法である．PCRは理論上，遺伝子断片が1サイクルで2倍に増える．このことを前提に，刺激を加えていない細胞(callibrator，キャリブレータという)と比べて検体が何サイクル早く/遅くthreshold lineに達するかを調べる．1サイクル早く到達すれば検体はキャリブレータの2倍発現していることになり，逆に1サイクル遅ければ1/2であることになる．ただしこの方法もサンプル調製のばらつきをリファレンス遺伝子で補正する必要がある．⊿⊿CT法は簡便にmRNA量の相対変化を調査する手法として広く普及している．ただ，この方法では目的遺伝子もリファレンス遺伝子もPCR系が1回のサイクルで常に100%，2倍に増幅するという大前提が守られていなければならない．

**POINT** 定量的逆転写PCRに用いるプライマーはmRNA由来のcDNAのみを増幅し，ゲノムDNAを増幅してはならない．そのためには大きなイントロンを挟む形や，エクソン—エクソン結合部で設計すると良い．また二本鎖DNAの合成を100%にするために増幅領域は100 bp～250 bpと短く，かつGC含有量の少ない領域を選択する必要がある．

### 4 ● デジタルPCR法

一般的な定量的PCR法より定量性が高く，高感度である手法としてデジタルPCR法(digital PCR)が近年注目されている[10]．この方法は検体cDNA溶液を多数のウェルや液滴などの「小部屋」に分配し，各「小部屋」で個別にPCRを行い，増幅が見られた「小部屋」の数から，検体溶液中の目的遺伝子のコピー数を求めるという手法である．この方法は検量線を用いずに，より正確なmRNAの絶対定量ができることに加えて，2倍以下の僅かな変化もとらえられる．また「小部屋」で反応を行うことから，必要な試薬量が少なく経済的である．一方で，必然的に微小反応系でPCRを実施する必要がある．マイクロ流路反応系[注14]のめまぐるしい開発に伴い普及が見込まれる．

## 次世代シーケンサーを用いた検査法

### 1 ● 次世代シーケンサーとは

1980年，サンガー(Frederick Sanger)[11]とギルバート(Walter Gilbert)[12]がDNA配列を解読する手法を開発し，その後サンガーのシーケンシング法を利用した蛍光キャピラリーシーケンサーの出現により，ヒトやマウスのゲノムDNA配列の決定などの大きな成果がもたらされた．この当時のシーケンサーを「第1世代のシーケンサー」と呼ぶのに対して，それ以後のDNAシーケンサーを次世代シーケンサー(next generation sequencer)と呼ぶ．第1世代のシーケンサーは，その最大の目的がゲノムDNAの配列決定であったことから，解読の正確性は高

---

注14
Stanford大学のStephen R. Quakeらが中心となり開発した反応系でpoly(dimethylsiloxane)(PDMS)基板上に細かな流路とバルブを組み合わせ，サンプルの調製から混和，酵素反応までを行う．さながら基板上の実験室のようなので“Lab-on-Chip”技術とも呼ばれる．

い．その一方で，1日の作業で読める塩基数は決して多くなかった．

2000年後半より，次世代シーケンサーが市場に出現した．これまで市場に普及している次世代シーケンサーはDNAポリメラーゼまたはDNAリガーゼにより，基板上で逐次DNA合成を行い，その際発せられる蛍光や発光，水素イオンを高解像度検出系で並列的に読み取ることで，DNAをハイスループットで解読するものである[13]．すなわち，

①パイロシーケンシング反応(pyrosequencing)でDNA合成時に放出される無機ピロリン酸から産生されるATPが反応液の化学発光を引き起こし，その発光を読み取る系
②ピロリン酸合成のときに生ずる水素イオンを検出する系
③DNA合成時に取り込まれる蛍光標識デオキシリボ核酸を検出する系など様々である．次世代シーケンサーの欠点は，DNAの調製に手間やコストがかかる点[注15]，試薬コストがかかる点などがある．また，多くのシーケンサーでは1リードあたりの読み幅が狭く，得られた配列情報をゲノムDNA上に並べて(アッセンブリー，assembly)，生物学的に意味のあるデータに変換することが必要である．そのためには高度な生物情報技術が求められる．

このように，コストやデータ処理に大きな弱点を持っていた次世代シーケンサーであるが，近年試薬コストの低下により，ヒト全ゲノムを1,000ドル以下のコストで解読するという，いわゆる1,000ドルゲノムの時代が現実味を帯びている．また，解析機器も低価格化が進んでおり，コスト面での弱点は克服されつつある．特にヒトなどを検体にする場合は，エクソン領域部分のみをあらかじめ濃縮する手法が確立されており，リード数を減らせるので，コスト面で大きなメリットがあり，しかもデータの複雑性をも軽減できる．また，長鎖の解読が可能な新たなシーケンサーや増幅不要なシーケンサーが次々と開発されており[注16]，mRNAのスプライシング分析や絶対定量解析などにおいては従来の次世代シーケンサー以上の成果をもたらすことが期待される．今後便利なデータ解析プログラムが整備されると，獣医免疫学領域においても次世代シーケンサーを使用した検査例か急増すると予想される．最終的にこれらの情報を統合した公共遺伝子データベースや，またそれら情報の基となった検体を保有する遺伝子バンクが整備されると考えられる．

## 2 ● RNAシーケンス法

RNAシーケンス法(RNA-Seq法)は次世代シーケンサーを用いてサンプル中のmRNAやmiRNAの配列を解読しつつ，各mRNA・miRNAの発現量を調べる方法である．逆転写反応で生じたcDNAを鋳型に配列を解析する方法と，直接RNA配列を計測する方法[注17]に分かれる．ここではcDNAを用いた方法につい

---

**注15**
超音波破砕など物理的な断片化作業の後に，磁性ビーズや電気泳動によるサイズセレクションを行い，さらにアダプター付加を行う必要がある．

**注16**
例えば，ナノポアをヌクレオチドが通過する際に，その形状を読み取るDNAシーケンサーは蛍光標識核酸が不要で，サンプル調製も難しくなく，長鎖の解析が可能である．

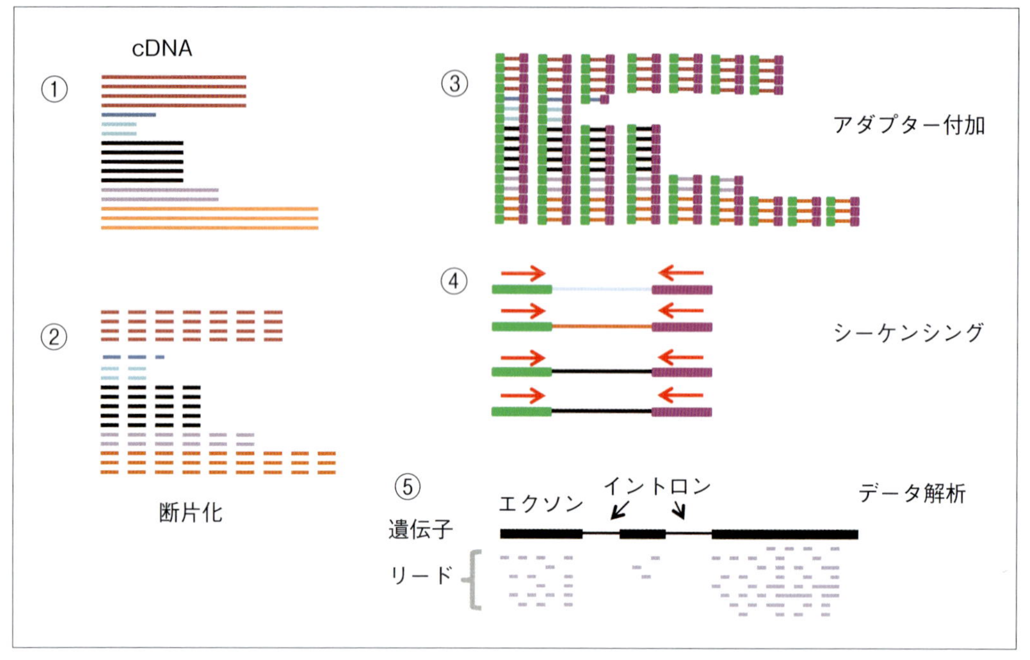


**図15-6 RNAシーケンス法の概略.** cDNAを用いたRNAシーケンス法について示す. ①mRNAをオリゴ-(dT)プライマーと逆転写酵素を用いて逆転写する. ②これを超音波破砕機などで小断片化する. ③さらに, DNA断片の末端にアダプターを付加する. ④次世代シーケンサーで片側もしくは両側から配列を解読する. ⑤得られた配列情報をゲノムDNAの配列情報と対比させることで, 網羅的に遺伝子発現を定量化できる.

て述べる.

哺乳類細胞で行われる一般的なRNAシーケンス方法はまずオリゴ-(dT)プライマーを用いてcDNAを合成する[注18]. さらに超音波破砕機を用いて数百塩基程度に断片化する. この断片の両端それぞれに異なるアダプターを付加する. 片方のアダプターのみから読む場合をシングルエンド(single-end)法といい, 双方から読む場合をペアードエンド(paired-end)法という. 次世代シーケンサーで得られた50～100 bpあまりの解読情報(リード)をゲノム配列上に配置しながら, リード数を計測することで, 検体中に含まれる転写物の種類や量の情報を直接得られる. 同じく網羅的な遺伝子発現解析の手法として用いられるDNAマイクロアレイ法と比べると, リード数を増やせば増やすほど低発現のmRNAについても定量解析できることからよりダイナミックレンジが広い検査系

---

**注17**

直接RNAを測るRNA-Seq法はHelicos社の1分子シーケンサーを用いて行う. オリゴ$dT_{50}$を配した基板上でポリA尾部を持つmRNAをハイブリダイゼーションによりトラップし, その後, 逆転写反応を基板上で進めるなかで, 取り込まれる蛍光核酸を検出するというものである[14].

**注18**

ポリA尾部を欠く原核生物の場合, トータルRNAからrRNAを取り除いたあと, ランダムプライマーを用いて逆転写反応を行う. この方法は哺乳類細胞でも使用可能である.

となる．またRNAシーケンス法はプローブの種類に依存しないため，マイクロアレイが商品化されていない生物種の解析やプローブが搭載されていない遺伝子の解析も可能である．獣医学領域においては商品化されているマイクロアレイがそもそも少なく，また商品化されていてもプローブのアノテーション情報が十分でないアレイプラットフォームが多い．そのため，獣医学領域において次世代シーケンサーによるRNAシーケンス法は特に魅力的な手法と言える．さらにプローブによる検出では，1塩基多型や小さな挿入・欠失の検出は難しいが，次世代シーケンス法は直接配列を読むためこれらの情報を取得できる．一方で，広いダイナミックレンジのトランスクリプトミクスを行うためには膨大なデータが生ずる．全トランスクリプトームに対応した解析をするには，通常の生物種では理論上800万リード以上のデータを解読する必要がある．次世代シーケンサーのデータのメリットを最大限生かすために，今後，伴侶動物や産業動物に対応した大量データ解析のためのソフト面，ハード面での整備が急務である．

## まとめ

### ▶まとめ

目的分子をコードするDNAやmRNAを検出・定量する方法には①相補的なプローブをハイブリダイゼーションさせ，検出シグナルを定量する方法(サザンブロット法，ノザンブロット法，DNAマイクロアレイ法など)，②プライマーで挟まれた領域をPCRにより増幅させてその増幅曲線より定量する方法(定量的逆転写PCR法など)，③ヌクレオチド断片を直接解読しながら定量する方法(RNAシーケンス法など)がある．

### ▶臨床検査・検査応用について

ゲノムDNAを検体として用いるサザンブロット法はRFLP解析による遺伝子多型検査に使用される．PCR法は病原体の検出や，自己免疫疾患など先天性の遺伝性疾患検体のゲノムDNAの変異の検出など幅広い用途で用いられる．一方mRNAの定量を行う定量的逆転写PCR法は炎症性サイトカインなど免疫・炎症疾患に関連した分子の発現解析に用いられる．特に高感度で多項目検査できるのが魅力である．ゲノムスケールで遺伝子発現解析を行うDNAマイクロアレイ法やRNAシーケンス法は新たな疾患原因遺伝子や疾患マーカー遺伝子の同定に用いられる他[15, 16]，疾患に関わる細胞の性質評価に使用される[17]．また疾患のタイプ分けや予後診断ツールとしても期待されている[18〜20]．

**北村 浩**(酪農学園大学)

### 引用文献

1. Mullis K.B., Faloona F.A.(1985):Specific synthesis of DNA in vitro via a polymerase-catalyzed chain reaction. Methods Enzymol. 155, 335-350.

2. Southern E.M. (1975) : Detection of specific sequences among DNA fragments separated by gel electrophoresis. J. Mol. Biol. 98, 503-508.
3. Ito M., Kitamura H., Kikuguchi C. *et al.* (2011) : SP600125 inhibits cap-dependent translation independently of the c-Jun N-terminal kinase pathway. Cell Struct. Funct. 36, 27-33.
4. Kitamura H, Matsushita Y, Iwanaga T (2003) : Bacterial lipopolysaccharide-induced expression of IκB protein MAIL in B-lymphocytes and macrophages. Arch Histol. Cytol. 66, 53-62.
5. Schena M., Shalon D., Davis R.W. *et al.* (1995) : Quantitative monitoring of gene expression patterns with complementary DNA microarray. Science. 270, 467-470.
6. Shimamoto Y, Kitamura H, Niimi K *et al.* (2013) : Selection of suitable reference genes from RNA quantification studies using common marmoset tissues. Mol. Biol. Rep. 40, 6747-6755.
7. Hijikata A., Kitamura H., Kimura Y. *et al.* (2007) : Construction of an open-access database that integrates cross-reference information from the transcriptome and proteome of immune cells. Bioinformatics. 23, 2934-2941.
8. Breuer K., Foroushani A.K., Laird M.R. (2013) : InnateDB: systems biology of innate immunity and beyond-recent updates and continuing curation. Nucl. Acids Res. 41, D1228-D1233.
9. Saiki R.K., Gelfand D.H., Stoffel S., Scharf S.J., Higuchi R., Horn, G.T., Mullis, K.B., Erlich H.A. (1988) : Primer-directed enzymatic amplification of DNA with a thermostable DNA polymerase. Science. 239, 487-491.
10. Warren L., Bryder D., Weissman I.L. *et al.* (2006) : Transcription factor profiling in individual hematopoietic progenitors by digital RT-PCR. Proc. Natl. Acad. Sci. U.S.A. 103, 17807-17812.
11. Sanger F., Nicklen S., Coulson A.R. (1977) : DNA sequencing with chain-terminating inhibitors. Proc. Natl. Acad. Sci. U.S.A. 74, 5463-5467.
12. Maxam A.M., Gilbert W. (1977) : A new method for sequencing DNA. Proc. Natl. Acad. Sci. U.S.A. 74, 560-564.
13. Dewey F.E., Pan S., Wheeler M.T. *et al.* (2013) : DNA sequencing: Clinical applications of new sequencing technologies. Circulation. 125, 931-944.
14. Ozsolak F., Platt A.R., Jones D.R. *et al.* (2009) : Direct RNA sequencing. Nature. 461, 814-818.
15. Kitamura H., Kimura S., Shimamoto Y. *et al.* (2013) : Ubiquitin-specific protease 2-69 in macrophages potentially modulates metainflammation. FASEB J. 27, 4940-4953.
16. Saito Y., Kitamura H., Hijikata A., *et al.* (2010) : Identification of therapeutic targets for quiescent, chemotherapy-resistant human leukemia stem cells. Sci. Transl Med. 2, 17ra9.
17. Taguchi K., Okada A., Kitamura H., *et al.* (2014) : Colony-stimulating factor-1 signaling suppresses renal crystal formation. J. Am. Soc. Nephrol. 25, 1680-1697.
18. Volinia S., Croce C.M. (2013) : Prognostic microRNA/mRNA signature from the integrated analysis of patients with invasive breast cancer. Proc. Natl. Acad. Sci. U.S.A. 110, 7413-7417.
19. Pfefferle A.D., Herschkowitz J.I., Usary J., *et al.* (2013) : Transcriptomic classification of genetically engineered mouse models of breast cancer identifies human subtype counterparts. Genome Biol. 14, R125.
20. Igbal J., Wright G., Rosenwald A., *et al.* (2014) : Gene expression signatures delineate biological and prognostic subgroups in peripheral T-cell lymphoma. Blood. 123, 2915-2923.

# 第16章 生体を使用した検査方法

## 1 I型過敏症(即時型)反応を利用した皮膚検査

### プリックテスト

プリックテストは，I型過敏症反応を利用した皮膚検査の中では，皮膚に吸収される抗原量が最も少なく，安全で簡便な検査であることから,医学皮膚科領域では汎用されている.プリックランセット(PRICK-LANSETTER, EWO CARE AB, Sweden, ㈱ヤヨイ)という特殊な道具(針)を使用して真皮内まで貫通させる傷を作り，ここに滴下したアレルゲン液を浸透反応を見るものである．具体的には皮膚(ヒトの腕の前腕屈側面)に調べたいアレルゲン液を滴下しておき，ここにプリックランセットを垂直に刺して，15分後に膨疹形成の有無を確認し，膨疹径(長径・短径の平均値)の測定し，陽性コントロール(ヒスタミン溶液)および陰性コントロール(生理食塩水)と比較する．事前に調べたい抗原(野菜，果物など)に刺したプリックランセットを患者の皮膚に刺すこともある．ヒトと比較すると動物の皮膚は薄いため，同じ道具で同様の検査結果を得られるとは限らないこともあり,獣医学領域で一般的には行われていない.

### スクラッチテスト

スクラッチテストは，プリックテストよりも皮膚に吸収されるアレルゲン量が多いため感度が高くなるが，手技者によって反応の現われ方や評価にばらつきが出やすい．具体的な方法として，先述のプリックランセットで前腕屈側面に5 mmの長さでスクラッチし,調整した,あるいはテスト用のアレルゲン液を一滴滴下し，15分後にスクラッチした線と垂直方向の膨疹径を測定し，陽性・陰性コントロールと比較する．やはり獣医学領域ではあまり一般的ではない．

### 皮内反応

皮内反応は，皮膚に吸収されるアレルゲン量が最も多いため感度の高い検査であるが，比較的広い皮膚領域を検査に供する必要があり，さらに，準備や実施に時間がかかることから手間のかかる検査である．医学皮膚科領域では，検査によって全身症状を誘発する危険性が危惧されることからあまり一般的ではないが，特に獣医学領域では臨床現場で行うI型過敏症反応の検査として最も汎用されており，この結果に基づいて抗原特異的減感作療法を実施することもある．獣医学領域で行われている方法として，1,000 PNU(protein nitrogen units)程度に希釈したアレルゲン液を動物の真皮内に皮内注射し，15分後に膨疹の有無を観察し，膨疹径(長径・短径の平均値)を測定する．皮内注射には，ツベルクリン注射器に皮内針を装着したもの，あるいは1 mLシリンジに25～27 Gの注射針を装着したものを使用する．一つのアレルゲン液につき0.05 mLを皮内注射し，注射部位の間隔は2 cm程度開けるのが理想的である．可能であれば24時間後も注射部位における硬結の有無を確認すると良い．陽性コントロールとしてヒスタミン二塩酸塩を0.0275 mg/mLに調整した水溶液，陰性コントロールとしては生理食塩液を使用し，これらのコントロールの結果と比較して,アレルゲン注射部位の膨疹を評価する．皮内反応は，生体を用いて結果を見る検査として信頼性の高い検査であるが，手技者の経験値や被検動物の状態によって偽陽性あるいは偽陰性を生じてしまう可能性もある．また，被検動物の皮膚領域を広く毛刈りし，検査が終了するまでの時間は横臥させおく必要があり，症例によっては鎮静あるいは麻酔を必要とする煩雑さもある．欧米ではアレルゲン液としてGreer社のものが汎用されているが，国内では入手が難しいため，ヒト用の鳥居薬品㈱のアレルゲン液などが使用されている．

### PK（Prausnits-Küster）テスト

上記のテストが症例の皮膚を利用するのに対して，PKテストは健常動物の皮膚を利用するユニークな検査である．この検査は，症例の血清（あるいは血清希釈液）を健常動物の皮内（真皮内）に注射後，48時間を経たところで再び同部位にアレルゲン液を皮内注射し，膨疹形成の有無を確認するものである．先に注射した症例の血清中にIgEが存在したならば，48時間の間に健常動物の皮内で肥満細胞と結合していると予測される．48時間後，同じ部位にこのIgEと特異的に反応するアレルゲン液を48時間後に皮内注射したならば，このIgEとアレルゲンが反応し，肥満細胞を脱顆粒させ，膨疹が形成されることになる．よって，症例の血清中のアレルゲン特異的IgEの存在を確認する検査として利用できる．しかし，この検査では健常な同種動物をその都度新たに利用するため，血液によって伝播する感染症の危険性，健常動物の状態，血清の投与量や調整方法によって結果にばらつきが出ることがあり，研究用として用いられるものの，臨床現場で行う検査方法としては一般的でない．

## 2 Ⅳ型過敏症（遅延型）反応を利用した皮膚検査

### パッチテスト

パッチテストは疑わしいアレルゲン（特に薬剤）に対する遅延型反応を調査するのに有用な生体検査であり，過敏性接触皮膚炎などに有用な検査である．ただし，準備が煩雑で，結果判定まで時間がかかり，患者や家族の理解も必要とされる．専用の絆創膏を地肌に長く貼付し続けなければならないことから，被毛に覆われた動物の場合，実施困難なことが多く，ほとんど臨床検査として行われる機会はない．医学皮膚科領域における方法としては，Finn Chamber on Scanpor tape®（Alpharma A/S, Norway, 大正富士医薬品㈱），パッチテスト用絆創膏（鳥居薬品）などに，調査したいアレルゲン（薬剤，化粧品，シャンプー，植物等）をそのまま，あるいは水で溶解したものなどを1滴（あるいはマッチの頭くらい）つけて，上背などの広く平坦な皮膚領域に貼付する．48時間後に剥がして，剥がした30分～2時間後に最初の評価を行う．これよりも遅れて反応が見られる場合もあることから，72時間後および1週間後にも評価を行う．

### ツベルクリン反応

ツベルクリン抗原を皮内注射して現われるツベルクリン反応を確認する結核に対する免疫状態（Ⅳ型過敏症反応）の検査である．人医学や畜産分野では結核感染の有無を調べるために用いられるが，小動物の獣医学領域ではほとんど行われることはない．一般診断用のツベルクリン注射液(0.05μg/mL)を前腕屈側面に0.1 mL皮内注射し，48時間後に膨疹の有無，膨疹径の測定を行う．一般的に医学領域では，長径が10 mm以上のものが陽性，それ未満が陰性と評価される．

## 3 その他の検査

### 暴露試験(内服誘発試験)

食物アレルギーに起因する可能性や薬物に誘発された皮膚症状の可能性が考えられた場合，先述のプリックテストやパッチテストが行われることがあるが，最も信頼性の高い検査としては，疑わしい食物や薬剤をもう一度投与して，症状が再発するかを確認する暴露試験が考慮される．ただし，この検査は症状を誘発するため，中毒性表皮壊死症や重篤なアナフィラキシーショックなどの重い症状を呈している症例に対しては選択しない方が良いと考えられる．蕁麻疹や環状紅斑などの皮疹が突然出現した症例でそのきっかけとして食物や薬物が疑われる場合や，薬剤による多形紅斑の症例，過去に使用した薬物に誘発されたと思われる症状(薬疹，アナフィラキシー反応など)を呈したことのある症例などに対してはこの検査方法は実施する意味がある．

また，プリックテストやパッチテストなどによってすでに陽性が出ている場合には，あえて実施する必要はないと考えられる．事前にオーナーとよく話し合い，十分な説明と同意を得たうえで実施する．一般的には，過去に使用した薬物投与量の1/100～1/10程度を食物であれば0.1～0.5 g程度を目安に再投与を開始する．反応を確認しながら徐々に投与量を増やしても良い．投薬期間は症例によって様々であるが，最初は入院処置のうえで24時間観察し，様子を見ながら数日から1週間程度の実施を検討する．皮膚症状だけでなく，一般状態の確認，一般身体検査，CBC，血液生化学検査なども併せて行う必要がある．暴露試験によって症状の再発がなかった場合には，さらに投与量を1/5，1/2，通常量と増量を検討する．特に，運動誘発性の病態のものではアレルギー状態は軽度であるため血液などのアレルギー検査で特定されない場合が多く，食物負荷後に運動させて症状発症の有無を検討する．

## まとめ

### ▶まとめ

生体を利用した免疫・アレルギーの検査方法には，Ⅰ型過敏症反応を利用したものとしてプリックテスト，スクラッチテスト，皮内反応，PKテストなどがある．Ⅳ型過敏症反応を利用したものとしては，パッチテスト，ツベルクリン反応などがある．また，アレルギー性あるいは非アレルギー性の反応も含めて広く調査する方法として暴露試験がある．生体を利用した検査には様々なものがあるが，獣医学領域においては皮内反応以外の検査はほとんど行われる機会はない．これらの検査は，生体(特に動物)を利用することから信頼性が高く，オーナーにも確認してもらうことができ，有用性の高い検査であるが，ほとんどは定性的な検査であり，手技者によって，あるいは生体の状態によっては結果のばらつきや偽陽性，偽陰性が発現する可能性も高くなることを覚えておく必要がある.

### ▶臨床検査・検査応用について

生体を利用した検査は，アトピー，蕁麻疹，アナフィラキシー反応，過敏性接触皮膚炎，結核症，薬疹，多形紅斑などに対して，動物における抗原特異的IgEの有無，特異的なアレルゲン（環境抗原，薬物等）の調査，抗原特異的減感作療法の実施を検討するうえで有用な検査である.

関口 麻衣子（アイデックス ラボラトリーズ株式会社）

## 参考文献

1. 宮地良樹, 清水宏編（2012）: 皮膚科サブスペシャリティーシリーズ1冊で分かる皮膚アレルギー, 56-64, 72-74, 273, 274, 文光堂.
2. 富田靖監（2013）: 標準皮膚科学 第10版, 55, 56, 112, 医学書院.
3. 清水宏（2005）: あたらしい皮膚科学 第2版, 75-77, 中山書店.
4. Miller W.H., Griffin C.E., Campbell K.L.（2013）: Muller and Kirk's Small Animal Dermatology 7th, 378-379, Elsevier.

# 和文索引

## 【さ】



## 【し】



## 【す】

【せ】



【そ】



【た】



【ち】



【つ】



【て】

## 【と】



## 【な】



## 【に】



## 【ぬ】



## 【ね】



## 【の】



## 【は】



## 【ひ】

# 欧文索引

## 【ギリシャ語】



## 【A】



## 【B】



## 【C】

## 【D】



## 【E】



## 【F】



## 【G】



## 【H】

## 【I】



## 【J】



## 【K】



## 【L】

## 【M】



## 【N】



## 【O】



## 【P】

## 【V】



## 【X】



## 【Z】

# 獣医臨床のための免疫学

2016年7月27日　第1刷発行

監　修　　長谷川篤彦・増田健一
発行者　　山口啓子
発行所　　株式会社学窓社
〒113-0024　東京都文京区西片2-16-28
電話　03（3818）8701
FAX　03（3818）8704
http://www.gakusosha.com
印　刷　　株式会社シナノパブリッシングプレス



Printed in Japan
ISBN 978-4-87362-753-3

MEMO

MEMO

MEMO